国家出版基金项目
NATIONAL PUBLICATION FOUNDATION

“十四五”
国家重点出版物
出版规划项目

城镇水系统污染管控
与饮用水安全保障技术
丛书

城镇供排水水质分析与检测技术

贾瑞宝 孙韶华 辛晓东 等 编著

TECHNOLOGIES FOR WATER QUALITY ANALYSIS AND DETECTION IN URBAN WATER SUPPLY AND DRAINAGE

化学工业出版社
·北京·

内容简介

本书以城镇供排水水质分析与检测技术为主线，系统剖析了我国城镇供排水水质概况、现行水质标准及检测技术装备等方面的技术发展现状及存在的短板问题，主要介绍了样品制备技术、实验室高通量检测技术、生物 / 毒理检测技术、在线监测技术、移动检测技术等主要检测技术方法的原理、应用及发展趋势，对比了各类检测方法的优势与不足；同时吸纳了编著者在科学技术研究与实际检测工作中积累的水质识别解析与检测预警等方面的创新成果，旨在为供排水水质分析与检测行业从业人员在方法选择、方法优化等方面提供可参考的技术支持。

本书具有较强的导向性、创新性和可操作性，可供从事市政给排水、生态环境等领域的工程技术人员、科研人员和管理人员参考，也可供高等学校环境科学与工程、市政工程及相关专业师生参阅。

图书在版编目（CIP）数据

城镇供排水水质分析与检测技术 / 贾瑞宝等编著
. -- 北京 ：化学工业出版社，2024.5
（城镇水系统污染管控与饮用水安全保障技术丛书）
ISBN 978-7-122-44945-0

Ⅰ.①城… Ⅱ.①贾… Ⅲ.①城镇-给排水系统-水质分析②城镇-给排水系统-水质监测 Ⅳ.①TU991.21②X832

中国国家版本馆CIP数据核字（2024）第053864号

责任编辑：卢萌萌 王蕊蕊 刘兴春 刘 婧
文字编辑：陈 雨
责任校对：杜杏然
装帧设计：王晓宇

出版发行：化学工业出版社
（北京市东城区青年湖南街 13 号 邮政编码 100011）
印 装：北京建宏印刷有限公司
787mm×1092mm 1/16 印张 23¾ 彩插 2 字数 599 千字
2025 年 10 月北京第 1 版第 1 次印刷

购书咨询：010-64518888 售后服务：010-64518899
网 址：http://www.cip.com.cn
凡购买本书，如有缺损质量问题，本社销售中心负责调换。

定 价：198.00元

“城镇水系统污染管控与饮用水安全保障技术丛书”编委会

编委会主任： 侯立安

编委会副主任： 贾瑞宝　崔福义

编委会成员： 侯立安　贾瑞宝　崔福义　孙韶华　王明泉　孙文俊　宋武昌　李桂芳　潘章斌　辛晓东　宋　艳　王永磊　徐征和　易　娟　陈才高　王承宝　陈良刚　胡建坤　池国正　郑　群

《城镇供排水水质分析与检测技术》编著者名单

贾瑞宝　孙韶华　辛晓东　王明泉　马中雨　逯南南　姚振兴　侯　伟　宋　艳　李　祥　褚福敏　陈兴厅　孙　莉　刘　帅

丛书序

FOREWORD

水是生命之源，是人类社会赖以生存和发展的基础性战略资源，更是维系生态环境平衡的核心要素。饮用水安全处于水安全战略的核心地位，直接关乎广大人民群众的身体健康与生命安全，是最具基础性、普惠性的民生工程，对维护社会和谐稳定以及推动经济社会高质量发展起着至关重要的支撑作用。当前，加强城镇水环境系统治理，保障饮用水安全，是不断满足人民日益增长的美好生活需要的基本要求，更是推动国家治理体系和治理能力现代化的一项重要内容。

近年来，国家相继出台了系列关于城镇水安全的政策文件，并明确指出市政给排水系统是关系民生的重点，凸显了强化城镇水系统污染管控和保障人民饮用水安全的重要性、必要性和迫切性。同时，随着“水体污染控制与治理”国家科技重大专项的顺利收官，我们在饮用水安全保障领域取得了众多创新性强、集成度高及可推广、可复制的重大科技成果，为了更好地服务于城镇水系统安全与韧性能力建设，我们策划组织了“城镇水系统污染管控与饮用水安全保障技术丛书”的编写和出版。

本丛书立足国家“水专项”研究成果，围绕城镇水系统污染管控与饮用水安全保障两大核心主题，紧贴我国当前水污染治理的研究热点、难点和重点问题，按照“检测分析-风险评估-污染控制-支撑保障”的技术路径，聚焦城镇水环境及饮用水水质检测、新污染物筛查与检测、污染控制与治理、水处理设备材料评估及应用等行业热点研究领域，系统总结了水系统污染管控与水质保障的新技术、新发展及典型工程化应用成效，旨在落实“增强全社会生态环保意识，深入打好污染防治攻坚战”的国家战略要求，为城镇水环境保护及饮用水安全保障提供理论参考、技术支撑和案例借鉴。

“城镇水系统污染管控与饮用水安全保障技术丛书”的出版，对于推动我国城镇水污染治理与饮用水安全保障技术的创新发展，城镇水务行业的技术升级具有重要意义。本丛书的策划编写得到了生态环境部国家水专项办、住房和城乡建设部水专项办以及水专项饮用水主题专家组的大力支持，吴丰昌、邵益生、杨敏、张晓健、宋兰合等专家给予了大量指导和帮助。衷心期望广大读者能够从这套丛书中汲取知识与智慧，共同推动我国城镇水系统现代化建设和饮用水安全保障事业高质量发展。

中国工程院院士

2025 年 6 月

前言

PREFACE

随着我国工业化、城镇化进程的快速推进和经济社会的快速发展，水资源开发利用程度不断加大，水体污染日益严重，水源水质问题尚未得到根本性遏制。进入新世纪以来，水质污染事件频繁发生，饮用水安全和卫生健康问题引起了全球的关注，饮水安全已成为全球性的重大战略性问题。党中央和国务院对饮用水安全问题的重视程度越来越高，2006 年颁布了《生活饮用水卫生标准》（GB 5749—2006）并于 2007 年 7 月 1 日起实施，对水质提出了更加全面、严格的要求，标准补充了有机化合物、微生物指标、消毒剂、放射性指标等 71 项指标，指标数量由 35 项（GB 5749—1985）增至 106 项；2022 年《生活饮用水卫生标准》（GB 5749—2022）再次修订发布，于 2023 年 4 月 1 日起实施，新版国标对生活饮用水水质提出了更为严苛的新要求。

“十一五”以来，在国家科技重大“水专项”、国家仪器专项及国家重点研发计划等重大项目支持下，我国在检测监测装备研制、监测预警技术应用研发方面发展迅速，也取得了许多实际成效。本书针对我国城镇供排水领域水质检测技术现状及研究进展，以编著者长期在水质分析与检测技术方面的主要创新性成果为基础，结合国内外该领域相关的研究进展，在《城市供水水质检测技术》著作基础上进行修订与完善，系统介绍了先进、成熟的城镇供排水水质分析检测技术及应用案例，以期为从事水质检测的专业技术人员与管理人员提供参考与指导。

本书共分 7 章，由贾瑞宝、孙韶华、辛晓东等编著，具体编著分工如下：第 1 章由贾瑞宝、孙韶华等编著，阐述了我国水质现状，介绍了国内外供排水水质领域的发展历程，分析了我国水质检测技术方法发展现状及存在的主要问题；第 2 章由孙韶华、姚振兴、辛晓东和孙莉等编著，主要介绍了液液萃取法、常规固相萃取法、在线固相萃取法、固相微萃取法、吹扫捕集法、加速溶剂萃取法、顶空法等样品制备技术的方法原理、仪器装置、应用现状及发展趋势；第 3 章由辛晓东、侯伟、贾瑞宝、孙韶华等编著，详细介绍了适于不同种类污染物检测的各类高通量检测技术及其应用，即气相色谱及质谱联用法、液相色谱及质谱联用法、离子色谱及质谱联用法、电感耦合等离子体发射光谱法、电感耦合等离子体质谱法、高分辨质谱法等，对各高通量检测方法的适用范围、原理、应用进行了全面介绍；第 4 章由逯南南、褚福敏、孙韶华、孙莉等编著，主要介绍了微生物检测及生物毒性监测评估等方面的技术及其应用发展；第 5 章由贾瑞宝、马中雨、陈兴厅、李祥、刘帅等编著，主要介绍了在线水质分析监测技术的概念原理、产品分类、典型应用，梳理了近年来我国在线监测技术发展及设备国产化情况，最后介绍了在线监测技术标准化进展情况；第 6 章由宋艳、贾瑞宝、孙韶华等编著，介绍了移动检测技术的分类与原理、应用场景与发展趋势，重点介绍了“水专项”的移动检测设备的研制与国产化成果，以及移动实验室的集成应用及其影响因素等方面的研究成果；第 7 章由马中雨、陈兴厅、逯南南、宋艳、李祥、王明泉、刘帅、褚福敏等编著，主要介绍了水质检测预警信息化平台的设计建设、运行维护及实际应用案例。全书最后由贾瑞宝、孙韶华、辛晓东统稿并定稿。

本书的编著和出版得到了“水体污染控制与治理”国家科技重大专项饮用水主题相关项目 / 课题、山东省“饮用水安全保障”泰山学者岗位建设工程等科研项目的资助与支持。同时，在出版过程中还得到了化学工业出版社的大力帮助。在此一并表示衷心感谢！

城镇供排水水质分析与检测技术涉及面广，限于编著者的专业水平和编著时间，书中难免存在疏漏和不足之处，敬请读者批评指正。

编著者
2024 年 5 月

目录

CONTENTS

第1章 绪论

- ▲ 水质概况
- ▲ 水质标准发展
- ▲ 水质检测技术发展

水是人类生存和经济社会发展的基本需求。中国特色社会主义进入新时代，我国社会主要矛盾已经转化为人民日益增长的美好生活需要和不平衡不充分的发展之间的矛盾，我国城镇供排水水质安全保障工作迎来了新的机遇和挑战。城镇供排水水质关系到广大人民群众身体健康和生命安全，关系到全面建设小康社会目标的实现，关系到社会稳定和长治久安。随着我国工业化、城镇化进程的快速推进和经济社会的快速发展，水资源开发利用程度不断加大，水体污染日益严重，水源水质不断下降。近年来，水质污染事件频繁发生，饮水安全和卫生问题引起了全球的关注，饮水安全已成为全球性的重大战略性问题。

党中央和国务院对饮用水安全问题的重视程度越来越高，2006 年颁布了《生活饮用水卫生标准》（GB 5749—2006）并于 2007 年 7 月 1 日起实施，对水质提出了更加全面、严格的要求，标准补充了有机化合物、微生物指标、消毒剂、放射性指标等 71 项指标，指标数量由 35 项（GB 5749—1985）增至 106 项；2022 年颁布了《生活饮用水卫生标准》（GB 5749—2022）并于 2023 年 4 月 1 日起实施，对生活饮用水水质提出了新的要求。为保障城镇供排水安全、掌握供排水水质特点，亟需发展先进、可靠的水质检测技术，建立简便高效、高灵敏度、高通量的水质检测技术体系。

1.1 水质概况

水质（water quality），是水体质量的简称。它标志着水体的物理（如色度、浊度、嗅味等）、化学（无机物和有机物的含量）和生物（细菌、微生物、浮游生物、底栖生物）的特性及其组成的状况。地球上的水体包括陆地水（地表水和地下水）、海洋水、大气水、污水等。根据功能的不同，又包括生活饮用水、农田灌溉水、渔业水、游泳池水、景观环境用水、工业用水、城市杂用水等，不同功能水的水质具有各自的特点。

1.1.1 城镇水环境

随着我国工业化、城镇化进程快速推进和经济社会的快速发展，水环境污染日益严重。根据 2021 年《中国生态环境状况公报》，全国地表水监测的 3632 个国考断面中，Ⅰ～Ⅲ类水质断面（点位）占 84.9%，比 2020 年上升 1.5 个百分点；劣Ⅴ类占 1.2%，主要污染指标为高锰酸盐指数、化学需氧量和总磷（见图 1-1，书后另见彩图）。

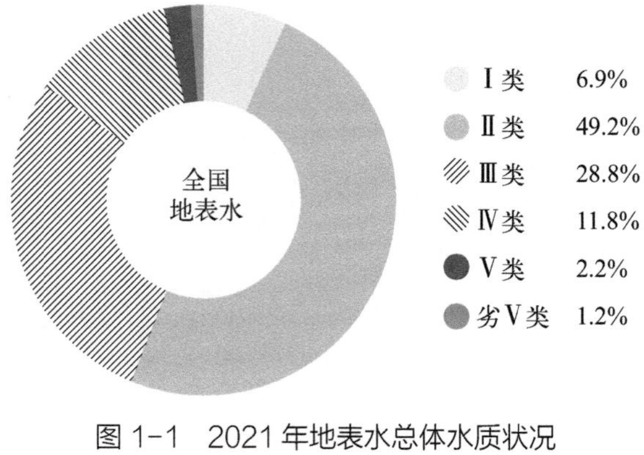

图 1-1　2021 年地表水总体水质状况

长江、黄河、珠江、松花江、淮河、海河、辽河七大流域和浙闽片河流、西北诸河、西南诸河监测的 3117 个水质断面中，Ⅰ～Ⅲ类水质断面占 87.0%，劣Ⅴ类水质断面占 0.9%，主要污染指标为化学需氧量、高锰酸盐指数和总磷。其中，长江流域、西南诸河、西北诸河、浙闽片河流和珠江流域水质为优，黄河流域、辽河流域、淮河流域水质良好，海河流域和松花江流域为轻度污染（见图 1-2，书后另见彩图）。

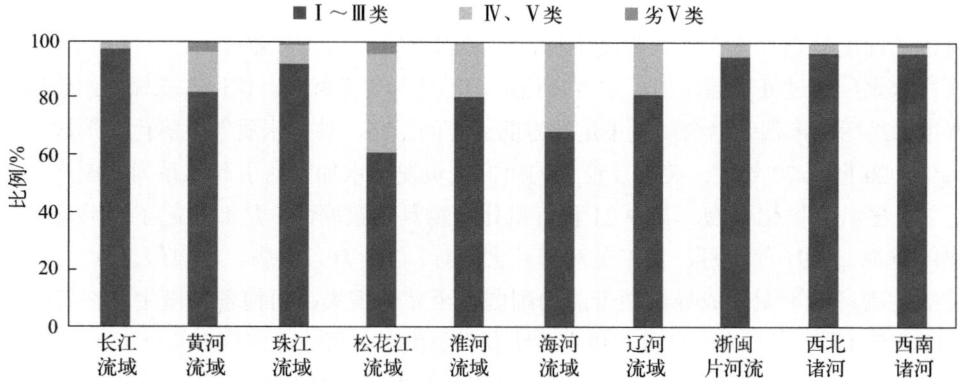

图 1-2　七大流域和浙闽片河流、西北诸河、西南诸河水质状况

2021 年，开展水质监测的 110 个重要湖泊（水库）中，Ⅰ～Ⅲ类、Ⅳ～Ⅴ类和劣Ⅴ类水质的湖泊（水库）比例分别为 72.9%、21.9% 和 5.2%。主要污染指标为总磷、化学需氧量和高锰酸盐指数。开展营养状态监测的 209 个重要湖泊（水库）中，贫营养状态湖泊（水库）占 10.5%，中营养状态占 62.2%，轻度富营养状态占 23.0%，中度富营养状态占 4.3%。

重点引水水利工程中，2021 年三峡库区水质为优，监测的 77 个水质断面中，Ⅰ～Ⅲ类水质断面占 98.7%，Ⅳ类占 1.3%，无Ⅴ类和劣Ⅴ类，均与 2020 年持平。南水北调（东线）工程中，2021 年东线长江取水口水质为优；输水干线京杭运河里运河段、宝应运河段、不牢河段、韩庄运河段和梁济运河段水质良好，宿迁运河段水质为优；南四湖、洪泽湖和骆马湖为轻度富营养状态，东平湖为中营养状态。南水北调（中线）工程中，取水口水质为优；汇入丹江口水库的 9 条主要河流中，官山河水质良好，其他河流水质均为优；丹江口水库为中营养状态。

2021 年监测的 1900 个国家地下水环境质量考核点位中，Ⅰ～Ⅳ类水质点位占 79.4%，Ⅴ类占 20.6%，主要超标指标为硫酸盐、氯化物和钠。

2021 年，监测的 876 个地级及以上城市在用集中式生活饮用水水源断面（点位）中，825 个全年均达标，占 94.2%。其中地表水水源监测断面（点位）587 个，564 个全年均达标，占 96.1%，主要超标指标为总磷、高锰酸盐指数和铁；地下水水源监测点位 289 个，261 个全年均达标，占 90.3%，主要超标指标为锰、铁和氟化物，主要是天然背景值较高所致。

1.1.2　生活饮用水

常规净水工艺系统主要由混凝、沉淀、过滤和消毒等组成，以降低浊度、去除病原体为主要目的。混凝、沉淀工艺主要去除水中悬浮物和胶体物质。该过程对水中难溶物和胶态有机物等去除率很高，但对溶解性有机物去除率却很低。由于难以有效地去除水中有机污染物，常规净水工艺系统只适用于一般比较清洁的原水处理。随着水源污染的加剧，传统的净水工艺无法彻底去除水中的污染物。目前，较为先进的深度处理技术有预处理、常规工艺强化、高级氧化-生物活性炭和膜组合技术集成等方法。

净水水厂的工艺改造有以下几种方法：

① 增加深度处理构筑物，如活性炭吸附技术、臭氧-活性炭联用技术等；

② 增加预处理构筑物，如生物预处理等；

③ 在现有工艺基础上改造，如强化混凝、强化过滤、优化消毒等；

④ 综合采用上述几种技术。

先进的深度处理技术在较大程度上提高了供水水质的安全可靠性。

在净水水厂经过处理后，出厂水各项指标均已达到国家标准。饮用水在输配水管网中会受管道腐蚀、结垢、末端管网余氯量不足等方面因素的影响，使得水质发生劣化，形成管网水质二次污染。20 世纪 70 年代，美国及荷兰的研究人员发现水加氯后引起一系列的副产物，先后发现了 700 多种有机化合物，其中 21 种有机化合物具有致癌性，从而引起了对消毒剂和消毒副产物的重视。1991 年 1 月，拉丁美洲霍乱大流行，130 万人生病，1.2 万人死亡，重要原因之一是氯的副产物不断形成导致消毒能力削弱甚至完全丧失，而使各种微生物在管网中滋生繁殖。1993 年 4 月，美国密尔沃基市供水系统发生隐孢子虫事故，使该市超过 150 万居民感染，40.3 万人生病，4400 人住院，近百人死亡，其主要原因是管网水中浊度偏高。我国供水管网系统的二次污染现状也不容乐观，据 20 世纪 90 年代不完全统计，有将近 79% 的人正在饮用二次污染水，其中 7 亿人饮用大肠杆菌污染水，1.7 亿人饮用高氟水，8000 万人饮用有机物含量相当高的水。由此可见，自来水二次污染非常广泛。近年来，由于其造成的传染性疾病，如介水传染病、水型地方病、化学中毒等也在不断发生，严重地危害着人们的健康和安全。

2003 年，美国的 IWA 年会报告中指出给水管网中出现的各种水质问题将是 21 世纪面临的一大难题。饮用水在输水、储水系统中遭受二次污染直接影响了城市居民的生命安全。据调查，饮用水在城镇供水系统中，在老化和锈蚀的管道中发生水质劣化约占 32%，在水池（箱）等二次加压供水系统中发生劣化约占 68%。目前我国 661 个城市的供水管网共计 39.38 万公里，其中灰口铸铁管等材质低劣的管网占 68%，部分供水管网尤其是老城区的管网长期超限运行，6% 的管网使用年限超过 50 年，改造需求达 5 万公里。供水管网老化破损使得水质化学稳定性和水质生物稳定性下降，导致了比较严重和普遍的二次污染。由净水厂流经管网到水龙头时，水质合格率大幅下降。据建设部对 36 个重点城市的实际监测，管网水水质合格率比出厂水平均下降了 10%，超标指标主要是浊度、色度、微生物、消毒副产物、铁等。据对 184 个城市的不完全统计，2000 ～ 2003 年因各类管网事故造成的局部停水达 4324 次，其中相当数量的停水事故是由于水质二次污染。各城市尚有不少高层水箱和蓄水池，近两年由于创建国家卫生城市时形成的每年清洗消毒水箱工作和相关管理制度不能落实，水质安全得不到保证。

饮用水安全问题已引起了人们的高度关注，给供水行业带来了更大的挑战。我国已经认识到了供水安全的重要性，制定了一系列相关的法律、法规以保护水资源、保障饮水安全。对供水系统全流程实施水质监控、对突发性水质风险进行准确预警，是城市供水实行精细化管理和提高供水应急能力的基础，是建立健全饮用水安全保障体系的关键环节，也是各级政府应当履行的一项公共服务职责。

1.1.3 城镇污水

伴随着我国工业的全面发展，城市化水平逐步提高。2018 年末，我国常住人口城镇化率已达 59.68%。城镇化推进的过程中如果不注重其带来的伴随效应，将对环境生态及可持续发展带来难以控制的灾难。城镇污水排放已成为我国地下水和河流污染的主要来源之一。截至 2017 年，我国城镇污水排放已造成 1/3 的河流水源达不到饮用水源水质标准要求，形成了“污水造污水”的病毒感染式恶性循环，不仅影响生态环境，甚至给人们带来了健康风险。对此国家投入了大量的财力和物力，但由于城镇污水排放在时空维度上存在诸多复杂性，加之不同地区对待生态城市建设与城市发展速度之间平衡点把握不到位，造成了处理工作出现诸多困难。

《城镇污水处理提质增效三年行动方案（2019—2021 年）》的主要目标是地级及以上城市建成区基本无生活污水直排口，基本消除城中村、老旧城区和城乡结合部生活污水收集处理设施空白区，基本消除黑臭水体，城市生活污水集中收集效能显著提高。为实现上述目标，需要尽量多收集污水，提高污水收集水平效能；降低水体污染物含量，增加污水厂进水污染物浓度；减少进入污水处理厂的清水量，增加污染物去除负荷；减少雨水、合流管道内的污染物，削减雨季河道污染频次；修复管网节点，恢复管道排水水力条件，增强管道排水能力。

1.1.3.1 生活污染

生活污水是指居民在日常生活中产生的废水，包括厕所粪尿、洗衣洗澡水、厨房等家庭排水以及商业、医院和游乐场所的排水等。人类生活过程中产生的污水，是水体的主要污染源之一。目前，我国城市的生活污水中有很多污水未经处理直接排入河流，这些污水进入河流后容易引发水体富营养化、水质污染，进而对饮用水的安全构成威胁。

生活污水中含有大量有机物，如纤维素、淀粉、糖类、脂肪、蛋白质等；也常含有病原菌、病毒和寄生虫卵；无机盐类以氯化物、硫酸盐、磷酸盐、碳酸氢盐、钠、钾、钙、镁等为主。主要特点是氮、硫、磷含量高，在厌氧细菌作用下易生恶臭物质。根据《2016—2019 年全国生态环境统计公报》，全国城镇排放的生活污水中，COD 排放量为 469.9 万～483.8 万吨，氨氮为 42.1 万～ 48.4 万吨。

生活垃圾也是主要的生活污染源，现今生活垃圾的无害化处理率仅为 2% ～ 5%，其余未经任何处理就直接露天堆放，导致地下水硬度的提高和硝酸根含量的增加。垃圾堆放场可改变水-土系统的氧化还原条件，导致地下水中有害离子浓度增高；而且垃圾堆放场是一个适宜各种微生物繁殖的环境，这些微生物对氮化物及铁、锰、铜、铅、锌、镉、铬等元素和有机物的迁移、富集有较大影响。

表 1-1 为 2016 ～ 2019 年全国废水污染物排放量统计。

1.1.3.2 农业污染

农业污水是指农作物栽培、牲畜饲养、农产品加工等过程中排出的影响人体健康和环境质量的污水或液态物质。其来源主要有农田径流、饲养场污水、农产品加工污水。污水中含有各种病原体、悬浮物、化肥、农药、不溶解固体物和盐分等。农业污水数量大、影响面广。污水中氮、磷等营养元素进入河流、湖泊、内海等水域，可引起富营养化；农药、病原体和其他有毒物质能污染饮用水源，危害人体健康；造成大范围的土壤污染，破坏生态系统平衡。

我国是农业大国，农药和化肥的生产使用量位居世界前列，养殖业也处于快速发展阶段。农药、化肥和动物的粪便中含有大量氮和磷，这些物质进入水中后很容易使得水体发生

表 1-1　2016 ~ 2019 年全国废水污染物排放量统计　　单位：万吨

指标	2016 年	2017 年	2018 年	2019 年
化学需氧量	658.1	608.9	584.2	567.1
工业源	122.8	91.0	81.4	77.2
农业源	57.1	31.8	24.5	18.6
生活源	473.5	483.8	476.8	469.9
集中式	4.6	2.3	1.5	1.4
氨氮	56.8	50.9	49.4	46.3
工业源	6.5	4.4	4.0	3.5
农业源	1.3	0.7	0.5	0.4
生活源	48.4	45.4	44.7	42.1
集中式	0.7	0.3	0.2	0.3
总氮	123.6	120.3	120.2	117.6
工业源	18.4	15.6	14.4	13.4
农业源	4.1	2.3	1.8	1.3
生活源	100.2	101.9	103.6	102.4
集中式	0.8	0.5	0.4	0.4
总磷	9.0	7.0	6.4	5.9
工业源	1.7	0.8	0.7	0.8
农业源	0.6	0.3	0.2	0.2
生活源	6.7	5.8	5.4	5.0
集中式	0	0	0	0

富营养化，水质恶化。农业生产中使用大量的化肥和农药，且呈逐年上升趋势。残留在土壤中的农药、化肥随雨水流失或随灌溉水进入各类水体，造成面源污染。对太湖、巢湖、滇池三大湖泊富营养化成因的分析表明，造成水体富营养化的污染源主要来自生活污水和农田的氮磷流失，二者对总氮、总磷的贡献率占 84% ~ 90%。污染农村的畜禽养殖、水产鱼类养殖产生的污水往往未经处理就直接排放，严重地污染了水资源。特别是畜禽养殖业废水浓度很高、恶臭严重并含有多种微生物（如细菌、病原真菌），若人体接触到这些微生物则易感染上各种疾病。

1.1.3.3　工业污染

工业废水是指工业生产过程中产生的废水、污水和废液，其中含有随水流失的工业生产用料、中间产物和产品以及生产过程中产生的污染物。工业废水造成的污染主要有有机需氧物质污染、化学毒物污染、无机固体悬浮物污染、重金属污染、酸污染、碱污染、植物营养物质污染、热污染、病原体污染等。随着工业的迅速发展，废水的种类和数量迅猛增加，水体污染问题也日趋广泛和严重，威胁人类的健康和安全。

工业污染的特点是毒性大、成分复杂、不易净化。长期以来我国经济一直是粗放式增长，地方政府片面追求经济发展，做大区域 GDP，盲目引进高污染、高排放企业，使得地区环境污染日益严重，水质迅速恶化。而某些企业的偷排偷放行为使得水源污染问题更加严重。工业废水由于各种工厂的工艺过程、使用原料、用水成分不同，工业废水的水质差异很大。大部分工业废水会对水生生物和人体健康造成直接的危害。

1.1.4 净化工艺

1.1.4.1 给水处理

常规净水工艺即传统净水工艺，在我国水处理中广泛应用。常规净水工艺主要由混凝、沉淀、过滤和消毒等组成，以降低浊度、去除病原体为主要目的，对溶解性有机物去除率却很低。如果水源水被污染，常规净水工艺的处理效果将很不理想。主要表现在以下 3 个方面：

① 水中有机污染物大多是带负电荷的化合物，它们的存在使水的 Zeta 电位升高，要保证一定的出水水质，需要投加过量的混凝剂和氯，从而增加了水处理成本，同时有机污染物还可在氯化消毒过程中生成更加有害的物质；

② 现有的常规净水系统对有机物的去除率一般为 20% ～ 50%，对氨氮的去除率为 15% 左右，出水中有机物含量仍然很高，并且其中某些有机物具有致癌性；

③ 有机污染物在输水管网中被管壁上附着的微生物利用，这些微生物相较于一般的微生物具有更大的危害性，在出水管网中形成非生物稳定的水，具有“三致”特性。

而生物过滤法用于净水工艺可脱除天然有机物中的那些生物可降解部分，可用来控制消毒副产物的产生以及微生物的再繁殖等。传统的饮用水净化方法，只适用于处理未受严重污染的水源。随着水源污染的加剧，传统的净水工艺无法彻底去除水中的污染物。

目前，较为先进的深度处理技术有预氧化、生物活性炭吸附和强化混凝、臭氧活性炭深度处理、紫外高级氧化深度处理、膜处理等方法，可对水中小分子污染物、有机污染物有效去除，但无法完全去除水中的化学组分。

1.1.4.2 污水处理

城镇污水的处理主要由污水处理厂实现。其工艺流程常采用三级处理，分别去除污水中的固体和悬浊物、有机物和氮磷元素，达国家标准后排放到自然水体中；污泥沉淀则分池进行浓缩脱水及无害化处理。

随着国家加强对环保的重视，全国兴建了大量污水处理厂并投入运营。《2019 中国生态环境状况公报》显示，截至 2019 年底，全国城市污水处理厂处理能力为 $1.77 \times 10^8 m^3/d$，累计处理污水量 $532 \times 10^8 m^3$；全国地级及以上城市建成区排查出黑臭水体 2899 个，其中 2513 个经过处理已消除黑臭现象，消除比例达 86.7%。可见，我国城镇污水处理厂的建设总体上已基本能够承受污水排放压力，未来可能在数量上的增加趋势会有所减缓，而着眼于提高产能产效上。实际上，我国污水处理行业较美国、日本等发达国家起步晚起点低，相比发达国家，我国污水处理行业存在技术革新后劲不足、管网设施滞后于污水处理、能耗与经济效益问题突出等，处理工艺尚不能达到较高标准，管网建设的设计上还存在较大的优化空间。

1.2 水质标准发展

饮水安全是影响人体健康和国计民生的重大问题，保障饮水安全、维护人的健康生命是当前经济社会发展对水利工作的第一需要。而饮用水水质标准是评价饮用水质量优劣程度和供水企业供水水质好坏程度的尺度，也是卫生、水利、城建等部门和相关行业、单位进行水质与卫生管理、监督执法的基础依据。

水与人类健康密切相关，因此饮水的每个环节其安全质量要素都必须严格控制。为有效地监测和控制饮水的安全质量要素，世界卫生组织（WHO），欧盟、美国、日本等发达国家和地区，以及我国政府都先后颁布或制定了适合区域特色或各国国情的饮用水水质（卫生）标准（准则 / 指令 / 规范）。目前，世界上最具代表性的饮用水水质标准有三部：WHO的《饮用水水质准则》、欧盟（EU）的《饮用水水质指令》及美国环保署（US EPA）的《安全饮用水法案》。虽然三者在指定目的、原则和应用范围上有所不同，但它们具有共同的控制指标 21 项，多属毒理性较强物质，并都将有机物作为重点控制指标。我国从 1955 年起也开始了水质标准制定的探讨，现已进行了七次修改，水质指标从最初的 16 项已经扩充至 97 项，指标范围涉及感官及化学指标、毒理学指标、细菌学指标、放射性指标及消毒剂指标等。

1.2.1 国际水质标准

国际上主要的水质标准是世界卫生组织（WHO）制定并颁发的《饮用水水质准则》（以下称“准则”），另外，国际上比较有影响的水质标准还有欧盟《饮用水水质指令》（EU Directive）和美国《安全饮用水法案》（Safe Drinking Water Act）。其他国家或地区的饮用水标准大都以这三个标准为基础或重要参考，来制定自己的标准。例如，亚洲的越南、泰国、马来西亚、印度尼西亚、菲律宾、中国香港，以及南美洲的巴西、阿根廷，还有南非、匈牙利和捷克等都是采用 WHO 的饮用水标准；欧洲的法国、德国、英国（英格兰和威尔士、苏格兰）等和中国澳门则均以 EU 指令为指导；而其他一些国家如澳大利亚、加拿大、俄罗斯、日本同时参考 WHO、EU、US EPA 标准。

1.2.1.1 WHO 标准

2011 年 7 月 4 日世界卫生组织在新加坡发布了第四版《饮用水水质准则》。相较于第三版《饮用水水质准则》，第四版《饮用水水质准则》根据科研进展进行了更新，包括制定了关于新出现的污染物的准则值。它还首次收入一些有价值的建议，涵盖从雨水收集、储存到政府决策的各个层面，甚至还有与全球气候变化相关的内容。这个版本的《饮用水水质准则》通过建立以健康为基础的目标、输配水到用户的饮用水安全计划和独立的监督机制，详细阐述了风险识别和风险管理的实施办法。对比之前的几版，第四版明确地阐述了针对收入较低、收入中等和高收入国家应实施的各种不同措施。目的是在过度城市化、水源缺乏和气候变化等背景下，防止不安全饮用水引发的健康风险。《饮用水水质准则》呼吁世界各国和地区政府转变思路，以预防为主，加强饮用水质量管理，降低饮用水遭污染的风险。

第四版《饮用水水质准则》共 12 章，分为四个部分：第一部分为总体介绍的第 1、第 2 章，介绍了“准则”主要考虑的因素、涉水相关部门及机构和消费者对安全饮用水管理所扮演的角色和职责；第二部分为安全饮用水框架，包括第 3、第 4、第 5 章，涵盖了总体框架布局介绍、基于健康的水质目标确定、水安全计划及如何进行监督；第三部分为特殊情况下如何保障饮用水安全及应用“准则”，涉及气候变化、雨水收集、脱盐淡化、医疗机构、飞机船舶、紧急状态等；第四部分为支持性资料，即具体的微生物、化学物质、放射性及可接受性等指标的具体介绍，占《饮用水水质准则》篇幅的 3/4。

微生物方面，第四版《饮用水水质准则》共评估了 19 种致病菌、7 种病毒、11 种致病原虫（寄生虫），也对有毒蓝藻和蓝藻毒素进行了关注，同时对 8 类微生物安全质量的指示生物的应用进行了阐述。第四版《饮用水水质准则》共评估了 187 种化学物质，其中 25 种不大可能在饮用水中出现的农药认为不需要建立准则值，72 种因现有数据不足或饮用水中不大可能出现对人体健康产生危害的浓度水平而没有建立准则值，以及已经建立了准则值的化学物质 90 项。放射性方面，就辐射来源及危害、筛查和检测程序，饮用水中常见核素的指导值，普遍含有的天然放射性核素氡的相关问题，具体放射性核素的分析方法和补救措施，特别是新增问题出现后如何与公众就放射性风险进行沟通的内容。可接受性主要指臭、味和外观，涵盖了引起问题的生物和化学因素及嗅味问题的处理。

1.2.1.2 欧盟标准

欧盟的生活水质标准共 56 项，分为五类，其中感官指标 3 项、物理化学指标 18 项、生物指标 3 项、不良或有毒物 28 项、微生物指标 4 项。在指标量值方面规定有最大值、最小值和建议值三种。欧盟的生活水质标准与美国的相比，主要差别在于项目分类、项目成分及指标量值。项目名称相同、量值相同的仅 8 项；项目名称相同但量值不同的有 18 项，其中有 5 项高于美国，13 项低于美国。其余项目（名称）、成分均不同。在项目总数中，有机物 6 项，无机物为 37 项。可见，欧盟的生活水质标准尽管在项目数量上与美国相当、在指标量值上略低于美国，但有机物数量太少。世界卫生组织的生活水质标准，基本上与欧盟的一致。在项目名称、数量、分类方面均相同，仅在量值方面有 5 项不同，其中 4 项高于欧盟、1 项低于欧盟。

1.2.1.3 美国标准

美国是世界上最早制定生活水质标准的国家之一。从 1914 年开始制定，当时的标准只有两项。到 1986 年，先后进行过 6 次修订，每次修订后标准项目都大幅增加。1974 年美国还制定了《安全饮用水法案》，此后又制定了《国家暂行饮用水基本规则》，以保证生活水质标准的执行和实施。1986 年又制定了《饮用水标准修正规则》，使生活水质标准的修订形成一种制度，每三年修订一次。美国现行生活水质标准共有 52 项，分为两大类，即：美国国家一级饮用水规程，是法定强制性的标准；国家二级饮用水规程，为非强制性准则。其中各项指标又分为有机物、无机物、放射性核素及微生物四小类。标准中有机物 27 项，无机物 18 项，放射性 3 项，感官指标及 pH 指标 2 项，微生物（细菌）指标 2 项。在《安全饮用水法案》中，美国强调开展进行水中各种成分对人体健康影响的研究，然后再根据研究结果对生活水质标准进行修订。到目前为止，通过研究，生活水质标准中一些项目的量值降低了，还有少数项目的标准量值提高了。例如，原标准中氟化物为 2mg/L、硒为 0.001mg/L，现标准中修订为氟化物 4mg/L、硒 0.05mg/L 等。还有一些原来的项目被去掉了，如钠、锌；一些新的项目又被列入，如苯乙烯、乙苯、亚硝酸盐等。

1.2.1.4 日本标准

日本于 1955 年 7 月首次颁布了日本饮用水水质标准。之后先后于 1957 年、1959 年对此标准进行了两次修改；于 1985 年颁布了包括微生物学指标、无机物及感官性项目等 26 个指标在内的饮用水水质国家标准。此标准一直沿用到 1992 年。在 1985 ～ 1992 年颁布了几次临时标准。日本厚生省于 1992 年 12 月 21 日公布了新修订的生活饮用水水质标准（厚生省令第 69 号）。1993 年对其进行了大规模的修改，并于 1993 年 12 月 1 日正式施行。新标准包括 46 项基本水质指标，其中前 29 项是与人体健康有关的指标，以保证饮用水的安全性和可靠性；后 17 项是生活饮用水必须具有的性状指标，以满足人们对饮用水感官上的要求及给水设施管理上的要求。此外，还包括 13 项快适水质项目和 26 项水质监视项目。快适水质项目是作为水质管理的目标而设定的，以求饮用水舒适爽口。水质监视项目是为进一步保证生活饮用水的远期安全可靠性而制定的。

1998 年进行了标准修订，增加了铀和亚硝酸盐氮两个监测项目，1999 年增加了苯达松、卡巴呋喃等四种除草剂和二噁英监测项目，2000 年又重新修改了水质标准，主要增加了监视项目，从 1992 年的 26 项增加到了 35 项。其中包括了两种与代替氯气消毒剂（二氧化氯、亚氯酸盐）有关的项目及 4 种农药等。2004 年，检测标准又进行了新的修订，包括 50 项基准项目和 27 项年水质管理项目，水质管理目标不仅要求保证各检测项目达标，而且要求各自来水公司根据自身存在的问题积极改善其现有处理工艺，并积极采用实用的深度净水技术。

1.2.1.5 加拿大标准

第六版加拿大饮用水水质指导中包括微生物学指标、理化指标和放射性指标，其中最有特点的是该标准中规定的放射性指标有 29 项之多。上述指标值是基于危险管理概念制定的，并包括以下几个严格的步骤：确认、评价、定值、核准及标准的颁布和公布。在此过程中，很重要的一步是由加拿大卫生部对人体从饮用水中吸收某种物质对人体所造成的健康危险进行科学的评估，并推荐出适合的指标值。

1.2.1.6 法国标准

《法国饮用水水质标准》（95-368），主要参照 80/778/EC 指令而制定，它是在《法国生活饮用水水质标准》（89-6）的基础上，经过 1990 年、1991 年和 1995 年修订而成。大部分指标值采用的是 EU 标准的最大允许浓度值，有的指标要求高于 EU 的标准（如色度、浊度等），并增加了农药和氧化副产物等项目。标准中微生物学指标较全面，分别为耐热大肠菌、粪型链球菌、亚硫酸盐还原梭菌、沙门氏菌、致病葡萄球菌、粪型噬菌体、肠道病毒，这七项指标并不包含在 EU 最新饮用水水质指令中。标准（95-368）与（89-6）相比，增加了多环芳烃，细化了氟化物的规定。

1.2.1.7 德国标准

德国现行饮用水水质标准包含在饮用水及食品企业用水条例中。该条例对在饮用水处理中可以使用的药剂也做了明确的规定，包括允许投加浓度、处理后的极限值等。此外，对各种指标的检验范围与频率也有明确的规定。

1.2.1.8 澳大利亚标准

澳大利亚饮用水水质标准综合了 WHO、EU 和 US EPA 三大标准，包括微生物指标、不规则检测微生物项目指标、物理学指标、无机化学物质指标、有机消毒副产物指标、其他有机化合物指标、农药、饮用水中的放射性指标。该标准考虑项目全面，特别是微生物学项目分为细菌、原生动物、病毒和毒藻等几类，农药也列出了多达 121 项。在确定指标值时，不仅考虑了所列项目可能对健康、设备管道的影响，还考虑到人们感官上的要求，分列了健康指标值和感官指标值。

1.2.1.9 俄罗斯标准

俄罗斯的水质标准独具特色，其 1996 年版标准比 1982 版增加了数十项指标，指标值比 WHO 要求的更高（如汞，WHO 的指标值为 0.001mg/L，俄罗斯要求为 0.0005mg/L），而且列出了 47 项感官性参数，其中的碲、钐、铷、铋、过氧化氢、剩余臭氧等指标项目在其他国家的水质标准中未曾出现。

1.2.1.10 其他国家标准

东南亚国家和南美一些国家的饮用水标准是以世界卫生组织水质准则为基础制定的，代表一般发展中国家水平。例如，马来西亚于 1990 年 10 月修订的国家水质标准，分别列出了原水和饮用水水质标准及检测频率。其中原水的检测频率因水源而异分为三类，以便选择合适的处理工艺，使出厂水达到饮用水水质标准。该标准参考了 WHO《饮用水水质准则》，某些指标值还参考了英国、加拿大和澳大利亚的标准，指标项目较为完整。巴西和阿根廷基本上是以 WHO《饮用水水质准则》1984 年第一版为参考，但其根据本国的国情，考虑气候、用水总量和水源等条件，做了一些调整。例如，在氟化物指标的规定上，并未采用 WHO 的标准，巴西是要求依据每日最高气温而推荐的氟化物值应该符合现行法规；阿根廷则专门列表，分 6 个温度段，分别列出了上下限值。

匈牙利、捷克等国家，虽已加入欧盟，但它们的水质标准相当一部分是在此之前制定的，所以它们并没有以 EU 指令为标准框架。例如，匈牙利和捷克都是使用 1989 年制定的《饮用水水质标准》，从项目和指标值来看，很大程度是以 WHO（1984 年）《饮用水水质准则》为参考制定的，但有些指标比 WHO 要求更加严格，其对嗅和味都做了稀释倍数上的量化规定；捷克的标准中微生物及生物指标有 9 项，较 WHO 的标准还多列了 7 项，如粪型链球菌、无色菖蒲等，且指标值分为 MLV（最大限定值）、LV（限定值）、IV（指标值）和 RV（推荐值）四种，以适应将来的水质提高。

1.2.2 中国水质标准

上海是我国最早制定地方性饮用水标准的城市之一，《上海市饮用水清洁标准》于 1928 年 10 月修订公布。1954 年我国卫生部拟订了一个自来水水质暂行标准草案，有 16 项指标，于 1955 年 5 月在北京、天津、上海等 12 个大城市试行，这是新中国成立后最早的一部管理生活饮用水的技术法规。1985年8月16日中华人民共和国卫生部发布《生活饮用水卫生标准》（GB 5749—1985），经2006年、2022年两次修订，从开始的35项指标增加到97项，每次标准的修改制定都调整、优化了水质检验项目和提高了水质标准。国家还先后颁布了《地表水环境质量标准》（GB 3838—2002）、《地下水质量标准》（GB/T 14848—2017）和《生活饮用水水源水质标准》（CJ/T 3020—1993）等饮用水水源标准，对供水的源头水质进行控制。标准种类的不断丰富、检测指标的不断增加，检测指标重点从简单污染物的控制向复杂有机污染物的控制转变，这些变化表明了我国的水质监测技术在不断进步，国家对饮用水安全的重视程度不断加强。

1.2.2.1 水源水质标准

目前，我国饮用水水源水质评价标准分别是《地表水环境质量标准》（GB 3838—2002）、《地下水质量标准》（GB/T 14848—2017）和《生活饮用水水源水质标准》（CJ/T 3020—1993），其中《生活饮用水水源水质标准》（CJ/T 3020—1993）对生活饮用水水源水质做了专门规定，是迄今为止我国唯一一部专门针对水源水的专业水质标准。此外，《城市供水水质标准》（CJ/T 206—2005）和《生活饮用水卫生标准》（GB 5749—2022）也规定了生活饮用水水源水质应符合《地表水环境质量标准》和《地下水质量标准》的要求。

《地表水环境质量标准》（GB 3838—2002）是评价我国地表水环境质量状况的基本依据，该标准按照地表水环境功能分类和保护目标，规定了水环境质量应控制的项目和限值，以及水质评价、水质项目的分析方法和标准的实施与监督。该标准适用于中国领域内江河、湖泊、运河、渠道、水库等具有使用功能的地表水水域。具有特定功能的水域，执行相应的专业用水水质标准。其目的是保障人体健康、维护生态平衡、保护水资源、控制水污染、改善地表水质量和促进生产。依据地表水水域环境功能和保护目标，按功能高低依次划分为五类：

Ⅰ类，主要适用于源头水、国家自然保护区；

Ⅱ类，主要适用于集中式生活饮用水地表水源地一级保护区、珍稀水生生物栖息地、鱼虾类产卵场、仔稚幼鱼的索饵场等；

Ⅲ类，主要适用于集中式生活饮用水地表水源地二级保护区、鱼虾类越冬场、洄游通道、水产养殖区等渔业水域及游泳区；

Ⅳ类，主要适用于一般工业用水区及人体非直接接触的娱乐用水区；

Ⅴ类，主要适用于农业用水区及一般景观要求水域。

《地下水质量标准》（GB/T 14848—2017）规定了地下水质量分类、指标及限值，地下水质量调查与监测，地下水质量评价等内容。适用于地下水质量调查、监测、评价与管理。与修订前相比，新版标准将地下水质量指标划分为常规指标和非常规指标，并根据物理化学性质做了进一步细分，水质指标由39项增加至93项，其中有机污染指标增加了47项。该标准的修订将为全国地下水污染调查评价和国家地下水监测工程实施提供支撑。

1.2.2.2 供水水质标准

上海是我国最早制定地方性饮用水标准的城市之一，于1928年10月修订公布了《上海市饮用水清洁标准》。1950年上海市人民政府颁布了《上海市自来水水质标准》。

《自来水水质暂行标准》是新中国成立后的第一部国家颁布的管理生活饮用水的技术法规，其监控的水质指标有透明度、色度、臭和味、细菌总数、总大肠菌群、剩余氯、总硬度、氟化物、铅、砷、铜、锌、酚、总铁、pH 值，共 15 项。先由卫生部发布，于 1955 年 5 月首先在京、津、沪等 12 个城市试行。而后经国家建设委员会和卫生部共同审查批准，于 1956 年 12 月 1 日起在全国实施。

1959 年 11 月 1 日开始，实行由建筑工程部和卫生部批准发布的《生活饮用水卫生规程》。其中水质的监测指标由原来的 15 项增加到 17 项，即去掉了透明度，增加了浑浊度、大肠菌值、不得含有肉眼可见的水生生物及令人嫌恶的物质的规定。

1976 年 12 月 1 日起试行由国家建设委员会和卫生部批准的《生活饮用水卫生标准》（TJ 20—76）（试行）。其水质检验指标又由原 17 项增至 23 项，即去掉 1 项大肠菌值，新增 7 项指标为锰、阴离子合成洗涤剂、氰化物、硒、汞、镉和铬（六价）。遗憾的是此“试行”标准，竟一直试行了 9 年，终未见有正本标准出台。

1985 年由卫生部批准并发布、自 1986 年 10 月 1 日起实施的《生活饮用水卫生标准》(GB 5749—1985)，将水质检验指标由原来的 23 项增至 35 项。所增加的 12 项指标为硫酸盐、氯化物、溶解性总固体、银、硝酸盐、氯仿、四氯化碳、苯并 [*a*] 芘、滴滴涕、六六六、总 α 放射性和总 β 放射性。首次列入了与人体健康有关的有机化合物标准限值和放射性指标的参考水平。

1992 年，建设部组织国内专家提出我国“城市供水行业 2000 年技术进步发展规划”，按供水企业所在城市的性质及供水量将供水企业分为 4 类，提出了不同的 2000 年水质目标。第 3、4 类水司仍按《生活饮用水卫生标准》（GB 5749—1985）的 35 项水质指标要求；第 2 类水司（供水量大于 $50\times10^4m^3/d$）则以 1984 年世界卫生组织《饮用水水质准则》为基础，增加了我国国家环保局提出的“水中优先控制污染物黑名单”所列酚类、卤代烃类及农药类化合物，无机物指标，粪型大肠菌等 16 个指标，即第 2 类水司水质目标含有 51 个指标；而第 1 类水司（供水量大于 $1.0\times10^6m^3/d$）则以 1980 年欧洲共同体的水质指标为基础，再较第 2 类水司增加了 37 个指标，其中无机物指标 16 个、多环芳烃类 6 个、酚类 4 个、有机氯 7 个、其他有机物 2 个、粪型链球菌 1 个及亚硫酸还原菌 1 个，并要求每年进行 Ames 致突变试验 1 ～ 2 次，且规定了水质目标对浊度的限值以及各指标的合格率。

2001 年 6 月，卫生部拟定了“生活饮用水水质卫生规范”（属于《生活饮用水卫生规范》的附件 1），分“常规检验项目”和“非常规检验项目”，提出了 124 项水质指标及其限值。规范增加了铝、耗氧量、微囊藻毒素、亚氯酸盐以及一些卤代消毒副产物项目，对提高我国饮用水水质标准起到积极的促进作用，但对国际上十分关注的亚硝酸盐、溴酸盐及贾第鞭毛虫和隐孢子虫，该规范未做出相应规定。该规范是以卫生部文件的形式下发的，不具备国家标准的效力。2005 年，建设部发布了《城市供水水质标准》（CJ/T 206—2005），并于同年 6 月 1 日施行。标准主要对供水水质要求、水质检验项目及其限值做了规定，适于城市公共集中式供水、自建设施供水和二次供水。标准对供水水质保障的系统性做出明确规定，水质评价点是“龙头水”。因此，从水源、水厂、配水管网到二次供水设施的各个环节必须严格控制。标准检测项目共 93 项，常规检验项目为 42 项，非常规检验项目为 51 项。

2006 年，卫生部和国家标准化管理委员会对《生活饮用水卫生标准》（GB 5749—1985）进行修订，发布《生活饮用水卫生标准》（GB 5749—2006），于 2007 年 7 月 1 日起实施。水质指标由 GB 5749—1985 的 35 项增加至 106 项，增加了 71 项；修订了 8 项。其中：微生物指标由 2 项增至 6 项，增加了大肠埃希氏菌、耐热大肠菌群、贾第鞭毛虫和隐孢子虫，修订了总大肠菌群；饮用水消毒剂由 1 项增至 4 项，增加了一氯胺、臭氧、二氧化氯；毒理指标中无机化合物由 10 项增至 21 项，增加了溴酸盐、亚氯酸盐、氯酸盐、锑、钡、铍、硼、钼、镍、铊、氯化氰，并修订了砷、镉、铅、硝酸盐；毒理指标中有机化合物由 5 项增至 53 项，修订了四氯化碳；感官性状和一般理化指标由 15 项增至 20 项，增加了耗氧量、氨氮、硫化物、钠、铝；修订了浑浊度；放射性指标中修订了总 α 放射性。

2022 年，对《生活饮用水卫生标准》(GB 5749—2006) 进行修订，发布《生活饮用水卫生标准》(GB 5749—2022)，于 2023 年 4 月 1 日起实施。新版 GB 5749—2022 与 GB 5749—2006 相比，对标准的范围进行更加明确的表述，对规范性引用文件进行更新，对集中式供水、小型集中式供水、二次供水、出厂水、末梢水、常规指标和扩展指标等术语和定义进行修订完善或增减，对全文一些条款中的文字进行编辑性修改，对生活饮用水水源水质要求加以完善，提出当水源水质不能满足相应要求，但“限于条件限制需加以利用，应采用相应的净化工艺进行处理，处理后的水质应满足本文件要求”。删除涉及饮用水管理方面及“水质监测”的相关内容。根据水质指标的特点，新标准将指标分类方法由 GB 5749—2006 的“常规指标和非常规指标”调整为“常规指标和扩展指标”。水质指标由 GB 5749—2006 的 106 项调整为 97 项，包括常规指标 43 项和扩展指标 54 项。其中增加了 4 项指标，包括高氯酸盐、乙草胺、2-甲基异莰醇、土臭素，删除了耐热大肠菌群、三氯乙醛等 13 项指标，修改了 2 项指标的名称，调整了 8 项指标的限值，增加了总 β 放射性指标进行核素分析评价的具体要求及微囊藻毒素-LR 指标的适用情况；水质参考指标由 GB 5749—2006 的 28 项调整为 55 项，增加了 29 项指标，包括钒、六六六（总量）、对硫磷、甲基对硫磷、林丹、滴滴涕、敌百虫、甲基硫菌灵、稻瘟灵、氟乐灵、甲霜灵、西草净、乙酰甲胺磷、甲醛、三氯乙醛、氯化氰（以 CN^- 计）、亚硝基二甲胺、碘乙酸、1,1,1-三氯乙烷、乙苯、1,2-二氯苯、全氟辛酸、全氟辛烷磺酸、二甲基二硫醚、二甲基三硫醚、碘化物、硫化物、铀、镭-226，删除了 2 项指标，修改了 2 项指标的名称，调整了 1 项指标的限值。

各个时期供水水质指标变化情况见表 1-2。

表 1-2 我国供水水质标准指标发展历程

指标情况	1950 年	1955 年	1959 年	1976 年	1985 年	2005 年	2006 年	2022 年
指标总数	16	16	17	23	35	93	106	97
感官及化学指标	11	9	10	12	15	20	20	21
毒理指标	2	4	4	8	15	63	74	65
微生物指标	3	3	3	3	3	6	6	5
放射性指标	—	—	—	—	2	2	2	2
消毒剂指标	—	—	—	—	—	2	4	4

1.2.2.3 排水水质标准

排放标准不同于环境质量标准。环境质量标准是基于环境基准值，是为了保护公众健康、维护生态环境安全而制定的目标值，是污染控制的最终目标。排放标准是污染控制的手段，是企业需要遵守和执行的，因此排放标准的制定要和当前的污染治理技术水平相联系，不能单纯追求标准的先进性而脱离了目前行业的污染治理技术水平。排放标准属于强制性标准，其法律效力相当于技术法规。

对污水排放标准，国家环境保护总局在 1988 年发布了《污水综合排放标准》（GB 8978—1988），在 1996 年对其进行了修订，制定了《污水综合排放标准》（GB 8978—1996）。目前，该标准部分内容被 GB 20425—2006《皂素工业水污染物排放标准》、GB 20426—2006《煤炭工业污染物排放标准》等标准代替。该标准按地面水水域使用功能要求和污水排放去向，对向地面水水域和城市下水道排放的污水分别执行一、二、三级标准：排入 GB 3838—2002 中Ⅲ类水域（划定的保护区和游泳区除外）和排入 GB 3097—1997 中二类海域的污水，执行一级标准；排入 GB 3838—2002 中Ⅳ、Ⅴ类水域和排入 GB 3097—1997 中三类海域的污水，执行二级标准；排入设置二级污水处理厂的城镇排水系统的污水，执行三级标准。

2001 年，国家环境保护总局科技标准司提出了《城镇污水处理厂污染物排放标准》，并于 2002 年 12 月 27 日由国家环境保护总局和国家技术监督检验总局批准发布，2003 年 7 月 1 日正式发布。该标准是专门针对城镇污水处理厂污水、废气、污泥污染物排放制定的国家专业污染物排放标准，适用于城镇污水处理厂污水排放、废气排放和污泥处置的排放与控制管理。根据污染物的来源和性质，将污染物控制项目分为基本控制项目和选择控制项目两类。基本控制项目既包括常规污染物，还包括部分一类污染物；选择控制项目包括对环境有较长期影响或毒性较大的 43 种污染物。此外，除了分年限规定城镇污水处理厂出水指标外，还对废气和污泥中污染物进行了控制。这些规定对于加强我国城镇污水处理厂污染物的排放控制和污水资源化利用、促进城镇污水处理厂的运行管理，具有积极作用。

1.2.2.4 检测技术标准

（1）实验室检测

随着水质标准的不断完善与修订，其相关指标的检测标准也在不断改进与发展。目前，我国常用的水质检测标准有国家推荐标准《生活饮用水标准检验方法》（GB/T 5750—2023）、住建部行业标准《城镇供水水质标准检验方法》（CJ/T 141—2018）、《城镇污水水质标准检验方法》（CJ/T 51—2018）及环保部相关行业标准等技术标准。

《生活饮用水标准检验方法》（GB/T 5750—2006）共包括感官性状和物理指标、无机非金属指标、金属指标、有机综合指标、有机物指标、农药指标、消毒副产物指标、消毒剂指标、微生物指标及放射性指标 10 类，共 141 种污染物指标的检测方法。2019 年，根据国家卫生健康委员会办公厅《关于下达 2019 年卫生标准制修订项目计划的通知》（国卫办法制函〔2019〕714 号）要求，中国疾病预防控制中心环境与健康相关产品安全所组织开展对《生活饮用水标准检验方法》（GB/T 5750—2006）的修订工作，并于 2022 年形成报批稿并公开征求意见。此次修订除了满足《生活饮用水卫生标准》中水质指标的检验需求，提高饮用水水质检验工作的效率外，更主要的是为了解决 GB/T 5750—2006 存在的方法灵敏度不足、缺少部分指标的检验方法、方法便利性不足、方法自动化不足、质谱技术应用不足等问题和不足。该标准于 2023 年 3 月 17 日发布并于 2023 年 10 月 1 日实施。

结合城镇供水行业的各级检测机构水质检验仪器设备配置情况，2018 年住房和城乡建设部发布了《城镇供水水质标准检验方法》（CJ/T 141—2018），代替 CJ/T 141 ～ 150—2001，增加了62个指标的32个检验方法，修订了22个指标的9个检验方法。解决了部分与城镇供水水质监管要求相适应的问题。本标准规定了城镇供水水质检验方法的术语和定义、总则、无机和感官性状指标、有机物指标、农药指标、致嗅物质指标、消毒剂与消毒副产物指标、微生物指标和综合指标的检验方法。本标准适用于城镇供水及其水源水的水质检测。

此外，2018年住房和城乡建设部发布了《城镇污水水质标准检验方法》（CJ/T 51—2018），规定了城镇污水水质检验方法的术语和定义，水温、色度、pH值、悬浮固体、易沉固体、总固体、五日生化需氧量、化学需氧量、油、氰化物、总氰化物、硫化物、硫酸盐、氟化物、挥发酚、苯胺类等59个项目的测定，适用于城镇污水水质指标的测定。

（2）在线监测

目前，我国水质在线监测仪应用迅速普及但缺乏相应的技术规范，监测数据的可靠性缺乏保障；针对频繁发生的突发性水源污染，缺乏快速检测与筛查的技术手段。亟需开展水质在线监测标准化研究，实现在线监测方法的规范化，同时突破应急监测关键技术并初步建立应急监测技术方法，建立相关的行业标准、技术规程和技术指南，形成“从源头到龙头”的供水系统全流程标准化监测方法体系。此外，我国水源突发性污染频发，但缺乏预警关键技术，没有形成可以感知事故发生的应用预警系统，难以对事故发生及时预警，只能在事故发生后被动应对，因此亟需突破城市供水全流程监测预警技术，实现供水全流程水质监测预警的标准化，指导供水行业水质监测预警工作开展，保障供水安全。

“十一五”以来，依托国家“水专项”饮用水主题相关项目、课题，针对城市水系统信息化管理中的共性问题，开展了城市水系统监管平台设计、开发、建设、运行管理等多方面研究探索和应用实践，建立了以供水水质监管为核心的水系统监管平台框架，在平台建设的数据采集（在线监测）、采集网络设计、平台结构设计、数据库建设、数据加工处理、数据库安全等方面积累了丰富的经验，并形成了一系列标准规范，为城市水系统监管平台建设提供了标准化工作依据。见表1-3。

（3）移动检测

近年来，我国水质移动实验室检测方法的国家标准和行业标准有了一定的进展，形成了一系列基于水质移动实验室的产品、技术标准，填补了水质移动实验室行业标准空白，既可实现城镇水系统的现场灵活、快速检测，又能保证检测结果的准确性，可完全满足城镇供水应急监测、督查监测需求。

目前，我国发布了3项关于颗粒计数仪产品的相关标准及2项关于颗粒计数仪应用指导的标准，包括《城镇给水颗粒计数在线监测仪应用技术规程》（T/CAQI 152—2020）、《液体颗粒计数器检定规程》（JJG 1061—2010）、《浙江省城市供水现代化水厂评价标准（2018版）》等。团体标准《城镇给水颗粒计数在线监测仪应用技术规程》（T/CAQI 152—2020），由中国质量检验协会于2020年12月16日批准发布。该规程规定了城镇给水颗粒计数在线监测仪的一般规定、性能要求、安装与验收以及运行维护管理，标准主要内容包括范围、规范性引用文件、术语和定义、一般规定、性能要求、安装与验收、运行维护管理、附录A（资料性附录）城镇给水颗粒计数在线监测仪性能指标检验方法和标物比对实验要求、附录B（资料性附录）城镇给水颗粒计数在线监测仪校验方法、附录C（资料性附录）城镇给水监测点颗粒数参考表，适用于光阻法原理的城镇给水颗粒计数在线监测仪在城镇给水厂工艺过程水、

表 1-3 城市水系统监管平台相关标准汇总

标准类型	标准名称	标准代号	标准状态
行业标准	城镇供水水质在线监测技术标准	CJJ/T 271—2017	发布
	城镇供水管理信息系统 基础信息分类与编码规则	CJ/T 541—2019	发布
	城镇供水管理信息系统 供水水质指标分类与编码	CJ/T 474—2015	发布
	城镇供水管理信息系统 数据交换格式与传输要求	—	报批中
	城镇供水管理信息系统 可视化平台结构和数据要求	—	征求意见
地方标准	城镇水系统信息编码规则	—	在编
	城镇供水水质在线监测系统技术规范	DB37/T 5042—2015	发布
团体标准	城镇供水管网末端水质在线监测智能化模块技术规范	T/CAQI 93—2019	发布
	城市供水水质数据采集网络工程设计要求	T/YH 7005—2020	发布
	城镇供水系统基础数据库建设规范	T/YH 7004—2020	发布
	城镇供水信息系统安全规范	T/YH 7003—2020	发布
	城市供水信息系统基础信息加工处理技术指南	T/CECS 20002—2020	发布
	城市供水监管中大数据应用技术指南	T/CECS 20004—2020	发布
	城市供水系统效能评估技术指南	T/CECS 20001—2020	发布
	城镇给水水质监测预警技术指南	T/CECS 20010—2021	发布
	城市供水系统监管平台结构设计及运行维护技术指南	T/CECS 20003—2020	发布

出厂水的水质监测，管网水质监测可参考使用。

ICP-MS 分析仪在国际上相关标准主要符合美国环保署标准方法 EPA200.8、EPA6020 和英国 NS30 等国际标准要求；除此之外，目前国际专门针对 ICP-MS 分析仪的标准，尤其是针对可移动性 ICP-MS 分析仪的标准较少。国内的 ICP-MS 分析仪的评价标准主要是采用《四极杆电感耦合等离子体质谱仪校准规范》（JJF 1159—2006）中所涉及的校准项目，主要包括灵敏度、检出限、短期稳定性、长期稳定性、双电荷、氧化率等指标；其他相关仪器标准如《四极杆电感耦合等离子体质谱方法通则》（GB/T 37837—2019）、《车载式电感耦合等离子体四极杆质谱仪技术要求》（T/CIMA 0023—2020）；检测标准如《水质 65 种元素的测定 电感耦合等离子体质谱法》（HJ 700—2014）、《固体废物 金属元素的测定 电感耦合等离子体质谱法》（HJ 766—2015）、《空气和废气 颗粒物中铅等金属元素的测定 电感耦合等离子体质谱法》（HJ 657—2013）等在一定程度上推动了 ICP-MS 分析仪的标准化进程。

气相色谱-质谱联用仪的仪器标准主要为校准规范 JJF 1164—2018，对离子阱与四极杆台式气相色谱-质谱联用进行了主要性能指标的校准，其他台式气相色谱-质谱联用仪的校准可参照此规范进行。该规范规定了仪器通用术语和计量单位、性能指标（基线噪声、检出限、质量范围、灵敏度、质量稳定性、分辨率）以及性能测试方法等内容。对于移动式 GC-MS 仪器及分析标准规范有待完善。本书作者参研单位编制了《车载台式气相色谱-质谱联用仪技术要求》（T/CIMA 0022—2020）团体标准，该标准由中国仪器仪表行业协会发布，已于 2020 年 12 月 28 日实施。标准规定了车载台式气相色谱-质谱联用仪的术语和定义、分类、要求、试验方法、检验规则、标志、包装、运输、储存，可以为生产企业在设备选择、安装调试、运输、储存等方面提供参考。并且现有生产厂家产品技术手册不具有普适性，因此编制了《城镇供水系统关键材料设备应用指导手册——GC-MS 分析仪》，该手册主要介绍产品概述、产品分类、产品相关标准、产品选择、保存与运输、安装与拆卸及注意事项等内容，可为生产企业、设计院、供水企业技术人员在设备选择、安装调试、运行管理等方面提供参考。

为着力解决我国现场应急检测领域难题，规范产业健康发展，中国国家标准化管理委员会于 2010 年 9 月 8 日批准成立了“全国移动实验室标准化技术委员会（National Technical Committee 509 on Mobile Laboratory of Standardization Administration of China）”（编号：SAC/TC509），主要负责移动实验室相关的国家标准制修订工作。全国移动实验室标准化技术委员会由 43 名委员组成，委员为移动实验室生产、研发、应用等相关领域资深专家或优秀人才。全国移动实验室标准化技术委员会根据国内移动实验室发展现状，完成了我国移动实验室标准体系初步框架及标准体系表（表 1-4），将标准体系分成基础标准、技术标准和管理标准等。

表 1-4　我国移动实验室标准体系初步框架及标准体系表

标准类型	具体标准
基础标准	《移动实验室分类、代号及标记》（GB/T 29473—2020）
	《移动实验室通用要求》（GB/T 29479—2012）
	《移动实验室　术语》（GB/T 31017—2014）
	《移动实验室　模块化设计指南》（GB/T 31018—2014）
	《移动实验室　人类工效学设计指南》（GB/T 31019—2014）
	《移动实验室移动特性》（GB/T 31020—2014）
	《移动实验室　分类分级方法》（GB/T 33710—2017）
技术标准	《移动实验室设计原则及基本要求》（GB/T 29475—2012）
	《移动实验室实验舱通用技术规范》（GB/T 29477—2012）
	《移动实验室　仪器设备量值溯源与传递指南》（GB/T 33709—2017）
	《移动实验室　载具通用技术规范》（GB/T 33253—2016）
产品标准	《环境监测车》（QC/T 41—1992）
	《电视车通用技术条件》（GB/T 12503—1995）
	《食品安全检测移动实验室通用技术规范》（GB/T 29471—2020）
	《移动实验室　设备工况测试通用技术规范》（GB/T 31023—2014）
	《药品检测移动实验室通用技术规范》（GB/T 33712—2017）
	《地下水检测移动实验室通用技术规范》（GB/T 35401—2017）
设施标准	《实验室家具通用技术条件》（GB 24820—2009）
	《移动实验室内部装饰材料通用技术规范》（GB/T 29474—2012）
	《移动实验室仪器设备通用技术规范》（GB/T 29476—2012）
	《移动实验室用温湿度控制系统技术规范》（GB/T 29600—2012）
	《移动实验室　供、排水系统设计指南》（GB/T 33247—2016）
	《移动实验室　信息传输系统通用技术规范》（GB/T 33711—2017）
	《移动实验室　操作台通用技术规范》（GB/T 33246—2016）
管理标准	《移动实验室安全管理规范》（GB/T 29472—2012）
	《移动实验室有害废物管理规范》（GB/T 29478—2012）

基于以上的标准规范，可以看出目前水质检测移动实验室及车载设备的标准规范尚不完善。由于水质检测移动实验室缺少相关评估、验证标准，用户在选型时缺少相关标准依据，在对产品进行验收时也没有严格的标准依据，不利于产品推广。因此本书作者参与编制了《城镇供水水质检测移动实验室》（T/ZZB 1577—2020）。标准规定了城镇供水水质检测移动实验室（以下简称移动实验室）的术语和定义、基本要求、技术要求、试验方法、检验规则、标志、文件、运输、储存和质量承诺，可为城镇供水行业的水质检测移动实验室提供参考。此外，由于现有生产厂家产品技术手册不具有普适性，因此编制了《城镇供水系统关键材料设备应用指导手册——水质检测移动实验室》，该手册主要介绍产品概述、产品分类、产品相关标准、产品选择、保存与运输、安装与拆卸及注意事项等内容，可为生产企业、设计院、供水企业技术人员在设备选择、安装调试、运行管理等方面提供参考。

1.3　水质检测技术发展

水质检测是指通过相关的技术对水中的化学物质、悬浮物、底泥和水生态系统进行统一的定时或不定时的检测，测定水中污染物的种类、浓度及变化趋势，从而评价区域的水质状况。

按照检测场所不同，水质检测分为实验室检测、在线监测和移动检测。实验室检测是指在固定实验场所进行检测，具有满足使用需求的基础设施、检测仪器设备、计量器具、实验环境、技术人员等。在线监测是通过装在生产线和设备上的各类监测仪表，对水质传感器信号进行连续自动监测并上传至终端平台系统，可对水质波动情况实时监测。移动检测则是采用便携仪器设备在现场进行检测的一种方式，解决了传统实验室检测存在滞后性的弊端，操作简单、方便易携的便携检测技术的应用逐步成为顺应时代发展的必然要求。

在我国工业化、城镇化和市场化快速推进的大背景下，水环境污染尚未得到根本性遏制，水体污染物种类繁多，新污染物不断检出，水质污染呈现复合性、复杂性和多变性等特征，水源突发性污染事件时有发生，饮用水安全保障的形势依然严峻。因此，仍需持续开展水系统全过程水质精准监控技术研究、标准体系建设，提升水质监测预警技术能力，完善水质检测方法标准、规范，构建全流程、多维度水质监测保障体系，为实现饮用水“从水源地到水龙头”全过程精准监管、“让人民群众喝上放心水”提供有力支撑。随着“水专项”的研究与成果应用，我国现今水质检测技术研究和应用有了较大改善。

1.3.1　技术现状与发展

水质检测采用的方法主要包括传统的物理分析、化学分析、电化学分析、色谱分离技术、生物传感技术等，以及基于现代光谱分析的水质检测技术。我国从 21 世纪初开始着力于建设全面高效、高通量的水质检测技术，经历了多年发展，随着政府的重视、我国科学技术的发展和相关人员综合素质的提高，水质检测工作取得了很大的进步，实现了水质检测技术的不断完善。通过气相色谱、高效液相色谱、离子色谱、电感耦合等离子体色谱等技术实现了高通量检测，研发了多种快速识别技术，形成了健全的检测方法体系。随着现代检测技术的不断发展和日益成熟，我国水质检测技术和方法也在不断改进和完善。

（1）样品前处理技术

基于水质基质复杂、部分指标在水中含量较低或仪器方法要求等因素，检测过程中往往需要水样的富集与纯化。样品前处理过程的先进与否，直接关系到分析方法的优劣。样品前处理是样品分析过程中最费时费力、最容易产生分析误差的一个环节，因此样品前处理技术决定着样品分析的结果。液液萃取法是传统的前处理方法。该方法具有处理能力强、分离效果好等诸多优点，但液液萃取技术萃取时间长、操作步骤烦琐、有机溶剂用量大、容易造成二次污染等问题限制了其应用。近年来，固相萃取、顶空、吹扫捕集等样品前处理方法得到发展与进步，不断替代传统的液液萃取方式，越来越多地应用在水质检测中。

（2）高通量检测技术

传统的仪器方法一般以单组分检测为主，如气相色谱法、液相色谱法、原子吸收光谱法、原子荧光光谱法等，多存在灵敏度低、准确度低、效率低的问题。现代仪器检测技术的引入，大大提高了检测的准确度和便捷性。如色谱-质谱联用法有灵敏性强、准确性高、自动化等特点，解决了许多复杂基体的分离、鉴定和含量测定问题，已广泛应用于水质检测中。随着“水专项”等项目持续研究与成果应用，我国现今水质检测技术研究和应用有了较大改善。在《生活饮用水标准检验方法（合订本）》（GB/T 5750.1 ～ 5050.13—2023）中，新增了基于气相色谱-质谱、液相色谱-质谱、色谱-ICPMS 等技术的高通量检验方法，质谱技术的标准化得到了提升。水环境中污染物多以微量、痕量、超痕量存在，受到复杂环境影响，以不同形态存在且各形态的毒性水平不同，一定程度上增加了分析检测的复杂性，仍无法实现快速、准确识别供水系统的水质风险及潜在威胁。

目前，形成了我国的饮用水水质标准检测方法，有力推动了供水行业水质检测和监测的标准化和规范化。针对城市供水水质监测技术落后、监测网络不完善等问题，“水专项”相关课题组优化了关键指标的实验室检测和在线监测方法，大幅降低了“两虫”等指标的检测成本，初步建立了标准化检测方法体系，建立了针对相应的特征污染物检测方法和快速检测方法库，支撑了《城镇供水水质标准检验方法》（CJ/T 141—2018）、《城镇供水水质在线监测技术标准》（CJJ/T 271—2017）等行业标准的编制，有力推动了供水行业水质检测和监测的标准化和规范化。

（3）快速检测技术

随着技术的发展与应用，我国的水质检测手段在以传统的实验室常规化学检测为主的基础上增加了生物检测、在线预警监测和现场快速检测等技术方法，从很大程度上弥补了传统检测手段的不足。如生物检测能够对痕量污染物的综合毒性进行检测，还可以检测水域的长期累积生物毒性，对保证饮水健康有很重要的意义；在线预警监测可以对水质进行实时监测，提供更加及时、宏观的监测信息，在水源水质的预警预报方面具有重要作用，对于环境决策有很大的指导意义；现场快速检测技术可迅速判定污染物的种类、浓度、范围、扩散速度、危害程度，为正确决策提供科学依据，为有效控制污染范围、妥善处置水质污染事件争取时间。

移动检测技术不断完善与进步，水质监测设备和移动式水质监测集成装备取得了一系列重大突破，研发了一系列具有自主知识产权的特征污染物检测设备和常规指标分析检测设备系统。部分成果已形成产品，成功实现国产化替代，并出口“一带一路”沿线两个国家，提升了国产科学仪器设备品牌形象，在环境水质现场检测领域取得了较好的应用。支撑“全国八大应急供水基地”及监控管理调度系统建设与业务化运行，提升我国重点区域城乡供水应急救援能力。

1.3.2 主要技术问题

由于政府的重视、我国科学技术的发展和相关人员综合素质的提高，我国水质检测工作取得了很大的进步。然而，对比欧美和日本等发达国家的水质检测发展情况，我国水质检测领域主要技术仍然存在一些问题。

（1）新污染物检测能力不足

新污染物是指那些具有生物毒性、环境持久性、生物积累性等特征的有毒有害化学物质，这些有毒有害化学物质对生态环境或者人体健康存在较大的危害性风险。近年的研究表明，水环境中新污染物不断检出，持久性有机污染物、内分泌干扰物、抗生素、微塑料四大类新污染物已引起国内外广泛关注。水中新污染物问题已成为行业管理部门和专家学者关注的热点问题。随着对化学物质环境和健康危害认识的不断深入及检测技术的不断发展，新污染物还会持续增加。因此，对水中新污染物筛查鉴定和检测评估技术的开发具有重要意义，可进一步地确定我国水中主要的新污染物种类及毒性，从而加快立法与治理的脚步，实现水质的综合提升。

（2）检测方法技术支撑体系不完善

随着环境科学的深入发展，环境污染物呈现出一些特点：a. 污染物种类增多，且许多污染物结构类似；b. 有毒有害污染物浓度水平不一，许多低浓度污染物依然具有较高的毒性和风险。

科研人员逐渐意识到，某些物质虽然在结构上差别微小，但往往具有相差悬殊的毒性。要分离和识别微小结构差别的物质，就要求检测方法具有很好的选择性。此外，许多污染物的毒害作用强，许多 ppb 级（10^{-9} 级）甚至 ppt 级（10^{-12} 级）的污染物依然具有较高的毒性。因此，研制灵敏度高、检出限低的分析检测技术是水质检测技术的发展目标之一。水质检测技术的选择性和灵敏度一方面依赖于检测仪器本身的性能，另一方面依赖于方法建立者的专业技术水平。而在我国，由于科研人员的专业技术水平有限，经费投入力度小，许多标准方法的灵敏度无法满足检测要求。此外，在我国，水质检测技术 / 方法自动化程度低，许多样品前处理方法依然依赖手动操作，如固相萃取法、液液萃取法等；在仪器分析方面，自动进样、手动操作会带来较大误差，结果平行性不好；同时由于需要使用有机试剂或酸、碱试剂，难以保障操作人员的安全。

评判一个水质检测技术、方法的优劣，可从准确度、灵敏度（检出限）、选择性、自动化程度四个方面考察。与国外发达国家的检测技术 / 方法相比，我国的水质检测分析技术 / 方法在灵敏度、选择性及自动化水平上都有待提高。

（3）检测设备材料相对落后

近年来，我国水质检测分析仪器在开发研制、生产规模、仪器种类等方面均有了长足的发展。但是，从目前的研究状况来看，与国外先进仪器设备相比，国产检测分析仪器仍存在较大差距，尚不能满足我国饮用水水质检测工作的需求。主要存在的问题有以下几个方面。

① 仪器可靠性差。国产的各类监测分析仪器在原理、结构上与国外先进仪器的差别不

大，但是由于工艺落后、加工水平有限、主要零部件质量不过关等问题，导致仪器的可靠性差、灵敏度低。

② 仪器自动化水平低。随着自动化、信息技术的不断提高，我国在仪器智能化方面也有了较大进步，但由于技术水平薄弱、技术力量分散，与国外仪器相比，国产仪器的自动化水平低。

③ 更新换代速度慢。科研成果转化为产品的速度慢，研发、生产、市场三者脱节。

④ 高、中、低档不配套。由于使用要求和目的不同，对仪器的档次要求也不同，现在的国产仪器种类繁多，但中高档精密仪器缺乏，不能满足特殊场合的需求。

1.3.3 技术展望

针对我国水环境污染的困境，国家先后制定出台了“水十条”《重点流域水污染防治规划（2016—2020年）》《全国地下水污染防治规划（2011—2020年）》等相关政策，并提出坚持节水优先，强化水资源管理，最大限度地治理水污染现状。治理水污染，水质监测是关键。可以预见，随着环境质量标准日益严苛以及水生态系统修复、黑臭水体治理需求的持续旺盛，我国水质检测行业存在巨大的市场潜力和发展空间。

为实现供水水质深度解析和预警预判，需紧跟检测前沿技术，不断研发覆盖水源、水厂、管网等供水系统全过程的多层次、多方位水质检测 / 监测技术。近年来，我国在检测监测装备研制、监测预警技术应用研发和应用方面取得了长足的进步，建议未来技术研发聚焦以下几方面。

（1）装备国产化

根据我国水系统全流程多层次检 / 监测能力建设需求，发展实验室高通量检测和稳定可靠的快速检测技术至关重要，但制约因素为检测仪器及其耗材的国产化程度，今后应该优先研制具有自主知识产权的快速检测设备传感器或核心部件，提高样品预处理装置及标准物质国产化配套能力，研发中高级别精度的光谱、色谱大型检测仪器。

“水专项”实施之前，国内市场以国外进口产品为主，国产产品在核心技术方面存在较大的差距。近年来，尤其是“水专项”实施以来，在“水专项”的引领下，国产监测技术装备水平有了较大提高，部分技术实现了“引进—消化—创新”超常规的跨越式发展，国产技术装备的市场占有率也得到了大幅度提升。随着国内供水行业快速发展，管理水平和管理方式逐渐现代化，监测设备的应用会更普遍。亟需开展核心技术研发，提高国产设备的竞争力，进一步提高装备国产化水平。

（2）技术标准化

充分利用先进检测技术与仪器，如质谱技术、光电化学技术等，结合生物免疫、毒性评估等生物毒理技术，以水中微量、超微量污染物鉴定与量化为重点，构建涉及单一目标污染物鉴定、非目标污染物筛查、污染物总量评价、水质综合毒性分析的多层次实验室检测技术，为全面解析水体污染成分及毒性提供依据和手段。

根据我国水行业监测预警能力建设的需要，紧跟我国标准化工作改革步伐，围绕实验室定量检测、不明污染物分类解析、快速监测识别等方面技术标准化建设需求，在补齐短板基础上提升新技术新装备标准化能力，构建涵盖国家标准、行业标准、地方标准和团体标准等多层次的检测技术标准和工程技术规程，逐步完善水系统水质监测方法标准体系。

（3）监管智能化

按照我国水系统行业监管的现实需求，结合人工智能技术操作方便、精准、快速、经济等优势，重点研发基于全生命周期数据质量保证的实验室管理系统，研究快速监测质控智能化管理系统，研发高效实用的监测预警模型和业务化监管平台，为全面保障“从水源地到水龙头”供水水质安全提供监测数据支持。充分利用智能技术、云计算技术，构建全流程大数据系统。强化大数据分析和挖掘工作，推进“数据驱动”治理方式，使供水全过程监管从粗放型向精细化、精准化转变，从被动响应向主动预见转变，从经验判断向科学决策转变，有效提高政府对城市供水全过程监管能力和供水安全应急保障能力。

参考文献

[1] 马晓明 . 城市饮用水安全研究现状 [J]. 科技经济市场，2011（9）：64-66.
[2] 张颖 . 浅谈我国地表水水质监测现状 [J]. 科技信息——基础理论研讨，2011（16）：59-61.
[3] 张媛媛，杨祝红，文高飞，等 . 我国饮用水水质标准研究进展及新增项目检测 [J]. 中国公共卫生，2007，23（3）：275-276.
[4] Geneva. World Health Organization. Guidelines for Drinking-water Quality, third edition, 2004.
[5] EU’s Drinking Water Standards. Council Directive 98/83/EC on the quality of water intended for human consumption. Adopted by the Council, 1998.
[6] US EPA. Drinking Water Standards and Health Advisories, Winter, 2004.
[7] 日本饮用水水质基准（水道法に基づく水质基准に关する省令），2004.
[8] 俄罗斯国家饮用水卫生标准，2002.
[9] 李宗来，宋兰合 . WHO《饮用水水质准则》第四版解读 [J]. 给水排水，2012，38（7）：9-13.
[10] GB 5749—2022.
[11] 由阳，曾友文，石炼，等 . 关于我国《生活饮用水卫生标准》实施情况的评估 [J]. 给水排水，2012，38（1）：11-16.
[12] 刘冬梅 . 国际饮用水水质标准发展趋势 [J]. 给水排水动态，2012（10）：40-42.
[13] 高娟，李贵宝，刘晓茹，等 . 国内外生活饮用水水质标准的现状与对比 [J]. 水利技术监督，2005，3：61-64.
[14] 张金松 . 国际饮用水水质标准汇编 [M]. 北京：中国建筑工业出版社，2001.
[15] 由阳，石炼，宋兰合 . 修订我国饮用水水源水质标准的建议 [J]. 中国给水排水，2011，27（18）：17-20.
[16] 李德强，李骏飞 . 浅析我国供水水质标准的合理性和优化方向 [J]. 水工业市场，2009（6）：38-39.
[17] 张岚，王丽，鄂学礼 . 国际饮用水水质标准现状及发展趋势 [J]. 环境与健康杂志，2007，24（6）：451-453.
[18] 季天野 . 中外水质标准纵横比 [J]. 环境生活，2012（7）：17-19.
[19] 王丽霞 . 我国饮用水水质标准研究现状综述 [J]. 化学工程与装备，2009（6）：101，113-115.
[20] 黄仲杰 . 我国城市供水现状、问题与对策 [J]. 给水排水，1998，24（2）：18-20.
[21] 胡定金 . 浅谈我国水污染的主要成因及防治对策 [J]. 湖北农业科学，2010，49（9）：2290-2291.
[22] 林涛 . 饮用水水源有机污染研究综述 [J]. 环境保护科学，2005，31（127）：35-37.
[23] 中华人民共和国生态环境部 . 中国生态环境状况公报，2021.
[24] 中华人民共和国生态环境部 . 2016—2019 年全国生态环境统计公报 .
[25] 国家统计局 . 中国环境统计年鉴（2018）[M]. 北京：中国统计出版社，2019.

第2章

样品制备技术与应用

▲ 液液萃取法

▲ 固相萃取法

▲ 吹扫捕集法

▲ 加速溶剂萃取法

▲ 顶空法

样品制备技术是指对样品采用合适方式进行分解和溶解及对其中待测组分进行提取、净化、浓缩的过程，使待测组分转变成可测定的形式进行定性、定量分析检测。样品制备的目的是消除基体干扰，富集、纯化和固定待测物，提高分析方法的准确度、精密度、选择性和灵敏度。样品制备往往比样品分析的时间要长，是样品检测过程中非常重要的步骤，其先进与否，直接关系到分析方法的优劣。样品制备是样品分析过程中最费时费力、最容易产生分析误差的一个环节，它决定着样品分析结果的质量。

常用的样品制备技术：无机指标分析主要包括过滤、混凝沉淀、高压消解、微波消解等；生物毒性分析主要包括液液萃取和固相萃取；有机物指标分析主要包括液液萃取、固相萃取、固相微萃取、加速溶剂萃取、圆盘固相萃取、顶空富集、吹扫捕集和热解吸等。表 2-1 列出了目前常用的样品制备技术。

表 2-1　各种样品制备技术的对比

样品制备技术	方法原理	优缺点
加速溶剂萃取法	在较高的温度和压力下用溶剂萃取固体或半固体样品	有机溶剂用量少，回收率高，使用方便，安全性好，自动化程度高
吹扫捕集法	利用气体吹出样品中待测物后，用低温捕集或吸附剂捕集的方法收集待测物	无需使用有机溶剂，对环境不造成二次污染，而且取样量少、富集效率高、受基体干扰小且容易实现在线检测。但该方法的灵敏度与精密度相对较低
液液萃取法	利用液液混合物中各组分在某溶剂中溶解度的差异，达到分离的目的	处理能力强、分离效果好、回收率高、易于自动化操作。但重现性较差，需要大量的有机溶剂，易对环境造成污染
固相萃取法	利用吸附剂将水样中的有机物吸附并利用洗脱液洗脱，达到分离、富集的目的	简便易行，减少了溶剂的消耗和废物的产生量，回收率高，重现性好，检出限低，杂质干扰极低，易于实现自动化
固相微萃取法	利用待测物在样品及萃取涂层之间的分配平衡，将萃取纤维暴露在样品或其顶空中萃取	操作简单、样品用量小、快速、稳定性好、重现性好、灵敏度高、无需有机试剂
顶空富集法	在密闭顶空瓶中，一定温度下易挥发待测物从液相逸入液面上部空间的气体中，在气液两相间达到平衡，实现分离富集	操作简单，样品用量少，不使用有机试剂，环境友好，自动化水平高，适用于挥发性有机物分析

设备作为样品制备技术的一个重要基础，已经由技术含量低、设备笨重庞大、操作烦琐、效率低的老式设备向着技术含量高的自动化设备发展，极大地降低了人力成本，提高了实验效率。

2.1　液液萃取法

液液萃取法是传统的预处理方法。该方法具有处理能力强、分离效果好、回收率高、可连续操作、易于自动化操作等诸多优点，适用于苯系物、有机磷、有机氯农药等半挥发、难挥发有机污染物的富集，目前广泛应用于石油化工、生物制药、精细化工和环境检测等领域。该预处理方法与气相色谱、气相色谱-质谱联用等技术结合，进行定性、定量分析，具有良好的准确度和精密度。

2.1.1 液液萃取法的原理

液液萃取法是传统的预处理方法，也称为溶剂萃取法。向待分离溶液（料液）中加入与之不相溶（至多是部分互溶）的萃取剂，形成共存的两个液相。各组分在原溶剂与萃取剂中的溶解度（包括经化学反应后的溶解）存在差别，不等同地分配在两液相中，然后通过两液相的分离，实现组分间的分离。图 2-1 为采用单一萃取剂萃取一种溶质的示意图。图 2-1 中，S 为萃取剂；A 为溶质，原混合液中待分离的组分；B 为原溶剂，原混合液中与萃取剂不相溶或仅部分相溶的组分。充分混合后，E 为萃取相，以萃取剂为主的溶液；R 为萃余相，以原溶剂为主的溶液。液液萃取用于水样检测的一般步骤为：待测水样（含有待测组分 A）与萃取剂 S 充分混合后，将萃取相 E 和萃余相 R 分离，待测组分 A 被萃取到萃取相 E 中，进一步浓缩后，通过分析仪器进行检测。另外，若采用两种互不相溶的“双溶剂”作萃取剂，或萃取两个或两个以上的溶质组分，则萃取系统将涉及更多组分——多组元体系。

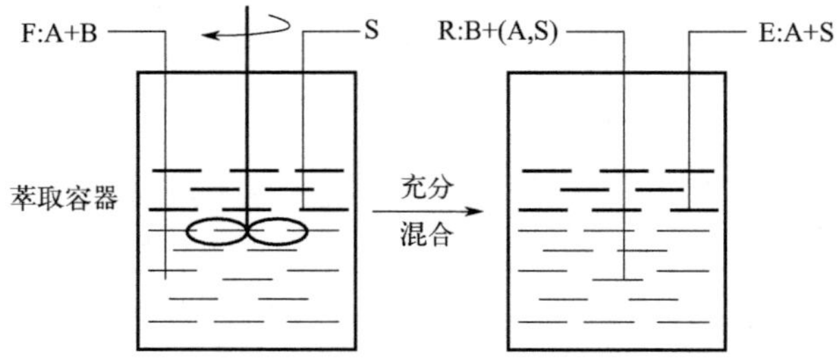

图 2-1　液液萃取原理简图

2.1.2 液液萃取仪器装置

在水质检测应用领域，液液萃取的基本容器为分液漏斗，为了使萃取剂和水样充分混合，提高萃取效率，需要摇动分液漏斗，以前多采用手动摇晃分液漏斗，除了费时费力以外，振荡时间和均匀性难以保持一致，导致样品检测的平行性较差。现在实验室多采用分液漏斗振荡器，除了降低劳动强度以外，该设备可以设置固定的振荡频率和振荡时间，从而保证了样品之间液液萃取处理的一致性，样品分析的准确度和精密度得到提高。

2.1.3 液液萃取法的应用

2.1.3.1 苯系物

苯系物是环境中常见的有机物，因其对人体的危害，日益受到关注。它属于《生活饮用水卫生标准》（GB 5749—2022）中水质扩展指标，常用的检测方法为液液萃取-气相色谱法。液液萃取-气相色谱法能够很好地分离苯系物，重复性好，检测灵敏度能够满足饮用水中苯系物的检测要求。

研究人员采用液液萃取法富集水中苯系物时，多选择二硫化碳作为萃取剂，采用配备氢火焰离子化检测器的气相色谱仪检测苯系物，方法检出限在 0.01 ～ 0.05mg/L 之间。贾雪艳等采用液液萃取法，选择二硫化碳为萃取剂，Zebron ZB-50 毛细管柱分离，气相色谱法（氢火焰离子化检测器 FID）测定水中的 8 种苯系物（苯、甲苯、乙苯、对二甲苯、间二甲苯、邻二甲苯、异丙苯、苯乙烯），可在 10min 内有效分离检测 8 种苯系物，校准曲线线性良好（$r>0.999$），检出限为 0.01mg/L，适用于不同水质中苯系物的检测。李显芳等采用二硫化碳为萃取剂，采用氢火焰离子化检测器气相色谱法测定水中的苯系物和氯苯（苯、甲苯、乙苯、对二甲苯、间二甲苯、邻二甲苯、氯苯）。该方法中各个目标物的校正曲线相关系数可达 0.9998 以上，检出限为 0.03 ～ 0.05mg/L，加标回收率为 99% ～ 103%，适用于污水中苯系物和氯苯的测定。陈军等采用二硫化碳为萃取剂，气相色谱法测定饮用水中 7 种苯系物（苯、甲苯、乙苯、邻二甲苯、间二甲苯、对二甲苯和苯乙烯）。苯系物的加标回收率在 87.0% ～ 111.3% 之间，线性关系良好，相对标准偏差为 3.2% ～ 9.3%。该方法简单、快速、准确、灵敏，适用于饮用水中苯系物的测定。叶璐等采用二硫化碳萃取，DB-WAX 毛细管柱分离，氢火焰离子化检测器气相色谱法测定水中的苯系物，可在 12min 内有效分离 7 种苯系物（苯、甲苯、乙苯、对二甲苯、间二甲苯、邻二甲苯、苯乙烯），校准曲线线性好（$r>0.999$），检测限可达到 0.002mg/L，适用于地表水及废水检测。

由于二硫化碳沸点低，挥发性强，具有较强刺激性，毒性较大，极易对人产生强烈刺激作用，而且二硫化碳密度大于水，萃取后沉在水相下方，不利于与水相分离。因此，有研究人员采用其他有机试剂作为萃取剂富集水中的苯系物，如正己烷、二氯甲烷等。陈国征等采用正己烷作为萃取剂，HP-FFAP 毛细管柱进行分离，用配备氢火焰离子化检测器的气相色谱仪实现了水中 8 种苯系物（苯、甲苯、乙苯、对二甲苯、间二甲苯、邻二甲苯、异丙苯、苯乙烯）的检测。该方法的检出限为 0.01mg/L，回收率在 92.0% ～ 102% 之间，如表 2-2 所列。

表 2-2　回收率实验结果（n=3）

苯系物	加标值 /（mg/L）			均值 /（mg/L）			回收率 /%		
苯	0.1	0.6	1.0	0.098	0.57	0.91	98.0	95.0	91.0
甲苯	0.1	0.6	1.0	0.098	0.58	1.01	98.0	96.7	101
乙苯	0.1	0.6	1.0	0.097	0.61	0.99	97.0	102	99.0
对二甲苯	0.1	0.6	1.0	0.095	0.59	0.93	95.0	98.3	93.0
间二甲苯	0.1	0.6	1.0	0.097	0.59	0.93	97.0	98.3	93.0
邻二甲苯	0.1	0.6	1.0	0.095	0.61	0.95	95.0	102	95.0
异丙苯	0.1	0.6	1.0	0.094	0.58	0.95	94.0	96.7	95.0
苯乙烯	0.1	0.6	1.0	0.093	0.57	0.92	93.0	95.1	92.0

本书作者利用全自动液液萃取仪，减小了液液萃取的误差。采用正己烷萃取污染较重的水样，同时加入 2mL 硫酸，轻轻振荡数次，静置分层，弃去硫酸相，用无水硫酸钠脱水，有效萃取水中的苯系物。经毛细管色谱柱进行组分分离，用配备氢火焰电离检测器的气相色谱仪实现了对水中苯、甲苯、乙苯、二甲苯、苯乙烯的同时测定。该方法准确度好，精密度高，其相对标准偏差＜ 5.2%，回收率在 91% ～ 103% 之间。

液相微萃取法是在液液萃取基础上发展起来的，近年来得到了广泛应用。Sarafraz-Yazdi 等采用液相微萃取富集水中的苯系物，以正辛醇为萃取剂，用带有 FID 检测器的气相色谱仪检测了水中苯系物（苯、甲苯、乙苯、二甲苯）。该方法的相对标准偏差为 2.02% ～ 4.61%（n=5），检出限为 0.005 ～ 0.3mg/L。Mohammad Rezae 等采用液相微萃取富集水中的苯系物，以四氯乙烯为萃取剂，以丙酮为分散剂，利用配备FID检测器的气相色谱仪实现了对苯、甲苯、乙苯、二甲苯的分离与测定。该方法的检出限为0.007～0.030μg/L，方法回收率为82.0%～111.0%。相比于液液萃取法，液液微萃取法显著降低了方法的检出限，提高了方法灵敏度。

2.1.3.2 氯代苯类

氯代苯类化合物在环境中广泛分布，化学性质较稳定，具有毒性和刺激性，一般都具有"三致"作用，对人体危害巨大，是我国环境监测优先控制污染物。在2002年实施的《地表水环境质量标准》（GB 3838—2002）和2022年实施的《生活饮用水卫生标准》（GB 5749—2022）中，多种氯代苯化合物均定为水质扩展指标，可见对氯代苯类化合物的重视程度。

1980年，Oliver等首次提出采用戊烷为萃取剂，液液萃取富集水中的氯代苯类化合物，气相色谱法测定水中的12种氯代苯类化合物（一氯苯、1,3-二氯苯、1,4-二氯苯、1,2-二氯苯、1,3,5-三氯苯、1,2,4-三氯苯、1,2,3-三氯苯、1,2,4,5-四氯苯、1,2,3,5-四氯苯及1,2,3,4-四氯苯、五氯苯、六氯苯）。该方法的检出限为：0.01ng/L（五氯苯、六氯苯）、0.05ng/L（四氯苯）、0.1ng/L（三氯苯）、1ng/L（二氯苯）、500ng/L（一氯苯）。

本书作者采用液液萃取法，取500mL水样置于1L分液漏斗中，加5g氯化钠溶解后，再加10mL石油醚（30～60℃），振摇，然后置于振荡器上振荡3.5min，取下，弃去水相。萃取液加2.5mL硫酸轻轻振摇，静置分层弃去硫酸层，重复操作，直至硫酸层无色为止，加入25mL硫酸钠溶液，振摇洗涤萃取液中残留硫酸，静置分层，弃去水相。石油醚萃取液经无水硫酸钠脱水后，待测。然后，用气相色谱法实现了对1,4-二氯苯、1,2-二氯苯、1,3,5-三氯苯、1,2,4-三氯苯、1,2,3-三氯苯、六氯苯的分离与测定。1,4-二氯苯、1,2-二氯苯、1,3,5-三氯苯、1,2,4-三氯苯、1,2,3-三氯苯、六氯苯的检出限分别为0.0002mg/L、0.0002mg/L、0.00002mg/L、0.00004mg/L、0.00002mg/L、8×10^{-6}mg/L。回收率在92.2%～107.8%之间。

朱剑等采用石油醚作为萃取溶剂萃取水中11种氯代苯类化合物（1,3-二氯苯、1,4-二氯苯、1,2-二氯苯、1,3,5-三氯苯、1,2,4-三氯苯、1,2,3-三氯苯、1,2,4,5-四氯苯、1,2,3,5-四氯苯及1,2,3,4-四氯苯、五氯苯、六氯苯），采用毛细管气相色谱法测定水中11种氯代苯类化合物。各种氯代苯类化合物工作曲线回归方程的相关系数均能达到0.995以上，其相对标准偏差均＜5%，其检出限均小于GB 3838—2002和GB 5749—2022的限值，能够满足水中氯代苯类化合物检测的需要。

国外的科研人员多采用更加先进的液相微萃取法代替液液萃取法来富集水中的氯代苯类化合物。Ali Tor用液相微萃取法萃取水中的氯代苯，以正己烷为萃取剂萃取5min，气相色谱法分离并测定四种氯代苯（1,2-二氯苯、1,3-二氯苯、1,4-二氯苯、1,2,3-三氯苯）。该方法的回收率为90%～94%，回收率的相对标准偏差小于6%。Kozani等以丙酮为分散剂，一氯苯为萃取剂，离心后取下层萃取剂用气相色谱法测定，最终实现了水中11种氯代苯类化合物的测定（1,2-二氯苯、1,3-二氯苯、1,4-二氯苯、1,2,3-三氯苯、1,2,4-三氯苯、1,3,5-三氯苯、1,2,3,4-四氯苯、1,2,3,5-四氯苯、1,2,4,5-四氯苯、五氯苯、六氯苯）。采用上述方法对龙头水、河水和井水进行加标回收实验，回收率分别为109%～121%、87%～120%和105%～113%。对比不同的水样富集方法（结果见表2-3），采用液相微萃取富集氯代苯类化合物，是一种灵敏、快速、准确的方法，可用于各类水中氯代苯类化合物的测定。

表 2-3　不同样品制备技术富集水中氯代苯类化合物的结果对比

方法	检出限 /（μg/L）	RSD/%	萃取时间 /min	样品体积 /mL
LLE-GC-ECD	0.00001 ～ 0.001	10	>240	4000
SPE-GC-MS	0.010 ～ 0.042	<10	60	200
SPE-GC-MS	0.08 ～ 0.6	3 ～ 8	60	100
HS-SPME-GC-MS	0.003 ～ 0.006	1.19 ～ 8.19	30	5
LPME-GC-MS	0.02 ～ 0.05	3.62 ～ 9.26	3.5	4
HS-LPME-GC-MS	0.003 ～ 0.031	2.1 ～ 13.2	5	10
LLME-GC-ECD	0.0005 ～ 0.05	0.52 ～ 2.8	几秒钟	5

2.1.3.3 有机氯

有机氯农药是一种广谱、高效、廉价的杀虫剂，其化学性质稳定，在环境中持久存在，并可通过生物链蓄积，是环境中不可忽视的重要污染物之一。我国在《地表水环境质量标准》（GB 3838—2002）中规定集中式生活饮用水源地有机氯农药应作为特定分析项目进行监测。目前测定有机氯化合物主要采用液液萃取-气相色谱法。

目前，多采用正己烷作为萃取剂萃取水中的有机氯，然后用气相色谱法（配电子捕获检测器）实现有机氯的分离与测定，检出限在 ng/L 级。该方法灵敏、准确、稳定，分析时间短，适用于水样中痕量有机氯农药的测定。

王娜等采用正己烷作萃取溶剂分 3 次提取水样中有机氯农药，所得提取液经浓缩并定容为 1.0mL 后，用气相色谱法-电子捕获检测器测定 22 种有机氯农药。用标准加入法测得其回收率在 73.3% ～ 107.9% 之间，相对标准偏差（n=7）在 2.9% ～ 14.8% 之间，该方法的检出限范围为 1.5 ～ 5.6ng/L。

王敏捷等也用正己烷作为萃取剂萃取水样 3 次，每次振摇 3min。萃取液经无水 Na_2SO_4 干燥后过滤、浓缩、定容，进行气相色谱（配电子捕获检测器）上机分析，可有效分离并测定 15 种有机氯农药（α-666、β-666、γ-666、δ-666、p, p'-DDE、p, p'-DDD、o, p'-DDT、p, p'-DDT、艾氏剂、七氯、环氧七氯、异狄氏剂、六氯苯、狄氏剂、灭蚁灵），各目标物的平均加标回收率为 84.8% ～ 101.0%，RSD 为 1.9% ～ 5.6%，该方法的检出限范围为 0.6 ～ 1.4ng/L。

郑群雄等用正己烷作为萃取剂对水样萃取 3 次，浓缩后进行气相色谱（配电子捕获检测器）上机分析，实现了 16 种有机氯（α-666、β-666、γ-666、δ-666、p, p'-DDE、p, p'-DDD、o, p'-DDT、p, p'-DDT、六氯苯、七氯、环氧七氯、艾氏剂、狄氏剂、异狄氏剂、顺式氯丹、反式氯丹）的分离与测定。16 种有机氯标准曲线的线性相关系数为 0.9990 ～ 0.9999，方法检出限为 1 ～ 2ng/L，平均加标回收率在 88.1% ～ 107.0% 之间，相对标准偏差（n=5）为 2.87% ～ 10.42%。

本书作者采用液液萃取法，正己烷萃取水中有机氯 3min，无水硫酸钠脱水，有效萃取水中的有机氯农药，气相色谱法（配电子捕获检测器）实现对 11 种有机氯农药（α-666、β-666、γ-666、δ-666、p, p'-DDE、p, p'-DDD、o, p'-DDT、p, p'-DDT、七氯、百菌清、六氯丁二烯）的分离与测定。检出限分别为 0.00019mg/L、0.00019mg/L、0.00019mg/L、0.00019mg/L、1.6×10^{-5}mg/L、1.6×10^{-5}mg/L、1.6×10^{-5}mg/L、1.6×10^{-5}mg/L、2×10^{-5}mg/L、0.0002mg/L、

2×10^{-5}mg/L。通过对 11 种有机氯测定 6 次，所得相对标准偏差均小于 5%，所得回收率（表 2-4）为 82.39% ～ 112.14%。结果表明，该方法富集有机氯精密度好、准确度高。

表 2-4　有机氯农药加标试验回收率

有机氯农药	加标浓度 /（mg/L）	实测浓度 /（mg/L）	回收率 /%
α-666	0.052	0.055	107.02
β-666	0.100	0.112	112.14
γ-666	0.100	0.106	105.69
δ-666	0.100	0.105	104.69
七氯	0.100	0.082	82.39
p, *p*′-DDE	0.050	0.046	91.53
p, *p*′-DDD	0.050	0.051	102.39
o, *p*′-DDT	0.050	0.044	88.01
p, *p*′-DDT	0.050	0.048	95.30
六氯丁二烯	0.040	0.039	97.72
百菌清	0.060	0.059	97.82

有科研人员选择其他有机试剂作为萃取剂萃取水中的有机氯，也得到了良好的结果。许桂苹等优化了水样中有机氯的萃取条件，以正己烷：石油醚 =60：30（体积比）作萃取溶剂，不加有机改性剂，连续萃取水样 3 次，合并萃取液并浓缩至 1mL，气相色谱法（配电子捕获检测器）分离、测定了 7 种有机氯（*α*-666、*β*-666、*γ*-666、*δ*-666、*p*, *p*′-DDE、*p*, *p*′-DDD、*o*, *p*′-DDT、*p*, *p*′-DDT）。该方法回收率在 85% ～ 105%，检出限为 0.010 ～ 0.050μg/L，相对标准偏差为 0.9% ～ 6.5%。

汪艳芳等采用石油醚作为萃取剂萃取水中的有机氯，并在水浴（40℃）中浓缩，气相色谱法实现有机氯（*α*-666、*β*-666、*γ*-666、*δ*-666、*p*, *p*′-DDE、*p*, *p*′-DDD、六氯苯、七氯）的分离与测定，平均加标回收率在 92.9% ～ 99.5%，测定结果的相对标准偏差为 3.05% ～ 8.54%。

2.1.3.4　有机磷

有机磷农药是一类高效、广谱的化学杀虫剂，具有品种多、药效高、用途广等优点，在农业生产中得到了广泛的应用，但也成为了水源水及其生活饮用水农药污染的主要来源之一。有机磷农药多会对人体产生毒害作用，因此检测饮用水中的有机磷农药残留具有重要意义。水中有机磷农药残留常用的检测方法是气相色谱法，水样预处理方法则常采用液液萃取法和固相萃取法。

刘玉红等用二氯甲烷萃取水样中的有机磷 3 次，每次萃取 5min，萃取液经无水硫酸钠脱水后减压浓缩至 1.0mL，用 DB-1701 毛细管色谱柱，同时在程序升温和恒线速度氮载气条件下进行气相色谱分析，实现了对水中 12 种有机磷农药（敌敌畏、甲拌磷、内吸磷、乐果、稻瘟净、毒死蜱、甲基对硫磷、马拉硫磷、杀螟松、对硫磷、水胺硫磷、溴丙磷）的分离和测定。样品加标回收率为 78.4% ～ 93.9%，RSD 为 3.4% ～ 7.5%。

郭虹用乙酸溶液（1+6）调节水样 pH 值至 6.5 左右，用二氯甲烷：丙酮 =1：1（体积比）作为萃取剂萃取样品 2 次，萃取液减压浓缩至 1.0mL，液液萃取后用 DM-5 毛细管柱气相色谱火焰光度检测器同时测定水中 13 种有机磷农药（敌敌畏、氧化乐果、久效磷、甲拌磷、乐果、磷胺、乙拌磷、马拉硫磷、毒死蜱、对硫磷、水胺硫磷、杀螟松、三唑磷），加标回收率为 87.8% ～ 104.0%，RSD 为 2.60% ～ 9.83%。

张敬平等建立了液液萃取-气相色谱法同时测定饮用水中的 27 种有机磷农药残留。水中的有机磷农药经二氯甲烷两次萃取，用无水硫酸钠脱水，样品萃取液经氮吹仪浓缩近干，用丙酮定容至 1.0mL，用 CP-Sil 24 CB 毛细管柱分离，脉冲火焰光度检测器进行检测。27 种有机磷农药在 0.20 ～ 10.0μg/L 范围内有较好的线性，相关系数均大于 0.99，检出限为 0.03 ～ 0.31μg/L，水样的加标回收率为 70.5% ～ 103.0%，RSD 为 3.5% ～ 9.7%（如表 2-5 所列）。

表 2-5　27 种有机磷农药的检出限及回收率试验结果

有机磷农药	检出限 /（μg/L）	平均回收率 /%	RSD/%
敌敌畏	0.06	72.1	9.7
灭线磷	0.04	74.1	4.9
治螟磷	0.03	80.9	5.1
甲拌磷	0.04	73.7	7.1
二嗪磷	0.05	77.0	6.7
久效磷	0.23	75.1	8.9
地虫硫磷	0.04	75.7	6.2
乐果	0.07	70.5	6.4
甲基毒死蜱	0.06	83.4	4.6
甲基嘧啶磷	0.06	82.5	8.8
甲基对硫磷	0.06	82.9	7.9
毒死蜱	0.06	78.8	6.0
马拉硫磷	0.09	89.4	7.3
对硫磷	0.06	83.6	5.7
异柳磷	0.07	83.1	7.8
水胺硫磷	0.07	91.0	7.9
灭蚜磷	0.08	87.4	8.4
喹硫磷	0.06	85.4	7.7
丙硫磷	0.07	80.6	7.7
苯线磷	0.25	92.0	9.6
溴丙磷	0.14	83.8	9.5
杀扑磷	0.11	80.0	3.5
地胺磷	0.2	103.0	6.2
乙硫磷	0.05	84.4	7.8
硫环磷	0.31	94.7	7.6
三唑磷	0.16	86.0	7.9
伏杀硫磷	0.21	95.3	4.3

缪建军等采用小体积液液萃取-气相色谱-质谱联用法测定地表水中有机磷农药，以1.2mL正己烷为萃取剂萃取样品5min，磷酸三苯酯为内标，实现了对8种有机磷（硫代磷酸三乙酯、虫线磷、治螟磷、甲拌磷、乙拌磷、甲基对硫磷、马拉硫磷、对硫磷）的分离与测定。8种有机磷农药的检出限均为0.2μg/L，实际水样平行测定的RSD为2.1%～9.7%，平均加标回收率为86.0%～110%。

Jalal Hassan等开发了一种小型化逆流液液萃取方法萃取水中的有机磷（二嗪农和马拉硫磷），用乙酸丁酯和甲醇的混合液为萃取剂，采用配备FID检测器的气相色谱法进行分离和测定，该方法的检出限为0.1μg/L。对河水和龙头水进行加标回收试验，平均加标回收率为96%～110%，相对标准偏差在4%～11%，具有良好的准确度和精密度。

黄河笑等采用三氯甲烷萃取污水样品中的有机磷农药（乐果、甲基对硫磷、对硫磷、马拉硫磷），考察了无水硫酸钠的用量和滤纸的影响，通过对液液萃取的优化，目标化合物加标回收率能够控制在96%～100%。

本书作者采用液液萃取法，调节水样pH值至6～7，用三氯甲烷萃取水中有机磷10min，无水硫酸钠脱水，有效萃取水中的有机氯农药，气相色谱仪（配氮磷检测器）实现对5种有机磷农药（敌敌畏、乐果、阿特拉津、甲基对硫磷、对硫磷）的分离与测定，该方法加标回收率为92.8%～101%，相对标准偏差在3.2%～7.6%。敌敌畏检出限为0.06μg/L、甲基对硫磷检出限为0.24μg/L、对硫磷检出限为0.10μg/L、阿特拉津检出限为0.05μg/L、乐果检出限为0.29μg/L。

2.1.3.5 其他有机物

吴志鹏等建立液液萃取-气相色谱/质谱联用仪测定农村污水中丙烯酸丁酯和丙烯酸2-乙基己酯的方法。取污水水样200mL，加入5g氯化钠和10mL乙酸乙酯，充分振荡后萃取10min，分离有机相后过膜，待测。检测结果显示，丙烯酸丁酯和丙烯酸2-乙基己酯在0.002～1.0mg/L范围内具有良好线性关系，检出限分别为0.03μg/L和0.05μg/L，加标回收率为92.3%。

刘梅等以二氯甲烷为萃取剂，采用液液萃取-气相色谱/质谱联用仪检测污水中2,4-联吡啶、2,2-联吡啶、2,4-二炔己-1,6-二醇和菲-d10等有机物，加标回收率为91.1%～103%，相对标准偏差均＜5%。

白兰兰等建立了液液萃取-气相色谱/质谱法快速测定丙烯酸生产废水中苯系物、酯类、醇类、醛类和酮类等12种半挥发性有机物的分析方法。加入分散剂甲醇10mL/L，氯化钠加入量300g/L，调节pH=7，以二氯甲烷作为萃取剂。该方法的各类物质的检出限为0.001～0.179μg/L，相对标准偏差均小于3.5%。

周永生等建立了液液萃取-气相色谱/质谱法测定废水中*N*-甲基甲酰苯胺、*N*-甲基苯胺和甲酰苯胺的分析方法。以二氯甲烷为萃取剂，pH值调节为11.85，加入1%（体积分数）的15% NaCl溶液，在后续检测中，3种目标物的平均回收率为97.5%～101.0%，相对标准偏差为4.3%～6.3%，检测限为0.0018～0.0023μg/L。

2.1.3.6 生物毒性试验

Aleem等利用液液萃取对印度德里亚穆纳河的水样进行富集浓缩，然后进行Ames沙门氏菌/哺乳动物微粒体测试，发现对Ames试验菌株产生了致突变性。

贾瑞宝等建立液液萃取-内分泌干扰物综合毒性效应的 CALUX 检测方法。取 250mL 水样置于 500mL 螺纹瓶中，加入 50mL 正己烷（乙酸乙酯），在振荡器上以 200r/min 振荡 60min，静置使两相分层，然后将上层液相转入 50mL 玻璃试管中，重复振荡萃取两次，氮吹至干，用 DMSO 定容至 25μL，然后进行样品的 CALUX 检测。作为当量化合物测定二噁英毒性效应，测定的污水处理厂进水和出水的二噁英毒性效应为 0.094 ng 2,3,7,8-TCDD TEQ/L。

2.1.4　液液萃取法的发展趋势

目前，随着液液萃取技术的发展，液液萃取体系的类型也在不断增多，按相数可分为两相萃取与多相萃取，目前报道的有液液液三相萃取；按萃取体系溶液性质可分为有机溶剂-水溶液体系、双水相萃取体系、有机溶剂-高聚物-盐水体系等；按分散尺度又有胶团萃取、微乳相萃取技术等。在萃取机理的研究方面，由于萃取剂种类的多样性、分离体系的复杂性、分离对象的特殊性，尚无统一的理论进行解释。

但因挥发性有机物或半挥发性有机物在萃取的过程中会发生不同程度的挥发和损失，导致该方法重复性不好。另外，液液萃取技术萃取时间长，操作步骤烦琐，有机溶剂用量大，容易造成二次污染。鉴于液液萃取技术的诸多缺点，基于液液萃取技术发展出了新型环境友好型前处理技术，例如液相微萃取、液膜萃取和逆流色谱技术等。这三种技术对环境样品中的痕量或超痕量污染物均有高效的富集和净化效果。

2.2　固相萃取法

固相萃取法（SPE）基于液固相色谱理论，包括液相和固相的物理萃取过程，被萃取组分与样品基质及其他组分在固相填料上作用力强弱不同而彼此分离。

本节中将固相萃取法分为常规固相萃取、在线固相萃取和固相微萃取，分类介绍。

2.2.1　常规固相萃取

2.2.1.1　固相萃取法的原理

常规固相萃取的步骤主要包括：对 SPE 柱用一定量的溶剂进行活化；被测样品以固定流速通过 SPE 柱，固相对目标分析物的吸附力大于样品基液，目标分析物吸附在固体填料表面，其他样品组分则通过柱子；用纯水淋洗 SPE 柱；用适当溶剂洗脱 SPE 柱并收集洗脱液，待测。根据 SPE 柱的填料的不同分为正相萃取、反相萃取和离子交换萃取 3 种类型。正相 SPE 柱的填料为极性，如硅胶、氧化铝和硅镁型填料等，主要用来萃取极性物质，洗脱剂为非极性或弱极性溶剂。在正相萃取时，目标化合物如何保留在固定相上取决于目标化合物的极性官能团与吸附剂表面的极性官能团之间的相互作用，包括氢键、π-π 键相互作用、偶极-偶极相互作用和偶极-诱导偶极相互作用以及其他的极性-极性作用。在反相萃取中，固定相为非极性或弱极性物质，如 C_{18}、C_8 和 CN 柱等，所萃取的目标化合物通常是非极性或中等极性化合物，目标化合物与吸附剂之间的作用是疏水性相互作用，主要是非极性-非极性相互作用、范德华力或色散力，洗脱剂为极性溶剂。离子交换萃取可用于可离子化的目标化合物，填料主要有硅胶和聚合物两种，强阳离子交换填料的主要官能团是磺酸基，弱阳离子交换填料的主要官能团是羧基，强阴离子交换填料的主要官能团是季铵盐，弱阴离子交换填料的主要官能团是伯胺和仲胺。作用机理是以离子状态存在的目标化合物与带相反电荷的离子填料之间的静电作用，基于此，在进行萃取时一般必须首先通过调节样品溶液的 pH 值等使目标化合物以离子形式存在，然后再萃取，洗脱液根据目标化合物的性质选择。

2.2.1.2 固相萃取仪器装置

固相萃取装置从最初的手动固相萃取装置发展到全自动固相萃取装置，不仅保证了样品的平行性，更降低了人力成本。

固相萃取柱（图 2-2）的广泛应用起始于 1978 年美国 Waters 公司首先将商品 Sep-Pak 投放市场，这是一种填充好固定相的短色谱柱，用以浓缩被测组分或除去有害的物质，如今已发展到有 30 多家厂商提供 C_{18}、C_8、氰基、氨基及其他特殊填料的短柱，柱材料也由塑料（通常为聚丙烯）发展到玻璃及不锈钢等，两端均有多孔挂片，内装直径约 40μm 的填料（总质量 0.1 ～ 1g）。这种短柱通常是一次性使用，很少再生多次使用。

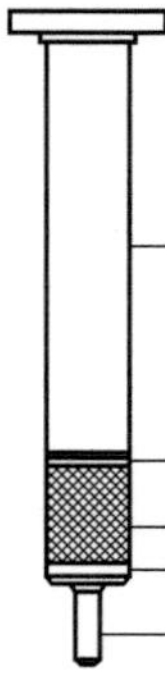

图 2-2　固相萃取柱

使用柱形固相萃取装置时，其核心部分是萃取柱，为了加速样品溶液流过，可连接真空系统。固相萃取系统主要是一个与真空系统相接的箱子，内有收集馏分的试管与试管架。箱盖是装固相萃取柱的盖板，它可以同时处理多个相同或不同的样品。固相萃取柱内介质的性质是决定萃取成败的关键因素之一。目前的商品萃取柱大多数采用液相色谱中的填料，所以几乎液相色谱各种类型的填料都被用在固相萃取中，只是颗粒要大一些，在 30 ～ 60μm 之间。固相萃取柱虽然使用简便，应用范围广，但仍存在下列问题：

① 由于柱径较窄，限制了流速，通常只能在 1 ～ 10mL/min 范围内使用，因而处理大量样品所需的时间很长，按美国 EPA 525 方法处理 1L 水样需 2h 以上；

② 采用 40μm 左右的固定相填料时，若用较大的流速会产生动力学效应，妨碍某些组分的有效收集；

③ 对于相对较脏的样品，如环境废水、含生物样品及悬浮微粒的水样，在流过固相短柱时很容易堵塞，使流量减小，增加样品处理的时间；

④ 40μm 颗粒的填充柱很容易产生缝隙，使短柱分离浓缩效率下降。

固相短柱的这些缺陷随着新一代固相萃取装置的出现基本上得到了解决。它采用膜过滤片形成盘状结构。由于截面积增大，反压降低，可以采用较高的流速，又可以防止固相萃取剂堵塞的问题出现。目前盘状的固相萃取剂可分为 3 大类：

① 由聚四氟乙烯网络包含了化学键合的硅胶或高聚物颗粒填料，由美国 3M 和 Bio-Rad Laboratories 生产，其中填料含量占 90%，而聚四氟乙烯只有 10%。

② 由聚氯乙烯网络包含了带离子交换基团或其他亲和基团的硅胶，如 FMC 公司生产的 Anti-Disk、Anti-Mode 和 Kontes 生产的 Fastchrom 膜。

③ 衍生化膜。它不同于前两种，固定相并非包含在膜中，而是膜本身经化学反应键合了各种官能团。如二乙氨基、乙烯基、季铵基、磺酸丙基等。Milipore 生产的 Mem Seps 和 CUNO 生产的 Zeta Chrom 就属此类衍生膜。

上述三类膜中只有聚四氟乙烯网络状介质与普通固相短柱相仿，用于萃取金属离子及各种有机物，后两类主要用于富集生物大分子。薄膜状与柱状介质质量一样，唯一差别在于几何形状。如果填料性能相同，那么薄膜状的萃取介质由于截面积大、传质速率快，因而可以使用较大的流量，这是柱形萃取介质所无法比拟的。目前用得较多的是直径 47mm、厚度 0.5mm、以聚四氟乙烯为网络，含 8μm、C_8、C_{18} 等化学键合的硅胶为固定相的薄膜状萃取剂。

圆盘固相萃取（图 2-3）是一种特殊的固相萃取，其基本原理与固相萃取相同。圆盘固相萃取由于流程短，因而不会发生堵塞现象，使萃取速度更快，较大的截面积使得样品处理量更大。因此，圆盘固相萃取常用于较脏或是带固体颗粒的样品，较广泛应用于萃取大体积水中的有机物质，如 PAHs、PC 剂及邻苯二甲酸酯等。

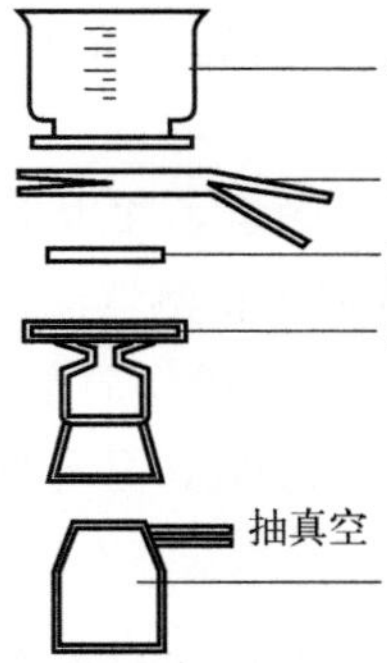

图 2-3　圆盘固相萃取

2.2.1.3　固相萃取法的应用

固相萃取在环境样品制备中的应用主要针对水样处理。美国 EPA 506 标准方法推荐采用固相萃取法富集水中苯二甲酸酯及己二酸酯。除了 506 方法（苯二甲酸酯及己二酸酯）外，固相萃取剂还可用于 EPA 颁布的其他方法，如 513 方法（2,3,7,8-四氯二苯基二噁英）、525 方法（难挥发农药及工业化学品）和 550-1 方法（多环芳烃）。在有机氯、有机磷农药、二噁英、多氯联苯以及其他环境污染物的分析中，固相萃取可以替代液液萃取，在环境样品制备中发挥很好的作用。除了环境水样外，固相萃取也被用于大气样品的前处理，它们不但可以萃取大气中的污染物，而且可以捕集气溶胶和可吸入颗粒物。除了大气与水样外，固相萃取还用于处理土壤样品，测定其中农药含量在近年来也有所报道。

全自动固相萃取方法使用不同种类的固相萃取小柱对水样中目标化合物进行富集，再选用合适的洗脱溶剂将吸附在固相萃取小柱上的目标化合物洗脱定容，以此来对水样进行浓缩，最后上机测定。采用该方法处理水样简单、快速，结果的重复性好。

固相萃取方法的建立一般包括以下几个方面：

① 固相萃取柱的选择。不同材料装填的萃取柱适合萃取不同物质，一般通过实验计算回收率的方法来评价萃取柱对样品的富集效果。

② 活化溶剂的选择。一般选用甲醇、二氯甲烷、丙酮等有机溶剂活化萃取柱，也可多种配合使用。依次活化，去除杂质，改善富集效果。活化溶剂体积一般为 5 ～ 10mL。

③ 采集速率与富集体积的选择。采集速率对样品富集效率影响较大，一般流速范围为 5 ～ 10mL/min。同时，要选择合适的富集体积（50 ～ 1000mL）满足富集倍数，并保证适宜的样品处理时间。

④ 洗脱溶剂的选择。根据目标化合物极性大小与萃取柱填充材料特点来选用合适的洗脱溶剂，保证将吸附在萃取柱上的目标化合物洗脱下来。洗脱溶剂一般可选用甲醇、二氯甲烷、乙腈、四氢呋喃、乙酸乙酯等。

洗脱流速、洗脱方式及溶剂体积对洗脱效果影响较大，在具体实验过程中要逐一优化。不同物质所使用的萃取柱和洗脱溶剂差异较大。

（1）酚类化合物

酚类化合物是造成环境污染的重要工业化学品，不但有毒，而且可使水带有令人生厌的气味和颜色。目前测定水中酚类物质的方法包括传统的液液萃取-光度测定法和气相色谱法，但操作麻烦且误差较大。近年来固相萃取结合高效液相色谱（HPLC）技术被用于酚类物质的分离和检测，固相萃取技术可实现水中痕量酚类物质的高倍富集与预分离，HPLC 能提高分析的灵敏度并缩短分析时间。

董瑞圣等采用固相萃取-高效液相色谱法测定了饮用水和地表水中酚类污染物，通过比对，选取了回收率较高的小柱，用紫外分光光度检测器测定了方法的精密度、准确度和检出限，方法具有重现性高、选择性好、灵敏度高、操作简单的优点。采用甲醇、纯水活化 C_{18} 固相萃取小柱，酸化水样后上柱，先用正己烷洗脱，分开保存，再用四氢呋喃洗脱。方法回收率和精密度见表 2-6。

表 2-6　方法回收率和精密度

项目	苯酚		4-硝基酚		3-甲基酚		2,4-二氯酚		2,4,6-三氯酚		五氯酚	
加入 /（μg/L）	4.00	20.0	1.00	5.00	4.00	20.0	4.00	20.0	4.00	20.0	4.00	20.0
回收平均值 /（μg/L）	3.89	19.2	0.866	4.38	3.90	17.3	3.31	19.2	3.80	19.3	4.06	18.2
回收率 /%	97.4	95.8	86.6	87.6	97.5	86.5	82.8	96.2	95.0	96.6	101.5	91.0
CV/%	5.24		3.40		5.80		4.33		3.10		5.24	

本书作者通过优化萃取水样的体积、萃取小柱的种类、洗脱试剂类型及体积等获得了五氯酚的最佳固相萃取条件。用二氯甲烷、甲醇和纯水润洗萃取柱，以 5 ～ 10mL/min 流速采集水样，完成固相萃取富集。空气抽干后，用 2mL 四氢呋喃洗脱待测。若取水样 1000mL，浓缩至 2mL，浓缩倍数为 500 倍，方法的最低检出限为 0.05μg/L。对浓度为 0.00020mg/L 的五氯酚水样进行 5 次测定，实验测定五氯酚相对标准偏差为 8.3%，加标回收率为 92%。在上述实验的基础上，采用甲醇、高纯水活化柱子，优化实验条件，将水样 pH 值调至 2，以 5mL/min 的流速通过萃取柱，空气干燥后用异丙醇洗脱后进样分析，实现了 6 种酚类（苯酚、对硝基酚、间甲酚、2,4-二氯酚、2,4,6-三氯酚、五氯酚）的富集与分离。

Liu 等对水体环境中五氯酚进行固相萃取富集研究，通过正交试验优化水样 pH 值、洗脱试剂、洗脱体积和流速，发现将水样 pH 值调至 4，用 2mL 甲醇以 4mL/min 速度进行洗脱时，回收率为 87.6% ～ 133.6%，可有效缩短萃取时间和减少有机溶剂的消耗。

张秀忠等选用了 5 种常见的固相小柱（Sep-Pak、Oasis、ENV^+、C_{18} 和 C_8 小柱）对水中多种酚类化合物进行富集回收，通过比对，筛选出 Sep-Pak、Oasis 和 ENV^+ 3 种小柱。通过液相色谱法测定了方法的精密度、检出限和准确度。5 种小柱的回收率见表 2-7。建立的采用甲醇、纯水活化，四氢呋喃洗脱的酚类固相萃取方法稳定性好，回收率高，分析方法灵敏度高，适合饮用水中痕量酚的检测。

表 2-7　5 种小柱的回收率试验结果

小柱	苯酚 /%	4-硝基酚 /%	3-甲基酚 /%	2,4-二氯酚 /%	2,4,6-三氯酚 /%	五氯酚 /%
Sep-Pak	83.70	90.90	105.05	91.78	95.87	96.62
Oasis	89.43	88.29	90.52	87.30	96.93	93.33
ENV^+	73.58	114.23	91.52	88.37	90.74	90.68
C_{18}	1.89	19.75	17.70	88.25	89.12	89.95
C_8	0.95	13.75	12.98	83.56	84.13	96.65

乔素兰等研究了水中 7 种痕量酚类物质的前处理方法和采用高效液相色谱（HPLC）分析的色谱条件。用 Waters Oasis HLB 固相萃取小柱预分离和富集水中的酚，用甲醇和纯水洗脱萃取柱，以 8mL/min 的速度富集水样，氮气干燥后采用 5mL MTBE/ 甲醇洗脱两次。对 7 种酚的回收率为 80% ～ 104%；测定结果的 RSD 为 2.4% ～ 8.5%，最低检测浓度达 0.1 ～ 0.4mg/L，方法检出限为 0.1 ～ 0.4μg/L。

杨秋红等建立了简便、快速，同时测定地表水中 2,4-二氯酚、2,4,6-三氯酚和五氯酚的固相萃取-高效液相色谱串联质谱方法。HLB 固相萃取小柱富集水样中待测物质，经二氯甲烷∶丙酮 =1∶1（体积比）混合溶液洗脱后，氮吹浓缩，溶剂转换为甲醇，采用高效液相色谱串联质谱检测，选择反应监测模式（SRM）进行特征母离子-子离子信号采集。方法检出限分别为 2.0ng/L、3.0ng/L 和 0.1ng/L；定量限分别为 6.7ng/L、10.1ng/L 和 0.3ng/L；7 次加标回收相对标准偏差在 2.2% ～ 14.7% 之间；回收率为 70.5% ～ 102.3%，能够满足水源的检测需求。

（2）农药类

农药是一种用于防治病、虫、草害的化学物质，包括杀虫剂、杀菌剂、除草剂、灭鼠剂以及调节植物生长的化学药品，其用量最大的是前三种类型的农药。自 DDT 问世以来，各种化学合成农药不断被合成和应用，化学农药的种类和产量不断增加。农药的使用一方面造福于人类，另一方面也给人类赖以生存的环境带来严重危害，农药利用率一般为 10%，约 90% 残留在环境中，造成环境的污染，并通过食物链的富集作用转移到人体，对人体产生危害。因此，实现对农药类的检测对环境和人体健康有着重要意义。

1）甲萘威

甲萘威，又称西维因，化学名称 1-萘基-*N*-甲基氨基甲酸酯，是氨基甲酸酯类农药的一种，广泛用作杀虫剂和除草剂。但大量使用会造成环境和水质的污染。我国卫生部 2001 年制定的《生活饮用水卫生规范》和国家环保总局、国家质量监督检验检疫总局 2002 年发布实施的《地表水环境质量标准》(GB 3838—2002）都规定了水源水中甲萘威的指标值为 0.05mg/L。

测定甲萘威的方法有液相色谱法、毛细管电泳法和比色法等，以液相色谱法较常用，其水样的预处理方法一般使用液液萃取。近年来，固相萃取法发展起来并逐渐代替了液液萃取。

本书作者通过优化水样的体积、萃取小柱的种类、洗脱试剂类型及体积等，获得了甲萘威的最佳固相萃取条件。先用二氯甲烷、甲醇、纯水润洗萃取柱，完成固相萃取富集后，使用甲醇洗脱。若取水样 1000mL，浓缩至 2mL，浓缩倍数为 500 倍，则方法的最低检出限为 0.0004mg/L。加标浓度是 2.00mg/L 的水样，甲萘威相对标准偏差为 1.72%，加标实验回收率为 102%。

苏宇亮等建立了采用乙醇活化、乙醇洗脱 Supelco ENVI-18 固相萃取柱的固相萃取-高效液相色谱法对水中甲萘威进行检测，通过实验研究，该法对水中甲萘威的检测限为 0.001mg/L，相对标准偏差（n=5）≤ 2.5%，加标回收率为 98.0% ～ 98.5%，固相萃取效果优于液液萃取。方法适用于地表水及饮用水中甲萘威的检测。固相萃取和液液萃取方法回收率比较见表 2-8。

表 2-8　固相萃取和液液萃取方法回收率比较

项目	固相萃取	液液萃取
本底值 /（mg/L）	<0.001	<0.001
加标量 /（mg/L）	0.100	0.100
测定值 /（mg/L）	0.102	0.096
	0.095	0.091
	0.098	0.093
	0.096	0.080
	0.097	0.087
	0.102	0.090
	0.096	0.098
	0.093	0.076
	0.100	0.085
	0.101	0.084
平均测定值 /（mg/L）	0.098	0.088
回收率 /%	98.0	88.0

卢明伟研究了固相萃取法富集和高效液相色谱法测定水中甲萘威的可行性，方法测定水中的甲萘威最低检出限为 0.005mg/L，相对标准偏差（n=7）≤ 3%，平均加标回收率为 98%，适合地表水及生活饮用水中甲萘威的检测。方法采用 Oasis HLB 固相萃取柱，甲醇、去离子水活化，四氢呋喃洗脱的固相萃取方法。黄薇等建立了水中甲萘威和莠去津含量的固相萃取-高效液相色谱测定方法。水样用 Oasis HLB 固相萃取，甲醇洗脱，以甲醇-水（体积比 55∶45）为流动相，流速为 0.8mL/min，柱温为 35℃，检测波长为 220nm。Symmetry Shield RP18 色谱柱（150mm×3.9mm，5μm）分离，采用高效液相色谱法测定水中甲萘威和莠去津的含量。甲萘威和莠去津的检出限分别为 0.0002mg/L、0.0005mg/L。该方法的平均回收率为 89.6% ～ 97.0%，RSD 为 4.0% ～ 6.7%。方法灵敏度和准确度较高，重复性好，适用于同时测定水中甲萘威和莠去津。

王超等采用固相萃取-超高压液相色谱法测定水中痕量的甲萘威等有机物。通过对色谱流动相和紫外检测条件、SPE 小柱和上样速度、滤器材质等进行优化，确定了最佳实验方案。水样以 5 ～ 10mL/min 的速率上样，采用 Bond Elute Plexa 固相萃取小柱富集，二氯甲烷洗脱。洗脱液经浓缩和重溶后，过尼龙滤膜，采用超高压液相色谱分析，色谱柱为 ACQUITY UPLC BEH C_{18}（2.1mm×50mm，1.7μm），流动相为甲醇-水（体积比 55∶45），检测波长为 222nm，流速为 0.4mL/min 的优化条件下，1.5min 内可对化合物实现基线分离。甲萘威在 0.1 ～ 2.0mg/L 范围内的线性系数均大于 0.999，相对标准偏差（n=9）为 0.2%，方法检出限（S/N=3）均为 0.003μg/L。在高、低水平加标浓度下，方法回收率为 84%。该方法具有分析速度快、操作简单和检出限低等优点。

在测定甲萘威的过程中，使用固相萃取代替液液萃取，不但减少样品预处理时间，还降低了试剂用量，提高检测限和回收率。

2）有机磷

我国于 1983 年规定禁止使用滴滴涕、六六六等有机氯农药，但之后有机磷农药的使用量大幅上升，在环境中形成高残留。有机磷农药污染的气相色谱分析研究，从最初普遍使用填充柱发展到后来的毛细管柱，大大提高了检测分析的精密度和准确度；并逐步淘汰液液萃取，采用固相萃取、固相微萃取、微波萃取及加速溶剂萃取等更有效、更简便、更环保的样品制备技术，从而不断完善有机磷农药的分析。

Henry 等建立了固相萃取富集-高效液相色谱分离结合紫外分光光度法检测的方法，对环境水中甲基对硫磷、对硫磷和辛硫磷 3 种有机磷农药进行分析。固相萃取采用 C_{18} 萃取柱，用甲醇洗脱，以 Shim Pack CLC ODS 柱（150mm×4.6mm，5μm）为分离柱，流动相为甲醇-水（体积比 70∶30），紫外检测波长为 280nm。该方法稳定可靠，回收率高。回收率试验结果见表 2-9。

表 2-9　方法回收率试验结果

有机磷农药	原始浓度 /（mg/L）	加标浓度 /（mg/L）	测定浓度 /（mg/L）	平均回收率 /%
甲基对硫磷	0.4	0.2	0.6	102
	0.5	0.3	0.8	
	0.2	0.1	0.3	
	0.3	0.1	0.4	
	0.6	0.3	1.0	
对硫磷	0.2	0.1	0.3	109
	0.3	0.1	0.4	
	0.4	0.2	0.6	
	0.5	0.3	0.9	
	0.6	0.3	1.0	
辛硫磷	0.2	0.1	0.3	107
	0.3	0.1	0.4	
	0.4	0.2	0.6	
	0.5	0.3	1.0	
	0.6	0.3	1.0	

周芳等采用固相萃取-气相色谱法分析水中有机磷农药残留，结果表明，敌敌畏、内吸磷、乐果、甲基对硫磷、马拉硫磷和对硫磷6种农药在20min内有较好的分离；3个不同浓度（5μg/L、20μg/L、100μg/L）的加标试验，其回收率范围为52.1%～93.7%，最低检出限为1.11～5.21ng/L；同时利用该方法分析太湖梅梁湾水源地和长江沿岸水厂取水口水质6种有机磷农药均有不同浓度水平检出，但仍未超出集中水源地供水水质标准。

陈飒等采用自动固相萃取富集测定水中8种有机磷，建立了采用甲醇、纯水活化，乙酸乙酯洗脱的固相萃取方法，8种有机磷的回收率均在70%以上。在此实验条件下采用实际水样加标，有机磷农药的加标回收率在80%～120%之间。水样加标实验结果见表2-10。

表2-10　水样加标实验结果

项目	敌敌畏	甲拌磷	内吸磷	乐果	毒死蜱	甲基对硫磷	马拉硫磷	对硫磷
水库水加标/(mg/L)	0.0169	0.0187	0.0132	0.0195	0.0142	0.0188	0.0166	0.0182
回收率/%	102.9	115.7	81.3	119.3	87.5	115.3	102.2	111.1
出厂水加标/(mg/L)	0.0231	0.0001	<0.0007	0.0020	0.0081	0.0130	0.0058	0.0063
回收率/%	143.2	0.5	0.5	12.8	50.2	80.5	36	38.9
管网水加标/(mg/L)	0.0138	0.0039	<0.0007	0.0159	0.0132	0.0158	0.0141	0.0161
回收率/%	85.8	24.6	0.2	99.1	82.3	98.2	88.3	100.3

高玲等建立了水中13种有机磷农药的固相萃取-气相色谱/质谱测定方法。方法采用石墨化碳-氨基复合型柱对水样进行固相萃取后，使用DB 1701P型弹性石英毛细管柱分离，以气相色谱/质谱法测定水中13种有机磷农药（敌敌畏、速灭磷、甲拌磷、二嗪磷、赛福丁己胺磷、乐果、甲基对硫磷、马拉硫磷、杀螟硫磷、对硫磷、稻丰散、杀扑磷、乙硫磷）。以二氯甲烷为洗脱溶剂，进样口温度为280℃，柱流量为1.2mL/min。敌敌畏、速灭磷、甲拌磷、二嗪磷、赛福丁己胺磷、乐果、甲基对硫磷、马拉硫磷、杀螟硫磷、对硫磷、稻丰散、杀扑磷和乙硫磷的检出限分别为0.49μg/L、1.4μg/L、0.96μg/L、0.73μg/L、0.60μg/L、1.8μg/L、2.2μg/L、0.34μg/L、1.1μg/L、0.58μg/L、1.2μg/L、0.77μg/L和0.26μg/L。该方法所得的平均回收率为94.40%～100.80%，RSD为4.17%～14.73%。该方法具有操作简便、快速、灵敏度高、结果准确的优点，适用于环境水样中13种有机磷农药的同时测定。

固相萃取技术具有操作简单、易于自动化、有机溶剂损耗小等突出优点，在进行水中有机磷农药残留分析时能得到较好的回收率。

3）呋喃丹

呋喃丹是一种广泛应用于粮食作物的广谱、高效氨基甲酸酯类杀虫剂，属高毒农药，对环境生物毒性很强，在我国被列为不得使用和限制使用的农药品种。《生活饮用水卫生标准》（GB 5749—2022）规定，呋喃丹在饮用水中的含量不得超过0.007mg/L。水中呋喃丹的测定方法有文献报道采用气相色谱/质谱联用法，该法通过液液萃取前处理样品，需要消耗大量超纯溶剂，且采用质谱检测对仪器要求高，不易推广。因此采用固相萃取技术替代液液萃取是近年来研究的热点。

本书作者通过优化萃取水样的体积、萃取小柱种类、洗脱试剂类型及体积等，获得了呋喃丹的最佳固相萃取条件。用二氯甲烷、甲醇、纯水活化萃取柱，完成固相萃取富集后，用乙腈洗脱。若取水样1000mL，浓缩至2mL，浓缩倍数为500倍，方法的最低检出限为

0.0001mg/L。对浓度为 0.0010mg/L 的呋喃丹水样进行 5 次测定，实验测定呋喃丹相对标准偏差为 2%，加标实验回收率为 92%。

巢猛等建立了环境水体中呋喃丹的固相萃取-高效液相色谱 / 紫外检测器测定法。方法采用甲醇、纯水活化 Supelclean ENVI-18 SPE 小柱，水样富集完成后采用四氢呋喃进行洗脱。呋喃丹加标回收测定结果见表 2-11。

表 2-11 呋喃丹加标回收测定结果

水样	加标值 /（μg/L）	测定值 /（μg/L）	回收率 /%	RSD/%
水样 1	3.0	2.8	93.3	1.76
水样 2	30.0	17.3	86.5	2.41
水样 3	40.0	91.0	91.0	2.83

张凌云等应用高效液相色谱外标法测定水中呋喃丹的含量。水样经 Oasis HLB 固相萃取小柱萃取后进行 HPLC 分析，采用 Symmetry C_{18} 色谱柱，以乙腈∶水 =40∶60（体积比）溶液为流动相，紫外检测波长 280nm。用甲醇和纯水活化萃取柱，过柱后采用甲醇溶液为洗脱剂进行洗脱。通过优化固相萃取方法及色谱条件，水中呋喃丹的检出限达 0.05μg/L，样品加标回收率在 87% ～ 102% 之间。方法简便、准确、重现性好，适合水样中痕量呋喃丹的测定。

固相萃取技术具有溶剂使用量少、高效快速、能减少背景的干扰、提高回收率的优点，与高效液相色谱联用测定水中呋喃丹，无需进行柱后衍生操作，方法简便、快速，加标回收率和精密度良好，检出限符合要求，适用于环境水体中呋喃丹的监测。

（3）多环芳烃

多环芳烃（PAHs）是一种常见的环境污染物，也是最早被发现的环境致癌物之一，早在 20 世纪初就有科学家通过动物试验证明富含 PAHs 的煤焦油具有致癌作用。由于 PAHs 可以对环境造成严重的污染，并对人类生命健康存在威胁，因此 PAHs 被列为优先控制的环境污染物。目前，多环芳烃测定方法的研究成为国内外学者研究的热点之一。传统的萃取水中有机物的方法为液液萃取法，但对于有机物含量很低的饮用水，如果采用液液萃取法富集水中有机物，不仅浪费大量萃取剂，而且浪费大量的人力、物力及时间。固相萃取法是解决以上难题的一种途径。它具有溶剂用量少，提取速度快，仪器简单，操作方便，固定相高效、高选择性等特点。有关水中 PAHs 的固相提取与净化、各种仪器的分析测试文献中已报道较多，利用固相萃取法分析水中的多环芳烃含量时取得了较为满意的效果。

研究多采用二氯甲烷作为洗脱剂。本书作者通过优化萃取水样的体积、萃取小柱种类、洗脱试剂类型及体积等，获得了多环芳烃（苯并 [*g,h,i*] 苝、苯并 [*b*] 荧蒽、苯并 [*k*] 荧蒽、荧蒽、茚并 [1,2,3-*c,d*] 芘、苯并 [*a*] 芘）的最佳固相萃取条件。用二氯甲烷、甲醇和纯水依次活化萃取柱，完成固相萃取富集后，采用二氯甲烷作为洗脱剂进行洗脱。若取水样 1000mL，浓缩至 2mL，浓缩倍数为 500 倍，苯并 [*g,h,i*] 苝、苯并 [*b*] 荧蒽、苯并 [*k*] 荧蒽、荧蒽、茚并 [1,2,3-*c,d*] 芘、苯并 [*a*] 芘的最低检出限分别为 4.24×10^{-7}mg/L、3.30×10^{-7}mg/L、1.58×10^{-7}mg/L、5.28×10^{-7}mg/L、2.14×10^{-7}mg/L、1.21×10^{-7}mg/L。对苯并 [*g,h,i*] 苝、苯并 [*b*] 荧蒽、苯并 [*k*] 荧蒽、荧蒽、茚并 [1,2,3-*c,d*] 芘、苯并 [*a*] 芘浓度分别为 20μg/L、20μg/L、20μg/L、20μg/L、100μg/L、20μg/L 的水样进行 5 次测定，平均回收率范围为 82.4% ～ 97.5%，相对标准偏差为 5.7% ～ 11.2%。

郑海涛等以国家标准分析方法和美国环保署分析方法为基础，采用固相萃取-气相色谱法测定水中多环芳烃。探讨了各条件对测定的影响，确定选用 HP-5 毛细管柱，手动进样，程序升温。用二氯甲烷、甲醇和纯水活化。水样过完后使用二氯甲烷进行洗脱。方法的检出限在 4 ～ 10ng/L，适用于优先监控的多环芳烃的同时分析。具体结果见表 2-12。

表 2-12　多环芳烃加标试验回收率及相对误差

组分	马尚污灌				双沟地下水			
	ρ_B/（μg/L）			相对误差 /%	ρ_B/（μg/L）			相对误差 /%
	1	2	3		1	2	3	
萘	0.232	0.188	0.477	55.9	0.210	0.200	0.324	36.7
苊	0.260	0.280	0.422	36.0	0.288	0.320	0.346	12.1
二氢苊	1.100	1.300	1.330	9.77	1.500	1.300	1.060	32.0
芴	1.000	1.270	1.260	9.92	1.300	1.200	1.160	7.75
菲	0.054	0.044	0.043	14.7	0.096	0.084	0.070	28.5
蒽	0.035	0.038	0.040	8.29	0.006	0.007	0.009	27.7
荧蒽	0.023	0.022	0.018	28.5	0.026	0.022	0.019	26.3
芘	0.027	0.028	0.027	1.11	0.025	0.021	0.030	23.3
苯并 [*a*] 蒽	<0.010	<0.010	0.003	—	<0.010	<0.010	<0.003	—
苯并 [*b*] 荧蒽	0.118	0.112	0.133	13.5	0.030	0.040	0.050	30.0
苯并 [*k*] 荧蒽	<0.006	<0.006	0.001	—	<0.006	<0.006	0.006	—
苯并 [*a*] 芘	<0.006	<0.006	0.0005	—	<0.006	<0.006	0.005	—
茚并 [1,2,3-*c*,*d*] 芘	<0.006	<0.006	<0.0024	—	<0.006	<0.006	0.003	—
二苯并 [*a*,*h*] 蒽	<0.007	<0.007	<0.0007	—	<0.007	<0.007	0.003	—
苯并 [*g*,*h*,*i*] 苝	<0.004	<0.004	<0.0012	—	<0.004	<0.004	0.004	—

潘海祥等参照美国 EPA 525.1 方法，C_{18}-固相萃取膜萃取饮用水中的有机物，利用气相色谱 / 质谱法鉴定 16 种多环芳烃（PAHs）。采用二氯甲烷-乙酸乙酯（1∶1）、甲醇浸泡固相萃取膜，过完水样后采用乙酸乙酯、二氯甲烷分别洗脱萃取膜，浓缩定容后检测。采用某水厂出厂水进行 7 种多环芳烃加标试验，PAHs 的平均回收率为 94% ～ 97.7%，方法检出限为 0.001μg/L。刘菲等采用以 US EPA 及国家标准为基础，研究了利用固相萃取-气相色谱测定地下水中 16 种多环芳烃的分析方法。该分析方法的检出限可以达到 0.004 ～ 0.010μg/L，标准偏差在 2.6% ～ 12.4% 范围内，加标回收率达到 71.5% ～ 99.7%（表 2-13）。

（4）微囊藻毒素

随着环境污染和富营养化的加剧而引起内陆水体中有害蓝藻水华的频繁发生已成为国内外普遍关注的环境问题。微囊藻毒素（microcystins，MCs）即为有害的蓝藻水华释放的一类具有强烈促癌作用的肝毒素，已发现 60 多种异构体。蓝藻水华及其毒素已列为微生物和有机污染物的检测项目，并已有国家推荐水中微囊藻毒素的安全浓度为 1μg/L。我国自 20 世纪 80 年代就对微囊藻毒素的毒性做过研究，而对于水体中微囊藻毒素的检测，由于含量低、干扰大，成为微囊藻毒素检测的一个难点。

表 2-13 基体加标回收率结果

组分	1	2	3	4	5	6	7	加标浓度 /（mg/L）	平均回收率 /%
萘	49.44	57.56	43.96	74.84	76	82.2	65.56	0.100	64.22
亚二氢苊	56.88	62.08	57.36	80.12	80.6	88.84	75.04	0.100	71.56
二氢苊	55.48	59.1	55.92	77.32	79.12	86.5	72.72	0.200	69.45
芴	68	64.8	70.2	87.8	87.8	95	83.4	0.020	79.57
菲	95.5	80	100	110	99.5	109	104	0.008	99.71
蒽	90	76	96	98	93	101	91	0.004	92.14
荧蒽	96	80.8	102.8	98.8	97.2	103.6	140.4	0.010	102.80
芘	93.6	80.8	100.6	98.6	98	102.8	91.8	0.020	95.17
苯并 [*a*] 蒽	84.8	76	89.6	93.2	92.4	93.6	83.6	0.010	87.60
䓛	84.8	75.6	87.2	93.6	90	87.2	122.4	0.010	91.54
苯并 [*b*] 荧蒽	82	73	86	89	88	98	99	0.004	87.86
苯并 [*k*] 荧蒽	82	74	84	89	88	86	93	0.004	85.14
苯并 [*a*] 芘	78.8	68.4	92	84	95.6	86.8	77.6	0.010	83.31
茚并 [1,2,3-*c*,*d*] 芘	74.8	68.4	79.2	79.2	80.4	81.2	72.8	0.010	76.57
二苯并 [*a*,*h*] 蒽	83.5	75.5	84.1	94.5	86.3	78.6	89.1	0.004	84.51
苯并 [*g*,*h*,*i*] 苝	88	79.25	90.5	94.75	93.25	89.75	89.25	0.016	89.25

本书作者通过优化萃取水样的体积、萃取小柱的种类、洗脱试剂类型及体积等，获得了微囊藻毒素的最佳固相萃取条件。用二氯甲烷、甲醇和纯水活化萃取柱，完成固相萃取富集后，使用甲醇进行洗脱并浓缩至 2mL，MC-YR、MC-LR 和 MC-RR 的方法检出限分别为 0.0004mg/L、0.0004mg/L 和 0.0005mg/L。对 MC-YR、MC-LR 和 MC-RR 分别进行 5 次加标实验，水样浓度分别为 0.0020mg/L、0.0044mg/L 和 0.0050mg/L，MC-YR、MC-LR 和 MC-RR 的平均回收率分别为 115%、85% 和 92%。

张维昊等在综合国外文献的基础上，建立了固相萃取-高效液相色谱检测水环境中痕量藻毒素的分析方法，并用于实际样品分析，取得了满意结果。采用甲醇和纯水进行活化，富集完成后用甲醇洗脱，浓缩后上样。加标回收率见表 2-14。结果表明，该方法具有良好的回收率和精密度。

表 2-14 加标回收率及精密度

物质	加入量 /（μg/L）	检出量 /（μg/L）			SD/（μg/L）	RSD/%	平均回收率 /%
MC-LR	0.560	0.522	0.504	0.480	0.03	5.5	88.3
		0.453	0.532	0.478			
MC-RR	1.680	1.432	1.346	1.288	0.06	3.8	81.3
		1.454	1.326	1.355			

徐荣等应用高效液相色谱法测定水中微囊藻毒素的含量。采用 C_{18} 固相萃取柱进行水样富集，依次用乙酸乙酯、0.1%（体积分数）三氟乙酸（TFA）的甲醇溶液、甲醇活化固相萃取柱，后用超纯水调整，过滤完水样后，以 0.1%（体积分数）TFA 的甲醇溶液洗脱，浓缩后待测。微囊藻毒素 MC-RR 和 MC-LR 的检出限分别为 0.02μg/L 和 0.05μg/L，回收率分别为

86.7% 和 85.4%，相对标准偏差分别为 2.3% 和 4.7%。

王超等建立了一种液相色谱-二极管阵列检测器（DAD）/ 离子阱质谱（IT MS）对水中 5 种微囊藻毒素的分析方法。水中的微囊藻毒素经固相萃取富集和净化，经液相色谱分离后，采用 DAD 检测器和 IT MS 定性分析，DAD 定量分析。在优化的条件下，水中 5 种微囊藻毒素的检出限为 0.1μg/L；3 个质量浓度加标水平（0.2μg/L、0.8μg/L 和 5μg/L）的平均回收率为 52.2% ～ 115.2%，相对标准偏差为 1.2% ～ 10.0%。方法适用于地表水和饮用水中多种微囊藻毒素的检测。

上述固相萃取-液相色谱法分析水中痕量微囊藻毒素的方法，具有操作简便、灵敏度高的特点，适合水中微囊藻毒素的检测。

（5）环境内分泌干扰物

内分泌干扰物（endocrine disrupting chemicals，EDCs），也称环境激素，是一种外源性干扰内分泌系统的化学物质，这些外源性化合物进入机体后，激活或抑制内分泌系统的功能，干扰体内正常内分泌物质的合成、释放、转运、代谢和结合等过程，从而破坏内分泌系统维持和调控机体内环境平衡的作用。EDCs 总体可分为农药类和工业化合物类，工业化合物类主要包括邻苯二甲酸酯、双酚 A 等。针对环境样品中 EDCs 的检测步骤主要分为样品的制备技术和检测分析两大部分，但目前其操作面临着环境基质复杂和检测限低的难题，且不同的样品制备技术也会直接影响到最终的结果。

1）邻苯二甲酸酯类

邻苯二甲酸酯（PAEs），旧称酞酸酯，主要作为增塑剂（塑化剂）使用，添加到塑料中以增强弹性、透明度、耐用性和使用寿命，邻苯二甲酸酯类是使用最广泛、品种最多、产量最大的增塑剂。随着塑料制品的生产、使用和废弃，邻苯二甲酸酯越来越多地进入到环境中，严重污染了大气、土壤和水体。邻苯二甲酸酯类环境激素大多数是无色透明的油状液体。一般难溶于水，是环境中的痕量污染物，因而测定时首先需要对水中的邻苯二甲酸酯加以富集。经典的富集方法是液液萃取法，但该方法存在一些问题，如富集组分含量较低时，需要采集大量样品，不仅劳动强度大，而且有机溶剂用量大，前处理工作繁杂。固相萃取法采用高效、高选择性的固定相，利用吸附剂对大体积水样中的有机污染物加以富集，具有溶剂用量少、分离效果好、操作简单、省时省力等特点，因此成为邻苯二甲酸酯类检测前处理的首选方法。

林兴桃等建立了以 HLB 固相萃取柱和反相液相色谱法测定水中 8 种邻苯二甲酸酯类环境激素的方法，利用正交试验进行萃取条件的优化，确定固相萃取的优化条件为：洗脱剂组成为 V（甲醇）∶V（乙醚）=1∶19，清洗剂组成为 V（甲醇）∶V（水）=1∶19。8 种物质峰面积对浓度进行线性回归的相关系数均大于 0.999，最低检出限为 0.10 ～ 0.62μg/L，回收率为 75.1% ～ 115.5%，相对标准偏差为 0.9% ～ 2.2%（详见表 2-15）。同时将该方法应用于废水中邻苯二甲酸酯类环境激素的测定，检出 DEP、BBP、DBP 和 DEHP 4 种邻苯二甲酸酯类环境激素。

本书作者以固相萃取富集饮用水中的邻苯二甲酸二辛酯，选用了 HLB、C_{18}、PEP、Bond Elut-SAX 4 种萃取柱对水样进行浓缩富集，同时优化了甲醇、二氯甲烷、丙酮、四氢呋喃、正己烷 5 种洗脱液条件，最终选择 C_{18} 萃取柱，活化溶剂为甲醇，洗脱溶剂为正己

表 2-15　8 种邻苯二甲酸酯类物质的平均回收率、相对标准偏差及检出限

化合物	平均回收率 /%	相对标准偏差 /%	检出限 /（μg/L）
DEP	87.4	1.0	0.10
DPrP	115.5	2.0	0.12
BBP	92.7	1.2	0.16
DBP	88.6	0.9	0.14
DAP	85.3	2.1	0.26
DCHP	85.2	1.2	0.20
DHP	75.1	2.2	0.62
DEHP	84.1	0.9	0.16

烷。利用该方法对水样进行加标，加标浓度为 0.01mg/L，邻苯二甲酸二辛酯加标回收率为 81.2% ～ 90.0%，其相对标准偏差为 2.65%。加标结果表明，该前处理方法准确、有效。此外，通过优化萃取水样的体积、萃取小柱的种类、洗脱试剂类型及体积等，获得了邻苯二甲酸二（2-乙基己基）酯的最佳固相萃取条件。用二氯甲烷、甲醇和纯水活化萃取柱，采集完成固相萃取富集后，使用二氯甲烷进行洗脱。加标浓度 0.0002mg/L 的水样，邻苯二甲酸二（2-乙基己基）酯相对标准偏差为 4.6%，加标实验回收率为 88%。

廖艳等采用固相萃取-毛细管气相色谱 / 电子捕获检测方法测定了水环境中的邻苯二甲酸二甲酯（DMP）、邻苯二甲酸二丁酯（DBP）、邻苯二甲酸二（2-乙基己基）酯（DEHP）三种痕量酯类物质。借助均匀设计法及计算机回归技术优化了固相萃取试验条件，得到了最佳固相萃取条件：洗脱剂配比（正己烷与丙酮的体积比）为 30∶1，洗脱体积为 2mL，洗脱速率为 4mL/min，进样速率为 8mL/min。方法的检出限为 0.02 ～ 0.4μg/L，加标回收率为 69% ～ 106%，相对标准偏差为 2.5% ～ 9.5%。

迁君等建立了水中邻苯二甲酸酯的固相萃取-气相色谱 / 质谱测定法。采用固相萃取法对水样进行提取富集，以 10% 甲醇-甲基叔丁基醚为洗脱溶剂，采用气相色谱 / 质谱法选择离子模式（SIM）对水中邻苯二甲酸二甲酯（DMP）、邻苯二甲酸二乙酯（DEP）、邻苯二甲酸二丁酯（DBP）及邻苯二甲酸二（2-乙基己基）酯（DEHP）进行定量分析。在 0.00 ～ 10.00μg/mL 范围内，方法所得的回归方程线性关系良好，相关系数均大于 0.998，DMP、DEP、DBP、DEHP 检出限分别为 2.7ng/L、2.1ng/L、1.6ng/L、2.5ng/L，平均回收率为 78.0% ～ 102.5%，RSD 为 3.3% ～ 7.8%。方法溶剂使用量少，简单、快捷、准确，适用于水中邻苯二甲酸酯类物质含量的测定。

固相萃取柱萃取水中邻苯二甲酸酯类，方法具有省力、省溶剂、抗干扰能力强等优点，能得到较高的回收率和较低的检出限，适用于废水和地表水中邻苯二甲酸酯类环境激素的分析。

2）雌激素类

人工合成及天然雌激素在极低浓度下，显示出极强的内分泌干扰作用，如天然雌激素雌二醇在 1 ～ 10ng/L、人工合成的雌激素在 0.1ng/L 时，会使一些野生雄性鱼类出现雌性化现象。环境中雌激素物质的浓度是极其微量的，因此，建立特异性强、灵敏度高的检测方法成为内分泌干扰物质研究领域中的一大课题。

黄斌等建立了固相萃取-衍生化-气相色谱 / 质谱联用同时测定水中 4 种类固醇类环境内

分泌干扰物雌酮（E1）、17*β*-雌二醇（E2）、17*α*-乙炔基雌二醇（EE2）、雌三醇（E3）的分析方法。通过对比衍生化试剂*N*,*O*-双三甲基硅基三氟乙酰胺（BSTFA）和*N*-甲基-*N*-三甲基硅基三氟乙酰胺（MSTFA）的衍生化条件及效果，解释了文献报道中使用BSTFA和MSTFA需要加热和催化剂的原因，并在不加热、不加催化剂的条件下（常温反应10min）将BSTFA应用于环境水样的测定。以Oasis HLB为固相萃取柱，调节水样至pH 4.5，采用10mL丙酮为洗脱溶剂。本方法E1、E2的线性范围为1～500ng/L，EE2、E3的线性范围为5～500ng/L；相关系数r^2＞0.98；检出限和测定下限分别为0.1～1.3ng/L和0.3～4.2ng/L；滇池水样3个不同浓度水平（5ng/L、50ng/L、300ng/L）的平均加标回收率为83.8%～94.7%，相对标准偏差为3.2%～9.1%（*n*=6），数据详见表2-16。

表2-16 滇池加标水样中E1、E2、EE2和E3的回收率和精密度

样品	加标浓度 /（ng/L）	回收率 /%				相对标准偏差RSD（*n*=6）/%			
		E1	E2	EE2	E3	E1	E2	EE2	E3
滇池水样	5	93.0	86.6	90.1	85.4	5.4	9.1	8.2	6.7
	50	94.7	89.5	84.2	83.8	8.7	5.8	9.0	4.3
	300	93.8	93.9	88.9	91.1	7.1	4.7	3.2	8.4

常红等建立了固相萃取-液相色谱 / 质谱法检测水中痕量雌激素的方法，用乙腈、甲醇、超纯水活化固相萃取柱，水样富集完成后，用乙腈和二氯甲烷混合液（体积比1∶1）进行洗脱，氮吹浓缩后换甲醇定容待测。在自来水中进行加标0.1ng/L，固相萃取浓缩后，回收率均高于80%。

郁倩等以固相萃取-高效液相色谱法建立了同时测定水中5种雌激素（雌二醇、雌三醇、雌酮、炔雌醇和己烯雌酚）的快速而准确的方法。优化固相萃取实验条件，固相萃取小柱为Alltech Extract-clean Columns C_{18}；洗脱液为甲醇。5种雌激素分离效果好，标准曲线线性良好，相关系数均大于0.998，方法的检出限为16～40ng/L（*S*/*N*=3），测定下限为45～105ng/L（*S*/*N*=10），平均回收率为87.6%～106%，RSD＜3%。方法操作简便，灵敏、准确，无杂质干扰，适合水中雌激素的日常检测。

固相萃取在近年来得到了广泛的应用，但由于传统的固相萃取装置的富集倍数有限，本书作者开发了大体积样品富集方法。大体积样品富集装置主要包括水样桶（搪瓷质）、蠕动泵、玻璃蓄水柱、色谱柱和排水管。水样桶通过硅胶软管与蠕动泵连接，蠕动泵带动软管将水样虹吸至玻璃蓄水柱，通过蓄水柱水样流至装有树脂的色谱柱进行富集（蓄水柱与色谱柱磨口连接）。通过调整蠕动泵的转速可以任意调整水样过柱流速。选用具有较大比表面积和优良孔径结构的大孔吸附树脂作为萃取柱填料，并用加速溶剂萃取法对大孔吸附树脂填料进行活化。将装好填料的柱子安装在水样富集装置的架子上，调节蠕动泵的转速，保持40mL/min的上样速度，水样过完后保持填料上方的水层在1cm以上直至洗脱。将过完水样的湿填料用纱布包裹装入加速溶剂萃取仪萃取池内，用加速溶剂萃取法洗脱，洗脱试剂选用乙酸乙酯，洗脱时间约23min。洗脱液须用无水硫酸钠干燥，氮吹浓缩至5mL，装瓶待测。开发的处理装置可同时处理6个样品，最大处理样品体积为100L，样品富集倍数达2万倍。该方法可与气相色谱 / 质谱、液相色谱 / 质谱等联用进行有机物定性、定量分析，能够方便用于生活饮用水及水源水中有机物的快速筛查及风险评估。

黄成等采用固相萃取-衍生化气相色谱 / 质谱法（GC/MS）测定某制药厂污水中的雌酮（E1）、雌二醇（E2）、雌三醇（E3）和乙炔基雌二醇（EE2）4 种雌激素化合物。样品经固相萃取柱萃取富集及 *N*,*O*-双三甲基硅基三氟乙酰胺（1% 三甲基氯硅烷）衍生化后进行 GC/MS 分析。方法的检出限范围为 1.8 ～ 4.7ng/L，相对标准偏差为 2.3% ～ 9.1%（n=8），加标回收率为（94.0±2.9）% ～（101±3.8）%。该方法适用于制药厂污水中 4 种雌激素的检测。

3）壬基酚

壬基酚是城市污水和再生水中的一种痕量污染物，具有多种同分异构体，具有内分泌干扰作用。郝瑞霞等采用固相萃取-气相色谱 / 质谱法对 70 多个污水和再生水样品中壬基酚同分异构体总量进行了定量检测。结果表明，亲水-亲脂平衡固相萃取柱对壬基酚具有较好的吸附能力，以 5 种离子碎片（107,121,135,149,163）色谱图的积分面积和作为定量检测的依据，该方法既能准确反映各种异构体的组成，又能排除背景离子的干扰，能够保证方法的选择性、准确度和精密度。

（6）有机金属化合物

甲基汞、乙基汞和四乙基铅等有机金属化合物毒性较强，严重威胁人类健康和安全，针对此类化合物，研究者建立了很多检测方法。辛晓东等建立了固相萃取-高效液相色谱 / 电感耦合等离子体质谱法测定甲基汞和乙基汞的含量。甲基汞和乙基汞均在 0.8 ～ 100ng/L 范围内与响应信号呈现良好的线性关系，方法检出限分别为 0.2ng/L 和 0.5ng/L，实际水样加标回收率为 71.2% ～ 105.2%，相对标准偏差为 6.4% ～ 9.4%。他们的研究团队还建立了固相萃取-气相色谱 / 电感耦合等离子体质谱测定水中四乙基铅的方法，该物质在 0.05 ～ 5.00μg/L，检出限为 5ng/L，实际水样加标试验回收率为 80.7% ～ 108%，相对标准偏差为 3.9% ～ 6.2%。以上两个方法能够满足城市水系统中对目标污染物的检测。

（7）生物毒性检测

王伟琴对饮用水中微囊藻毒素（MC）开展了短期遗传毒理学试验。试验采集了 MC 污染较为严重的水源水样，用 Oasis HLB 固相萃取法提取浓缩 MC 制成试样，采用单细胞凝胶电泳试验检测试样对人外周血淋巴细胞 DNA 可能的损伤，采用 Ames 试验检测试样诱发基因突变的能力，采用鲤鱼外周血红细胞微核试验初步观察试样对染色体畸变效应的影响。结果发现，MC 试样可诱导人淋巴细胞 DNA 链断裂损伤，Ames 试验中 MC 试样未观察到明显的基因突变作用，但回变率随着剂量增加逐渐上升，微核试验中未观察到 MC 试样对染色体的明显损伤。

本书作者建立了固相萃取结合 CALUX 检测雌激素、雄激素和肾上腺皮质激素的方法。水样先经过 0.45μm 滤膜过滤，后通过 Oasis HLB 固相萃取柱富集，用乙酸乙酯洗脱固相萃取柱 3 次，将洗脱液用氮气吹干，用 DMSO 溶液定容，然后利用 CALUX 方法检测。许燕等利用该方法检测了济南某河流三种激素水平，结果显示，雌激素和肾上腺皮质激素年平均毒性当量浓度范围分别为 0.007 ～ 0.050ng/L 和 1.8 ～ 9.6ng/L。

缪冬月等应用 SOS/umu 试验研究了水源加氯消毒前后的水样有机提取物对鼠伤寒沙门氏菌 DNA 的损伤作用，评价有机提取物的遗传毒性。研究人员采用 XAD-2 树脂提取水样中的有机污染物，对鼠伤寒沙门氏菌进行染毒，染毒时间为 2h，以细胞生长因子评价各个水样提取物对菌株的细胞毒性，发现研究的水样大部分具有遗传毒性。

2.2.1.4 固相萃取法的发展趋势

鉴于固相萃取法的优点，该方法的应用日益广泛。今后的发展包括以下几个方面：

① 用球形硅胶或高聚物作为填料基质和改进合成方法，提高柱效和重现性。引进新型选择性高或特效性的填料。

② 为了满足各种试样的不同要求，提高工作效率，继续完善和改进柱构型。

③ 以新材料和填料制备固相萃取装置，减少空白中的杂质，扩大固相萃取在痕量分析中的应用。

④ 进一步改进自动化装置，提高工作效率。

2.2.2 在线固相萃取

在线固相萃取是将具有双泵的液相色谱仪的一个泵作为富集泵，结合一根富集柱来实现在线萃取过程的。在操作过程中伴随液相色谱的操作方式进行方法和序列的编辑。实现了较大体积进样，提高了液相色谱检测的灵敏度，同时规避了色谱峰形变宽的问题；可准确控制进样体积，操作更为方便；在线固相萃取的应用节省了样品制备时间和人力成本。

2.2.2.1 在线固相萃取法的原理

在线固相萃取法和离线固相萃取法的原理类似。在线固相萃取法通常和高效液相色谱法联用，实现了固相萃取法的自动化，比起离线固相萃取法，针对某些污染物，该方法能够实现在线、连续、实时监测分析；水样的在线净化、富集避免了离线状态下人工对样品进行预浓缩时发生的错误，提高了样品分析的可靠性和重现性；样品平行处理与高效液相色谱法的联用有助于提高实验室分析样品的效率（详见表 2-17）。

表 2-17 在线固相萃取装置和离线固相萃取装置比较

在线固相萃取装置	离线固相萃取装置
分析被萃取物的总量	分析被萃取物的一小部分
所需样品体积小	所需样品体积大
基质影响，离子会抑制或者促进质谱分析	对质谱分析几乎不产生影响
试剂盒可重复使用	一次性试剂盒
灵活性差，系统不能与不同试剂盒联合使用	连续萃取，系统可与不同试剂盒联合使用
自动化，处理样品较少，精密度和准确度较高	手工操作，可能产生污染，精密度和准确度较差
浓缩后直接快速洗脱，样品最小限度分解	分析物存在分解风险
有机试剂用量少	有机试剂用量大
在蒸气步骤没有损失	在蒸气步骤可能有损失
由于样品量较少，缺乏重复验证分析物的量	有相同的分析物可以进行多次测定
减少分析时间、能够实现高通量	需要更长的分析时间
移动性受限制	便携式固相萃取装置
可用于在线监测和预警监测	只能用于现场取样测定
设备昂贵	设备更经济

2.2.2.2　在线固相萃取装置

在线固相萃取连接方式如图 2-4 所示，样品首先通过 AXP 泵注入固相萃取柱进行富集，可根据泵的流速和时间确定进样体积。通过六通阀的切换和各个泵的配合，样品可实现净化、富集、洗脱、进样等一系列过程。

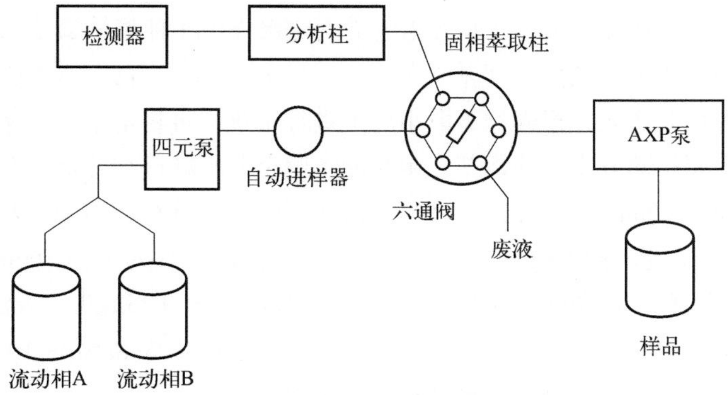

图 2-4　在线固相萃取装置示意

2.2.2.3　在线固相萃取法的应用

在线固相萃取方法的建立需要考查以下几方面：

① 富集柱选择。富集柱是实验成败的关键，富集柱与纯水具有良好的兼容性。Dionex 公司开发的在线固相萃取柱主要以 NG1 柱和 Acclaim PA 柱作为富集柱。在开发在线固相萃取方法时，可根据检测对象选取不同种类（填充料）与不同规格的在线固相萃取柱进行实验。

② 富集泵流动相选择。实验最初一般选择纯水（添加缓冲盐）和甲醇 / 乙腈作为富集泵流动相，对自来水样品加标测定，观察样品色谱，分析峰形。若水样中的组分干扰了富集柱对目标物的保留，可通过更换不同填料富集柱，减少进样体积进行改进。

③ 自动阀切换时间的设定。通过实验确定目标物在富集柱上的流出时间，设定合适的自动阀切换时间。

（1）邻苯二甲酸酯类

邻苯二甲酸酯类作为国内外的优先控制污染物，常规的前处理方法主要采用固相萃取，已报道的用于富集邻苯二甲酸酯类的萃取小柱种类很多，但耗时长。近年来，在线固相萃取 / 高效液相色谱法联用技术广泛用于基质中痕量组分的测定。相对于传统的离线固相萃取方法，在线方法的自动化程度高，在提高回收率和重复性的同时还提高了分析效率，避免了对有害试剂的直接接触。因此，实现在线富集邻苯二甲酸酯类对建立准确、高效的水体邻苯二甲酸酯类的检测方法具有重要意义。

本书作者通过优化萃取条件获得了邻苯二甲酸酯类的最佳固相萃取条件。取 10mL 水样，利用在线固相萃取柱对水样中的邻苯二甲酸酯类进行富集，以乙腈-水为流动相将吸附在富集柱上的邻苯二甲酸酯洗脱下来带入分析柱进行分离。取水样 10mL，邻苯二甲酸二乙酯、邻苯二甲酸二丁酯和邻苯二甲酸二（2-乙基己基）酯方法检出限均为 0.5μg/L。对 DBP、DEP 和 DEHP 加标浓度均为 50.0μg/L 的水样进行 5 次测定，回收率分别为 86.4% ～ 109.9%、82.7% ～ 98.0%、89.2% ～ 104.5%，相对标准偏差分别为 2.7%、1.4% 和 4.0%。

研究者利用双三元液相系统实现邻苯二甲酸酯类的在线富集，各项指标符合国标要求，操作简单、灵敏度高、试验成本低。通过将富集泵与分析泵反向冲洗连接，通过优化色谱条件，方法在 0.5 ～ 50μg/L 浓度范围内，4 种邻苯二甲酸酯类线性良好，线性相关系数 $r > 0.9991$，检测限（按 S/N=3）DMP 为 0.1μg/L，DEP 为 0.25μg/L，DBP 为 0.10μg/L，DEHP 为 0.25μg/L。

徐磊等建立了在线固相萃取 / 高效液相色谱测定水样中 4 种痕量邻苯二甲酸酯［邻苯二甲酸二甲酯、邻苯二甲酸二乙酯、邻苯二甲酸二丁酯和邻苯二甲酸二（2-乙基己基）酯］的新方法。样品由外加泵注入一根固相萃取小柱上进行富集，再将富集柱切换至高效液相色谱系统中，将富集在固相萃取小柱的邻苯二甲酸酯洗脱至分析柱进行分析。在线固相萃取柱为 IonPac NG1（10μm×4.0mm×35mm），分析柱为 Acclaim 120Å C_{18}（5μm×4.6mm×150mm），检测波长为 224nm，水样体积为 15mL。方法的线性范围为 1 ～ 100μg/L，相关系数 $r^2 \geqslant 0.9998$，4 种邻苯二甲酸酯的检出限（S/N=3）为 0.10 ～ 0.25μg/L，方法的重复性良好，峰面积的相对标准偏差（n=5）＜ 2%。实际水样的加标回收率为 88% ～ 107%，表明该方法可有效用于水样中痕量邻苯二甲酸酯的快速准确分析。

（2）微囊藻毒素

微囊藻毒素（microcystins，MCs）是蓝藻产生的一种水溶性肝毒素和神经毒素，存在最为普遍含量相对较多的是 MC-LR、MC-RR 和 MC-YR。目前对 MCs 常用的检测方法有酶联免疫吸附法（ELISA）、高效液相色谱紫外检测法（HPLC-UV）和液相色谱-串联质谱联用法（LC-MS/MS）。HPLC-UV 法灵敏度低，不仅费时，而且目标峰易被覆盖。ELISA 法灵敏度高，但假阳性出现概率大。LC-MS/MS 法定性定量准确，具有较低的检出限。但要得到安全的数据，仍然需要离线固相提取水中的 MCs，导致取水样量大、费时、重现性差、回收率低，因此需要建立可直接进样、重现性好、操作方便的检测方法。

通过优化萃取条件获得了微囊藻毒素的最佳固相萃取条件。取 10mL 水样，利用在线固相萃取柱对水样中的微囊藻毒素进行富集，以乙腈-水为流动相将吸附在富集柱上的微囊藻毒素洗脱下来带入分析柱进行分离。取水样 10mL，MC-LR、MC-YR、MC-RR 方法检出限均为 0.1μg/L。对 MC-RR、MC-YR、MC-LR 加标浓度为 1μg/L 和 10μg/L 的水样进行 5 次试验，相对标准偏差小于 10%，回收率为 95.3% ～ 106.1%，说明该方法具有良好的精密度和准确度。

郭坚等建立了全自动化在线固相萃取-高效液相色谱法快速、准确测定水体中 3 种痕量微囊藻毒素的新方法。样品用自动进样器连续注入固相萃取小柱完成富集后，通过双梯度高效液相系统中的一个泵（上样泵）实现净化，再通过切换阀将固相萃取小柱切换至分析流路中，用另一个泵（分析泵）将待测物冲洗至分析柱进行测定。方法使用的 Acclaim PA 柱（10mm×4.3mm×5μm）为在线固相萃取富集柱，Acclaim PA2 柱（150mm×4.6mm×3μm）为分析柱，上样泵流速 2.0mL/min，上样后采用梯度洗脱方式进行样品的净化，分析泵流速 1.0mL/min，也以梯度洗脱方式完成微囊藻毒素的分离和检测。检测波长为 238nm，进样体积为 10mL，分析时间为 20min。方法检出限为 0.5 ～ 10μg/L 在相关线性范围内线性良好，3 种微囊藻毒素的线性相关系数 $r^2 \geqslant 0.9996$，检出限为 0.1μg/L（$S/N > 3$），6 次平行测定的 RSD ＜ 1.6%（详见表 2-18），方法可有效地用于水体中痕量微囊藻毒素的测定。

表 2-18　微囊藻毒素加标回收率试验

样品	回收率（n=3）/%					
	MC-RR		MC-YR		MC-LR	
	1μg/L	10μg/L	1μg/L	10μg/L	1μg/L	10μg/L
自来水	104.8	103.6	106.1	100.6	92.3	100.4
湖水	111.6	103.8	101.0	102.1	97.3	101.3

张春燕等建立了水中微囊藻毒素（MCs）的直接进样分析方法。在全自动在线固相萃取-超高效液相色谱-串联质谱（SPE-UPLC-MS/MS）系统上开发，具有可直接进样、重现性好、快速、高灵敏、抗污染等特点。方法实现了在线快速监测水体的目的，并对我国部分水厂源水和出厂水中微囊藻毒素进行了快速测定。每个样品仅需要 15min 的分析时间，15mL 进样体积，检出限为 0.031 ～ 0.057ng/L。方法的回收率和相对标准偏差见表 2-19。

表 2-19　方法回收率和相对标准偏差

微囊藻毒素	添加浓度 /（ng/L）	回收率 /%	RSD/%
MC-LR	20	105	3.6
	50	99.8	4.2
	100	80.3	3.1
MC-YR	20	91.7	4.1
	50	95.6	5.0
	100	80.0	2.9
MC-RR	20	97.3	4.9
	50	92.5	4.7
	100	81.7	4.6

（3）其他类有机物

直链十二烷基苯磺酸盐（LAS）是合成洗涤剂中含有的重要阴离子表面活性剂之一，其进入水体后与其他污染物结合形成分散胶体颗粒，会对生活污水和工业废水的物理、化学和生化特性产生极大影响，《污水综合排放标准》（GB 8978—1996）中规定 LAS 排放的一级标准为 5mg/L。研究者建立了在线固相萃取-高效液相色谱紫外检测法测定污水处理厂污水中直链烷基苯磺酸盐的方法。该方法不需要多次萃取，利用在线前处理小柱可以有效地纯化、富集 LAS，配备的表面活性剂色谱柱可以有效分离不同碳链的 LAS，进样量为 7.5mL 时，检出限为 1μg/L，对两个实际污水厂进出口水样进行加标回收试验，回收率范围为 82.0% ～ 91.9%。

张蓓蓓等建立了全自动在线固相萃取-超高效液相色谱 / 三重四极杆串联质谱（UPLC-MS/MS）同时测定水中六溴环十二烷和四溴双酚 A 的方法。该方法采用在线 HLB 萃取柱萃取，后采用反冲梯度洗脱萃取柱，再经过 C_{18} 色谱分析柱分离，最后通过串联质谱对 4 种目标化合物进行检测，在相关线性范围内线性良好（r=0.9915 ～ 0.9981），回收率为 83.2% ～ 114%，相对标准偏差为 7.6% ～ 14.5%，方法检出限为 0.003 ～ 0.014μg/L。

2.2.2.4　在线固相萃取法的发展趋势

在线固相萃取技术，从萃取角度讲研究高效的固相萃取剂势在必行。现在，越来越多的研究者正在研究从复杂环境中萃取和分离某些化合物的高选择性和高灵敏度的方法，从水中萃取待测物的过程中高选择性是固相萃取的一个重要参数，萃取的目的在于去除其他物质的干扰，使得更易于气相色谱仪和高效液相色谱仪的分析。目前，存在很多具有宽选择性的萃取材料，这些材料具有很广泛的应用。最常用的固相萃取原理是利用某些物质的疏水性。文献中报道固相萃取剂包括烃基键合二氧化硅（C_{18}、C_2）、共聚物萃取剂（交联聚苯乙烯、亲水亲脂平衡性聚合物）等。这类萃取剂选择性较差，除了萃取目标物以外，很多基质成分也被吸附，从而影响了光谱分离和检测。在固相萃取阶段，对目标物选择性越高，分析时灵敏度越高。

目前，各类萃取剂发展迅速，例如免疫吸收剂、分子印迹合成聚合物（MIP）和限制性吸附材料（RAM）等。在利用免疫萃取技术基础上，固相萃取试剂盒被填入只识别特定化合物的抗体，将该抗体键联在二氧化硅吸附剂上。通过免疫萃取技术，萃取、富集和洗脱能够一步完成。该技术已经同液相色谱联用成功检测农药。另外，分子印迹材料也被用于萃取技术，Bjarnason 利用分子印迹材料与 C_{18} 联合技术，成功从腐植酸中富集了三氮杂苯，富集倍数高达 100 倍，得到了满意的回收率。限制性吸附材料是一类表面具有孔径的生物兼容性材料，在基于粒径大小进行固相萃取时，其阻止大分子物质进入孔中，同时在这种粒径排斥过程中，通过孔内表面作用实现低分子量化合物的分离。这种材料实现自动化萃取很简单，Kouber 等利用 MIP 和 RAM 的结合实现了样品处理自动化，RAM 多维的结构截留样品中大基质分子，例如腐植酸等。通过具有选择性的 MIP 材料的吸附保留较小分子的分析物，在这种情况下，被 RAM 材料残留的基质分子被 MIP 材料摒弃，这样农药就被完全分离出来了。随着科技的发展，还将涌现出大量的吸附材料，不断提高在线固相萃取技术的效率。

现在，在线固相萃取技术同液相色谱-质谱仪和液相色谱-质谱-质谱仪联用技术应用于环境监测，这些仪器都是四极杆仪器。这两种技术的结合呈现出自动化程度高、灵敏度高、选择性高、准确度高、可靠性强、高通量和所需样品少等特征。但是，目前很多方法仅限制于监测数目很少的预选污染物，而这些污染物又不足以评价水质状况，因为目前许多污染物通常是不具有普遍性的微污染物，这些污染物也许对环境和人类健康有影响。为了识别这些新型化合物，很多研究者将在线固相萃取装置同飞行时间质谱和混合四极杆飞行时间质谱 / 质谱仪联用。随着分析仪器的不断发展和创新，在线固相萃取装置的安装选择性越来越多，将会不断促进监测方法越来越先进，越来越完善。

2.2.3 固相微萃取

固相微萃取（solid-phase microextraction，SPME）技术是 20 世纪 90 年代兴起的一项新颖的样品制备与富集技术，它由加拿大 Waterloo 大学的 Pawliszyn 教授的研究小组于 1989 年首次进行开发研究，属于非溶剂型选择性萃取法。将纤维头浸入样品溶液中或顶空气体中一段时间，同时搅拌溶液以加快两相间达到平衡的速度，待平衡后将纤维头取出插入气相色谱气化室，热解吸涂层上吸附的物质。被萃取物在气化室内解吸后，靠流动相将其导入色谱柱，完成提取、分离、浓缩的全过程。

2.2.3.1 固相微萃取法的原理

固相微萃取的过程主要包括萃取过程和解吸过程：将萃取器针头插入样品瓶内，压下活塞，使具有吸附涂层的萃取纤维暴露在样品中进行萃取，经一段时间后，拉起活塞，使萃取纤维缩回到起保护作用的不锈钢针头中，然后拔出针头完成萃取过程；在气相色谱中采用热解吸法来解吸萃取物质，将已完成萃取过程的萃取器针头插入气相色谱进样装置的气化室内，压下活塞，使萃取纤维暴露在高温载气中，并使萃取物不断地被解吸下来，进入后续的气相色谱分析。

完成从萃取到分析的整个过程一般只需十几分钟，甚至更快。整个过程实现了无溶剂化，不但减轻了环境污染，而且还有助于提高气相色谱的柱效，缩短了分析时间。由于整个方法的核心是一支携带方便的萃取器，所以特别适于野外的现场取样分析。如使用该萃取器可以直接将萃取纤维暴露于空气中，进行大气污染物的测定；直接置于河流、湖泊中进行水质的有机污染物分析。不仅如此，使用固相微萃取法取样后还可以很方便地带回实验室，进行复杂的仪器分析，避免了传统方法中环境样品在运输及保存中的变质与干扰问题。

固相微萃取是一个基于待测物质在样品及萃取涂层中的平衡分配的萃取过程。对于一个单组分的单相体系，当系统达到平衡时，涂层中所吸附的待测物质可由下式决定：

$$n=\frac{K_{\mathrm{fs}}V_{\mathrm{f}}C_0V_{\mathrm{s}}}{K_{\mathrm{fs}}V_{\mathrm{f}}+V_{\mathrm{s}}} \tag{2-1}$$

式中　n——萃取纤维涂层中所吸附的待测物的量；

K_{fs}——待测物在样品及涂层间的分配系数；

V_{f}——萃取涂层体积；

C_0——待测物初始浓度；

V_{s}——样品体积。

由上式可以看出，体系中的 K_{fs} 及 V_{f} 值是影响方法灵敏度的重要因素。所以在实际中一般采用具有对待测物有较强吸附作用的涂层和增加萃取纤维长度及增加涂层厚度的办法来提高萃取的富集效果和灵敏度。

当样品体积 $V_{\mathrm{s}} \geqslant K_{\mathrm{fs}}V_{\mathrm{f}}$ 时，式（2-1）可近似为：

$$n=C_0K_{\mathrm{fs}}V_{\mathrm{f}} \tag{2-2}$$

式（2-2）为 SPME 的野外取样提供了理论依据，即可将萃取纤维置于自然环境中直接取样。

SPME 目前更多地用于包括气液或气固两相同时存在的顶空取样系统，此时涂层中被测物的浓度在系统达平衡后可按下式求得：

$$n=\frac{C_0V_1V_2K_1K_2}{K_1K_2V_1+K_2V_3+V_2} \tag{2-3}$$

式中　C_0——被测物在原始样品中的浓度；

V_1，V_2，V_3——涂层、溶液（或固相）及顶空的体积；

K_1，K_2——$K_1=C_1^\infty/C_3^\infty$、$K_2=C_3^\infty/C_2^\infty$，分别为被测物在涂层与顶空气相中的分配系数及在气相与溶液（或固相）中的分配系数，C_1^∞、C_2^∞、C_3^∞ 分别为被测物在涂层、溶液（或固相）及顶空气相中的平衡浓度。

上式的推导从化学热力学平衡态化学势相等的原理不难得出，但是实际体系中往往是多组分共存。因此，K_1、K_2 不仅与同一组分不同相内的浓度有关，而且与其他组分的浓度也有关。实际的数学表达式较为复杂，幸而由于在环境样品中不同组分的浓度往往较低，彼此的作用可以忽略，因此上式仍有一定的代表性，可解释 SPME 中出现的各种现象。

2.2.3.2 固相微萃取装置

固相微萃取装置通常与气相色谱和高效液相色谱联用，其涂层材料、涂层技术、萃取方式不尽相同。固相微萃取较为典型的装置如图 2-5 所示。

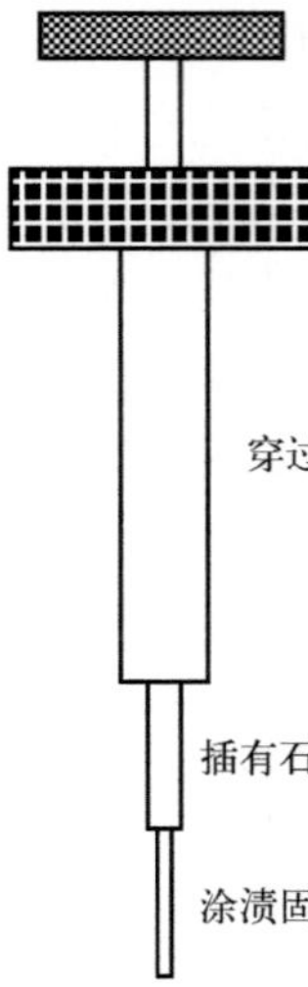

图 2-5 固相微萃取装置简图

2.2.3.3 固相微萃取法的应用

固相微萃取主要用于分析挥发性、半挥发性有机物，其中较为典型的有 BTEX、PAHs、氯代烃等多种化合物，样品基质包括了气体、液体和固体等多种形态。该方法具有快速、简便的特点，适用于现场在线检测，样品用量少，选择性高，使用方便快捷。

（1）嗅味物质

水中的嗅味物质虽然浓度低，但气味强烈，其中 2-甲基异莰醇（2-MIB）、土臭素（GSM）和 2,4,6-三氯茴香醚（TCA）是水源水中，特别是湖库水中常见的嗅味物质。由于水体中嗅味物质的含量低，因此，在嗅味物质检测方法的开发过程中被测物的成功富集成为一个重要目标。

1998 年，Lloyd 等用固相微萃取方法富集水中的土臭素和 2-甲基异莰醇，并用带有 FID 检测器的气相色谱仪实现分离与测定。同时对比了固相微萃取法与吹扫捕集法对土臭素和 2-甲基异莰醇的富集效果，两种方法均显示了较高的富集水平，固相微萃取法的最低富集浓度更低，富集速度更快，结果更稳定。

2000 年，Watson 等提出用顶空-固相微萃取气相色谱 / 质谱测定土臭素和 2-甲基异莰醇。将 25mL 待测定溶液放入萃取瓶中，加入 6g NaCl，在室温下搅拌，将 SPME 萃取柱插入瓶中进行顶空吸附；吸附 60min，将 SPME 萃取柱在气相色谱进样口处解吸附。该方法的处理时间 60 ～ 75min，方法的相对标准偏差为 5% ～ 12%，土臭素和 2-甲基异莰醇的检出限分别为 3.3ng/L（RSD 为 1.9%）、1.2ng/L（RSD 为 5.3%）。

2005 年，Sung 等优化了顶空-固相微萃取-气相色谱 / 质谱法，实现了同时测定 5 种嗅味物质（土臭素、2-甲基异莰醇、2-甲氧基-3-异丙基吡啶、2-甲氧基-3-异丁基吡嗪、2,4,6-三氯苯甲醚)。将待测定溶液放入萃取瓶中，并加入磁力搅拌子和 13.5g NaCl，拧紧衬有聚四氟乙烯薄膜的瓶盖。将萃取瓶置于水浴（65℃±2℃）中，磁力搅拌（550r/min±10r/min），将 SPME 萃取柱插入瓶中进行顶空吸附；吸附 30min，将 SPME 萃取柱在气相色谱进样口处解吸附。然后进入 GC-MS 分析。该方法具有良好的精密度（RSD 在 5.9% ～ 9.8% 之间）和准确度（加标回收率在 90.5% ～ 106% 之间）。

2007 年，国内科研人员张锡辉等改进了顶空-固相微萃取-气相色谱测定水中典型嗅味物质（土臭素、2-甲基异莰醇、2-甲氧基-3-异丙基吡啶、2-甲氧基-3-异丁基吡嗪、2,4,6-三氯苯甲醚）的方法。将待测定溶液放入萃取瓶中，并加入磁力搅拌子和一定量的 NaCl，拧紧衬有聚四氟乙烯薄膜的瓶盖。对磁力搅拌器进行升温，达到一定温度时将 SPME 萃取柱插入瓶中进行顶空吸附；吸附一定时间后，将 SPME 萃取柱在气相色谱进样口处解吸附，然后进入气相色谱分析（FID 检测器）。该方法对典型嗅味物质的回收率为 86% ～ 103%。

陆晓华等研究了固相微萃取-气相色谱 / 二级质谱联用法测定水中 2-甲基异莰醇和土臭素的方法。取 10mL 待测溶液置于萃取瓶中，加入磁力搅拌子和 3g NaCl，拧紧瓶盖。将瓶放入恒温水浴中，转速 800r/min，待温度稳定在 60℃时将 SPME 萃取头套管插入瓶中，推出萃取头进行顶空吸附，萃取 30min 后插入 GC 气化室，解吸 3min，进行 GC/MS 分析。2-MIB 和 GSM 的检出限分别为 0.2ng/L、0.4ng/L，加标回收率分别为 100.6%、92.3%，RSD 分别为 5.86%、6.50%。

寇立娟等改进了固相微萃取富集嗅味物质的方法。将传统的磁力加热方式改为水浴加热方式，即把样品放入 65℃水浴中，使样品瓶内液面和水浴液面相平，预热 5min，将 SPME 装置调至 1cm 刻度处，插入样品瓶上空，露出萃取头吸附 30min，缩回萃取头，拔出 SPME 装置，调至刻度 2cm 处，插入 GC 进样口，解吸 5.5min，进行 GC-MS 分析。该方法得到的 2-MIB、GSM 的检出限分别为 0.2ng/L、0.3ng/L，平均加标回收率（n=3）分别为 102.0% 和 101.7%，RSD 分别为 5.8% 和 3.2%，精密度良好。

近年来，固相微萃取技术得到不断发展，在保证方法灵敏度的同时，样品使用量更少，结果更为准确。Saito 等改进了顶空-固相微萃取方法，使用 2mL 水样置于萃取瓶中，加入磁力搅拌子和 0.75g NaCl，拧紧瓶盖。恒温磁力搅拌 5min（1000r/min），SPME 萃取头套管插入瓶中，推出萃取头进行顶空吸附，萃取 30min，插入 GC 气化室，进行 GC/MS 分析。该方法对 2-甲基异莰醇和土臭素的检出限分别为 0.9ng/L、0.6ng/L，回收率均大于 82%，RSD 小于 10%。

本书作者采用在线顶空-固相微萃取方法有效富集了水样中的土臭素和二甲基异莰醇。在水样中加入一定量 NaCl，将 SPME 纤维暴露在预样品瓶顶空部分，以吸附目标有机物，一段时间后取出 SPME 纤维头，置于气相色谱 / 质谱进样口，解吸出目标化合物。对 2-甲基异莰醇和土臭素进行加标实验，相对标准偏差分别在 2.0% ～ 8.9% 和 4.8% ～ 12.3% 之间，回收率分别在 88% ～ 96% 和 88% ～ 103%。

（2）多环芳烃

多环芳烃（polycyclic aromatic hydrocarbons，PAHs）是指分子中含有两个或两个以上苯环的烃类化合物，可分为芳香稠环型及芳香非稠环型。芳香稠环型是指分子中相邻的苯环至少有两个共用的碳原子的烃类化合物，如萘、蒽、菲、芘等；芳香非稠环型是指分子中相邻的苯环之间只有一个碳原子相连的化合物，如联苯、三联苯等。多环芳烃大多是石油、煤等化石燃料以及木材、天然气、汽油、重油、有机高分子化合物、纸张、作物秸秆、烟草等含烃类化合物的物质经不完全燃烧形成的。其具有致癌、致畸和致突变性，由于其辛醇-水分配系数较高，极易从水体分配到生物体中，给人和水生生物造成极大危害。

叶鹏飞等采取新型大容量固相微萃取器与热解吸-气相色谱联用技术测定饮用水源地水样中的多环芳烃（萘、联苯、菲）。将微型磁转子、固相微萃取器分别浸入水样中，然后置于磁力搅拌台上，以一定的搅拌速度，在室温下直接萃取 90min，用镊子将固相微萃取器取出，拭去表面水分，置于热解吸仪衬管中加热脱附 5min，然后进入气相色谱进行分析。该方法的回收率在 68.2% ～ 112.2% 之间，最低检出限在 2.0 ～ 3.0μg/L 之间。

陶敬奇建立了固相微萃取-高效液相色谱联用同时测定环境水样中 8 种多环芳烃（苊烯、芴、菲、蒽、芘、苯并 [*b*] 荧蒽、苯并 [*k*] 荧蒽、苯并 [*a*] 芘）的分析方法。SPME 涂层在解吸室内用甲醇活化 60min。在室温下，调节转速为 1100r/min，把 100μm PDMS 萃取纤维浸没于 4.00mL 萃取溶液中萃取 30min 后，在解吸室以甲醇作解吸溶剂静态解吸 3min。流动相由开始的 80%（体积分数）甲醇水溶液在 15min 内线性变到 100% 甲醇，流动相采用匀速 1mL/min。该方法的检出限为 0.002 ～ 0.180μg/L，加标回收率为 91.1% ～ 114.5%，相对标准偏差为 4.4% ～ 12.2%。

陈硕等利用毛细管固相微萃取-液相色谱法，实现了对 3 种多环芳烃（蒽、荧蒽和 1,2-苯并蒽）的分离和测定。以气相色谱毛细管柱的固定相作萃取相，当目标污染物在水相与萃取相之间达到分配平衡后，经微量有机溶剂（乙腈）解吸，在高效液相色谱仪中直接分析。该方法对蒽、荧蒽和 1,2-苯并蒽的检出限分别为 0.9μg/L、0.7μg/L、0.1μg/L。相对标准偏差 5.1% ～ 6.3%（*n*=7）。

罗世霞采用固相微萃取-气相色谱方法，准确、快速地分析了饮用水源水中 16 种多环芳烃（萘、苊、二氢苊、芴、菲、蒽、荧蒽、芘、苯并 [*a*] 蒽、䓛、苯并 [*b*] 荧蒽、苯并 [*k*] 荧蒽、苯并 [*a*] 芘、茚并 [1,2,3-*cd*] 芘、二苯并 [*a,h*] 蒽、苯并 [*g,h,i*] 苝）。在萃取瓶中加入磁转子和水样，并用带聚四氟乙烯胶垫的瓶盖封闭，启动搅拌并加热，然后从瓶盖的上方直接插入不锈钢针管，推出萃取头，使其浸入溶液中。一段时间平衡后，萃取完成，收回萃取头，拔出针管并将针管迅速插入 GC 进样口，推出萃取头，热解吸 3min 后缩回萃取头并拔出，在 GC 中进行色谱分析。平行测定 PAHs 浓度的相对标准偏差小于 16.4%，16 种 PAHs 的回收率为 82.6% ～ 115.4%。

蔡英等研究了一种同时测定水中两种多环芳烃（萘、蒽）和三种邻苯二甲酸酯［邻苯二甲酸二甲酯、邻苯二甲酸二辛酯、邻苯二甲酸二（2-乙基己基）酯］的固相微萃取-气相色谱方法。取 40mL 水样于样品瓶并加入小磁子，插入萃取针（纤维浸入并处于中心位置），水浴控温 45℃，磁力搅拌 60min，萃取结束退出纤维拔出萃取针，在气相色谱进样口解吸 5min，然后进入气相色谱（配 FID 检测器）仪进行分析。该方法具有良好的精密度（RSD 在 5.71% ～ 8.84% 间），加标回收率为 82.3% ～ 119.6%。

肖珂等采用固相微萃取-气相色谱 / 质谱对石化工业废水中甲苯、乙苯、苯乙烯、茚、对甲酚、萘、1-甲基萘、联二苯、苊、芴、蒽等痕量有机污染物进行了检测，其中对固相微萃取的参数进行了优化，在测定范围内具有良好的线性关系，相关系数在 0.98 ～ 1.0 之间，检测限为 0.3 ～ 29.1μg/L，相对标准偏差均小于 7%，回收率为 78.6% ～ 125.1%。在对某石化工业废水中 25 种痕量有机物检测时发现，该方法简便可靠。

（3）氯代苯类

固相微萃取法是一种富集浓缩水中氯代苯类化合物的有效前处理方法。目前，国内外研究人员已开发出一系列固相微萃取-气相（液相）色谱法，实现对水中痕量氯代苯的分离测定。

1999 年，国内科研人员杨红斌就建立了快速分析水中氯苯类化合物（1,2-二氯苯、1,3-二氯苯、1,4-二氯苯、1,2,4-三氯苯、1,2,3,4-四氯苯）的固相微萃取-毛细管色谱法，该方法的加标回收率为 99.0% ～ 108.8%，RSD 在 3.6% ～ 6.1% 之间，检出限为 0.1 ～ 2.0μg/L。之后，他又对该方法进行了改进，取所需浓度的标准样品使用液于 SPME 取样台上，插入涂有 100μm PDMS 的萃取头，并使涂层浸入水样，在加热搅拌板上高速振摇 5min 后，取出针头，在气相色谱进样口于 200℃下脱附 1min，直接进样进行色谱分离分析。实现了对 4 种挥发性卤代烃（$CHCl_3$、$CHCl_2Br$、$CHBr_3$、$CHClBr_2$）和上述 5 种氯苯的分离与测定。

张晓永研究了用固相微萃取装置直接从水中萃取氯苯系化合物的条件，试验表明室温下搅拌（1000r/min）萃取 25 ～ 35min 效果最佳。随着氯苯系化合物含量的增大响应值变化越来越不明显，因此，固相微萃取装置适用于做痕量分析，该法对于氯苯系化合物的应用范围为：1,2,4-三氯苯、1,2,3,5-四氯苯为 0 ～ 40μg/L，1,2,3,4-四氯苯、1,2,4,5-四氯苯、五氯苯、六氯苯为 0 ～ 10μg/L，回收率为 85% ～ 102%，RSD 小于 10%。

李晓晶建立了测定饮用水中有机氯农药和氯苯类化合物的顶空-固相微萃取-气相色谱（HS-SPME-GC）法。方法选择 100μm 聚二甲基硅氧烷（PDMS）萃取头进行样品的顶空固相微萃取，在 1150r/min 磁力搅拌条件下，80℃萃取 30min，进样口温度 270℃，解吸 5min。柱前压为 80kPa，尾吹气流量为 20mL/min，隔膜清洗气流量为 5mL/min，不分流进样，3min 后再分流，分流比为 24∶1；ECD 检测器温度为 300℃。该方法的平均回收率为 72.3% ～ 109.0%，RSD 为 1.8% ～ 11.6%。该方法具有操作简便、快捷，检出限低、不使用有机溶剂等特点，适合于同时测定水中有机氯农药和氯苯类化合物。

赖永忠利用带 100μm 聚二甲基硅氧烷（PDMS）涂层的固相微萃取头研究了顶空固相微萃取-气相色谱 / 质谱法在 1,3,5-三氯苯测定中的应用，运用水浴及空调联合控温方式提供恒定的萃取温度环境，同时采用内标定量法，测定结果有较好的准确度，加标回收率在 91.5% ～ 108% 之间。

（4）其他类有机物

张鹤小开发了固相微萃取-高效液相色谱法测定污水中环境激素壬基酚、2,4-二氯酚和 2,4,6-三氯酚的检测方法，壬基酚、2,4-二氯酚和 2,4,6-三氯酚在一定浓度范围内线性良好（相关系数 r=0.9992 ～ 0.9994），加标回收率范围为 90.1% ～ 108.3%，相对标准偏差为 0.89% ～ 1.34%，检出限分别为 0.0267mg/L、0.0404mg/L 和 0.0388mg/L。

赵炳南等建立了固相微萃取-气相色谱技术检测污水中苯系物的方法。选择 100μm 聚二甲基硅氧烷（PDMS）作为固相微萃取装置的固相涂层，优化固相微萃取参数，相对标准偏差＜ 5%，在 0.10 ～ 10.0μg/L 固相微萃取浓度范围内线性相关系数＞ 0.997，检测限均低于 0.07μg/L，加标回收率为 88.3% ～ 114.0%。

多环麝香是药品和个人护理品（PPCPs）的典型代表，生产量和使用量逐渐增加，对生态环境造成的影响逐渐显现，开发快速、简便、准确的分析测定方法至关重要。建立了固相微萃取-气相色谱 / 质谱检测多环麝香中典型代表佳乐麝香和吐纳麝香的方法。方法中使用

65μm PDMS-DVB 萃取头，采用顶空萃取模式，在 800r/min、60℃下，萃取 45min；萃取过程中保持 pH=7，解吸条件为解吸时间 3min，没入 GC 深度 4cm，进样口温度 250℃。该方法对佳乐麝香和吐纳麝香的检出限均能达到 0.05ng/L，方法加标回收率在 90.6% ～ 95.8%，相对标准偏差在 2.19% ～ 6.15%。

2.2.3.4 固相微萃取法的发展趋势

固相萃取技术已成为 21 世纪样品制备技术发展的重点，应用领域也在不断扩大，但技术本身仍有许多方面需要更深入的研究，今后的研究发展方向主要有以下几点：

① 新型涂层及其制备技术　制备技术决定着萃取涂层的耐热、耐溶剂的特性，因而决定其使用寿命。好的制备技术要求方法简单，重复性高，易于商品化；制作的涂层性质要求均一，保证分析过程的重复性。

② 开发新形式的 SPME 技术　各种形式的 SPME 技术都有其优缺点，因此应开发出新类型的 SPME 技术来弥补现有技术的不足，提高分析的重复性、准确性，提高分析效率。

③ 海量样品高通量高度重复萃取方法和装置　随着社会的进步，经济的发展，人们对环境分析和食品安全分析的要求越来越高，SPME 技术的出现使样品分析摆脱了有机溶剂的参与，但对于海量样本的分析目前还存在一定的困难，主要是大量样品的运输和运输过程中样品的变化造成分析结果失真。发展新型 SPME 技术解决海量样本的分析也成为 SPME 技术发展的重要方向之一。

2.3 吹扫捕集法

吹扫捕集法是 20 世纪 70 年代中期推出的痕量挥发性有机物的富集方法，自提出以来一直受到环境科学与分析化学界的重视。吹扫捕集技术适用于从液体或固体样品中萃取沸点＜ 200℃、溶解度＜ 2% 的挥发性或半挥发性有机物，广泛用于食品与环境监测、临床化验等方面。吹扫捕集法在挥发性和半挥发性有机物分析、有机金属化合物的形态分析中起着越来越重要的作用。吹扫捕集法对样品的前处理无需使用有机溶剂，对环境不造成二次污染，而且具有取样量少、富集效率高、受基体干扰小及容易实现在线检测等优点。但是吹扫捕集法易形成泡沫，使仪器超载。此外伴随有水蒸气的吹出，不利于下一步的吸附，给非极性气相色谱分离柱的分离也带来困难，并且水对火焰类检测器也具有淬火作用。

2.3.1 吹扫捕集法的原理

吹扫捕集法属于气相萃取范畴，又称动态顶空。吹扫捕集法的过程是氮气、氦气或其他惰性气体以一定的流量通过液体或固体进行吹扫，吹出所要分析的痕量挥发性组分后，被冷阱中的吸附剂所吸附，然后加热脱附进入气相色谱系统进行分析。由于气体的吹扫，破坏了密闭容器中气液两相的平衡，使挥发组分不断地从液相进入气相被吹扫出来，也就是说，在液相顶部的任何组分的分压为零，从而使更多的挥发性组分逸出到气相，所以吹扫捕集法比静态顶空法能检测浓度更低的痕量组分。影响吹扫捕集效率的因素较多，主要包括吹扫温度、样品的溶解度、吹扫气的流速及流量、捕集效率和解吸温度及时间等。吹扫捕集具有较高的富集效率和无需有机溶剂的优点，研究者们扬长避短，探索最优条件，将吹扫捕集同气相色谱法联用，将其同气相色谱-质谱联用，开发了检测环境污染物的方法。

吹扫捕集的步骤主要包括：自动取一定量的样品到吹扫瓶中；将经过硅胶、分子筛和活性炭干燥净化的吹扫气，以一定流量通入吹扫瓶，吹扫一定时间，以吹脱出挥发性组分；吹脱出的组分被保留在装有吸附剂的冷阱中；将冷阱接入分析仪器流路；加热吸附管进行脱附，挥发性组分被载气载入分析仪器中，进行分析。图 2-6 为吹扫捕集吹扫态和进样态仪器流路简图。

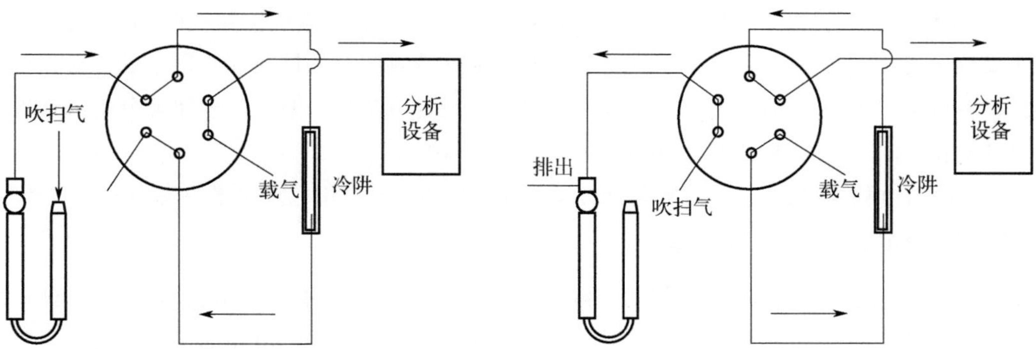

(a) 吹扫态　　(b) 进样态

图 2-6　吹扫捕集主要步骤简图

2.3.2　吹扫捕集仪器装置

吹扫捕集装置由吹扫装置、捕集器及解吸系统组成。

① 玻璃吹扫装置可具有容纳 5mL 和 25mL 样品的两种规格，当检测的灵敏度已达到方法的检测限时，建议使用 5mL 的吹扫装置。应尽量减少样品上方气体空间，以消灭“死体积”的影响，吹扫瓶底部有一玻璃砂芯，它使吹扫气体成为分散细微的气泡通过水样，并使吹扫气从距水样底部 5mm 处引入，初始气泡直径应 <3mm，吹扫装置也可使用针形喷口。

② 捕集器是一种装有吸附剂短柱的装置，吸附剂有 Tenax GC、Carbotrap、Ambersorb、XE-340、活性炭和碳分子筛等，美国 EPA 方法使用 Tenax GC、活性炭和硅胶组成的混合吸附剂富集水中痕量挥发性有机物。长度不小于 25cm，内径不小于 0.27cm。为了防止高沸点的有机物使吸附剂中毒，从入口处开始分别填充 1.0cm 有机硅烷化的填充物、1/3 的 Tenax GC、1/3 的硅胶、1/3 的椰壳炭，椰壳炭用于测定二氯氟甲烷，如不测定二氯氟甲烷，可用 Tenax GC 代替椰壳炭。硅化玻璃棉可以代替捕集器进口的填充物。

③ 解吸器必须在解吸气流到达以前或刚开始时快速地将捕集器加热到 180℃，捕集器聚合物部分不要超过 200℃，否则会缩短捕集器的使用寿命。解吸系统的作用在于经过解吸器加热解吸，可将被富集的有机物以柱塞式释放，反吹入气相色谱进样口进行检测。

2.3.3　吹扫捕集法的应用

吹扫捕集进样技术广泛应用于环境分析，如饮用水或废水中的有机污染物分析，也用于食品中挥发物（如气味成分）的分析。

吹扫捕集方法的优化主要从以下几个条件选择。

（1）温度

吹扫捕集分析中有 3 个温度需要控制。

① 样品的吹扫温度。水溶液大多在室温下吹扫，只要吹扫时间足够长，就能满足分析要求。有时为缩短吹扫时间，也可对样品加热，但升高温度的副作用增加了水的挥发。对于非水溶液，如某些肉类食品，则采用高一些的吹扫温度。

② 捕集器温度。这里又有吸附温度和解吸温度之别。吸附温度常为室温，但对不易吸附的气体也可采用低温冷凝捕集技术。即用冷气、液态二氧化碳或液氮控制捕集管的温度。至于解吸温度，是吹扫捕集技术的重要参数，应依据待测组分的性质和吸附剂的性质来优化确定。商品化自动吹扫捕集进样器的解吸温度最高可达 450℃，但在部分环境分析的标准方法（如美国 EPA 方法）中均采用 200℃左右的吹扫温度。

③ 连接管路的温度。它应足够防止样品冷凝。环境分析常用的连接管温度为 80 ～ 150℃。

（2）吹扫气流速与吹扫时间

吹扫气流速取决于样品中待测物的浓度、挥发性、与样品基质的相互作用（如溶解度）以及其在捕集管中的吸附作用大小。用氦气，流速范围为 20 ～ 60mL/min。用氮气时可稍高一些，但氮气的吹扫效果不及氦气。原因是氮气在水中的溶解度比氦气大。吹扫气流速太大时会影响样品的捕集，造成样品组分的损失。

解吸时的载气流速主要取决于所用色谱柱。用填充柱时为 30 ～ 40mL/min，用大口径柱时为 5 ～ 10mL/min；用常规毛细管柱时则要按分流或不分流模式来设置载气流速。

吹扫时间是吹扫捕集技术的重要参数之一，必须根据具体样品来优化确定。原则上，吹扫时间越长，分析重现性和灵敏度越高。但考虑到分析时间和工作效率，应在满足分析要求前提下选择尽可能短的吹扫时间。实际工作中可通过测定标准样品的回收率来确定吹扫时间。例如，要测定废水中的苯和乙苯等污染物，可用未被污染的干净水作空白样品，定量加入待测物，然后通过实验绘制不同吹扫时间的回收率曲线。通常要求回收率 >90%，环境分析中吹扫时间一般为 10min 左右。

2.3.3.1 苯系物

在我国水环境优先控制污染物 / 黑名单中有关水体中有毒害的苯系物是指苯、甲苯、乙苯、对二甲苯、间二甲苯、邻二甲苯 6 种苯系物。GB 3838—2002 中规定苯、甲苯、乙苯的限量分别为 0.01μg/L、0.7μg/L、0.3μg/L，对二甲苯、间二甲苯、邻二甲苯总限量为 0.5μg/L。水体中这些物质含量一般较低，传统的分析方法是将这些物质通过各种前处理方法富集后进行分析。但这些前处理方法操作过程都比较烦琐，并且耗用有机溶剂。吹扫捕集法自 Bellar 等于 1974 年提出后，由于样品无需任何前处理，不用任何有机溶剂和具有较好的富集效果等优点，得到了较快的发展。

本书作者采用吹扫捕集-气相色谱 / 质谱法对饮用水中的苯系物进行测定，对吹扫捕集的吹扫时间、吹扫气流速及解吸时间进行了优化，得到水中苯系物的最佳吹扫捕集条件为吹扫时间 10min，吹扫气流速 30mL/min、解吸 2min。本方法适用于饮用水中苯系物的分析，线性范围为 0.025 ～ 0.4μg/L，相对标准偏差在 3.16% ～ 6.35% 之间，最低检测浓度可达 0.025μg/L。

葛萍等利用 HP-Innowax 毛细管色谱柱，对对二甲苯和间二甲苯进行了分离研究，并建立了吹扫捕集-气相色谱法测定水中 6 种常见苯系物的方法。当水样进样体积为 25mL 时，方法检出限为 0.08 ～ 0.30μg/L，测定结果的相对标准偏差均小于 4%。

姚浔平等建立了水中苯、甲苯、对二甲苯、间二甲苯、邻二甲苯、异丙苯、乙苯、苯乙烯 8 种苯系物的吹扫捕集-气相色谱测定方法。用氮气将水中苯系物吹出，并捕集在吸附管内，加热吸附管，解吸出的组分进入气相色谱仪分离测定，外标法定量。8 种苯系物在相应的试验浓度范围内均具有良好的线性关系，其相关系数均大于 0.9990，最低检出限为 0.0002mg/L，平均回收率在 90.2% ～ 105.6% 之间，RSD 均小于 5.0%。方法具有简单、快速、准确、灵敏、无污染等优点，适合水中苯系物含量的检测。

石化废水中含有的有机污染物如烃类、环烃类、卤代烃类、苯系物、酯类、醛类、酮类、醇类、胺类和腈类等，毒性较大。岳岩建立了吹扫捕集-气相色谱 / 质谱法检测石化废水中挥发性有机物的方法。方法中吹扫捕集条件为吹扫气流速 100mL/min，吹扫时间 10min，解吸气流速 400mL/min，解吸温度 220℃，解吸时间 2min；在特定色谱条件下，各挥发性目标物分离度良好，定量分析的 30 种化合物中，标准曲线的相关系数在 0.996 ～ 1.0 之间，样品测定的相对标准偏差大部分小于 5.0%，个别小于 12.0%，各组分检测限为 0.23 ～ 4.91μg/L，加标回收率为 82.3% ～ 115.7%。

姜梅利用吹扫捕集-气相色谱法检测废水中的苯系物，能够较好地分离苯、甲苯、乙苯、对二甲苯、间二甲苯、邻二甲苯、异丙苯和苯乙烯等化合物含量，加标回收率为 89.0% ～ 99.2%，相对标准偏差均小于 4.9%。

2.3.3.2　挥发性卤代烃

饮用水中挥发性卤代烃通常由三氯甲烷、四氯化碳、三氯乙烯、四氯乙烯、三溴甲烷 5 种化合物组成，它是一类具有特殊气味并对人体有毒的化合物。通过呼吸、皮肤接触和饮用 3 条途径进入人体，水源受到化工、医药等废水的污染或水厂用液氯进行水处理时都能产生挥发性卤代烃。

张莘民采用吹扫捕集-气相色谱 / 电子捕获检测器联用，按国家标准确定的水中 5 种挥发性卤代烃（GB/T 17130—1997）进行测定，具有快速、灵敏度高、简便、准确、精密等特点。当水样组分浓度为 1.00 ～ 32.0μg/L 时，其相对标准偏差在 1.1% ～ 2.5% 之间；加标回收率在 82.5% ～ 108% 之间，适于地表水中挥发性卤代烃的测定。

巢猛等建立了水中 12 种挥发性卤代烃的测定方法。采用吹扫捕集法对水中卤代烃进行富集，热解吸后导入 GC-MS 中，用选择离子模式（SIM）进行检测。12 种卤代烃的线性相关系数为 0.9964 ～ 0.9999，对水样进行加标回收试验，平均加标回收率为 91.6% ～ 95.2%（n=6），相对标准偏差为 1.54% ～ 3.31%（n=6），方法检出限为 0.0001 ～ 0.07μg/L。

陈剑宁建立同时测定了生活饮用水中 19 种挥发性卤代烃的吹扫捕集-气相色谱法，能够有效分离和快速检测水中的 19 种挥发性卤代烃。在该色谱条件下，对水样进行加标回收试验，重复 6 次，计算相对标准偏差（RSD）和平均回收率，其 RSD ＜ 13.6%，加标回收率为 86.1% ～ 110.7%，19 种挥发性卤代烃的测定下限均能满足国标 GB 5749—2006 的要求。

陈云霞等开展了以吹扫捕集-气相色谱 / 质谱法分析生活污水中挥发性有机物的研究。吹扫捕集方法的条件为：加热温度为 70℃，吹扫气流速为 40mL/min，吹扫时间为 40min，后通过混合吸附剂 TenaxGC 和活性炭（二者体积比为 2∶1）。热脱附后经气相色谱-质谱分析。利用该方法，从实际生活污水中检出 37 种挥发性有机物，其中 8 种列在我国环境优先污染物名单中。

2.3.3.3 嗅味物质

近年来，国内外水体臭味问题频发，越来越影响到饮用水和水产品的质量，进而影响水生生物以及人体健康。目前国内外对嗅味物质的分析测定方法的研究主要集中在仪器分析法，即水样经前处理后，用 GC/MS 进行定性和定量检测。其中对样品的前处理方法的研究主要集中在闭环捕集（CLSA）、液液萃取（LLE）、固相萃取（SPE）技术、固相微萃取（SPME）、液相微萃取（LLME）、超声辅助乳化微提取技术（USAEME）和搅拌棒吸附萃取（SBSE）技术等。但上述方法各有缺点，例如操作复杂、样品需要量大、耗费有机溶剂、灵敏度低等。而吹扫捕集技术是样品制备常见方法之一，被列为美国 EPA 的标准分析方法。吹扫捕集方法具有省时省力、萃取效率高、可以浓缩更多的被测物、可实现无溶剂化、取样量少、受基体干扰小、容易实现在线检测等优点。但应用此方法进行嗅味物质的分析测定，国内外的研究都较少。

林麒等优化分析测定条件，建立了水中典型嗅味物质土臭素（GSM）和 2-甲基异莰醇（2-MIB）的吹扫捕集-气相色谱 / 质谱（PT-GC/MS）方法并应用于实际水样检测。含 GSM 和 2-MIB 的水样过滤后加入氯化钠、吹扫捕集、气相色谱分离、质谱定性与外标法定量；并验证方法的准确度与精密度。两物质在 5 ～ 500ng/L 浓度范围内，相关系数均为 0.9999，方法检出限分别为 1.12ng/L 和 0.79ng/L；水库水在 20ng/L、100ng/L 和 500ng/L 加标浓度下，回收率为 83% ～ 118%，RSD 为 1.6% ～ 8.0%。方法的准确度和精密度均满足《生活饮用水卫生标准》（GB 5749—2022）检测要求，且用于实际水样的检测效果良好。

巢猛等利用吹扫捕集法对水中的 3 种硫醚类致嗅物进行富集，经气相色谱分离后以质谱的选择离子扫描方式进行测定，建立了 3 种致嗅物质的测定方法。该方法的相对标准偏差均小于 3%，对实际水样加标回收率为 94.0% ～ 96.4%，最低检出质量浓度为 0.08 ～ 0.4μg/L。对实际水样的测定结果表明，方法操作简单，具有良好的精密度和准确性，可用于水与废水中硫醚类致嗅物质的快速测定。

许冬梅等采用稳定性同位素稀释吹扫捕集-气相色谱 / 质谱联用法测定水中典型嗅味物质土臭素和 2-甲基异莰醇。土臭素和 2-甲基异莰醇浓度在 5 ～ 500ng/L 范围内线性良好，在 100ng/L 加标浓度水平下，GSM 和 2-MIB 回收率范围分别为 82% ～ 95% 和 99% ～ 101%，相对标准偏差分别为 5.20% 和 0.78%，方法检出限分别为 3.60ng/L 和 4.12ng/L。方法操作简单、快速、准确，用于实际水样的检测效果良好。

沈斐等采用吹扫捕集-气相色谱 / 质谱联用法测定饮用水中 6 种致嗅物质，优化了吹扫捕集条件。方法线性良好，甲硫醚、二甲基二硫醚、甲苯、异佛尔酮、癸醛、β-环柠檬醛的检出限分别为 10.5μg/L、0.558μg/L、0.862μg/L、47.4μg/L、4.75μg/L、3.77μg/L，标准溶液平行测定的 RSD ≤ 10.9%，加标回收率为 71.0% ～ 125%。

彭敏等建立了环境水体中致嗅物质甲硫醚和二甲基三硫醚的吹扫捕集-气相色谱 / 质谱测定方法。采用吹扫捕集法对水样进行富集，热解吸后导入 HP-5MS 毛细色谱柱（30m×0.25mm，0.25μm）进行气相色谱分离，利用质谱全扫描及选择离子模式进行定性及定量分析。所得方法的检出限分别为 0.02μg/L、0.1μg/L，定量下限分别为 0.08μg/L、0.4μg/L；平均回收率为 94.0% ～ 96.4%，RSD 为 1.46% ～ 2.63%。方法具有操作简便、快速的优点，检测的灵敏度较高，适用于环境水体中微量甚至痕量致嗅物质甲硫醚和二甲基三硫醚的定性和定量分析。

邢大立等建立了水中硫醇、硫醚类致嗅物质的气相色谱 / 质谱测定法。采用吹扫捕集法对水中 4 种硫醇、硫醚进行富集，热解吸后导入气相色谱 / 质谱仪中，用选择离子检测模式同时进行测定，4 种硫醇和硫醚的样品加标回收率为 95.2% ～ 98.2%，RSD<3%，检出限≤ 3ng/L。方法操作简便、快速，适合于检测水中硫醇、硫醚类致嗅物质的含量。

黄剑明等利用吹扫捕集-气相色谱 / 质谱法对突发性水源污染致异味的水样进行快速定性和定量测定。采用 VOC 分析专用柱 DB-VRX 进行分离分析，该方法具有操作简单、分析速度快、分离效果好、灵敏度和精密度高、不使用有机溶剂等优点。在一受污染的地表水样里加入 4μg/L 的标准溶液，分别对原样品和加标后样品进行定量分析，得出其加标回收率在 93% ～ 110% 之间。

2.3.4 吹扫捕集法的发展趋势

吹扫捕集法主要用于挥发性有机物的检测。挥发性有机物与人类活动密切相关，主要用作溶剂、清洁剂、燃料以及工业和商业用途的化学试剂，空气、水和食物中存有其踪迹，已经证实这些有机物对生态和环境有广泛的影响，可以通过饮食和吸入对人类健康产生不利影响。由于挥发性有机物在大气和水环境中的浓度非常低，一般在 ng/L 到 μg/L 水平，所以在分析和检测之前对样品进行前处理是非常必要的。

常见的挥发性及半挥发性有机物的前处理技术包括吹扫捕集、顶空技术、固相微萃取、固相萃取、超临界流体萃取、微波辅助萃取、液液萃取、超声振荡、索氏萃取和凝胶渗透色谱等技术。然而，液液萃取、顶空技术均耗时较长；固相萃取技术和最近发展的膜萃取技术富集速度较快，但由于富集倍数低，对超痕量的挥发性有机物无法分析检测。吹扫捕集技术恰恰能弥补上述技术的不足，不但处理速度快，而且灵敏度较高，成为挥发性有机物和半挥发性有机物最佳的前处理方式。

因此，如何进一步提高该方法的吹扫效率和捕集效率则成为该方法的发展关键。吹扫捕集法分为吹扫、捕集和解吸三个环节。针对吹扫环节，在处理各种有机物时，重点探索采用更低的吹扫温度得到更高的吹扫效率；针对捕集环节，在各种捕集材料之间优选出更佳的捕集剂，目前常采用的捕集剂有 Tenax GC、Carbotrap、Ambersorb、XE-340、活性炭和碳分子筛等，同时探索研究新型捕集剂，旨在最大限度捕集到目标检测物；针对解吸环节，重点研究解吸温度对解吸效率的影响，不断探索不同目标物的最佳解吸温度。

2.4 加速溶剂萃取法

Richter 等在 1995 年提出了一种全新的萃取方法——加速溶剂萃取法。它是在较高的温度（50 ～ 200℃）和压力（1000 ～ 3000psi 或 10.3 ～ 20.6MPa）下用溶剂萃取固体或半固体样品的新颖样品制备方法。该方法具有有机溶剂用量少、萃取快速、样品回收率高等优点，已被美国环保署推荐为标准方法（标准方法编号 EPA 3545）。

2.4.1 加速溶剂萃取法的原理

加速溶剂萃取法是一种全新的处理固体和半固体样品的方法，可以显著简化样品制备过程。该法是一种在提高温度和压力的条件下，用有机溶剂萃取的自动化方法。其突出的优点是有机溶剂用量少、快速、回收率高。该法已被美国 EPA（环保署）选定为推荐的标准方法。

（1）在提高的温度下萃取

提高温度使溶剂溶解待测物的容量增加。Pitzerk 等报道，当温度从 50℃升高至 150℃后，蒽的溶解度提高了约 15 倍；烃类的溶解度，如正二十烷，可以增加数百倍。Sekine 等报道水在有机溶剂中的溶解度随着温度的增加而增加。在低温低压下，溶剂易从“水封微孔”被排斥出来，然而当温度升高时，由于水的溶解度的增加，则有利于这些微孔的可利用性。在提高的温度下能极大地减弱由范德华力、氢键、溶质分子和样品基体活性位置的偶极吸引力所引起的溶质与基体之间的强的相互作用力。加速了溶质分子的解吸动力学过程，减小解吸过程所需的活化能，降低溶剂的黏度，因而减小溶剂进入样品基体的阻滞，增加了溶剂进入样品基体的扩散，已报道温度从 25℃增至 150℃，其扩散系数增加 2 ～ 10 倍，降低溶剂和样品基体之间的表面张力，溶剂更好地浸润样品基体，有利于被萃取物与溶剂的接触。

（2）在加压下萃取

液体的沸点一般随压力的升高而提高。例如丙酮在常压下的沸点为 56.3℃，而在 5atm 下（1atm=101325Pa），其沸点高于 100℃。液体对溶质的溶解能力远大于气体对溶质的溶解能力。因此欲在提高的温度下仍保持溶剂在液态，则需增加压力。另在加压下，可将溶剂迅速加到萃取池和收集瓶中。

（3）热降解

由于加速溶剂萃取是在高温下进行，因此热降解是一个令人关注的问题。加速溶剂萃取是在高压下加热，高温的时间一般少于 10min，因此，热降解不明显。Richter 以 DDT 和艾氏剂为例研究了加速溶剂萃取过程中对易降解组分的降解程度。DDT 在过热状态下将裂解为 DDD 和 DDE。艾氏剂裂解为异狄氏剂醛（endrin aldehyde）和异狄氏剂酮（endrin ketone）。实验结果表明，在 150℃下，对加入萃取池内的 DDT 和艾氏剂标准进行萃取（这些组分的正常萃取温度为 100℃）。萃取物用气相色谱分析，DDT 的 3 次平均回收率为 103%，相对标准偏差为 3.9%。艾氏剂 3 次平均回收率为 101%，相对标准偏差为 2.4%。在测定 DDT 时未发现 DDE 或 DDD 存在。测定艾氏剂时亦未发现异狄氏剂醛或异狄氏剂酮的存在。温度为 60℃，压力为 16.5 MPa，氯甲烷作为溶剂时，预加入法对极易挥发的 BTEX 化合物（苯、甲苯、乙苯、二甲苯）的回收率试验表明，4 次萃取的平均回收率在 99.5% ～ 100% 之间，相对标准偏差为 1.2% ～ 3.7%。在同样的试验条件下，戊烷（bp 36℃）的回收率为 90.1%，相对标准偏差为 1.8%。由以上实验结果可以看出，加速溶剂萃取法可用于样品中易挥发组分的萃取。

与索氏提取、超声、微波、超临界和经典的分液漏斗振摇等公认的成熟方法相比，加速溶剂萃取的突出优点如下：a. 有机溶剂用量少，10g 样品一般仅需 15mL 溶剂；b. 快速，完成一次萃取全过程的时间一般仅需 15min；c. 基体影响小，对不同基体可用相同的萃取条件；

d. 萃取效率高，选择性好；e. 现已成熟的用溶剂萃取的方法都可改用加速溶剂萃取法，使用方便、安全性好，自动化程度高。

2.4.2 加速溶剂萃取仪器装置

加速溶剂萃取仪由溶剂瓶、泵、气路、加温炉、不锈钢萃取池和收集瓶等构成（见图 2-7）。其工作程序第一步是手工将样品装入萃取池，放到圆盘式传送装置上，以下步骤将完全自动先后进行：圆盘式传送装置将萃取池送入加热炉腔并与相对编号的收集瓶连接，泵将溶剂输送到萃取池（20 ～ 60s），萃取池在加热炉中被加温和加压（5 ～ 8min），在设定的温度和压力下静态萃取 5min，多步小量向萃取池加入清洗溶剂（20 ～ 60s），萃取液自动经过滤膜进入收集瓶，用氮气吹洗萃取池和管道（60 ～ 100s），萃取液全部进入收集瓶待分析。

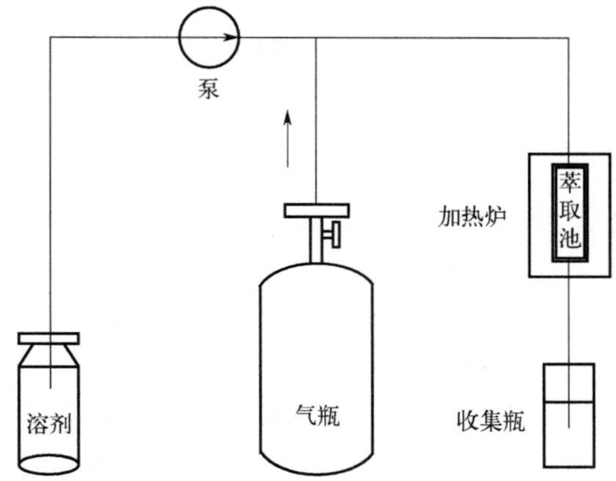

图 2-7　加速溶剂萃取装置简图

2.4.3 加速溶剂萃取法的应用

加速溶剂萃取法主要用于萃取固体或者半固体样品中的目标检测物，包括有机氯和有机磷等农药、多氯联苯和多环芳烃等。

2.4.3.1 有机氯和有机磷等农药

有机氯和有机磷等农药杀虫效果好，曾被广泛应用，虽已禁用多年，但由于残留性强，在土壤、牛奶和植物中仍能检测到，加速溶剂萃取是近年发展起来的样品处理方法，已用于土壤、污泥中有机氯和有机磷等农药残留的测定。

申中兰等建立了用弗罗里硅土作基质固相分散剂的加速溶剂萃取，并以灭蚁灵为内标的快速、同时测定土壤中 16 种有机氯农药的气相色谱法。加速溶剂萃取仪在 100℃、10.3MPa 下，用正己烷和丙酮静态提取样品 10min，0.01μg/g 加标水平回收率为 77.3% ～ 101.3%。方法检出限为 0.01 ～ 0.04ng/g，方法满足了土壤中有机氯农药残留测定的要求。对我国南方不同地域的 72 个土壤样品进行了测定，大部分有机氯农药在土壤中都有一定的检出量。

朱雪梅等研究了加速溶剂萃取对土壤中有机氯农药的提取效果，并与索氏提取法进行了比较。结果表明，加速溶剂萃取对土壤中 DDT 的回收率明显高于索氏提取，对土壤中 BHC 的提取能力与索氏提取相差不大，但是加速溶剂萃取所需时间短。

另外，许桂平等对比了索氏提取、超声提取和加速溶剂萃取样品制备方法对土壤中有机氯农药的萃取效果，首次采用两级温度相结合的加速溶剂萃取方式，兼顾不同挥发性萃取物的萃取效果，建立了土壤中有机氯农药的加速溶剂萃取样品制备方法。萃取液经无水硫酸钠脱水、弗罗里柱脱色和铜粉除硫后。进行色谱分析，目标组分能有效避免杂质干扰，实现基线分离。实验结果表明，在优化条件下，8 种有机氯农药检出限在 0.05 ～ 0.20ng/g 之间，空白加标回收率为 74.9% ～ 124.8%，RSD 为 3.1% ～ 8.8%，标准样品实验中 α-HCH 及 DDTs 均在标准值范围内，加标回收率在 78.5% ～ 117.9% 之间。

王威等建立了加速溶剂萃取-气相色谱 / 质谱法测定污水处理厂污泥中的 37 种有机磷类农药和 10 种菊酯类农药的方法。将冷冻干燥的污泥装入含硅藻土的萃取瓶中，用正己烷和丙酮（体积比为 1∶1）作为萃取剂，在 10MPa、110℃条件下连续萃取 2 次，最后将萃取得到的目标污染物溶液上气相色谱-质谱联用仪检测，47 种目标物在浓度范围为 2.00 ～ 100.00mg/L 内标准曲线线性关系良好，检出限在 0.04 ～ 0.20mg/kg 之间，实际样品加标回收率为 58.0% ～ 118%，相对标准偏差（n=6）为 0.80% ～ 7.4%。

2.4.3.2 多氯联苯

多氯联苯（PCBs）是斯德哥尔摩公约中首批受控的 12 种持久性有机污染物（POPs）之一，曾在世界范围内大量应用于工农业生产。自 1972 年停止使用至今，仍有大量 PCBs 存在于环境中，对人类和生态环境造成严重危害。因此，加强环境样品中 PCBs 的分析监测越来越成为国内外学者研究的热点。

陈卫明等建立了土壤样品中 7 种多氯联苯（PCB28、PCB52、PCB101、PCB118、PCB138、PCB153、PCB180）的分析方法。土壤样品通过加速溶剂萃取、磺化法结合弗罗里固相萃取小柱净化、电子捕获检测器气相色谱分析测定，并结合气相色谱-质谱进一步确证。结果表明，方法回收率为 80.06% ～ 100.28%，相对标准偏差为 1.01% ～ 6.28%，检出限为 0.15 ～ 0.50ng/g。采用优化后的方法测定复杂基质的土壤样品中多氯联苯，具有提取效率高、净化效果好、结果准确可靠、对环境污染小等特点。

赵士燕等采用加速溶剂萃取-气相色谱法测定土壤中的 12 种二噁英类多氯联苯。在萃取温度 100℃、萃取时间 15min、萃取溶剂正己烷与丙酮体积比为 1∶1、萃取试剂量 3g 的最佳实验条件下，12 种二噁英类多氯联苯的加标回收率为 88.5% ～ 109.8%，相对标准偏差为 1.1% ～ 6.7%。对小麦田实际土壤试样进行测定，共检出 8 种二噁英类多氯联苯，含量为 50 ～ 671pg/g。

李拥军建立了加速溶剂萃取-气相色谱 / 质谱联用技术分析菜地土壤中 16 种多氯联苯的新方法。优化后的萃取条件为：丙酮和正己烷的体积比为 1∶1，萃取时间为 5min。16 种多氯联苯均具有良好的线性关系，相关系数不低于 0.993，加标回收率为 92.1% ～ 104.3%，相对标准偏差为 2.55% ～ 7.7%，检出限为 0.24 ～ 1.82ng/mL。应用于菜地土壤中多氯联苯的检测，达到应用要求。

2.4.3.3 多环芳烃

多环芳烃主要是有机物在高温下不完全燃烧而产生，广泛存在于土壤、水等自然环境和各种食品中。本节主要列举固体中多环芳烃利用加速溶剂萃取方法进行测定。

黄东勤等研究了土壤中的 16 种多环芳烃的提取和测定方法。结果表明，用加速溶剂提取仪在 100℃，二氯甲烷和丙酮按体积比 1∶1 提取 5min，再经硅胶柱净化，正己烷和二氯甲烷（3∶2）洗脱，25℃氮吹浓缩后用高效液相色谱测定可以得到很好的效果，回收率在 58% ～ 106% 之间，检测限为 1.4×10^{-4} ～ 3.6×10^{-4}mg/kg，且重现好。

李庆玲等建立了用加速溶剂萃取技术提取含硫沉积物中痕量多环芳烃的可靠方法，优化了不同萃取剂、不同提取程序等萃取条件，研究了沉积物中的硫化物对色谱分离的影响。15 种多环芳烃的检出限为 0.09 ～ 1.34ng/g，相对标准偏差为 12.5% ～ 23.9%，15 种多环芳烃的低浓度加标回收率在 74% ～ 138% 之间。基本达到了痕量分析要求。用该方法成功分析了山东半岛近海岸海域沉积物中多环芳烃的含量。

梁柱等采用加速溶剂萃取-气相色谱 / 质谱联用法测定土壤中的多环芳烃。土壤样品与无水硫酸钠（质量比为 1∶2）混合后，再加适量中性氧化铝，用丙酮-二氯甲烷（体积比为 1∶1）在加速溶剂萃取仪上以 10.3MPa、80℃提取 10min，用色谱进行分离，用质谱检测器进行分析，土壤中 16 种多环芳烃的回收率为 76.9% ～ 101.4%，测定结果的相对标准偏差为 1.6% ～ 15.8%。

邵永怡建立了加速溶剂萃取-气相色谱 / 质谱联用仪检测城市污水处理厂污泥中多环芳烃的方法。试验结果表明，利用低温冷冻技术、加速溶剂萃取技术和自动蒸发浓缩技术并结合使用弗罗里硅土、硅酸镁和硫酸钠等填装的净化柱，不仅能够较好地提取污泥中的多环芳烃物质，而且能够实现对提取液的净化，较好地消除了有机试剂提取污泥样品时产生的乳化现象。气相色谱-质谱联用仪测定样品中的多环芳烃，测定精密度高，回收率和检出限均能够满足微量检测的基本要求。

2.4.4 加速溶剂萃取法的发展趋势

尽管加速溶剂萃取是近年才发展的新技术，但由于其突出的优点已受到分析化学界的极大关注，加速溶剂萃取已在环境、药物、食品和聚合物工业等领域得到广泛应用，特别是在环境分析中，已广泛用于土壤、污泥、沉积物、大气颗粒物、粉尘、动植物组织、蔬菜和水果等样品中的多氯联苯、多环芳烃、有机磷（或氯）、农药、苯氧基除草剂、三嗪除草剂、柴油、总石油烃、二噁英、呋喃、炸药（TNT、RDX、HMX）等的萃取。

2.5 顶空法

在气相色谱发展之前，分析固体或液体上方蒸气中有机化合物组成的想法已经出现了，1939 年，Harger 等提出分析液体上方的蒸气，用来测量水溶液中乙醇的含量。1958 年第一次报道了静态顶空联合气相色谱的应用，至今的几十年之间，由于其操作简便、样品用量少、定量准确、环境友好、自动化程度高等优点，顶空联合气相色谱分析技术取得了长足发展，随着气相色谱-质谱联用仪的应用，顶空与之联合的分析技术案例层出不穷，而且许多以顶空方法作为前处理手段的分析方法被列为国家标准检验方法。

2.5.1 顶空法的原理

将含有挥发性组分的水样置于密闭样品瓶中，在一定温度下使水样中的挥发性组分在气液中的分配达到平衡，然后取凝聚相上端的气体送入分析仪器（气相色谱仪或气相色谱-质谱联用仪）中进行分析，即可间接测定水样中挥发性组分。

一容积为 V、装有体积为 V_0、挥发性组分浓度为 C_0 的液体样品的密封容器，在恒温平衡状态下，气相体积为 V_g，液相体积为 V_s，气相样品浓度为 C_g，液相样品浓度为 C_s，挥发性组分在液气两相中的浓度之比为平衡常数，见式（2-4）：

$$K=\frac{C_s}{C_g} \tag{2-4}$$

在密闭系统内，组分的质量平衡方程为式（2-5）：

$$C_0V_s=C_gV_g+C_sV_s \tag{2-5}$$

整理得到：

$$C_0=C_g\frac{V_g}{V_s}+C_s \tag{2-6}$$

式中　V_g/V_s——气液相比，在恒温密闭系统中是常数，记作 R。

将式（2-4）代入式（2-6）中，得到式（2-7）：

$$C_g=\frac{C_0}{R+K} \tag{2-7}$$

在恒温密闭系统中，K 和 R 均为常数，因此，测得顶空气相浓度 C_g，就可得到挥发性组分在水中的原始浓度 C_0。

2.5.2 顶空仪器装置

顶空进样器一般同气相色谱仪和气相色谱-质谱联用仪联用，使用顶空进样时仪器一般包括常态、吹扫态、加压态、取样态和进样态等几个状态，图 2-8 显示各种工作状态的流路。

① 常态：载气直接进入分析设备。

② 吹扫态：一路载气直接进入分析设备，另一路载气吹扫定量环及气路。

③ 加压态：将气路插入样品瓶中，一路载气直接进入分析设备，另外一路载气通过定量环及气路给样品瓶充压。

④ 取样态：气路插入样品瓶中，一路载气直接进入分析设备，靠样品瓶中的压力将顶空气送入定量环。

⑤ 进样态：六通阀切换，定量环连接到连接分析设备的气路，载气通过定量环将其中待测的顶空气送入分析设备，进样结束后返回常态。

2.5.3 顶空法的应用

顶空法与吹扫捕集前处理方法类似，适用的被检目标物的性质相似，主要适用于挥发性有机物的测定，包括烷烃、不饱和烃、卤代烃、苯系物、醛类和饮用水中嗅味物质等。

2.5.3.1 卤代烃

丁文波建立了同时测定 32 种挥发性有机物（VOCs）的顶空-气相色谱 / 质谱法，结果表明 32 种挥发性有机物在 0.1 ～ 10μg/L 浓度范围内具有良好线性关系，其相关系数大于等于 0.998，检出限为 0.01 ～ 0.08μg/L，回收率为 86% ～ 108%，相对标准偏差为 1.5% ～ 9.0%。

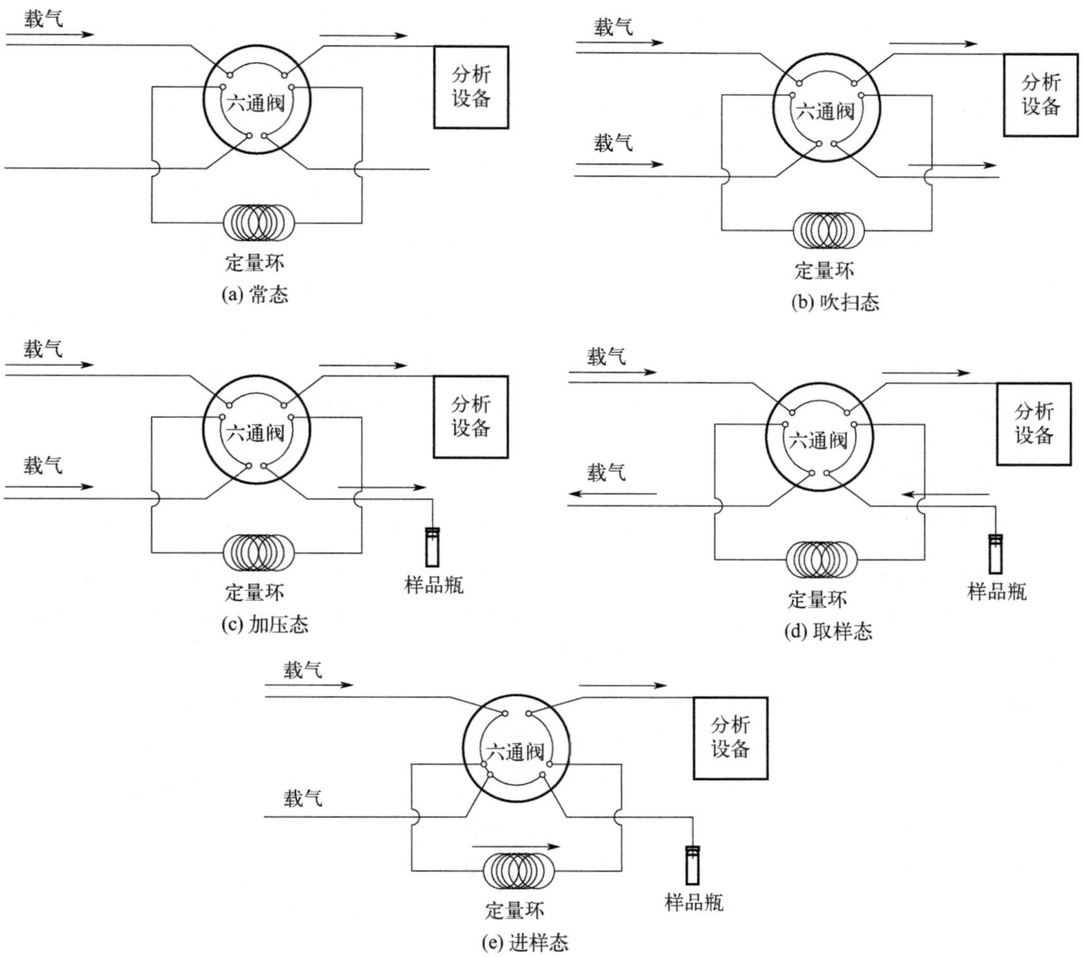

图 2-8 顶空进样装置简图

利用该方法检测北京市东城区 41 件生活饮用水，检出了三卤甲烷和四氯化碳等有机物，该方法具有较高的准确度和稳定性。

余明月等建立了顶空-固相微萃取-气相色谱 / 质谱法非目标性筛选饮用水中挥发性有机物的分析方法。利用优选出的萃取纤维对两种自来水水样进行非目标筛选，以汉江为源头的自来水水样中鉴定出 35 种物质，以长江为源头的自来水水样中鉴定出 34 种物质，两者都包括的物质 18 种。该方法不使用有机溶剂，环境友好，可用于自来水中挥发性有机物的筛选与分析。

冯丽丽等建立了顶空固相微萃取联合气相色谱 / 质谱法测定地表水和饮用水中 55 种挥发性有机物的分析方法。实验结果表明，55 种 VOCs 在 0.04 ～ 0.40μg/L、0.4 ～ 4.0μg/L、4.0 ～ 100μg/L 质量浓度范围内线性关系良好，相关系数均大于 0.99，方法的检出限为 0.03 ～ 80ng/L，定量下限为 0.1 ～ 300ng/L，加标回收率为 77.3% ～ 124%，相对标准偏差为 1.3% ～ 17%。在被检测的地表水和饮用水中分别发现了 37 种 VOCs 和 25 种 VOCs。

2.5.3.2 嗅味物质

成建国等建立了顶空-固相微萃取-气相色谱 / 质谱法测定水中 2-甲基异莰醇和土臭素的方法。在浓度范围为 5 ～ 1000ng/L，两种物质线性关系良好，2-甲基异莰醇和土臭素的检出限分别为0.72ng/L和0.34ng/L，测定下限分别为2.40ng/L和1.13ng/L，加标回收率为93.6%～107.7%，相对标准偏差≤6.1%。利用该方法对辽宁省某地水库水进行了检测，浓度范围为3.0～3.6ng/L。Waterson等也用该方法测定了原水和饮用水中2-甲基异莰醇和土臭素的浓度，浓度范围为1～1000ng/L。

高洁等建立了顶空-气相色谱/质谱法测定二甲基二硫醚和二甲基三硫醚的方法，两种物质在0.1～10μg/L范围内线性相关系数良好（＞0.995），方法检出限分别为0.0072μg/L和0.0023μg/L，相对标准偏差分别为6.35%和7.43%，加标回收率分别为100.5%和100.6%。

该方法在测定挥发性较强的嗅味物质时具有较大优势，操作简便、成本低、准确度和灵敏度良好，无需有机溶剂，绿色环保，顶空-固相微萃取-气相色谱/质谱法测定水中2-甲基异莰醇和土臭素的方法已经被纳入新修订标准《生活饮用水标准检验方法》。

2.5.3.3 苯系物

雷凯等建立了顶空-毛细柱气相色谱法测定应用水中苯、甲苯、乙苯、苯乙烯和二甲苯类等7种苯系物的检测方法。10mL样品加入顶空瓶，经60℃平衡30min后，顶空气经毛细柱分离后，用火焰离子化检测器检测，在1～200μg/L的线性关系良好，检出限为0.3～0.6μg/L，加标回收率为96.2%～114%，相对标准偏差为0.8%～2.8%。

高慧等建立了顶空-固相微萃取-气相色谱法（SPME-GC）测定工业污水中苯系物、氯苯类挥发性有机物的高通量方法。取10mL水样加入NaCl，在40℃条件下平衡30min，用聚二甲基硅氧烷（PDMS，100μm）的萃取头顶空萃取30min后，于250℃解吸3min，再用气相色谱仪检测。结果显示，12种苯系物和氯苯类挥发性有机物浓度为4.24～8800μg/L的标准曲线的线性相关系数均＞0.995，该方法的检出限为0.39～5.0μg/L，加标回收率为71.8%～89.6%，同批次样品相对标准偏差为2.0%～5.8%，不同批次样品相对标准偏差为2.3%～5.9%。

赖永忠等建立了顶空-固相微萃取-气相色谱/质谱法检测废水中8种苯系物的方法。该方法在最优条件下，8种苯系物的方法检出限范围为0.02～0.05μg/L，在浓度范围为0.10～1.00μg/L时，校准曲线相关系数＞0.995，实际污水处理厂出水加标浓度为0.50μg/L时，加标回收率和相对标准偏差（n=6）范围分别为72.5%～109%和10.0%～12.6%。

2.5.3.4 其他类有机物

Sugaya等开发了顶空-气相色谱/质谱仪检测水中甲醛、乙醛、丙醛和正丁醛的方法。含有醛类的水样在60℃条件下，在密封顶空瓶中经过*O*-(2,3,4,5,6-五氟苄基)羟胺盐酸盐（PFBOA）处理60min，然后顶空气通过气相色谱-质谱联用仪分析。比起电子离子化的质谱，PFBOA衍生物的负离子化学离子化质谱能够给出更多的结构性的质谱峰，具有更简单的特征离子碎片，因为该方法消除了水的干扰，具有高灵敏性。用该方法测试了自来水和商品矿化水中的醛类，甲醛浓度范围为N.D.～59μg/L（N.D.表示未检测出），乙醛浓度范围为N.D.～260μg/L，丙醛浓度范围为N.D.～0.9μg/L，正丁醛的浓度范围为N.D.～0.3μg/L。

Wang等建立了酯化衍生后顶空-气相色谱法测定二氯乙酸和三氯乙酸的方法。在浓度范围为0～60μg/L时，二氯乙酸和三氯乙酸的线性相关系数分别为0.992和0.996，相对标准偏差分别为15%和21.3%，测定下限分别为3μg/L和0.5μg/L，回收率为68.0%～103.2%。

该方法虽然为二氯乙酸和三氯乙酸提供了一种检测选择，但是该方法操作烦琐，用有机试剂较多，目前已经开发了利用液相色谱 / 质谱法以及离子色谱 / 质谱法测定两种物质的方法。

Kosaka 等建立了顶空-气相色谱 / 质谱联用仪检测三氯胺的方法，该方法适用于 pH 值为 8 时，选择的 *m/z* 的离子碎片为 51，测定下限为 15μg-Cl_2/L。利用该方法测定了 9 个自来水样品，三氯胺的浓度范围为 N.D. ～ 46μg-Cl_2/L。

2.5.4　顶空法的发展趋势

顶空法具有自动化程度高、分离效果良好、重现性良好、操作简便、环境友好等诸多优点，是挥发性有机物分析前处理的最佳选择之一。顶空法自问世以来，理论研究和仪器发展方面一直较活跃，这种态势将会一直持续下去。顶空仪器设备将向自动化更高、稳定性更好、可便携和适用于特定场景应用的方向发展。研究人员将继续对部分新污染物的顶空检测方法进行开发，除了水样以外还会涉及土壤、空气、底泥等其他环境样品。

参考文献

[1] 盛杰，谢丽，翟桂明，等 . 液液萃取-气相色谱法测定硝基苯及其降解产物影响因素研究 [J]. 净水技术，2007，26（3）：69-73.

[2] 缪建军，张颖，吕天峰，等 . 小体积液液萃取-GC/MS 法测定地表水中有机磷农药 [J]. 环境监测管理与技术，2011，23（1）：57-60.

[3] 许淑青 . 液液萃取-GC-MS 测定地表水中酞酸二丁酯和己二酸酯 [J]. 甘肃科技，2012，28（12）：47-48.

[4] 林兴桃，王小逸，陈明，等 . 固相萃取高效液相色谱法测定水中邻苯二甲酸酯类环境激素 [J]. 环境科学研究，2004，17（5）：71-74.

[5] 郑海涛，刘菲，刘永刚 . 固相萃取-气相色谱法测定水中多环芳烃 [J]. 岩矿测试，2004，23（2）：148-152.

[6] 徐磊，夏宁 . 在线固相萃取 / 高效液相色谱法测定环境水样中的 4 种痕量邻苯二甲酸酯 [J]. 分析测试学报，2011，30（5）：558-561.

[7] 戴安 . 在线 SPE 固相萃取，HPLC /UV 和荧光检测自来水中的多环芳烃 [J]. 环境化学，2010，29（4）：782-784.

[8] 陆峰，向华，张青 . 毛细管气相色谱法测定水中溴氰菊酯 [J]. 净水技术，2007，26（4）：69-70.

[9] 杨秋红，程小艳，杨坪，等 . 固相萃取-高效液相色谱串联质谱法同时检测地表水中 2,4-二氯酚、2,4,6-三氯酚和五氯酚 [J]. 分析化学研究报告，2011，39（8）：1208-1212.

[10] 黄薇，刘祥萍 . 水中甲萘威和莠去津的固相萃取-高效液相色谱测定法 [J]. 环境与健康杂志，2009，26（1）：73-74.

[11] 张凌云，徐荣，刘波，等 . 固相萃取-高效液相色谱法测定水中呋喃丹 [J]. 城镇供水，2008（4）：59-61.

[12] 郭坚，杨新磊，叶明立 . 全自动在线固相萃取-高效液相色谱法测定水体中痕量微囊藻毒素 [J]. 分析化学研究简报，2011，39（8）：1256-1260.

[13] 白云娟，李来俊，勾松涛，等 . 吹扫捕集 / 气相色谱法测定 19 种挥发性卤代烃 [J]. 中国给水排水，2012，28（12）：97-100.

[14] 王小芳，吴龙，王菁 . 吹扫捕集与气相色谱-质联联用法测定饮用水中苯系物 [J]. 中国卫生检验杂志，2004，14（2）：174-175.

[15] 陈小辉，黄剑明，华勃 . 吹扫捕集-气质联用法快速检测水中挥发性有机物 [J]. 供水技术，2010，4（6）：49-52.

[16] 陈军，朱建丰，封蓉芳 . 二硫化碳萃取毛细管柱气相色谱法测定饮用水中苯系物 [J]. 福建分析测试，2011，20（4）：40-43.

[17] 李显芳，蒋雪，印成，等 . 二硫化碳萃取-气相色谱法同时测定污水中的苯系物和氯苯 [J]. 广东化工，2011，38（3）：134-135.

[18] 陈国征，王炫征，钱洪智，等 . 正己烷萃取气相色谱法测定水中苯系物 [J]. 中国卫生检验杂志，2006，16（4）：

491-492.

[19] 叶露，王永桔．二硫化碳萃取毛细管柱气相色谱法测定水质的苯系物 [J]. 污染防治技术，2005，18（6）：53-54.

[20] Sarafraz-Yazdi A, Amiri A H, Es'haghi Z. BTEX determination in water matrices using HF-LPME with gas chromatography-flame ionization detector[J]. Chemosphere, 2008，71：671-676.

[21] Rezaee M, Assadi Y, Hosseini M R M, et al. Determination of organic compounds in water using dispersive liquid-liquid microextraction[J]. Journal of Chromatography A, 2006，1116（1-2）：1-9.

[22] Oliver B G, Tothen K D. Determination of chlorobenzenes in water by capillary gas chromatography[J]. Anal Chem, 1980，52：2066-2069.

[23] 朱剑，赵辰，陈玲瑚，等．液液萃取-毛细管气相色谱法同时测定水中 11 种氯代苯类化合物 [J]. 分析 • 测试，2012，22（1）：71-73.

[24] Ali Tor. Determination of chlorobenzenes in water by drop-based liquid-phase microextraction and gas chromatography-electron capture detection[J]. Journal of Chromatography A, 2006，1125（1）：129-132.

[25] Kozani R R, Assadi Y, Shemirani F, et al. Part-per-trillion determination of chlorobenzenes in water using dispersive liquid-liquid microextraction combined gas chromatography-electron capture detection [J]. Talanta, 2007，72（2）：387-393.

[26] 王娜．液液萃取处理样品-气相色谱法测定水中 22 种有机氯农药 [J]. 理化检验-化学分册，2010，46（12）：1453-1464.

[27] 王敏捷，周姣花，曹立峰．气相色谱法测定地下水中 15 种有机氯农药 [J]. 岩矿测试，2010，29（5）：628-630.

[28] 郑群雄，杜美霞，徐小强，等．气相色谱法同时测定水中多种有机氯农药和多氯联苯 [J]. 中国给水排水，2012，28（4）：89-93.

[29] 许桂苹，蒋建宏，白海强，等．液液萃取-气相色谱法测定水中有机氯的方法研究 [J]. 安徽农业科学，2011，39（14）：8564-8566.

[30] 汪艳芳，聂丽军，曾旋，等．气相色谱法测定生活饮用水中 7 种有机氯农药 [J]. 江西化工，2011（2）：84-88.

[31] 刘玉红，孙仕萍．水中 12 种有机磷农药的毛细管气相色谱测定法 [J]. 环境与健康杂志，2008，25（4）：343-345.

[32] 郭虹，刘闯，杨玉竹．毛细管柱气相色谱法测定水中 13 种有机磷农药的方法研究 [J]. 环境与职业医学，2009，26（2）：216-218.

[33] 张敬平，刘文卫，周闰，等．气相色谱法同时检测生活饮用水中的 27 种有机磷农药残留 [J]. 中国卫生检验杂志，2010，20（3）：527-528.

[34] Jalal Hassan, Masoumeh Sarkouhi. Miniaturized counter current liquid-liquid extraction for organophosphorus pesticides determination[J]. Arabian Journal of Chemistry, 2013，DOI http://dx.doi.org/10.1016/j.arabjc.2013.02.003.

[35] 贾瑞宝，孙超，刘以勇．固相萃取 HPLC 法测定饮用水中的酚类污染物 [J]. 化学计量分析，2001，10（3）：16-17.

[36] 乔素兰，雷萍．固相萃取-高效液相色谱法测定水中痕量酚 [J]. 中国给水排水，2008，24（2）：78-80.

[37] 张秀忠，赖举伟，刘丽君．固相萃取-高效液相色谱法测定水中的酚类化合物 [J]. 给水排水，2004，30（2）：30-32.

[38] 董瑞圣，张立尖．高效液相色谱法测定酚类化合物 [J]. 净水技术，2001，20（1）：36-39.

[39] 吴梅贤．高效液相色谱法同时测定水中的 9 种酚类化合物 [J]. 净水技术，2008，27（6）：66-68.

[40] 苏宇亮，胡克武．固相萃取-高效液相色谱法测定水中甲萘威 [J]. 现代科学仪器，2005（6）：71-72.

[41] 卢明伟．固相萃取-高效液相色谱法测定水中甲萘威 [J]. 净水技术，2007，26（5）：68-70.

[42] 王超，高海鹏，李婷，等．固相萃取 / 超高压液相色谱法测定水中痕量呋喃丹、甲萘威及阿特拉津 [J]. 分析测试学报，2012，31（12）：1567-1571.

[43] Henry K R，张卓勇，赵进英，等．环境水中甲基对硫磷、对硫磷和辛硫磷农药残留的 SPE-HPLC 分析 [J]. 分析测试学报，2002，21（5）：50-53.

[44] 周芳，孙成，钟明，等．固相萃取毛细管气相色谱法分析水中有机磷农药 [J]. 环境污染与防治，2005，27（2）：151-153.

[45] 陈飒，孙东卫，杜耀伟．研究自动固相萃取——测定水中 8 种有机磷农药 [J]. 城镇供水，2008（5）：60-62.
[46] 高玲，杨元，景露，等．水中 13 种有机磷农药的固相萃取-气相色谱-质谱测定法 [J]. 环境与健康杂志，2009，26（8）：723-725.
[47] 巢猛，陈明，刘建明．水中呋喃丹的固相萃取-高效液相色谱测定法 [J]. 环境与健康杂志，2008，25（2）：153-154.
[48] 潘海祥，麦碧娴，庄汉平，等．使用 C_{18} 固相萃取膜-色质联用定量分析饮用水中痕量多环芳烃的初步研究 [J]. 分析化学，1999，27（2）：140-144.
[49] 刘菲，刘永刚．固相萃取-气相色谱测定地下水中多环芳烃的质量控制研究 [J]. 有色矿冶，2004，20（1）：51-55.
[50] 张维昊，徐小清．固相萃取高效液相色谱法测定水中痕量微囊藻毒素 [J]. 分析化学研究报告，2001，29（5）：522-525.
[51] 徐荣，张德明，卢益新．高效液相色谱测定水中微囊藻毒素 [J]. 净水技术，2005，24（5）：63-65.
[52] 王超，吕怡兵，许人骥，等．液相色谱-二极管阵列检测器 / 离子肼质谱法检测水中的 5 种微囊藻毒素 [J]. 色谱，2011，29（3）：212-216.
[53] 廖艳，余煜棉，赖子尼．SPE-GC 法测定地表水中的痕量环境激素 [J]. 中国给水排水，2006，22（16）：77-80.
[54] 迂君，徐烨．水中邻苯二甲酸酯的固相萃取-气相色谱-质谱测定法 [J]. 环境与健康杂志，2008，25（11）：1003-1005.
[55] 郁倩，王洪新，安可．水中 5 种雌激素的固相萃取高效液相色谱测定法 [J]. 环境与健康杂志，2008，25（5）：438-441.
[56] 戴安公司．在线固相萃取-高效液相色谱法测定环境水样中四种痕量邻苯二甲酸酯 [J]. 环境化学，2011，30（3）：734-736.
[57] 张春燕，赵兴茹，郑学忠．在线固相萃取超高效液相色谱串联质谱法测定水中微囊藻毒素 [J]. 环境化学，2012，31（10）：1663-1664.
[58] 郭娟，赵研，张晶，等．饮用水中 9 种农药残留及微囊藻毒素的在线固相萃取-液相色谱-质谱法测定 [J]. 卫生研究，2012，41（2）：235-239.
[59] 杨通在，罗顺忠．固相微萃取技术的现状与进展 [J]. 环境研究与监测，2006，19（1）：1-7.
[60] 傅若农．固相微萃取的演变和现状 [J]. 化学试剂，2008，30（1）：13-22.
[61] 葛萍，韩鸿印，张俊刚，等．吹扫捕集-气相色谱法测定水中苯系物 [J]. 化学分析计量，2005，14（2）：32-33.
[62] 姚浔平，李继革，姚珊珊．吹扫捕集-气相色谱法测定水中苯系物研究 [J]. 中国卫生检验杂志，2010，20（4）：742-743.
[63] 张莘民．吹扫-捕集 / 气相色谱法测定饮用水中 5 种挥发性卤代烃 [J]. 分析化学，2002，30（4）：503.
[64] 巢猛，李慧，许欢．吹扫捕集-GC/MS 联用法测定水中挥发性卤代烃 [J]. 分析试验室，2008，27（增刊）：124-126.
[65] 陈剑宁．水中挥发性卤代烃的吹扫捕集气相色谱检测方法 [J]. 城镇供水，2012（4）：68-70.
[66] 张莘民．吹扫-捕集法在挥发性有机污染物分析中的应用 [J]. 环境污染治理技术与设备，2002，3（11）：31-37.
[67] 杨红斌．固相微萃取-毛细管气相色谱法快速分析水中氯苯类化合物 [J]. 理化检验-化学分册，1999，35（3）：103-105.
[68] 杨红斌，王若苹．固相微萃取-毛细管气相色谱法快速同步分析水中挥发性卤代烃及氯苯类化合物 [J]. 中国环境监测，2000，16（4）：23-26.
[69] 张晓永，李岩，蔡文君，等．水中氯苯系化合物的固相微萃取 [J]. 分析测试学报，2000，19（4）：79-80.
[70] 李晓晶，黄聪，于鸿，等．水中有机氯农药和氯苯类化合物的顶空固相微萃取-气相色谱测定法 [J]. 环境与健康杂志，2009，26（7）：626-629.
[71] 赖永忠．顶空固相微萃取-气相色谱-质谱法测定饮用水源水中 1,3,5-三氯苯 [J]. 理化检验-化学分册，2012，48（5）：550-555.
[72] 叶鹏飞，李大义，何德文，等．基于固相微萃取技术的 GC 法测定水中多环芳烃 [J]. 干旱环境监测，2010，24（4）：202-204.
[73] 陈硕，韩宗勋，全燮，等．毛细管固相微萃取-液相色谱法测定水中的多环芳烃 [J]. 分析化学，2003，31（2）：171-174.

[74] 陶敬奇，王超英，李碧芳，等. 固相微萃取-高效液相色谱联用分析环境水样中的痕量多环芳烃 [J]. 色谱，2003，21（6）：599-602.

[75] 蔡英，李圣君，陈波，等. SPME-GC 法同步分析水中多环芳烃和酞酸酯 [J]. 中国卫生检验杂志，2009，19（7）：1461-1469.

[76] Lloyd S W, Lea J M, Zimba P V, et al. Rapid analysis of geosmin and 2-methylisoborneol in water using soild phase micro extraction procedures[J]. Wat Res, 1998，32（27）：2140-2146.

[77] Watson S B, Brownlee B, Satchwill T, et al. Quantitative analysis of trace levels of geosmin and MIB in source and drinking water using headspace SPME [J]. Wat Res, 2000，34（10）：2818-2828.

[78] Sung Y H, Li T Y, Huang S D. Analysis of earthy and musty odors in water samples by solid-phase microextraction coupled with gas chromatography/ion trap mass spectrometry[J]. Talanta, 2005，65：518-524.

[79] 张锡辉，伍婧娉，王治军，等. HS-SPME-GC 法测定水中典型嗅味物质 [J]. 中国给水排水，2007，23（2）：78-82.

[80] 陆晓华，潘小萍，王月红. SPME-GC/MS/MS 法测定水中 2-甲基异莰醇和土臭素 [J]. 给水排水，2009，35(增刊)：39-41.

[81] 寇立娟，梁春实，魏树龙，等. 固相微萃取-气相色谱-质谱联用测定水中痕量 2-甲基异冰片和土臭素 [J]. 分析化学，2011，39（12）：1932-1933.

[82] Saito K, Okamura K, Kataoka H. Determination of musty odorants, 2-methylisoborneol and geosmin, in environmental water by headspace solid-phase microextraction and gas chromatography-mass spectrometry[J]. Journal of Chromatography A, 2008，1186：434-437.

[83] Eisert R, Levsen K. Solid-phase microextraction coupled to gas chromatography: A new method for the analysis of organics in water[J]. Journal of Chromatography A, 1996，733（1-2）：143-157.

[84] 林麒，吕华东，许冬梅，等. 吹扫捕集-气相色谱 / 质谱联用法测定水中土臭素和二甲基异莰醇 [J]. 中国卫生检验杂志，2010，20（11）：2763-2765.

[85] 巢猛，陈贻球，戴晓莹. 吹扫-捕集 / 气质联用法测定水中硫醚类致嗅物 [J]. 中国给水排水，2011，27（6）：94-96.

[86] 许冬梅，许俊鸽，苑宝玲，等. 稳定性同位素稀释吹扫捕集-气质联用法测定水中典型臭味物质 [J]. 分析化学研究简报，2011，39（2）：248-252.

[87] 沈斐，苏晓燕，许燕娟，等. 吹扫捕集-GC/MS 法测定饮用水中致嗅物质 [J]. 环境监测管理与技术，2010，22（5）：31-35.

[88] 彭敏，范洪波. 环境水体中致嗅物质甲硫醚和二甲基三硫醚的吹扫-捕集-气相色谱-质谱测定法 [J]. 环境与健康杂志，2012，29（3）：260-261.

[89] 邢大立. 水中硫醇和硫醚类致嗅物的吹扫捕集-气相色谱-质谱联用测定法 [J]. 环境与健康杂志，2010，27（8）：711-712.

[90] 黄剑明，陈小辉，华勃，等. 突发性水源污染致异味水样的快速检测方法 [J]. 中国给水排水，2011，27（2）：95-98.

[91] 申中兰，蔡继宝，高芸，等. 基质固相分散-加速溶剂萃取-气相色谱法测土壤中有机氯农药残留 [J]. 分析化学研究简报，2005，33（9）：1318-1320.

[92] 朱雪梅，崔艳红，郭丽青，等. 用加速溶剂提取仪提取污染土壤中的有机氯农药 [J]. 环境科学，2002，23（5）：113-116.

[93] 许桂平，欧小辉，梁柳玲，等. 加速溶剂萃取-固相萃取及铜粉净化技术在土壤有机氯农药分析中的应用 [J]. 环境科学学报，2010，30（11）：2251-2256.

[94] 李拥军，温贤有，陈坚文，等. 加速溶剂萃取-气相色谱质谱联用法测定菜地土壤中多氯联苯 [J]. 广东农业科学，2011（10）：145-147.

[95] 陈卫明，李庆霞，张芳，等. 加速溶剂萃取-气相色谱 / 气相色谱-质谱法测定土壤中 7 种多氯联苯 [J]. 岩矿测试，2011，30（1）：33-39.

[96] 赵士燕，崔兆杰. 加速溶剂萃取-气相色谱法测定土壤中的类二噁英多氯联苯 [J]. 化工环保，2006，26（6）：518-521.

[97] 黄东勤，王盛才，陈一清，等. 加速溶剂萃取-高效液相色谱法测定土壤中 16 种多环芳烃 [J]. 中国环境监测，2008，24（3）：26-29.

[98] 李庆玲，徐晓琴，黎先春，等. 加速溶剂萃取 / 气相色谱-质谱测定海洋沉积物中的痕量多环芳烃 [J]. 分析测试学报，2006，25（5）：33-37.

[99] 梁柱，余雯静，孙欣阳. 加速溶剂萃取-色谱质谱联用法测定土壤中的多环芳烃 [J]. 化学分析计量，2009，18（3）：45-48.

[100] Richter B E, Ezzell J L, Felix J, et al. A comparison of accelerated solvent extraction for organophosphorus pesticides and herbicides[J]. LC/GC, 1995，13：390-398.

[101] Sugaya N, Nakagawa T, Sakurai K, et al. Analysis of aldehydes in water by head space-GC/MS[J]. Journal of Health Science, 2002，47（1）：21-27.

[102] Kosaka K, Seki K, Kimura N, et al. Determination of trichloramine in drinking water using headspace gas chromatography/mass spectrometry[J]. Water Science & Technology, 2010，10（1）：23-29.

[103] 余明月，杨小秋，樊蓉，等. 顶空-固相微萃取-气相色谱-质谱联用法用于非目标性筛选饮用水中挥发性有机物 [J]. 分析化学，2020，48（9）：1228-1235.

[104] 丁文波. 顶空-气相色谱-质谱法测定饮用水中 32 种挥发性有机物 [J]. 中国卫生检验杂志，2017，27（17）：2461-2464.

[105] 冯丽丽，胡晓芳. 顶空固相微萃取 / 气相色谱-三重四极杆串联质谱法测定地表水与饮用水中的挥发性有机物 [J]. 分析测试学报，2019，38（11）：1294-1300.

[106] 成建国，刘开颖，白敏冬，等. 顶空固相微萃取-气相色谱-质谱联用测定饮用水中的 2-甲基异莰醇和土臭素 [J]. 色谱，2015，33（12）：1287-1293.

[107] 高慧，邢燕，汪洋，等. 工业污水中挥发性有机物的顶空固相微萃取-气相色谱测定法 [J]. 环境与健康杂志，2016，33（3）：256-259.

[108] 赖永忠，郭岩. 顶空固相微萃取-气质联用法测定废水中八种苯系物 [C]//加快经济发展方式转变——环境挑战与机遇”，2011 中国环境科学学会学术年会.

[109] 吴志鹏，唐毅，桑柳波，等. 气相色谱-质谱法测定污水中丙烯酸丁酯和丙烯酸-2-乙基己酯 [J]. 化学分析计量，2021，30（6）：21-25.

[110] 刘梅，魏永强，赵永刚. 气相色谱-质谱法分析污水中溶解态有机物 [J]. 环境监控与预警，2012，4（4）：26-28.

[111] 黄河笑，周金元，李显芳，等. 污水中有机磷农药检测前处理方法探讨 [J]. 云南化工，2021，48（8）：90-92.

[112] 白兰兰，席宏波，周岳溪，等. 液液萃取——气相色谱-质谱法测定丙烯酸生产废水中的特征污染物 [J]. 化工环保，2015，35（3）：324-328.

[113] 郝瑞霞，梁鹏，赵曼，等. 固相萃取-气相色谱-质谱-选择离子法检测污水中壬基酚 [J]. 环境科学，2006，27（11）：2222-2227.

[114] 黄成，姜理英，陈建孟，等. 固相萃取-衍生化气相色谱质谱法测定制药厂污水中的环境雌激素 [J]. 色谱，2008，26（5）：618-621.

[115] 张蓓蓓，章勇，穆肃，等. 全自动在线固相萃取-液质联用测定水中两类溴代阻燃剂 [J]. 环境化学，2014，33（3）：477-484.

[116] 韩潇. 污水中痕量多环麝香检测技术研究及应用 [D]. 上海：东华大学，2012：21-35.

[117] 肖珂，王勇，路鑫，等. 固相微萃取-气相色谱质谱测定工业废水中痕量有机物的研究 [J]. 色谱，2003，23（1）：76-80.

[118] 张鹤小. 固相微萃取高效液相色谱法测定工业污水中酚类环境激素 [D]. 沈阳：沈阳师范大学，2013：9-40.

[119] 赵炳南，弓爱君，白庆华，等. 固相微萃取——气相色谱法测定污水中的苯系物 [J]. 计量技术，2007（11）：9-11.

[120] 陈云霞，游静，陈淑莲，等. 用吹扫捕集-热脱附-气相色谱-质谱法分析生活污水中挥发性有机物 [J]. 分析测试学报，2000（1）：26-28.

[121] 姜梅，吴高峰．吹扫捕集气相色谱法快速测定废水中的苯系物 [J]. 广东化工，2008，35（6）：135-137, 155.

[122] 岳岩．石化企业综合废水处理过程中有机污染物分析方法研究 [D]. 兰州：兰州交通大学，2014：7-28.

[123] 王威，窦文渊，郭杰煌，等．加速溶剂萃取-气相色谱-质谱法同时测定污泥中 37 种有机磷类及 10 种拟除虫菊酯类农药 [J]. 理化检验-化学分册，2021，57（7）：591-597.

[124] 邵永怡．加速溶剂萃取气质联用法测定城市污水处理厂污泥中的多环芳烃 [J]. 化学分析计量，2008，17（6）：70-72.

[125] Aleem A, Malik A . Genotoxicity of the Yamuna River water at Okhla (Delhi), India[J]. Ecotoxicology & Environmental Safety, 2005，61（3）：404-412.

[126] 许燕，孙韶华，逯南南，等．小清河（济南段）支流内分泌干扰物综合激素效应分布特征研究 [J]. 生态毒理学报，2021，16（2）：178-186.

[127] 王伟琴．饮用水源水中微囊藻毒素的遗传毒性与健康风险评价 [D]. 杭州：浙江大学，2010：18-56.

[128] 缪冬月．应用 SOS/umu 试验评价饮用水有机提取物的遗传毒性 [D]. 武汉：华中科技大学，2011：35-39.

[129] Ochiai N, Sasamoto K, Takino M, et al. Determination of trace amounts of off-flavor compounds in drinking water by stir bar sorptive extraction and thermal desorption GC-MS[J]. Analyst, 2001，126（10）：1652-1657.

[130] Wang Y H, Wong P K. Determination of dichloroacetic acid and trichloroacetic acid in drinking water by acidic methanol esterification and headspace gas chromatography[J]. Water Research, 2005，39（9）：1844-1848.

第3章

实验室高通量检测技术与应用

▲ 气相色谱及质谱联用技术

▲ 液相色谱及质谱联用技术

▲ 离子色谱及质谱联用技术

▲ 电感耦合等离子体发射光谱法

▲ 电感耦合等离子体质谱法

▲ 高分辨质谱技术

实验室检测是指在固定实验场所进行检测，具有满足使用需求的基础设施、检测仪器设备、计量器具、实验环境、技术人员等。按照指标类型分类，实验室检测可分为无机检测、有机检测及生物检测。按照技术原理分类，实验室检测技术方法既包括传统的物理分析、化学分析、电化学分析、色谱分析、光谱分析、生物传感技术等，也包括基于现代质谱分析的检测技术。随着色谱、质谱技术的发展，高通量检测技术越来越多地应用在水质检测中。所谓高通量检测技术，即一次检测多个样本或一个样本的多个指标的检测技术和方法，现已广泛应用于水中金属 / 类金属、无机阴离子、农药、药物及个人护理品、挥发性有机物、消毒副产物等指标的高通量分析检测。

随着社会经济的发展，越来越多种类的污染物进入水体，导致环境样品的复杂化问题日益严重，同时环境评价的要求不断提高，研究灵敏度高、快速、准确的高通量检测技术已是水环境监测的重点。针对水中污染物种类多、含量低的特点，利用各种高精密的分析仪器，如高效液相色谱仪、气相色谱仪、离子色谱仪、电感耦合等离子体质谱仪、气-质联用仪、液-质联用仪等，结合快速、有效的样品制备技术，构建高通量检测方法，是当前研究的热点与难点。美国环保署（EPA）制定了一系列有机物的分析方法，如 EPA 8000 系列（有机物分析方法）、EPA 500 系列（饮用水中有机物的分析方法）、EPA 600 系列（城市和工业废水中有机化合物的分析方法）等，其中不乏基于色谱、质谱的高通量检测技术（见表 3-1）。

表 3-1　EPA 高通量分析方法列举

方法号	分析物	方法
521	亚硝胺	GC-MS
525.1	多氯联苯异构体，含氯农药	GC-MS
525.5	农药	HPLC-MS
527	农药和阻燃剂	GC-MS
528	酚类	GC-MS
529	爆炸性物质（硝基苯类）	GC-MS
536	三嗪类农药及代谢物	HPLC-MS
537	全氟烷酸类	HPLC-MS
538	农药	HPLC-MS
553	联苯胺和含氮农药	HPLC-MS
557	卤代乙酸、溴酸盐和茅草枯	IC-MS
613	二噁英	GC-MS
8271	化学品	GC-MS
8290	二噁英	HRGC-LRMS

3.1　气相色谱及质谱联用技术

气相色谱法（gas chromatography，GC）是以流动相为气体的色谱，产生于 20 世纪 50 年代。1906 年，俄国植物学家 Fswett 利用液固色谱法研究了植物的绿叶成分。1941 年，Martin 和

Synge 提出了液液色谱法，预见了气液色谱。1952 年，James 和 Martin 提出了气相色谱法。1954 年，瑞依把热导检测器用于气液色谱法。1957 年，Golay 提出了毛细管气相色谱法，也叫作开管柱气相色谱法。1958 年，McWilliam 报道了氢火焰离子化检测器。1979 年，Dandeneau 等拉制出石英弹性毛细管柱，从而促进了毛细管色谱法的大发展。发展至今，气相色谱仪已发展成为最实用的分析检测仪器之一，主要用于易挥发和半挥发有机物的检测，具有分析速度快、分离效率高、准确性高、选择性好的特点，被广泛应用于环境样品中的污染物分析、药品质量检验、天然产物成分分析、食品中农药残留量测定、工业产品质量监控等领域。

色谱-质谱联用法是分析仪器中较早实现联用技术的方法。气相色谱-质谱联用技术始于 20 世纪 50 年代后期，霍姆斯和莫雷尔首次实现气相色谱和质谱联用，这一技术得到长足的发展。目前，从事有机物分析的实验室几乎都把 GC-MS 作为主要的定性、定量手段之一。气相色谱-质谱联用法有灵敏性强、准确性高、自动化等特点，解决了许多复杂基体的分离、鉴定和含量测定问题，已广泛应用于食品、药品、环境监测等领域。

3.1.1　技术原理

3.1.1.1　气相色谱

气相色谱是一种分离技术。气相色谱按固定相分为气-固色谱和气-液色谱；按色谱分离原理分为吸附色谱和分配色谱。实际工作中要分析的样品往往是复杂基体中的多组分混合物，对含有未知组分的样品，首先必须将其分离，然后才能对有关组分进行进一步的分析。混合物的分离是基于组分物理化学性质的差异，气相色谱主要是利用物质的沸点极性及吸附性质的差异来实现混合物的分离。待分析样品在气化室气化后被 N_2、He 等带入色谱柱，柱内含有液体或固体固定相，由于样品中各组分的沸点、极性或吸附性能不同，每种组分都倾向于在流动相或固定相之间形成分配或吸附平衡。但由于载气是流动的，这种平衡实际上很难建立起来，也正是由于载气的流动，使样品组分在运动中进行反复多次的分配或吸附 / 解吸，导致在载气中分配浓度大的组分先流出色谱柱，而在固定相中分配浓度大的组分后流出。当组分流出色谱柱后，立即进入检测器，检测器能够将样品组分的存在与否转变成电信号，而电信号的大小与被测组分的量或浓度成比例，当将这些信号放大并记录下来时，就得到了色谱图。在没有组分流出时，色谱图的记录就是检测器的本底信号，即色谱图的基线。

气相色谱法具有以下特点：

① 分离效能高。一般填充柱有几千块理论塔板，而毛细管柱理论塔板达 10^3 ～ 10^6，因而可以分析沸点相近的组分和十分复杂的混合物。

② 选择性高。气相色谱法可以分离化学结构极为相近的化合物。例如多环芳烃的异构体、二甲苯的三种异构体等，用其他方法分离相当困难，但气相色谱法则比较容易。

③ 灵敏度高。与气相色谱仪配用的高灵敏检测器对待测物的最低检测质量可达 0.1 ～ 10pg 或更低，因而适合于微量有机物分析。

④ 分析速度快。一次色谱分析短的几秒钟，长的几分钟到几十分钟。特别是目前气相色谱仪可由微处理机控制并配合数字处理系统，速度就更快。

⑤ 样品用量少。由于气相色谱灵敏度高，需要的样品极少，一般进样几微升即能完成分析。

气相色谱仪的基本构造有两部分，即分析单元和显示单元。前者主要包括载气系统（气源及控制计量装置）、进样系统、分离系统（恒温器和色谱柱），后者主要包括检测系统和自动记录仪。色谱柱（包括固定相）和检测系统是气相色谱仪的核心部件。

（1）载气系统

气相色谱仪中的气路是一个载气连续运行的密闭管路系统。整个载气系统要求载气纯净、密闭性好、流速稳定及流速测量准确。

（2）进样系统

进样系统就是把气体、液体或固体溶液试样引入色谱柱前瞬间气化、快速定量转入色谱柱的装置。进样系统由进样器（注射器针进样、阀进样）和气化室组成。

进样隔垫一般为硅橡胶材料制成，一般可分普通型、优质型和高温型三种。普通型为米黄色，不耐高温，一般在200℃以下使用；优质型可耐温到300℃；高温型为绿色，使用温度可高于350℃，至色谱柱最高使用温度的400℃。进样隔垫中不可避免地含有一些残留溶剂和/或低聚物，另外由于气化室高温的影响，硅橡胶会发生部分降解，这些残留的溶剂和降解产物如果进入色谱柱，就可能出现“鬼峰”（即不是样品本身的峰），从而影响分析。

（3）分离系统

分离系统的核心是色谱柱，它的作用是将多组分样品分离为单个组分。色谱柱分为填充柱和毛细管柱两类。填充柱材质有玻璃、金属，内填不同极性的填料，填充柱的分离能力和柱效都较低，目前主要用于惰性气体的分析。毛细管柱材质主要为弹性石英，毛细管柱的直径较细（一般为0.2～0.5mm），柱长较长，一般为10～50m，甚至百米以上，内壁涂布了不同极性的填料。毛细管柱分离效果好、分辨率高，目前已逐步取代填充柱。

（4）检测系统

检测器的作用是把被色谱柱分离的样品组分根据其特性和含量转化成电信号，经放大后由记录仪记录成色谱图。如果说色谱柱是色谱分离的心脏，那么检测器就是色谱仪的眼睛，无论色谱分离的效果多么好，若没有好的检测器就会“看”不出分离效果。因此，高灵敏度、高选择性的检测器一直是色谱仪发展的关键技术。随着技术进步，气相色谱新检测器不断出现，常用检测器有氢火焰离子化检测器（FID）、电子捕获检测器（ECD）、氮磷检测器（NPD）、火焰光度检测器（FPD）、热导检测器（TCD）等。实际应用中应根据检测组分的理化性质选择不同的检测器，以达到最佳检测结果。

1）热导检测器

热导检测器属于浓度型检测器，即检测器的响应值与组分在载气中的浓度成正比。它的基本原理是基于不同物质具有不同的热导率，几乎对所有的物质都有响应，是目前应用最广泛的通用型检测器。由于在检测过程中样品不被破坏，因此可用于制备和其他联用鉴定技术。

2）氢火焰离子化检测器

氢火焰离子化检测器利用有机物在氢火焰的作用下化学电离而形成离子流，借测定离子流强度进行检测。该检测器灵敏度高、线性范围宽、操作条件不苛刻、噪声小、死体积小，是有机化合物检测常用的检测器。但是检测时样品被破坏，一般只能检测那些在氢火焰中燃烧产生大量碳正离子的有机化合物。

3）电子捕获检测器

电子捕获检测器是利用电负性物质捕获电子的能力，通过测定电子流进行检测的。ECD具有灵敏度高、选择性好的特点。它是一种专属型检测器，是目前分析痕量电负性有机化合物最有效的检测器，元素的电负性越强，检测器灵敏度越高，对含卤素、硫、氧、羰基、氨基等的化合物有很高的响应。电子捕获检测器已广泛应用于有机氯和有机磷农药残留量、金属配合物、金属有机多卤或多硫化合物等的分析测定。它可用氮气或氩气作载气，最常用的是高纯氮。

4）火焰光度检测器

火焰光度检测器对含硫和含磷的化合物有比较高的灵敏度和选择性。其检测原理是，当含磷和含硫物质在富氢火焰中燃烧时分别发射具有特征波长的光谱，透过干涉滤光片，用光电倍增管测量特征光的强度。

（5）信号记录或微机数据处理系统

近年来气相色谱仪主要采用色谱数据处理机。色谱数据处理机可打印记录色谱图，并能在同一张记录纸上打印出处理后的结果，如保留时间、被测组分质量分数等。

（6）温度控制系统

用于控制和测量色谱柱、检测器、气化室温度，是气相色谱仪的重要组成部分。气相色谱仪分为两类：一类是气固色谱仪；另一类是气液分配色谱仪。这两类色谱仪所分离的固定相不同，但仪器的结构是通用的。

3.1.1.2　气相色谱-质谱联用

质谱分析法是利用待测化合物分子吸收能量（在离子源的电离室中）后产生电离，生成分子离子，分子离子由于具有较高的能量，进一步按化合物自身特有的碎裂规律分裂，生成一系列确定组成的碎片离子，将所有不同质量的离子和各离子的多少按质荷比（m/z）记录下来，就得到质谱图。根据质谱峰的位置可以对化合物结构进行定性分析，根据质谱峰的强度可以对待测化合物进行定量分析。质谱的离子化技术主要有电子轰击离子化（EI）、化学离子化（CI）、场解吸离子化（FD）、快原子轰击离子化（FAB）、大气压离子化（API）、电喷雾离子化（ESI）、大气压化学离子化（APCI）。气相色谱是分离混合物的有效方法，但难以得到结构信息，质谱法与其联用后，成为分离和鉴定未知混合物的理想手段。

气相色谱-质谱联用技术的基本原理是：利用性质不同的物质在气相和固定相中的分配系数不同，当气化后的混合样品被载气带入色谱柱中运行时，不同性质的物质在两相间反复多次分配，经过足够柱长移动后便彼此分离，按顺序进入质谱仪。进入质谱仪的物质再经离子化、按质荷比质量分析器分离后由检测器检测、记录。

气相色谱-质谱联用仪主要包括进样系统、离子源、质谱检测器、计算机系统等部分，见图 3-1。

（1）进样系统

气相色谱-质谱联用仪的进样系统由接口和气相色谱组成。气相色谱仪分离样品中各组分，起着样品制备的作用。接口把气相色谱流出的各组分送入质谱仪进行检测，起着气相色谱和质谱之间适配器的作用。接口一般应满足如下要求：

① 不破坏离子源的高真空，也不影响色谱分离的柱效；

② 使色谱分离后的组分尽可能多地进入离子源，流动相尽可能少地进入离子源；

③ 不改变色谱分离后各组分的组成和结构。

由于接口技术的不断发展，接口在形式上越来越小，也越来越简单。

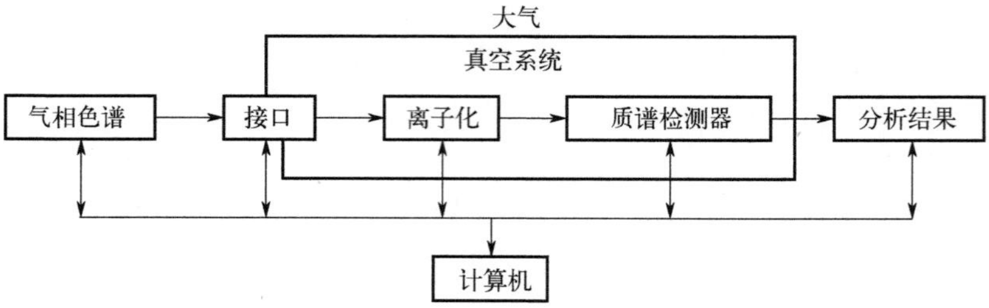

图 3-1　GC-MS 的结构示意

（2）离子源

离子源的作用是将被分析的样品分子电离成带电的离子，并使这些离子在离子光学系统的作用下汇聚成有一定几何形状和一定能量的离子束，然后进入质量分析器被分离，其性能直接影响质谱仪的灵敏度和分辨率。离子源的选择主要依据被分析物的热稳定性和电离的难易程度，以期得到分子离子峰。电子轰击电离源（EI）是气相色谱-质谱联用仪中最为常见的电离源，它要求被分析物能气化且气化时不分解。

（3）质量分析器

质量分析器是质谱仪的核心，它将离子源产生的离子按质荷比（m/z）的不同，按空间位置、时间的先后或轨道的稳定与否进行分离，以得到按质荷比大小顺序排列的质谱图。常用的质量分析器有磁质量分析器、四极杆质量分析器、离子阱质量分析器（Q-MS）、飞行时间质量分析器（TOF-MS）、离子回旋共振质量分析器（ICR-MS）、串联质量分析器（MS/MS）等。四极杆质谱仪现已逐渐取代磁质谱，成为最主要的质谱仪。以四极杆质量分析器（四极杆滤质器）为质量分析器的质谱仪称为四极杆质谱仪。它具有质量轻、体积小、造价低的特点，是目前台式气相色谱-质谱联用仪中最常用的质量分析器。

（4）检测器

检测器的作用是将来自质量分析器的离子束进行放大并进行检测，电子倍增检测器是气相色谱-质谱联用仪中最常用的检测器。

（5）计算机控制与数据处理系统

计算机控制与数据处理系统的功能是快速准确地采集和处理数据；监控质谱及色谱各单元的工作状态；对化合物进行自动的定性定量分析；按用户要求自动生成分析报告。

3.1.2　技术应用

3.1.2.1　气相色谱法的应用

（1）有机氯

有机氯农药（organchlorine pesticides，OCPs）是发现和应用最早的一类人工合成的杀虫剂。中国作为农业大国，有机氯农药的累计生产和使用量占全球用量的 22%。有机氯农药具有环境持久性、生物富集性、远距离传输特性、高毒性等特点。虽然我国在 1983 年已全面禁止生产和使用有机氯类农药，但由于有机氯类农药化学性质稳定，在环境中降解缓慢，滞留时间长，能在环境中长期存在，对生态环境和人的身体健康构成了严重的威胁。同时研究发现有机氯农药能够进行长距离的迁移，甚至在南极发现了有机氯农药的残留。目前，提取水中有机氯农药的方法主要有液液萃取法、固相萃取法、固相微萃取法、单滴溶剂萃取法，而测定方法则多采用气相色谱法。

本书作者采用自动液液萃取-气相色谱法实现了对水中 4 种六六六（α-666、β-666、γ-666、δ-666）、4 种滴滴涕（*p*, *p*′-DDE、*p*, *p*′-DDD、*o*, *p*′-DDT、*p*, *p*′-DDT）、七氯、百菌清、六氯丁二烯共 11 种有机氯的同时检测。气相色谱仪配电子捕获检测器；色谱柱为 HP-5（30m×320μm×0.25μm）；检测器温度为 300℃；进样口温度为 240℃；升温程序：100℃保持 2min，以 20℃/min 速率升温至 210℃，再以 1℃/min 速率升温至 230℃，保留 4min。

该方法测定 11 种有机氯农药的检出限结果如表 3-2 所列。用该方法分析水样中的有机氯，回收率高，检出限优于现行国标方法，是一种较好的分析方法。α-666、β-666、γ-666、δ-666、*p*, *p*′-DDE、*p*, *p*′-DDD、*o*, *p*′-DDT、*p*, *p*′-DDT、七氯、百菌清、六氯丁二烯经过自动液液萃取所得回收率均在 80% ～ 120% 之间，相对标准偏差均＜ 10%（表 3-3）。

表 3-2 检测 11 种有机氯农药的检出限

被测物质	检出限	国标方法检出限
α-666	0.00019mg/L	0.0004mg/L
β-666	0.00019mg/L	0.0004mg/L
γ-666	0.00019mg/L	0.0004mg/L
δ-666	0.00019mg/L	0.0004mg/L
p, *p*′-DDE	1.6×10^{-5}mg/L	3×10^{-5}mg/L
p, *p*′-DDD	1.6×10^{-5}mg/L	3×10^{-5}mg/L
o, *p*′-DDT	1.6×10^{-5}mg/L	3×10^{-5}mg/L
p, *p*′-DDT	1.6×10^{-5}mg/L	3×10^{-5}mg/L
七氯	2×10^{-5}mg/L	0.0002mg/L
百菌清	0.0002mg/L	0.0004mg/L
六氯丁二烯	2×10^{-5}mg/L	0.0001mg/L

该方法用自动液液萃取替代了手动萃取，既提高了萃取效率，又能保证样品萃取具有较好的平行性，提高了实验数据的准确性，实现了 11 种有机氯的高通量检测，与国标中有机氯农药的检测方法相比显著提高了实验效率。

周玉泉等研究了测定水中有机氯农药和多氯联苯的方法。通过优化提取液组分及比例、pH 值等条件，保证了 25 种有机氯农药和多氯联苯良好的回收率。使用配有 18713A 型线性电子捕获检测器并连接有 Hewlett-Packard 3354 型数据处理系统的 Hewlett-Packard 5710A 型气相色谱仪；选择的色谱分析柱是 1.8m×6.35mm 玻璃柱，填料为涂有 1.5% SP2250 和 1.95% SP2401 的 100 ～ 120 目 Supeleoport（Supeleol-1947）。恒温箱温度 200℃，检测器温度 300℃，注射口温度 225℃，载气（含 50% 甲烷的氨气）流量 60mL/min。对水样进行加标回收试验，

表 3-3　11 种有机氯的回收率

物质名称	样品 1/（mg/L）	样品 2/（mg/L）	样品 3/（mg/L）	样品 4/（mg/L）	样品 5/（mg/L）	样品 6/（mg/L）	样品 7/（mg/L）	RSD/%	回收率 /%
六氯丁二烯	0.00036	0.00044	0.00042	0.00044	0.00045	0.00040	0.00042	7.35	83.7
α-666	0.00104	0.00096	0.00104	0.00092	0.00102	0.00100	0.00092	5.33	98.5
β-666	0.00110	0.00100	0.00104	0.00104	0.00106	0.00108	0.00110	3.44	106
γ-666	0.00100	0.00108	0.00104	0.00106	0.00110	0.00112	0.00096	5.36	105
δ-666	0.00088	0.00090	0.00094	0.00092	0.00086	0.00094	0.00084	4.35	89.7
百菌清	0.0009	0.0010	0.0010	0.0009	0.0010	0.0010	0.0010	4.73	97.1
七氯	0.00054	0.00056	0.00050	0.00046	0.00048	0.00048	0.00042	9.65	98.2
p, *p*′-DDD	0.00050	0.00048	0.00044	0.00048	0.00046	0.00046	0.00038	8.54	91.4
p, *p*′-DDE	0.00050	0.00052	0.00050	0.00054	0.00054	0.00050	0.00052	6.76	101
p, *p*′-DDT	0.00050	0.00044	0.00042	0.00044	0.00048	0.00044	0.00040	5.87	88.0
o, *p*′-DDT	0.00050	0.00045	0.00044	0.00053	0.00048	0.00046	0.00044	8.79	95.4

回收率 79% ～ 110%，满足要求。

张潜等建立了同时检测饮用水中 15 种农药残留的固相萃取-气相色谱分析方法，所检测的农药包括 5 种有机磷、5 种有机氯、5 种拟除虫菊酯。采用 ENVI-C_{18} 固相萃取小柱提取水样中农药，丙酮-正己烷（25∶75 体积比）洗脱，浓缩后用 GC-ECD 测定。对水样前处理和色谱条件等进行了优化选择。色谱柱为熔融石英毛细管柱 HP-1MS（30m×0.32mm×0.25μm）；载气为氮气（纯度 99.999%），流速 1.5mL/min；进样量 1μL；进样口温度 250℃，分流比 20∶1；检测器温度 375℃，尾吹（N_2）气流量为 40mL/min。初始温度 80℃，保持 2min，以 20℃ /min 速率升温至 180℃，再以 5℃ /min 速率升温至 215℃，再以 10℃ /min 速率升温至 280℃，保持 5min。有机磷、拟除虫菊酯在 0.05 ～ 1.0μg/mL，有机氯在 0.01 ～ 0.2μg/mL 浓度范围内有良好的线性，方法检出限为 0.0021 ～ 0.032μg/L。样品平均加标回收率为 70.2% ～ 104.0%，精密度为 2.2% ～ 13.0%。

李晓晶等建立了同时测定饮用水中有机氯农药和氯苯类化合物的顶空固相微萃取-气相色谱法。方法选择 100μm 聚二甲基硅氧烷（PDMS）萃取头进行样品的顶空固相微萃取，在 1150r/min 磁搅拌条件下，80℃萃取 30min，进样口温度 270℃，解吸 5min。柱前压为 80kPa，尾吹气流量为 20mL/min，隔膜清洗气流量为 5mL/min，不分流进样，3min 后再分流，分流比为 24∶1；ECD 检测器温度为 300℃。七氯的检出限为 0.073ng/L；百菌清的检出限为 0.277ng/L；α-666 的检出限为 0.013ng/L；β-666 的检出限为 0.353ng/L；γ-666 的检出限为 0.060ng/L；δ-666 的检出限为 1.250ng/L；*p*, *p*′-DDE 的检出限为 0.030ng/L；*o*, *p*′-DDT 的检出限为 0.122ng/L；*p*, *p*′-DDD 的检出限为 0.066ng/L；*p*, *p*′-DDT 的检出限为 0.464ng/L。方法的平均回收率为 72.3% ～ 109.0%，RSD 为 1.8% ～ 11.6%。该方法具有操作简便、快捷，检测限低，不使用有机溶剂等特点，适合于测定水中有机氯农药。

陈猛应用固相萃取和气相色谱技术建立了河水和海水中 36 种常用农药（7 种有机氯、11 种有机磷、8 种拟除虫菊酯、4 种酰胺、2 种苯胺和 4 种唑类杂环）的分析方法。采用 Oasis HLB 柱为水样富集萃取柱，考察了洗脱溶剂、上样体积、pH 值和离子强度等因素对萃取效果的影响，采用无水硫酸钠和 NH_2 柱进行除水和净化。目标农药在 0.9 ～ 2600μg/L 范围内线性良好；以 PCB_{103} 为内标物，2,4,5,6-四氯间二甲苯、环氟菌胺和氟丙菊酯为替代物，实际河水、海水加标回收率分别为 62% ～ 124%、64% ～ 132%，相对标准偏差（n=3）分别为 0.2% ～ 9.6%、0.1% ～ 12.2%；方法检出限为 0.10 ～ 1.0ng/L。

王娜等采用正己烷作萃取溶剂提取并富集水样中有机氯农药，所得提取液经浓缩并定容为 1.0mL 后，用气相色谱法-电子捕获检测器测定 22 种有机氯农药。采用 Rtx-CLP Ⅱ和 Rtx-1701 双柱法，根据与标准物质的保留时间相比较进行定性；采用 Rtx-CLP Ⅱ柱对被测组分按外标法进行定量。各种农药质量浓度在 1 ～ 80μg/L 范围内与峰面积呈线性关系。22 种有机氯农药的方法检出限在 1.5 ～ 5.6ng/L 之间。用标准加入法测得其回收率在 73.3% ～ 107.9% 之间，相对标准偏差（n=7）在 2.9% ～ 14.8% 之间。

（2）挥发性卤代烃

挥发性卤代烃主要包括三卤甲烷、三氯乙烯、四氯乙烯、环氧氯丙烷、溴仿及四氯化碳等。此类化合物通常具有沸点低，易挥发，微溶于水，易溶于醇、醚及石油醚等有机溶剂的特点，在化工、医药及实验室广泛应用，其废水排入环境污染水体，饮用水处理过程中的氯化消毒也会产生三卤甲烷。可通过呼吸、接触、饮水进入人体，有些具有“三致”效应，对人体造成不良影响。因此，水中挥发性卤代烃的含量越来越受到人们的重视。

测定水中痕量卤代烃必须在色谱分析前进行浓缩和分离。生活饮用水标准检验方法对挥发性卤代烃分别采用静态顶空-气相色谱法和液液萃取-气相色谱法进行检测。国内外广泛采用直接进样、顶空、吹扫捕集、液液萃取的气相色谱法测定卤代烃。吹扫捕集所需设备价格昂贵，基层单位难以开展；液液萃取分析时间长，灵敏度低，且采用有机溶剂，前处理过程易造成挥发性物质的损失，造成二次污染等；而顶空-气相色谱法是一种检测分析液体样品中挥发性组分的方法，设备简单，操作方便，干扰少，广泛应用于水中挥发性卤代烃的测定。

早在 1983 年，韩长绵就探讨了液上气相色谱分析中气液相比、平衡温度、液上气体压力不平衡时间等诸因素对测定的影响，探讨了气相色谱法测定水中挥发性卤代烃的影响因素，改进了实验技术，方法已用于地面水及自来水中挥发性卤代烃的测定。

张莘民等建立了吹扫捕集-气相色谱-电子捕获检测器联用测定水中 5 种挥发性卤代烃分析方法。气相色谱条件：载气（高纯 N_2）流量 0.7mL/min，尾吹 60mL/min，分流比 80∶1；进样口温度 200℃，检测室温度 180℃：柱温（程序升温）50℃，以 10℃/min 速率升温至 100℃，保留 5min，再以 40℃/min 速率升温至 200℃保留 15min。当纯水的进样体积为 5.0mL 时，其最低检出浓度为 6×10^{-4} ～ 1×10^{-2}μg/L 之间；相对误差在 1.1% ～ 2.4% 之间；加标回收率在 82.5% ～ 108% 之间；相关系数在 0.9980 ～ 0.9999 之间。可快速、高灵敏度、简便、准确、精密地测定水中 5 种挥发性卤代烃，适用于饮用水和地表水中挥发性卤代烃的测定。

李琰等建立了饮用水中 7 种挥发性卤代烃的顶空气相色谱测定法。对水中的三氯甲烷、四氯化碳、三氯乙烯、二氯一溴甲烷、一氯二溴甲烷、四氯乙烯、三溴甲烷经顶空提取后，采用 DB-5 毛细管色谱柱分离，以程序升温恒定流量方式进行气相色谱分析，以保留时间定性，外标法定量。方法检出限为 0.0080 ～ 0.486μg/L，平均回收率为 85.6% ～ 110.3%，RSD 为 1.24% ～ 6.10%。该方法具有灵敏度高、检出限低、操作便捷、结果准确的优点，适用于同时测定水中 7 种挥发性卤代烃。

李华等建立了吹扫捕集-气相色谱法测定水中7种挥发性卤代烃的分析方法。对色谱条件、吹脱时间、实验用水等进行了探讨，同时对分析参数如线性相关性、相对标准偏差、最低检出限及加标回收率进行了评价。气相色谱进样口温度200℃；柱温初始温度40℃，保持4min，以8℃/min速率升温至140℃，保持5min；检测器（ECD）温度250℃，载气为氮气，流量2.0mL/min；分流进样，分流比10∶1。采用吹扫捕集-气相色谱法，在1.0～20.0μg/L范围内，7种卤代烃的质量浓度和峰面积呈良好的线性关系；10.0μg/L的7种挥发性卤代烃标准溶液经重复7次测定，其相对标准偏差为1.30%～8.71%；水样的加标回收率在86.3%～110%之间；最低检出限在0.17～0.96μg/L之间。方法适用于饮用水和地表水中挥发性卤代烃的定性定量测定。

王建蓉等建立了自动顶空-气相色谱法同时测定水中7种卤代烃的方法。气相色谱进样口温度80℃；氮气流速2mL/min；分流比10∶1；柱温40℃（保持10min），以5℃/min速率升温至95℃；ECD温度为350℃，氮气流速为40mL/min，衰减8倍。各组分标准曲线的线性相关系数r均在0.999以上，方法检出限为0.001～0.05μg/L，加标回收率为100%～120%，RSD为1.5%～5.3%。方法操作简单，回收率高，定量准确，适合水源水及饮用水中多种挥发性卤代烃的检测。

本书作者采用全自动顶空前处理技术实现了水中11种挥发性卤代烃的同时测定，包括三氯甲烷、四氯化碳、一氯二溴甲烷、二氯一溴甲烷、三溴甲烷、1,1,1-三氯乙烷、1,1-二氯乙烯、1,2-二氯乙烯、三氯乙烯、四氯乙烯及氯乙烯。该方法实现了11种挥发性卤代烃较好的分离，物质响应灵敏度高，能够满足生活饮用水以及地表水等相关项目的测定要求。顶空进样器的条件为：样品瓶加热温度60℃，进样针温度70℃，传输线温度80℃，加热平衡10min，载气压力3.6Pa，顶空瓶压力16.4Pa。气相色谱仪中选择HP-5（30m×320μm×0.25μm）色谱柱，气体柱流速0.5mL/min，尾吹气59.5mL/min，进样口温度280℃，检测器温度320℃，柱温起始温度60℃，以0.5℃/min速率升温至68℃。方法测定的检出限见表3-4，11种卤代烃的加标回收率在88.6%～108.4%之间，相对标准偏差均小于7%。该方法显示了较低的检出限和较高的灵敏度。

表3-4　11种挥发性卤代烃检出限

物质名称	检出限/（mg/L）	国标方法检出限/（mg/L）
三氯甲烷	0.004	0.006
四氯化碳	0.0004	0.0003
二氯一溴甲烷	0.0013	0.001
一氯二溴甲烷	0.0177	0.0003
三溴甲烷	0.0014	0.006
1,1,1-三氯乙烷	5×10^{-5}	0.05
1,1-二氯乙烯	0.00041	2×10^{-5}
1,2-二氯乙烯	0.005	2×10^{-5}
三氯乙烯	4×10^{-5}	0.003
四氯乙烯	2×10^{-5}	0.0012
氯乙烯	0.004	0.006

（3）有机磷农药

有机磷农药种类很多，常分为 3 大类：

① 剧毒类，甲拌磷、内吸磷、对硫磷、保棉丰、氧化乐果；

② 高毒类，甲基对硫磷、二甲硫吸磷、敌敌畏、亚胺硫磷；

③ 低毒类，敌百虫、乐果、氯硫磷、乙基稻丰散等。

有机磷农药大多在碱性溶液中易分解而失去毒力；仅敌百虫易溶于水，与碱性溶液接触后，变成毒力更强的敌敌畏。内吸磷、对硫磷、甲拌磷、马拉硫磷、乐果等经氧化后，毒力增强。二溴磷遇还原物质如金属、含硫氢化物很快失去溴，形成毒力更强的敌敌畏。目前，有机磷农药商品达300多种。研究表明，通过食物链的富集，有机磷农药能使动物和人中毒，影响人体内激素的代谢平衡，尤其是影响儿童神经系统的正常发育。为了保证食品安全，各国政府对食品中有机磷农药残留限量的要求越来越严格，从而增加了检测的难度。有机磷的检测方法主要包括薄层色谱法、气相色谱法、高效液相色谱法、毛细管电泳法等。

冯瑞娟等用有机溶剂萃取水中有机磷农药，然后将萃取液浓缩，用带有火焰光度鉴定器的气相色谱仪测定。色谱条件：载气流速 70 ～ 80mL/min，氢气流速 60 ～ 80mL/min，空气流速 30 ～ 50mL/min。鉴定器温度 230℃，汽化室温度 220℃，柱温 190℃（分析敌敌畏时柱温为 150℃）。对大部分农药的回收率皆在 90% 以上。其检出限为：敌敌畏 0.0002mg/L、乐果 0.0004mg/L、甲基对硫磷 0.0001mg/L、马拉硫磷 0.0003mg/L、对硫磷 0.0002mg/L、乙硫磷 0.003mg/L、速灭磷 0.0003mg/L、硫特普 0.0001mg/L、杀螟松 0.0005mg/L、异稻瘟净 0.0005mg/L、磷胺 0.007mg/L、亚胺硫磷 0.003mg/L、保棉丰 0.003mg/L。

周芳采用固相萃取对样品进行提取富集，以及用配备氮磷检测器的毛细管气相色谱法分析水中有机磷农药痕量残留。气相色谱条件：DB-1701（30m×0.45mm×0.25μm）毛细管柱，不分流进样，进样口温度 220℃，进样量 2μL。载气为氮气，恒压 44.8kPa，流速 4mL/min。升温程序为从 60℃开始，以 20℃/min 速率升温至 100℃，以 15℃/min 速率升温至 190℃，以 4℃/min 速率升温至 240℃，保持 2min。检测器为氮磷检测器，320℃，氢气流量 4mL/min，空气流量 100mL/min。敌敌畏、内吸磷、乐果、甲基对硫磷、马拉硫磷和对硫磷 6 种农药在 20min 内有较好的分离；3 个不同浓度的标准添加，其回收率范围为 52.1% ～ 93.7%，最低检出限范围为 1.11 ～ 5.21ng/L。

顾文奎等建立了一种同时测定环境水中敌敌畏、乐果、马拉硫磷、甲基对硫磷、对硫磷、毒死蜱 6 种有机磷农药的方法。采用液液萃取和 RTX-50 毛细管柱气相色谱火焰光度检测器法进行测定。采用色谱条件为：进样口温度为 250℃，检测器温度为 300℃，柱温为 210℃。载气（N_2）流量为 2mL/min，H_2 流量为 80mL/min，空气流量为 90mL/min，分流进样，分流比为 60∶1，进样量为 1μL。

刘玉红等建立了同时测定水中多种有机磷农药的气相色谱测定方法。水中的微量有机磷化合物经液液萃取后，用 DB-1701 毛细管色谱柱，同时在程序升温和恒线速度氮载气条件下进行气相色谱分析，以保留时间定性。色谱条件为：柱温控制程序如下，初始温度为 120℃，保持 2.8min 后以 15℃/min 速率升温至 250℃，保持 1.5min，总运行时间为 32.5min；载气流量采用恒线速度为 13.0cm/s，载气为氮气（纯度 99.999%），氢气流量为 85.0mL/min，空气流量为 110.0mL/min；进样口温度为 250℃，检测器温度为 300℃，不分流进样。有机磷农药的线性范围为 0.2 ～ 50.0μg/L，最低检出浓度为 0.009 ～ 0.04μg/L，水样加标回收率为

78.4% ～ 93.9%，RSD 为 3.4% ～ 7.5%。

本书作者采用毛细管柱气相色谱法同时测定 5 种有机磷农药，包括敌敌畏、乐果、甲基对硫磷、对硫磷以及马拉硫磷。该方法在完成高效测定的同时实现了 5 种有机磷农药很好的分离，物质响应灵敏度高，能够满足生活饮用水以及地表水等相关项目的测定要求。采用了自动固相萃取及浓缩技术，相对于传统液液萃取在实现自动化高效的同时减少了有机试剂的使用量；改进后的方法具有良好的精密度与准确度，检出限满足国标检测要求。气相色谱的色谱柱为 HP-5MS（30m×250μm×0.25μm）；气体流量分别为 N_2 25mL/min，H_2 30mL/min，空气 60mL/min；进样口温度 250℃，检测器温度 330℃，柱温起始温度 80℃，再以 5℃/min 速率升温至 180℃。方法测定 5 种有机磷农药的检出限结果如表 3-5 所列。方法对 5 种有机磷农药检测的回收率为 92% ～ 101%，相对标准偏差在 3.2% ～ 5.6%，说明该方法具有良好的精密度与准确度。

表 3-5　5 种有机磷农药的检出限

目标化合物	方法检出限 /（ng/L）
	本方法
敌敌畏	6
乐果	290
甲基对硫磷	240
对硫磷	100
马拉硫磷	4000

（4）苯系物

苯系物和氯苯类化合物均为我国优先监测有机污染物。苯系物中除苯是已知的致癌物以外，其他苯系物对人体和水生物亦均有不同程度的毒性。氯苯类化合物具有强烈气味，对人体的皮肤、结膜和呼吸器官产生刺激，进入人体后有蓄积作用，抑制神经中枢，严重中毒时会损害肝脏和肾脏。苯系物的提取分离和方法精密度一直是分析技术的难点，因此建立高灵敏度、低检测限、各组分完全分离的分析方法测定水中苯系物含量具有重要的意义。

1987 年，张荣贤等采用液相色谱方法测定水中苯系物。气相色谱条件为：柱管为长 2 m，内径 4mm 的不锈钢蛇形管；固定相为聚乙二醇 20mol/L，涂于 405 白色载体，配比为 15%；在载气流量 30 ～ 40mL/min、150℃下，色谱柱老化 48h；色谱分离温度 115℃，检测温度 150℃；载气（N_2）流量 30mL/min，燃气（H_2）流量 35mL/min，助燃气（空气）流量 390mL/min。方法的最低检出浓度＜ 6μg/L。

王小珍对分析水中的苯、甲苯、乙苯、间二甲苯、对二甲苯、邻二甲苯等挥发性苯系物的顶空-气相色谱法进行了研究，讨论了平衡时间、气液体积比、水中含盐量等因素对测定的影响。色谱柱为 HP-1（交联甲基聚硅氧烷）30m×0.32mm×0.25μm；柱温 40℃，保持 3min，以 10℃/min 速率升温至 130℃，保持 2min；进样口温度 200℃；检测器温度 150℃；柱头压 46.9kPa。方法的回收率为 91% ～ 98%，相对标准偏差为 0.4% ～ 3.2%，最小检测限为 0.05 ～ 2.0μg/L。

杨勋兰等建立了水中苯系物和氯代苯类化合物的吹扫捕集-气相色谱检测方法，确定了吹扫时间 10min、解吸温度 230℃、解吸时间 2min 等吹扫捕集条件，以及大口径、强极性毛细管色谱柱，程序升温和 FID 检测器等气相色谱条件。12 种化合物色谱分离过程只需 16min，1 个样品分析时间＜ 30min，检测限＜ 0.08μg/L，加标回收率 95% ～ 104%，相对标准偏差 1.3% ～ 4.3%。方法直接进样，操作快捷简便，无污染，适用于饮用水和水源水的调查监测和应急监测。

3.1.2.2　气相色谱–质谱联用的应用

气相色谱-质谱联用技术（GC-MS）结合了气相色谱高效的分离性能以及质谱精准的结构确证功能，具有高选择性、高灵敏度及宽适用范围等优点，在水质检测工作中发挥着不可代替的作用。相比于 GC-MS，GC-MS/MS 技术可对目标物进行二次裂解，其多级反应监测模式（MRM）可有效降低复杂样品基质干扰，提高检测灵敏度；同时采用离子对及其比值进行分析定性，进一步提高准确性。

（1）挥发性有机物

挥发性有机物由于危害大、来源广，在我国环保标准中已作为必检项目，又由于其含量低（ng/g 级），对样品的前处理和分析处理要求较高。近几年在这一领域的研究也较多。

周雯应用 GC-MS 联用仪对自来水中挥发性有机化合物进行测定，实现了吹扫捕集装置与联用仪的连接，由 DPFC 控制，使整个过程自动化。设定程序升温为：初始温度 35℃，恒温 5min，以 6℃/min 速率升温至 160℃并恒温 6min，以 20℃/min 速率升温至 220℃并恒温 1min。优化的质谱条件为离子源温度 200℃；传输线温度（接口温度）250℃；离子源能量 70eV；扫描范围 35100 ～ 450100amu；扫描时间 0.45s；回扫时间 0.05s；溶剂延迟 12min。在该条件下对某地自来水中的有机物进行分析，发现自来水中主要存在的挥发性有机物为卤代烃和苯系物（表 3-6）。

表 3-6　某地自来水水样中主要的挥发性有机物

化合物名称	保留时间 /min	匹配率	
		正	反
三氯甲烷	13.473	921	927
二氯丙烷	16.566	850	856
一溴二氯甲烷	17.158	957	959
甲苯	18.900	910	915
二氯乙腈	19.175	861	934
二溴一氯甲烷	20.676	921	948
乙苯	22.344	846	920
对二甲苯	22.610	892	911
异丙苯	26.799	788	872

刘金巍等以吹扫捕集系统富集，PONA 毛细管柱分离，GC-MS 法测定水中的挥发性卤代烃和苯系物（图 3-2）。气相色谱中，以高纯氦气为载气，恒流模式，流量 1.0mL/min。升温程序为：40℃保持 8min，以 2℃ /min 速率升温至 80℃，再以 20℃/min 速率升温至 200℃，保持 5min。质谱检测器中，采用选择离子方式采集数据（*m*/*z*），外标法定量。方法实现了对水中苯、乙苯、对二甲苯、间二甲苯、邻二甲苯、甲苯、苯乙烯、三氯甲烷、四氯化碳、三氯乙

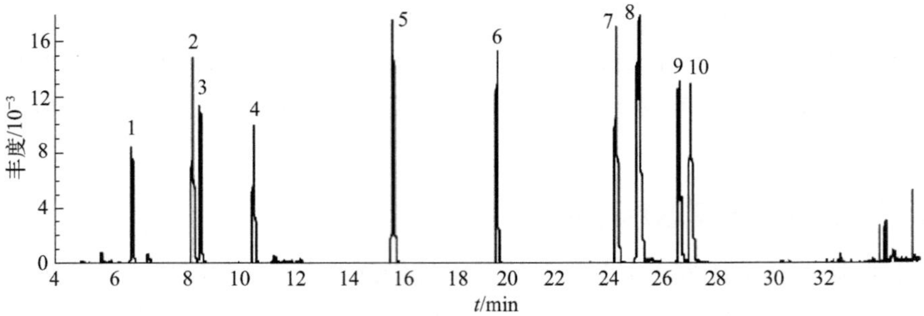

图 3-2　挥发性卤代烃和苯系物的质谱图

1—三氯甲烷；2—苯；3—四氯化碳；4—三氯乙烯；5—甲苯；6—四氯乙烯；7—乙苯；8—间二甲苯、对二甲苯；9—苯乙烯；10—邻二甲苯

烯、四氯乙烯等挥发性卤代烃和苯系物的同时富集和测定，成功分离了苯乙烯和邻二甲苯。方法平均回收率为 90% ～ 105%，检出限为 0.017 ～ 0.194μg/L，精密度（RSD）为 1.8% ～ 4.3%（n=6）。方法可用于水中挥发性卤代烃和苯系物的同时测定。

许瑛华等采用吹扫捕集-气相色谱 / 质谱联用技术（P&T-GC/MS）定量分析生活饮用水中 13 种微量苯系物（苯、甲苯、乙苯、间二甲苯、苯乙烯、溴苯、1,3,5-三甲苯、1,2,4-三甲苯、异丙苯、正丁苯、1,2,4-三氯苯、1,2,3-三氯苯、萘）。色谱条件为：35℃恒温 4min，以 4℃/min 速率升温至 200℃并恒温 5min；进样口温度为 260℃；检测器温度为 270℃；以高纯氦作为载气；分流比为 20∶1。方法缩短了分析周期，实现了多组分同时测定，具有较高的灵敏度和较广的分析范围。方法的线性范围为 0.5 ～ 100μg/L，最低检出浓度可达 0.01 ～ 0.5μg/L，相对标准偏差为 1.24% ～ 7.79%，加标回收率在 90% ～ 110% 之间。

杨元采用顶空分离技术和气相色谱 / 质谱法建立了饮水中 54 种挥发性有机物的快速筛查方法。起始温度 50℃，保留 2min，以 4℃/min 速率升温至 135℃，保持 6min，再以 6℃/min 速率升温至 210℃，保持 5min；载气氦气，流量 1.0mL/min，线速度 21cm/s，恒流模式；进样口温度 210℃；进样方式为分流模式，分流比 1∶1；MSD 检测器接口温度 280℃，四极杆温度 150℃，离子源温度 150℃，电子能量 70eV。测定 54 种挥发性有机物的总离子流见图 3-3，检出限为 0.0055 ～ 0.23mg/L，SIM 的检出限为 0.00010 ～ 0.013mg/L。

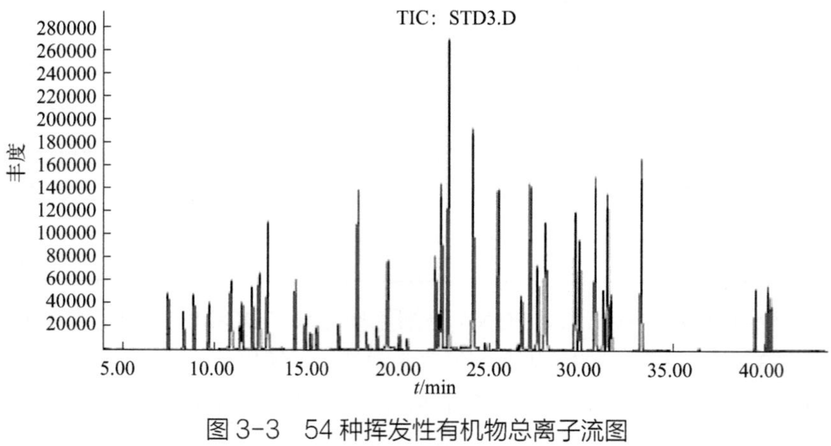

图 3-3　54 种挥发性有机物总离子流图

黄敏等采用 GC-MS/SIM 法对水样中 62 种半挥发性有机物同时进行定量分析。GC 条件：

选择 RTX-5 石英毛细管色谱柱，30m×0.32mm×1μm；柱温 40℃（2min）→ 25℃/min → 245℃→ 6℃/min → 330℃（5min）；进样口温度 300℃；氦气流速 2.00mL/min；无分流进样，进样时间 2min，进样量 1μL。MS 条件为：离子源温度 200℃，接口温度 300℃，电子能量 70eV，倍增器电压 1100V，溶剂延迟 3.8min。定性分析为全扫描方式，质量范围为 35 ～ 500amu，扫描时间 1s/scan。方法的最低检出限范围在 0.005 ～ 0.078μg/L 之间，化合物的加标回收率在 50% ～ 154% 之间。

（2）农药类

农药在增加农业产量方面发挥了举足轻重的作用，但农药属于有毒化学物质，长时间大量使用，将造成很严重的环境污染。

朱静等利用固相萃取法对环境水中噻唑硫磷农药残留进行净化，用 GC-MS 对其进行测定，对环境水中噻唑硫磷的最低检测质量浓度为 56.4ng/L，加标回收率大于 8.5%，RSD 小于 4.42%，适用于环境水中痕量农药的监测。Boydboland 等用固相微萃取-气相色谱/质谱法一次测定了水中的 60 种农药，得到了 0.1 ～ 100μg/L 的校正曲线，检出限为 ng/L 级，相对标准偏差平均为 10%。

日本 Yukio Saito 等用乙腈提取、活性炭和 PSA 双柱净化、程序升温、大口径进样、GC-MS 分析检测 114 种农药，方法具有良好的回收率、净化效果，大大缩短了分析时间。

罗添等建立了应用 GC-MS/MS 测定林丹、马拉硫磷、西维因、溴氰菊酯 4 种杀虫剂的分析方法（表 3-7）。首先做 GC-MS 全扫描分析，确定这 4 种化合物的母离子，然后比较不同 CID 电压时二级质谱中特征子离子的峰面积大小及信噪比，对 CID 电压进行优化，从而确定各化合物的 GC-MS/MS 测定条件。色谱条件：DB-5MS 色谱柱，30m×250mm×0.25mm；载气为高纯氦气，1.0mL/min，恒流；气化室温度 280℃，无分流方式。柱温起始温度 45℃保持 1min，以 30℃/min 速率升温至 130℃，保持 3min，以 12℃ /min 速率升温至 180℃，以 7℃/min 速率升温至 240℃，再以 12℃/min 速率升温至 325℃，保持 5min；传输线温度 300℃。全扫描质谱条件：离子化方式 EI，70eV；质谱扫描范围 45 ～ 450amu；离子源温度 280℃；扫描 2 次。离子阱以 MSn 方式运行，母离子窗口宽度为 6 *m*/*z*，*q*=0.45，碰撞诱导裂解电压为 0.5 ～ 3.5V 之间。方法检测限低于 0.5μg/L，加标回收率在 90% ～ 110% 之间，RSD ＜ 10%。该方法灵敏度高、准确性好，适合于水样中林丹、马拉硫磷、西维因、溴氰菊酯 4 种杀虫剂的分析测定。

表 3-7　GC-MS/MS 法测定 4 种杀虫剂的保留时间、精密度、加标回收率和检出限

化合物名称	保留时间 /min	精密度（RSD）/%	加标回收率 /%	检出限 /（μg/L）
西维因	7.49	3.2	108	0.2
林丹	9.89	2.8	96	0.08
马拉硫磷	11.31	8.9	93	0.3
溴氰菊酯	22.25	7.6	105	0.5

（3）邻苯二甲酸酯

邻苯二甲酸酯（PAEs）又称酞酸酯，一般为无色透明的油状液体，主要用于塑料的改性添加剂。PAEs 具有较强的内分泌干扰性，对动物有致癌和致突变作用，其进入人体后，与相应的激素受体结合，干扰血液中的激素正常水平的维持，从而影响人的生殖、发育和行为，导致分泌紊乱、生殖机能失常等，同时可产生跨代影响。美国环境保护署早在1977年就将6种邻苯二甲酸酯列为优先控制污染物，欧盟和我国也将其列入重点控制的有毒污染物名单。由于PAEs已成为全球性污染物，美国、欧盟和日本均相继出台了PAEs的检测标准。当前工业的发展使得大量的邻苯二甲酸酯进入到水环境中，通过食物链的富集进入人类体内，危害健康。

朱萌萌等建立了生活饮用水中18种邻苯二甲酸酯类化合物残留量的GC-MS/MS测定方法。采用亲水亲脂平衡柱玻璃小柱富集目标物，以二氯甲烷洗脱，多反应监测模式分析。该方法灵敏、准确，富集效率高，重现性好，18种邻苯二甲酸酯的检出限为0.00847～2.16μg/L，平均回收率范围为71.3%～113%。

黎少映等建立了同时测定饮用水中24种邻苯二甲酸酯类化合物的固相萃取-气相色谱-三重四极杆串联质谱方法。采用HP-5MS色谱柱（30m×0.25mm×0.25μm）分离，采用多反应监测模式测定，外标法定量。结果表明，24种化合物线性关系良好，相关系数均＞0.995，方法检出限为0.014～0.50μg/L，定量限为0.047～1.7μg/L，平均回收率为80.2%～113.7%，相对标准偏差为2.7%～10.3%（n=6）。该方法准确可靠、精密度高、简便快速，适用于同时检测饮用水、水源水和瓶装水中24种邻苯二甲酸酯。

李新洪等建立了固相萃取-气相色谱-质谱法同时测定黑臭水中15种典型PAEs化合物的高效分析方法。采用HP-5MS色谱柱分离，以电子轰击-选择离子模式和基质标准曲线进行定量测定。最佳萃取条件为：取水样100mL，调节pH值为3，过WondaSep C_{18}萃取柱进行固相萃取，以6mL甲醇-二氯甲烷（1∶4，体积比）进行洗脱。在此条件下，15种PAEs的线性范围为0.05～2.0mg/L（r^2＞0.991），检出限为0.04～0.38μg/L；在不同浓度基质加标（2μg/L和10μg/L）条件下，各PAEs回收率在70%～115%之间，相对标准偏差为10%。以此方法测定实际水样中PAEs，总浓度为2.57～13.69μg/L，加标（2μg/L）回收率为62%～115%。

（4）硝基苯

硝基苯类物质是硝基芳香族化合物的总称，是染料合成、油漆涂料、塑料、炸药、医药及农药制造等领域的重要中间体，具有明显的致突变、致畸和致癌性，是我国环境保护中优先控制的高毒污染物之一。然而，硝基苯类化合物在工业生产过程可能随废物排放到环境中，从而造成对地表水和地下水的污染。因此对环境水体中硝基苯类化合物的检测具有重要意义。

王孝生等通过确定前体离子、设定产物离子和优化碰撞电压，建立了气相色谱-三重四极杆串联质谱法检测饮用水中10种硝基苯类化合物的多重反应监测方法。为了减少有机溶剂的使用，水样经HLB固相萃取小柱富集后，干燥、洗脱、浓缩、加内标、定容后分析。10种硝基苯类化合物在0.010～0.200μg/L线性范围内，相关系数可达到0.9999，方法检出限为0.0008～0.0028μg/L；实际样品的平均回收率为67.0%～122%，RSD为3.01%～13.4%。该方法抗干扰性强、灵敏度高、假阳性少、检出限更低，可用于饮用水中痕量硝基苯的含量分析。

董云渊等采用一种磁性氯甲基聚苯乙烯微球固相萃取的方法，结合GC-MS/MS方法对环境水样中7种硝基苯类化合物进行了测定。该方法的提取效率高，检出限低（0.006～0.022μg/L），且重现性好，操作简便快捷，有机溶剂用量少，符合绿色化学理念，适用于环境样品中硝基苯类的快速筛查与分析。

（5）多氯联苯

多氯联苯（PCBs）是一种人工合成的工业添加剂，不溶于水、耐酸碱，化学性质稳定，是高残留的持久性有机物质。PCBs 会引起癌变、畸变，对人体健康有极大危害。PCBs 在自然环境中不易分解，在生产加工、使用运输和废物处理过程中进入空气、土壤、河流及海洋。PCBs 污染水体的情况时有报道，水中 PCBs 的检测已越来越为人们所重视。

林华影等建立了测定水中 20 种指示性多氯联苯的三重四极杆气相色谱串联质谱分析方法。采用 ENVI-18 固相萃取小柱富集水中 PCBs，DB-5MS 毛细管柱色谱分离，以三重四极杆气相色谱串联质谱多反应监测模式进行测定，保证定性定量结果的可靠性，同时有效消除基体干扰。该方法能有效地分离检测水中 20 种指示性多氯联苯，方法的相对标准偏差＜ 3.51%，各组分标准曲线的相关系数＞ 0.9983，检出限为 1.68 ～ 6.31ng/L，3 个浓度水平的加标回收率为 87.2% ～ 105.1%。方法具有良好的选择性、灵敏度和准确度，化学背景低，对各种水样适应性好，用于水中 20 种指示性多氯联苯同时检测分析，结果令人满意。

黄芳等以含铅金属-有机纳米管为吸附剂，基于分散固相萃取和 GC-MS/MS 建立了一种高灵敏性的测定环境水样中痕量多氯联苯的新方法。方法的线性范围为 2 ～ 1000ng/L，检出限为 0.26 ～ 0.82ng/L，实际环境水样中多氯联苯的回收率为 78.9% ～ 113.3%，不同环境水样的基质对该方法没有显著影响。

付善良等利用氧化石墨烯-四氧化三铁（Fe_3O_4@GO）磁性吸附剂进行磁固相萃取，结合在线热脱附-气相色谱-三重四极杆串联质谱系统建立了一种免有机溶剂的定量检测水中 7 种指示性多氯联苯的方法。优化了 Fe_3O_4@GO 的用量、萃取时间及溶液 pH 值等影响磁固相萃取效率的关键因素。在最优条件下，7 种 PCBs 在 2 ～ 100ng/L 内呈良好线性关系，线性相关系数＞ 0.98。检测限和定量限分别为 0.18 ～ 0.40ng/L、0.57 ～ 1.32ng/L。平均回收率为 85.9% ～ 106.2%，相对标准偏差为 4.0% ～ 13.1%。该方法可用于水样中痕量 PCBs 污染的快速检测。

彭婕等建立了气相色谱-串联质谱同时测定水体和底泥中 7 种指示性多氯联苯和 19 种有机氯农药残留的分析方法。水样由二氯甲烷萃取，弗罗里硅土固相萃取柱净化；底泥样品经二氯甲烷-正己烷（1∶1，体积比）超声提取，氨基固相萃取柱净化。采用 TG-5MS（30m×0.25mm×0.25μm）色谱柱对目标物进行分离，在电子轰击电离源下以选择反应监测模式进行检测。结果表明，26 种目标物在 1.00 ～ 200μg/L 线性范围内线性关系良好，相关系数均＞ 0.994。空白水样中低、中、高的 3 个添加浓度下的平均加标回收率为 66.1% ～ 109.1%，相对标准偏差为 2.3% ～ 10.9%，检出限为 0.24 ～ 0.60ng/L。空白底泥样品中低、中、高的 3 个添加浓度下的平均加标回收率为 69.8% ～ 109.9%，RSD 为 2.0% ～ 11.3%，检出限为 0.06 ～ 0.15μg/kg。该方法选择性好、灵敏度高、重现性好，能够满足水体和底泥中多种多氯联苯和有机氯农药残留的检测要求。

3.1.3 发展趋势

3.1.3.1 气相色谱法的发展趋势

（1）仪器方面的最新进展

自动化程度进一步提高，特别是 EPC（电子程序压力流量控制系统）技术已作为基本配置在许多厂家的气相色谱仪上安装，从而为色谱条件的再现、优化和自动化提供了更可靠更完善的支持。

色谱仪器上的许多功能进一步得到开发和改进，如大体积进样技术使液体样品的进样量可达 500μL；检测器也不断改进，灵敏度进一步提高；与功能日益强大的工作站相配合，色谱采样速率显著提高，这为快速色谱分析提供了保证。色谱工作站功能不断增强，通信方式紧跟时代步伐，网络化的气相色谱仪的远程操作也逐渐得到实现。

（2）色谱柱

新的高选择性固定液不断得到应用，如手性固定液等。细内径毛细管色谱柱应用越来越广泛，大大提高分析速度。耐高温毛细管色谱柱扩展了气相色谱的应用范围，管材使用合金或镀铝石英毛细管，用于高温模拟蒸馏分析及聚合物添加剂的分析。

（3）全二维气相色谱

全二维气相色谱（GC×GC）技术是近两年出现并飞速发展的气相色谱新技术，样品在第一根色谱柱上按沸点进行分离，通过一个调制聚焦器，每一时间段的色谱流出物经聚焦后进入第二根细内径快速色谱柱，按极性进行二次分离，得到的色谱图经处理后应为三维图。据报道，使用这一技术分析航空煤油检出了上万个组分。

随着社会不断进步，气相色谱与其他分析方法一样向更高灵敏度、更高选择性、更方便快捷的方向发展，不断推出新的方法来解决遇到的新的分析问题。网络经济飞速发展也为气相色谱的发展提供了更加广阔的发展空间。

3.1.3.2 气相色谱-质谱联用法的发展趋势

气相色谱-质谱联用技术的发展，主要是围绕以下 3 个问题的解决而不断取得进展：

① 气相色谱柱出口气体压力和质谱正常工作所需要的高真空的适配；

② 质谱扫描速度和色谱峰流出时间的相互适应；

③ 必须能同时检验色谱和质谱信号，获得完整的色谱、质谱图。

3 个问题都与色谱、质谱仪器的结构和功能有关，因此联用技术的发展和完善有赖于气相色谱、质谱仪器性能的提高，随着气相色谱、质谱技术的不断发展，联用技术也不断得到完善。

此外，真空技术、电子技术、计算机科学等各项技术的发展也是 GC-MS 技术日臻完善的重要因素。电子技术和计算机技术的发展，使联用仪器趋于小型化，而功能增强，计算机的应用使仪器整体性能、稳定性、可靠性大为提高，强大的软件功能也大大增强了仪器的自动化水平以及操作的灵活性和实用性。

3.2 液相色谱及质谱联用技术

高效液相色谱法（high performance liquid chromatography，HPLC）又叫高压液相色谱或高速液相色谱，是流动相为液体的色谱方法。20 世纪 60 年代，在经典液相色谱法的基础上，引进气相色谱理论而迅速发展。60 年代末，科克兰、哈伯、荷瓦斯、莆黑斯、里普斯克等开发了世界上第一台高效液相色谱仪，开启了高效液相色谱的时代。对于高沸点、热稳定性差、分子量大于 400 的有机物原则上都可用高效液相色谱法分离、分析。

液相色谱-质谱联用法（LC-MS）的研究起步于 20 世纪 70 年代，是在气相色谱-质谱联用技术的基础上发展起来的。液相色谱-质谱联用法弥补了气相色谱-质谱联用技术应用的局限性，适用于不挥发性、极性或热不稳定的化合物及大分子化合物（包括蛋白质、多肽、多聚物等）的分析测定。大约 80% 有机化合物不能直接气化，因此需用液相色谱分离分析，特别是随着生命科学的迅速发展，用于样品分析、纯化的液相色谱技术的使用就更加广泛。该技术具有灵敏度高、分析结果稳定的特点，几乎遍及定量定性分析的各个领域。

3.2.1 技术原理

3.2.1.1 液相色谱

高效液相色谱法的基本原理为：流动相将混合样品溶液载入色谱柱的固定相内，不同性质的物质在两相中具有不同的分配系数，分配系数大的走得慢，分配系数小的走得快，当流动相带动样品溶液在两相中做相对运动时，经过多次反复吸附-解吸的分配过程，不同性质的物质的移动速度产生差异，经过足够柱长的移动后便彼此分离，进入检测器检测，经过信号放大后在记录器上得到各组分的色谱峰。

高效液相色谱按其固定相的性质可分为高效凝胶色谱、疏水性高效液相色谱、反相高效液相色谱、高效离子交换液相色谱、高效亲和液相色谱以及高效聚焦液相色谱等类型。用不同类型的高效液相色谱分离或分析各种化合物的原理基本上与相对应的普通液相色谱分离的原理相似。其不同之处是高效液相色谱灵敏、快速、分辨率高、重复性好，且需在色谱仪中进行。

高效液相色谱法具有以下特点：

① 高压　液相色谱法以液体为流动相（称为载液），液体流经色谱柱，受到阻力较大，为了迅速地通过色谱柱，必须对载液施加高压。一般可达（1.5 ～ 3.5）×10^7Pa。

② 高速　流动相在柱内的流速较经典色谱快得多，一般可达 1 ～ 10mL/min。高效液相色谱法所需的分析时间较经典液相色谱法少得多，一般＜ 1h。

③ 高效　近年来研究出许多新型固定相，使分离效率大大提高。

④ 高灵敏度　高效液相色谱已广泛采用高灵敏度的检测器，进一步提高了分析的灵敏度。如荧光检测器灵敏度可达 10^{-11}g。另外，进样量小，一般为 μL 级。

⑤ 适应范围宽　高效液相色谱法只要求试样能制成溶液，不需要气化，因此不受试样挥发性的限制。对于高沸点、热稳定性差、分子量大（＞ 400）的有机物（这些物质占有机物总数的 75% ～ 80%）原则上都可应用高效液相色谱法来进行分离、分析。据统计，在已知化合物中，能用气相色谱分析的约占 20%，而能用液相色谱分析的占 70% ～ 80%。

高效液相色谱仪主要有进样系统、输液系统、分离系统、检测系统和数据处理系统。

（1）进样系统

一般采用隔膜注射进样器或高压进样间完成进样操作，进样量是恒定的。这对提高分析样品的重复性是有益的。

（2）输液系统

该系统包括高压泵、流动相储存器和梯度仪三部分。高压泵的一般压强为（1.47 ～ 4.4）×10^7Pa，流速可调且稳定，当高压流动相通过色谱柱时，可降低样品在柱中的扩散效应，可加快其在柱中的移动速度，这对提高分辨率、回收样品、保持样品的生物活性等都是有利的。流动相储存器和梯度仪可使流动相随固定相和样品的性质而改变，包括改变洗脱液的极性、离子强度、pH 值，或改用竞争性抑制剂或变性剂等。这可使各种物质（即使仅有一个基团的差别或是同分异构体）都能获得有效分离。

（3）分离系统

系统包括色谱柱、连接管和恒温器等。色谱柱一般长度为 10 ～ 50cm（需要两根连用时，可在二者之间加一连接管），内径为 2 ～ 5mm，由优质不锈钢、厚壁玻璃管或钛合金等材料制成，柱内装有直径为 5 ～ 10μm 粒度的固定相（由基质和固定液构成）。固定相中的基质由机械强度高的树脂或硅胶构成，它们具有惰性、多孔性和比表面积大的特点，加之其表面经过机械涂渍（与气相色谱中固定相的制备一样），或者用化学法偶联各种基团（如磷酸基、季铵基、羟甲基、苯基、氨基或各种长度碳链的烷基等）或配体的有机化合物，因此这类固定相对结构不同的物质有良好的选择性。

（4）检测系统

高效液相色谱常用的检测器有紫外检测器、示差折光检测器和荧光检测器 3 种。

1）紫外检测器

紫外检测器适用于对紫外光（或可见光）有吸收性能样品的检测。其特点是，使用面广（如蛋白质、核酸、氨基酸、核苷酸、多肽、激素等均可使用）、灵敏度高（检测下限为 10^{-10} g/mL）、线性范围宽、对温度和流速变化不敏感、可检测梯度溶液洗脱的样品。

2）示差折光检测器

凡具有与流动相折射率不同的样品组分，均可使用示差折光检测器检测。目前，糖类化合物的检测大多使用此检测系统。这一系统通用性强、操作简单，但灵敏度低（检测下限为 10^{-7} g/mL），流动相的变化会引起折射率的变化，因此它既不适用于痕量分析也不适用于梯度洗脱样品的检测。

3）荧光检测器

凡具有荧光的物质，在一定条件下，其发射光的荧光强度与物质的浓度成正比。因此，这一检测器只适用于具有荧光的有机化合物（如多环芳烃、氨基酸、胺类、维生素和某些蛋白质等）的测定，其灵敏度很高（检测下限为 10^{-14} ～ 10^{-12}g/mL），痕量分析和梯度洗脱样品的检测均可采用。

（5）数据处理系统

该系统可对测试数据进行采集、存储、显示、打印和处理等操作，使样品的分离、制备或鉴定工作能正确开展。

3.2.1.2 液相色谱-质谱联用

液相色谱-质谱联用技术的基本工作原理是：样品通过液相色谱系统进样、分离后进入接口；在接口中，溶液中组分的分子或离子转变成气相分子或离子并被聚焦后送入质量分析器，各种离子在质量分析器中按质荷比分离并依次进入检测器检测。

液相色谱-质谱联用仪是液相色谱与质谱联用的仪器。它结合了液相色谱仪有效分离热不稳定性及高沸点化合物的分离能力与质谱仪很强的组分鉴定能力。液相色谱能够有效地将有机物待测样品中的有机物成分分离，而质谱能够对分开的有机物逐个分析，得到有机物分子量、结构（在某些情况下）和浓度（定量分析）信息。

液相色谱-质谱联用仪主要由高效液相色谱、接口装置（同时也是离子源）、质谱仪和数据处理系统构成。高效液相色谱仪和一般的液相色谱仪基本相同，其作用是将混合物试样分离后进入质谱仪。该仪器关键部分是 LC 和 MS 之间的接口装置，由于接口装置同时就是离子源，因此质谱仪部分只包括质量分析器，对进入的离子进行质量分离，分离后的离子按质量的大小先后由收集器收集，并记录质谱图。LC-MS 联用仪中使用较普遍的接口和离子化方式主要有电喷雾电离（ESI）、大气压化学电离（APCI）。质量分析器多采用四极杆、离子阱等，飞行时间质量分析器、轨道阱分析器等高分辨分析器也逐渐增多。

3.2.2 技术应用

3.2.2.1 高效液相色谱法的应用

（1）微囊藻毒素

微囊藻毒素（MC）是蓝藻产生的一类天然毒素。研究表明，被微囊藻毒素污染的饮用水和水产品给人类健康带来了巨大威胁。淡水藻类中，毒性最强、污染最广、最严重的是蓝藻，已确定的有毒藻类包括铜锈微囊藻、水华鱼腥藻、水华束丝藻、阿氏颤藻、泡沫节球藻及念珠藻等。这些藻类产生不止一种毒素，如环境发生变化，一种藻类可产生几种毒素。美国、日本、澳大利亚、印度、加拿大、芬兰等 10 多个国家都曾报道了其湖泊、水库中有毒水华的形成，并分离出有毒藻株。我国的东湖、巢湖、太湖、滇池、淀山湖、黄浦江等饮用水水源及各种湖泊在夏秋季节藻类水华严重，每年长达 7 ～ 8 个月，而天然水体蓝藻水华 80% 是产毒的。微囊藻毒素的检测方法主要有生物测试法、化学分析法、免疫检测法、生物化学分析法及酶学等。

本书作者采用全自动固相萃取前处理方法处理水样，对水中的三种微囊藻毒素（MC-LR、MC-YR、MC-RR）进行浓缩富集，用甲醇洗脱保留在萃取柱上的微囊藻毒素，然后用带有二极管阵列检测器的高效液相色谱仪进行定性和定量分析。固相萃取-高效液相色谱法测定生活饮用水及其水源水中的微囊藻毒素操作简单，检测效率高，10min 内可完成 3 种微囊藻毒素的检测。该方法进一步完善了仅检测两种微囊藻毒素（MC-LR 和 MC-RR）的国标方法。使用常压液相色谱代替了国标方法中高压液相色谱，使检测微囊藻毒素的方法条件易化，在绝大多处实验室更易实现，方便了日常检测工作。色谱条件的优化包括流动相的选择、洗脱模式及洗脱流速的确定。结果如下：a. 色谱柱为 C_{18} 填料 Agilent HPLC Cartridge（5μm，250mm×30mm）；b. 流动相为甲醇∶0.1% 三氟乙酸水溶液-水 =68∶32；c. 等度洗脱；d. 流速 0.5mL/min；e. 柱箱温度 30℃；f. 二极管阵列检测器，检测波长为 238nm。该方法检测 3 种微囊藻毒素的最低检出限见表 3-8。该方法具有较高的灵敏度。对 MC-YR、MC-LR、MC-RR 浓度分别为 0.0020mg/L、0.0044mg/L、0.0050mg/L 的水样进行 5 次实验，其回收率在

表 3-8　3 种微囊藻毒素的检出限及线性范围

物质名称	检出限 /（mg/L）	线性范围 /（mg/L）
MC-YR	0.0004	0.0004 ～ 0.01
MC-LR	0.0004	0.0004 ～ 0.01
MC-RR	0.0005	0.0004 ～ 0.01

85% ～ 115% 之间，说明该方法具有较好的准确度；RSD ＜ 6%，该方法具有良好的精密度。

张维昊等建立了固相萃取-高效液相色谱检测水环境中痕量藻毒素的分析方法，采用流动相为 0.1% 三氟乙酸水溶液：甲醇 =30：70（体积比）、流速 1mL/min、进样量 10μL、色谱柱恒温箱设为 25℃、紫外检测波长为 238nm 的液相色谱条件，对水中两种常见微囊藻毒素 MC-LR、MC-RR 进行检测，检测限为 0.02 ～ 0.05μg/L，线性定量范围为 0.1 ～ 50μg/L。采用滇池水样进行加标回收试验，方法的平均回收率均高于 80%。

徐荣等应用高效液相色谱法测定水中微囊藻毒素的含量，通过优化固相萃取和色谱条件，确定采用 Waters Symmetry C_{18} 分析柱（4.6mm×250mm×5μm）作为色谱柱；采用真空脱气的甲醇：水（含 0.05% 三氟乙酸）=60：40（体积比）作为流动相，lmL/min 流速；40℃柱温、238nm 紫外检测波长、20μL 进样量。对两种常见微囊藻毒素 MC-RR、MC-LR 的检测限为 0.02 ～ 0.05μg/L，平均回收率分别为 86.7% 和 85.4%。

邓义敏等采用液相色谱法对地表水中 4 种微囊藻毒素进行了检测，方法灵敏度高，准确性好。采用 ZBX-C_{18}（5μm×4.6mm×250mm）固相萃取柱，Waters Oasis C_{18} SPE 小柱，流动相采用 60% 乙醇水溶液至 40% 乙醇水溶液，1.0mL/min 的流速，239nm 的检测波长，35℃的柱温，100μL 的进样量。方法的检出限为 0.7 ～ 1.54ng/L，回收率范围在 70% ～ 100% 之间，满足水中微囊藻毒素的检测要求，可用于实际工作中微囊藻毒素的检测。

（2）多环芳烃

多环芳烃（PAHs）是指由两个或两个以上苯环以线状、角状或簇状排列的化合物。1775 年，Pott 认为阴囊癌的发生与职业暴露煤烟有关，但当时并不知道其中的致癌物质是什么。直到 1933 年才最后确认煤烟中的致癌物质是 PAHs，特别是苯并 [*a*] 芘。现已发现的致癌性多环芳烃及其衍生物多达 400 种以上。PAHs 大都是无色或淡黄色的结晶，个别颜色较深，具有蒸气压低、疏水性强、辛醇-水分配系数高等特点。其溶液具有一定的荧光性，化学性质稳定，不易水解。另外，PAHs 很容易吸收太阳光中可见（400 ～ 760nm）和紫外（290 ～ 400nm）区的光，对紫外辐射引起的光化学反应尤为敏感。PAHs 最突出的特性是致癌、致畸及致突变性，并且致癌性随着苯环数的增加而增加。当 PAHs 与 NO_2、OH、NH_2 等发生作用时，会生成致癌性更强的 PAHs 衍生物。目前，大多数国家都将多环芳烃列为环境监测的重要内容之一，中国政府列出的中国环境优先监测黑名单中包括 7 种 PAHs，美国环保署确定了 16 种 PAHs 作为优先监测污染物，分别是萘、苊、苊烯、芴、菲、蒽、荧蒽、芘、苯并 [*a*] 蒽、䓛、苯并 [*b*] 荧蒽、苯并 [*k*] 荧蒽、苯并 [*a*] 芘、茚并 [1,2,3-*cd*] 芘、二苯并 [*a,h*] 蒽、苯并 [*g,h,i*] 苝。

PAHs 在环境中存在的浓度很低（痕量、超痕量级），环境样品基体复杂，干扰物多，难以直接测定，通常必须经过样品预处理后才可以进行分析。发展快速、高效的样品前处理方法是分析化学家们一直追求的目标。水体中 PAHs 的样品前处理方法最常用的是固相萃取和固相微萃取。

本书作者采用 C_{18} 固相萃取柱，对水中 6 种多环芳烃（苯并 [*g,h,i*] 苝、苯并 [*b*] 荧蒽、苯并 [*k*] 荧蒽、荧蒽、茚并 [1,2,3-*cd*] 芘、苯并 [*a*] 芘）进行浓缩富集，用二氯甲烷洗脱保留在萃取柱上的多环芳烃，然后用带有荧光检测器的高效液相色谱仪进行定性和定量分析。液相色谱柱为 C_{18} 填料 Agilent HPLC Cartridge（250mm×30mm×5μm）；采用等度洗脱，流动相为纯甲醇，流速为 0.6mL/min；柱箱温度 35℃；荧光检测器的检测波长为激发波长 E_x=297nm，发射波长 E_m=405nm。检测苯并 [*g,h,i*] 苝、苯并 [*b*] 荧蒽、苯并 [*k*] 荧蒽、荧蒽、茚并 [1,2,3-*cd*] 芘、苯并 [*a*] 芘方法的最低检出限分别为 4.24×10^{-7}mg/L、3.30×10^{-7}mg/L、1.58×10^{-7}mg/L、5.28×10^{-7}mg/L、2.14×10^{-7}mg/L、1.21×10^{-7}mg/L；线性范围分别为 $4.24\times10^{-7}\sim2.4\times10^{-5}$mg/L、$3.30\times10^{-7}\sim2.1\times10^{-5}$mg/L、$1.58\times10^{-7}\sim2.5\times10^{-5}$mg/L、$5.28\times10^{-7}\sim4.8\times10^{-5}$mg/L、$2.14\times10^{-7}\sim1.2\times10^{-5}$mg/L、$2.14\times10^{-6}\sim3.1\times10^{-5}$mg/L。对 6 种多环芳烃标样进行水样加标回收试验，回收率、精密度见表 3-9。结果表明，该方法具有良好的精密度与准确度。该方法采用固相萃取-高效液相色谱法实现了同时检测饮用水及其水源水中 6 种多环芳烃类物质，操作简单，回收率高。该方法可用于评价多环芳烃总量、分量指标，满足水质评价、工艺评价等方面的技术要求。

表 3-9　多环芳烃标样的回收率与精密度

物质名称	苯并 [*g,h,i*] 苝	苯并 [*b*] 荧蒽	苯并 [*k*] 荧蒽	荧蒽	茚并 [1,2,3-*cd*] 芘	苯并 [*a*] 芘
加入浓度 /（μg/L）	20	20	20	20	100	20
相对标准偏差 /%	8.91	11.24	7.62	9.32	5.67	5.78
相对误差 /%	7.15	6.74	8.68	4.2	6.99	4.08
回收率 /%	85.6	94.3	87.4	89.1	82.4	97.5

高毅飞等采用高速液相色谱法对水中 5 种多环芳烃进行分析。蒽、荧蒽、1,2-苯并蒽、3,4-苯并芘、苯并 [*g,h,i*] 苝最小检测浓度分别为 12ng/L、45ng/L、5.4ng/L、1.9ng/L、22.8ng/L。高速液相色谱条件：柱长 25cm，内径 4mm，内填 10μm YWG-CH（天津试剂二厂）。柱温 55℃。流动相：水∶甲醇 =22.5∶77.5，流速 1mL/min，压力 55kgf/cm^2（1kgf=9.8N）。荧光光度计激发波长 254nm，发射波长 408nm。用标准水样进行加标回收试验，回收率结果见表 3-10。该方法回收率为 72.6% ～ 95.3%，相对标准偏差为 2.6% ～ 6.7%，满足检测要求。

表 3-10　水样回收率加标回收测定值

项目		蒽	荧蒽	1,2-苯并蒽	3,4-苯并芘	苯并 [*g,h,i*] 苝
测定浓度 /（mg/L）		0.110	0.222	0.134	0.062	0.240
测定结果 /%	1 号	72.7	78.1	88.0	76.3	87.2
	2 号	78.8	83.3	97.4	81.0	71.4
	3 号	68.9	78.1	91.3	75.4	79.4
	4 号	71.4	80.7	97.4	90.2	87.2
	5 号	71.4	83.3	100.5	85.5	79.4
平均值 /%		72.6	80.7	95.3	81.7	80.9
相对标准偏差 /%		3.7	2.6	5.1	6.3	6.7

涂洁莹等采用环己烷萃取地表水中多环芳烃的提取液通过 Florisil 柱后，PAHs 保留在柱上，用丙酮-二氯甲烷混合溶剂解脱 PAHs，解脱液浓缩后进行 HPLC 分析。液相色谱条件：B 柱 Zorbax ODS（25cm×0.46cm）。流动相：A 为甲醇∶水 =15∶85（体积比）；B 为甲醇。梯度洗脱：60% B 保持 20min，3% B 增至 96% B 保持至出峰完，流速 30mL/h，柱温 35℃。蒸馏水加多环芳烃混合标样进行回收率试验，结果见表 3-11，回收率结果满足检测需求。

表 3-11　蒸馏水加 PAH 混合标样回收率（n=3）

项目	苯并 [*a*] 蒽	菲	3,4-苯并芘	苯并 [*g,h,i*] 苝	茚并 [1,2,3-*cd*] 芘
平均回收率 /%	94.5	72.3	93	91	88
变异系数 /%	4.5	8.1	7.2	7.1	2.1

杨立奎等用 XAD-2 树脂吸附浓缩水中 PAHs，二氯甲烷-丙酮（2∶1）洗脱，洗脱液浓缩至干，甲醇定容，用具有紫外检测器的 HPLC 测定。通拉试验确定萘、蒽、荧蒽、芘、苝和苯并 [*a*] 芘 6 种化合物的最佳色谱分离条件。液相色谱柱为 150mm×46mm Zorbax ODS 柱；流动相为甲醇-水，80% 甲醇溶液保持 2min，然后以 2mL/min 的速率在 30℃下线性升至 100% 甲醇，保持 3min；流速 1.5mL/min；检测器波长 254nm；进样量 2 ～ 8μL。6 种代表性 PAHs 在不同浓度下的平均回收率为 67.5% ～ 102%。如取 1L 水样，6 种化合物的最低检测浓度为 0.005 ～ 0.11μg/L。适合于水中痕量 PAHs 的分析。

朱利中等利用高效液相色谱法测定水中痕量多环芳烃。以二氯甲烷作溶剂，超声提取水中痕量 PAHs；甲醇、水作流动相，梯度淋洗，用程序可变波长荧光检测器测定。液相色谱柱为 Wakosoil 5C_{18} AR 色谱柱，内径 4.6mm，长 250mm，柱温 40℃；流动相为甲醇-水，流速 1.0mL/min，进样量 100μL；检测器为程序可变波长荧光检测器。PAHs 浓度在 0.007 ～ 0.6μg/mL 范围内，线性相关系数均在 0.9999 以上；峰高、峰面积的相对标准偏差（n=10）分别为 1.01% ～ 1.85%、2.00% ～ 3.94%；检测限（S/N=2）为 3.1 ～ 23.0pg/L；实际水样的加标回收率为 90.1% ～ 98.6%。

陈硕建立了一种新的水环境样品预处理方法。将水相中目标污染物萃取至毛细管固定相中，经微量有机溶剂解吸，直接在高效液相色谱上进样分析。液相色谱条件：流动相为乙腈∶水 =90∶10（体积比），流速 0.6mL/min。根据各待测物质的保留时间将检测器波长按时间程序设置为各物质相应的最大吸收波长（蒽 λ=240nm；荧蒽 λ=236nm；1,2-苯并蒽 λ=287nm）。方法对蒽、荧蒽和 1,2-苯并蒽 3 种多环芳烃的检测限分别为 0.9μg/L、0.7μg/L 和 0.1μg/L。相对标准偏差为 5.1% ～ 6.3%（n=7）。

陶敬奇等建立了固相微萃取-高效液相色谱联用同时测定环境水样中 8 种多环芳烃的分析方法。优化了萃取时间、萃取温度、解吸时间、解吸溶液、解吸模式等条件。采用纯甲醇静态解析 2min 的方式，选择 254nm 作为测定波长、甲醇作为流动相的色谱条件。方法对 8 种多环芳烃的检出限为 0.002 ～ 0.180μg/L，相对标准偏差（n=6）为 4.4% ～ 12.2%。分析江水中的痕量多环芳烃，除苯并 [*b*] 荧蒽外，其他 7 种多环芳烃的回收率为 91.1% ～ 115.8%，RSD（n=3）为 3.6% ～ 18.8%。方法快速、灵敏、简单，适用于快速分析环境水样中的痕量多环芳烃。

陈剑刚等将水样中待测组分多环芳烃采用 Oasis 固相萃取柱富集，二氯甲烷洗脱，吹氮浓缩至近干并置换溶剂为乙腈，高效液相色谱分离，二极管阵列检测器与荧光检测器串联检测。色谱分离条件：Waters PAH C_{18} 柱（4.6mm×150mm×5μm）；柱温、样品室温度均为 28℃；流速 0.25mL/min；流动相 A 为 100% 乙腈，流动相 B 为纯水。线性梯度程序：0 ～ 2min，A 初始体积分数为 40%；2 ～ 20min，A 由 40% 线性增加至 100%；20 ～ 25min，维持 A 在 100%；25 ～ 30min，A 立即回至 40%，并保持至 30min。以乙腈-水为梯度流动相，PAH C_{18} 分离柱能有效分离 16 种多环芳烃组分，定量线性关系良好，加标回收率为

53.60% ～ 91.05%，变异系数为 5.81% ～ 10.77%，15 种组分的最低检出限为 0.15 ～ 5.38ng/L，苊烯为 33.37ng/L。

（3）邻苯二甲酸酯

随着塑料工业的发展和塑料制品的大量使用，邻苯二甲酸酯已成为环境中无所不在的污染物，极为普遍地存在于土壤、底泥、大气、水体和生物体等环境样品中。目前测定邻苯二甲酸酯类有机物的方法主要有气相色谱法、气相色谱-质谱联用法和高效液相色谱法。目前报道的高效液相色谱法测定邻苯二甲酸酯类化合物，高效液相色谱柱大多采用正相色谱柱，即氰基柱、氨基柱或醇基柱。C_{18} 硅胶反相柱是最为普遍使用的高效液相色谱柱，方便易得。

林兴桃等建立了以 HLB 固相萃取柱和反相液相色谱法测定水中 8 种邻苯二甲酸酯类环境激素的方法。采用岛津 Shimadzu LC-6A 液相色谱仪和 Hypersil BDS 色谱柱（250mm×4.6mm×5μm）进行邻苯二甲酸酯残留分析。色谱条件为：紫外检测器，波长 224nm，柱温 35℃，进样体积 10μL，流速 1.0mL/min。采用梯度洗脱，开始时 $V_{水}$∶$V_{甲醇}$=3∶17，保持 8min，第 10 分钟时体积比例为 0∶100，全部分析时间为 20min。8 种物质峰面积对浓度进行线性回归的相关系数均＞ 0.999，最低检出限为 0.10 ～ 0.62μg/L，回收率为 75.1% ～ 115.5%，相对标准偏差为 0.9% ～ 2.2%。

梁景华等应用反相高效液相色谱法，采用 Symmetry Shield RP18 色谱柱和 85% 甲醇-水作为流动相，用紫外检测器在 228nm 处检测，使 3 种邻苯二甲酸酯类化合物得到了较好的分离。用保留时间定性，外标法定量。3 种邻苯二甲酸酯类化合物的浓度与其对应的峰高之间的线性关系较好，相关系数＞ 0.9996。方法精密度和准确度高，RSD 不超过 3.7%，加标回收率在 97% ～ 106% 之间。方法的精密度和回收率满足分析要求，适合应用于水中邻苯二甲酸酯类的分析工作。

徐钦良等采用 1-辛基-3-甲基咪唑六氟磷酸盐 [C_8 mim][PF_6] 离子液体液液萃取高效液相色谱法测定水中邻苯二甲酸酯类物质。通过优化邻苯二甲酸二丁酯、邻苯二甲酸二环己酯和邻苯二甲酸二正辛酯 3 种物质的萃取时间、萃取体积比和盐的加入量，使得离子液体对 3 种邻苯二甲酸酯的富集倍率在 17 ～ 84 之间。液相色谱条件为：流动相为乙腈-水体系。采用梯度洗脱：0 ～ 7min 乙腈体积分数保持 60%，在 7 ～ 15min 内将乙腈体积分数由 60% 线性增加到 100%，并保持至 27min，最后在 1min 内将乙腈体积分数重新回到 60%。进样量为 5μL，流速 0.8mL/min，检测波长为 224nm。方法对邻苯二甲酸二丁酯、邻苯二甲酸二环己酯和邻苯二甲酸二正辛酯的检出限分别为 0.98μg/L、0.91μg/L 和 6.6μg/L。采用河水、矿泉水和塑料袋浸出液分别进行加标回收试验，加标回收率在 85.2% ～ 110% 之间。

马继平等建立了固相萃取-反相高效液相色谱法检测水中 3 种邻苯二甲酸酯类物质［邻苯二甲酸二甲酯、邻苯二甲酸二（2-乙基己基）酯、邻苯二甲酸二正辛酯］的方法。通过优化固相萃取条件和液相色谱条件，确定了 Agilent Zorbax Eclipse XDB-C_{18} 为高效液相色谱柱（4.6mm×150mm×5μm）；流动相为甲醇-水，梯度洗脱的时间为：初始 $V_{甲醇}$∶$V_{水}$=70∶30，保持 2min，3min 内升至 100% 甲醇，整个分析过程为 8min；流动相流速为 1mL/min；室温；检测器为二极管阵列紫外检测器，测定波长为 280nm，参比波长为 360nm；自动进样器进样，进样量 20μL。方法的最低检出限分别为邻苯二甲酸二甲酯 0.06μg/L，邻苯二甲酸二（2-乙基己基）酯 0.16μg/L，邻苯二甲酸二正辛酯 0.08μg/L。方法的精密度在 10% ～ 15% 之间。应用该方法测定自来水中邻苯二甲酸酯类化合物的含量，加标回收率为 83.6% ～ 110.2%。

邢辉等建立了萃取-高效液相色谱法对环境水样中的5种邻苯二甲酸酯类化合物（PAEs）[邻苯二甲酸二甲酯，邻苯二甲酸二乙酯，邻苯二甲酸二丁酯，邻苯二甲酸二辛酯，邻苯二甲酸二(2-乙基己基）酯］同时进行定量分析的方法。色谱柱为Agilent-C_{18}（250mm×4.6mm×5μm）；流动相为甲醇：水（体积比）= 80：20（0～10min）→ 90：10（10～35min）；流速为1.0mL/min；紫外检测器，检测波长280nm。方法加标回收率在99.0%～100.4%之间，相对标准偏差小于5%。

3.2.2.2 液相色谱-质谱联用法的应用

（1）环境激素

环境激素是指一类干扰生物体的正常激素的合成、储存、分泌、体内运输、结合及清除等过程的外源性化合物。它是存在于环境中的类激素物质，与存在于人和动物体内的激素有相似的分子结构，一旦进入人或动物体内就会与相关变体结合，产生一系列生物反应，诱使人体组织和内脏器官发生不同程度的病变。

早在20世纪30年代，英、日等国的研究人员已合成出化学雌激素——己烯雌酚。随着工、农业生产和科学技术的发展，大量的新型环境激素类物质被合成，并广泛应用于塑料、医药、农药、工业和日常生活用品中。尽管在20世纪70年代，人们已相继发现一些农药对人类及野生动物的内分泌系统、免疫系统、神经系统和自然生态环境带来了严重不良后果，但是直到20世纪90年代，环境激素的内分泌干扰效应及对人类的损伤才引起了学术界和有关国际组织的极大关注，也引起世界各国政府的高度重视。世界卫生组织、经合组织、国际纯粹与应用化学联合会、野生动物基金会、联合国协同化学品安全国际规划署以及欧美各国、日本等相继开展了这方面的工作。例如，美国要求筛选具有雌激素活性或能阻碍雌激素活性的化学物质等，英国环境署也将对环境激素类物质的生产和排放加以控制，并且确认此类研究为优先领域。日本环境厅也于1998年公布了环境荷尔蒙战略计划。20世纪90年代以来，英、美、日等国均召开了有关环境激素的科学研讨会；1998年欧洲环境毒理和化学学会年会，将环境激素作为大会的重要主题。环境激素污染迅速成为国际研究的新热点。

检测环境激素的方法种类繁多，目前应用较多的有气相色谱法、液相色谱法及其相关的质谱联用分析法、电感耦合等离子发射光谱法及其相关的质谱联用法、毛细管电泳技术、酶联免疫吸附法等。环境激素的多样性和环境样品的复杂性决定了传统的低分辨色谱、色质联用技术等已不能满足对环境激素检测分析的需要，因此具有高选择性、高分辨率及高灵敏度的色谱-质谱联用检测和分析环境激素受到人们更多的青睐。LC-MS/MS联用仪具有很好的选择性、可以显著降低检出限、定量更精确的特点，受到人们的重视。但由于环境激素种类繁多、性质各异，难以实现环境激素类物质的高通量检测，环境激素的仪器检测处于探索阶段。

本书作者利用液质质联用（LC-MS/MS）的多反应监测（MRM）技术建立快速检测饮用水中三氯生、三氯卡班共11种环境激素的检测方法，结合大体积水样前处理技术富集和净化样品，质谱采用电喷雾电离源，负离子采集模式，梯度洗脱，满足分析检测高效、快速的要求。色谱柱为Zorba XSB-C_{18}（2.1mm×150mm×3.5μm）；定量测定用梯度洗脱，流动相为乙腈60%和水40%；进样量20μL；流速0.2mL/min；柱温30℃，分析时间22min；梯度洗脱程序：0～5min，乙腈60%～95%；5～12min，乙腈95%；12.10min，乙腈60%。

11种目标化合物的质谱优化参数见表3-12。

表 3-12　11 种目标化合物的质谱优化参数

化合物	分子离子	子离子	碎裂电压 /V	碰撞能量 /eV	离子模式
四溴双酚 A	538.8	415.9	140	45	负
		443.8		35	
三氯卡班	313	160	100	10	
		126		25	
炔雌醇	295.2	145	180	40	
		159		36	
三氯生	287	35	75	5	
雌二醇	271.2	145	185	40	
		183		40	
雌酮	269.2	145	185	38	
		183		38	
己烯雌酚	297.2	237	145	25	
		251		20	
双酚 A	227.2	211	140	30	
		133		35	
壬基酚	219.2	133	140	20	
		147		20	
辛基酚	205.2	106	120	15	
雌三醇	287.2	171	190	38	

分别把 11 种标准储备液根据目标化合物的相应值的大小配成混标，配制混标的标准系列，用该方法进行分析，每个浓度水平的样品平行进 2 针，根据 6 个浓度水平绘制标准工作曲线，以各化合物的峰面积为纵坐标、浓度为横坐标制作标准曲线。结果列于表 3-13 中，目标化合物线性良好，检出限低，可以满足定量分析的检测要求。

表 3-13　对 11 种目标化合物的标准曲线及检出限

目标化合物	标准曲线	r^2	方法检出限 /（mg/L）
三氯生	Y=1320.7X+627.8	0.9996	5.0×10^{-8}
三氯卡班	Y=35646X+8283.1	0.9998	2.5×10^{-8}
壬基酚	Y=933.25X+3710.3	0.998	2.5×10^{-7}
辛基酚	Y=312.56X+522.41	0.995	2.5×10^{-7}
双酚 A	Y=421.38X+1212.4	0.9995	2.5×10^{-7}
四溴双酚 A	Y=236.34X+1016.1	0.997	2.5×10^{-7}
雌二醇	Y=496.28X+1211.56	0.998	2.5×10^{-7}
雌三醇	Y=544.07X+1888.7	0.998	3.0×10^{-7}
炔雌醇	Y=292. 49X+822.48	0.998	2.5×10^{-7}
雌酮	Y=3589.69X+933.16	0.998	2.5×10^{-8}
己烯雌酚	Y=251.02X+1330.13	0.998	2.5×10^{-7}

按照上述实验步骤实验测定相应浓度标准样品，11 种环境激素的相对标准偏差均小于 8.5%，说明该检测方法具有良好的精密度和准确度。

Patricia Revilla-Ruiz 等建立了一种分析河水中 8 种内分泌干扰物的 SPE-LC-MS/MS 的灵敏方法。液相色谱条件：Alliance 2690 HPLC 系统；流动相 A 为甲醇，流动相 B 为水；色谱柱 SunFire™ C_{18} 色谱柱为 150mm；流速 0.2mL/min；进样体积 20μL；梯度洗脱，起始 60% A，40% B；10min，100% A；18min，100% A；20min，60% A，40% B；23min，60% A，40% B。河水的方法检出限分别为雌酮 1ng/L、五氯酚 0.6ng/L、17*α*-雌二醇 2.5ng/L、17*β*-雌二醇 5ng/L、双酚 A 6ng/L、4-正壬基酚 9ng/L、雌三醇 12ng/L 以及 17*α*-乙烯雌二醇 50ng/L。对河水进行加标回收试验，回收率范围为 74% ～ 105%。

胡艳慈等利用固相萃取-高效液相色谱-串联质谱法检测自来水中内分泌干扰物，建立了可靠的定性方法，并利用双酚 A 标准物质对该定性方法进行验证。色谱柱 Varian Inertsil 3 ODS-3（150mm×2mm×3μm）；柱温 30℃；梯度洗脱，0.2mL/min，80% 甲醇-20% 水；进样量 10μL。离子源 ESI^-；屏蔽电压 600V；检测器电压 1000V；干燥气压力 18Pa；电喷雾电压 5000V；雾化气压力 55Pa；干燥气温度 300℃；毛细管电压 40V；碰撞电压 30eV；MRM 模式，双酚 A *m/z* 227.2/212.1，雌酮 *m/z* 269.2/144.8；SIM 模式，五氯苯酚 *m/z* 263.0、265.0、267.0。建立的方法成功用于自来水厂原水和出厂水进行雌激素类物质的检测。

贾彦博等建立了液相色谱-质谱法测定饮用水中 17*β*-雌二醇、17*α*-雌二醇、17*α*-乙炔雌二醇、己烷雌酚、己烯雌酚和双烯雌酚 6 种雌激素的分析方法。色谱柱 Agilent XDB（50mm×4.6mm×1.8μm）；流动相乙腈-水（50∶50，体积比）。梯度洗脱程序：0min，20% A；0 ～ 1min，20% ～ 50% A；1 ～ 5min，50% A。流速 0.5mL/min；柱温 30℃；进样体积 10μL。电离源为电喷雾电离（负离子模式）；毛细管电压 4.0kV；干燥气温度 350℃；干燥气流速 12 L/min；雾化气压力 2.758×10^5 Pa（40Pa）。方法在 5 ～ 100μg/L 范围内呈良好线性，6 种激素的检出限均为 0.1μg/L。在 0.10μg/L、25μg/L、50μg/L 3 个加标水平下，6 种雌激素的加标回收率为 85% ～ 95%，相对标准偏差均小于 10%。方法有效地消除了基质干扰，样品处理快、灵敏度高，适用于饮用水中雌激素的日常批量检测和确证。

陈剑刚等建立了水中壬基酚、辛基酚和双酚 A 的高效液相色谱-串联质谱测定方法。将水样中目标组分采用 Oasis 固相萃取柱富集，二氯甲烷洗脱，吹氮浓缩至近干并置换溶剂为甲醇水溶液，Waters Xbridge C_{18} 色谱柱（100mm×2.1mm×3.5μm）分离，以甲醇-0.1% 氨水为流动相，梯度洗脱后在 LC-MS/MS 多反应监测模式下进行定性定量分析。流动相为甲醇（A）和 0.1% 氨水（B）。线性梯度程序：0 ～ 3min，30% ～ 95% A；3 ～ 12min，95% A；12.1min，95% ～ 30% A；12.1 ～ 22min，30% A。流速 0.20mL/min；柱温和样品室温度均为 25℃；进样量 10μL。质谱条件：负离子电喷雾（ESI^-）模式；毛细管电压 1.0kV；射频透镜电压 0.5V；离子源温度 120℃；去溶剂气温度 350℃；去溶剂气流量 600L/h；锥孔气流量 50L/h；碰撞气压 0.32kPa（Ar）；多反应监测模式检测。水样平均加标回收率 74% ～ 106%，相对标准偏差 4.8% ～ 13.5%，壬基酚、辛基酚和双酚 A 的方法检出限为 0.0016 ～ 0.0030μg/L。

（2）抗生素

抗生素是由微生物产生的、用于抑制其他微生物生长的有机化合物。目前，抗生素一般可分为 β-内酰胺类、喹诺酮类、四环素类、氨基葡糖苷类、大环内酯类等。自 1929 年青霉素首先得到临床应用以来，抗生素主要作为人类临床治疗急救类药物、畜产品和水产品的促生长剂、抗真菌细菌药物等被广泛使用。现有的分析数据表明，人类和动物所使用的大部分抗生素类药物并没有得到有效利用，常常未经代谢便通过粪便或者尿液排出体外，进入环境。然而现有主流污水处理工艺和环节对于残留抗生素的处理效率极低，这使得以城市污水处理厂、家畜饲养场、渔业养殖场为代表的点源、面源污染给地下和地表水体造成潜在的威胁，进而影响人类的饮用水安全。

饮用水体中的残留抗生素多以痕量水平存在，并且种类繁杂，这给检测工作带来了困难，因此往往需要在检测前对水体中的残留药物进行富集，目前文献中报道过液液萃取、固相萃取、液相微萃取、固相微萃取等多种技术，各有利弊。而在检测环节，常用的气相色谱-质谱技术、液相色谱-紫外 / 荧光检测技术等均曾经被用于抗生素药物残留的检测，但由于仪器灵敏度低、适用范围窄等原因，主要用于含有高浓度残留抗生素的污水的检测，而对于饮用水体的检测，由于抗生素浓度水平较低，对检测人员形成了巨大的挑战。

唐才明等应用固相萃取及液相色谱-电喷雾串联质谱（LC-ESI MS/MS）技术，建立了水体中微量磺胺、大环内酯类抗生素、甲氧苄胺嘧啶及氯霉素的定量分析方法。水样中的抗生素通过 HLB 萃取小柱富集后，以 C_{18} 反相柱为分析柱，甲醇、醋酸铵和 0.1% 甲酸混合溶液为流动相，采用 LC-MS/MS 进行定量分析。选择电喷雾正电离源（ESI^+），多反应监测模式，内标法定量。色谱条件：Agilent Zorbax Eclipse XRD C_{18} 液相色谱柱（150mm×310mm×3.5μm），柱前接 Agilent C_{18}（4mm×310mm）预柱。流动相 A 为 5mmol/L 醋酸铵和 0.1% 甲酸混合溶液，流动相 B 为甲醇。流速 0.25mL/min，进样量 5μL，柱温 25℃。梯度洗脱程序：0 ～ 10min，10% B → 30% B；10 ～ 17min，30% B → 50% B；17 ～ 20min，50% B → 80% B；20 ～ 28min，保持 80% B；28 ～ 29min，80% B → 100% B；29 ～ 31min，保持 100% B；31 ～ 32min，100% B → 10% B。质谱条件：电喷雾正电离源（ESI^+）；干燥气温度 350℃；干燥气流速 10L/min；毛细管电压 4500V；MS 与 MS^2（四极杆）温度均为 100℃；每对离子扫描时间 50ms。该方法实现了对水体中微量磺胺、大环内酯类抗生素、甲氧苄胺嘧啶及氯霉素的定量分析，具有灵敏度高、特异性好的特点。

高立红等建立了固相萃取与高效液相色谱-串联质谱联用检测污水中 8 种氟喹诺酮类抗生素残留的分析方法。样品经 HLB 固相萃取柱富集、净化后，用 5% 氨水-甲醇（体积比）溶液洗脱，洗脱液经 N_2 浓缩定容后，以 Acclaim120 C_{18} 柱分离，高效液相色谱-串联质谱仪多反应监测正离子模式定性、定量分析。色谱条件：Acclaim120 C_{18} 型分析柱（2.1mm×150mm×5μm）；流动相：0.1% 甲酸-甲醇溶液（A）和 0.1% 甲酸-水溶液（B）；流速：0.2mL/min；进样量：10μL；梯度洗脱条件：0 ～ 5min，A 由 20% 变化至 80%，5 ～ 10min，A 保持 80%，10 ～ 11min，A 由 80% 变化至 20%，11 ～ 15min，A 保持 20%。质谱条件：采用电喷雾离子源，分析物在正离子扫描下以多反应监测模式分析。采用针泵进样，分别进行 Q1 和 Q3 扫描确定离子对，进而优化解簇电压 DP 等参数。在选定色谱条件下，接入检测流动相优化 Gas1、Gas2 和离子喷雾电压等参数，使信号稳定，灵敏度最高。优化的质谱分析条件如下：气帘气 0.07MPa；碰撞气 0.02MPa；离子喷雾电压 5000V；温度 450℃；离子源 Gas1 0.38MPa，Gas2 0.38MPa。8 种氟喹诺酮类抗生素在加标浓度为 100ng/L 和 25ng/L 时的回收率分别为 73.8% ～ 113% 和 56.8% ～ 115%，相对标准偏差分别为 2.60% ～ 13.2% 和 3.70% ～ 12.3%（n=4），方法检出限为 0.2 ～ 1ng/L。

陆克祥等应用固相萃取及液相色谱-串联质谱技术，建立了水中痕量（ng/L）四环素类、磺胺类、大环内酯类、喹诺酮类和 β-内酰胺类 5 类共 19 种抗生素的同时定量检测方法。水样通过 HLB 萃取小柱富集后，以 C_{18} 反相色谱柱为分析柱，乙腈-0.1% 甲酸溶液为流动相，采用 LC-MS/MS 进行定量分析。选择电喷雾正电离源（ESI^+），多反应监测模式，内标法定量。色谱条件：色谱柱 Welch Materials XB-C_{18}（4.6mm×150mm×5μm）；流动相 A 相为 0.1% 甲酸-水，B 相为乙腈，流速为 0.3mL/min；进样量 10μL；柱温 30℃。梯度洗脱程序：0 ～ 1min，90% → 80% A；1 ～ 10min，80% → 75% A；10 ～ 20min，75% → 50% A；20 ～ 25min，50% → 10% A；25 ～ 29min，10% A；29 ～ 30min，10% → 90% A；30 ～ 45min，90% A。质谱条件：喷雾电压为 4500V；鞘气压力为 27518kPa，辅助气压力为 68195kPa，气体均为高纯氮气；碰撞压约为 23179Pa，气体为氩气；离子传输管温度为 350℃。19 种抗生素在 0.5 ～ 1000μg/L 范围内均具有良好的线性关系，方法的定量下限（S/N=10，1000 倍浓缩）为 0.1 ～ 0.5ng/L。以纯水和河水（黄浦江水）作为基底，^{13}C-咖啡因为内标物，加标质量浓度为 20ng/L、100ng/L 时，抗生素的平均加标回收率分别为 75% ～ 125% 和 77% ～ 132%，相对标准偏差分别为 1.7% ～ 6.9% 和 0.9% ～ 6.5%。

赵健等采用固相萃取-高效液相色谱-串联质谱法测定自然水体中的 5 种磺胺类抗生素。色谱条件：色谱柱 Waters Acquity UPLC BEH C_{18}（2.1mm×50mm×1.7μm）；进样量 5μL；柱温为 30℃。质谱条件：离子源温度 110℃；雾化温度 350℃；离子源为电喷雾离子源；扫描方式为正离子扫描；多反应监测；电喷雾电压 3.5kV；雾化气流速 1000L/h。在 0 ～ 200μg/L 范围内 5 种磺胺类抗生素的标准曲线线性关系良好，该方法检测限 <50ng/L，精确度高（RSD ＜ 5%），加标回收率为 86.8% ～ 97.3%，从实际水样中检测出了磺胺二甲基嘧啶，表明该方法适合自然水体及给水系统水样检测要求。

杨常青等采用固相萃取-液相色谱-串联质谱建立了水中磺胺、氟喹诺酮、四环素和氯霉素 4 类共 16 种抗生素的同时定量分析方法。方法采用正、负离子同时扫描模式，提高了分析速度。色谱柱为 Xbridge C_{18}（150mm×2.1mm×5μm，美国 Waters 公司）；进样量 10μL；柱温 30℃；流动相：乙腈（A），水（B），甲醇（C），1% 甲酸（D）。梯度洗脱程序：起始 6% A-76% B-8% C-10% D，7.5min 内线性改变为 25% A-45% B-20% C-10% D，保持 2min，流速为 0.23mL/min。质谱检测条件：采用电喷雾离子 ESI 源；电离模式 ESI^+ 和 ESI^-切换；电离电压 4kV（+）、3.5kV（−）。鞘气压力 241kPa，辅助气压力 34.3kPa，传输毛细管温度 350℃。碰撞气压力 0.2Pa。数据采集方式：多反应监测。方法对水体中的目标抗生素有较好的灵敏度和富集效果，方法回收率为 69.5% ～ 122.6%，检出限为 0.05 ～ 0.32ng/L。

吴维等采用固相萃取技术对饮用水体样品中的 7 类 30 种抗生素药物残留（包括青霉素类 1 种、林可胺类 1 种、氯霉素类 3 种、喹诺酮类 3 种、四环素类 4 种、大环内酯类 5 种、磺胺类 13 种）进行富集，使用液相色谱-串联质谱仪的多反应监测模式进行定性定量分析。色谱条件：液相色谱各流路为 A1 乙腈，B1 0.1% 甲酸-水溶液，B2 纯水。柱温为 40℃，进样量为 10μL（溢出因子为 4）。质谱条件：串联质谱仪的离子源为电喷雾离子源（ESI）；多反应监测模式；毛细管电压为 2.8kV，萃取锥孔电压为 5V，RF 透镜电压为 0.1V；离子源温度为 120℃，去溶剂气温度为 350℃；去溶剂气和锥孔气均为高纯氮，流速分别为 600L/h 和 75L/h；碰撞气为高纯氩，碰撞室压力约为 0.5Pa，碰撞室进出口电压分别为 0 和 1V。方法的平均回收率为 61.9% ～ 152.7%，相对标准偏差为 1.60% ～ 14.97%，方法最低检出浓度为 1.5ng/L，方法适用于饮用水体中抗生素残留的检测分析。

（3）全氟-多氟化合物

全氟-多氟化合物（per- and polyfluoroalkyl substances，PFASs）是化合物中烷基链上的氢原子全部或部分被氟原子取代，并在氟化链末端连有不同类型官能团的一类化合物的统称。由于 PFASs 具有特殊的物理化学性质和优良的表面活性，被广泛应用于各类化工产品和日常消费品中。因 PFASs 在生产、生活中的广泛使用，并持续大量地进入自然环境中，PFASs 在大气、土壤、底泥、淡水、海水、室内灰尘，甚至野生动物和人类血清等各类介质中被广泛检出。同时，稳定性极强的 C—F 键使得 PFASs 难以发生水解、光解、微生物降解和生物代谢反应。PFASs 通过呼吸、食物或饮水进入人体后，具有蓄积效应，严重威胁人类健康。近年来，PFASs 带来的环境污染问题和健康问题已成为环境科学和毒理学研究的热点。目前，我国颁布的有关全氟化合物国家标准中的目标物多局限于全氟辛基羧酸和全氟辛基磺酸两种常见的化合物，而且该标准仅适用于氟化工产品及消费品，相关污水等环境基质中全氟化合物的检测标准仍是空白。因此，开发污水及污泥基质中各类 PFASs 检测方法，对于环境中全氟化合物的长期监测工作具有重要意义。

刘晓雷等建立了固相萃取-超高效液相色谱-串联质谱同时测定水中全氟烷基羧酸（PECAs）、全氟烷基磺酸（PFSAs）、全氟烷基膦酸（PFPAs）、全氟烷基次膦酸（PFPis）和多氟烷基膦酸二酯（diPAPs）等 23 种全氟及多氟化合物的分析方法。固相萃取柱 WAX 柱依次用 6mL 甲醇（1% NH_4OH）、12mL 甲醇和 12mL 超纯水活化，上样后，用 6mL 乙腈（0.5% NH_4OH）、6mL 甲醇（1% NH_4OH）洗脱。样品萃取液分为三份：第一份用于分析 PFCAs 和 PFSAs，溶液组成为等体积萃取液与超纯水；第二份用于分析 PFPAs，溶液组成为等体积萃取液 25mmol/L 四丁基硫酸氢铵；第三份用于分析 PFPis 和 diPAPs，溶液组成为甲醇。结果表明，水中 23 种全氟及多氟化合物平均加标回收率为 55% ～ 125%，相对标准偏差为 0.3% ～ 15.0%，方法检出限和定量限分别为 0.003 ～ 0.215ng/L 和 0.010 ～ 0.714ng/L。该方法简便、灵敏度高、重现性好，适用于同时检测水中多类全氟及多氟化合物。

陈勇杰等用超高效液相色谱-串联质谱法测定污水中全氟-多氟化合物，包括 9 种全氟羧酸、3 种全氟磺酸、2 种 *N*-烷基全氟辛基磺酰胺乙醇、2 种 *N*-烷基全氟辛基磺酰胺和 4 种氟调醇。对于污水样品，采用 WAX 固相萃取小柱对样品进行净化及富集，WAX 小柱活化上样后，分别用 4mL 甲醇和 3mL 甲醇（0.5% NH_4OH）依次洗脱非离子型全氟化合物和离子型全氟化合物，相应的洗脱液定容后，用液相色谱-质谱进行检测。结果表明，水样和污泥样品中 20 种 PFASs 的平均加标回收率分别为 62% ～ 130%、71% ～ 126%，相对标准偏差分别为 0.9% ～ 12.7% 和 0.4% ～ 15.2%，方法定量限为 0.24 ～ 4.32ng/L。该方法前处理简单，灵敏度高，重现性好，适用于工业污水及污泥基质中多种 PFASs 的同时检测。

由于电喷雾离子源条件下全氟烷基醚类羧酸（PFECA）发生源内裂解和 CO_2 中性丢失，导致其准分子离子峰的丰度降低，影响该类化合物的检测灵敏度。宋鑫等选择［$CF_3(CF_2)_nO$］或［M-H-CO_2］作为母离子，其他次级氟化烷氧基和烷基片段作为子离子，可将全氟烷基醚类羧酸的质谱响应最大提高 4 个数量级。结合液液萃取，对水样中 4 种全氟烷基醚类羧酸进行超高效液相色谱-串联质谱检测。4 种 PFECA 均具有良好的线性关系，相关系数 r^2 均大于 0.99，检出限和定量下限分别为 0.001 ～ 0.005ng/mL 和 0.003 ～ 0.01ng/mL，加标回收率为 90.2% ～ 108%，相对标准偏差不大于 7.9%。该方法为 PFECA 的准确定量、高灵敏检测提供了依据。

3.2.3 发展趋势

随着社会经济的发展，越来越多种类的污染物进入水体，导致环境样品的复杂化问题日益严重，同时环境评价的要求不断提高，研究灵敏度高、快速、准确的高通量检测技术已是城镇供排水水质检测的重点。针对水中污染物种类多、含量低的特点，利用各种高精密的分析仪器结合快速、有效的前处理技术构建高通量检测方法，是当前研究的热点与难点。

3.2.3.1 液相色谱法的发展趋势

（1）与质谱技术联用

高效液相色谱仪与结构仪器的联用是一个重要的发展方向。液相色谱-质谱联用技术受到普遍重视，如分析氨基甲酸酯农药和多环芳烃等；液相色谱-红外光谱联用也发展很快，如在环境污染分析测定水中的烃类、海水中的不挥发烃类，使环境污染分析得到新的发展。

（2）微柱高效液相色谱法

高效液相色谱法具有许多优点，但也存在一定不足，如流动相消耗量大、所用溶剂大多有毒且价格昂贵等。特别是对于一些较复杂样品的分析，用单相分离分析方法往往很难完成。微柱高效液相色谱由于填充粒度小而密集，就等效于理论塔板数的增多，可使色谱柱的柱效提高。采用内径较小的柱子，可使纵向扩散减少，峰展宽效应大大降低，进而既缩短了分析时间又提高了检测灵敏度。采用微柱还可分析极少量的样品，使流动相用量大大减少，有利于节约溶剂、保护环境。

（3）进样富集处理

对于流体中待检物含量较少、基质干扰较大的待测物，直接使用高效液相色谱法检测灵敏度不高，需对待测物进行富集处理，固相萃取是近年发展起来的一种样品预处理技术，主要用于样品的分离、纯化和浓缩，操作简单、省时、省力，已得到广泛应用。

3.2.3.2 液相色谱-质谱联用法的发展趋势

经过近半个世纪的努力，色谱-质谱联用法在分离、检测和数据采集方面的整体性能有很大的提高，已经是一个非常成熟、完善的定性、定量优良工具。由于提供信息的能力、可靠性及商品化系统的多种选择性和可用性，它不仅在许多科学研究领域，而且在工业生产以及各种检测和检验部门都得到了广泛的应用。如果说当今质谱仪器仍被视为大型精密分析仪器而被更多实验室采用，则小型台式色谱-质谱联用仪和各种专业型的气相色谱-质谱联用仪器已经成为许多实验室不可缺少的常规分析工具。目前，液相色谱-质谱联用技术仍在不断创新、不断发展，以求满足物质检测的各种需求。

（1）LC-MS 联用技术的离子化方法

在 LC-MS 研究过程中，离子化是关键。传统的 EI、CI 要求样品为气态，于是发展了 FAB（快速原子轰击）、TSI（热喷雾）、ESI（电喷雾电离）、API（大气压电离）和 MALDI（基质辅助激光解吸电离）等各种软离子化方法，基本上解决了 LC-MS 联用技术分析样品的离子化问题。

（2）LC-MS 联用技术的接口

为了解决 LC 流速与 MS 高真空的匹配问题，研制了各种 LC-MS 接口。早期 LC-MS 接口基本上是效仿 GC-MS 仪，如 MB（传送带）接口，但仅靠样品的蒸发实际上限制了其应用。后来又出现的 DLI（直接液体导入）、PB（粒子束）、TSI（热喷雾）、CFFAB（连续流动快速原子轰击）等接口，其基本机制是形成小液滴，溶剂蒸发，对分析物进行温和的去溶剂化。但对很多分析物很难提供有用的信息，直到 API 和 ESI 接口的研制成功，才极大地拓宽了 LC-MS 的应用范围。

API 接口是将化学电离的原理延伸到大气压条件下进行。API 的灵敏度比 CI 高 3 个数量级，可与普通 LC 流速相匹配，含 100% 水的流动相也可以使用，主要用于分析中等极性以上的化合物。API 的缺点主要是只产生单电荷离子，分子量 <1000，并且有较高的化学噪声。

ESI 接口的研制成功在质谱领域和 LC-MS 发展上是革命性的突破。ESI 对质谱最大的贡献是产生大量多电荷离子，使质谱的测量范围有了根本性改变。该接口可使用的溶剂范围宽，从 100% 的水相到 100% 的有机相均可。ESI 是迄今最柔和的电离方式，主要给出准分子离子峰，很少有结构碎片信息。但 ESI 不适于非极性化合物的分析，仅适应低流速。

（3）流动相组分的协调

在流动相中加入非挥发性组分如磷酸盐、离子对试剂等，是传统 LC-MS 接口技术所禁止的。很多学者采用逆流干燥、在线连续流动液液萃取、阀转换、微膜抑制剂等技术，部分地解决了 LC-MS 流动相中加入非挥发性组分的问题，扩大了其应用范围。而 Waters 公司设计的 Z 型专利接口，可以使仪器使用非挥发性的缓冲液作为流动相，同时还可以降低本底噪声，提高灵敏度，使 MS 免受污染，是一个成功的液质联用接口。

3.3 离子色谱及质谱联用技术

离子色谱法（ion chromatography，IC）是将改进后的电导检测器安装在离子交换树脂柱的后面，以连续检测色谱分离的离子的方法。早在 20 世纪 40 年代，离子交换树脂已用于离子性物质的分离，不过仅仅将颗粒较大且不均匀的离子交换树脂填充在玻璃柱中，流动相靠重力自然流下，只能做一些简单的分离，不能对流出物进行连续检测，且分离效果差、耗时长。1975 年，Small 等将经典的离子交换色谱与高效液相色谱技术相结合，用电导检测器连续检测柱流出物获得成功，这标志着离子色谱法的问世，即采用低交换容量的阴离子或阳离子交换柱，以强电解质作为流动相分离无机离子，流出物通过抑制柱与分离柱填料带相反电荷的离子交换树脂柱。1999 年，不用化学试剂只用水的离子色谱技术（reagent free ion chromatography，RFIC）问世。该技术采用的淋洗液发生器可以在线制备高纯度的酸 / 碱性淋洗液，采用电解技术制备淋洗液，仅仅泵入高纯水即可实现不同梯度的淋洗液。它是 IC 发展史上的里程碑，不仅保护了人的健康和环境，而且简化了 IC 的操作，消除了淋洗液污染的可能性，明显改善了基线漂移，提高了检测灵敏度和重现性，拓宽了 IC 的应用，用更少的时间和精力得到更好的结果。

经过近 30 年的发展，离子色谱法已经成为分析离子性物质的常用方法。随着供水系统中污染情况愈加复杂，为了更好地检测污染物的种类、水平、形态等，近年来，离子色谱-串联质谱技术的应用也越来越普遍。

3.3.1 离子色谱及串联质谱的原理

离子色谱是高效液相色谱的一种，是分析阴、阳离子的一种液相色谱方法，该方法具有选择性好、灵敏、快速、简便等优点，可同时测定多种组分。

IC 主要由流动相传送部分、分离柱、检测器和数据处理单元 4 部分组成，其中，分离柱是其最重要的部件之一。阳离子交换柱和阴离子交换柱分别用于分离阳离子、阴离子样品；缓冲溶液作为洗脱液，经泵输送入色谱柱后，其阳离子或阴离子最终将色谱柱中所有可交换的离子置换出来，并由检测器转换为恒定的信号——基线。然后，进样少量样品，样品中的离子即被树脂柱接受，并与同等数量的洗脱液离子交换。如果样品中所有离子的浓度大于洗脱液的离子浓度，柱顶端的总离子浓度即增加，随后产生一个脉动。当脉动沿着柱移动并通过电导检测器时即得到一个正峰；反之，则获得负峰。进样后，洗脱液离子继续不断地被泵入色谱柱，对树脂的可交换部位与样品离子进行竞争，并且使样品离子沿着柱子移动。由于不同的样品离子对交换树脂亲和能力不同，因而不同的样品离子沿柱以不同的速度移动，最终完成分离。一般情况下，离子交换色谱分离时淋洗液的背景电导比较高。现代离子色谱技术，采用一些新技术，可以使离子色谱的淋洗背景降低，并使被测样品的电导值提高，从而有效提高分析灵敏度。

离子色谱主要分为抑制型离子色谱和非抑制型离子色谱两大类。

（1）抑制型离子色谱（又称为双柱型离子色谱）

由 Small 等最早提出，后作为美国 Dionex 公司专利并生产。其原理为：由于离子交换分离的洗脱液几乎都是强电解质，其电导一般要较待测离子高 2 个数量级，会完全掩盖待测离子的信号。为提高检测灵敏度，采用在分离柱后串联抑制柱的办法，可使洗脱液转变成低电导组分。具体方法就是采用弱酸盐作为淋洗液（如 OH^-、碳酸盐和硼酸盐等），通过抑制器后，将它们转化为对应的弱酸（如 H_2O、碳酸和硼酸等），以降低来自洗脱液的背景电导。另外，也可将样品离子转变成相应的酸或碱，以增加其电导。抑制型离子色谱因为对淋洗液的背景电导进行抑制，所以这种离子色谱灵敏度比较高，检测下限比较低，可测定 ng/mL 甚至 ng/L 级含量的阴、阳离子对于阴离子分离所采用的淋洗通常为氢氧化物、碳酸盐或硼酸盐等弱酸盐的稀溶液，也可以采用两性离子。阳离子分离通常采用酸或含苯胺类化合物，背景电导率通常为 1 ～ 20μS/cm。

（2）非抑制型离子色谱（又称为单柱型离子色谱）

由美国艾奥瓦州立大学 Fritz 等提出，它是一种不用抑制器，直接用电导等电化学检测器测定阴离子和阳离子的液相色谱方法。其特点是：采用足够低交换容量的分离柱，以及很稀浓度的洗脱液。进行阴离子分析时，树脂的交换容量为 0.005 ～ 0.10meq/g，典型的洗脱液是 1.0×10^{-4} ～ 4.0×10^{-4}mol/L 的苯甲酸、羟基苯甲酸或邻苯二甲酸的钠盐或钾盐，这些洗脱液都足够稀，从而使背景电导率相当低；大部分样品阴离子的当量电导比洗脱液阴离子要高，因此，样品浓度即使低至 mg/L 级也能测得。单柱型离子色谱价格便宜、使用方便，但由于背景电导与抑制型离子色谱相比往往比较高，影响了检测下限，线性范围也相对窄一些，目前已经很少采用。

对于无机阴离子的检测，在离子色谱法出现前，只能用容量分析法、光度分析法、重量分析法等传统的化学分析方法。这些方法灵敏度低、操作烦琐、不能进行多离子同时分析。

离子色谱法的诞生使阴离子的分析发生了革命性的变化。离子色谱法具有以下特点：

① 分析速度快。现代科学研究、产品质量控制要求的分析样品数量不断增加，分析速度显得越来越重要。一般而言，离子色谱法分析一个样品仅需要 10min，并可实现同时定量分析。

② 检测灵敏度高。随着信号处理和检测器制作技术的进步，不经过预浓缩就可直接检测 μg/L 级的离子。

③ 选择性好。通过选择合适的分离模式和检测方法，可获得较好的选择性。

④ 多组分同时分析。在短时间内可实现 10 个以上离子的同时分离，线性范围一般可达 2 ～ 3 个数量级。

⑤ 色谱柱的稳定性好。色谱柱的稳定性主要由所用填料的类型决定，离子色谱法中使用最多的是有机聚合物作基质的填料，具有较强的耐酸、耐碱性。

离子色谱-串联质谱技术（ion chromatography - mass spectrometer, IC-MS）则是根据离子交换分离机理，利用各离子在分析柱上的亲和力不同进行分离。经过抑制器降低流动相的本底电导，柱后添加甲醇，提高流动相的挥发性。经离子色谱分离的待测离子通过导入系统进入离子源，被电离成碎片离子，由质量分析器将其分离并按质荷比大小依次进入检测器，信号经放大、记录得到质谱图。

3.3.2 仪器结构及组成

离子色谱仪是近年来发展起来的一种新型色谱仪器。离子色谱仪的典型结构由输液泵、进样阀、色谱柱、抑制柱、检测器和数据处理系统组成。样品经过色谱的分离后进入质谱系统。质谱系统主要由离子源、质量分析器、检测器和数据处理系统组成。离子色谱-串联质谱结合了离子质谱出色的分离及分析效果与质谱的高分辨定性能力，在水质监测分析中发挥越来越大的作用。

（1）输液泵

双头往复泵是非常常用的一种输液泵，它由电机带动凸轮转动，两个柱塞杆往复运动，吸入排出流动相。两个柱塞杆的移动有一个时间差，正好补偿流动相输出的脉冲，因而流速相当平稳。

（2）进样阀

常用的进样方法是六通阀进样，这种方法进样量的可变范围大，耐高压，而且易于自动化。

（3）色谱柱

分离系统的主要元件是色谱柱，它是色谱分离过程中存放固定相的场所。离子色谱仪的柱填料是离子色谱仪研究的热点，是离子色谱仪发展的主要推动力，发展很快。

（4）离子检测器

分为两大类，即电化学检测器和光学检测器。前者包括电导、直流安培、脉冲安培和积分安培等；后者则包括紫外光、可见光和荧光检测器。

电导检测器是离子色谱最重要的检测器。所有的离子化合物（有机离子、无机离子、强酸和强碱）以及可被解离的化合物（弱酸和弱碱）的水溶液都能够导电。电导检测器就是以离子色谱流动相中电导的变化作为定量的依据，其结构比较简单，检测池在两个电极中间，当在电极上加上电压时，检测池内溶液中的离子就会产生运动。通过对运动产生的电流的测量就可以知道溶液中离子的浓度。而如果流动相的导电性很高，而样品的导电性较低，那么电导检测器就不会有效地检测出样品离子的浓度。因此，人们在色谱柱和电导检测器之间加上了一个抑制柱，它可以改变流动相和样品的导电性，从而使样品离子得到灵敏的检测。

（5）质谱系统

在离子色谱的基础上，质谱系统主要由进样系统、离子源、质量分析器、检测器和数据处理系统五部分组成。进样系统通过特殊的联机“接口”将样品导入离子源，进入质谱分析，通常为气相、液相、离子等色谱系统。

离子源分为气相和液相两种。前者包括电子轰击电离源（EI）、化学电离源（CI）；后者包括电喷雾电离源（ESI）、大气压化学电离源（APCI）、大气压光致电离源（APPI）、基质辅助激光解吸电离源（MALDI）；其中 ESI 和 APCI 最为常用，分别用于较宽的分子量及极性范围、非极性与小分子化合物。电喷雾电离具有保留分析物分子离子、灵敏可靠的优点，适用于大部分化合物，但也存在一定局限性，如很少或没有碎片导致质谱库无法进行 NIST 库搜索而必须创建新库来搜索、高水相的流动相需要升高 ESI 离子源温度提高挥发性、不挥发的盐则会凝结在 ESI 毛细管（喷雾针）里面、离子化会被高浓度的盐抑制等。

质量分析器通过将离子源产生的离子按质荷比（m/z）顺序分开。典型的质量分析器有单四极杆、三重四极杆、离子阱、傅里叶变换离子回旋共振、混合质量分析器等几种类型。

离子色谱质谱的质谱扫描模式包括全扫描和选择离子扫描两种。全扫描是质谱进行数据采集时，可自定义扫描范围，覆盖被测化合物的分子离子以及碎片离子的质量，一般想要得知未知物质的分子量及相应所有的碎片离子都会进行全扫描，通过扫描得到全谱，进行相应的谱库检索，从而得到未知物质的相应信息。选择离子扫描也叫单离子监测，是针对一级质谱而言，进行只扫一个离子的模式，并不是连续扫描某一范围内的质量，而是通过设定有针对地扫描某几个选定的质量，一般用于化合物检测或复杂混合物中杂质的定量扫描检测。

3.3.3 离子色谱及串联质谱法的应用

离子色谱的应用范围从常见阴、阳离子和有机酸，发展到过渡金属及其不同氧化态、水溶性极性有机化合物、氨基酸和糖类化合物等，已广泛应用于环境样品的分析，包括地表水、饮用水、雨水、生活污水和工业废水、酸沉降物和大气颗粒物等样品中的阴、阳离子。

在水质检测方面，离子色谱法主要应用于同时测定水中的无机阴离子，如硫酸盐、F^-、Cl^-、Br^-、硝酸盐、亚硝酸盐等。侯小平等选用 IonPac AS14 分离柱，以 0.6mmol/L $NaHCO_3$-4.8mmol/L Na_2CO_3 为淋洗液，采用抑制型电导检测离子色谱法同时分析了 7 种无机阴离子（F^-、Cl^-、Br^-、NO_2^-、NO_3^-、SO_4^{2-}、$H_2PO_4^-$）。该方法的检出限为 0.001 ～ 0.80μg/L，RSD 小于 3%。韩照祥等探讨了饮用水中的多种无机阴离子（F^-、Cl^-、NO_2^-、Br^-、HPO_4^{2-}、NO_3^-、SO_4^{2-}）的离子色谱测定法。在选定流量（1.5mL/min）下使用多种浓度淋洗液检测各阴离子的保留时间、峰高、峰面积和检测周期，确定的最佳的淋洗液为 $NaHCO_3$-Na_2CO_3，浓度为 2.0mmol/L、3.0mmol/L，最佳泵流量为 1.5mL/min。在确定的淋洗液浓度和流量下检测了自来水和矿泉水中的无机阴离子的含量、各种离子间的相互影响，其回收率为 94.69% ～ 102.20%。

刘勇建等建立了一种采用大体积直接进样离子色谱测定饮用水中 9 种卤代乙酸和 6 种阴离子的新方法。采用高容量的 IonPac AS9-HC 阴离子色谱柱，在进样量为 500μL 时，以 28mmol/L Na_2CO_3 为淋洗液，采用流速梯度洗脱，可在 35min 内同时测定上述 15 种被测物。9 种卤代乙酸的检测限为 1.91 ～ 49.98μg/L，其中二氯乙酸、三氯乙酸的检测限分别为 4.62μg/L 和 5.11μg/L。

本书作者对离子色谱检测条件进行反复优化和摸索，开发了草甘膦和 9 种阴离子（氟化物、氯化物、硝酸盐、硫酸盐、亚氯酸盐、氯酸盐、溴酸盐、溴化物、亚硝酸盐）的离子色谱检测方法。选择 IonPac AS19 型阴离子色谱柱及保护柱，梯度淋洗，淋洗液流速为 1.0mL/min，抑制器电流为 90mA，进样体积 200μL，样品通过 0.45μm 的滤膜样品过滤器过滤后自动进样器进样，进入色谱柱分离，氢氧根淋洗液淋洗，经电导检测器检测。该方法同时测定 9 种阴离子及草甘膦的检出限结果如表 3-14 所列。对比国标方法及检出限可发现，只加水离子色谱法测定 9 种阴离子及草甘膦的检出限低、灵敏度高、简便快速高效。该方法的回收率为 92.9% ～ 108%，RSD 为 0.112% ～ 3.67%。说明该方法对 9 种阴离子及草甘膦的检测具有良好的精密度和准确度。

表 3-14　9 种阴离子和草甘膦检出限、精密度及准确度结果

被测物	方法检出限 /（mg/L）	RSD/%	回收率 /%
氟化物	0.002	0.112	95.2
氯化物	0.005	0.082	99.9
硝酸盐	0.006	0.109	100
硫酸盐	0.025	0.118	100
亚氯酸盐	0.005	0.501	96.6
氯酸盐	0.01	0.474	107
溴化物	0.005	0.471	108
溴酸盐	0.004	3.67	105
亚硝酸盐	0.0035	0.572	102
草甘膦	0.04	1.72	92.9

刘肖等利用戴安公司的 AutoPrep 自动样品前处理技术，首次提出将 OnGuard SPE 前处理小柱在线使用的概念，对饮用水中的大部分氯离子进行在线去除的同时，还可对其中的亚硝酸盐和硝酸盐进行快速、准确的定量。该方法选用了自动在线水纯化装置 CIRA 和 OnGuard Ag 小柱，运用阀切换技术实现自动进样，以高容量氢氧化物选择性 IonPac AS18 阴离子交换色谱柱，淋洗液自动发生装置在线产生 KOH 进行梯度淋洗，抑制型电导检测。亚硝酸盐和硝酸盐的检出限分别为 17.8μg/L 和 25.6μg/L，RSD ＜ 5%，加标回收率＞ 92%。该方法具有自动化程度高、操作简单、重现性好、节约时间、成本低廉和对环境友好的特点。

离子色谱虽然能满足大部分物质检测的需求，但定性、定量手段单一，存在检测灵敏度不高、易受其他离子干扰等局限。质谱（MS）作为一种高灵敏度的定性、定量技术，由于具有可保留分析物分子离子、灵敏度高、分析速度快且不受试样物态的限制、适用于大部分化合物等优点，已在环境分析中得到广泛应用。离子色谱串联质谱技术成为解决复杂基体中超痕量有害离子分析的有效工具，在食品、医疗、环境、农药等领域得到广泛应用。在城镇供水系统中，离子色谱串联质谱主要用于测定水中的消毒副产物、农药、高氯酸盐等。刘勇建与牟世芬较早总结了离子色谱-质谱联用技术在饮用水分析中的应用现状。

程士等通过非离子抑制性离子色谱-电喷雾离子化串联质谱建立了卤代乙酸及其氧化物的分析方法。该方法使用 0.45μm 滤膜过滤样品，采用 Dionex IonPac AS16 色谱柱进行分离，使用甲胺水溶液和乙腈作为混合流动相，采用电喷雾负离子模式和多反应监测模式进行质谱分析，确定最优流动相条件为 0.7mol/L 甲胺水溶液-乙腈，体积比 30∶70，等度洗脱。在此条件下，9 种卤代乙酸和 3 种卤氧化物在 0.5 ～ 100μg/L 范围内均具有很好的线性关系（r>0.995），检出限为 0.052 ～ 0.270μg/L，检测下限为 0.208 ～ 1.080μg/L；在自来水中加标回收率为 74.9% ～ 114.9%，相对标准偏差为 1.2% ～ 8.7%。任洁芳等基于离子色谱串联质谱建立了饮用水中 9 种卤代乙酸的检测方法。该方法使用注射泵进样，优化得到母离子、子离子、去簇电压、碰撞能量等参数并建立 MRM 采集方法；通过离子色谱-质谱联用模式，使用混合标准溶液确定喷雾电压和离子源温度两个主要参数。本实验对 9 种卤代乙酸进行线性范围测试，其相关系数 r^2 均大于 0.99，线性关系良好，相对标准偏差为 1.73% ～ 9.92%，9 种卤代乙酸的 LOD 和 LOQ 分别在 0.02 ～ 1.61ng/mL 和 0.06 ～ 2.77ng/mL 之间，样品加标回收率为 97% ～ 103%。

覃晓媚等采用离子色谱串联质谱法测定了地下水中草甘膦、草铵膦和氨甲基膦酸，水样用 0.22μm 滤膜过滤后进样 100μL，经 IonPac AS11-HC 离子色谱柱分离，采用电喷雾串联四极杆质谱仪负离子多反应监测模式检测，外标法定量。结果表明，草甘膦、草铵膦和氨甲基膦酸分别在质量浓度为 0.05 ～ 2.00μg/L、0.30 ～ 12.0μg/L、2.00 ～ 80.0μg/L 范围内线性相关系数均＞ 0.999。草甘膦、草铵膦和氨甲基膦酸检出限分别为 0.01μg/L、0.08μg/L、0.50μg/L，相对标准偏差分别为 4.3% ～ 15%、8.0% ～ 10%、5.9% ～ 7.7%，实际样品加标回收率分别为 60.0% ～ 100.0%、80.0% ～ 118.3%、80.5% ～ 109.0%，具有较好的灵敏度和精密度。

高氯酸盐是近年来被人们普遍关注的污染物，常用于军工和烟火制造业、汽车气袋和高速公路照明灯中，其不正确处理会导致饮用水及环境水的污染，目前在国内外各地水源中均有发现。2022 年，《生活饮用水卫生标准》（GB 5749—2022）将高氯酸盐新增为扩展指标，限值为 0.07mg/L。史亚利等选用高容量、亲水性强的阴离子交换柱，以 KOH 为淋洗液进行等浓度淋洗的方式，建立了一种测定痕量高氯酸盐的离子色谱-质谱联用方法，检出限为 0.101μg/L；将该方法用于饮用水、地下水及雪水等环境水样中高氯酸盐的分析，回收率在 86% ～ 110% 之间；通过实际自来水连续进样测得相对标准偏差为 1.6%。

本书作者基于离子色谱串联质谱法建立了生活饮用水中高氯酸盐、一碘乙酸和二碘乙酸的检测方法。该方法采用 AS11-HC 分析柱（250mm×2mm）、AG11-HC 保护柱（50mm×2mm），采用电喷雾离子源、负离子扫描、SIM 监测模式，进样体积为 150μL，实现高氯酸、一碘乙酸、二碘乙酸最低检测质量浓度分别为 0.25μg/L、5.0μg/L、2.0μg/L；上述 3 种污染物的纯水和末梢水加标回收率分别为 92.4% ～ 113.0%、71.4% ～ 113.0%、93.8% ～ 117.0%，三者的相对标准偏差为 1.55% ～ 11.17%。该方法前处理简单、灵敏度高、准确度好，适用于生活饮用水以及水源水中的高氯酸、一碘乙酸、二碘乙酸的测定，实现了污染物的高效检测。

3.3.4 离子色谱及串联质谱技术的发展趋势

离子色谱及其串联质谱作为高效液相色谱的新发展，应用于无机物、有机酸及其他污染物的检测，具有准确度高、检出限低、样品前处理简单、易实现高通量分析等优点，是一种理想的检测技术。随着人民对城镇供水安全关注的增加，可以预见离子色谱串联质谱法在供水系统水质检测领域将发挥更重要的作用，具有更广阔的发展前景。

(1) 实现更多组分的分析

离子色谱法分析环境样品常用淋洗液主要有水、无机碱、无机酸和有机酸等，主要用于无机物、有机酸和可以通过前处理转化成离子的物质等的测定。技术人员可通过以下途径，实现离子色谱用于更多组分的分析：

① 更多的样品前处理方法将待测组分转化成可溶离子；

② 发现更多淋洗液、色谱柱固定相，实现多种组分的有效分离；

③ 研发新的检测器种类、捕捉待测组分信号，实现不同类别待测组分的检测。

(2) 更高效的样品前处理装置

关于离子色谱技术发展，牟世芬研究员特别强调："离子色谱的方法选择性主要取决于固定相，也就是我们常说的色谱柱——离子色谱的'心脏'。"近年来各种色谱柱技术发展迅速。离子色谱柱研发重点集中在：新型离子交换柱填料；高效高容量柱、整体柱、快速柱和高选择性柱。

同时，今后在选择新的洗脱液、合成新的低交换容量离子交换树脂和高灵敏度的检测器方面有很广阔的发展前景，以便实现在尽可能短的分析时间内能分离含有多种阴离子（或阳离子）的混合物，并能高度灵敏地检测被分离的离子。

(3) 与其他仪器设备联用技术

IC 与 AAS、AFS、ICP-MS 以及 MS 等的联用是 IC 应用发展的另一个热点。例如，IC 与原子荧光联用，用于砷、汞、硒、铬等的价态和形态分析；IC 与质谱串联，可用于多组分的同时在线分析和待测组分的形态分析，达到更好的分离、检测效果，拓宽检测领域；抑制型 IC 与 MS 的联用，用于复杂基样品中痕量成分的分析，以提高方法的选择性与灵敏度。将离子色谱与质谱联用，不但可以有效地消除样品本身带来的基体干扰，而且具有灵敏度高、准确性好、同时测定多种成分的优点，将会在环境监测中发挥不可替代的作用，应用前景非常广阔。

(4) 在线检测技术联用

目前，离子色谱在线实时分析主要应用于气溶胶及大气降水的检测。在线检测数据可实现多个大气检测点数据的实时采集，进行特征污染物的源解析更方便，响应更迅速，全自动化处理使得数据更加可靠。

随着离子色谱可检测的组分越来越多，前处理技术越来越成熟。在线检测代替人工检测，可随时发现污染物异常波动并发出预警。发生污染事故可根据实时监测结果判断污染范围及污染程度。另外，在线离子色谱实现了超长时间、不间断数据的可能，为水质监测及环保机构提供可靠数据收集技术支持。

(5) 小型化

DR 离子色谱、毛细管离子色谱以及微芯片离子色谱等小型化离子色谱仪，也是国际离子色谱最新发展的热点，但是国内还很少涉及。

3.4 电感耦合等离子体发射光谱法

电感耦合等离子体发射光谱法（inductively coupled plasma optical emission spectroscopy，ICP-OES）是以等离子体为激发光源的发射光谱分析方法。ICP-OES 在元素分析测试中的应用技术简便、快速，一般每个样品仅需 3 ～ 4min；检出限低，多数可达 0.005μg/mL 以下；测量动态线性范围宽，一般可达 5 ～ 6 个数量级，可同时进行高含量元素和低含量元素的分析；可多种元素同时分析，无需化学分离，可定性、定量分析金属元素，也可分析部分非金属元素，基体效应小，背景干扰低、信噪比高、精密度高、准确性好，现已在环保、食品、中药、地质、矿物、农业、生物医学以及金属材料等许多领域中得到广泛应用。

1884 年，Hittorf 发现当高频电流通过感应线圈时，装在该线圈所环绕的真空管中的残留气体会发生辉光，这是高频感应放电的最初观察。1942 年，Babat 采用大功率电子振荡器实现了石英管中在不同压强和非流动气流下的高频感应放电，为这种放电的实用化奠定了基础。1961 年，Reed 设计了一种从石英管的切向通入冷却气的较为合理的高频放电装置，它以 Ar 或含 Ar 的混合气体为冷却气，并用碳棒或钨棒来引燃。20 世纪 70 年代，ICP-OES 进入实质应用阶段。1975 年美国 ARL 公司生产出第一台商品 ICP-OES 多色仪，此后各种类型的商品仪器相继出现。目前，ICP-OES 分析技术已成为现代检测技术的一个重要组成部分。

3.4.1 电感耦合等离子体发射光谱法的原理

等离子体（plasma）在近代物理学中是一个很普通的概念，是一种在一定程度上被电离（电离度大于 0.1%）的气体，其中电子和阳离子的浓度处于平衡状态，宏观上呈电中性的物质。电感耦合等离子体（ICP）是由高频电流经感应线圈产生高频电磁场，使工作气体形成等离子体，并呈现火焰状放电（等离子体焰炬），达到 10000K 的高温，是一个具有良好的蒸发-原子化-激发-电离性能的光谱光源。为了形成稳定的 ICP 火焰，需要具备高频电磁场、工作气体及能维持气体稳定放电的炬管 3 个条件。

其原理为：以射频发生器提供的高频能量加到感应耦合线圈上，并将等离子炬管置于该线圈中心，因而在炬管中产生高频电磁场，用微电火花引燃，使通入炬管中的氩气电离，产生电子和离子而导电，导电的气体受到高频电磁场的作用而形成与耦合线圈同心的涡流区，强大的电流产生高热，从而形成火炬形状的并可以自持的等离子体，由于高频电流的趋肤效应及内管载气的作用，等离子体呈环状结构。样品由载气带入雾化器进行雾化后，以气溶胶形式进入等离子体的轴向通道，在高温和惰性气氛中被充分蒸发、原子化、电离和激发，发射出所含元素的特征波长的光，经分光系统分光后，其谱线强度由检测系统和数据处理系统收集和处理，根据特征谱线的存在与否来鉴别样品是否含有某种元素，根据特征谱线强度确定样品中响应元素的含量。

ICP-OES 方法具有以下几个优点：

① 分析速度快，干扰低、时间分布稳定、线性范围宽，能够同时读出多种被测元素的特征光谱，同时对多种元素进行定性和定量分析；

② 分析灵敏度高，一般相对灵敏度为 10^{-6} 级，绝对灵敏度为 10^{-9} ～ 10^{-3}g；

③ 分析准确度和精密度较高，一般情况下其相对标准偏差为 10%，当分析物浓度超过 100 倍检出限时相对标准偏差为 1%；

④ 测定范围广，可以测定几乎所有紫外和可见光区的谱线，被测元素的范围大，一次可以测定几十种元素。

3.4.2 电感耦合等离子体发射光谱仪

电感耦合等离子体发射光谱仪是以电感耦合等离子炬为激发源原子化装置或离子源的一类新型光谱分析仪器，常用于定性、半定量和定量分析，依据每种化学元素的原子或离子在热激发或电激发下发射特征的电磁辐射进行元素的定性、定量分析，可对约 70 种元素（金属元素及磷、硅、砷、硼等非金属元素）进行分析，可有效测定高、中、低含量的元素。电感耦合等离子体发射光谱仪通常由等离子体系统、进样系统、光学系统、检测和数据处理系统部分组成（图 3-4）。

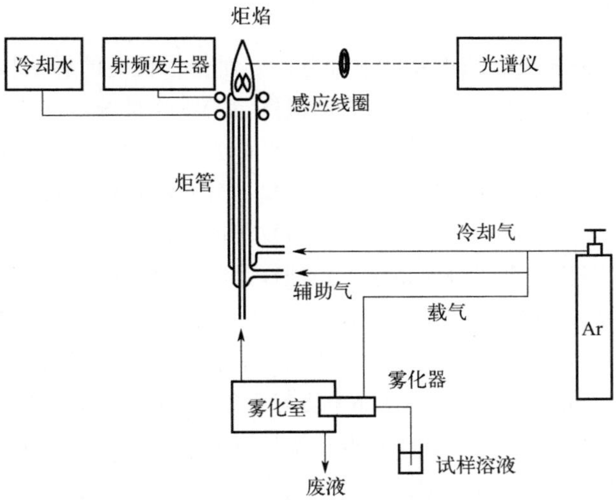

图 3-4 ICP 的仪器装置图

3.4.2.1 等离子体系统

等离子体系统主要由光源系统、射频发生器、等离子炬管、进样系统组成。光源系统提供样品中被测元素原子化和原子激发发光所需要的能量。它提供足够的能量使样品溶液蒸发、原子化、激发，产生光谱，光源的特性在很大程度上影响着光谱分析的准确度、精密度和检出限。

射频发生器是给耦合线圈和等离子体提供高频能量的射频功率源。ICP 光谱法中一般要求高频发生器具有稳定的功率输出、长时间工作无功率漂移、对测量系统无电学干扰、功率转换效率高以及频率尽可能稳定等。常用的射频发生器包括自激式振荡器和晶控型振荡器。前者由一个发射管同时完成振荡、激励和功放等功能，后者则振荡与激励、功放等分开。

炬管是一个直径为 25mm 的三层同心石英管，放置在一个连接射频发生器的线圈里，当电源接通时高频（27112 ～ 40168MHz）电流通过线圈，在石英管内产生交变电磁场，使通入其中的氩气电离，形成一个稳定的火焰状高温放电炬——等离子体，温度高达 10000K，是一个具有良好蒸发、原子化、激发、电离性能的光谱光源。炬管的主要作用是使等离子体放电与负载线圈隔开以防止短路，并借助于通入的外气流带走等离子的热量和限制等离子体的大小。样品的气溶胶通过中心内管喷入等离子体中，形成一个2mm左右的分析通道，样品元素电离，外层电子发生跃迁发射特征谱线，谱线强度通过光学系统衍射分光，由检测器接收，根据谱线强度进行定性、定量分析。在ICP-OES中，一般要求炬管易点燃、能够获得稳定的具有环状结构的等离子体、氩气消耗量小、功率低，并具有良好的耦合效率。

ICP激发光源是一种具有6000～7000K的高温激发光源，是由高频放电产生的、外形与化学火焰相似的电火源，其激发光源为分析试样元素提供蒸发、原子化或激发的能量，是原子发射光谱仪中一个极其重要的组成部分。试样溶液经雾化后，随载气氩气带入炬焰的中心通道中而被原子化和激发，产生多元素分析谱线。ICP激发光源重要优点是可以用简单的水溶液标样分析各种基体中的分析元素，并且在同一工作条件下使大多数元素实际上得到最佳的激发，检测器再把样品中全部元素的所有谱线全部记录下来进行“全谱”测定，对元素进行定量测定，也具有记录样品元素“指纹信息”的独特功能，对测试溶液进行定性分析。

3.4.2.2 进样系统

进样系统是ICP-OES仪器的重要组成部分，它对分析性能的影响极大。在ICP-OES光谱分析中，样品导入等离子体的方法可分为溶液气溶胶进样系统、分开汽化进样系统和固态粉末直接进样系统。采用溶液气溶胶进样系统，样品先转化为溶液，然后经雾化器形成气溶胶导入等离子体中进行蒸发、原子化、激发和电离；分开汽化进样系统，是先把分析物转化为气态，然后再导入等离子体中进行原子化、激发和电离，这种转化可以采用电热汽化和化学汽化等来实现；固态粉末直接进样系统，是把样品粉末直接撒入或吹入等离子体中，或把固体样品（或粉末样品）直接插入等离子体中进行蒸发、原子化、激发和电离。

气动雾化和超声雾化溶液气溶胶进样技术仍是目前最常用、最基本的进样方法。这种进样技术的主要优点是：操作简单，固态样品不均匀性及结晶组织等的影响得到克服，参比样品（“标准”样品）容易配制，许多分析样品本身就是液体（如水样、生物液和土壤浸出液等），可以直接分析。在ICP光谱法中，一般要求雾化器可以采用较低的载气流量（如0.5～1.5L/min或更低）、较低的样品流量（如<1mL/min）、较高的雾化效率、记忆效应小、长时间和短时间稳定性好，以及适于高盐分溶液的雾化并具有较好的抗腐蚀能力。这些要求给各类雾化器的设计和选用带来了苛刻的限制，最常用的是玻璃同心雾化器（图3-5）。

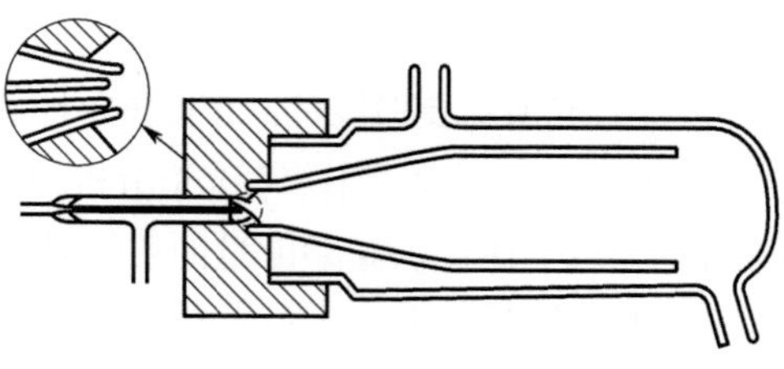

图3-5　玻璃同心雾化器示意图

3.4.2.3 光学系统

电感耦合高频等离子体原子发射光谱的光学系统相对比较复杂，但其作用与原理与其他光谱类似，即将复合光分解为单色光。原子发射光谱的分光系统通常由狭缝、准直镜、色散元件、凹面镜等组成。其核心部件是色散元件如棱镜或光栅两种。目前采用高分辨率的中阶梯光栅分光。中阶梯光栅光谱仪是采用较低色散的棱镜或其他色散元件作为辅助色散元件，安装在中阶梯光栅的前或后来形成交叉色散，获得二维色散图像。它主要依靠高级次、大衍射角、更大的光栅宽度来获得高分辨率，这是目前较先进光谱仪所用的分光系统，配合 CCD、SCD、CID 检测器可以实现“全谱”多元素“同时”分析。也有采用中阶梯光栅的顺序扫描的光谱仪。相对于平面光栅，中阶梯光栅有很高的分辨率和色散率，由于减少了机械转动不稳定性的影响，其重复性、稳定性有很大的提高。而相对于凹面光栅光谱仪，它在具备多元素分析能力的同时，可以灵活地选择分析元素和分析波长。目前各厂家的“全谱”仪器基本采用此类型，只是光路设计和使用光学器件数量上略有不同。中阶梯光栅可通过增大闪耀角、光栅常数和光谱级次来提高分辨率。由于 ICP 有很强的激发能力、发射谱线丰富、谱线干扰也较为严重，因此提高仪器高分辨率有利于避开一些谱线干扰。

3.4.2.4　数据处理系统

ICP 检测器早期主要用光电倍增管（PMT）检测器，目前已逐步被各种固体检测器代替。商品仪器固体检测器主要有电荷耦合检测器 CCD（charge-coupled detector）、电荷注入式检测器 CID（charge-injection detector）、分段式电荷耦合检测器 SCCD（subsection charge-coupled detector）。这些固体检测器，作为光电元件具有暗电流小、灵敏度高、信噪比较高的特点，具有很高的量子效率，而且是超小型的、大规模集成的元件，可以制成线阵式和面阵式的检测器，能同时记录成千上万条谱线，并大大缩短了分光系统的焦距，使多元素同时测定功能大为提高并成为全谱直读光谱仪。目前，ICP 全谱直读光谱仪可按设定的方法实现多功能数据处理，包括绘制工作曲线、进行内标法和标准加入法、自动进行背景扣除，不仅可实时计算，还可改变某些参数进行重处理等。不少软件还带有独特的多元谱图校正功能。

3.4.3　电感耦合等离子体发射光谱法的应用

随着国内外科研人员对 ICP-OES 方法的开发与研究，利用 ICP-OES 同时分析多种金属元素的方法已趋于成熟。

徐红波等用电感耦合等离子体原子发射光谱法同时测定废水中的 Zn、Cr、Pb、Cd、Cu、As。对波长、入射功率、雾化压力、提升量等分析条件进行优化。样品中的干扰因子通过谱线的背景校正方法予以消除。测定各元素的线性关系良好，相关系数均在 0.9994 以上，各元素的检出限在 0.0007 ～ 0.0085μg/mL 之间，样品分析结果的相对标准偏差均＜ 5.5%，加标回收率在 94.0% ～ 105.0% 之间（表 3-15）。

表 3-15　方法检出限、精密度与准确度结果

元素	检出限 /（μg/mL）	相对标准偏差 /%	回收率 /%
Zn	0.0007	4.6	102.9
Cr	0.0040	0.62	94.0
Pb	0.0085	4.9	102.7
Cd	0.0009	2.8	99.6
Cu	0.0040	1.3	94.8
As	0.0070	5.5	105.0

陈金忠等用ICP测定自来水中痕量铜、汞、铅，向自来水水样中加入硝酸（2+98）调节溶液酸度，加入正丙醇提高被测元素的谱线强度。在优化的实验条件下，Cu、Hg、Pb的方法检出限分别为2.32μg/L、8.34μg/L、5.16μg/L，相对标准偏差分别为3.3%、8.0%、9.3%。袁挺侠用电感耦合等离子体原子发射光谱法测定水中钡、铍、硼、钒、钴、钛、钼7种微量元素，该方法的RSD均＜3%，回收率在96.1%～102.6%之间。该方法样品处理简单，可以多元素同时测定，数据处理由计算机软件直接完成，快速准确。

ICP-OES对水样中金属的分析，仅仅需要对水样进行稳定处理而不需要任何其他化学预处理。某些元素的含量很低，其正常含量远远低于ICP-OES检测限，则需要对水样进行预富集。溶剂萃取法广泛用于预富集水中痕量的金属离子元素。Wuilloud综述了这方面的内容，在众多的体系中，最适用于ICP光谱分析的方法是用二硫代氨基甲酸盐的萃取方法，其能够同时萃取多种重金属元素。Jankowski同时富集和测定了海水中镉、铜、铁、钼、镍、钒和锌，在海水中加入缓冲剂（pH=4）和混合络合剂（四亚甲基二硫代氨基甲酸铵和二乙基二硫代氨基甲酸二乙铵）以后，用三氯甲烷萃取，其富集倍数可达250～500倍，然后将待测元素从有机相中反萃取出来，再溶于1mL或2mL稀硝酸中。但这种方法不适于铅、钴、镉、锰。共沉淀是某一物质在离子积尚未超过溶度积后处于过饱和和亚稳状态等一般可溶条件下，从溶液中被主体沉淀带下来，主体沉淀称为载体。从20世纪中期开始，人们一直用共沉淀作为同时富集多种微量元素的方法，但是在水分析中应用得不多。Kovacheva介绍了一种用硫脲从天然水中沉淀各种金属元素的氢氧化物和硫化物的方法。将沉淀过滤后进行光谱分析，成功测定了砷、碲、铋、镉、铜、铅、铝、铍、铬、铁、镧、钛、锌。在线预富集系统与ICP-OES的耦联增加了预富集的速度和分析过程，降低了样品的损耗和污染的可能。Atanassova等介绍一种在线预富集金属的方法，在一个微柱上填充TS-凝胶的硅柱，金属直接保留在吸着柱上，随后用EDTA将其洗脱，检测限可达15.3ng/mL。

3.4.4 电感耦合等离子体发射光谱法的发展趋势

当今ICP-OES的发展趋势是精确、简捷、易用，且具有极高的分析速度。更加注重实际工作的需求及效率，使用者无需在仪器的调整上耗费时间和精力，从而能够把更多的精力放在分析测定工作上，使ICP-OES成为一个易操作、通用性的实用工具；而且仪器更具多样化的适配能力，可根据实际工作需要选择不同的配置，并可根据需求随时升级，真正做到了一机多能、高效易用。

ICP光谱法在过去几十年中，无论在仪器研制（包括商品化）、理论研究或是应用方面都取得了重要的进展。其发展趋势大致如下。

（1）提高检出能力、准确度、精密度、选择性和分析速度

现代工业技术的发展，常要求采用检出限低（如低达μg/L级）、选择性高、精密、准确和快速的分析方法。据报道，1966～1981年期间，痕量元素原子光谱分析的溶液法检出限平均降低3个数量级，即从1966年的μg/mL级降低至1981年的ng/mL级，其中许多元素，特别是ⅦA族及其他非金属元素、第4周期的过渡元素和所有难熔金属元素的最好检出限是由ICP光谱法提供的。电子计算机控制的多道固定狭缝式和单道扫描式ICP发射光谱仪，都可以得到好的准确度、精密度和分析速度，每个样品（即使多达50种元素的测定）分析仅

需 1min（多道）或数分钟（单道）。

除了改善计算机的软件系统，以提高自动校正背景和信号重叠的光谱干扰外，采用大线色散率的仪器和非发射技术是减少光谱干扰、提高选择性的重要途径。中阶梯光栅光谱仪由于具有很高的线色散率而受到广泛注意。由于元素的吸收光谱、荧光光谱和质谱图远比发射光谱简单，分析信号重叠干扰小，因此 ICP-AFS 和 ICP-MS 正引起分析工作者的极大兴趣。

（2）自动化、信息化、标准化

ICP 光谱分析过程的控制、图谱解析、干扰校正和数据处理均借助于计算机自动进行，是目前商品 ICP 光谱仪器发展的主要特征。一些功能良好的 ICP 光谱仪器和分析条件是多种多样的，但从大量的分析不同样品所用的不同 ICP 仪器及主要操作参数的统计比较来看，这种操作参数间的差别并不十分明显。这就提供了采用标准化条件分析不同样品和元素的可能性。进一步开发和完善 ICP 光谱仪的元件系统，提高自动化、信息化水平及仪器和分析条件标准化研究，是一种值得重视的发展趋势。

（3）与其他方法相互渗透和联用

从近代物理学、技术科学（激光技术、等离子体技术和计算机技术等）和近代化学成就中吸取营养，使自己获得新生和不断发展，是 ICP-OES 发展过程中的优良传统，也是 ICP 光谱法得以发生和发展的重要原因。ICP 光谱法与其他方法的联用已取得一些重要进展。如 GC-ICP-OES 和 HPLC-ICP-OES 联用技术已逐渐发展成环境样品状态、价态分析中最有前景的方法之一；化学预处理手段与 ICP 光谱法相结合，对于提高检出能力和选择性、减小基体效应，具有巨大的潜力。因此，继续加强与其他方法的相互渗透和联用，是 ICP 光谱法的重要发展趋势。

（4）加强理论基础研究

ICP 与经典光谱法一样，是以经验为基础的。随着方法的发展和进步，ICP 放电的热平衡性质、蒸发-原子化-激发机理和干扰机理等理论基础研究取得了显著进步。但是，仍有一些结论、现象停留在假设阶段，没有得到充分的证明。因此，加强理论基础研究，对于深化 ICP 的理解、促进其发展是必要的。

目前，全方位提升仪器性能、不断开拓新的应用领域、研发智能化集成化的高品质 ICP 光谱仪器是行业发展趋势，也是国内仪器制造商亟待追赶的方向。可以预测，随着科学技术的不断发展及 ICP 光谱法研究的深入和应用的日益广泛，该方法必将成为现代分析化学中更有竞争力、更受重视、更有威力的分析技术之一。

3.5 电感耦合等离子体质谱法

电感耦合等离子体质谱法（ICP-MS）是 20 世纪 80 年代发展起来的新的分析测试方法。它是以独特的接口技术将 ICP-MS 的高温电离特性与四极杆质谱仪的灵敏快速扫描的优点相结合而形成的一种元素和同位素分析的新型技术。ICP-MS 的分析能力不仅可以取代传统的无机分析技术，如电感耦合等离子体光谱技术、石墨炉原子吸收，进行定性、半定量、定量分析及同位素比值的准确测量等，还可以与其他技术如 HPLC、HPCE、GC 联用进行元素的形态特性等的分析。随着这项技术的迅速发展，现已被广泛地应用于环境、半导体、医学、生物、冶金、石油、核材料分析等领域。

3.5.1 电感耦合等离子体质谱法的原理

当离子以一定初速度进入磁场时，离子的运动轨迹会发生偏转，其偏转的程度与磁场强度、离子的质量电荷比（m/z）、初始加速电压有关。在电场中，离子的势能与加速后的动能相等，即：

$$zeV = \frac{mv^2}{2} \tag{3-1}$$

式中 zeV——电荷数为 z 的离子的势能；

e——单位电荷电量；

V——离子的加速电压；

$\frac{mv^2}{2}$——动能，其中 m 为离子质量，v 为离子线速度。

在磁场中，离子偏转受到向心力和离心力的作用，并达到平衡，有：

$$Bzev=mv^2/R \tag{3-2}$$

式中 $Bzev$——向心力，其中 B 为磁感应强度；

mv^2/R——离心力，其中 R 为偏转曲率半径。

将式（3-1）代入式（3-2），则：

$$m/z=B^2R^2e/(2V) \tag{3-3}$$

式（3-3）为质谱仪的工作基础。当固定磁感应强度和偏转半径时，通过扫描电压可以让不同质荷比（m/z）的离子通过磁场，使等离子体的不同无机离子得到分离和检测，得到质谱图。对一定 m/z 的离子，检测得到的质谱峰面积 S 或峰高 h 与进入质谱仪的该离子数 n 成正比，当控制一定实验条件时，进入的质谱仪离子数又与试样溶液的浓度 c 成正比，即：

$$S=kc \tag{3-4}$$

ICP-MS 是以电感耦合等离子体为离子源，以质谱仪进行检测的多元素分析技术。被分析样品通常以水溶液的气溶胶形式引入氩气流中，然后进入由射频能量激发的处于大气压下的氩等离子体中心区，ICP 中心通道温度高达 7000K，等离子体的高温使样品去溶剂化、汽化解离和电离。等离子体的中心部分进入接口部分。等离子体质谱的接口由采样锥和截取锥组成，两锥之间为第一级真空。离子束以超声速通过采样锥孔并迅速膨胀，形成超声射流通过截取锥。中性粒子和光子在此被分离，而离子进入第二级真空的离子透镜系统被聚焦。聚焦后的离子束传输至第三级真空质谱检测器。检测器将离子转换成电子脉冲，然后由积分测量线路计数，实现未知样品的痕量元素定量分析。自然界出现的每种元素都有一个简单的或几个同位素，每个特定同位素离子给出的信号与该元素在样品中的浓度成线性关系。

ICP-MS 具有以下特点：

① 多元素快速分析能力，可在数十秒内定量分析几乎所有金属元素及一些非金属元素；

② 灵敏度高，背景低，检出限低；

③ 极宽的线性动态范围，可达 $10^8 \sim 10^9$，即可在一份溶液中实现 μg/L 至数百 ng/L 含量元素的同时测定；

④ 干扰较少；

⑤ 样品的引入和更换方便，且便于与其他进样或在线分离技术联用，如流动注射、超声雾化、激光烧灼、电热蒸发、气相色谱、液相色谱等；

⑥ 分析精密度高，四极杆 ICP-MS 的短期精密度 RSD 为 1% ～ 2%，长期精密度 RSD 低于 5%，同位素测定精密度可达 0.1%；

⑦ 可提供同位素信息，既可进行同位素比值测定又可进行同位素稀释分析；

⑧ 灵活的测定方式，可提供扫描、跳峰、扫描-跳峰结合和单离子测定等方式。

3.5.2 电感耦合等离子体质谱仪

开发电感耦合等离子体质谱仪的公司主要有美国 Agilent、Perkin Elmer、Thermo Fisher 等。近年来，ICP-MS 仪器的发展突飞猛进。Perkin Elmer 公司开发了具有三种模式（Nexion 300 系列）及可挑战所有基体、干扰和为颗粒分析而设计的新型电感耦合等离子体质谱仪（Nexion 2000 系列）；Thermo Fisher 公司最新仪器采用自准直中心管、锥和透镜组件，性能优良的等离子体和稳定的碰撞池改善了复杂样品基体耐受性。Agilent 公司开发了基于八极杆反应体系的电感耦合等离子体质谱仪（7700 系列）及世界首款电感耦合等离子体串联质谱系统（ICP-MS/MS），具有可控且持续的干扰消除能力，分析灵活性大大优于单四极杆 ICP-MS。

电感耦合等离子体质谱仪主要由进样系统、离子源、接口、离子聚焦系统、四极杆质量分析器、离子检测器组成（图 3-6）。

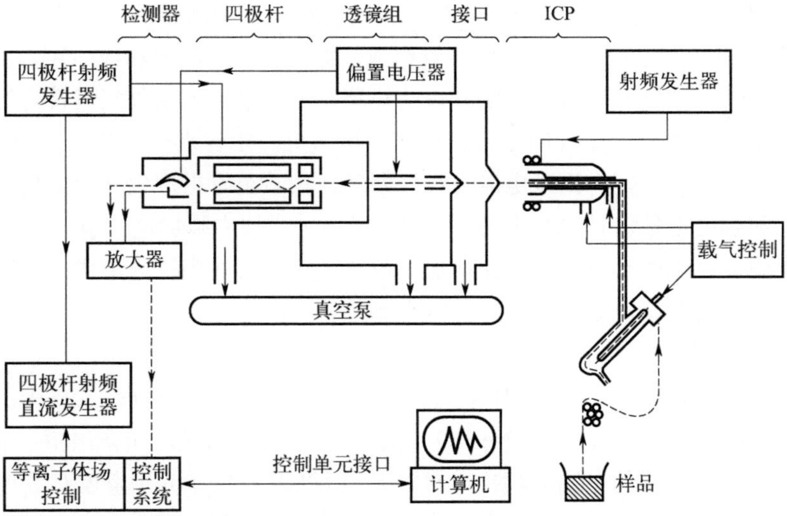

图 3-6　电感耦合等离子体质谱仪的结构简图

（1）进样系统

进样系统是 ICP-MS 的重要组成部分，它对分析性能的影响很大。ICP-MS 要求所有样品以气体、蒸气和细雾滴的气溶胶或固体小颗粒的形式引入中心通道气流中。样品导入的方式很多，主要分为 3 种类型：

① 溶液气溶胶进样系统（气动雾化、超声雾化法等）；

② 汽化进样系统（氢化物发生法、电热汽化、激光剥蚀及气相色谱等）；

③ 固态粉末进样系统（粉末或者固体直接插入或吹入等离子体）。

不论采用哪种样品引入法，最终的目的是在质谱仪入口处形成离子，即通过上述的样品引入过程，将载流中分散得很细的固体颗粒蒸发、原子化和电离。不过，在这3类样品引入方式中，目前最常用最基本的是溶液气动雾化进样系统。大多数ICP-MS系统都将气动雾化器作为标准配件。

样品引入系统由蠕动泵、雾化器和雾室组成，其主要作用是将样品气溶胶化。一般对进样系统有如下要求：

① 雾化效率高，雾化器不易堵塞；

② 尽可能减少溶剂导入，以减少氧化物和其他干扰；

③ 进样管路的长度尽可能短，减少记忆效应；

④ 进样系统应外置，便于操作、更换、清洗。

（2）离子源——电感耦合等离子体发生器

ICP-MS对离子源有以下要求：

① 易于点火；

② 功率稳定性高；

③ 发生器的耦合效率高；

④ 对来自样品基体成分或不同挥发性溶剂引起的阻抗变化的匹配补偿能力强。

电感耦合等离子体发生器由等离子体炬管和射频发生器组成。

1）等离子体炬管

ICP-MS中使用的炬管与ICP所用的基本相同，在仪器中水平放置。通常使用的炬管是“Scott Fassel”型设计，它由3个石英同心管组成，即外管、中间管和样品注入管。炬管的主要作用是使等离子体放电与负载线圈隔开以防短路，并借助通入的外气流带走等离子体的热量、限制等离子体的大小。炬管的材料，现在多用石英。炬管水平安放在射频发生器（RF）线圈的中间，当电源接通，有高频电流通过线圈时，在石英管内产生交变磁场。因石英管内的电磁场方向和强度都是随时间变化的，所以电子在每半周中被加速。被加速的电子（离子）遇到阻力（电阻）产生焦耳热，因此又增加了电离。这时可看到管内形成一个高温火球，用气体将高温火球吹出管口，即形成等离子体焰炬。

2）气路系统

ICP-MS中，通入炬管的工作气体多为氩气。Ar的第一电离电位是5.75eV，高于大多数元素的第一电离电位（除了He、F、Ne外），低于大多数元素的第二电离电位（除了Ca、Sr、Ba等外）。由于等离子体的电离环境由Ar限定，所以大多数分析元素被有效地电离为单电荷离子。特殊情况下也可加入氮气或氮氩混合气。其主要作用是提供电离、冷却、保护炬管和输送样品等。工作气体分为3种：

① 等离子体气，这是等离子体的外气流，用于维持和稳定等离子体并防止等离子体的高温将石英管烧坏；

② 辅助气，这是等离子体的中心气流，用于“点燃”等离子体及保护中心注入管；

③ 载气，这是等离子体的内管气流，其作用是在等离子体中打通一条通道并携带和输送样品进入等离子体中。

3）放电区

包括感应区和轴向通道。感应区是等离子体的环形外区，高频功率主要通过该区域而耦合到等离子体中，是分析物蒸发、原子化、激发、电离所需能量的供给者。感应区所环绕的区域为轴向通道，可分为预热区、初辐射区和标准分析区。预热区的主要作用是加热气体并使溶剂挥发；初辐射区是分析物蒸发和原子化的主要区域；标准分析区是分析物激发、电离和辐射的主要区域。

4）射频发生器

该射频发生器有自激式发生器和他激式发生器两种基本类型。自激式发生器的频率由振荡线路和负载线圈参数控制，这种发生器是由一个电子管同时完成振荡、激励和功率输出等功能。其优点是电路简单，调试容易，当振荡电路参数变化引起频率迁移时，有自动补偿作用，对功率输出影响较小。晶控系统的工作频率由振荡石英晶体决定，并用一个伺服控制匹配电路来确保该系统与负载的正确匹配。他激式发生器由晶体振荡、倍频、激励级和功放级等部分组成。高频功率通过同轴电缆传输到负载线圈上，其优点是输出效率高，振荡频率稳定。

（3）接口

接口是整个 ICP-MS 系统最关键的部分，对其的基本要求是：

① 最大限度地让所生成的离子通过；

② 保持样品粒子的完整性，即其电学性质基本不变；

③ 氧化物和二次离子产率尽可能低；

④ 等离子体的二次放电尽可能小；

⑤ 不易堵塞；

⑥ 产生热量尽可能少；

⑦ 易于拆卸和维护。

接口的功能是将等离子体中的离子有效传输到质谱仪。在质谱仪和等离子体之间存在着温度、压力和浓度的巨大差异，前者要求在高真空和常温条件下工作，而后者则是在常压和高温条件下工作。因此，如何将高温、常压下的等离子体中的离子有效地传输到高真空、常温下的质谱仪，这是接口技术所要解决的难题。

ICP-MS 的接口一般由一个冷却的采样锥和截取锥组成。含有离子的气体通过采样锥进入由机械泵支持的第一级真空室，以超声速仅在几微秒内膨胀，形成超声喷射流。喷射流的中心部分通过截取锥孔。采样锥的作用是把来自等离子体中心通道的载气流大部分吸入锥孔，进入第一级真空室，通常由 Ni、Al、Cu 和 Pt 等金属制成。截取锥的作用是选择来自采样锥孔的膨胀射流的中心部分，并让其通过截取锥进入下一级真空。

（4）离子聚焦系统

离子离开截取锥后，需要由离子聚焦系统传输至质量分析器。此处的离子聚焦系统与原子发射或吸收光谱中的光学透镜一样起聚焦作用，但聚焦的是离子，而不是光子。离子聚焦系统位于截取锥和质谱分离装置之间，其作用为：一是聚焦并引导待分析离子从接口区域到达质谱分离系统；二是阻止中性粒子和光子通过。离子聚焦系统决定着粒子进入质量分析器的数量和仪器的背景噪声水平。

（5）质量分析器

质量分析器的作用是分离不同质荷比的离子，它的种类很多，在 ICP-MS 中最先使用的是四极杆质量分析器，也有使用双聚焦磁场的高分辨率质量分析器。

1）四极杆质量分析器

它一般由四根相同长度和直径的圆柱形或双曲面的金属极棒组成，中间为离子通道，长度一般为 15 ～ 20cm，直径大约 1cm，工作频率为 2 ～ 3MHz。相对的一对电极间，加一直流电压 U 和射频 $V_0\cos\omega t$（其中 V_0 为射频振幅，ω 为振荡频率，t 为时间）的组合电压，形成四极场。当加速的带电离子进入四极场时，按质荷比 U/V_0 比值产生复杂形式的振动。对于给定的 U、V_0，其中只有一定质荷比的离子做有限振幅运动，通过四极场进入检测器；质荷比较大或较小的离子，因其振幅增大或减小，撞向负或正极杆而消失。改变 U/V_0 比值，可以改变分辨不同质荷比离子的能力。

四极杆质量分析器已经是一种非常成熟的常规痕量分析仪器，其特点是结构简单、操作方便，缺点是分辨率较低。

2）双聚焦型质量分析器

它是一种磁分离器。对仅仅依靠磁场进行质量分离的单聚焦型质量分析器，由于离子源中产生离子的空间位置不同，离子具有不同的初始能量，它们在磁场中的运动半径实际上是不同的。同一质荷比的离子不能完全聚焦，到达检测器的离子束变宽。在单聚焦型质量分析器前加一静电场，可以矫正上述影响，即双聚焦型质量分析器。

两个同心扇形圆筒构成静电场，外电极加正电压，内电极加负电压，成为静电分析器。由离子源发出的离子束通过静电分析器后，离子按相同功能聚焦成一系列点，实现能量色散。通过调节狭缝，控制离子进入扇形磁场的能量范围，使质量相同而能量不同的离子聚于一点，并用改变磁感应强度实现质量扫描。

由静电场和扇形磁场组成的双聚焦型质量分析器，通过合理设计，使静电场的能量色散作用和磁场的质量色散作用相互补偿，实现能量和方向双聚焦，达到高分辨的目的。

（6）离子检测器

四极杆系统将离子按质荷比分离后最终引入检测器，检测器将离子转换成电子脉冲，然后由积分线路计数。电子脉冲的大小与样品中分析离子的浓度有关，通过与已知浓度标准品的比较，实现未知样品的痕量元素定量分析。离子检测器有连续打拿极电子倍增器、不连续打拿极电子倍增器、法拉第杯检测器、Daley 检测器等。

3.5.3 电感耦合等离子体质谱法的应用

电感耦合等离子体质谱法正广泛应用于环境、食品、中药、半导体、生物材料等方面，是目前公认的元素分析最有效的方法。水样中金属元素的检测多采用原子吸收、原子发射、离子色谱等方法，这些方法操作繁杂、耗时，ICP-MS 因具有检出限低、精密度高、线性范围宽、可多元素同时测定等优点，已成为近年来国内外迅速发展和普遍采用的分析方法。

3.5.3.1 元素分析

目前，电感耦合等离子体质谱法对水中各类金属、过渡金属及稀土元素的高通量分析技术已趋于成熟。1991 年，Olesik 研究对比了 ICP 和 ICP-MS 同时测定多种金属元素的优劣。研究发现，ICP-MS 方法的检测范围达三个数量级，明显优于 ICP。他研究了在存在不同金属干扰时 Zn 的检出限变化情况，发现 ICP-MS 同样会受到干扰的影响而使检出限发生变化甚至影响测定结果。精密度实验表明，ICP-MS 的精密度明显好于 ICP，这也是 ICP-MS 的显著特点之一。

刘丽萍等以 Sc、Ge、In、Bi 作内标，建立了简便、灵敏、准确的测定饮用水及水源水中 31 种元素的方法。实验表明，方法的线性范围宽，线性相关系数均＞ 0.999，测定 31 种元素的相对标准偏差均在 4.7% 之内，各元素的加标回收率均在 80.9% ～ 120.0%，该方法的检出限如表 3-16 所列。

表 3-16　31 种元素的方法检出限

元素	检出限 /（μg/L）	元素	检出限 /（μg/L）	元素	检出限 /（μg/L）
Ag	0.009	Al	0.23	As	0.08
Ba	0.14	Cd	0.04	Co	0.01
Cr	0.066	Cu	0.029	Mo	0.003
Ni	0.026	Hg	0.022	Pb	0.042
Sb	0.071	Se	0.068	Tl	0.001
V	0.002	Zn	0.5	Fe	0.94
Mn	0.023	Be	0.014	U	0.002
Th	0.024	K	1.4	Na	2.9
Ca	2.0	Mg	0.12	Li	0.13
Sr	0.02	Sn	0.091	Ti	0.36
B	0.84				

谢建滨通过优选内标元素、同位素，并进行干扰校正，建立了电感耦合等离子体质谱法对水中 17 种微量金属（^{75}As、^{111}Cd、^{59}Co、^{63}Cu、^{60}Ni、^{208}Pb、^{82}Se、^{51}V、^{11}B、^{98}Mo、^{137}Ba、^{121}Sn、^{52}Cr、^{9}Be、^{107}Ag、^{27}Al、^{205}Tl）的测定方法。各元素的检出限在 0.003 ～ 0.254μg/L，回收率在 94.5% ～ 116.2% 之间。曾栋利用 ICP-MS 建立了生活饮用水及水源水中 15 种稀土元素（Ce、Dy、Er、Eu、Gd、Ho、La、Lu、Nd、Pr、Sm、Tb、Tm、Y、Yb）的快速分析方法。以 ^{115}In 作内标校正，15 种稀土元素在 0 ～ 100μg/L 范围内具有好的线性与精密度（$r>0.9999$，RSD ＜ 5%，n=5），方法回收率为 91% ～ 108%，检出限达到 0.01μg/L。

但是，由于存在某些干扰因素，如基体干扰、系统干扰等，导致某些金属元素的测定结果不理想。目前，ICP-MS 仪器厂家、国内外专家致力于研究各种技术消除检测过程中的干扰，如 PE 公司开发了具有 3 种模式（标准模式、碰撞模式、反应模式）的新型电感耦合等离子体质谱仪，有效消除了测定过程中的干扰问题；近年来，该公司又陆续开发了 Nexion 2000 系列产品，将三重四极杆的强大能力与单四极杆的灵活性相结合，可挑战更多基体、干扰，并可进行纳米颗粒的检测分析。李爱阳等建立了可准确测定水产品中多种痕量重金属元素的 ICP-MS/MS 法，通过向八极杆碰撞反应池中通入 O_2 作为反应气，采用内标法实现了痕量重金属 Cr、Ni、As、Cd、Hg、Pb 的无干扰测定，元素检出限为 0.85 ～ 4.28ng/L，相对标准偏差≤ 4.65%。许肖彬和祝燕燕采用 ICP-MS 对 2% 硝酸酸化浓度且经超声混匀的水样对饮用水中碘含量进行检测。结果显示，检出限为 0.015μg/L，不同加标浓度下连续进行 11 次测量，平均回收率及相对标准偏差（RSD）分别为 98.2% ～ 100.3%、0.79% ～ 2.04%，水中碘含量最高值、最低值及中位数分别为 10.2μg/L、0.3μg/L、4.4μg/L。以上研究表明，ICP-MS 对于测定水中痕量重金属在降低检出限、提高精密度方面具有明显优势。

3.5.3.2 形态分析

无机元素形态分析的研究已经有 30 多年的历史，但真正引起广泛重视并得到迅速发展是在过去 10 年。对环境中的痕量无机元素的价态、化合态、金属有机化合物进行准确定量分析是难度很大、技术含量很大的研究工作，已经成为近年来化学分析中非常活跃的领域。元素形态分析，只用单一仪器或技术已很难完成分析任务。因此，联用技术是现代分析科学的重要研究手段，即先用有效的在线分离技术将某种元素的各种化学形式进行选择性分离（如气相色谱、液相色谱等），再用高灵敏度的无机元素检测技术（如原子吸收光谱、原子荧光光谱、等离子体质谱等）进行测定。电感耦合等离子体质谱技术的发展为形态分析提供了强有力的检测工具。

（1）高效液相色谱-电感耦合等离子体质谱联用技术（HPLC-ICP-MS）

液相色谱是用于形态分析的最有效的分离技术之一。ICP-MS 为 LC 提供了最灵敏的检测技术。ICP-MS 溶液分析的两个主要限制因素是由基体引起的质谱干扰和物理干扰。但液相色谱提供了将被测物与基体元素分离的可能。高效液相色谱通常是在室温下进行的，对高沸点和热不稳定化合物的分离不需要经过衍生化，因而使得 HPLC 更适合于环境分析以及生物活性物质分析。同时，HPLC 拥有较多的可改变的因素（流动相、固定相等），使得 HPLC 的适用性更为广泛。

HPLC 提供可直接与 ICP-MS 仪器连接。离开分析柱的洗脱液用一段塑料或不锈钢微径管传输至 ICP-MS 的雾化器。一个高压泵（通常是双柱塞的），通过一个阀门（样品在此处被注入）将液体流动相驱至分析柱，分析柱对不同组分进行分离。洗脱液流至雾化器，生成的气溶胶被引入等离子体。若需要，可在液体流过的路径中插入各种其他柱子、阀门和检测器。在泵之后，样品注入阀之前的清洗柱可将液相中的任何痕量元素除去，从而使液相净化。在样品注入阀和分析柱之间可加一根“保护柱”，来保护分析柱免受像类脂化合物这样的成分的影响。否则，分离效果将会降低。在分析柱后放置紫外或其他检测器可以测定感兴趣的化合物的滞留时间。在柱后加一个流动注射系统就可以像 HPLC 柱一样用同样的流速条件对样品和标准系列进行测定。HPLC 与 ICP-MS 联用的示意见图 3-7。

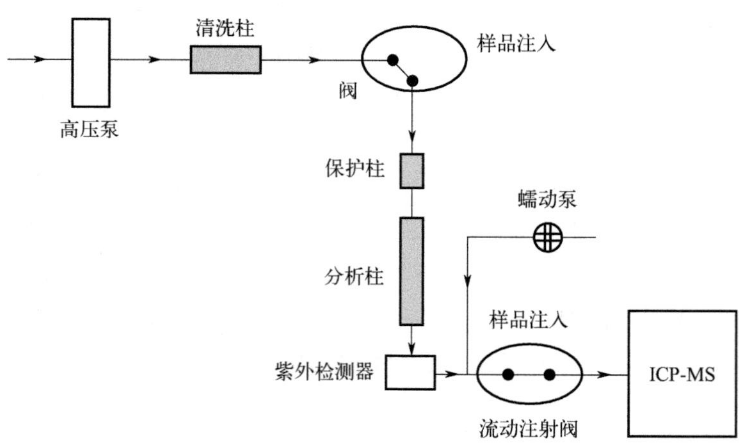

图 3-7　HPLC 与 ICP-MS 联用示意

本书作者将样品通过固相萃取进行 400 倍富集后，基于 HPLC-ICP-MS 联用技术建立了水中甲基汞、乙基汞的检测技术。具体采用 C_{18} 固相萃取柱对水中的甲基汞、乙基汞进行浓缩富集，用洗脱液洗脱保留在萃取柱上的甲基汞、乙基汞，然后用液相色谱与 ICP-MS 联用方法进行定性和定量分析。根据液相色谱图确定被测试样中的组分。乙基汞的出峰时间为 0.61min，甲基汞的出峰时间为 1.62min，最低测定下限分别为 1.0×10^{-5}mg/L、1.0×10^{-5}mg/L。两种污染物的加标回收率分别为 84% ～ 107%、83% ～ 95%，相对标准偏差分别为 8.5%、5.1%。

此外，张建伟等利用 HPLC-ICP-MS 联用技术建立了生活饮用水中 Cr（Ⅲ）和 Cr（Ⅵ）两种形态的分析方法，两种形态的铬检出限均为 2μg/L，相对标准偏差均小于 5%。杨鑫鑫等建立了一种以螯合树脂为富集手段，结合 ICP-MS 检测富含有机碳的咸水湖泊中 Mn、Fe、Co、Ni、Cu 和 Zn 的分析方法。结果表明，不同微量元素的检出限为 0.17 ～ 4.55ng/kg，样品回收率为 99% ～ 102%，相对标准偏差＜ 5%（表 3-17），表明该方法适用于内陆湖泊尤其是富含有机质的咸水湖泊的微量元素分析。

表 3-17　以螯合树脂为富集手段的 ICP-MS 法检测微量元素的检出限、流程空白及回收率

元素	空白值 /（ng/kg）	检出限 /（ng/kg）	回收率 ± 标准偏差（n=5）/%
Mn	3.05	2.20	99±3
Fe	3.36	2.57	101±5
Co	0.49	0.17	100±1
Ni	4.57	3.86	101±2
Cu	4.16	4.55	101±4
Zn	6.43	3.96	102±2

目前，HPLC-ICP-MS 联用技术已被用于分离测定草、藻类、鱼类等生物体内含 Se、As、Cd、Cu、Zn、Pb 等元素的氨基酸、多肽和蛋白质。HPLC-ICP-MS 克服的主要问题是：大量有机试剂的引入抑制了 ICP-MS 的灵敏度，缓冲液中的盐类会沉淀在 ICP 炬管的局部而使进样口变细，甚至堵塞进样口。

（2）气相色谱-电感耦合等离子体质谱联用技术（GC-ICP-MS）

气相色谱也是用于形态分析的有效分离技术之一。气相色谱的本质决定了它比较适合于挥发性金属及金属有机物的分析，对于难挥发金属及金属有机物，需要转变成挥发性的化合物方能适合于 GC 分析，通常是利用各种衍生化方法使其转变成金属共价氢化物或螯合物，保留时间被用作鉴定的依据。由于 GC 的高分辨率及 ICP-MS 的高灵敏度和选择性，GC-ICP-MS 成为形态分析最理想的联用技术。GC-ICP-MS 联用技术可完全把待分析物的不同形态与基体分开，只引入待分析物进入 ICP-MS，比液相色谱分离速度快很多。现已用于水、沉积物等环境样品中的 Sn、Hg、Pb 金属有机形态的测定。

本书作者采用 C_{18} 固相萃取柱对水中的四乙基铅进行浓缩富集，用甲醇洗脱保留在萃取柱上的四乙基铅，然后用气相色谱与 ICP-MS 联用方法进行定性和定量分析，仪器工作条件如表 3-18 所列。该方法的检出限为 5×10^{-5}mg/L。用该检测方法测定了不同类型水体（地表水源水、污水厂出水、城市供水管网水）本底及加标样品中四乙基铅的浓度。水样加标回收率在 80.7% ～ 108% 之间，相对标准偏差（RSD）为 3.9% ～ 6.2%。上述结果表明，该方法测定水中的四乙基铅浓度是准确可行的。

表 3-18　气相色谱条件

<table>
<tr><th colspan="2">参数</th><th>条件</th><th colspan="2">参数</th><th>条件</th></tr>
<tr><td rowspan="7">气相色谱条件</td><td>载气</td><td>氮气（99.999%）</td><td>ICP-MS</td><td>工作模式</td><td>标准</td></tr>
<tr><td>分流比</td><td>3∶1</td><td rowspan="6">工作条件</td><td>RPq</td><td>0.25</td></tr>
<tr><td>流速 /（mL/min）</td><td>1.0</td><td>射频功率 /W</td><td>1350</td></tr>
<tr><td>进样量 /μL</td><td>50</td><td>模拟电压 /V</td><td>1000</td></tr>
<tr><td>进样口温度 /℃</td><td>250</td><td>脉冲电压 /V</td><td>−1706</td></tr>
<tr><td>接口温度 /℃</td><td>250</td><td>雾化器流量 /（L/min）</td><td>1.2</td></tr>
<tr><td>分析时间 /min</td><td>7</td><td>辅助气流量 /（L/min）</td><td>0.95</td></tr>
</table>

（3）超临界流体色谱-电感耦合等离子体质谱联用技术（SFC-ICP-MS）

超临界流体是指超临界温度低于 210℃，并且在压力为 100 ～ 600Pa 时其密度为 0.1 ～ 1g/L 的液体，超临界色谱应用这种流体为流动相。由于 CO_2 具有适中的超临界常数以及其惰性和易获得纯品，因此它在 SFC 中是一种最常用的流动相。超临界流体萃取分离结合了气相色谱的高扩散性和液相色谱液体性质的特点，通常只需较低的温度便可分析对热不稳定的化合物。ICP-MS 检测器具有高灵敏度和选择性，使用高分辨质谱能更进一步地提高分辨具有相同分子量组成物的能力。Shen 等将 ICP-MS 和 SFC 联用，在亚微克范围的检测基础上分离了四烷基锡化合物。SFC-ICP-MC 联用技术在同步测定环境样品的金属有机污染物，如痕量的 As、Pb、Sn 和 Hg 方面，显示了很大的应用潜力。

（4）毛细管电泳-电感耦合等离子体质谱联用技术（CE-ICP-MS）

毛细管电泳法在最近几年得到飞速发展，是形态分析中最有发展前途的分析方法之一。它用于形态分析具有通用性好、分析时间短、样品消耗量少、分离效率高、分析成本低的优点。将它与 ICP-MS 强大的检测能力结合起来是将来联用技术最有潜力的应用领域，许多科学家都已在该领域做了探索性研究。CE-ICP-MS 技术对许多元素的分离测定已达到亚纳克 / 毫升的检测能力，但受进样量限制而最低检出浓度大，仪器昂贵难以普及，分析方法还有待完善。这些都限制了毛细管电泳的实际应用。Medina 等用 Westoo 法萃取海水中的有机汞，毛细管电泳分离，12min 内分离甲基汞、乙基汞、苯基汞和无机汞。Paul 等使用头空（Headspace）固相微萃取毛细管气相色谱与 ICP-MS 联用，实现了同时测定有机汞、有机铅和有机锡化合物。图 3-8 展示了 CE-ICP-MS 的连接情况。

（5）单（细胞）纳米颗粒-电感耦合等离子体质谱联用技术［SP(SC)-ICP-MS］

单颗粒电感耦合等离子体质谱（single particle inductively coupled plasma mass spectrometry, SP-ICP-MS）是近年来发展起来的纳米粒子检测新技术。与传统的纳米粒子表征技术相比，SP-ICP-MS 灵敏度高，无需复杂的制样过程，更加适合对环境中金属纳米粒子进行检测。Degueldre 等提出用单颗粒电感耦合等离子体质谱来表征溶液中纳米粒子的理论，并建立了 SP-ICP-MS 检测技术的基本理论和方法。Laborda 课题组的工作进一步表明 SP-ICP-MS 是表征纳米粒子的一种强有力的工具。金属基纳米颗粒进入 ICP-MS 等离子体后，单颗粒金属纳米颗粒在极短的时间内（一般是几百微秒）产生强脉冲强度信号。纳米颗粒产生的脉冲信号数量与样品中纳米颗粒数量浓度成比例，纳米颗粒产生的脉冲强度与纳米颗粒质量 / 粒度成比例。因此

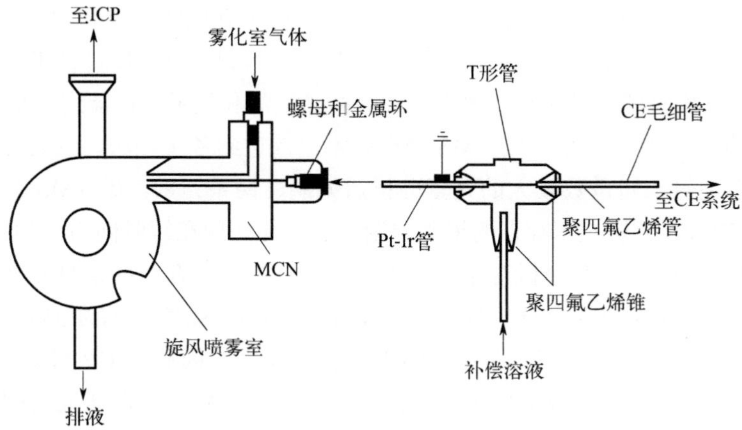

图 3-8　CE-ICP-MS 的连接示意

SP-ICP-MS 可以提供粒子浓度、粒径大小及其分布等信息。

近些年，单细胞内金属元素含量的检测逐渐成为研究热点。随着 ICP-MS 在仪器技术和软件上的发展，探索测定单个细胞中的元素含量成为可能，这种方法被称为单细胞电感耦合等离子体质谱法（SC-ICP-MS）。通常以直接雾化的方式将细胞悬液中的细胞引入电感耦合等离子体中，此后单个细胞被电离产生离子云，在优化后的时间分辨模式下被监测形成非连续信号，信号强度与每个检测到的细胞中目标元素的含量相关，信号的数量与溶液中的细胞密度相关。该方法在单细胞内源性、细胞吸收及吸附金属元素和纳米粒子等分析研究中应用较多。傅霜等采用该方法，基于动态反应池（DRC）模式对目标分析物的反应气流量和极杆抑制参数（RPq）进行优化，结果显示，可采用超声波破碎细胞和浓硝酸消解细胞的方式评估 SC-ICP-MS 测定单细胞内不同元素的准确性，为该领域研究缺少细胞标准物质提供方法借鉴。

3.5.4　电感耦合等离子体质谱法的发展趋势

近十几年来，ICP-MS 一直是无机微量元素分析研究和应用的重点方向之一。ICP-MS 分析技术作为分析化学中的一个重要组成部分，其发展前沿与分析化学的前沿领域是吻合的。近年来，ICP-MS 的发展有如下特点：

① 仪器性能的改进。高分辨等离子体质谱仪、多接收器高分辨等离子体质谱仪和飞行时间质谱仪的使用增多，接口技术进一步改进，计算机信息处理技术不断升级。

② 分析对象的扩展。有机生物、药物、环境毒物和农作物等检测问题受到空前关注，金属硫因异构体、金属纳米粒子胶体和生物抗体、磷化蛋白、肉类、人尿、中毒人体器官、血清中 DNA 片段、有机汞（铅、锡）化合物、农作物等成为近几年主要研究对象。

③ 以联用技术为研究对象的研究工作成为主要技术手段。重点发展的联用技术主要有毛细管电泳、液相色谱（含高效液相色谱和毛细管液相色谱）、气相色谱（含固相微萃取毛细管气相色谱）、离子色谱（含离子排斥色谱）、流动注射等。

④ 进样技术研究。ICP-MS 进样技术仍是研究重点（不含分离进样），包括直接注入进样、冷蒸发进样、激光消融进样和单粒子分散液滴进样等。

⑤ 分析测试技术和方法研究。元素形态分析、同位素稀释及比值测定技术和方法也已成为 ICP-MS 测量技术发展的研究重点之一。

⑥ 质谱仪干扰校正技术的发展。在克服质谱干扰（氧化物、氢化物、氩的加合物等）方面，去溶技术、冷等离子体技术、动态反应碰撞池技术和高分辨质谱技术已较为成功地解决了大部分质谱干扰问题。以这些技术为基础的商品仪器和装置的性能进一步得到了完善。

经过 20 多年的研究和应用，ICP-MS 分析技术已渗透到各个领域，成为许多部门的常规分析工具。特别是对于质量数较大的元素分析，如镧、锕系元素，ICP-MS 具有较好的分析性能。但是，ICP-MS 分析技术存在的根本问题——基体问题在短时间内恐怕难以彻底解决。这一局限使得 ICP-MS 对复杂分析对象的分析性能大打折扣。在一些常见元素分析方面，如 K、Ca 等分析，ICP-MS 的综合分析性能还不如 ICP-OES。在仪器的维护方面，ICP-MS 远比其他元素分析仪器如 ICP-OES、AAS、XRF 等复杂得多。因此，ICP-MS 仪器的可靠性问题也是影响 ICP-MS 分析技术发展的重要因素。针对这些问题，仪器研究与制造商们更重视 ICP-MS 仪器本身的研究开发，以提高 ICP-MS 的性能和可靠性；分析测试研究人员则主要侧重于各种与 ICP-MS 性能互补的技术方法研究，以解决复杂对象的分析化学问题。

时至今日，ICP-MS 仍然活跃于新进展的迁移，在某些热点领域如金属组学和纳米颗粒分析方面大放异彩，并将在以下方面取得长足进展。

（1）提高抗基体干扰能力

目前 ICP-MS 依然存在基体干扰的消除问题，多电荷离子的干扰依然是亟需解决的问题。目前，碰撞反应池的使用大大增强了去除同位素的干扰能力，虽然三重四极杆型 ICP-MS 的出现革命性地取得了消除双电荷离子干扰、同量异位干扰离子和仪器背景干扰的效果，但新型的、综合的样品前处理方法和仪器分析方法仍然需要继续发展。

（2）与其他技术联用进行形态分析

金属形态分析是 ICP-MS 的重要应用领域，得到越来越多的关注，尤其在有毒有害元素（砷、硒、汞等）受到管控的领域。但是如欲对未知化合物进行完整的形态分析，ICP-MS 技术还需要和其他补充相关结构信息的手段结合，如 ESI-MS、HPLC/GC-ICP-MS 等。

（3）金属纳米颗粒的表征

采用联用技术，ICP-MS 对金属纳米颗粒进行表征将会从一种研究工具逐渐变成日常的应用，如通过与场流分离效应、高效液相色谱和毛细管电泳色谱技术联用可以实现纳米颗粒信息的表征。目前，单纳米颗粒及单细胞纳米颗粒的检测已在软件和联用技术的接口方面取得实质性进展。

未来，一些不利因素将持续改进，ICP-MS 朝着高速分析、低价方向发展，低样品量的分析结果更加精准，其他能力也将不断提高。

3.6 高分辨质谱技术

高分辨质谱（high resolution mass spectrometry, HRMS）是指分辨率大于 10000 半峰宽（full width at half maxima, FWHM）、质量准确度＜ 5×10^{-6} 的质谱。HRMS 对质量数的测定可精确到小数点后 4 位，通过精确质量数不仅能够获得元素组成、物质结构的信息，还能够区分质量数非常接近的基质干扰物和待测物，且对色谱分离的要求显著降低。因此，HRMS 为复杂样品中广泛的、已知化合物的高通量筛查以及未知化合物的识别开辟了新的分析窗口，在筛查和识别水环境中污染物方面发挥了重要作用。

液 / 气相色谱-高分辨质谱联用（GC/LC-HRMS）是分析鉴定有机化合物的重要工具之一，色谱的高分离性能与高分辨质谱的精准定性相结合，色谱分离获得分析物的保留时间，质谱鉴定提供分析物的精确质量，这两个参数是对有机化合物进行分析鉴定的重要依据。目前，GC/LC-HRMS 技术广泛应用于环境、食品、生物代谢组学及医药研究领域中有机物的分析。

3.6.1　高分辨质谱技术原理

按质量分析器的不同进行分类，HRMS 可分为磁质谱（magnetic spectrometry，MS）、飞行时间质谱（time of flight mass spectrometry，TOF-MS）、静电场轨道阱质谱（orbitrap mass spectrometry，Orbitrap-MS）和傅里叶变换离子回旋共振质谱（Fourier transform ion cyclotron resonance mass spectrometry，FTICR-MS）。目前在污染物高通量检测中应用较多的 HRMS 技术主要包括 TOF-MS 和 Orbitrap-MS，二者在单次分析中均能同时完成定性和定量分析。

3.6.1.1　磁质谱

MS 通过磁场中不同质荷比的离子做不同的偏转来分析物质。MS 具有灵敏度高、稳定性好、技术成熟、定量能力强、分辨力高（可达到 10^5）等特点，多应用于痕量二噁英、多氯联苯等持久性有机污染物的检测分析。因其对实验室环境要求高、运行维护成本高、分析速度慢、操作复杂，一般不用于兽药、农药残留、非法添加等常规检测。

3.6.1.2　飞行时间质谱

TOF-MS 利用恒定电场中动能相同而质荷比不同的离子经过恒定距离所需时间不同的原理，完成对物质成分或结构的解析。TOF-MS 扫描速度快，质量准确度达 10^{-6} 级，质量分析范围大。国内外利用基于气相色谱的 GC-Q-TOF/MS 检测食品中农药多残留已成为新的研究方向，基于液相色谱的 LC-Q-TOF/MS 也是复杂基质中多组分残留筛查的有效分析方法之一，但 TOF-MS 对电场稳定性要求极高，仪器质量准确度受温湿度影响较大。

3.6.1.3　静电场轨道阱质谱

Orbitrap-MS 利用离子在特定静电场中运动频率的不同，对阱内离子进行质量分析，Orbitrap-MS 分辨率高（高达 450000 FWHM）、质量精度高（10^{-7} ～ 10^{-6}）、质量范围宽、动态范围广。GC-Orbitrap/MS、LC-Orbitrap/MS 已经广泛用于农药残留检测、环境分析等科学领域，但 Orbitrap 的扫描速度会随着分辨率的升高而降低，与超高效液相色谱联用时 Orbitrap-MS 的优势不明显。

3.6.1.4　傅里叶变换离子回旋共振质谱

FTICR-MS 采用离子回旋共振的方式同时记录所有离子的信号，在最大限度上降低了离子分离不彻底所带来的相互干扰的影响。FTICR-MS 分辨率和质量精确度高，分辨率可达 10^6，在 100 ～ 1500 质量范围内准确度 $<1.0\times10^{-6}$，能够准确认定分子量在 500a 以下小分子化合物的元素组成，是研究确证化合物分子结构、分子重排反应的有力工具。但 FTICR-MS 操作烦琐、价格高昂，主要应用在气相离子反应动力学研究、化合物结构鉴定分析以及复杂体系

化学成分分析等方面。

3.6.2 高分辨质谱技术应用

有机化合物筛查包括目标化合物筛查、疑似化合物筛查和非目标化合物筛查。水质风险与存在污染物的种类、浓度水平密切相关，虽然通过HRMS对污染物进行目标分析可排除复杂基质影响，提供高选择性、高精准度的检测结果，但有可能会忽略其他污染物，有效性难以保障。为了解决目标分析的局限性。研究人员提出并推动了将疑似物筛查、非目标物筛查用于识别检测环境中未知污染物，尤其在全球各研究所及有关科学家的推动下，基于HRMS的筛查识别已经开始应用于环境领域。

3.6.2.1 目标化合物筛查

高分辨质谱的目标物筛查是采用全扫描对目标物进行精确测定，通过检索、匹配数据库中标准物质的保留时间以及母离子和碎片离子的精确质量数等信息完成目标物分析。HRMS具有质量范围宽、分辨率高、分析速度快的特点，更利于快速而灵敏地筛查复杂基质样品中的多目标物。

（1）农药

农药残留对生态环境造成的污染以及对饮用水安全和人类健康构成的威胁日趋严重。目前我国检测农残的方法主要是针对一种或一类多农药残留进行检测，而数百种不同极性、不同化学性质的农药残留检测，对分析技术的灵敏度、分辨率、特异性、重现性、检测范围和快速性都提出了更高的要求。

胡小键等采用气相色谱-高分辨磁质谱法对淮河流域江苏段水源水、出厂水、河水和深井水等不同水质中的25种有机氯农药进行了筛查，在所有样品中均检出有机氯农药，以DDT及其降解产物、甲氧氯、六六六和氯丹为主，含量在0.04～8.68ng/L之间。Casado等基于LC-Q-Orbitrap/MS建立了250多种农残的定量筛查方法，大部分化合物定量限低于5ng/L，远低于当前欧洲监管值，使用该方法在英格兰西南部4条不同河流中发现了33种不同的农药。Masiá等对63个地表水和污水样品采用固相萃取技术进行预处理及富集，并同时用LC-QqQ-MS/MS和LC-QTOF-MS两种方法进行目标筛查，LC-QqQ-MS/MS共筛查到33种农药，LC-QTOF-MS通过数据库目标筛查辅以标准品又确证了其他三嗪类除草剂及其转化产物、杀菌剂等农药，证明了LC-QTOF-MS对水中农药高通量筛查的适用性。

（2）消毒副产物

饮用水消毒是城市给水处理工艺的重要环节，为预防水源性流行病提供了有效保障，而水源中的天然有机物和环境污染物在消毒过程中会与消毒剂发生化学反应，生成消毒副产物（disinfection by-products，DBPs），目前已有800多种DBPs被文献报道。饮用水中DBPs含量较低，且成分复杂，需要选择灵敏度高、抗基质干扰能力强的分析方法，更好地定性和定量分析饮用水中的DBPs。

李美萍等建立的GC-Orbitrap/MS方法对北京地区的12个实际水样进行测定，有5种亚硝胺被检出，含量为0.9～20.4ng/L。Lee等应用HPLC-Q-Orbitrap/MS研究污水处理过程*N*-亚硝胺的去除中，发现*N*-亚硝胺的浓度水平为5～20ng/L，在初级废水中浓度最大的是*N*-

亚硝基二甲胺和 *N*-亚硝基吗啉。Stuart 等建立了饮用水中 7 种 *N*-亚硝胺前体物的 HPLC-Q-Trap/MS 筛查方法，样品经简单过滤后直接上样，11min 内即可完成样品的分离和筛查，方法检出限为 0.02 ～ 5μg/L，实现了饮用水中亚硝胺前体物的快速准确筛查。

（3）药物及个人护理品

水中的药物及个人护理品（pharmaceutical and personal care products，PPCPs）种类繁杂、来源广泛，包括各种处方药、非处方药、化妆品及洗化用品等，在被去除的同时也在源源不断地进入到环境中，导致其形成“假持续”现象，且许多组分具有较强的生物活性，对环境的影响不可忽视。

近十年来，国内外应用液质高分辨技术实现对药物快速筛查的研究较多。王和兴等基于固相萃取建立了 5 种雌激素的超高效液相色谱-四极杆串联飞行时间质谱检测方法，并对上海生活饮用水和地表水中的雌激素水平进行了筛查，研究显示生活饮用水中未检出雌激素，而黄浦江和苏州河的各个河段的水样中均检测出雌三醇（0.8 ～ 10.5ng/L）和雌酮（1.6 ～ 5.6ng/L）。程家兴等结合 UPLC-Q-TOF/MS、UPLC-MS/MS 两种技术筛查了养鱼河水中的抗生素，共筛查到 4 类 15 种抗生素，其中氯霉素类和喹诺酮类的检出率更高，部分采样点的浓度接近 6μg/L，既弥补了 TOF 灵敏度不高、定量准确度差的不足，又有效避免了使用三重四极杆质谱检测抗生素的盲目性。张蓓蓓等基于 LC-Q-TOF/MS 研发了质谱数据库，建立了在线固相萃取-LC-Q-TOF/MS 分析水中 60 种目标物的筛查确证方法，在太湖流域水体中筛查出磺胺类抗生素和氯霉素类抗生素，其中氟甲砜氯霉素检出率为 100%，并阐明了太湖流域新型污染物的分布状况和污染规律。

相对于常规药物，新兴的药物滥用属于许多不同的化学类别，只有通过适当的分析筛选程序检测和量化水中这些污染物，才能通过基于水和废水的流行病学来认识到它们的消耗和滥用。Andrés-Costa 等建立了高分辨快速筛查定量分析的方法对河水、进水和出水样品进行研究，结果识别出了安非他命、色胺、哌嗪、吡咯烷酮、芳基环己胺、可卡因阿片类和大麻类药物，检测到了对乙酰氨基酚、卡马西平、伊比利亚沙坦、缬沙坦、磺胺、甲噁唑、特布美通、敌草隆等（包括 3-羟基卡马西平或脱乙基特布津等降解产物），证明了该方法在筛选、鉴定、定量分析传统和新型精神活性药物与其他水污染物方面的适用性。Iria 等采用混合固相萃取 LC-Q-TOF/MS/MS 对城市污水样品中的 24 种违禁药物和代谢物进行了定量分析，发现未经处理的废水样本含有可卡因、苯甲酰爱康宁及 11-nor-9-羧基（9）-四氢大麻酚。Wood 等采用 UPLC-Q-TOF/MS 对南非地表水中的 99 种药物进行目标定量分析，结果发现超过 50% 的目标分析物在任何样本中都无法检测到，而通过疑似、非目标筛选检测到 45% 的化合物在目标筛选模式中可检测到。因此在进行目标筛查之前先采用疑似物和非目标物筛选，可以指导选择目标筛查量化的范围。

3.6.2.2 疑似化合物筛查

疑似化合物筛查是根据质荷比（*m/z*）从总离子流中提取化合物的色谱及质谱峰，或经合适算法及参数设定后进行谱峰的识别与提取，再通过谱库检索或者文献资料分析预测，在无标准品参考确证时完成筛选并锁定疑似化合物，亦被称为后目标筛查策略。

疑似化合物筛查在有机污染物的降解中间产物（transformation products，TPs）鉴定及机理分析中应用广泛。Kern 等通过相关文献和软件工具预测罗列了地表水中极性污染物的 TPs

及其结构信息和保留时间，通过扣除空白、匹配同位素和保留时间完成了对疑似化合物的筛查，最终从1794种疑似物清单中确定了19种TPs。Moschet等将疑似物筛查策略应用于那些很少被评估调查的农药及其转化产物在地表水中的调查，结果在76个样品中发现了两种首次在环境样品中出现的TPs。Deeb等将疑似物筛查策略用于评估水处理工艺对245个不同类别化合物的处理效果，研究发现臭氧化和生物处理后的废水中母体化合物的相对浓度水平有所下降，而臭氧化后形成的TPs在随后的生物处理中发生降解。Ibáñez等使用疑似物筛查研究三嗪类农药在环境水体中可能存在的TPs时，发现了特丁津的去甲基化产物、西马嗪和特丁酮的去乙基化产物，表明LC-Q-TOF/MS是快速筛选和确定环境水体中农药降解产物的有效方法。Baz-Lomba等基于HRMS建立了疑似物筛查方法，在HRMS筛选平台上设置5×10^{-6}的质量准确度，通过鉴定核糖核酸对新精神活性物质进行疑似化合物筛查。该方法已被应用于1000多种药物和代谢产物的筛查，为确认水中残留NPS提供了可靠的工具。疑似化合物一经得到确认，便可将其加入目标化合物筛查数据库，不断扩大目标物筛查的范围。

3.6.2.3 非目标化合物筛查

非目标化合物筛查与目标物和疑似物筛查的区别关键在于能够在没有参考、推测信息的情况下对物质进行筛查鉴定。将样品与空白、其他样品的采集数据进行二元或者多元比对，通过统计分析方法锁定目标峰，再将目标峰与数据库里已有的化合物进行保留时间、精确质量数、同位素、二级质谱图等信息检索、匹配，确证目标物结构；对于无法匹配的化合物，则通过分析二级质谱图推断碎片归属，推测目标物结构。

近几年，基于HRMS的非目标物筛查在污水、地表水和饮用水等不同水体中对未知物的识别应用获得了较大进展。Gago-Ferrero等依据质量准确度、同位素模式、色谱保留时间和MS/MS谱图对化合物进行初步鉴定，同时补充了母体化合物与代谢物的日变化和/或周浓度趋势信息，在污水样品中筛查出34种未知化合物，并首次在废水中发现磺化表面活性剂二甘醇醚硫酸盐。Ruf等通过高分辨质谱筛查策略首次在莱茵河水中发现了肌肉松弛剂替扎尼定和溶剂1,3-二甲基-2-咪唑烷酮。Zhang等利用FTICR-MS在模拟消毒的自来水样品中筛查出了659种Cl-DBPs、478种Br-DBPs和206种I-DBPs。云莉芬等建立了LC-HRMS未知卤代有机物筛查鉴定方法，从武汉市自来水中筛查出了127种卤代消毒副产物，其中104种在自来水中未曾见过报道。Muz等针对环境样品中芳香胺类化合物建立了LC-HRMS非目标物筛查方法，在废水样品中筛查到了几种新型的芳香胺衍生物。Hug等基于LC-HRMS建立了识别化合物的筛选程序，在废水样品中确定了6种疑似化合物、5种非目标化合物以及2种在环境中尚未报道的污染物。Broecker等建立了基于LC-TOF/MS的2500多种化合物谱库，在对50份历史样品解析时发现了更多新的物质，证明了LC-TOF/MS可有效用于毒理学分析，为非目标污染物的定性提供了重要的数据库支持。同时也证明了HRMS通过质谱全扫描数据记录水质信息具有构建水质信息档案的技术优势，在发生水体突发污染或者由于其他原因导致水质发生变化时有利于对水质污染因子进行溯源。

3.6.3 高分辨质谱技术发展趋势

水环境中痕量有机污染物种类繁多，仅仅针对有限数量的、不同性质的目标物进行定量分析已无法满足新形势下水安全保障的要求，采用HRMS技术有效地筛查和鉴定水环境中的众多污染物已成为水质安全监管的重要技术手段。特别是在传染病流行期间或者发生水质突发污染的情况下，更需要对潜在的环境污染物进行监测预警研判。尽管目前已经提出了 HRMS 筛查工作流程，但从长远发展看尚需从以下几个方面加强系统研究：

① 样品前处理技术仍然是制约 HRMS 筛查的瓶颈，因此开发多组分、低损失、快速简便、溶剂用量少、富集倍数高的前处理方法，是 HRMS 筛查未来发展的重要方向。

② HRMS 配套软件和算法不断发展，化合物谱图信息日益丰富，HRMS 具有更加广阔的应用前景，但急需研究建立跨仪器厂家的共享数据库。

③ 建立具有行业特点的目标数据库和疑似物清单，实现对庞大数据的准确匹配，推进 HRMS 筛查流程的标准化，减少筛查结果的主观差异性。

④ 将综合应用效应导向分析方法和 HRMS 筛查技术结合，可有效降低 HRMS 筛查对非目标物鉴定的复杂程度和盲目性，必要时还可借助核磁共振、傅里叶变换红外等其他分析手段，更全面地提供未知化合物的结构信息，减少筛查结果的假阳性。

参考文献

[1] 周玉泉，邢会英．气相色谱法测定水中的有机氯农药和多氯联苯 [J]. 国外环境科学技术，1983（1）：42-51.

[2] 张潜，黎源倩，陈刚．固相萃取-气相色谱法测定饮用水中 15 种农药 [J]. 中国卫生检验杂志，2007，17（12）：2147-2150.

[3] 李晓晶，黄聪，于鸿，等．水中有机氯农药和氯苯类化合物的顶空固相微萃取-气相色谱测定法 [J]. 环境与健康杂志，2009，26（7）：626-629.

[4] 陈猛，陆婉清，韩燕，等．固相萃取-气相色谱法对河水与海水中 36 种农药残留的同时测定 [J]. 分析测试学报，2009，28（12）：1378-1383.

[5] 王娜，王海娇，李丽君．液液萃取处理样品-气相色谱法测定水中 22 种有机氯农药 [J]. 理化检验-化学分册，2010，46（12）：1453-1455.

[6] 韩长绵．水中挥发性卤代烃的测定——液上气相色谱法 [J]. 中国环境监测，1987，3（1）：201-205.

[7] 沈学优，王耕，黄强，等．水中痕量挥发性卤代烃测定及应用研究 [J]. 水处理技术，1995，21（4）：223-226.

[8] 张莘民．吹扫-捕集 / 气相色谱法测定水中挥发性卤代烃 [J]. 中国环境监测，2002，18（2）：38-41.

[9] 李琰，蔡跃，杨胜琴，等．饮用水中 7 种挥发性卤代烃的顶空气相色谱测定法 [J]. 环境与健康杂志，2009，26（8）：728-729.

[10] 王建蓉，马铃，周智勇，等．自动顶空-气相色谱法同时测定水中 7 种挥发性卤代烃 [J]. 供水技术，2012，6(4)：62-64.

[11] 李华，陈宁，吴敏华，等．吹脱捕集气相色谱法分析水中挥发性卤代烃 [J]. 环境科学与管理，2011，36（11）：157-159.

[12] 辛晓东，孙韶华，刘红，等．SPE/GC/ICP-MS 联用技术测定水中四乙基铅 [J]. 中国给水排水，2022，38（3）：126-130.

[13] 冯瑞娟．气相色谱法测定地表水中十三种有机磷农药 [J]. 中国环境监测，1987，3（1）：140-146.

[14] 王新平，杨云，栾伟，等．固相微萃取-气相色谱-质谱联用分析环境水样中痕量有机磷农药 [J]. 分析试验室，2003，22（5）：5-9.

[15] 周芳，孙成，钟明，等．固相萃取毛细管气相色谱法分析水中有机磷农药残留 [J]. 环境污染与防治，2005，27（2）：151-153.

[16] 顾文奎，慕毓．水中 6 种有机磷农药的毛细管柱气相色谱测定法 [J]. 环境与健康杂志，2007，24（4）：254-255.

[17] 刘玉红，孙仕萍．水中 12 种有机磷农药的毛细管气相色谱测定法 [J]. 环境与健康杂志，2008，25（4）：343-345.

[18] 丁蕴铮，龙凤山，郎佩珍．高分子微球 GDX-502 对水中痕量苯系物的吸附富集 [J]. 东北师大学报自然科学版，

1981（4）：49-52.

[19] 张荣贤，金元珠，陈霞. 水中苯系物上气相色谱分析方法的研究 [J]. 化工环保，1987，7（2）：99-103.

[20] 王小珍. 顶空-气相色谱法分析水中挥发性苯系物 [J]. 石油化工，2001，30（1）：48-50.

[21] 贾金平，冯雪，方能虎，等. 活性碳纤维固相微萃取 / 气相色谱-质谱联用测定水中苯系物 [J]. 色谱，2002，20（1）：63-65.

[22] 董敏茹，胡延光. 气相色谱毛细管柱测量废水中苯系物 [J]. 应用化工，2004，33（4）：44-48.

[23] 陈国征，王炫征，钱洪智，等. 正己烷萃取气相色谱法测定水中苯系物 [J]. 中国卫生检验杂志，2006，16（4）：491-492.

[24] 曾栋，丁力，潘振球，等. 水中多种苯系物与卤代烃吹扫捕集-气相色谱快速分析 [J]. 中国卫生检验杂志，2009，19（10）：2216-2218.

[25] 姚浔平，李继革，姚珊珊. 吹扫捕集-气相色谱法测定水中苯系物研究 [J]. 中国卫生检验杂志，2010，20（4）：742-743.

[26] 杨勋兰，李玉洪，刘婷婷，等. 吹扫捕集-气相色谱法快速分析水中苯系物和氯苯类化合物 [J]. 水资源保护，2012，28（3）：72-74.

[27] 张维昊，徐小清. 固相萃取高效液相色谱法测定水中痕量微囊藻毒素 [J]. 分析化学研究报告，2001，29（5）：522-525.

[28] 刘碧波，肖邦定，刘剑彤，等. 天然水体中痕量微囊藻毒素的高效液相色谱测定方法 [J]. 分析化学研究简报，2005，33（11）：1577-1579.

[29] 邓义敏，周皖云，周俊杰，等. 高效液相色谱法测定水中四种微囊藻毒素 [J]. 城镇供水，2006（1）：41-42.

[30] 王静，庞小露，刘铮铮，等. 超高效液相色谱 / 串联质谱法分析水中的微囊藻毒素 [J]. 色谱，2006，24（4）：335-338.

[31] 高毅飞，曹淑英，李生智，等. 水中多环芳烃的高速液相色谱分析 [J]. 分析化学，1980，8（3）：241-243.

[32] 徐洁莹，孟明宝. 高压液相色谱法测定水中多环芳烃 [J]. 中国环境监测，1987，3（1）：132-139.

[33] 杨利奎，陈亚妍. 高效液相色谱法测定水中多环芳烃 [J]. 中国公共卫生学报，1992，11（5）：310-312.

[34] 朱利中，沈学优，刘勇建，等. 高效液相色谱法分析水中痕量多环芳烃 [J]. 环境化学，1999，18（5）：488-492.

[35] 陈硕，韩宗勋，全燮，等. 毛细管固相微萃取-液相色谱法测定水中的多环芳烃 [J]. 分析化学研究简报，2003，31（2）：171-174.

[36] 陶敬奇，王超英，李碧芳，等. 固相微萃取-高效液相色谱联用分析环境水样中的痕量多环芳烃 [J]. 色谱，2003，21（6）：599-602.

[37] 陈剑刚，刘中青. 固相萃取-高效液相色谱法测定水源中 16 种多环芳烃 [J]. 中国卫生检验杂志，2008，18（11）：2206-2208.

[38] 施梅儿，王根生，胡振元. 饮水中痕量邻苯二甲酸酯类化合物的色谱测定 [J]. 分析测试通报，1991，10(1)：1-4.

[39] 林兴桃，王小逸，陈明，等. 固相萃取高效液相色谱法测定水中邻苯二甲酸酯类环境激素 [J]. 环境科学研究，2004，17（5）：71-74.

[40] 梁景华，肖锦玲. 高效液相色谱法测定水中三种邻苯二甲酸酯类 [J]. 城镇供水，2010（4）：53-55.

[41] 徐钦良，李长安，陈梅兰，等. 离子液体液-液萃取高效液相色谱测定水中邻苯二甲酸酯类物质 [J]. 分析试验室，2010，29（6）：93-96.

[42] 邢辉，张伟，陆玉红，等. 高效液相色谱法同时测定环境水中 5 种邻苯二甲酸酯 [J]. 光谱实验室，2012，29(3)：1425-1428.

[43] 陈剑刚，赵倩宁，谭爱军. 固相萃取-液相色谱-串联质谱法测定水源水中的壬基酚、辛酚和双酚 A[J]. 中国卫生检验杂志，2012，22（12）：2798-2801.

[44] 贾彦博，王红青，韩里明. 液相色谱-串联质谱法快速测定饮用水中 6 种雌激素 [J]. 分析测试学报，2011，30(7)：808-812.

[45] De Noyer E R, Thomas R J, Cousins L M. A new approach to extending the dynamic range in ICP mass spectrometry[J].

Spectroscopy, 1997，12（2）：56-61.

[46] 胡艳慈，李云飞，朱仲良，等 . 高效液相色谱-串联质谱法检测自来水中内分泌干扰物 [J]. 环境化学，2010，29（3）：549-550.

[47] 姜蕾，陈书怡，杨蓉，等 . 长江三角洲地区典型废水中抗生素的初步分析 [J]. 环境化学，2008，27（3）：371-374.

[48] 唐才明，黄秋鑫，余以义，等 . 高效液相色谱-串联质谱法对水环境中微量磺胺、大环内酯类抗生素、甲氧苄胺嘧啶与氯霉素的检测 [J]. 分析测试学报，2009，28（8）：909-913.

[49] 高立红，史亚利，刘杰民，等 . 污水中氟喹诺酮类抗生素的分析方法 [J]. 环境化学，2010，29（5）：948-953.

[50] 陆克祥，隋铭皓，高乃云 . 固相萃取-超高压液相色谱-串联质谱测定水中 19 种抗生素 [J]. 分析测试学报，2010，29（12）：1209-1214.

[51] 赵健，杨晓凡，周福来，等 . 固相萃取 / 高效液相色谱 / 串联质谱法测定磺胺类抗生素 [J]. 中国给水排水，2012，28（14）：98-101.

[52] 杨常青，王龙星，侯晓虹，等 . 大辽河水系河水中 16 种抗生素的污染水平分析 [J]. 色谱，2012，30（8）：756-762.

[53] Ralph E S, Joseph W H L, Andrew S. Analytical characteristics of a commercial ICP orthogonal acceleration time-of-flight mass spectrometer (ICP-TOFMS)[J]. Journal of Analytical Atomic Spectrometry, 2000，15：607-616.

[54] 吴维，赵新华，刘旭 . 液相色谱串联质谱法测定饮用水体中抗生素残留 [J]. 中国给水排水，2011，27（14）：91-95.

[55] 周雯 . GC/MS 法测定自来水中挥发性有机化合物 [J]. 环境监测管理与技术，1999，11（6）：21-22.

[56] 刘金巍，刘芃岩，李超，等 . 吹扫捕集-GC/MS 测定水中的挥发性卤代烃和苯系物 [J]. 分析实验室，2007，27（8）：75-78.

[57] 许瑛华，罗振奎，李少霞 . 吹扫捕集-GC/MS 法测定生活饮用水中 13 种苯系物的方法研究 [J]. 中国卫生检验杂志，2006，16（8）：914-915.

[58] 杨元，高玲，宋红焕，等 . 建立饮水中 54 种挥发性有机物的 HS-GC/MS 快速定性筛查方法 [J]. 卫生研究，2010，39（6）：781-783.

[59] 黄敏，唐莺，沈咏洁，等 . GC-MS/SIM 法测定地表水中半挥发性有机化合物 [J]. 净水技术，2008，27（2）：66- 69.

[60] Saito Y, Kodama S J, Sunaga A M, et al. Multiresidue determination of pesticides in agricultural products by gas chromatography/mass spectrometry with large volume injection[J]. JAOAC Int, 2004，87（6）：1356-1367.

[61] Ueno E, Oshimah H, Saito I, et al. Multiresidue analysis of pesticides in vegetables and fruits by gas chromatography/mass spectrometry after gel permeation chromatography and graphitized carbon column cleanup[J]. JAOAC Int, 2004，87（4）：1003-1015.

[62] 罗添，周志荣，林少彬 . GC/MS/MS 法测定水中林丹、马拉硫磷、西维因、溴氰菊酯杀虫剂 [J]. 中国卫生检验杂志，2007，17（3）：402-403.

[63] 侯小平，阎炎，宋强 . 新型离子色谱柱对常见阴离子分析的应用研究 [J]. 环境化学，1997，16（4）：395-397.

[64] 牟世芬，刘勇建 . 离子色谱的新概念——不用化学试剂，只用水 [J]. 分析科学学报，2005，21（4）：449-453.

[65] 刘勇建，刘京，牟世芬，等 . 直接进样-离子色谱法测定饮用水中痕量溴酸盐 [J]. 环境化学，2003，22（6）：615-618.

[66] 刘勇建，牟世芬，林爱武，等 . 大体积直接进样离子色谱法测定饮用水中 9 种卤代乙酸和 6 种阴离子 [J]. 色谱，2003，21（2）：181-183.

[67] 韩照祥，王超，马红超 . 饮用水中多种无机阴离子的离子色谱测定法 [J]. 环境与健康杂志，2008，25（9）：813-816.

[68] 刘肖，Archava Siriraks, Mike Kinderman. AutoPrep 离子色谱法检测饮用水中痕量 NO_3^-和 NO_2^-[J]. 中国给水排水，2007，23（22）：85-88.

[69] 徐红波，孙挺，姜效军 . 电感耦合等离子体原子发射光谱法同时测定废水中锌、铬、铅、镉、铜和砷 [J]. 冶金分析，2008，28（11）：43- 45.

[70] 陈金忠，陈凤玲，丁振瑞，等 . 电感耦合等离子体原子发射光谱法测定自来水中铜、汞和铅 [J]. 理化检验-化学分册，2011，47（4）：417-418.

[71] Kovacheva P, Djingova R. Ion-exchange method for separation and concentration of platinum and palladium for analysis of environmental samples by inductively coupled plasma atomic emission spectrometry[J]. Analytica Chimica Acta., 2002，464：7-13.

[72] Zougagh M, de Torres A G, Pavon J M C. Determination of cadmium in water by ICP-AES with on-line adsorption preconcentration using DPT-gel and TS-gel microcolumns[J]. Talanta, 2002，56：761-763.

[73] Wuilloud R G, Salonia J A, Gásquez J A, et al. On-line preconcentration system for vanadium determination in drinking water using flow injection-inductively coupled plasma atomic emission spectrometry[J]. Analytica Chimica Acta., 2000，420：73-79.

[74] Jankowski K. Direct determination of trace amounts of sodium in water-soluble organic pharmaceuticals by microwave induced plasma atomic emission spectrometry[J]. Talanta, 2001，54：855-862.

[75] Atanassova D, Stefanova V, Russeva E. Co-precipitative preconcentration with sodium diethyldithiocarbamate and ICP-AES determination of Se, Cu, Pb, Zn, Fe, Co, Ni, Mn, Cr and Cd in water[J]. Talanta, 1998，4：1237-1243.

[76] 袁挺侠．电感耦合等离子体原子发射光谱法测定水中钡、铍、硼、钒、钴、钛、钼 7 种微量元素 [J]. 中国环境监测，2011，27（1）：32-34.

[77] 李爱阳，伍素云，刘宁，等．电感耦合等离子体串联质谱测定水产品中的痕量重金属元素 [J]. 食品与发酵工业，2020，46（9）：260-264.

[78] 许肖彬，祝燕燕．ICP-MS 检测饮用水中碘效果分析 [J]. 中国地方病防治杂志，2022，37（1）：29-34.

[79] 刘丽萍，张妮娜，周珊，等．电感耦合等离子体质谱法（ICP-MS）测定饮用水及水源水中 31 种元素 [J]. 中国卫生检验杂志，2005，15（8）：932-934.

[80] 谢建滨，刘桂华．ICP-MS 法测定水源水、出厂水、末梢水中 17 种微量元素 [J]. 环境与健康杂志，2000，17(3)：175-177.

[81] 曾栋，范荻，潘振球，等．生活饮用水及水源水中稀土元素 ICP-MS 快速分析 [J]. 中国卫生检验杂志，2010，20（7）：1673-1677.

[82] Olesik J W. Elemental analysis using ICP-OES and ICP/MS[J]. Anal Chem, 1991，63（1）：12-21.

[83] Date A R, Gray A L. Isotope ratio measurements on solution samples using ICP-MS [J]. Int J Mass Spectrom Ion Phys, 1983，48：357-360.

[84] Allain P, Mauras Y, Douge C, et al. Determination of iodine and bromine in plasma and urine by inductively coupled plasma mass spectrometry [J]. Analyst, 1990，115：813-815.

[85] Fryer B J, Jackson S E, Longerich H P. The design, operation and role of the laser-ablation microprobe coupled with an inductively coupled plasma-mass spectrometer（LAM-ICP-MS）in the earch sciences [J]. Can Mineral, 1995，33：303-312.

[86] Dieter C, Sehonberg G. Simultaneous determination of thirty-seven trace elements in twenty-eight international rock standards by ICP-MS[J]. Geostandard Newsletter, 1993，17（1）：81.

[87] Encinar J R, Rodriguez-Gonzalez P, Femandez J R, et al. Evaluation of accelerated solvent extraction for butyltin speciation in PACS-2 CRM using double-spike isotope dilution-GC/ICP MS[J]. Analytical Chemistry, 2002，75：5237-5242.

[88] Hempal M, Hintelmann H, Wilken R D. Determination of organic mercury species in soils by high-performance liquid chromatography with ultraviolet detection[J]. Analyst, 1992，117：669-672.

[89] Paul V D B, Pat S. Sensitive, simultaneous determinate ion of organomercury, -lead, and -tin compounds with headspace solid phase microextraction capillary gas chromatography combined with inductively coupled plasma mass spectrometry [J]. Analytical Chemistry, 1997，69（8）：1604-1611.

[90] Hiroaki T, Ramaswamy B R, Christophe R Q, et al. Tin speciation in the femtogram range in open ocean seawater by gas chromatography/inductively coupled plasma mass spectrometry using a shield torch at normal plasma conditions[J]. Analytical Chemistry, 1999，71（19）：4208-4215.

[91] Jackson B P, Miller W P. Soluble arsenic and selenium species in fly ash/organic waste-amended soils using ion chromatography-inductively coupled plasma mass spectrometry[J]. Environmental Science and Technology, 1999，33（2）：270-275.

[92] Harington C F, Elahi S, Merson S A, et al. A method for the quantitative analysis of iron speciation in meat by using a combination of spectrophotometric methods and high-performance liquid chromatography coupled to sector field inductively coupled plasma mass spectrometry[J]. Analytical Chemistry, 2001，73（18）：4422-4427.

[93] Narong P, Houk R S. Attenuation of matrix effects in inductively coupled plasma mass spectrometry with a supplemental electron source inside the skimmer[J]. Analytical Chemistry, 2000，72（11）：2351-2355.

[94] Scott D T, Lisa M C, Douglas D J. Reduction of space charge effects using a three-aperture gas dynamic vacuum interface for inductively coupled plasma-mass spectrometry[J]. Society for Applied Spectroscopy, 1994，48（11）：1367-1372.

[95] Kaufmann A. The current role of high-resolution mass spectrometry in food analysis[J]. Anal Bioanal Chem, 2011，403（5）：1233-1249.

[96] 覃玲 . 食品中非法添加物质筛查模式的研究 [D]. 北京：中国食品药品检定研究院，2018：14.

[97] 孙兴权，赵禹，杨春光，等 . 液相色谱-高分辨质谱联用技术在食品欺诈检测鉴别中的应用 [J]. 色谱，2016，34（7）：647-656.

[98] Krauss M, Singer H, Hollender J. LC-high resolution MS in environmental analysis: from target screening to the identification of unknowns[J]. Anal Bioanal Chem, 2010，397（3）：943-951.

[99] Richardson S D. Environmental mass spectrometry: emerging contaminants and current issues[J]. Anal Chem, 2012，84：747-778.

[100] 冯红，潘桂湘 . 高分辨质谱在中药化学成分分析中的应用 [J]. 辽宁中医药大学学报，2012，14（8）：40-42.

[101] 郭玉华，黄良安 . 磁质谱分析系统的研究 [J]. 武汉大学学报（自然科学版），1996，42（3）：337-340.

[102] 吴永宁 . 二噁英、多氯联苯和氯丙醇的痕量与超痕量检测技术研究 [J]. 中国食品卫生杂志，2005，17（6）：481-486.

[103] 饶钦全，徐方曦，余彬彬 . 二噁英实验室建设成本分析 [J]. 资源节约与环保，2015（7）：179-185.

[104] 程纯儒，丁杰，杨义，等 . 质谱技术的新进展及其在药物研究中的应用 [J]. 四川理工学院学报：自然科学版，2013，26（3）：11-15.

[105] 邓鸣，蒋受军，朱斌 . 飞行时间质谱分析技术在植物药研究中的应用进展 [J]. 华西药学杂志，2013，28（1）：038.

[106] 夏曦，李晓薇，丁双阳，等 . 液相色谱-高分辨质谱在兽药残留分析中的应用进展 [J]. 质谱学报，2011，32(6)：333-340.

[107] Hayward D G, Wong J W. Organohalogen and organophosphorous pesticide method for ginseng root - a comparison of gas chromatography-single quadrupole mass spectrometry with high resolution time-of-flight mass spectrometry[J]. Analytical Chemistry, 2009，81（14）：5716-5723.

[108] Lacina O, Urbanova J, Poustka J, et al. Identification/quantification of multiple pesticide residues in food plants by ultra-high-performance liquid chromatography-time-of-flight mass spectrometry[J]. Journal of Chromatography A, 2010，1217（5）：648-659.

[109] 李明，马家辰，李红梅，等 . 静电场轨道阱质谱的进展 [J]. 质谱学报，2013，34（3）：185-192.

[110] 贺美莲，郭常川，石峰，等 . Orbitrap 高分辨质谱技术在药物分析领域中的应用进展 [J]. 药物分析杂志，2019，39（1）：105-110.

[111] Phanwatt P, Kurisu F, Kasuga I, et al. Molecular characterization of low molecular weight dissolved organic matter in water reclamation processes using orbitrap mass spectrometry[J]. Water Res, 2016，100：526-536.

[112] Avagyan R, Westerholm R. Target and suspect screening of OH-PAHs in air particulates using liquid chromatography-orbitrap high resolution mass spectrometry [J]. Talanta, 2017，165：702-708.

[113] Bridoux M C, Malandain H, Leprince F, et al. Quantitative analysis of phosphoric acid esters in aqueous samples by isotope dilution stir-bar sorptive extraction combined with direct analysis in real time（DART）-orbitrap mass spectrometry[J]. Anal Chim Acta, 2015，869：1-10

[114] 熊岑，李苑雯，郑彦婕，等．静电场轨道阱质谱分析技术在食品分析中的应用进展 [J]. 食品科学，2015，36（13）：283-287.

[115] 宋爱华，李文，韩飞．傅立叶变换离子回旋共振质谱法在药学领域的应用进展 [J]. 沈阳药科大学学报，2017，34（4）：350-356.

[116] Cornett D S, Frappier S L, Caprioli R M. MALDI-FTICR imaging mass spectrometry of drugs and metabolites in tissue[J]. Analytical Chemistry, 2008，80（14）：5648-5653.

[117] 王伟，蔡文生，邵学广．傅立叶变换离子回旋共振质谱及其研究进展 [J]. 化学进展，2005，17（2）：336-342.

[118] Eljarrat E, Cal D A, Barceló D. Potential chlorinated and brominated interferences on the polybrominated diphenyl ether determinations by gas chromatography-mass spectrometry[J]. Journal of Chromatogr aphy A, 2003，1008（2）：181-192.

[119] Wang B, Wan Y, Zheng G, et al. Evaluating a tap water contamination incident attributed to oil contamination by non-targeted screening strategies[J]. Environmental Science & Technology, 2016，50（6）：2956-2963.

[120] Hug C, Ulrich N, Schulze T, et al. Identification of novel micropollutants in wastewater by a combination of suspect and nontarget screening[J]. Environmental Pollution, 2014，184：25-32.

[121] 王荟，穆肃，章勇，等．气相色谱-高分辨双聚焦磁质谱测定水中超痕量多氯萘 [J]. 环境监测管理与技术，2014，26（3）：38-40.

[122] 陆一夫，邱天，胡小键，等．自动固相萃取-气相色谱-高分辨质谱法测定地表水中 41 种持久性有机污染物 [J]. 环境卫生学杂志，2019，9（3）：280-286.

[123] 李美萍，李蓉，王志娟，等．气相色谱-静电场轨道阱高分辨质谱法测定水中 16 种痕量亚硝胺 [J]. 分析化学，2019，47（2）：288-296.

[124] Andrés-Costa M J, Andreu V, Picó Y. Analysis of psychoactive substances in water by information dependent acquisition on a hybrid quadrupole time-of-flight mass spectrometer[J]. Journal of Chromatography A, 2016，1461：98-106.

[125] Schymanski E L, Singer H P, Slobodnik J, et al. Non-target screening with high-resolution mass spectrometry: critical review using a collaborative trial on water analysis[J]. Analytical and Bioanalytical Chemistry, 2015，407（21）：6237-6255.

[126] Zhang X, Zhang M. Modeling effectiveness of agricultural BMPs to reduce sediment load and organophosphate pesticides in surface runoff[J]. Science of the Total Environment, 2011，409:1949-1958.

[127] Mondal R, Mukherjee A, Biswas S, et al. GC-MS/MS determination and ecological risk assessment of pesticides in aquatic system: a case study in Hooghly River basin in West Bengal, India[J]. Chemosphere, 2018，206: 217-230.

[128] 胡小键，许宁，张淼，等．淮河江苏段水中有机氯农药污染特征分析 [J]. 环境与健康杂志，2016，33（4）：332-334.

[129] Casado J, Santillo D, Johnston P. Multi-residue analysis of pesticides in surface water by liquid chromatography quadrupole-orbitrap high resolution tandem mass spectrometry[J]. Analytica Chimica Acta, 2018，1024：1-17.

[130] Masiá A, Ibáñez M, Blasco C, et al. Combined use of liquid chromatography triple quadrupole mass spectrometry and liquid chromatography quadrupole time-of-flight mass spectrometry in systematic screening of pesticides and other contaminants in water samples[J]. Analytica Chimica Acta, 2013，761：117-127.

[131] Ding S, Chu W. Recent advances in the analysis of nitrogenous disinfection by-products[J]. Trends in Environmental Analytical Chemistry, 2017，14：19-27.

[132] Čulin J, Mustać B. Environmental risks associated with ballast water management systems that create disinfection by-products（DBPs）[J]. Ocean & Coastal Management, 2015，105：100-105.

[133] Ji-Hyun L, Jeong-Eun O. A comprehensive survey on the occurrence and fate of nitrosamines in sewage treatment

plants and water environment[J]. Science of the total Environment, 2016，556：330-337.

[134] Stuart W K, William A M, Daniel L M, et al. Formation, precursors, control, and occurrence of nitrosamines in drinking water: a review [J]. Water Research, 2013，47：4433-4450.

[135] Christen V, Hickmann S, Rechenberg B, et al. Highly active human pharmaceuticals in aquatic systems: a concept for their identification based on their mode of action[J]. Aquatic Toxicology, 2010，96（3）：167-181.

[136] 王军淋，许娇娇，蔡增轩，等 . 固相萃取富集-超高效液相色谱-串联质谱法同时测定源水和自来水中的 40 种多类别抗生素 [J]. 中国卫生检验杂志，2016（17）：2443-2449.

[137] 陈溪，吴慈，王龙祥，等 . 基于超高效液相色谱-高分辨质谱技术的水中 112 种药品和个人护理品的高通量筛查和定量方法 [J]. 色谱，2018，36（11）：1147-1157.

[138] 何欣，李诗言，王扬，等 . 基于高效液相色谱-四极杆-飞行时间质谱技术筛查渔业水域环境中抗生素残留方法的建立与应用 [J]. 水产学报，2016，40（4）：652-662.

[139] 杨路平，焦燕妮，邵立君，等 . 饮用水中 12 种抗生素残留的固相萃取-超高效液相色谱-串联四极杆飞行时间质谱快速测定法 [J]. 环境与健康杂志，2016，33（7）：625-628.

[140] 王和兴，周颖，王霞，等 . 超高效液相色谱-四极杆串联飞行时间质谱法筛查上海市生活饮用水和地表水中的雌激素水平 [J]. 复旦学报（医学版），2011，38（5）：396-401，406.

[141] 程家兴，赵起越，李令军，等 . 固相萃取 / 超高效液相色谱-质谱法筛查及检测养鱼河水中抗生素 [J]. 分析测试学报，2018，37（3）：275-281.

[142] 张蓓蓓，胡冠九，赵永刚，等 . 在线固相萃取-液相色谱-四极杆 / 飞行时间质谱法快速筛查水体中 60 种有机毒物 [J]. 环境化学，2018，37（10）：2159-2170.

[143] González-Mariño I, Quintana J B, Rodríguez I, et al. Screening and selective quantification of illicit drugs in wastewater by mixed-mode solid-phase extraction and quadrupole-time-of-flight liquid chromatography-mass spectrometry[J]. Analytical Chemistry, 2012，84（3）：1708-1717.

[144] Wood T P, Du Preez C, Steenkamp A, et al. Database-driven screening of South African surface water and the targeted detection of pharmaceuticals using liquid chromatography-high resolution mass spectrometry[J]. Environmental Pollution, 2017，230：453-462.

[145] Llorca M, Lucas D, Ferrando-Climent L, et al. Suspect screening of emerging pollutants and their major transformation products in wastewaters treated with fungi by liquid chromatography coupled to a high resolution mass spectrometry[J]. Journal of Chromatogr aphy A, 2016，1439：124-136.

[146] Ibáñez M, Sancho J V, Hernández F, et al. Rapid non-target screening of organic pollutants in water by ultraperformance liquid chromatography coupled to time-of-light mass spectrometry[J]. TrAC, 2008，27（5）：481-489.

[147] López A, Dualde P, YusàV, et al. Retrospective analysis of pesticide metabolites in urine using liquid chromatography coupled to high-resolution mass spectrometry[J]. Talanta, 2016，160：547-555.

[148] Kern S, Fenner K, Singer H P, et al. Identification of transformation products of organic contaminants in natural waters by computer-aided prediction and high resolution mass spectrometry[J]. Environmental Science & Technology, 2009，43（18）：7039-7046.

[149] Moschet C, Piazzoli A, Singer H, et al. Alleviating the reference standard dilemma using a systematic exact mass suspect screening approach with liquid chromatography-high resolution mass spectrometry[J]. Analytical Chemistry, 2013，85（21）：10312-10320.

[150] Deeb A A, Stephan S, Schmitz O J, et al. Suspect screening of micropollutants and their transformation products in advanced wastewater treatment[J]. Science of the Total Environment, 2017，601-602：1247-1253.

[151] Ibáñez M, Sancho J V, Pozo Ó J, et al. Use of quadrupole time-of-flight mass spectrometry in environmental analysis: elucidation of transformation products of triazine herbicides in water after UV exposure[J]. Analytical Chemistry, 2004，76（5）：1328-1335.

[152] Baz-Lomba J A, Reid M J, Thomas K V. Target and suspect screening of psychoactive substances in sewage-based

samples by UHPLC-QTOF[J]. Analytica Chimica Acta, 2016，914：81-90.

[153] Gago-Ferrero P, Schymanski E L, Bletsou A A, et al. Extended suspect and non-target strategies to characterize emerging polar organic contaminants in raw wastewater with LC-HRMS/MS[J]. Environmental Science & Technology, 2015，49（20）：12333-12341.

[154] Ruff M, Mueller M S, Loos M, et al. Quantitative target and systematic non-target analysis of polar organic micro-pollutants along the River Rhine using high-resolution mass-spectrometry-identification of unknown sources and compounds[J]. Water Research, 2015，87：145-154.

[155] Zhang H, Zhang Y, Shi Q, et al. Study on transformation of natural organic matter in source water during chlorination and its chlorinated products using ultrahigh resolution mass spectrometry[J]. Environmental Science & Technology, 2012，46（8）：4396-4402.

[156] Zhang H, Zhang Y, Shi Q, et al. Characterization of unknown brominated disinfection byproducts during chlorination using ultrahigh resolution mass spectrometry[J]. Environmental Science & Technology, 2014，48（6）：3112-3119.

[157] Wang X, Wang J, Zhang Y, et al. Characterization of unknown iodinated disinfection byproducts during chlorination/chloramination using ultrahigh resolution mass spectrometry[J]. Science of the total Environment, 2016，554：83-88.

[158] 云莉芬 . 液相色谱串联高分辨质谱筛查鉴定未知卤代有机物的策略及应用研究 [D]. 武汉：中国地质大学，2018.

[159] Muz M, Ost N, Kühne R, et al. Nontargeted detection and identification of（aromatic）amines in environmental samples based on diagnostic derivatization and LC-high resolution mass spectrometry[J]. Chemosphere, 2017，166：300-310.

[160] Broecker S, Herre S, Wüst B, et al. Development and practical application of a library of CID accurate mass spectra of more than 2,500 toxic compounds for systematic toxicological analysis by LC-QTOF-MS with data-dependent acquisition[J]. Analytical and Bioanalytical Chemistry, 2010，400（1）：101-117.

[161] 曹龙，张朝升，陈秋丽，等 . 邻苯二甲酸酯的环境污染和生态行为及毒理效应研究进展 [J]. 生态毒理学报，2018，13（2）：34-46.

[162] 朱萌萌，周敏，陈卢涛，等 . 固相萃取-气相色谱-串联质谱法测定生活饮用水中 18 种邻苯二甲酸酯 [J] . 食品研究与开发，2018，39（12）：130-137.

[163] 黎少映，冯耀基，吴雪梅，等 . 气相色谱-三重四极杆串联质谱法同时测定饮用水中 24 种邻苯二甲酸酯 [J]. 中国食品卫生杂志，2019，31（2）：125-131.

[164] 李新洪，向垒，黄裕宏，等 . 固相萃取-气相色谱-质谱法同时测定黑臭水中 15 种邻苯二甲酸酯化合物 [J]. 分析化学，2019，47（11）：1842-1849.

[165] 王孝生，卢嘉，王冬梅，等 . 气相色谱-三重四极杆串联质谱法测定饮用水中十种硝基苯类污染物 [J]. 安徽师范大学学报（自然科学版）, 2020，43（6）：549-553.

[166] 林华，阮国洪，李一丹，等 . 三重四极杆气相色谱串联质谱法测定水中 20 种指示性多氯联苯 [J]. 中国卫生检验杂志，2019，29（10）：1167-1171.

[167] 黄芳，佘晓坤，周家斌，等 . 金属-有机纳米管分散固相萃取-气相色谱-串联质谱高灵敏分析环境水样中痕量多氯联苯 [J]. 分析化学，2017，45（6）：856-861.

[168] 付善良，张帆，陆静，等 . 磁固相萃取-热脱附-气相色谱-串联质谱检测水中 7 种多氯联苯 [J]. 食品与机械，2020，36（3）：75-79.

[169] 彭婕，陈建武，甘金华，等 . 气相色谱-串联质谱法同时测定水体和底泥中多氯联苯及有机氯农药残留 [J]. 环境化学，2020，39（8）：2307-2316.

[170] 陈勇杰，张蓓蓓，陈国松，等 . 超高效液相色谱-串联质谱法测定污水和污泥基质中的 20 种全氟及多氟化合物 [J]. 分析化学，2019，47（4）：533-540.

[171] 刘晓雷，刘婕，郭睿，等 . 超高效液相色谱-串联质谱法测定表层水中全氟及多氟化合物 [J]. 分析化学，2018，46（9）：1400-1407.

[172] 宋鑫，王荣雨，王晓，等 . 水中全氟烷基醚类羧酸的超高效液相色谱-串联质谱检测方法研究 [J]. 分析测试学报，

2022，41（1）：136-142.

[173] 程士，吴亚萍，左延婷，等. 非抑制型离子色谱串联质谱法同时测定饮用水中卤乙酸和卤氧化物 [J]. 环境化学，2020，39（11）：3064-3071.

[174] 任洁芳，姜振邦，王瑾，等. 离子色谱串联四极杆质谱联用法快速检测饮用水中 9 种卤代乙酸 [J]. 分析仪器，2020（4）：25-29.

[175] 覃晓媚，朱红霞，姜振邦，等. 离子色谱-串联质谱法测定地下水中草甘膦、草铵膦和氨甲基膦酸 [J]. 分析试验室，2020，39（8）：958-961.

[176] 史亚利，魏东斌，阮挺，等. 新型污染物的环境质谱技术研究进展 [J]. 中国科学：化学，2014，44（5）：710-718.

[177] 魏西会，苏艳. 离子色谱法在环境监测领域的应用及前景展望 [J]. 仪器仪表与分析监测，2021（2）：36-38.

[178] Degueldre C, Favarger P-Y. Colloid analysis by single particle inductively coupled plasma-mass spectroscopy: a feasibility study[J]. Colloids and Surfaces A: Physicochemical and Engineering Aspects, 2003，217（1-3）：137-142.

[179] Gomez-Gonzalez M A, Bolea E, Peggy A, et al. Combining single-particle inductively coupled plasma mass spectrometry and X-ray absorption spectroscopy to evaluate the release of colloidal arsenic from environmental samples[J]. Analytical and Bioanalytical Chemistry, 2016，408：5125-5135.

[180] Laborda F, Bolea E, Cepriá G, et al. Detection, characterization and quantification of inorganic engineered nanomaterials: a review of techniques and methodological approaches for the analysis of complex samples[J]. Analytica Chimica Acta, 2016，904:10-32.

[181] 许小燕，景二丹，徐小燕，等. ICP-MS 法测定水源水、出厂水、直饮水中锶、镓含量 [J]. 给水排水，2020(S01)：245-247.

[182] 张建伟，李沛镡，金红. HPLC-ICP-MS 联用技术检测饮用水中铬形态的方法研究 [J]. 城镇供水，2021（5）：69-72.

[183] 杨鑫鑫，朱兆洲，何会军，等. 固相萃取-ICP-MS 分析西藏咸水湖泊中的微量元素 [J]. 中国环境科学，2021，41（4）：1732-1736.

[184] 傅霜，赵珍阳，龚子珊，等. SC-ICP-MS 法测定金属元素的方法研究 [J]. 分析测试学报，2021，40（3）：389-395.

第4章

生物 / 毒理检测技术与应用

▲ 生物 / 毒理检测技术简介

▲ 微生物检测技术

▲ 急性毒性测试技术

▲ 细胞毒性检测技术

▲ 遗传毒性检测技术

▲ 内分泌干扰效应量化评估技术

从饮用水安全保障角度来讲，生物是一把“双刃剑”。一方面，供水系统中致病菌、病毒、原生动物以及有毒藻类等各种类型病原微生物的存在给饮用水生物安全性带来巨大挑战，随着微生物检测技术的不断发展进步，饮用水中越来越多的病原微生物被快速识别，为水质生物安全性提供了保障；另一方面，鉴于生物体对某些化学物质具有高特异性识别、高灵敏度响应的特性，以生物材料为受试体可对环境中的复杂多变的化学性污染物进行识别及生物毒性综合评估。

4.1　生物 / 毒理检测技术简介

根据监测目标物的不同，生物 / 毒理检测技术可分为微生物检测技术和生物毒性检测技术两大类。

(1) 微生物检测技术

该技术主要是通过物理检测学、生物检测学以及环境分析学等各种手段对水环境中的细菌、病毒、单细胞生物、藻类等病原微生物进行识别的过程。对水环境进行微生物检测可以判断水质，保证水环境中的微生物含量符合相关用水标准，避免水环境中的微生物对人类的生产生活造成不利影响，从而维护人们的健康，促进经济社会的发展。传统的微生物检测技术主要基于培养法（如酶底物法、多管发酵法、滤膜法等），通过在人为控制条件下为特定微生物创造适宜的生长繁殖条件，使肉眼不可见的微生物生长繁殖后变成肉眼直接可见的菌落，从而实现对微生物的识别。

(2) 生物毒性检测技术

其是指利用生物材料（生物个体、组织、细胞、酶、抗体、核酸等）对某些化学物质具有高特异性识别、高灵敏度响应的特性，检测环境中的化学性污染物。生物毒性检测技术的主要对象为水环境中的化学性污染物，利用生物毒性检测技术，可对水环境中复杂多样的污染物对生物体的潜在毒性进行检测，可作为理化检测的有效补充。生物毒性检测技术涵盖急性毒性、细胞毒性、遗传毒性以及内分泌干扰毒性等多种类型毒性效应类型的测试。水环境化学品污染形势日益严峻，以生物毒性效应为核心的效应导向分析技术（effect-directed analysis, EDA）作为分析复杂基质中效应污染物的实用工具，越来越多地被应用于水环境检测领域。EDA 将生物毒性效应测试、样品分离和效应污染物鉴定相结合，进行样品的生物效应评价及效应污染物鉴定。遗传毒性和内分泌干扰毒性是 EDA 分析中应用较为广泛的两种生物毒性效应。

4.1.1　微生物检测技术简介

微生物是个体难以用肉眼观察到的微小生物的统称，包括细菌、病毒、真菌以及一些小型的原生生物、显微藻类等在内的一大类生物群体，个体微小，与人类关系密切。水环境中存在种类繁多的微生物，这些微生物在水生态系统中发挥着必不可少的功能，它们大部分对生物体是无害的，但水环境中也存在一部分致病性微生物，如致病性细菌、病毒、原生动物、寄生虫以及有毒藻类等，给人类健康带来威胁。截至目前，水环境中已发现的病原微生物超过 1000 种，这些病原微生物可经饮食、呼吸、皮肤接触等多种途径感染人类，导致肠道、呼吸道等系统疾病，甚至引发群体性传染病。

水环境中的病毒普遍存在于各类地表水体中，具有存活时间久、感染风险大等特点。病毒的大小仅为 0.01 ～ 0.1μm。水环境中的病毒包括 DNA 病毒（如腺病毒）和 RNA 病毒（如肠病毒、诺瓦克病毒、肝炎病毒、轮状病毒和星状病毒等），可引发人类发热、心脏病、肝炎、脑膜炎和呼吸道感染等多种类型疾病。此外，2003 年由冠状病毒 SARS CoV 引起的重症急性呼吸综合征和 2019 年由 2019-nCoV 引起的新型冠状病毒肺炎的部分患者的粪便中检测到了病毒，由此推测地表水环境有受冠状病毒污染的风险。细菌的大小一般为 0.1 ～ 10μm，是水体中最常见的微生物。常见的致病性细菌包括沙门氏菌、志贺氏菌、弯曲菌属、大肠杆菌、军团菌属、螺旋杆菌和弧菌等，可引发腹泻、神经系统疾病、出血性结肠炎、呼吸道疾病等。除了少部分细菌能够产生孢子、可在水环境中较长时间存活外，大部分细菌在水体中存活的时间较短。原生动物的大小为 1 ～ 100μm，水体中常见的致病性原生动物包括隐孢子虫、贾第鞭毛虫等，福氏纳格里阿米巴原虫由于较高的致死率也受到重视。原生动物能够通过产生卵囊或者孢囊增加其在水环境中的存活率，多引发腹泻类疾病。关于水环境中的病原真菌的研究相对较少，截至目前，在水体中发现的真菌的数目有 400 多种，仅发现其中 46 种真菌生物安全等级为 2 级（对个体有中低危险，对群体的危险度低），致病性真菌引发的皮肤问题最为多见。

现有水质标准中关注最多的微生物指标为细菌类指标，传统的细菌检测技术包括平皿计数法、滤膜法、多管发酵法等方法。这些方法都属于培养法，是应用最早也最广泛的检测方法，具有操作简单和节省成本等优点，在水环境微生物检测中应用已久，认可度高，但往往耗时较长。目前中国的《生活饮用水卫生标准》（GB 5749—2022）和《地表水环境质量标准》（GB 3838—2002）中的微生物检测仍是以培养法为基础。国外发达国家的相关水质标准中，同样以培养法为基础的检测方法仍然是主要方法。近年来，酶底物法、免疫法、流式细胞术、PCR 法等新型微生物检测技术越来越多地被应用，检测技术的发展极大地提高了水环境中可培养微生物和不可培养微生物的检测水平，缩短了检测时间，为突发污染事件的应急响应提供了支撑。

4.1.2 生物毒性检测技术简介

毒理学是一门研究化学物质对生物体的毒性反应、严重程度、发生频率和毒性作用机制的科学，也是对毒性作用进行定性和定量评价的科学。目前公认的毒理学定义是研究外源性化学物质对生物体危害的科学。生物毒性检测技术以毒理学为核心，可检测的毒性物质种类繁多，并且可以很好地评估不同毒性物质共同作用的结果。多种毒性物质混合后可能产生拮据作用、协同作用或相加作用，化学方法难以评价，但生物毒性检测可评估水样中多种毒性物质的共同作用结果；生物毒性检测技术可以检测到常规理化方法容易遗漏的不明毒性物质，但仅判断是否存在毒性，无法判断具体毒性物质的种类和精确浓度生物毒性。

虽然大型分析仪器的发展（如气相色谱、高效液相色谱、质谱等）使饮用水中微量污染物质的检测变得简便、快速，但单一的理化指标（污染物的浓度）无法反映水中的污染物对人体的综合毒性，且不同结构的污染物之间可能存在着相互作用（协同或拮抗效应）。生物检测技术是水环境检测的重要技术形式，能够弥补传统理化检测和仪器分析的局限性以及实验过程需连续取样的烦琐性，对水体中污染物质的毒性及其相互作用进行综合判断。在一定区域范围内能够将生物的污染情况反映出来，弥补理化检测的应用局限；一些生物对污染物反应比较敏感，借助生物检测能够对仪器设备无法检测到的微量污染物产生反应，并结合这种反应表现出相应的受损效应；在生态系统中借助生物链可以将微量有毒有害物质进行聚集，在达到食物链末端的时候能够有效提升污染物的浓度。

生物毒性检测技术涵盖急性毒性、细胞毒性、遗传毒性以及内分泌干扰毒性等多种类型毒性效应类型的测试。急性毒性测试受试生物有藻类、大型溞、发光细菌、鱼类等；细胞毒性测试常采用哺乳动物细胞作为受试体；遗传毒性测试常用受试体有植物细胞（蚕豆根尖等）、动物细胞（小鼠脾脏细胞等）以及细菌等类型；内分泌干扰毒性测试主要有转基因哺乳动物细胞和酵母等不同测试系统。

4.2 微生物检测技术

饮用水的卫生安全对人类健康有着十分重要的意义，时时刻刻影响着我们，一旦使用的生活饮用水被污染则可能会引起严重的急慢性以水为媒介的传播性疾病，威胁着人类健康。曾有研究显示，饮用水中存在的某些微生物可能会导致某些介水疾病的传播。因此，对饮用水水质微生物的研究具有重大意义。

微生物检测技术是生活饮用水质量检测的必需手段。所谓的微生物检测技术，其主要是指通过对微生物的应用，了解污染水体中其他生物的反应，从而更好地明确水污染情况。在对这一技术进行应用的过程中涉及很多领域的知识，包括物理检测学、生物检测学以及环境分析学等。通过分析得知在水污染中，一些有害的生物可以得到不断的繁衍，并且会以具体的分子出现，然后通过对这些分子的进一步研究可以明确水污染的成因。运用相应的微生物检测技术，结合后续的一系列相关分析，可以客观地反映出生活饮用水中的微生物种类与含量，并可以进一步反映生活饮用水中的致病性微生物及其存在浓度范围，从而对该饮用水的生物安全性进行评价。一般情况下，应用微生物检测技术对水污染进行处理，可以对常规物理以及化学反应中的弊端进行有效修复，由此可见，微生物检测技术在水污染处理过程中同样具有非常重要的作用和意义。

微生物检验作为衡量生活饮用水质量的重要评价指标之一，其能够保证水质在流行病学方面的安全性及可靠性。目前生活饮用水卫生标准检验方法中的微生物检验方法主要包括酶底物法、多管发酵法及滤膜法。多管发酵法作为检验水样中总大肠菌落的常用方法之一，其具有可重复操作、具体估算大肠杆菌密度、经济实惠等优势，运用该方法计算饮用水样本中细菌含量时能够将阴性菌及阳性菌同时显现出来，但操作步骤烦琐，影响了进一步的推广应用。滤膜法由于操作便利，步骤简单，适用范围广，经济性好，广泛应用于水质微生物检测中。酶底物法是近年来新兴的微生物检测方法，操作简便，灵敏度高，准确性好，而越来越多地被应用，但其较高的检测成本对其大范围的推广应用产生了限制。

4.2.1 酶底物法

基于传统检测方法的弊端，酶底物法应时而生。酶底物法（enzyme substrate technique）的检测原理是基于细菌的特定酶活性（例如 β-D-半乳糖苷酶和 β-D-葡萄糖醛酸苷酶）检测微生物（如大肠菌群等）的一种方法，因为其自身的特异性而广受研究者关注。目前酶底物法应用于水环境中总大肠菌群、耐热大肠菌群、大肠埃希氏菌、铜绿假单胞菌、肠球菌以及嗜肺军团菌等微生物的测定。其中酶底物法总大肠菌群、大肠埃希氏菌已经纳入《生活饮用水标准检验方法 第 12 部分：微生物指标》（GB/T 5750.12—2023）以及环境行业标准 HJ 1001—2018，耐热大肠菌群酶底物检测法也在其中。

酶底物法检测所有耗材试剂均实现商品化，实验操作简便，无需确认试验，可同时检测水样中大肠菌群和大肠埃希氏菌。如果改变培养温度，还可用于耐热大肠菌群的检测。该方法检测周期短，18 ～ 24h 即可报告最终结果，大大地节省了时间和人力。

4.2.1.1 技术原理

酶底物法测定总大肠菌群、耐热大肠菌群原理：在 37℃（44.5℃）温度条件下培养 24h，大肠菌群能产生 β-半乳糖苷酶，分解 ONPG 使培养液呈黄色，检测水样中是否含有大肠菌群。统计阳性反应出现的数量，通过查询 MPN（most probable number，最可能数）表，计算样品中的菌群浓度。

① 酶底物法测定大肠埃希氏菌原理：利用其产生 β-葡萄糖醛酸苷酶分解 MUG 使培养液在波长 366nm 紫外光下产生蓝色荧光，检测水样中是否含有大肠埃希氏菌。统计阳性反应出现数量，通过查询 MPN 表，计算样品中的大肠埃希氏菌浓度。

② 酶底物法测定肠球菌原理：在 41℃温度条件下培养 24h，肠球菌能够产生 β-D-葡糖苷酶，将选择性分解培养基中荧光底物 4-甲基伞形酮-β-D-葡糖苷（4-MUG），分解后的荧光底物在 366nm 紫外光下产生荧光，统计阳性反应出现数量，通过查询 MPN 表，计算样品中的肠球菌浓度。

③ 酶底物法测定铜绿假单胞菌原理：铜绿假单胞菌能够利用酶底物试剂中丰富的氨基酸、维生素以及其他丰富的营养物质快速生长和增殖，而且能够产生一种水解 Pseudalert 试剂中底物的酶，底物经酶水解后在紫外灯下产生蓝色的荧光，在 366nm 紫外灯下计数 36℃培养 24h 的定量盘产生荧光的孔数，通过相应的检索表得到样品中的铜绿假单胞菌的 MPN 值。

④ 酶底物法测定嗜肺军团菌原理：嗜肺军团菌利用酶底物试剂中丰富的氨基酸、维生素和其他营养成分迅速生长繁殖，同时会利用额外添加的酶底物反应生成一种棕色的指示物，使溶液显褐色或者浑浊。恒温培养 7d 后，统计阳性反应出现数量，通过查询 MPN 表，计算样品中的嗜肺军团菌浓度。

4.2.1.2 技术应用

（1）大肠菌群的检测

多位研究者对酶底物法测试结果与传统方法进行了比较，均获得满意结果。卜晓红等使用酶底物法和多管发酵法对 30 份样品的总大肠菌群进行检测，通过配对 t 检验对测试结果进行分析，发现两种方法的检测结果基本相同，差异无统计学意义。蒋玲等在此基础上对于同一受试对象分别接受两种不同处理方法，采用配对 t 检验分析，同样验证了该结论。随后，邓永宏等分别使用乳糖胆盐发酵法、乳糖蛋白胨发酵法、51 孔定量盘法、97 孔定量盘法四种方法检测水样中的大肠菌群含量。乳糖胆盐发酵法的阳性检出率为 58.8%，乳糖蛋白胨发酵法的检出率为 61.8%，酶底物法的检出率为 73.3%。51 孔定量盘法相较于多管发酵法的灵敏性更高，但是定量范围比较窄；97 孔定量盘法的灵敏性和定量范围都优于多管发酵法。

刘瑞等使用酶底物法、多管发酵法和纸片快速法三种方法测定了粪大肠菌群的含量，研究显示所有方法的假阴性率和假阳性率都为零。三种方法质控样品的测定结果均在范围内，而相较于质控样品真值，酶底物法略高。张会强等同时使用多管发酵法、滤膜法、纸片快速法和酶底物法在相同的取样量和培养条件下对水样进行检测。从方法的检出限来看，纸片快速法的检出限为 20MPN/L，多管发酵法和酶底物法的最低检出限同为 3MPN/L；滤膜法不受取样量限制，检出限最低。从实验操作来看，多管发酵法和滤膜法都需要培养基的准备和复发酵过程，操作烦琐；而纸片快速法和酶底物法不需要配制培养基，操作简便。概括来讲，多管发酵法工作量大，耗费时间长；滤膜法操作强度和耗费时间略低于多管发酵法；酶底物法和纸片快速法操作简便，更适合于大量样品的快速测试。从质控菌株检测结果来看，酶底物法的准确性和精密度均优于其他三种方法。从相关性对比来看，多管发酵法与纸片快速法、酶底物法之间无显著性差异，而与滤膜法存在显著性差异。杨晓冉等研究表明实验环境的无菌性对酶底物法测定水中大肠菌群的影响很小。因此，酶底物法可以很好地弥补传统方法的一些不足，有望替代传统方法在常规监测和应急污染事故中做出快速评价。

为保证现场监测结果的准确性和可操作性，作者对酶底物法（51 孔定量盘法）测定水中总大肠菌群和大肠埃希氏菌过程中的环境因素、培养温度、培养时间和培养方式等因素对检测结果的影响进行了研究。结果表明，培养温度和培养时间对检测结果有显著影响，而环境因素和培养方式对检测结果的影响不明显；总大肠菌群和大肠埃希氏菌的培养温度需控制在 35 ～ 37℃，检测培养时间分别控制在 22 ～ 28h、24 ～ 28h 条件下可获得准确结果。此方法与传统的滤膜法比较，检测结果无显著性差异。

酶底物法作为微生物快检技术在地震灾区生活饮用水监测中发挥了重大的作用。在四川 5 • 12 抗震救灾时期开展了灾区生活饮用水的卫生监测工作，由于时间和人力资源的限制，对微生物快速检测提出了要求。成都市疾病控制预防中心用酶底物法快速检测生活饮用水中总大肠菌群、耐热大肠菌群、大肠埃希氏菌，共检测灾区生活饮用水 2000 余件，其中市政供水 350 余件，合格率约 94%；乡镇供水 1650 余件，合格率约 90%。酶底物法 24h 可报告结果并能同时检测 2 个指标，实现了快速检测的目的。实践证明，酶底物法作为快速检测技术在此次生活饮用水监测工作中发挥了突出的作用，极大地节约了时间和人力。

（2）嗜肺军团菌的检测

嗜肺军团菌是饮用水中存在的潜在条件致病病原体。随着城市化发展进程加快，嗜肺军团菌在饮用水系统中滋生并传播的风险日益增大，因此加强对饮用水中嗜肺军团菌的检测和控制对保障用水安全至关重要。分离培养法是目前国际通用检测军团菌的“金标准”，适用于各种环境水体，但方法存在操作烦琐、检测周期较长、易受杂菌干扰等缺陷。近些年出现了多种新的嗜肺军团菌定量检测方法，酶底物法作为一种同时适用于饮用水和非饮用水的嗜肺军团菌检测方法备受关注。

国内学者分别以饮用水和非饮用水为研究对象开展了酶底物法用于嗜肺军团菌检测的研究。黄晨铭等通过加标试验对酶底物法检测饮用水中嗜肺军团菌进行了检测分析，结果证明酶底物法检测饮用水中嗜肺军团菌的最适宜培养条件为 39℃恒温培养 7d。酶底物法检测饮用水中嗜肺军团菌具有良好的稳定性和特异性，并具有操作简单、结果易于判读等特点，在检测饮用水中嗜肺军团菌领域具有良好的发展和应用前景。高艳等研究证实酶底物法与过滤培养法对非饮用水中嗜肺军团菌的检出结果具有一致性，但酶底物法呈现更高的灵敏度，结合其结果易于判读、试验流程简化等特点，可考虑将酶底物法作为过滤培养法的替代方法。李艳丽等研究以非饮用水为样本，分别使用 WS 394—2012 传统培养法及酶底物法进行方法学比较，传统培养法的总体检出率为 5.88%（4/68），而酶底物法对相同样品的检出率则为 35.3%（24/68），其检出率高于传统培养法。两种方法的检测符合率不高，仅为 64.7%（44/68），是因为有 21 份样品仅通过酶底物法检出而传统培养法未检出，表明酶底物法对非饮用水样本中嗜肺军团菌的检测灵敏度高，一定程度上降低了传统培养法假阴性的发生。由于传统培养法操作环节繁杂和嗜肺军团菌的苛养性，如抽滤装置的消毒效果、培养基品质等，都可能造成传统培养法的漏检。

（3）铜绿假单胞菌的检测

铜绿假单胞菌又称为绿脓杆菌，是一种广泛存在于自然界中的革兰氏阴性条件致病菌。铜绿假单胞菌是一种重要的水源性致病菌，广泛存在于各类型水中，对消毒剂、干燥、紫外线等理化因素具有很强的抵抗力，可引起急性肠道炎、脑膜炎、败血症和皮肤炎症等疾病。酶底物法是根据铜绿假单胞菌的特异性酶和特异性底物反应，通过计数定量盘荧光孔阳性数作为检测结果的判断依据。在美国和欧洲部分地区已经被批准为检验铜绿假单胞菌的标准方法。酶底物法不需要分离纯化单菌落，该技术在 24h 内即可得到结果，无需进行验证试验，与国标法的检验结果无显著性差异。

传统滤膜法是国家标准法，在全国范围内使用相对广泛，需要多种培养基，配备无菌室，检测时间长，并且需要确证实验。王莉莉等采用传统滤膜法和酶底物法对于饮用水中铜绿假单胞菌进行了研究，两种检测方法结果一致，认为酶底物法可以在 24h 内定性或定量检测水中铜绿假单胞菌，相对于滤膜法，检测成本提高，但存在明显优势：a. 无需确认实验，操作简单；b. 对检测人员的技术及经验要求不高，可以减小人员之间的误差及实验室工作量；c. 定性检测无需设备，适合野外及应急检测。本书作者针对酶底物法和滤膜法检验饮用水中铜绿假单胞菌的方法从检验周期、检验成本、检测精度等方面进行了系统比较，结果显示两种方法检验结果无显著性差异，酶底物法检验成本虽高于滤膜法，但在实验操作、检验周期以及检测准确性和灵敏性方面优于滤膜法，未来可作为评价水中铜绿假单胞菌污染的替代方法。

（4）肠球菌的检测

肠球菌普遍存在于自然界中，可以引起宿主心内膜炎、胆囊炎、脑膜炎、尿路感染及伤口感染等多种疾病。多数菌种不能在水中繁殖，而人粪便中的肠球菌数量比大肠菌群低一个数量级。该菌群的重要特点是在水中存活的时间比大肠杆菌（或耐热大肠杆菌）长，对干燥和氯的抵抗力更强。肠球菌已被用于检测原水中存活时间比大肠杆菌长的粪源致病菌以及饮用水中对大肠杆菌的增强检测。

本书作者也选取城市供水中不同类别的样品进行肠球菌的检测，以加标纯水和两种水源水为研究对象，开展了 3 组酶底物法和滤膜法的精密度对比试验，由于肠球菌的含量较低，两种方法的精密度均不是很好，但是酶底物法的灵敏度明显比滤膜法高。

酶底物法作为一种新兴检测方法，与传统的多管发酵法、滤膜法相比较有如下特点：

① 方法接种量不同。多管发酵法水样接种 55.5mL，滤膜法不受处理样品体积的限制，

酶底物法水样接种 100mL。

② 方法量程不同。多管发酵法检测范围是 2 ～ 1600MPN/100mL；滤膜法最佳计数范围一般为30～50菌落，全部类别的菌落数不超过200个；酶底物法检测范围是1.0～200.5MPN/100mL。

③ 方法灵敏度不同。多管发酵法为每 100mL 样本中 2MPN，滤膜法为每 100mL 样本中 1CFU，酶底物法为每 100mL 样本中 1MPN。

④ 方法步骤不同。多管发酵法为多步骤测定，费时费力；滤膜法较多管发酵法步骤有所简便，但后续的验证试验较为烦琐；酶底物法为一步测定，省时省力。

⑤ 方法耗时不同。多管发酵法对于阴性水样需 24h 报告结果，对于阳性水样则需 72h 报告结果；滤膜法对于阴性水样需 24h 报告结果，对于阳性水样则需 48h 报告结果；酶底物法无论阴性或阳性水样均可 24h 报告结果。

⑥ 方法费用不同。多管发酵法以及滤膜法可使用半成品培养基或自配培养基，检测成本低廉，虽然已有初发酵试验的成品培养基和一次性耗材，但由于阳性水样必须进行验证试验，从而限制了该商品试剂的应用推广；酶底物法使用商品试剂，且目前只有国外生产商供应，使得检测成本较高，该法在东部经济发达地区使用较广。

4.2.1.3 发展趋势

目前我国对生活饮用水进行卫生学评价，检测的微生物指标主要有总大肠菌群、耐热大肠菌群、大肠埃希氏菌，这类指标是粪便污染的指示菌。经典方法为多管发酵法，其检测周期较长，需 2 ～ 5d，阳性结果需验证试验，使得实验操作步骤较为烦琐，不能对生活饮用水的卫生学状况做出快速评价，特别是无法满足应急突发污染事件的要求。酶底物法有商品化试剂供应，实验操作简便，无需确认试验，可同时检测水样中大肠菌群和大肠埃希氏菌，改变培养温度还可检测耐热大肠菌群。该方法检测周期短，18 ～ 24h 即可报告最终结果，可满足快速检测需求。

酶底物法的主要缺点是培养基成分复杂，实验室配制困难，目前只有进口试剂可供选择，使得检测成本大为提高。如果能实现试剂的国产化，相信其应用会得到极大的推广。酶底物法的另一个缺点是，在运用于定量检测（51 孔定量盘法）时，其定量范围比多管发酵法窄。酶底物法的最大检测值为200.5MPN/100mL，而多管发酵法为1600MPN/100mL。对于污染比较严重的生活饮用水，酶底物法 51 孔定量检测能力不如多管发酵法。遇到这类情况时如需应用酶底物法，可以选用 97 孔定量盘或对水样适当稀释后再进行检测。

4.2.2 滤膜法

滤膜法，又称薄膜过滤法、膜过滤法、浓缩法，是以微孔滤膜截留液体样品中的微生物，并直接在滤膜上进行培养的微生物检验方法，在国内外环境监测、制药工业、食品工业、化妆品工业等领域得到了广泛的应用。滤膜法与其他微生物检验方法相比，具有适用范围广泛、不易受抑菌物质干扰的突出优点，被收载于《食品安全国家标准 饮用天然矿泉水检验方法》（GB 8538—2022）、《生活饮用水标准检验方法 第 12 部分：微生物指标》（GB/T 5750.12—2023）等标准中。目前，滤膜法可用于总大肠菌群、大肠埃希氏菌、耐热大肠菌群、产气荚膜梭状芽孢杆菌、肠球菌、铜绿假单胞菌等多种细菌的检测，因大部分可培养微生物都可用滤膜法检测，其在环境监测领域应用越来越广泛。

4.2.2.1 技术原理

滤膜法检测技术是以微孔滤膜截留液体样品中的微生物。采用适当的正压或负压，可以使大量的水或水溶液快速通过，但是膜的微小的孔径可以阻止细菌的通过。残留在滤膜表面上的细菌随膜一起置于培养基上进行培养，膜上的毛细孔可以吸收营养液并能将营养提供给细菌，培养后一个细菌长成一个菌落。所用的培养基是该细菌滤膜专用的培养基，含有与常规培养基不相同的成分。在使用选择性琼脂培养基时，由于培养基的组分不同其扩散率也不同，这会严重影响培养基的选择性，所以要测定选择性琼脂培养基的适用性。

微孔滤膜是利用高分子化学材料，致孔添加剂经特殊处理后涂抹在支撑层上制作而成。微孔滤膜的常见分类如下：

① 混合纤维素酯膜，又称混纤（WX）膜。由硝酸纤维和醋酸纤维素制成，适用于水溶液，不耐酸、碱、有机溶剂。微孔滤膜主要规格：直径 13 ～ 300mm，孔径 0.22 ～ 5μm，应用于医药工业、电子工业、食品、机械等行业的细菌和微粒过滤。

② F 膜，又称偏氟膜，由聚偏氟乙烯树脂制成，为疏水性滤膜，适用于有机溶剂及空气过滤，直径 13 ～ 300mm，孔径 0.22 ～ 1.2μm，应用于有机溶剂除微粒、提高试剂级别等。

③ Nylon（尼龙）膜，通用型，满足纯水样品和水 / 有机混合样品。另外，还有聚酯膜、玻璃纤维膜、测尘膜等滤膜，孔径范围从 10nm 到 8μm 或更大，对大多数微生物分离和计数时使用的滤膜孔径为 0.43 ～ 0.47μm。少数直径很小的细菌需要直径为 0.20 ～ 0.22μm 的滤膜。

滤膜法检测主要用到的仪器耗材包括薄膜过滤器、微孔滤膜、真空泵、培养皿 90mm×12mm、无齿镊子、恒温培养箱及其他仪器。

4.2.2.2 技术应用

总大肠菌群作为主要污染指标，表征水体被粪便污染的程度。《生活饮用水标准检验方法 第 12 部分：微生物指标》（GB/T 5750.12—2023）中规定了总大肠菌群、大肠埃希氏菌检验的滤膜法，采用孔径 0.45μm 的滤膜过滤水样，然后将滤膜移放在品红亚硫酸钠培养基上。用滤膜法检测水样后，将总大肠菌群阳性的滤膜在含有荧光底物的培养基上培养，能产生 β-葡萄糖醛酸苷酶分解荧光底物释放出荧光产物，使菌落能够在紫外光下产生特征性荧光，以此来检测水中大肠埃希氏菌。黎志轩等对滤膜法测定水中总大肠菌群的不确定度评定结果显示，应着重控制样品重复性、再现性、接种时间等关键步骤，可提高滤膜法检测结果的准确性。邢方潇等对酶底物滤膜法和国标滤膜法两种方法检测水中大肠菌群进行比较，通过采用 GB/T 5750.12—2023 以及酶底物滤膜法检测实验室配制加标水样和地表水水样的大肠菌群，对结果进行统计学分析。结果显示酶底物滤膜法和国标滤膜法，对实验室配制水样检测结果比较 P=0. 885（$P > 0.05$），对地表水水样检测结果比较 P=0.510（$P > 0.05$），两种方法检测结果经配对 t 检验差异无统计学意义。滤膜法操作简单、快速，可作为水质大肠菌群指标现场快速检测方法。

耐热大肠菌群是《生活饮用水卫生标准》（GB 5749—2022）中的常规检测项目，推荐的滤膜检测法过程简单、费用低廉，被广泛应用，但存在检测结果准确性欠佳的问题。笔者对检测试剂、耗材及培养条件等检测条件进行了优化研究，并深入探讨了湿度对耐热大肠菌群生长的影响，结果表明检测用培养基、滤膜和培养温度、湿度是影响滤膜法检测耐热大肠菌群结果的关键因素。优化方法采用商品化培养基、一次性无菌滤膜、人工气候箱培养，相对湿度控制在 40% 左右，能够有效提高检测结果的准确度。

目前国内对瓶装饮用水以及城市供水中铜绿假单胞菌污染情况调查主要采用滤膜法，孔径为 0.45 ～ 0.65μm 的微孔滤膜，能滤过大量水样，并将水中含有的细菌截留在滤膜上，将过滤后的滤膜贴在假单胞菌琼脂基础培养基（CN 琼脂）上，36℃进行培养，典型的铜绿假单胞菌能够在 CN 琼脂选择性培养基上生长并产生绿脓菌素；其他能够在 CN 琼脂上生长的非典型菌落，若氧化酶验证试验呈阳性，紫外光照射下可产生荧光并且能够利用乙酰胺产氨的革兰氏阴性无芽孢杆菌，也判定为铜绿假单胞菌，培养 48h 后计数上述菌落，通过计算得到样品中的铜绿假单胞菌检验结果，以 CFU/250mL 计。

肠球菌为《生活饮用水卫生标准》（GB 5749—2022）附录 A 中的水质参考指标，中华人民共和国出入境检验检疫标准 SN/T 1933.2—2007《食品和水中肠球菌检验方法 第 2 部分：滤膜法》规定了水中肠球菌检验的滤膜法。实验采用孔径为 0.45μm 的微孔滤膜进行过滤，当样品通过滤膜过滤时，细菌被截留在滤膜上。将滤膜置于选择性培养基 mEI 琼脂上 41℃培养 48h 后，肠球菌菌落呈现特定颜色，将上述特定菌落经过革兰氏染色、水解七叶苷、耐热验证、耐盐验证确证实验后，革兰氏染色镜检为革兰氏阳性球菌，能水解七叶苷，脑心浸出液（BHIB）肉汤中 45℃生长，并在含有 6.5% NaCl 的 BHIB 肉汤中 35℃生长的典型菌落即为肠球菌，计数并计算滤膜上阳性肠球菌菌落数，即可检验出样品中肠球菌数目，结果以 CFU/100mL 表示。

《生活饮用水标准检验方法 第 12 部分：微生物指标》（GB/T 5750.12—2023）中公布了产气荚膜梭状芽孢杆菌的滤膜检测方法。采用滤膜过滤器，用孔径为 0.45μm 的滤膜过滤水样，细菌被阻留在膜上，将滤膜的截留面朝下贴在亚硫酸盐-多黏菌素-磺胺嘧啶琼脂（SPS）培养基上，36℃厌氧培养 18 ～ 24h 后，计数黑色菌落数，挑选 5 个可疑菌落进行确证试验。产气荚膜梭状芽孢杆菌是能够分解乳糖产酸产气，产卵磷脂酶，分解卵黄中的卵磷脂，无动力，能将硝酸盐还原为亚硝酸盐的革兰氏阳性杆菌，结合确证试验结果与计数结果，计算得到 100mL 样品中产气荚膜梭状芽孢杆菌数。

4.2.2.3 发展趋势

滤膜法的优势在于非常便于检测大批量的低浊度水样，特别适用于自来水厂作为常规监测之用，缺点是不适用于杂质较多、易于阻塞滤孔的水样，特异性不高，结果容易受水样中其他细菌的影响而出现误判，需要结合进一步的确认试验才能最终确定结果，但结果的确认至少需要 2 ～ 3d 的时间，不利于预防和应对突发公共卫生事件。

滤膜法虽可准确检测待测细菌的菌落数量，但其检测结果与多管发酵法所得结果的可比性一直备受关注，而且滤膜法理想的菌落计数范围为 30 ～ 50CFU，针对污染严重的样品，该方法有较大的局限性。滤膜法检测过程中的培养基、滤膜质量均影响检测结果的可靠性。购买或自制 MFC 培养基需进行质量验证，满足试验要求方可使用。滤膜质量是影响耐热大肠菌群检测结果准确性的重要因素，可通过质控标样对滤膜进行质量验证，筛选符合试验要求的滤膜用于检测。

4.2.3 多管发酵法

多管发酵法是大肠菌群检测的经典方法，也是目前的国标方法。该方法技术要求相对较低、分析成本亦较低、得到结果较准确，但检测操作步骤烦琐，并需要验证试验，耗时长，分析测试人员较少或样品量较大时完成检测任务有较大的难度。

4.2.3.1 技术原理

粪大肠菌群是总大肠菌群中的一部分，主要来自粪便。在44.5℃温度下能生长并发酵乳糖产酸产气的大肠菌群称为粪大肠菌群。用提高培养温度的方法造成不利于来自自然环境的大肠菌群生长的条件，使培养出来的菌主要为来自粪便中的大肠菌群，从而更准确地反映出水质受粪便污染的情况。粪大肠菌群的测定可以用多管发酵法和滤膜法。

多管发酵法以最可能数（most probable number，MPN）来表示试验结果。实际上它是根据统计学理论估计水体中的大肠杆菌密度和卫生质量的一种方法，在国家标准中已被广泛应用。McCrady在1915年率先发表了用MPN应用概率理论来估算微生物浓度的间接计数方法。这种检测技术结合了统计学和微生物学方法，将待测样品经系列梯度稀释并培养后，根据其未出现生长容器的最低稀释度与出现生长容器的最高稀释度，应用概率推算出待测样品中目标微生物的最可能数。

4.2.3.2 技术应用

在GB/T 5750.12—2023《生活饮用水标准检验方法 第12部分：微生物指标》多管发酵法和酶底物法、GB/T 18204.10—2000《游泳池水微生物检验方法 大肠菌群测定》多管发酵法、GB 18466—2005《医疗机构水污染物排放标准》附录A医疗机构污水和污泥中粪大肠菌群的检验方法、《工业循环冷却水中菌藻的测定方法 第5部分：硫酸盐还原菌的测定 MPN法》（GB/T 14643.5—2009）、《工业循环冷却水中菌藻的测定方法 第6部分：铁细菌的测定 MPN法》（GB/T 14643.6—2009）、《工业循环冷却水中亚硝化菌的测定 MPN法》（GB/T 26322—2010）中分别规定了总大肠菌、耐热大肠菌群、大肠埃希氏菌、硫酸盐还原菌、铁细菌及亚硝化菌的MPN计数方法。与传统的琼脂倾注平板计数法相比，MPN计数法更适用于如下情况：a.目标微生物数量很低的样品；b.含有大量杂菌及颗粒物干扰的样品；c.没有合适的选择性分离鉴别培养基的样品；d.无法应用平板计数法的样品。MPN计数法的适用性较广，也有利于受损细胞的恢复，灵敏度较高。但MPN计数法也存在需要培养基数量较多、步骤烦琐、检验周期较长、计数结果非真值、准确性重复性较差、相同MPN值含义不同、MPN值并非连续性、准确度与最大概率（P_{max}）正相关等缺点。

根据周秀丽报告显示，抽取30例微生物检测指标超标的水样作为检验对象，分别采用多管发酵法及滤膜法对所有水样进行检验，结果发现采用多管发酵法检验的准确率明显高于采用滤膜法进行检验的准确率，说明多管发酵法对于适应温度的总肠道菌群的检出效果更佳。

水体中粪大肠菌群的检测主要是以粪大肠菌群的复发酵试验（即在44.5℃条件下仍能产酸产气）加以判断。吕琦、陈之江尝试直接将地表水样接种于EC培养液中，按多管发酵标准法原理计算粪大肠菌群数，以便快速检测（该方法以下简称为“EC培养法”）。试验表明不经过初发酵，把水样直接接种于EC培养液中，在44.5℃水浴中培养24h后，直接用EC培养法测定与标准法测定的结果极为一致。冯青英等则将水样接种至乳糖蛋白胨培养液后，在44.5℃±0.5℃培养箱中培养24h记录结果（该方法以下简称为“乳糖蛋白胨培养法”），同时与改进前的方法进行比对。结果表明，两者在结果上无统计学意义的差别，即改进法用于地表水和废水水样的检测结果是可靠的。针对目前基层环境监测机构分析测试任务重、测试人员较少等问题，谢嵘将多管发酵标准法改进为五管法和十管法。五管法是先将水样混匀并适当稀释，取稀释后的水样 100mL、10mL、1mL、0.1mL、0.01mL 各接种一管；十管法则是每个样品用两种不同的水样量接种，每种水样量接种五管，初发酵和复发酵实验的方法和标准方法相同。实验表明五管法和十管法的测定结果与国家标准方法测定结果存在差异，但这种差异极小，可被忽略。

4.2.3.3　发展趋势

多管发酵法的优势在于不受浊度的影响，可以检验浊度比较大的水样，结果比较稳定，价格便宜，不需昂贵设备，但缺点在于操作繁重，工作量大，需要时间长，每种水样都需要做系列稀释，加上后续确认试验需要 96 h 以上，还有它实际上是根据统计学理论估计水体的大肠杆菌密度和卫生质量的一种方法，属于半定量试验，通常饮用水待检样品中大肠杆菌的数量很少，无法得出具体的值，不适用于出厂水及管网水等生活饮用水的检验。

4.2.4　流式细胞术

流式细胞仪（flow cytometer，FCM）是 20 世纪 60 年代由 Parker 和 Hutcheon 发明用来计数血细胞的装置，FCM 自问世以来，以其具备快速检测、多参数测定、全面分析、高纯度分选和方法灵活等特点受到学者的关注，成为现代科学研究中的热门专题，后逐渐被应用到水环境检测中。

4.2.4.1　技术原理

流式细胞术是一种在功能水平上对单个细胞或其他生物粒子进行定量分析和分选的检测手段。它能高速分析上万个细胞，并能同时测量细胞的物理或化学性质，如粒子的大小、体积、内部结构、DNA、RNA、蛋白质、抗原等，进行多信息分析。FCM 对单个细胞进行检测，细胞在液体压力作用下从样品管射出，特定波长的激光束直接照射到高压驱动的细胞，产生光信号和荧光信号，被多个接收器接收。接收器主要包括前向角散射（FSC）、侧向角散射（SSC）和荧光通道等。FCM 根据接收信号的强弱波动对粒子进行多参数分析。利用 FCM 和荧光原位杂交技术可以实现对样本的特定类群的微生物快速分类鉴定，并可进行后续分析。FCM 也可根据颗粒物大小和 DNA 含量，筛选出水中含微核的微生物细胞。荧光染色的细胞受到合适的光激发后通过光电转换器转变为电信号而被测量，放大后的电信号被计算机接收，可视化为单参数直方图、二维点图、二维等高图、假三维图和列表模式等。

4.2.4.2　技术应用

大量研究表明，FCM 在对水体中细菌、病毒、原生生物大小、特异性以及各种理化性质的研究中具有重要的科研价值和广阔的应用前景。FCM 以流式细胞术为核心技术，可对细胞进行快速测量、存储和自动分析，显示悬浮在液体中分散细胞的一系列重要生理、生化特征参量，并可根据预选的参量范围将指定细胞亚群从中分选出来，实现水环境中细菌、藻类、病毒等微生物的快速筛查及活性表征，并逐步用于各种水质检测与评价。

FCM 常用于湖泊、河流、溪流和地下水等水源水质的检测与分析，可对不同类型水源微生物的数量与活性进行评估，自动化 FCM 能更好地描述水源地微生物动态的实时波动。研究者成功利用流式细胞术完成了水体中致病菌、原生动物、浮游植物等多种微生物的快速筛查。Marius 等利用 FCM 检测到 O157:H7 大肠杆菌，得出了 O157:H7 大肠杆菌可能在自然水生环境中保持代谢活性和生存潜力的结论。Bibiana 等利用 FCM 通过藻类自发荧光和侧向角信号对藻类计数，绘制出藻类生长抑制曲线，分析重金属离子铜和铅对 5 种海洋微藻的生长抑制。Michele 等利用 FCM 调查了百慕大大西洋浮游藻类的群落结构，分析了浮游植物群落随季节的变化规律。对于海洋微生物的检测，光学显微镜仍然是目前主要的技术手段，但它对于体积较小的微藻研究具有局限性，FCM 可根据已知浓度的计数微球对藻类进行计数。FCM 用于饮用水处理效能评价，使得检测更便捷、省时，有利于节约饮用水资源。过滤和消毒是饮用水常规处理的关键环节，近几年国内外众多学者利用 FCM 围绕饮用水过滤和消毒环节开展了很多有价值的研究探索。饮用水过滤包括填料床过滤和膜过滤等多种形式，用于去除水中的卤代烃、农药及其他可溶或不溶性污染物。FCM 用于检测过滤后水环境中污染物去除率及藻类膜破坏程度等，充分体现了 FCM 高效及快速检测的特点。饮用水的消毒处理环节是 FCM 对水质检测与分析的研究重点。常见的饮用水消毒为氯消毒，KAY 等利用 FCM 检测了假单胞杆菌耐氯消毒的持久性，具有实际的水处理工程意义。但随着微囊隐孢子虫和蓝氏贾第虫等耐氯病原微生物的出现以及人们对氯消毒副产物研究的深入，研究者发现游离氯很难达到饮用水处理的要求。废水处理（WWT）是废水回用的第一阶段，主要利用物理、化学、生物的方法去除水中的污染物。为解决实际操作中菌体回收、微生物活性检测、絮凝体分离并减少絮凝体阻塞仪器等问题，FCM 被应用到 WWT 过程中，并发挥重要作用。Foladori 等利用 FCM 结合共焦激光扫描显微镜技术研究生物膜厚度与生物活性的关系，为预测生物膜厚度和空间分布可行性提供了重要的方法。WWT 过程中，水中微生物的检测与去除以及各种利用生物技术去除污染物的研究具有显著的生态学意义。随着科学技术的进步，FCM 的专业化优势被越来越多的研究者所接受，在水处理中应用越来越广泛，在实际应用中应更注重材料与方法的选择对水质检测评价的影响，以更好地满足水处理实际工程需求。

使用 FCM 测定样品最佳制备方案取决于样品类型、目标颗粒物以及仪器的使用。不规范的操作流程可能会影响实验结果；样品储存方法不当可能会改变荧光染色效率，导致粒子聚集程度增大、光散射改变、双链 DNA 丢失等；某些特定的程序会影响细胞膜完整性以及细胞活性；样品浓度过高可能会造成样品阻塞仪器等现象。因此，样品上样检测时需进行前处理（如利用化学试剂对样品进行处理，样品保存时间、温度、样品浓度等都需要进行一定的实验摸索）。FCM 主要检测单细胞微粒，粒子聚集会导致分选与识别不准确。在水质评价中，需要对废水或天然水样中的活性污泥絮凝体、生物膜以及其他絮凝物进行前处理，且处理过程应减少或避免出现细胞活性丧失或死亡。Marju 等利用 1% 多聚甲醇和 0.05% 戊二醇对样品进行处理后，4℃培养 30min，通过 FCM 检测到可能富含藻红蛋白和藻蓝蛋白的双球菌。Liu 等在对微囊藻的研究中也指出对样品进行检测时须将样品稀释到 5×10^5 ～ 1×10^6 CFU/mL，以防止样品浓度过大阻塞仪器。此外，研究者还指出死细胞的聚集处理对细胞悬液的均匀化也会产生影响，实验时应对细胞悬液进行适当搅拌，减少外界因素对实验的干扰。

FCM 对细胞活性检测，多依赖于荧光染料的选择。染色强度、染料稳定性、细胞特异性以及一些理化因素等都影响荧光染料作用效果。对于单个染料不能准确描述的微生物信息，可通过改进染色方法、多种荧光染料联用以及改进染料的配比等方法对微生物信息进行表述或减少噪声信号对实验的干扰。针对荧光染料稀释，Ahmed 等建议，在采用 FCM 检测细胞活性时，使用 DMSO 与染料以 100∶1 比例混合，细胞染色效果最佳。但也有研究者提出不同的稀释倍数，因此稀释倍数还需通过具体试验而定。缓冲液是细胞稀释的必要条件，缓冲液中阳离子的含量直接影响染色的效果以及检测质量。Kathrin 等研究磷酸缓冲液、Tri-HCl 以及 M9-盐缓冲液培养大肠杆菌，通过 FCM 的检测发现，细菌外膜的稳定性是准确测量荧光参数的关键。缓冲液中阳离子缺乏，可通过降低大肠杆菌膜的稳定性和活力对荧光信号产生影响，磷酸缓冲液较适宜作为稀释液。

FCM 水质评价最常见的应用之一为细胞活性的表征，但关于细胞的生存能力并没有一个普遍接受的定义和研究方法。FCM 可通过相关染料与样品结合对细胞的活性进行表征，单个染料对微生物的检测存在局限性。对于有细胞膜的微生物，荧光染色并不总能清楚地区分膜完整和膜受损的菌群，通常会观察到中间状态。此外，膜损伤与存活率并不完全相关。研究者利用多组染料联用的技术对细胞活性进行表征，并通过多种检测仪器联用的方法达到更好的实验效果。Guedes 等利用 PI 和 CTC 染料联用，在不同光通道接收到细胞的相关信息，进而表征细胞膜的通透性，并对外排泵的活性及细胞膜的呼吸作用进行表述。Mar ius 等利用 PI 和 cFDA 染料联用，实现了对大肠杆菌活性的表征。Huang 等采用高效尺寸排阻色谱和多波长检测器 DOM 分子量分布进行表征，利用 FCM 检测细菌活性，应用 DOC、254nm 吸收度、硝酸盐、亚硝酸盐、氨和总消毒剂残留量等简单的分析工具对分配系统中的水质变化进行评估，得出 DOM 含量与细胞活性具有密切关系的结论。Liu 等利用荧光显微镜与 FCM 联合使用检测了溶解性及钾离子的释放对微囊藻细胞破裂的影响。因此，在进行数据分析时，需借助多种参数对细胞活性进行表征。

4.2.4.3 发展趋势

科技进步推动了流式细胞仪器与技术的创新（如小型多参数仪器，结合单片机排序和分析技术、细胞分选技术及自动化技术等）。生物反应器监控等在线 FCM 技术的成功应用，为水处理过程在线检测提供极大便利。FCM 进行水样分析时需要对样品进行预处理，结合异养菌平板计数法、显微镜观察法、分子技术及 ATP 测定等互补方法有效提高检测结果准确性。此外 FCM 可利用多种染料与细菌结合的方法实现对病原体多种性状的表征。流式细胞术已被科学界广泛接受，为更好地开发其在水质评价方面的潜力，FCM 的一些功能还有待进一步开发研究，包括：

① FCM 与透射电镜、荧光原位杂交技术、高效液相色谱法、分子技术及 ATP 测定等现代分析技术联用是水质检测研究的热点。通过增大样品进样量重复实验或采用多种检测技术联用等可提高检测结果的准确性。

② FCM 的在线检测技术已经被证实可用于自动检测细菌，但对于病毒或藻类的检测方法尚不成熟。改进病毒和藻类的检测方法，加强藻类与病毒生理特性的测定，可进一步增强研究者对藻类和病毒的认识。

③ 细胞活性的表征是微生物水质评价的基础，目前并没有一个被广为接受的关于生存能力和评价方法的定义，可以借助 FCM 多种荧光染料的联合使用，加强对水体中具有活性但不可培养的微生物的研究。

4.2.5 PCR 法

聚合酶链式反应（polymerase chain reaction），简称 PCR，是一种分子生物学技术，用于放大特定的 DNA 片段，是 Kary Mullis 于 1985 年在 Cetus 公司发明的。PCR 技术经历了几十年的飞速发展，是传统微生物学与现代基因学之间的完美结晶，已成为当今世界上不可或缺的一项重要的微生物应用技术。

该技术具有以下特点：

① 特异性强，PCR 反应的特异性决定因素是引物与模板 DNA 正确结合、碱基配对原则、Taq DNA 聚合酶合成反应的忠实性、靶基因的特异性与保守性；

② 灵敏度高，PCR 产物的生成量是以指数方式增加的，能将 pg 量级的起始待测模板扩增到 μg 水平，能从 100 万个细胞中检出一个靶细胞；

③ 简便、快速，PCR 反应用耐高温的 Taq DNA 聚合酶，一次性地将反应液加好后，即在 DNA 扩增液和水浴锅上进行变性—退火—延伸反应，一般在 2 ～ 4h 完成扩增反应；

④ 对标本纯度要求低，不需要分离病毒或细菌及培养细胞，DNA 粗制品及 RNA 均可作为扩增模板，可直接用于临床标本如血液、体腔液、洗漱液、毛发、细胞、活组织等的 DNA 扩增检测。

4.2.5.1 技术原理

DNA 的半保留复制是生物进化和传代的重要途径。双链 DNA 在多种酶的作用下可以变性解旋成单链，在 DNA 聚合酶的参与下，根据碱基互补配对原则复制成同样的两分子挎贝。在实验中发现，DNA 在高温时也可以发生变性解链，当温度降低后又可以复性成为双链。因此，通过温度变化控制 DNA 的变性和复性，加入设计引物 DNA 聚合酶、dNTP 就可以完成特定基因的体外复制。

PCR 技术的基本原理类似于 DNA 的天然复制过程，其特异性依赖于与靶序列两端互补的寡核苷酸引物。PCR 由变性—退火—延伸三个基本反应步骤构成：

① 模板 DNA 的变性。模板 DNA 经加热至 93℃左右一定时间后，使模板 DNA 双链或经 PCR 扩增形成的双链 DNA 解离，使之成为单链，以便它与引物结合，为下轮反应做准备。

② 模板 DNA 与引物的退火（复性）。模板 DNA 经加热变性成单链后，温度降至 55℃左右，引物与模板 DNA 单链的互补序列配对结合。

③ 引物的延伸。DNA 模板-引物结合物在 TaqDNA 聚合酶的作用下，以 dNTP 为反应原料，靶序列为模板，按碱基互补配对与半保留复制原理合成一条新的与模板 DNA 链互补的半保留复制链，重复循环变性—退火—延伸三个过程就可获得更多的“半保留复制链”，而且这种新链又可成为下次循环的模板。

每完成一个循环需 2 ～ 4min，2 ～ 3h 就能将待扩增目的基因扩增放大几百万倍。

参加 PCR 反应的物质主要有 5 种，即引物（PCR 引物为 DNA 片段，细胞内 DNA 复制的引物为一段 RNA 链）、酶、dNTP、模板和缓冲液（其中需要 Mg^{2+}）。PCR 反应中有两条引物，即 5′ 端引物和 3′ 端引物。设计引物时以一条 DNA 单链为基准（常以信息链为基准），5′ 端引物与位于待扩增片段 5′ 端上的一小段 DNA 序列相同；3′ 端引物与位于待扩增片段 3′ 端的一小段 DNA 序列互补。PCR 所用的酶主要有 Taq 和 Pfu 两种来源，分别来自两种不同的噬热菌。其中 Taq 扩增效率高但易发生错配；Pfu 扩增效率弱但有纠错功能。实际使用时根据需要必须做不同的选择。PCR 的模板可以是 DNA，也可以是 RNA。

PCR 技术可分为反转录 PCR、定量 PCR、实时荧光定量 PCR、重组 PCR、反向 PCR、原位 PCR、不对称 PCR 等。反转录 PCR 即以 RNA 分子为模板的扩增技术，主要用于克隆 cDNA、检测 RNA 病毒、合成 cDNA 探针及构建 RNA 高效转录系统。定量 PCR 是假定其反应产物的数量同反应混合物中起始模板的 mRNA 或 DNA 的量成正比，因此通过琼脂糖电泳样品条带的比较，便可以确定两种 PCR 产物之间的数量关系。实时荧光定量 PCR（real-time quantitative PCR）技术，是指在 PCR 反应体系中加入荧光基团，利用荧光信号积累实时监测整个 PCR 进程，最后通过校正曲线对未知模板进行定量分析的方法。该技术不仅实现了 PCR 从定性到定量的飞跃，还具有特异性更强、有效解决了 PCR 污染问题、自动化程度高等特点，目前已得到广泛应用。重组 PCR 是指用 PCR 法在 DNA 片段上进行点突变，即扩增产物中含有与模板序列不同的碱基。利用重组 PCR 可造成 DNA 片段的碱基插入或缺失，从而研究目的基因片段的功能。反向 PCR 是对一个已知的 DNA 片段序列两侧的未知序列进行扩增和研究的技术。多重 PCR 即在同一反应体系中加入多对引物，扩增同一模板的几个区域。不对称 PCR 即在扩增体系中加入不同浓度的引物，而得到单链 DNA 产物。

4.2.5.2　技术应用

近年来，PCR 技术不断发展与完善，并在环境微生物学中得到广泛的应用，尤其在水环境微生物学中。

由于水源最容易受到人类及动物粪便的污染，对该类病原体进行检测对于监测水质或是评价污水处理效果具有重要意义。传统检测方法是对病原体进行人工培养或细胞培养，或是对无法培养的病原体进行显微镜检测。这些方法不仅耗费大量的人力、物力和财力，而且准确度差。采用 PCR 技术检测水环境中的微生物病原体，无需培养而是直接取样进行分析，特异性强、灵敏度高、迅速简便且具有较高的精确度。

病毒是水中最危险的病原体，污染性高、致病剂量低且难于检测。常规检测技术通常是首先富集培养，然后采用电镜观察等方法，耗费大量人力、财力且精确度差。而采用 PCR 技术可以克服常规方法的局限性，可以大大增加病毒的检测范围及数量。轮状病毒是引起世界范围内儿童腹泻的主要原因，主要通过粪—口传播途径传播，因此在废水和各种天然水体中存在着大量轮状病毒。van Zyl 等利用 RT-PCR 检测灌溉水、饮用水及生蔬菜样品中轮状病毒的存在情况，结果表明，在灌溉水样品中可以检测到多种轮状病毒类型（G1、G2、G8 和 G9），在处理和未处理的饮用水中仅能检测到轮状病毒的单一类型（G1 或 G3）。在利用 RT-PCR 方法检测水环境中轮状病毒时，环境样品中病毒 RNA 的提取质量和水样品中存在的各种干扰物质在很大程度上影响着 PCR 检测的结果。为了解决这一问题，研究者采用不同方法对环境样品进行前处理，并对 PCR 反应体系进行优化。

Gajardo 等通过三步分离程序对样品进行前处理，结合 RT-PCR 技术检测水环境样品中的轮状病毒及其他肠道病毒，检测灵敏度得到了极大的提高。Abbaszadegan 等通过吸附-洗脱方法浓集地下水中的轮状病毒，后经 RT-PCR 反应体系检测轮状病毒。结果表明，在进行 RT-PCR 检测之前，样品前处理过程能够有效地去除或减少抑制物，从而有效地提高 RT-PCR 检测灵敏度，可分析高达 95% 的样品。

郭旋等建立了同时检测水环境中肠道病毒、诺如病毒、轮状病毒、腺病毒的多重 RT-PCR 检测方法。通过对 5 份河水或某水厂出水大体积水样进行病毒富集与检测，考察了方法的灵敏度，验证了方法的准确性，确定了该方法的实用性。对各种病毒加标试验结果准确率为 100%，对 5 份河水或某水厂出水大体积水样进行病毒富集与检测，对以上各种病毒均有检出且与细胞培养结果一致。通过试验可以看出，该方法不仅特异性强、灵敏度高、简便快捷，而且准确率高，试剂应用性强，可用于水中肠道食源性病毒的快速检测。

姬晓勤等建立了二级处理出水中肠道病毒的巢式 PCR 检测方法。根据实验结果显示，生活污水经常规处理后，二级处理出水中仍含有较多的肠道病毒，分别对 8 份二级处理出厂水水样进行了 2 次 PCR 检测，第一次 PCR 方法检测的肠道病毒阳性率为 12.5%，而巢式 PCR 方法检出的阳性率为 87.5%，可以看出巢式 PCR 方法能够大大提高病毒检测的敏感性和特异性，且增强了实验的可靠性。

Rinta 等对水华水样利用 4 个引针的 PCR 技术对水样中微囊藻属的存在进行确认。然后用 Tapman-PCR 技术对微囊藻定量，分别利用特异性 16S rDNA 和微囊藻毒素的合成酶的基因 *mcyD*。这个方法更精确地研究了有毒性微囊藻的分布和丰度情况。

刘永军等采用通用引物，通过实时荧光定量 PCR 方法（QPCR），对西安市 5 个地表水体中肠道病原细菌的细胞密度进行了分析，包括水源水（黑河）、景观娱乐用水（大唐芙蓉园北湖和兴庆湖）、纳污河（浐河）和未消毒的二级出水（北石桥污水处理厂），QPCR 检测结果是大肠菌群 CFU 的 2.2 ～ 5 倍，是粪大肠菌群 CFU 的 7 ～ 14 倍。病原细菌检测的几何平均值范围，QPCR 法在 25 ～ 67000CCE/100mL 之间，MF 法大肠菌群在 3 ～ 45000CFU/100mL 之间，粪大肠菌群在 0 ～ 3000CFU/100mL 之间（n=60）。QPCR 检测结果与大肠菌群、细菌总数以及粪大肠菌群 CFU 均呈现显著正相关。

陈樑等应用聚合酶链式反应 PCR 技术建立了快速检测大肠杆菌的体系。把环境水样过滤浓缩后，将截留在膜上的细菌直接或 8h 增菌后提取 DNA 模板，以大肠杆菌 *UidA* 基因设计引物，经过 PCR 扩增、凝胶电泳检测，水环境样品在不增菌条件下和增菌条件下检出限分别为 1.52×10^4 个 /L、1 个 /L。与滤膜法比较，PCR 法时间缩短、灵敏度和准确度提高，适宜于水环境中大肠杆菌的快速检测。

孙海美等采用变性梯度凝胶电泳（denaturing gradient gel electrophoresis，DGGE）和 real-time PCR 技术分析了布吉河丰水期不同断面水样中总细菌和氨氧化细菌的群落结构以及数量变化。水样中总细菌（16S rRNA）和氨氧化细菌（16S rRNA）数量变化范围分别为 4.73×10^{10} ～ 3.90×10^{11} copies/L 和 5.44×10^6 ～ 5.96×10^8copies/L。测序结果表明在布吉河水样中微生物属于变形菌门（Proteobacterium）的 Epsilon-Proteobacteria、Gamma-Proteobacteria、Beta-Proteobacteria 和 Delta-Proteobacteria 这 4 个纲，氨氧化细菌与 *Nitrosomonas* sp. 和 *Nitrosospira* sp. 属的细菌相似度较高，且 *Nitrosospira* sp. 为优势菌属。

李杰等应用 PCR 技术快速检测地表水中病原细菌的方法，以西安市区几个不同水体的水样和某污水处理厂二级出水为例，通用引物 PCR 可检出 250ng/L 的大肠杆菌总 DNA，其检测的灵敏度可达 27.5CFU/100mL。PCR 方法检测水体中病原细菌与传统检测方法相比较，已经显示出具有特异、快速等优点，它为水环境中细菌的风险评价提供了一种更为可靠的方法。

本书作者优化、改进了微生物 PCR 检测技术，主要包括：泌毒蓝藻 PCR 检测技术，嗜肺军团菌 PCR 检测技术，金黄色葡萄球菌、枯草芽孢杆菌、贾第鞭毛虫和隐孢子虫 PCR 检测技术，供水管网微生物菌群 PCR 检测技术等。该类检测技术的检测样品经浓缩收集后无需提取基因组，经简单前处理而快速制备 PCR 模板；另外，分别采用了特异性高的 PCR 引物，PCR 反应经优化后提高了检测灵敏度、特异性。

（1）产微囊藻毒素蓝藻的常规及荧光定量 PCR 检测技术

通过形态学观察等传统微生物方法难以实现区分产毒与不产毒蓝藻，对于藻毒素合成酶基因的阐明促进了检测产毒蓝藻的分子生物学方法的迅猛发展，针对藻毒素合成酶基因的常规 PCR 测试提供了快速、灵敏检测供水系统中潜在产毒种群的手段，而定量 PCR 使检测水华种群动态及鉴定特殊问题种群成为可能，DNA 芯片技术用于蓝藻诊断，可以实现复杂样品进行高通量检测并区分有毒基因型，上述分子生物学手段正在水质监测中显示出不断提升的重要性。

本技术以铜绿微囊藻（*M. aeruginosa*）、水华鱼腥藻（*Anabaena flosaquae*）、颤藻（*Oscillatoria* sp.）、水华束丝藻（*Aphanizomenon flosaquae*）为有毒藻类代表藻种，针对特征基因片段设计扩增引物。经过样品的简单浓缩收集步骤后，通过 PCR 反应检测水样中的产微囊藻毒素蓝藻。其中采用 SybrGreen 嵌合荧光法，进行荧光定量 PCR 检测样品中扩增模板数量。

通过对比不同的基因片段（*phy*、*mcyE*、*mcyA*、*mcyB*、*mcyAB*、*mcyACD*、16S rRNA 基因），确定 200bp 的 *mcyA* 基因片段为引物。采用针对 200 bp 的 *mcyA* 基因片段的引物，按照优化程序以铜绿微囊藻标准藻株细胞制备模板扩增作为标准，开展产微囊藻毒素蓝藻的荧光定量 PCR 检测技术的研究。采用梯度 PCR 优化了退火温度，选择引物 *mcyA-F*/*mcyA-R*，在 55℃退火，扩增效率位于 90% ～ 110% 之间。扩增产物经凝胶电泳回收后，经测序验证序列为目标片段。

（2）嗜肺军团菌 PCR 检测技术

目前嗜肺军团菌的检测方法主要有以下几类：一是基于细菌培养的形态学与生化鉴定检测技术；二是免疫学检测技术，包括血清特异抗体检测法、尿抗原检测法等；三是分子生物学检测技术，包括核酸探针及 PCR 检测技术。其中第一类方法因基于对嗜肺军团菌的直接分离培养，而免疫学方法有时敏感性不高，近年来分子生物学检测技术因不需要对病原菌进行分离培养，在检测的快速性、安全性、准确性、灵敏性等方面均有优势，成为嗜肺军团菌快速检测的重要方法。本技术针对嗜肺军团菌的特征基因 *mip* 片段设计扩增引物，经过样品的简单浓缩收集步骤后，通过 PCR 反应，检测水样中的嗜肺军团菌。

针对嗜肺军团菌，通过样品浓缩—模板制备—常规 PCR—电泳检测，不需要对菌体进行富集培养，也不需要提取基因组，可使检测时间大大缩短。针对嗜肺军团菌，筛选针对 *mip* 基因的高特异性引物，利用荧光定量 PCR 技术检测军团菌（*Legionella pneumophila*），检测特异性较高。采用梯度 PCR 优化了退火温度，选择引物 M152F/M152R，在 56℃退火，扩增效率位于 90% ～ 110% 之间，外标定量标准直线 r^2>99%，熔解曲线单峰，显示扩增特异性高。另外扩增产物经凝胶电泳回收后，经测序验证序列为目标片段。

（3）金黄色葡萄球菌 PCR 检测技术

目前金黄色葡萄球菌的检测方法主要有以下几类：一是基于细菌培养的形态学与生化鉴定检测技术，以国标 GB 4789.10—2016 为代表；二是纸片法，主要应用于快速检测领域；

三是免疫学检测技术，包括酶联免疫技术和胶体金侧向层析技术等；四是分子生物学检测技术，包括核酸探针及PCR检测技术。其中第一类方法因基于对金黄色葡萄球菌的直接分离培养，而免疫学方法有时敏感性不高，近年来分子生物学检测技术因不需要对病原菌进行分离培养，在检测的快速性、安全性、准确性、灵敏性等方面均有优势，成为金黄色葡萄球菌快速检测的重要方法。本技术针对金黄色葡萄球菌的特征基因16S rRNA片段设计扩增引物，经过样品的简单浓缩收集步骤后，通过PCR反应，检测水样中的嗜肺军团菌。

针对金黄色葡萄球菌，建立利用0.22μm滤膜真空抽滤浓缩水样，对浓缩样品以双蒸水洗涤2次后，悬浮作为DNA扩增模板的样品快速前处理方法。通过样品浓缩—模板制备—常规PCR—电泳检测，不需要对菌体进行富集培养，也不需要提取基因组，可使检测时间大大缩短。针对金黄色葡萄球菌，筛选针对16S rRNA基因的特异性引物，利用荧光定量PCR技术检测金黄色葡萄球菌，检测特异性较高。扩增效率位于90%～110%之间，外标定量标准直线r^2>99%，熔解曲线单峰，显示扩增特异性高。另外扩增产物经凝胶电泳回收后，经测序验证序列为目标片段。

（4）供水管网管壁生物膜特征微生物识别技术

供水管网微生物菌群的研究可以通过传统的微生物学手段及分子生物学手段。微生物群落结构分析主要有基于微生物纯化培养的传统分析方法和分子生物学方法。纯化培养的方法主要为富集、分离、纯化得到单个微生物的菌落，然后根据相应的程序进行鉴定，有分析速度慢、制约因素多的缺点，且对某些难培养、未培养微生物不能奏效，微生物的多样性被严重低估，应用分子生物学方法能更客观地反映微生物群落结构的特征。近年来，一些分子生态学技术已经应用于饮用水微生物系统研究，基于16S rRNA基因序列分析的PCR-DGGE、RFLP、克隆测序和系统发育分析等，能够更快捷、准确地提供管网微生物菌群的信息。

管网优势菌群的PCR-DGGE分析，包括样品浓缩收集、提取基因组DNA、16S rRNA基因片段扩增、DGGE检测、切胶回收、测序分析。利用PCR-DGGE技术检测供水管网中附着及悬浮微生物优势菌群，不需对微生物培养，经研究优化的实验过程为：环境样品基因组提取→16S rRNA基因序列PCR扩增→DGGE多态性比对→切胶回收→测序分析。PCR-DGGE的操作，其中16S rRNA基因片段扩增：反应体系50μL中含0.2mmol/L dNTP、1.5mmol/L $MgCl_2$，上下游16S rRNA引物（含GC-clamp）各0.5μmol/L，1U Taq DNA聚合酶（TaKaRa）以及上述制备模板2μL，总体积以双蒸水补齐。PCR扩增条件为93℃预变性5min，30个循环中，93℃变性30s，55℃退火30s，72℃延伸1min；循环结束后继续延伸72℃ 10min后，4℃保存。DGGE检测：灌制40%～60%聚丙烯酰胺变性梯度胶，将扩增产物15μL与15μL上样缓冲液混合，使用TAE缓冲液（约7L），进行电泳，60℃，200V电泳4h，将胶板SybrGreen染液染色30min，采用凝胶成像系统观察。

供水管网菌群组成的PCR-DGGE检测技术无需微生物培养，就可较全面获得优势菌群组成信息，通过该技术分析比传统微生物培养可获得更多菌群信息，操作更为便捷，尤其是避免了传统微生物培养对贫营养条件下生长的微生物菌群中部分微生物的“筛选、富集”，更能反映管网中菌群组成的全面信息。

4.2.5.3 发展趋势

PCR技术作为一项“革命性的技术”，从问世便成为生物学界的热点。该技术运用传统生物技术结合近代基因工程原理，包含反转录 PCR 技术、定量 PCR 技术、实时荧光定量 PCR 技术、重组 PCR 技术、反向 PCR 技术、多重 PCR 技术、不对称 PCR 技术等多种传统 PCR 技术和原位 PCR 技术、巢式 PCR 技术等一系列新兴 PCR 技术。因其高灵敏度、高精确度、高耐受性等优势，PCR 技术在工业、医学、考古学等众多领域取得了巨大成就。尤其是在新冠疫情全球蔓延的大背景下，以 PCR 为代表的分子诊断技术得到了加速发展。PCR 技术应用也存在诸多问题，如以数字 PCR 技术为代表的新技术使用成本高昂、应用准确率较低、目前进口设备占据高端市场等问题。随着科技的不断进步，未来以 PCR 技术为核心的分子生物学技术将会得到更好的推广应用，在各领域发挥更为重要的作用。

4.3 急性毒性测试技术

4.3.1 鱼类急性毒性检测技术

4.3.1.1 技术原理

鱼类急性毒性检测技术由于其操作简单、成本低廉、效果明显，常常作为检测水质综合毒性的有效方法。

鱼类作为水生食物链的顶层生物，它的生命行为是水质毒性检测的重要指标。鱼类对水环境的变化十分敏感，当水体中有毒物质达到一定质量浓度时，就会引起一系列中毒反应，反应一般表现为：a. 索饵、生殖或者形态的变化；b. 迟钝迟发型症状、行为反常、运动痉挛失调或游动停滞、麻痹，甚至终止摄食而死；c. 种群出现数量和结构的变化。据此实现水质的评估。

4.3.1.2 国内外研究应用

目前，国际通用的急性毒性实验标准用鱼是斑马鱼，国内常用于毒性测试的鱼还有青、草、鲢、鳙四大家鱼以及鳟鱼、金鱼、呆头鱼、青鳉鱼等。

李淑琼等采用斑马鱼为试验生物，进行了静态方式的急性毒性试验，获得了 3 种重金属作用下斑马鱼的行为突变情况。重金属单一毒性试验表明，在投加毒物后几小时内，斑马鱼的行为一般会有特殊的变化，如行动变缓、呼吸变慢等。结果表明，Zn^{2+}、Cr^{3+}、Cd^{2+} 的 12h 半致死浓度分别是 35.08mg/L、64.83mg/L、1.65mg/L；24h 半致死浓度分别是 25.88mg/L、46.20mg/L、1.04mg/L。这 3 种重金属对斑马鱼的毒性排列为 $Cd^{2+}>Zn^{2+}>Cr^{3+}$。

刘大胜等以斑马鱼和孔雀鱼为试验动物，进行了 Cu^{2+}、Cd^{2+}、Zn^{2+} 和 Cr^{3+} 的鱼类急性毒性试验。结果显示，4 种金属离子对受试鱼的毒性影响显著。对斑马鱼和孔雀鱼 96h 半致死浓度分别为 0.57mg/L、12.59mg/L、32.24mg/L、62.27mg/L 和 2.36mg/L、17.71mg/L、39.71mg/L、43.40mg/L。4 种金属离子的毒性大小顺序为 $Cu^{2+}>Cd^{2+}>Zn^{2+}>Cr^{3+}$，$Cu^{2+}$、$Cd^{2+}$、$Zn^{2+}$ 对斑马鱼的影响较大，Cr^{3+} 对孔雀鱼的影响较大。

孟顺龙等采用半静态水质接触急性试验法，研究了 2,2′,4,4′-四溴联苯醚对小球藻、大型溞、斑马鱼的急性毒性。2,2′,4,4′-四溴联苯醚对小球藻的 96h-EC_{50} 为 3.97μg/L，对大型溞的 48h-LC_{50} 和 96h-LC_{50} 分别为 1.09mg/L 和 0.84mg/L，对斑马鱼的 96h-LC_{50} ＞ 56.2mg/L。按照毒性评价的分级标准，2,2′,4,4′-四溴联苯醚对小球藻、大型溞、斑马鱼分别为极高毒、高毒、中低毒化学品。

魏倡以斑马鱼（*Danio rerio*）为受试生物，考察了颜料废水和丙烯腈废水各处理工段出水对水生生物中等级较高的鱼类的急性毒性及遗传毒性。结果表明，缺氧池和厌氧池会增加废水对鱼类的急性毒性且处理工艺对鱼类的遗传毒性去除效果不理想。

杨京亚以斑马鱼、麦穗鱼为受试生物，采用彗星试验检测东洲河-浑河、太子河流域地表水的遗传毒性，并对暴露于受纳水体的鱼肝脏氧化损伤程度进行测试。结果表明采样点水样均未对鱼类产生致死效应，且浑河上游大伙房水库及东洲河上游水体对鱼类肝细胞无显著遗传毒性和氧化损伤作用。东洲河中下游、太子河辽阳段水体对斑马鱼、麦穗鱼的DNA损伤程度显著高于对照组。同时，斑马鱼、麦穗鱼肝脏中超氧化物歧化酶、谷胱甘肽转硫酶、丙二醛和谷胱甘肽等标志物浓度发生变化，表明该地表水导致鱼类氧化胁迫加重，可能是造成DNA损伤的重要原因。

薛银刚等采用成组生物测试法，包括发光细菌急性毒性、大型溞急性毒性和鱼类急性毒性测试法，采用毒性分级体系，以期对常州市某化工污水处理厂排水综合生物毒性进行测试和评价。结果表明某化工污水处理厂排水常规理化指标达标，然而对发光菌、大型溞、斑马鱼的毒性等级均为高毒，其中大型溞最为敏感，其次为发光菌和斑马鱼。因此，加强化工污水处理厂排水的生物毒性监测，对保障水质安全和保护水生生态系统有重要意义。

于春来选取了常见的两种试验用鱼——青鳉鱼（*Oryzias latipes*）和斑马鱼（*Brachydanio rerio*）作为研究材料，按照工业废水试验方法（鱼类的急性毒性测试）研究了造纸废水对于敏感鱼种的毒性效应。造纸废水对斑马鱼、青鳉鱼急性毒性试验，制浆造纸废水对斑马鱼、青鳉鱼24h、48h、72h、96h半数致死浓度（体积分数）分别对应为40.10%、33.74%、33.25%、32.10%和49.84%、45.71%、42.94%、40.07%。两种鱼的半数致死浓度值均随着时间的增加而逐渐减小，毒性增强，呈现出一定的规律性，对于造纸废水毒性反应，斑马鱼比青鳉鱼敏感。参照由国际标准组织（ISO）推荐的方法——工业废水毒性等级分级标准，结合造纸废水对于青鳉鱼、斑马鱼的急性毒性试验结果：两种鱼的Tua-96h均大于0.3，在2～10毒性单位之间，为中等毒性。

本书作者研究比较了斑马鱼与青鳉鱼对部分污染物的敏感性，以斑马鱼与青鳉鱼为研究对象，通过开展其对多种污染物暴露的急性毒性试验，比较斑马鱼与青鳉鱼对三氯甲烷、四氯化碳、百菌清、二氯乙酸、铁离子（Ⅲ）、溴氰菊酯、环氧氯丙烷、滴滴涕等污染物的敏感性，研究特征污染物对斑马鱼与青鳉鱼的致死效应及对鱼的行为的影响。目前，虽然水样急性毒性检测中大多采用斑马鱼作为受试鱼，但该研究表明，在对选择的消毒副产物、金属离子、有机农药等的急性毒性检测中青鳉鱼较斑马鱼更为敏感，且半致死剂量更低，在水质常规检测中采用青鳉鱼作为受试鱼有检测优势。

王琪等利用原代培养的雄性青鳉鱼肝细胞进行了相同雌二醇浓度下的不同时间和相同暴露时间下的不同浓度的雌二醇试验，采用实时定量RT-PCR方法对青鳉鱼VTG-Ⅰ、VTG-Ⅱ、CHG-H、CHG-L和ERα的基因表达进行了研究，结果表明，VTG-Ⅰ、VTG-Ⅱ、CHG-H、CHG-L和ERα的基因表达与E2的暴露浓度呈现很好的剂量-效应关系，且1nmol/L E2暴露就能显著诱导肝细胞内VTG-Ⅰ、VTG-Ⅱ、CHG-H、CHG-L和ERα的基因表达。因此，实时定量RT-PCR方法与原代培养青鳉鱼肝细胞相结合的方法在环境雌激素效应的评价上具有很大的应用潜力。侯彦峰等也利用青鳉鱼和 RT-PCR 技术检测了环境中的低剂量雌二醇。该方法的建立弥补了传统方法周期长的缺点。

王桂燕等采用水生污染暴露试验和水生毒理联合效应相加指数法，研究了四氯乙烯和对二氯苯对草鱼的单一毒性与联合毒性。结果表明，这两种污染物的单一毒性均为高毒，且对二氯苯的毒性大于四氯乙烯。当四氯乙烯和对二氯苯对草鱼的联合染毒在浓度 1∶1 时，暴露时间为 24h、48h、72h、96h 的相加指数分别为 0.26、0.37、0.78、0.98，联合毒性为相加作用。但是随着时间的延长，两者的相加作用变为协同作用。

此外，诸多研究者利用剑尾鱼、红剑鱼、食蚊鱼、草鱼、麦穗鱼、高体鳑鲏等对单一污染物或者多种污染物的综合毒性进行评价，均取得了令人满意的效果。

4.3.1.3 发展趋势

传统鱼类毒性试验采用 24h、48h、96h 有毒物质的半数致死的质量浓度来表征急性毒性作用的程度。试验周期较长，且需要大量试验材料和多次重复试验。针对以上缺点，应用生物标志物评价污染物毒性成为当前的研究热点。某些特定的外来有毒物质能诱导或抑制生物体内的酶活力，使酶活性异常增高或降低，利用酶活性变化作为生物标志物可以检测有毒物质的生物毒性。通过 RT-PCR 技术检测鱼类的某种细胞变化来评价污染物的毒性是非常具有前景的研究方向。鱼类毒性检测正在从通过研究鱼类宏观习性判断水质毒性，向通过研究鱼类微观的细胞、组织的变化或者研究鱼类生殖阶段（鱼类胚胎发育期具有较高的敏感性）的变化来评价水质毒性转变。

4.3.2 发光细菌毒性检测技术

微生物由于其生物机体小、生长繁殖速度快、种群数量大、易培养、保存简单方便、试验费用低、对毒物反应灵敏，并且同高等动物有着类似的物理化学特性和酶作用过程等特点，便于进行现场测定，因此近年来的研究较多。发光细菌毒性试验是微生物毒性试验中研究应用最为广泛的一种综合毒性检测方法。

4.3.2.1 技术原理

发光细菌毒性试验是根据细菌发光强度与毒性物质之间的负相关性，以发光抑制率反映水体的总和毒性。发光细菌含有 *lux* 基因，能够发出可见光，且分布广泛，多数菌种分布在海洋中，少数菌种分布在陆地上。现在已知的发光菌有弧菌属、发光杆菌属、希瓦氏菌属和光杆菌属，这些细菌均属于 γ-朊细菌属，为革兰氏阴性菌。

发光细菌种类较多，但是其发光机理基本相同，参与发光的物质包括特异性荧光素酶（LE）、还原型黄素单核苷酸（$FMNH_2$）、还原型辅酶Ⅱ［NAD(P)H］、八碳以上长链脂肪醛（RCHO）、O_2，在 LE 的作用下，$FMNH_2$ 和 RCHO 被 O_2 氧化，产生的能量并不被生物体储存，而是通过光的形式进行释放。反应过程如下：

$$\mathrm{NAD(P)H + FMN + H^+ \xrightarrow[\text{氧化还原酶}]{\text{NADH:FMN}} NAD(P)^+ + FMNH_2} \tag{4-1}$$

$$\mathrm{FMNH_2 + RCHO + O_2 \xrightarrow{LE} FMN^+RCOOH + H_2O} + h\nu\mathrm{(490nm)} \tag{4-2}$$

许多有毒物质与发光细菌接触时会使细胞的状态（包括细胞壁细胞膜电子的转移系统酶

及细胞质的结构）发生改变，从而将导致生物发光的减弱，化学毒性物质毒性越强，抑制代谢作用越强，发光抑制越明显，通过测定发光强度变化可以实现水质的急性毒性检测。

4.3.2.2 国内外研究应用

目前，许多国家已将发光细菌方法作为水生态系统的标准毒性测试方法。我国于 1995 年将这种方法列为水质急性毒性检测的国家标准方法。1998 年，国际标准化组织颁布了该方法的标准方法。目前，国内外传统发光细菌法应用得十分广泛，主要应用在重污染行业废水毒性的常规监测、饮用水安全性评价、地表水污染评价监测、突发事件的快速检测等方面。

（1）水环境典型污染物急性毒性测试

我国学者朱文杰发现了青海弧菌 Q67，其在淡水中能良好生长与发光，对于淡水中污染物的毒性评价具有先天优势。为此，莫凌云等以青海弧菌 Q67 为指示生物，选择 3,5-二羟基甲苯、2,3-二甲基苯酚、对氯苯酚、邻氯苯酚、2,4-二氯苯酚 5 种取代苯酚为研究对象，利用微板发光分析法测定取代酚及其构成混合物对发光菌的抑制毒性，进而应用非线性拟合对其剂量-效应曲线进行模拟，以准确求取各个效应下的剂量（效应浓度如 EC_{50}、EC_{10} 及 EC_5 等），通过等效应浓度比与固定浓度比两种方法设计混合物，应用毒物之间相互作用的剂量加和与独立作用模型对混合物进行模拟与预测研究，建立酚类化合物联合毒性的估计与预测模型，揭示酚类化合物的毒性规律。该研究者还应用微孔毒性分析法测定了 7 种苯酚和 5 种苯胺类衍生物对发光菌的毒性效应，应用非线性拟合技术构建了完整的剂量-效应曲线，得到了 EC_{50} 等多个效应浓度。

刘树深等以青海弧菌 Q67 为检测生物，应用 Veritas™ 微孔板光度计测定了甲醇等 20 种常见水溶性有机溶剂对 Q67 的毒性效应。结果表明，乙腈、甲醇、乙醇、丙酮、乙醚、四氢呋喃和异丙醇 7 种有机溶剂具有非单调 J 形剂量-效应关系，其他 13 种为典型 S 形剂量-效应关系。分别采用 Biphasic、Logit 和 Weibull 等非线性函数进行曲线模拟，利用模拟函数可有效估算有机溶剂的各个效应浓度 EC_x 值，不同组成和结构的有机溶剂对淡水发光菌的毒性效应不同，官能团相同的直链溶剂含碳数越多毒性越大。

李璇以明亮发光杆菌 T3 变种为暴露对象，研究了有机物与重金属对其联合毒性的影响。单一毒性试验开始 15min 后，用生物毒性测试仪测得戊唑醇、己唑醇、5-氯-2-(2,4-二氯苯氧基）苯酚（TCS）、三羟基甲烷（TMP）、Cu、Zn 对发光细菌 EC_{50} 值分别为 90.5mg/L、106mg/L、4.06mg/L、1560mg/L、2.51mg/L、1.073mg/L。联合毒性试验采用回归通用旋转组合设计，测定了戊唑醇 + 己唑醇、Cu+Zn、TCS+TMP 的联合毒性作用。结果表明，戊唑醇与己唑醇以相加作用为主，Cu 与 Zn 以拮抗作用为主，TCS 与 TMP 以独立作用为主。

苏丽敏等研究了呋喃丹、氯氰菊酯、溴氰菊酯 3 种农药与重金属 Cu、Zn、Cd 以毒性单位比为 1∶1、1∶3、3∶1 构成的二元混合体系对发亮发光杆菌的联合毒性，并采用相加指数法对联合毒性效应进行了评价。结果表明，Cu 与 3 种有机农药作用后主要表现为拮抗作用，呋喃丹毒性减弱最多，氯氰菊酯次之，溴氰菊酯则有增强的趋势；Zn 与各有机农药作用后主要表现为拮抗作用，不同浓度配比对 3 种农药的影响不同；Cd 与氯氰菊酯表现为偏于拮抗的相加作用，Cd 与溴氰菊酯表现为明显的相加作用，Cd 与呋喃丹表现为偏于协同的相加作用。

地表水和地下水中的有毒污染物浓度通常较低，需要较为灵敏的检测方法。Trang 构造了亚砷酸盐敏感的重组发光细菌，然后用该细菌和原子吸收光谱法分别分析红河和湄公河三角洲地区的 194 个地下水水样的 As 含量，比较结果发现生物发光灵敏度达到 7μg/L（WHO 规定的地下水 As 的检出限为 10μg/L），且光信号与 As 浓度在 10 ～ 100μg/L 的范围内有很好的线性关系。Eltzov 将 RLB 固定在光纤上制成水中毒性污染物在线监测仪，用以检测自来水和地表水中的遗传毒性物质。

（2）工业废水急性毒性检测

穆玉峰以东北某制药厂污水处理厂进水和出水作为研究对象，选取处于生态系统中不同营养级别的水生生物大型溞、发光细菌、斑马鱼卵、羊角月牙藻作为受试物，以生物体死亡、发光量降低、发育畸形、生长速率降低为指标，研究了该制药厂污水处理厂进水和出水对 4 种受试物的急性毒性效应。试验结果显示进水水样大型溞、发光细菌、斑马鱼卵、羊角月牙藻急性毒性试验的 EC_{50} 值分别为 0.197%、1.25%、3.04%、3.2%，毒性单位（TUa）值分别为 508、80、33、31，综合毒性评价均为高毒或剧毒废水；出水水样大型溞、发光细菌、斑马鱼卵、羊角月牙藻急性毒性试验的 EC_{50} 值分别为 78.2%、43.58%、65.2%、63.1%，TUa 值分别为 1、2、2、2，综合毒性评价均为低毒废水。不同类别受试物对进水、出水水样的生物毒性评价结果保持高度一致，但敏感度有差异。对进水水样的评价中，大型溞急性毒性试验最敏感，具体敏感度排序为大型溞＞发光细菌＞斑马鱼卵＞羊角月牙藻；对出水水样的评价中，发光细菌急性毒性试验最敏感，具体敏感度排序为发光细菌＞羊角月牙藻＞斑马鱼卵＞大型溞。

宋张杨等采用发光细菌法对某煤化工企业污水处理厂的进出水进行急性毒性测定。研究结果表明，该化工企业污水处理厂进水 15min 和 30min 的急性毒性测试结果趋于一致，进水毒性较高，高毒性污水经污水处理厂的 A/O+BAF 工艺处理后，出水的细菌急性毒性有较大程度降低。分析结果表明，发光细菌抑制率与 COD_{nb}/COD 值存在一定关系，即废污水中不可降解化合物需氧量（COD_{nb}）占废污水总化学需氧量（COD）的比例高时，细菌毒性试验的发光抑制率也高，即毒性越强。

盖恒军等将煤热解废水采用三辛胺萃取结合大孔树脂分级吸附的方式将污染物进行分类，并利用发光细菌法评价测得污染物的毒性，确定了废水中关键污染物。研究表明酚类化合物对煤热解废水生物毒性的贡献最大，其中甲酚的毒性贡献最高；酚类化合物苯环上取代基的种类、位置和数量均对生物毒性有明显影响；杂环类化合物在生化出水中残留浓度较高，对废水的毒性也有较大贡献；4 种常规萃取剂对废水毒性消减率自大到小依次为醋酸丁酯（96.6%）、甲基异丁基甲酮（95.1%）、异丙醚（92.4%）和三辛胺（79.5%）。三辛胺萃取后废水的总酚消减率最高，但对化学需氧量、生物毒性的消减能力却最低，说明该类络合萃取剂不适合处理复杂含酚废水。

王宾香等采用发光细菌毒性检测技术对印染废水中主要污染成分蒽醌染料和偶氮染料及其降解产物进行了急性毒性检测，结果表明，该技术能够快速准确地反映样品的急性毒性水平，与常规理化指标具有相关性。Mekki 等分别采用发光细菌法和细菌生长抑制法对橄榄油磨坊废水处理前后的急性毒性进行了检测，结果表明发光细菌法较细菌生长抑制法测试时间更短，毒性效应敏感性更强。Somensi 等采用臭氧工艺对纺织制造业废水进行处理，并利用发光细菌法对处理前后的废水急性毒性进行检测，结果表明，采用发光细菌法检测纺织废水能较好地反映处理过程中废水的急性毒性变化，具有灵敏、快速的特点，能够实现废水处理工艺的实时监测。韦昊等采用发光细菌法对某企业废水进行急性毒性测试，6个废水样中有3个呈现高毒性，建议化工企业排放废水时应先进行无毒处理，确定无毒后再排放。黄灿克等通过费氏弧菌对温州地区电镀废水各水质指标的研究，评估发光细菌生物毒性监测的有效性。处理后的电镀废水为低毒抑制率，但未经处理的电镀废水呈明显的高毒性，其每个处理流程的水质理化指标和毒性指标呈显著相关性。从国内外的研究情况可以看出，采用发光细菌法对工业废水进行急性毒性检测与理化分析方法具有相关性，可以实现工业废水快速、准确的急性毒性检测。

（3）城市污水急性毒性检测

黄满红等分别用发光细菌法、大型溞法和微生物氧吸收法3种方法对上海市3家污水处理厂水质进行沿流程急性毒性检测。发现污水经各厂处理后，急性毒性显著降低，出水急性毒性合乎要求。利用发光细菌法检测水质急性毒性具有简单、省时、直观的优点，可广泛应用于水处理工艺的评估和优化过程中。王丽莎等采用发光细菌法测定了2个城市污水再生利用示范工程工艺流程中急性毒性的变化，结果表明，二级生物处理能显著降低污水的急性毒性，但氯消毒显著提高了污水的急性毒性，并且脱氯后污水的急性毒性仍保持较高的水平，对生态安全造成了潜在威胁。马晓妍等应用青海弧菌Q67对氧化沟处理工艺各处理单元和进、出水的生物急性毒性进行检测，水样直接进行发光细菌毒性试验，均显示为刺激发光效应，污水毒性被掩盖；将污水用微滤膜过滤可以使水样的生物毒性更好地显现，提高了毒性检测结果的真实性和准确性。发光细菌因其良好的毒物响应特性，可用作城市污水处理过程中急性毒性检测受试生物。

城市污水的构成比较复杂，不仅有居民的生活污水，还有工业排放的一些废水，这些污水的毒性构成也比较复杂。关于城市污水的监测，目前的技术还是比较单一，而且也主要是以化学需氧量、生化需氧量和悬浮固体为主要的指标，对于城市污水中的毒性监测，没有一个相应的标准来达到控制。利用发光细菌毒性试验可对城市污水中的毒性进行评价。在进行污水处理检测的时候，首先要根据当地的实际情况，一般的城市生活污水的毒性比较好判断，对于一些城市周边的工厂企业，要首先了解所生产的产品和基本的工艺流程，推断所排放的污水中可能存在何种有毒物质，然后再去进行取样检测，检测的结果可能会更加准确。

（4）供水系统急性毒性检测

2008年北京奥运会及2010年上海世博会期间均采用发光细菌法监测饮用水的安全性。潘海祥等利用发光细菌法对宁波供水体系中的7个主要水源、5个水厂出水及相应的管网水2次/月连续进行了急性毒性监测，结果表明发光细菌法因其快速、准确的特点可用于饮用水系统的毒性监测及预警。张亚旦等用青海弧菌Q67对生活饮用水卫生标准中规定限制检出的14种物质配制的混合液进行了检测，结果表明，该混合液对发光细菌有明显的抑制作用，虽然单一物质浓度均在安全限制浓度以下，但其综合毒性十分明显，可能对生物和人造成严重影响。

康莉等采用发光细菌法对某地区饮用水的综合毒性进行了分析，结果表明，该地区水质生物毒理性基线为−11%～18.4%，pH值、色度、浊度、余氯等因素对发光细菌发光有抑制作用，需要在测试之前对水样进行预处理。通过建立生物毒理性基线，发光细菌法可以快速地判定水样的毒性强弱，可作为监测水质突发性污染事故及水质突变的应急方案。

近年来，地表水系受到工、农业污水的影响，水质持续恶化。由于地表水体中的污染物种类复杂，难以用单一的理化指标来表示其污染程度。因此需要通过急性毒性试验考察水体的污染负荷与生物效应的关系，以便综合评价地表水水体污染现状。发光细菌法因其独特的优势，在地表水水质评价方面具有较好的可行性。Kuczynska 等将化学分析法与发光细菌法相结合评价了离城市垃圾堆较近的地表水水体的急性毒性，结果表明，化学分析法只能检测某一种或某一类物质的存在状态或水平，并不能准确反映地表水体的受污染程度对水生生物造成的危害，而发光细菌法可以直观地反映地表水污染程度对生物造成的损害。Eltzov 等将发光细菌固定在光纤上制成水中毒性污染物在线监测仪，用以检测地表水中的遗传毒性物质，取得了良好的效果。

本书作者确立了优化利用青海弧菌检测水样急性毒性的检测方法。具体操作步骤为，采用青海弧菌 Q67（购自北京滨松），保藏菌样经新鲜 LB 平板活化培养 24h 后，挑取单菌落转入新鲜 LB 液体培养基中，在 22℃±0.5℃、180r/min 振荡过夜培养（16 ～ 17h），离心收集菌体，以生理盐水悬浮，调节 OD 值（光密度）为 2.0，加入受试物，25℃、120r/min 振荡接触 15min，发光光度计测定发光强度，以不加受试物、以水取代作为阴性对照，以 10% 苯酚作为受试物，作为阳性对照。

将青海弧菌冻干粉进行活化培养，取对数期菌体细胞对引黄水库特征污染物进行急性毒性试验，试验结果见表 4-1。活化后处于对数期生长的菌体细胞对毒物敏感性提高，适于饮用水中低浓度有毒物质的检测。选择活化培养的对数期的青海弧菌 Q67 作为细胞毒性识别的受试菌株完成检测，不仅使得检测灵敏度提高，而且培养后的 Q67 可长期传代使用，降低了检测成本，并且测定结果更为稳定可靠。

表 4-1　青海弧菌活化培养物毒性试验检测结果

物质及浓度	光强值 /RLU	光损失值 /%
纯水空白	1890000	—
三氯甲烷 0.1mg/L	529314	72.0
土臭素 0.00001mg/L	946249	49.9
铁 0.5mg/L	389061	79.4
砷化物 0.01mg/L	990076	47.6
砷化物 1.0mg/L	533913	71.8
挥发酚 0.01mg/L	1187636	37.2
微囊藻毒素 0.001mg/L	945225	50.0
林丹 0.002mg/L	866622	54.1

从进厂水、滤后水、出厂水以及浮滤池出水中富集有机物，采用活化培养后对数期青海弧菌作为研究对象，测定不同水样对发光细菌的毒性，试验结果显示以上 4 种水样所富集的有机物的发光强度基本上随着浓缩样浓度的递减而增大。在浓度相同的条件下，滤后水富集的有机物发光强度最大，光损失值最小，对发光菌的毒性作用最小；出厂水富集的有机物对发光菌的毒性作用大于滤后水，可能是由于出厂水中余氯的影响。

4.3.2.3 发展趋势

发光细菌法用于环境样品毒性试验已有多年历史。实践证明它是环境毒性检测的一种有效的方法。不过，作为一种以原核生物为基础的试验方法，由于原核生物自身特点也不可避免地存在不足。例如：原核细胞对毒性物质的耐受性较真核细胞高，某些化合物表现毒性须经过真核生物体内复杂的代谢活化，而原核细胞生物缺少这些代谢系统；大部分发光细菌来源于海洋，使用该类发光细菌进行试验时需要在测定条件下加一定量的氯化钠，对淡水样品进行测定时，高浓度 Cl^- 存在会使水样中某些毒性化合物的毒性发生变化。

此外，荧光素酶的应用是发光细菌法的一个新的发展领域。由于缺少了细胞膜的保护作用，荧光素酶直接感受外界冲击，使得体外发光酶系统具有更高的灵敏性。将荧光素酶与NADH：FMN 氧化还原酶偶合其他酶促反应组成新的发光体系，成为一种新的研究方法。随着生物、物理、化学研究技术的不断进步，发光细菌法在不久的将来将有更广阔的发展。

此外，以毒性数据为基础，结合主要污染物类型及水体各监测点的水质状况建立水质毒性模型，一方面能够评价和预警水体污染事件，另一方面还能够完善我国的水质评价体系，将水质综合毒性纳入水质评价体系中来，形成以水质状况和其综合毒性为基础的水质评价体系。

4.4 细胞毒性检测技术

细胞毒性检测通过基于离体培养动物组织细胞来检测水样对细胞的损伤。细胞毒性试验是一类简单、快捷、有效地利用体外培养的哺乳动物细胞进行毒性检测的方法。体外细胞毒性试验具有通用性，广泛地适用于各种化合物、医疗器械和材料的评价。主要测试途径为：细胞形态的观察，细胞损伤的测定，细胞生长的测定和细胞代谢特性的测定。国家标准 GB/T 16886.5—2017 中可以总结出较为常用的试验类型如下：直接接触细胞毒性试验，琼脂扩散法细胞毒性试验，MEM 洗脱试验（形态观察法），MTT 细胞毒性试验等。

3-（4,5-二甲基噻唑-2-基）-2,5-二苯基四氮唑溴盐（MTT）细胞毒性试验和 cell counting kit-8（简称 CCK-8）法为国内较为广泛采用的细胞毒性检测方法。常用于细胞毒性检测的细胞包括中国仓鼠卵巢（CHO）细胞、人肝癌细胞系（Hep G2）等。细胞毒性检测在饮用水消毒副产物、污水处理厂出水和地表水毒性检测方面均有应用，反映了水样对细胞的综合毒性，具有灵敏、便捷的优点，是水质毒性评估的重要工具。值得注意的是，不同细胞对不同污染物的耐受能力不同，因此，通常更加关注使用同种细胞得到的横向对比结果，而不直接关注毒性数值。

4.4.1 噻唑蓝比色法

噻唑蓝比色法又称 MTT 法。MTT 化学名为 3-(4,5-二甲基噻唑-2-基)-2,5-二苯基四氮唑溴盐，商品名为噻唑蓝，是一种黄色燃料。MTT 法，又称 MTT 比色法（四甲基偶氮噻唑蓝比色法），是 20 世纪 80 年代发展起来的一种快速、简便的检测细胞数量的方法。由于其具有简单、快速、可评价率高、测定结果客观等优点，现已被广泛应用于各类药敏实验及毒性试验中。

4.4.1.1 技术原理

噻唑蓝比色法的检测原理为活细胞线粒体中的琥珀酸脱氢酶能使外源性黄色的四甲基偶氮唑盐（MTT）还原为水不溶性的蓝紫色结晶甲臜（formazan）并沉积在细胞中，而死细胞无此功能。甲臜可以溶于酸化异丙醇或二甲基亚砜（DMSO）中，使溶液呈蓝色，在一定细胞数范围内，MTT 结晶形成的量与细胞数成正比。根据溶液的 OD 值则可以反映出细胞存活率的变化情况。该方法由 Mosmann 于 1983 年首次应用于 IL-2 等细胞因子对鼠淋巴瘤细胞系的影响。

4.4.1.2 国内外研究应用

(1) 消毒副产物毒性测定

饮用水消毒副产物（disinfection byproducts, DBPs）是饮用水消毒过程中消毒剂与原水中的有机前体物或无机前体物发生反应生成的化学物。目前已发现的 DBPs 多达 700 种，毒理学研究表明 DBPs 具有遗传毒性、致癌性或生殖发育毒性。与传统消毒副产物相比，新型消毒副产物因具有较高的生物毒性，受到越来越广泛的关注。

Du 等用膀胱癌细胞（T24）对 2,6-二氯-1,4-苯醌（2,6-DCBQ）、2,6-二氯-3-甲基-1,4-苯醌（2,6-DCMBQ）、2,3,6-三氯-1,4-苯醌（2,3,6-TCBQ）和 2,6-二溴-1,4-苯醌（2,6-DBBQ）进行 24h 暴露的细胞毒性试验，MTT 法细胞活力检测显示 IC_{50} 值分别为 95μmol/L、110μmol/L、151μmol/L 和 142μmol/L，2,6-DCBQ 显示出最大的细胞毒性。用中性红摄取法（NRU）和实时细胞微电子传感细胞毒性试验法（RT-CES）测得 2,6-DCBQ、2,6-DCMBQ、2,3,6-TCBQ 和 2,6-DBBQ 的 IC_{50} 分别为 11.4μmol/L、148μmol/L、113μmol/L 和 45.7μmol/L，以及 1.9μmol/L、58.7μmol/L、95.6μmol/L 和 21.4μmol/L，尽管存在着测定方法上的差异，但均显示 2,6-DCBQ 的细胞毒性最大。Li 等用 RT-CES 法评价了中国仓鼠卵巢细胞（CHO-K1）分别暴露于 2,5-二氯-1,4-苯醌（2,5-DCBQ）和 2,6-DCBQ 不同时间段的细胞毒性，2,5-DCBQ 的细胞毒性均明显强于 2,6-DCBQ 的细胞毒性。异构体和卤素取代基类型会显著影响细胞毒性大小。此外，卤素取代基类型也会影响细胞毒性，暴露 24h 后，细胞毒性大小为 2,3-二碘-1,4-苯醌（2,3-DIBQ）＞ 2,6-DBBQ ＞ 2,6-DCBQ，类似的结论在 Hep G2 细胞毒性试验中也得到了证实。这一趋势与已报道的其他 DBPs 的细胞毒性是一致的，如卤代乙酸类 DBPs 中碘乙酸（IAA）＞溴乙酸（BAA）＞氯乙酸（CAA）。Zhang 等更加全面地测定了 15 种新型环状 DBPs 的 CHO-K1 细胞毒性，毒性顺序为 2,6-DB-4-NP ＞ 2,6-DC-4-NP > 2-Br-4-Cl-6-NP ＞ 2,4,6-TBP ＞ 3,5-二溴-4-羟基苯甲醛（3,5-DB-4-HBA）＞ 2,6-二溴-4-氯苯酚（2,6-DB-4-CP）＞ 2,6-二氯-4-溴苯酚（2,6-DC-4-BP）＞ 3,5-二溴-2-羟基苯甲酸（3,5-DB-2-HB）> 3-溴-5-氯-4-羟基苯甲醛（3-Br-5-Cl-4-HBA）＞ 2,4,6-TCP ＞ 3,5-二氯-4-羟基苯甲醛（3,5-DC-4-HBA）＞ 3-溴-5-氯-2-羟基苯甲酸（3-Br-5-Cl-2-HB）＞ 3,5-二氯-2-羟基苯甲酸（3,5-DC-2- HB）＞ 3,5-DB-4-HB ＞ 3,5-二氯-4-羟基苯甲酸（3,5-DC-4-HB），毒性规律为卤代硝基苯酚＞卤代苯酚＞卤代苯甲醛＞卤代苯甲酸，I-DBPs ＞ Br-DBPs ＞ Cl-DBPs，含氮 DBPs ＞不含氮 DBPs。类似的规律在 Hep G2 细胞毒性试验中也得到了证实。

卤代乙腈（HANs）具有较强的细胞毒性。Muellner 等比较了 7 种 HANs 对 CHO 细胞的毒性，结果显示，二溴乙腈（DBAN）的细胞毒性最强，1.0μmol/L DBAN 即可对 CHO 细胞产生细胞毒性，而且一碘代乙腈和一溴代乙腈的细胞毒性要高于一氯代乙腈，其细胞毒性依次为DBAN＞碘乙腈（IAN）、溴乙腈（BAN）＞溴氯乙腈（BCAN）＞二氯乙腈（DCAN）＞氯乙腈（CAN）＞三氯乙腈（TCAN）。此外，大部分HANs的毒性高于含碳DBPs，如三卤代甲烷和卤代乙酸。

卤代苯醌类DBPs的细胞毒性远高于卤代甲烷、卤乙醛、卤代硝基甲烷和亚硝胺类DBPs。Hung等用人结肠细胞（CCD841 CoN）和人肝癌细胞（Hep G2）评价了2,6-DCBQ的急性毒性，半数抑制浓度（IC_{50}）分别为472μmol/L和557μmol/L，即2,6-DCBQ暴露1h的急性细胞毒性与很多链状DBPs的慢性细胞毒性（72h）相当甚至更强。

（2）水处理工艺评价

彭安等以中国仓鼠卵巢细胞系为受试细胞，对以高锰酸钾为氧化剂的饮用水工艺流程（源水加高锰酸钾→机加池处理→煤沙过滤→活性炭过滤→加氯出厂→管网）进行了细胞毒性评价，MTT法测试结果显示，各工艺段中经强氧化剂高锰酸钾处理后产生的有机提取物对细胞增殖造成的毒性最大，煤滤池和炭滤池处理出水也具有较大的细胞毒性，仅次于高锰酸钾处理；但最终经系列水工艺处理后，有效地去除了对细胞具有毒性的一些污染物质，使出厂水和管网水的水质转好，机加池水、出厂水和管网水细胞密度与阴性对照相差不大。柴文等研究也有类似的结论，加高锰酸钾处理的原水呈现出非常低的细胞存活率，水样具有非常强的细胞毒性，炭池出水的细胞存活率与对照组相比差异显著，也体现了强细胞毒性，其他工艺单元出水与对照组无显著差异性，细胞毒性低。

张佑健以Hep2细胞系为受试细胞，研究了含氯有机磷酸酯类阻燃剂磷酸三（2-氯乙基）酯（TCEP）以及武汉市两个主要自来水厂四季水样（源水、出厂水和末梢水）有机提取物中TCEP浓度的季节性变化特点和细胞毒性变化，MTT法测试结果显示，两个自来水厂净水处理工艺尚无法有效去除水中TCEP；两水厂的四季源水中TCEP浓度均呈现“冬春季高，夏秋季低”的特点，两水厂的四季源水有机提取物最高浓度组（100.0mL/mL）均显示细胞毒性，可观察到细胞发生凋亡。

本书作者以CHO细胞为受试细胞，对黄河下游地区某城市主要湖库水源及供水厂出厂水的细胞毒性进行了评价，样品前处理采用了反渗透富集-固相萃取联用的方式，MTT法测试结果显示所有水样细胞增殖抑制率均在20%以内。

4.4.2 CCK-8法

CCK-8是一种基于WST-8的广泛应用于细胞增殖和细胞毒性的检测试剂。该试剂中含有WST-8，化学名为2-(2-甲氧基-4-硝基苯基)-3-(4-硝基苯基)-5-(2,4-二磺酸苯)-2*H*-四唑单钠盐。CCK-8法又称WST-8法。CCK-8法是用于测定细胞增殖或毒性试验中活细胞数目的一种高灵敏度、无放射性的比色检测法，可替代传统的MTT法。该方法已被广泛应用于一些生物活性因子的活性检测、大规模的抗肿瘤药物筛选、细胞增殖试验、细胞毒性试验以及药敏试验等。

4.4.2.1 技术原理

WST-8在电子载体1-甲氧基-5-甲基吩嗪鎓硫酸二甲酯（1-methoxy PMS）的作用下被细

胞线粒体中的脱氢酶还原为具有高度水溶性的黄色甲臜产物（formazan dye）。生成的甲臜物的数量与活细胞的数量成正比。用酶联免疫检测仪在 450nm 波长处测定其吸光值，可间接反映活细胞数量。

4.4.2.2　国内外研究应用

（1）消毒副产物

夏影采用 CCK-8 法检测胃 6 种 HBQs 对 CHO-K1 细胞毒性作用，研究结果发现 HBQs 对 CHO-K1 细胞毒性顺位为：2,3-DIBQ ＞ 2,6-DIBQ ＞ 2,6-DBBQ ＞ 2,5-DBBQ ＞ 2,5-DCBQ ＞ 2,6-DCBQ。半数抑制剂量（IC_{50}）数量级在 10^{-5}mol/L；毒性较几乎所有卤代甲烷类 DBPs 毒性强、较绝大部分卤代乙酸类毒性强，但比大部分卤乙腈类 DBPs 毒性弱；IC_{50} 与摩尔表面积（S）具有显著相关性（$P < 0.05$），而与辛醇-水对数分配系数（lg$P$）、最高已占轨道（EHOMO）、最低未占轨道（ELUMO）、偶极矩（μ）和摩尔折射率（R）无关（$P > 0.05$）。HBQs 对 CHO-K1 细胞毒性 IC_{50} 范围为 14.61 ～ 31.90μmol/L，其细胞毒性大小与物质的理化特性密切相关。

（2）水处理工艺评价

宋京洋选择人骨髓间充质干细胞（hBMSCs）体外模型，评估了城镇污水不同类型处理技术的细胞毒性，涵盖典型二级、三级处理及湿地修复技术进水、主要单元工艺出水和最终排水。研究发现水样萃取物在相对富集倍数（relative fold enrichment, RFE）1.5 ～ 45 范围对 hBMSCs 产生细胞毒性，呈剂量依赖性关系。二级处理技术对细胞毒性的削减率为 59.8%。三级处理过程中经混凝、微滤和反渗透处理后，出水无显著细胞毒性，但经臭氧消毒后细胞毒性显著上升 10.8%。湿地修复技术对细胞毒性的削减率为 49.9%。

Huang 等以 CHO 细胞为受试细胞，通过 CCK-8 法检测紫外线处理对氯化再生水细胞毒性的去除，结果发现紫外线照射能够去除氯化水 22.9% ～ 41.7% 的细胞毒性。Yu 等以 Hep G2 细胞为受试细胞，通过检测胞内脱氢酶、ABC 转运蛋白活性和活性氧水平等指标，多方面评价了不同污水处理厂的处理效果。CCK-8 法测试结果显示所调研工业污水处理厂的所有进水样品均具有较高的细胞毒性，大多数废水处理工艺显著降低了进水的毒性，部分工艺出水则具有更高的毒性。无论进水中的不同成分如何，来自同一类型处理工艺的进水都具有高度的相似性，大多数厌氧-缺氧-好氧（A_2/O）工艺对废水毒性有很好的去除效果，且基于序批式反应器 SBR 工艺可能不利于降低工业废水的毒性。

4.5　遗传毒性检测技术

遗传毒性检测技术是指检测通过不同机制直接或者间接诱导遗传学损伤的体外和体外试验。按照检测的遗传学终点可分为基因突变、染色体畸变、染色体组畸变以及 DNA 原始损伤四种类型，从发生机制角度分类可分为以 DNA 为靶标的损伤（基因突变、染色体畸变）和非 DNA 为靶标的损伤（染色体组畸变）。目前已建立的遗传毒性短期检测技术超过 200 种，其中应用较多的检测技术有 SOS/umu 检测技术、彗星试验（又称单细胞凝胶电泳试验）、微核试验以及 Ames 试验等。

4.5.1 SOS/umu 检测技术

在所有生物测试手段中，细菌由于数量多、生长速度快、成本低、易于维护等优点，在遗传毒性检测方面比其他生物更有优势。基于细菌 DNA 受损伤后能够激活 SOS 修复系统的基本原理，采用遗传工程手段构建重组细菌进行遗传毒性检测的 SOS/umu 试验技术发展迅速。SOS/umu 试验（又称 umu 试验）是 20 世纪 80 年代中期发展起来的检测环境诱变物的短期筛选试验，它是基于 DNA 损伤物诱导 SOS 反应而表达 *umuC* 基因的基础上建立起来的。SOS/umu 试验是国际公认的一种检测遗传毒性物质的试验，具有快速、敏感、廉价等优点，因而被广泛应用于遗传毒理学研究、酶代动力学分析、环境监测与质量评估以及药效学评价和新药筛选等方面。

4.5.1.1 技术原理

“SOS”修复是 DNA 分子受到大范围损伤，复制又受到抑制的情况下，诱导产生的一种有错误倾向的修复功能。目前，应用“SOS”系统进行遗传毒性物质检测试验，包括 SOS 显色、SOS-LUX、SOS-GFP 等，后面两个体系都是基于原生或者重组发光细菌进行测定。

umu 是 UV mutable 的缩写形式，其原始含义是经紫外线照射引起的突变。*umu* 基因来源于大肠杆菌，其主要的 2 种存在形式是 *umuC* 和 *umuD*。*umuC* 基因的大小为 45kDa，属于 DNA 聚合酶Ⅴ，其跨越无碱基位点的合成能力比 DNA 聚合酶Ⅲ高 100 ～ 150 倍；*umuD* 基因的大小为 15kDa，也属于 DNA 聚合酶Ⅴ，它能促进 DNA 损伤的修复。

SOS 反应菌体的 DNA 受放射线或致突变物质作用受到损伤后合成停止，受损 DNA 诱导产生一系列物质，同时启动 DNA 修复所需的酶提高其活力，使受损的 DNA 修复，重新恢复细胞分裂，这一过程称为 SOS 反应。此时细胞表现为 DNA 修复功能增强、细胞生长正常但分裂受抑制、基因突变增加、呼吸受阻等，而细胞受理化因素损伤产生的寡核苷酸、单链或缺口双链 DNA 等成为诱导信号，使无活性的 RecA 蛋白被激活，激活的 RecA 蛋白可与单链 DNA（ssDNA）结合形成 RecA/ssDNA 核蛋白体，后者介导 LexA 蛋白裂解，LexA 蛋白水平的下降可诱导 SOS 调节子，大量转录 *recA* 基因，同时也激活原被 LexA 蛋白阻遏的 SOS 相关基因 *umuC*、*umuD* 等。以上一系列反应称为 SOS 反应。SOS/umu 测试系统正是基于 DNA 损伤物诱导 SOS 反应而表达 *umuC* 基因的能力，在鼠伤寒沙门菌 *Salmonella typhimurium* TA 1535 中导入携带 *umuC' lacZ* 嵌合体的质粒 pSK1002，该质粒携带 umu 操纵子、*umuD* 基因和 *umuC' lacZ* 融合基因的启动子及四环素和氯霉素耐药基因，允许通过药物选择转化株，新构建的细菌称为 *S. typhimurium* TA 1535/pSK 1002。当细菌受诱变物作用引起 SOS 反应时，激活 *umuC' lacZ* 融合基因，表达出有 *β*-半乳糖苷酶活性的融合蛋白，通过检测此酶的活性可以确定受试物引起 DNA 损伤的程度，若加入 S9 混合液，则可以检测化学物质是否经代谢活化生成损害 DNA 的产物。实验原理及 SOS 修复反应的调节机理见图 4-1、图 4-2。

Reifferscheid 以 SOS/umu 试验分析了 149 种致癌物与 25 种非致癌物的检测结果，发现该试验假阴性率和假阳性率分别为 36% 和 28%，其阳性预测值高达 93%。SOS/umu 试验建立的几个测试株对检测芳香胺和硝基芳烃类化学物质的敏感性大大提高；而且它还可以检测在标准 Ames 试验中细胞毒性较大的化学物质；SOS/umu 试验周期短（几小时），因而对细菌污染不

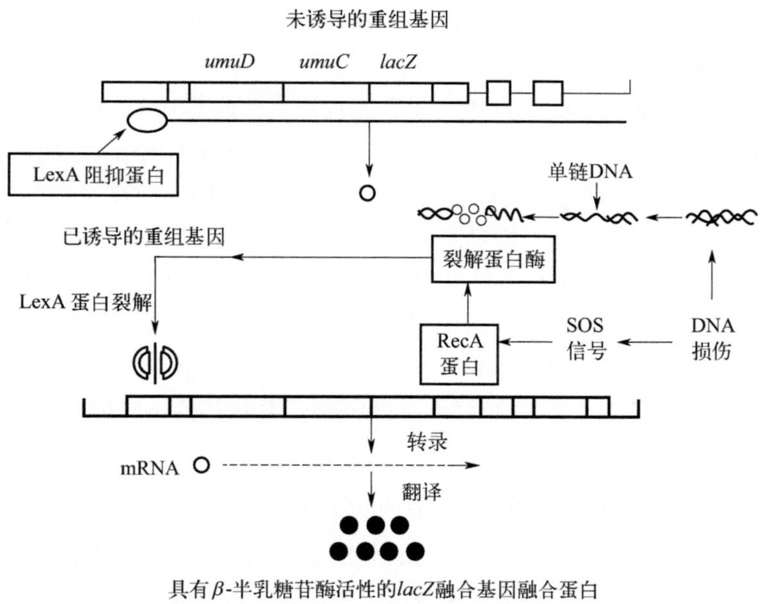

图 4-1　umu 实验原理

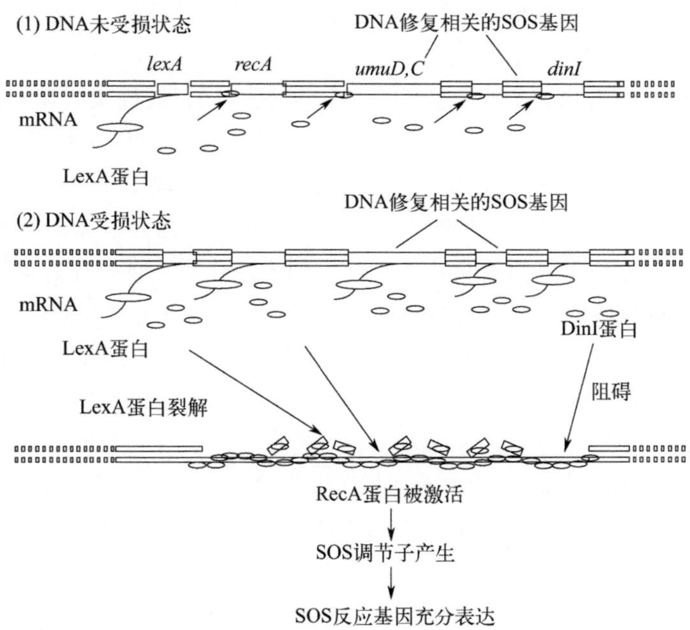

图 4-2　SOS 修复反应的调节机理

敏感。在 SOS/umu 试验中基因与突变的发生密切相关，同 SOS 显色试验相比，其更能忠实地反映化学物质的诱变性。SOS/umu 试验具有简单、快速、敏感、廉价等特点。目前已广泛应用于各类化学物质的遗传毒性检测，如各种金属盐类、单个化学物质及复杂的环境混合物。

4.5.1.2　国内外研究应用

化学物质暴露是导致癌症发生的重要诱因，通过饮用水暴露导致的人类致癌风险在饮用水处理技术中日益引起重视。由于水中化学物质种类繁多、组成复杂，准确地检测每个致癌物质的浓度和毒性非常困难。为了控制饮用水的安全，根据 DNA 损伤诱导 SOS 反应而表达 *umuC* 基因这一基本原理建立的 SOS/umu 测试法已经广泛应用于饮用水遗传毒性的检测。

SOS 显色反应由 Quillardet 等于 1982 年首先提出。在此基础上，Oda 等根据 DNA 损伤诱导 SOS 反应而表达 *umuC* 基因这一基本原理建立了 SOS/umu 测试法。目前，该方法已成为 ISO 中唯一用于检测环境水样及废水遗传毒性的标准方法（ISO，1997）。我国学者将 SOS 显色反应应用于水质遗传毒性的研究均参照文献标准程序进行，在饮用水、工业废水、水厂工艺段出水的遗传毒性评估以及遗传毒性机制探究等领域做了初步的尝试。SOS/umu 试验法在环境监测（水、大气、土壤等）、特征污染物遗传毒性评价等领域的应用更为广泛，在水质遗传毒性评价领域的研究涉及废水、水源水、水厂工艺评价等各个方面。测试菌株大都采用鼠伤寒沙门菌 TA 1535/pSK1002 以及对芳香胺和硝基芳烃敏感的 NM2009 和 NM3009，样本浓缩采用固相萃取和树脂富集的方式。

（1）SOS/umu 检测技术在供水系统中的应用

SOS/umu 试验法在我国水源水遗传毒性评价的应用较为普遍，学者的研究范围基本覆盖了我国中东部各主要水文流域。研究结果显示，大部分研究样本具有不同程度的遗传毒性效应，说明以地表水或地下水为水源的我国中东部各水文流域已经或多或少地受到了致基因损伤物质的污染。我国中东部大部分省份经济较为发达，工业发展、城镇化提速以及人口数量的膨胀等是引发水源污染的重要因素。

随着微污染水中有机物种类和数量的激增，臭氧氧化、活性炭吸附、膜过滤、光催化氧化及各种高级氧化联用等深度水处理工艺的研究应用已成为水源水处理领域研究和关注的热点。SOS/umu 试验法在水厂处理工艺改造提升、深度处理工艺的遗传毒性评价等方面，发挥着越来越重要的作用。研究结果表明，常规氯处理工艺会增加出水的遗传毒性效应，而臭氧、活性炭深度处理工艺对遗传毒性有一定的去除作用。有研究者选择了 13 种氯化消毒副产物进行遗传毒性检测，发现大部分氯化消毒副产物自身也具有遗传毒性效应。已有研究发现，中国某些城市的自来水具有一定的遗传毒性。日本学者针对本国自来水的研究结果显示，日本饮用自来水的遗传毒性效应也有检出。因此，城市自来水的遗传毒性效应也应引起重视。

李娜等应用 SOS/umu 生物毒性测试评价了北方某市一自来水厂的各工艺段出水的遗传毒性效应。结果表明，该研究所应用的生物毒性测试 SOS/umu 能够快速、准确地对水厂工艺过程中致突变物质的处理效果进行评价，能对工艺改进提出指导，是自来水水质安全性评价的重要补充手段。

在利用 umu 测试法检测环境样品的遗传毒性效应进行饮用水致癌风险评价时，由于 4-硝基喹啉-1-氧化物（4-NQO）是一种已由动物暴露试验数据证明了的致癌物，在 umu 测试中已经被广泛用作阳性对照物进行质控。朱舟等选择 4-NQO 作为风险评价的阳性对照物质，建立了基于 umu 遗传毒性效应的饮用水致癌风险评价流程（图 4-3），并对北方某水厂饮用水的遗传毒性进行了 umu 测试，计算了该地区饮用水的致癌风险，提出了可能的饮用水遗传毒性基准值。

潘峰对 SOS/umu 试验进行了优化，着重对试验菌株（*Salmonella typhimurium* TA1535/pSK 1002）保存条件进行了优化研究。研究了菌种在普通冰箱中保存时其生长曲线和活性的变化，

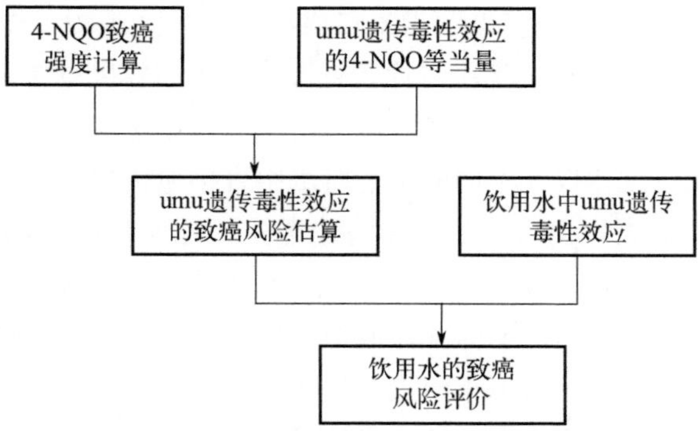

图 4-3　基于 umu 遗传毒性效应的饮用水致癌风险评价流程

菌种经活化后可以得到稳定的活化生长曲线以及比较稳定的 4-NQO 活性曲线。通过菌种活化，使得试验菌种在普通冰箱中保存就能具有很好的活性和稳定性，极大地降低了保存难度，简化了菌种保存操作步骤，增加了试验的可重复性，有利于 umu 试验在实际环境样品检测中的应用。

张绍慧应用 HGPRT（次黄嘌呤鸟嘌呤磷酸核糖转移酶）基因突变试验和 SOS/umu 显色试验，对饮用水中具有遗传毒性或致癌性的 13 种消毒副产物的遗传毒性进行分析和验证，评价了消毒副产物的细胞毒性与遗传毒性之间的关系。应用上述遗传毒理学试验方法，对加氯消毒前后的水样提取物的致突变性和遗传毒性特征进行分析和评价。研究表明，CHO/HGPRT 基因突变试验和 SOS/umu 显色试验可有效检测 13 种消毒副产物及水样提取物的遗传毒性作用，并可对其遗传毒性的强弱进行量化。13 种消毒副产物对 CHO 细胞及沙门氏菌的细胞毒性大小与其遗传毒性强弱高度相关。通过用健康风险等级较高的消毒副产物对上述方法进行验证和对加氯消毒前后水样的遗传毒性的分析和评价，证实结果有较高的可信度。

本书作者构建重组大肠杆菌应用于污染物的 SOS 遗传毒性检测，确立对供水系统中特征污染物的遗传毒性进行快速检测的方法。保藏的重组大肠杆菌经过夜培养后（30℃，180r/min），转接于新鲜培养基振荡培养 2h(37℃，200r/min)，与受试物充分接触 1.5h(37℃，200r/min)，以荧光显微镜检测，作为定性检测；另外，收集细胞以 PBS 缓冲液洗涤 2 次，再以 PBS 悬浮，以超声波破碎细胞，以荧光光度计检测，激发波长为 395nm/478nm，发射波长为 507nm。应用构建的重组大肠杆菌对消毒副产物、消毒副产物前驱物及苯胺等污染物进行识别研究，研究了二氯甲烷、三氯甲烷、一溴二氯甲烷、二溴一氯甲烷、三溴甲烷、1,2-二氯乙烷、四氯乙烯、氯苯、2-氯酚、2,4-二氯酚、甲基环己烷、氯乙酸、二溴乙酸、2-氯乙酰胺、异丙烯基苯、溴酸钾、三氯乙腈、三溴乙醛、对苯二胺、间苯二胺、苯酚、亚硝酸盐等 33 种 DNA 损伤物质的定量检测效果。该方法用于水样的遗传毒性检测，与其他检测遗传毒性的方法相比较，在测定效果相当的前提下，检测单个样品时间更短（4h 之内可以完成），操作更为简便易行，检测样品不需特殊试剂，检测成本更低。

（2）SOS/umu 检测技术在废水及处理工艺出水中的应用

国内外学者应用 SOS/umu 试验法或与其他生物、化学指标相结合的方法研究了污水处理厂的水质遗传毒性效应，普遍得出生物处理工艺厌氧 / 缺氧 / 好氧法（A/A/O）、缺氧 / 好氧法（A/O）、生物活性炭处理、臭氧处理等深度处理工艺对污水遗传毒性物质去除效果明显的结论，此外，污水回用的人工湿地、露天储存等天然环境也有助于遗传毒性物质的去除。

有学者应用基于细菌SOS反应的绿色荧光蛋白检测法研究了某污水处理厂出水及工艺段出水的遗传毒性，发现改良A/A/O工艺段对遗传毒性物质去除效果最佳。

本书作者应用该方法评价了某市4座污水厂出水的直接遗传毒性效应，同时考察了直接遗传毒性效应的季节变化规律以及不同的工艺对水中直接遗传毒性物质的去除情况。研究结果显示4座污水厂出水均表现出一定的直接遗传毒性，对应的4-NQO毒性当量浓度范围为0.018～0.514mg/L。目前，该市4座污水处理厂出水水质达到《城镇污水处理厂污染物排放标准》(GB 18918—2002）的一级A标准，但是经该实验检测仍然有较强的致突变性，这些经过常规工艺处理的污水直接排入城市河流，进而污染自然水体，一年四季中夏季进出水直接遗传毒性效应最高，夏季进厂水直接遗传毒性当量明显高于其他3季，可能原因是该市夏季降水量较大，地表径流中面源污染物随着降水进入城市排水管道。目前的污水厂处理工艺对直接遗传毒性物质有一定的去除效果，但去除能力变化较大。现有工艺中生化处理工艺段对直接遗传毒性物质去除效果最佳，去除率为30%左右。

4.5.1.3 发展趋势

SOS/umu试验作为应用最为广泛的短期快速遗传毒性筛查技术之一，实际应用时还存在以下问题：

① SOS/umu试验所用的测试菌株大都来自实验室间的科研交流，基层环境监测机构获取较为困难；虽然鼠伤寒沙门菌NM2009菌株umu检测试剂盒已经商品化，但是其主要针对芳香胺类物质的遗传毒性检测。

② SOS/umu试验的测试菌株是重组工程菌，可能存在重组质粒的遗传性状发生改变的状况，以致不能满足测试需求。因此，长时间保持测试菌株的活性以及重组质粒稳定性，对菌种保存、传代等试验要求较高。

③ 我国学者大都采用SOS/umu试验法用于水质遗传毒性评价的科学研究，但样品前处理方法、定量评价模式等未形成统一标准，在各水质监测机构推广应用较为困难。

综上所述，SOS/umu试验法在我国水质遗传毒性检测领域得到了普遍应用，但测试菌株获取途径、菌株稳定性等限制因素仍然制约着其进一步推广。随着人们对水质的要求越来越高，水质评价指标也日益多样化和全面化，基于生物测试的水质遗传毒性评价依然处于研究阶段，还未形成统一的评价标准和评价体系，因此建立切实可行的水质遗传毒性监测方法迫在眉睫。

4.5.2 微核技术

20世纪70年代初，Matter和Schmid等在研究人和哺乳动物细胞损伤时，初步建立了间期细胞的微核测定技术。1978年马德修以美国产的紫露草为材料，通过花粉母细胞四分体微核数量作为测定环境污染技术，取得了良好效果。20世纪80年代初期，美国的Degrass和Schmid建立了蚕豆次生根尖微核监测系统。20世纪90年代，我国对紫露草微核试验的研究较为常见，近年来对蚕豆根尖微核试验研究较多。

4.5.2.1 技术原理

微核是指位于生物细胞的细胞质中，独立于主核，完全与主核分开的圆形或椭圆形的小核，它可以是整条染色体或染色体断片，其染色性与主核一致，其中部分微核具有复制 DNA 能力，是真核生物细胞中的一种异常结构，是染色体畸变在间期细胞中的一种表现形式。

植物染色体在复制过程中经常会发生断裂，这些断裂在一般情况下能自行愈合恢复原状，细胞能维持正常生活。如果在细胞分裂过程中受到污染因子的干扰，染色体断裂的愈合就会受阻，甚至增加断裂，断裂下来的染色体断片由于缺少着丝点，不能移到细胞的两极而游离在细胞质中，当细胞分裂完成而形成新的细胞时这些断片就独立成为大小不等的小核，即微核。在细胞分裂后，可以观察统计微核的数量，以此评估环境污染导致染色体畸变的程度，间接地体现环境污染的程度。

表 4-2 为植物微核技术方法。

表 4-2　植物微核技术方法

微核技术方法	主要植物	特点	应用领域
花粉母细胞	美国紫露草、毛萼紫露草、紫竹梅等	敏感、分裂指数高、染色制片容易、便于观察分析和统计	监测大气、水体、土壤等污染
根尖分生组织细胞	蚕豆、大花凤眼莲、大米草、玉米、大蒜及洋葱等	操作简便、植物材料易得、不受时空和设备限制、遗传稳定性强	水体污染监测

4.5.2.2　国内外研究应用

自从微核技术问世以来，研究者们对其应用进行了详细的研究，包括农药检测、化妆品检测、水质综合毒性检测等。可供选择的植物品种不断丰富，目前主要的两种植物是紫露草和蚕豆。

迟秋阳通过紫露草微核技术检验了 7 种新型消毒剂的致突变性。试验结果显示，紫露草四分体微核率随各种消毒剂浓度增加而升高，但与蒸馏水（阴性对照）相比无显著差异，与 500×10^{-6} 甲醛（阳性对照）比较有非常显著差异（$P < 0.01$）。得出结论，所研究的 7 种消毒剂在使用浓度内对紫露草无遗传毒理效应，使用上是安全的。Xu 等利用紫露草微核技术研究了五种农药溴氰菊酯、速灭杀丁、氯氰菊酯、敌百虫和二嗪农的致诱变性，溴氰菊酯、敌百虫和二嗪农对紫露草均具有致诱变性，而速灭杀丁和氯氰菊酯不存在此特性。夏晞娟等通过紫露草微核技术检测单甲脒农药的致突变性，结果显示，随着单甲脒浓度的增加，紫露草花粉母细胞四分体微核率明显增高，并与蒸馏水（阴性对照）比较有显著差异。王新生等成功利用紫露草微核技术检测了 10 种化妆品的致突变性。

徐雪丽等利用蚕豆根尖细胞微核技术对湖州市太湖南岸的水质进行了检测，测定相同采样点不同月份的水样微核千分率（MCN）、污染指数（PI）及主要化学指标，并进行统计分析。经南太湖水处理的蚕豆根尖细胞出现微核和染色体畸变，可观察到单微核、双微核、三微核、分裂后期染色体桥和染色体断片。太湖水质污染比较严重，各月份 MCN 和对照组相比差异极显著（$P < 0.01$），5 月份湖水污染最为严重，其 PI 值达到 4.08。

庞振凌等以南水北调中线水源区丹江口水库水体为检测对象和试验材料，水体浓缩为低、中、高 3 个剂量组，以自来水处理为阴性对照组，以 CrO_3 处理为阳性对照组，进行了细胞微核试验。通过理化分析与微核试验两种结果的比较，蚕豆根尖细胞微核试验对水质检测是非常有效、简单易行的方法，值得推广。陆伟等以蚕豆根尖微核技术检测南盘江曲靖段的 3 月份枯水期水质污染状况，共设置 3 个取样点，统计微核千分率，并计算污染指数（PI）。

宁华等采用蚕豆微核技术对武汉市洪山区三环线北侧野芷湖水质进行遗传毒性评价，得出野芷湖周边不同区域水域的污染指数，结果表明，野芷湖水为轻度污染，此分析结果为野芷湖的环保工作提供了依据。另外，研究者还利用蚕豆根尖细胞微核技术评价了黄河兰州段水质、乌鲁木齐河水质等。

张莉等应用蚕豆根尖细胞微核技术检测 Cu、As 及其复合污染的诱变性能，计数了蚕豆根尖细胞核千分率和污染指数并进行了 F 检验。结果表明，在一定浓度范围内（Cu ＜ 200mg/L，As ＜ 15mg/L），随着 Cu、As 浓度增加，微核千分率上升，24 个试验处理组污染指数均在 2 以上，各处理组微核千分率有显著差异，和对照组有极显著差异，表明 Cu、As 及其复合处理对蚕豆根尖细胞的分裂活动有明显影响。

唐青春等利用蚕豆根尖细胞微核技术检测了 11 种化妆品的致突变性。其中 5 种对蚕豆根尖细胞的遗传基因有损伤，6 种没有损伤。袁家辉利用大蒜根尖微核试验测定了 Cr^{6+}、Hg^{2+}、Cd^{2+} 和 F^-的毒性，结果显示，随着各种离子浓度的升高，微核千分率也升高，4 种离子均对大蒜根尖呈现阳性反应，有诱变性。

本书作者通过利用松滋青皮豆进行微核试验，评价了水中特征污染物对生物染色体的损伤。采用“污染指数”（PI= 样品实测 MCN 平均值 / 对照组 MCN 平均值）进行判别：PI 在 0 ～ 1.5 区间为基本没有污染；1.5 ～ 2.0 区间为轻污染；2.0 ～ 3.5 区间为中污染；3.5 以上为重污染。为了充分说明水样的毒性作用，选择六价铬离子作标准毒性参考物质，将水样对蚕豆毒性作用以六价铬离子对蚕豆毒性作用的毒性当量表示。在 0.025 ～ 0.15mg/L 四个剂量组的作用下，微核率随着六价铬剂量浓度的增大而增加，但在 0.25mg/L 和 0.5mg/L 两个剂量组的作用下，微核率下降，即微核试验的微核率在一定剂量范围内有着明显的剂量效应关系，但是超出一定剂量范围，微核率反而会受到抑制，这与文献报告较为一致。以前四个剂量组与其所致微核率绘制标准曲线，见图 4-4。

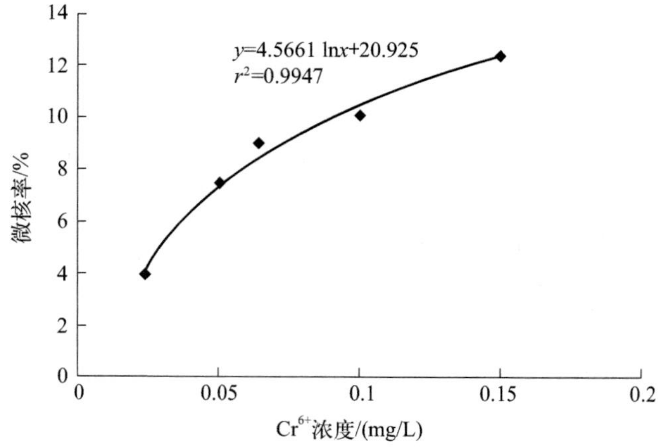

图 4-4　六价铬离子浓度与微核率的剂效曲线

微核试验以微核率作为检出定量指标，最终通过污染指数对遗传毒性进行分级评价，该研究选择六价铬离子作标准毒性参考物质，将水样对蚕豆毒性作用以六价铬离子对蚕豆毒性作用的毒性当量表示。由于微核试验的微核率与六价铬离子在一定剂量范围内有着明显的剂量效应关系，因此可以对微核率大小指示的遗传毒性大小做更精细的判断。

4.5.2.3 发展趋势

微核技术的应用越来越广泛，可以直接反映污染物对生物遗传物质的影响，具有化学监测和物理监测所不能达到的优点，重要性很突出。该技术测定的是细胞染色体受损伤的程度，更接近于污染物对生物和人类的危害情况。以植物微核技术监测环境污染，具有操作简单、快速、灵敏、经济等特点，试验结果可靠性强，具有较强的实用性。但从总体上讲，这项技术尚未普及和发挥其应有的作用，技术本身也待完善。因为任何一种遗传毒理学筛检测试系统都有一定的假阴性率和假阳性率，不能准确地鉴别出遗传毒物和非遗传毒物。在筛检化合物毒性时，应进行一系列的组合试验。

我国物种丰富，可用于环境监测的物种很多，不同物种对环境污染反应的特异性千差万别，应重点探索不同物种对污染物的特异性反应，从而发现更灵敏的物种，丰富微核技术。随着国家和社会对环境污染问题重视程度的进一步加深，微核技术必将更加广泛地应用于环境污染监测的各个领域。

4.5.3 单细胞凝胶电泳技术

单细胞凝胶电泳技术（single cell gel eletrophoresis，SCGE）是 Ostling 等于 1984 年首创，以后经 Singh 等进一步完善而逐渐发展起来的一种在单细胞水平上快速检测单细胞 DNA 损伤的试验方法，因其细胞电泳形状颇似彗星，又称彗星试验（cometassay）。单细胞凝胶电泳是检测 DNA 损伤快速、简便、敏感、经济的方法。该方法不受染色体的大小和数目的影响。与其他检测手段（如微核试验、非程序 DNA 合成等）相比，单细胞凝胶电泳技术具有所需细胞数目少、试验耗时短、耗费低、应用简便、灵活性高以及可用于分析非增殖型细胞等优点。

4.5.3.1 技术原理

该技术的原理是基于有核细胞的 DNA 分子量很大，DNA 超螺旋结构附着在核基质中，用琼脂糖凝胶将细胞包埋在载玻片上，在细胞裂解液作用下，细胞膜、核膜及其他生物膜破坏，使细胞内的 RNA、蛋白质及其他成分进入凝胶，继而扩散到裂解液中，唯独核 DNA 仍保持缠绕的环区附着在剩余的核骨架上，并留在原位。如果细胞未受损伤，电泳中核 DNA 因其分子量大而停留在核基质中，经荧光染色后呈现圆形的荧光团，无拖尾现象。若细胞受损，在碱性电泳液（pH ＞ 13）中，先是 DNA 双链解螺旋且碱变性为单链，单链断裂的碎片分子量小即可进入凝胶中，电泳时断链或碎片离开 DNA 向阳极迁移，形成拖尾。细胞核 DNA 损伤越重，产生的断链或碱易变性片段就越多，其断链或碎片也就越小，在电场作用下迁移的 DNA 量多，迁移的距离长，表现为尾长增加和尾部荧光强度增强。因此，通过测定 DNA 迁移部分的光密度或迁移长度就可定量测定单个细胞 DNA 损伤程度。目前用于彗星试验的细胞主要有原位生物细胞和哺乳动物细胞两大类。

根据电泳条件，SCGE 可分为中性 SCGE 和碱性 SCGE。常规 SCGE 法的基本流程见图 4-5。

（1）中性 SCGE

1984 年，Ostling 等首次提出检测 DNA 单链断裂（SSBs）的中性 SCGE。用琼脂糖凝胶将细胞包埋在载玻片上，用去污剂或高盐溶液破坏胞膜，除了分子量大的 DNA 分子外，大

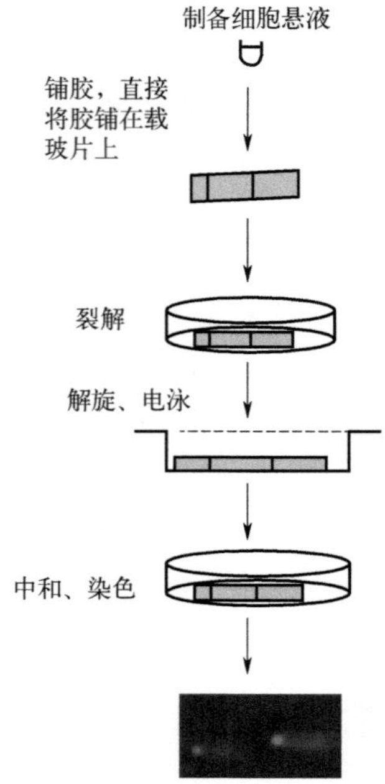

图 4-5　常规 SCGE 法的基本流程

部分细胞成分渗出凝胶层进入溶解液。然后在中性条件下电泳，荧光染色后可观察到受损细胞呈现“彗星”状。形成原理被认为是 SSBs 使 DNA 超螺旋结构松解，允许 DNA 从核中心部位拽出，DNA 在电流作用下向正极移动。Olive 等改革了上述中性 SCGE，采用更严格的溶解条件，使 95% 以上的细胞蛋白质被除去。在中性条件下，DNA 链仍保持双螺旋结构，偶然的 SSBs 并不影响 DNA 双螺旋大分子的连续性。只有当 DNA 双链断裂（DSBs）时才使 DNA 断片进入凝胶中迁移。因此，改进后的中性 SCGE 成为检测 DSBs 而不是 SSBs 的灵敏方法。它的使用也只限于研究放射线和拟辐射化合物对 DNA 的损伤作用。

（2）碱性 SCGE

目前应用最多的是 Singh 等提出的碱性 SCGE。该方法不同于中性 SCGE 之处在于细胞溶解后，在强碱性条件下将 DNA 双链打开，单链断裂的 DNA 断片即可释放出来，然后在碱性条件下电泳，带负电荷的 DNA 向正极迁移，断裂下来的 DNA 单链断片则迁移得更远，形成“彗星”状影像。尾长和尾部荧光强度与 DNA 链的断裂频率呈正相关，分析尾长、密度、面积等指标，可检测出 SSBs 和碱性不稳定损伤（一些只在碱性条件下才表现出的 DNA 损伤）。许多处理因素诱导的 SSBs 要比 DSBs 多 5 ～ 2000 倍；X 射线和 H_2O_2 诱导的 DSBs 与 SSBs 之比分别是 1∶20 和 1∶2000。因此碱性 SCGE 可大大提高 DNA 损伤的检测灵敏度，被誉为遗传毒性损伤检测技术上的一项突破。

与其他的遗传毒性检测试验相比，单细胞凝胶电泳具有以下优点：

① 灵敏度高，SCGE 是评价遗传毒性损害非常敏感的试验，可以检测到 1.657×10^{-15} 中 0.1 个 DNA 的断裂，甚至检出自然光照射体外淋巴细胞 1h 后引起的 DNA 损伤，与姊妹染色体交换试验相比具有更高的敏感性，它与 ^{32}P 标记后检测的 DNA 加合物的灵敏度一致，被认为是低水平辐射（0.05Gy）致损伤检测的良好方法；

② 需要的样品量少；

③ 应用范围广；

④ 材料消耗少；

⑤ 技术简单；

⑥ 时间短；

⑦ 可进行单细胞水平的原位检测；

⑧ 具有多种检测功能，单细胞凝胶电泳最突出的优点是在单细胞水平测量 DNA 损伤，使该技术能够研究细胞群体内不同细胞的反应多相性。

4.5.3.2　国内外研究应用

一些国外学者研究表明，在检测水源水污染的遗传毒性时，单细胞凝胶电泳比微核试验更具敏感性。单细胞凝胶电泳技术被认为是目前短期遗传毒性检测中最灵敏的方法。因此，应用单细胞凝胶电泳技术检测水源水遗传毒性具有广阔的应用前景。

McNamee 等在常规 SCGE 的基础上进行改进，建立了 Gelbond 法。该方法使用一种可黏附低熔点琼脂糖的 Gelbond 膜替代底胶，为低熔点胶提供了一个可黏附的表面，将混合细胞悬液的低熔点胶直接铺在 Gelbond 膜上，不仅避免了常规制胶容易脱胶的缺点，还能减少使用盖玻片时造成的样品损失。为了实现多个样品同时检测，还采用了可以在 Gelbond 膜上形成微室的 Lab-Tek Ⅱ槽，根据样品需求制作 1 个、2 个、4 个、8 个或 16 个微室。Lab-Tek Ⅱ槽包含一个底部可以黏附的带子，将它从玻璃片上移走时，槽可以重新黏附到 Gelbond 膜上，且不会造成样品损失。当胶凝固后，移去 Lab-Tek Ⅱ槽，Gelbond 膜上就留下了相应的样品，再按照常规 SCGE 的步骤进行即可。Gelbond 法对制胶方法进行了改进，不容易脱胶，样品损失低，且可以多个样品同时进行，相对于常规 SCGE 来说是一大进步。David 等对 SCGE 做了进一步改进，在使用 Gelbond 膜的同时，将广泛应用于单细胞压力生物学、精子细胞培养、DNA 合成、自粘功能抗体结合蛋白、等离子体解吸质谱、胚状体培育大小尺寸控制、单细胞耗氧量测量、可延伸细胞培养底物、活细胞生化传感器等生物学研究中的微室阵列法应用到了 SCGE 中。

本书作者优化并确立了污染物对 DNA 损伤检测的彗星试验检测，通过对供水系统实际水样的遗传毒性检测完成适用性分析。选择雌性小白鼠脾脏的淋巴细胞作为指示生物，以待测物对小白鼠进行染毒处理后，制备单细胞悬浮液，制作三层胶板后，进行细胞裂解、对 DNA 进行解旋，通过电泳、中和及 EB 染色后，在荧光显微镜下观察，用随机软件在自动曝光条件下拍照获取彗星图像后，用 CASP 软件分析测量 DNA 迁移的各种参数。为了充分说明水样的毒性作用，选择六价铬离子作标准毒性参考物质，将水样对小白鼠的毒性作用以六价铬离子对小白鼠毒性作用的毒性当量表示。按照六价铬浓度与 Olive 尾距的剂量效应曲线，可换算得出水富集物作用下 DNA 的损伤铬离子毒性当量（见图 4-6、图 4-7，书后另见彩图）。

齐宝宁等用单细胞凝胶电泳和微核试验对污染指数（PI）不同的 5 种河流中采集的鲤鱼的红细胞 DNA 损伤和微核率进行测定。5 种地面水水源中的鲤鱼红细胞 DNA 损伤情况不全相同，与阴性对照组比较差异有显著性（$P < 0.05$），与污染严重程度呈正相关，趋势与微核试验一致。研究表明，单细胞凝胶电泳测定鲤鱼红细胞 DNA 损伤，可以检测地面水的污染状况。

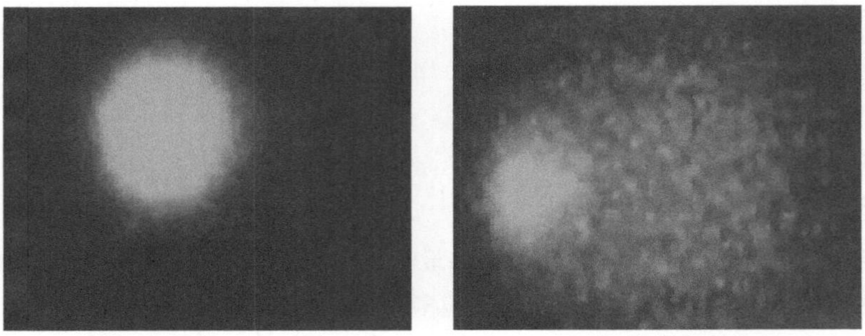

(a) 对照　　(b) 六价铬作用结果

图 4-6　雌性小白鼠淋巴细胞彗星试验检测结果

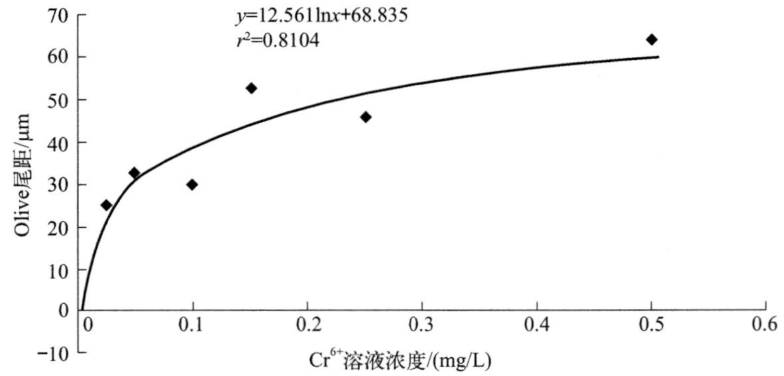

图 4-7　铬离子（Ⅵ）浓度与 Olive 尾距的剂量效应曲线

张青碧以小鼠肝、脾、肾细胞作为受试细胞，用重铬酸钾作为受试物进行彗星试验。其结果显示 3 种细胞在彗星试验中均有一定的敏感性，但肝细胞的敏感性更高，筛选出小鼠原代肝细胞作为彗星试验的受试细胞。用已建立的小鼠肝细胞彗星试验对某市主要供水水厂南郊水厂的水源水、出厂水、自来水的致突变性进行研究，同时用 Ames 试验对同一水样进行对比研究，初步验证了小鼠肝细胞彗星试验在饮水遗传毒性监测方面的可靠性和优越性。而彗星试验能同时检测出水源水和氯化消毒饮用水的致突变性，且检测阈值远远低于 Ames 试验，其敏感性提高近 30 倍。

聂志刚等采用的单细胞凝胶电泳技术可检测到低至 0.1mmol/L 重金属离子处理原生质体 30min 所引起的 DNA 损伤，灵敏度显著高于细胞活力的荧光检测法。通过酶解法获得高活力的拟南芥原生质体，用以评价 Zn^{2+}、Cd^{2+} 和 Cu^{2+} 的细胞毒性和遗传毒性。与整株植物或者悬浮细胞相比，以原生质体作为研究材料具有诸多明显的优势。基于拟南芥原生质体试验体系，通过瞬间表达研究重金属诱导植物细胞死亡和 DNA 损伤的相关基因的表达定位，可以为进一步阐明重金属胁迫诱导的植物细胞死亡和 DNA 损伤的机制及相关分子信号转导作用机理提供理论依据。

邱志群等采用单细胞凝胶电泳试验和微核试验检测自来水、纯净水、净化水以及凉开水中有机提取物的遗传毒性。4 种水的有机提取物对 DNA 的损伤程度为自来水 > 凉开水 > 净化水 > 纯净水。传统的自来水处理工艺并不能有效地去除水中的有机物，反而由于氯化消毒增加了有机卤化物的生成，使其致突变性增强。穆效群等用彗星试验研究氯化消毒中水对小鼠脾淋巴细胞 DNA 的损伤作用。消毒后水样可引起小鼠脾淋巴细胞 DNA 分子断裂增加，而且在相同剂量水平上，消毒后水样对小鼠脾淋巴细胞 DNA 分子的损伤作用明显高于消毒前水样（1μL/mL 组消毒前水样淋巴细胞头部 DNA 含量为 15.78% ～ 71.77%，消毒后水样淋巴细胞头部 DNA 含量为 0.95% ～ 2.78%）。研究表明，单细胞凝胶电泳试验可准确检测氯化消毒过程造成的水的遗传毒性，为采取适当的预防和控制措施提供科学依据，从而确保水的使用安全。

张黎等采用单细胞凝胶电泳技术研究了加氯消毒对水中有机提取物致人胎肝细胞 DNA 损伤的影响。以人胎肝细胞（L-02）为靶细胞，采用单细胞凝胶电泳技术检测水样有机提取物诱导细胞 DNA 损伤的效应。水样有机提取物设 4 个染毒浓度（1.2mL/mL、6mL/mL、30mL/mL、150mL/mL），阳性对照为苯并 [*a*] 芘（200μmol/L），溶剂对照为 10μL/mL 二甲基亚砜。研究表明，水源水、出厂水和末梢水有机提取物均能引起 L-02 细胞的 DNA 损伤，氯化消毒增加了水源水对 DNA 损伤的损伤程度，即增加了遗传毒性。

杨丽以铅（Pb）、镉（Cd）、间二硝基苯、2,4-二硝基甲苯、2,6-二硝基甲苯、对硝基甲苯以及 2,4-二硝基苯胺 7 种化合物为研究对象，从分子水平生物毒性研究角度出发，采用睾丸支持细胞 / 生殖细胞共培养和单细胞凝胶电泳技术对这几种化合物对小鼠生殖细胞 DNA 的损伤作用进行了研究。研究结果表明，这 7 种化合物均具有生殖毒性，均在一定浓度范围内对雄性小鼠生殖细胞 DNA 产生了损伤作用，且受损率随浓度的升高而升高，具有明显的剂量-效应关系。

4.5.3.3 发展趋势

建立快速、高通量、低价、直观的 DNA 损伤检测法，对于农药安全评价、环境检测、临床医学和基础研究等都有重要的意义。SCGE 耗时短，所需试验条件相对简单，是一种理想的 DNA 损伤检测方法。同时，研究者也在不断优化该试验方法，大大地便捷了新药开发、遗传毒性检测以及农药等环境安全检测。SCGE 还可以检测 DNA 损伤修复动力学，适用于多种生物，并可应用于临床医学。但是，常规 SCGE 样品处理较复杂，结果分析需要花费大量人力和时间，且容易造成主观误差，通量相对较低，重复性也较差。微室阵列法和自动图像采集及分析系统的应用，实现了高通量且结果更为客观，有利于进行横向比较及量化，具有成为 DNA 损伤检测新的标准化方法的潜力，预计在不久的将来，会取代现在广泛使用的常规 SCGE 而成为 DNA 损伤检测的主流技术。

4.5.4 Ames 技术

美国加利福尼亚大学生物化学教授 Ames 及其同事经十余年的辛勤研究，逐步发展完善起来一种测试方法——Ames 试验。它利用沙门氏菌营养缺陷型菌株发生回复突变的特性来检测物质的致突变性。

4.5.4.1 技术原理

Ames 试验是利用沙门氏菌营养缺陷型菌株发生回复突变的特性来检测物质致突变性的方法。为了使试验条件更近似于哺乳动物代谢情况，Ames 等又采用了在体外加入哺乳动物微粒体酶系统使待测物活化的方法。因而，Ames 试验的全称为鼠伤寒沙门氏菌 / 哺乳动物微粒体酶试验法。

常用的微粒体酶是从大鼠肝脏经多氯联苯或苯巴比妥等物质诱导后制得的。常用的组氨酸缺陷型沙门氏菌株有 5 种，均各含有一种控制组氨酸合成的基因，当培养基中不含组氨酸时它们不能生长。但当受到某些致突变作用时，便发生基因突变而恢复为野生型菌株，在培养基中不含有组氨酸时也能生长。

常用的 5 种菌株中，TA1537、TA1538 及 TA98 用以检测可以引起移码型突变的致突变物，TA1535 和 TA100 用以检测可以引起碱基置换型突变的致突变物。其中，TA98 和 TA100 系列菌株经质粒转移后获得了 R 因子的新菌株，其敏感性更高。每次试验可以同时使用几种菌株，其中有任何一种发生回变，即属于阳性。

4.5.4.2 国内外研究应用

Ames 试验以其独特的综合评价水质的特点，被广泛用于自来水致突变物的测定。Ames 致突变试验作为致癌物的初筛方法在给水中得到了广泛应用，现已被美国列入“水和废水标准检验法”。

罗晓鸿等利用 Ames 试验（所用菌株为 TA98 和 TA100）评价了自来水厂各工艺以及加氯消毒后对致突变化合物的贡献。试验中净水工艺流程为：原水—混凝沉淀—生物处理—活性炭吸附—出水。研究者对各个工艺出水进行了 Ames 试验，并且对各个工艺出水加氯后也做了 Ames 试验。各个工艺对水中致突变物的去除不尽相同，尤其以活性炭去除作用最大，但是，在各个工艺出水加氯后，Ames 试验阳性结果明显更加显著。加氯这一消毒工艺对致突变物的形成贡献突出。

尚炜等利用 Ames 试验对北京第九水厂 7 个水处理工艺流程出水有机浓集物的致突变性进行了研究。工艺流程为：源水—加氯源水—混凝沉淀—砂滤池—活性炭滤池—二次加氯—出厂水—加氯。7 个处理工艺出水采用 TA98 和 TA100 菌株进行了 Ames 试验，源水并没有致突变性，再加氯后致突变性增强，混凝沉淀出水后致突变性增强，经过砂滤池后水质致突变性有所降低，经过活性炭滤池后的水质基本不存在致突变性，但是，二次加氯后的出厂水中检出了致突变性。通过 Ames 试验检验研究水厂供水过程，可以看出，加氯消毒能够增加水质的致突变性。

同时，张青碧利用 Ames 试验检测泸州市饮用水时也发现了上述类似的结论。泸州市南郊水厂的出厂水和自来水的有机浓集物在实验浓度为 3.0L/ 皿（相当于人的日饮水量）时，Ames 试验的 TA98 和 TA100 两菌株均为阳性反应，但是在原水的有机浓集物检测中并没有发现致突变性，可能是通过饮水氯化消毒产生的致突变性氯化消毒副产物所致。另外，他们还比较了不同的文献 Ames 试验和彗星试验的试验结果，结果表明，Ames 试验只能检测出氯化消毒后饮用水的致突变阳性，而彗星试验能同时检测出水源水和氯化消毒后饮用水的致突变性，后者的敏感性远远高于前者。通过这个结论，可以了解到 Ames 试验的不足。

岳舜琳研究了 Ames 试验同成熟表征水中有机物含量指标的关系。通过比较不同工艺、不同水厂水中有机物含量同 Ames 试验结果的关系，得出了如下结论：水中 COD_{Mn}、COD、TOC、UV_{254} 值与 Ames 试验呈较好的正相关关系；为了使自来水 Ames 致突变试验结果为阴性，水源水中的 COD_{Mn} 要不大于 4mg/L，自来水的 COD、COD_{Mn}、TOC 和 UV_{254} 值要分别降低到 7.5mg/L、2.0mg/L、5.0mg/L 和 0.080 以下；由于 COD_{Mn} 与 UV_{254} 比较容易测定，在水厂生产中应将它们列入日常检测项目。

通过各位研究者利用 Ames 试验对水源水及水厂水所做的水质评价可以看出，不同工艺对致突变化合物的去除贡献不尽相同，各工艺去除致突变化合物以活性炭吸附尤为突出，加氯消毒后会增加致突变化合物的含量。Ames 试验给出降低致突变化合物的含量的两条途径：一为最大限度地降低原水中有机物含量；二为研究替代氯消毒的消毒剂。

二氧化氯是一种新型的消毒剂，对氯有一定的替代作用。高庆然等利用二氧化氯处理被石油类污染物污染的水源水，比较了源水经二氧化氯消毒前后 Ames 试验结果。结果显示，被石油类物质污染的饮用水经过投加二氧化氯氧化后，致突变活性明显降低，Ames 值由阳性变为阴性。该结果与同一取水点水样色谱-质谱联机检测结果相吻合，即水中毒害作用较强的物质已转化为毒害作用较小或者没有毒害作用的物质。

Ames 试验除了评价整体水质状况以外，还检测某种或者某类化合物的致突变性。杨丽等通过 Ames 试验对 12 种苯酚类化合物（对甲基苯酚、2,6-二甲基苯酚、4-乙基苯酚、4-辛基苯酚、4-壬基苯酚、4-硝基苯酚、2-氯苯酚、1,3-二氯苯酚、2,4-二氯苯酚、2,6-二氯苯酚、2,3,4-三氯苯酚和 2,3,5,6-四氯苯酚）的致突变性进行了分析。所用菌株为 4 个标准菌株 TA97、TA98、TA100 和 TA102。试验结果显示，除 2,4-二氯苯酚外，其余 11 种苯酚类化合物均对 TA98 菌株具有致突变性，为直接致突变剂，为移码突变。4-壬基苯酚对 TA97 和 TA100、4-辛基苯酚对 TA97 也分别具有阳性诱导作用。

4.5.4.3 发展趋势

Ames 试验有诸多优点，例如试验周期短，2d 就可得到结果，远比动物试验快；一次性试验即可同时作用于千万计的细菌个体，远非动物试验所及；灵敏度高，待测物所需量少；试验用品简单，操作简便，结果明确易于检查；可以直接测定混合液，能更好地反映污染环境中多种物质联合作用的效应（协同作用、拮抗作用和互补等）。

任何一种方法都有其自身的局限性，Ames 试验也不例外。Ames 试验以微生物为指示生物，与哺乳动物体内实际情况有相当大的差异；Ames 试验不能检测某些重金属和有机氯类农药，如铅、镍等重金属在试验中显阴性；Ames 试验所得阳性结果与致癌性之间吻合率虽高，但是 10% 的检测结果会出现假相；方法虽然简便，但是影响因素诸多，方法尚需规范化，严格控制试验条件。

目前大多数人认为 Ames 试验是一种成熟的简便快速筛选致突变、致癌物的方法，但它并非适用于所有化学物质。因此，Ames 试验与其他测试方法结合无疑是一种极为有用的筛选环境诱变剂的办法。通过 Ames 试验结果，可以安排某种化学物质优先做长期的动物致癌试验。另外，Ames 试验法可以作为环境污染物致突变性的初筛报警手段，尤其适于对污染环境中复杂混合物进行系统跟踪监测。

4.6 内分泌干扰效应量化评估技术

环境内分泌干扰物（environmental endocrine disruptors, EEDs 或 endocrine disrupting chemicals, EDCs）又称环境激素，美国环保署（United States Environmental Protection Agency, US EPA）对其定义为：可通过干扰生物或人类的那些为保持自身平衡和调节发育过程而在体内产生的

天然激素的合成、分泌、运输、结合、反应和代谢等，从而对生物或人类的生殖、神经和免疫系统等功能产生影响的外源性化学物质。EDCs 效应的生物测试包括体内试验和体外试验两大类，其中体内试验有啮齿类动物子宫增重法、鼠体赫什伯格检测、青春期雌性大鼠试验、青春期雄性大鼠试验以及鱼性腺生殖试验等，体外试验包括受体结合试验、细胞增殖试验、受体报告基因试验、卵黄蛋白原法以及类固醇合成试验等。化学诱导萤光素酶表达生物分析方法（chemically activated luciferase gene expression, CALUX）是常用的受体报告基因试验测试方法，下面以 CALUX 技术为例进行主要介绍。

化学诱导萤光素酶表达生物分析方法（CALUX）是利用基因转换后的细胞 Cytochrom P_{450}（CYP1A1）解毒酶合成基因和萤光素酶合成基因（luciferase gene）的细胞株进行检测的一种生物检测方法。CALUX 生物检测法目前可检测二噁英、雌激素、肾上腺素和雄激素等化学物质，其中二噁英类物质 CALUX 生物检测发展较为迅速，方法更为成熟。CALUX 是美国 EPA 批准的一种生物检测方法（方法号 SW 846-4435），可用于检测土壤、水、烟气、污泥、饲料、添加剂以及生物组织中的二噁英、呋喃和多氯联苯等目标物质，方法已得到美国（FDA 和 EPA）、欧盟、智利、日本等国的广泛采用，是大量筛查二噁英类污染物的新型快速检测技术。

4.6.1 CALUX 技术的原理

CALUX 测试是一种体外生物测试法，通过测定重组哺乳动物细胞暴露于污染物所产生的荧光强度，结合毒性当量物质的响应值，来评价污染物的综合毒性效应。该方法将萤火虫的萤光素酶基因导入细胞内的受体结合物质，一旦该细胞暴露于特定范围的化学物质，便会产生萤光素酶而发光，发光的强度大小与化学物质浓度成正比。

CALUX 方法首先利用基因工程技术，把哺乳动物细胞的细胞色素 P_{450} 基因（CYP1A1）和萤火虫的萤光素酶合成基因重组到大鼠肝癌细胞系（H4IIE）染色体上。脂溶性二噁英类污染物透过细胞膜与细胞内多环芳烃受体可逆性结合，形成配体-AhR 复合物，使 AhR 的构象发生改变，进入细胞核内。在细胞核内配体-AhR 复合物和核内转运蛋白（ARNT）结合，形成配体-AhR-ARNT 复合物，特异性地与染色体上二噁英应答区域结合，并激活细胞色素 P_{450} 基因和萤光素酶合成基因合成萤光素。该测试系统合成的萤光素量及荧光强度与测试系统中加入的二噁英类物质的量成正比。

与化学检测法等其他检测方法相比，CALUX 生物检测法具有以下特点：

① 方法更可靠，是高感度分析法；

② 价格更低，分析费用更低廉；

③ 更迅速，分析时间更短；

④ 更简单，操作程序更为简单；

⑤ 更准确，高性能更准确。

以分析时间来说，通常机器分析的话需要 1 ～ 1.5 个月，可是使用 CALUX 生物检测法的话，平均 1 周，快的话 2 ～ 3d 就可获得结果。而且 HRGC-MS 1h 只能分析 1 个样品，而 CALUX 生物检测法则可同时测 16 个样品，可以说是一种划时代的技术。这是因为 CALUX 生物检测法使用高感度的细胞，加上前处理简单，拥有萃取、精制、分离等优良技术。此外，分析程序大幅度缩短使成本大幅降低。在美国，1 个样品大约是 400 美元。

4.6.2 CALUX 技术的应用

李莹等采用利用转基因细胞的生物学特性测定样品中二噁英总毒性当量的生物学方法——CALUX。CALUX 方法和国际上公认的二噁英类标准测定方法——高分辨率气相色谱-质谱（HRGC-MS）法测定同一样品二噁英含量的结果之间具有很好的正相关，且具有很好的重现性。样品萃取成分 DMSO 溶液，加入转染 P_{450} 基因（CYP1A1）和萤光素酶合成基因的小鼠肝癌细胞培养液中，培养后加入细胞裂解液，使细胞中的萤光素释放到培养基中，用荧光光度计测定荧光强度。与 HRGC-MS 方法相比 CALUX 法具有所需样品量较小、测定周期短、测定成本低等优点。CALUX 法适用于对大批量样品二噁英含量的快速定量筛选，对于环境中二噁英污染调查有广阔的应用前景。

金一和等分别采用高分辨率气相色谱和质谱仪联机（HRGC-MS）法及 CALUX 方法测定同一来源的人体脂肪、血液和母乳中二噁英毒性当量，观察两种不同方法测定结果间的相关性。两种方法测定脂肪组织和母乳中二噁英毒性当量结果之间的相关系数分别为 0.8675 和 0.9581，具有显著的正相关关系（$P < 0.05$）。二噁英毒性当量＞ 20pg/g 脂肪的血液样品，两种方法测定结果之间也具有密切的相关关系（$P < 0.05$ 或＜ 0.01），CALUX 生物学方法适用于一般人群的脂肪组织和乳汁样品以及二噁英类暴露人群的血液中二噁英类污染物的筛查。

Wang 等采用 CALUX 技术，对海河沉积物中的多氯二苯并二噁英和呋喃（PCDD/Fs）、多氯联苯（DL）和二噁英类多氯联苯物质（PCBs）进行了检测，结果发现海河沉积物中的 PCDD/Fs 比 DL 和 PCBs 高数百倍。

王泰等采用 CALUX 方法对海河天津流域底泥中的二噁英污染水平进行了调研，分析了海河底泥中二噁英的分布规律和污染特征，并且使用 HRGC-MS 方法进行了验证。CALUX TEQ 结果表明海河入海口处的污染最为严重，且 CALUX 得到的 TEQ 值与 HRGC-MS 得到的 TEQ 值之间有很好的相关性。CALUX 作为一种简易价廉的生物分析方法，可以高效快速地应用于环境中沉积物样品的二噁英分析。

张婷婷等采用 CALUX 生物法分析北京市污水厂污泥中的二噁英类化合物，用正己烷将样品经过合适的比例进行稀释，真空浓缩后转溶至二甲基亚砜（DMSO）中，加至含有细胞（小白鼠肝癌细胞 H1L1）的 96 孔板内。经过 20 ～ 24h 生物培养（CO_2，37℃）后，二噁英类物质会激活萤光素酶的活性，再利用荧光仪（Berthold Centro LB，Germany）即可测出萤光素酶的活性量，将污泥样品中二噁英类化合物激发测得的萤光素酶活性与用标准物质（2,3,7, 8-TCDD）所制成的标准曲线相比对，即可获得污泥中二噁英类化合物的毒性当量（CALUX TEQ）浓度。CALUX 生物分析法可以有效检出污泥中的二噁英类化合物的含量，北京市区现运行的九大城市污水处理厂中二噁英类化合物的含量较低，未对环境造成较大危害。

目前，本书作者可利用 CALUX 技术实现二噁英类物质、雌激素、雄激素以及肾上腺皮质激素的综合毒性检测。采用液液萃取或固相萃取方法对样品进行处理，可进行后续雌激素、雄激素以及肾上腺皮质激素的细胞检测。进行二噁英类物质检测时，还需对样品进行净化，通过硫酸硅胶的柱子，完成对有机物、脂肪和不稳定 PAH 等的氧化过程。在进行细胞的生物分析方法操作时，细胞先被植入 96 孔板中，使用测定培养基进行培养；第 2 天，向其中加入含待测化合物（或样本）的培养基；经 24h 暴露后，将细胞进行消散，并使用微孔板式化学发光仪测定出所产生的萤光素酶的量；由被测样本所诱导的该萤光素酶的量与已知一系列标准浓度的标准物质有相关关系，因此其最终测定结果可以表示相应标准物质的毒性当量值。

本书作者应用所建立的内分泌干扰效应 CALUX 测试方法对城市供水系统、城市河流以及污水厂进出水等多种类型水中内分泌干扰效应进行了调查研究，明确了 4 类内分泌干扰物的含量水平及分布特征。对南水北调山东受水区济南市内山区水库和引黄水库中污染物的激素水平的调研结果表明，所有水库水中雄激素、肾上腺素的综合激素效应均低于方法的检出限，二噁英和雌激素的激素效应检出含量分别为 0.009 ～ 0.250ng 2,3,7,8-TCDD TEQ/L、0.040 ～ 0.250ng E2-eq/L。山区水库水水质总体优于引黄水库水，全年秋、冬两季雌激素和二噁英含量高于春、夏两季。与其他国家相比，水库水二噁英含量较高，雌激素含量较低，雄激素和肾上腺素污染风险较小。常规水处理工艺对于雌激素的去除具有一定作用，而臭氧-活性炭深度处理工艺对水中雌激素的去除效果明显，去除率可达到 100%，两种工艺对二噁英无明显去除效果。目前，济南水源水中雌激素含量较低，经水厂深度处理之后，出厂水中雌激素几乎可以完全去除；而水源水中二噁英含量处于较高水平，并且水厂处理工艺对二噁英的去除能力有限，因此未来应着力加强二噁英的跟踪检测、来源控制及去除工艺研究。

小清河（济南段）主要支流的内分泌干扰物综合激素效应调研结果显示，小清河（济南段）主要支流均受到 4 类 EDCs 不同程度的污染，对比已报道的国内外研究数据，二噁英类和雌激素类的污染水平总体较低，受雄激素类 EDCs 的污染风险较低，4 类 EDCs 中肾上腺皮质激素类的毒性当量对水环境污染最大。二噁英类、雌激素类和肾上腺皮质激素类的年平均毒性当量浓度范围分别为 0.020 ～ 0.040ng 2,3,7,8-TCDD TEQ/L、0.007 ～ 0.050ng E2-eq/L 和 1.8 ～ 9.6ng Dex-eq/L。二噁英类检出水平无明显的季节性和区域性差别；雌激素类季节性变化明显，春、冬两季检出率高；肾上腺皮质激素类的季节性分布不明显，但区域性分布规律明显，农业区支流的检出频次和含量水平明显低于居民区和商业区支流。城市河流作为重要的泄洪排污方式，其 EDCs 等新污染物的污染也应该引起相应的重视。

对污水处理厂进水、出水及污泥样品的测试结果发现，4 种类型的内分泌干扰效应在城市污水处理厂进水中均有检出，毒性当量浓度分别为 0.074 ～ 0.094ng 2,3,7,8-TCDD TEQ/L、31 ～ 46ng E2-eq/L、23 ～ 69ng Dex-eq/L 和 1.3 ～ 8.7ng DHT-eq/L；而出水及污泥样品中有部分内分泌干扰综合毒性效应检出，如二噁英和肾上腺皮质激素综合毒性效应，毒性当量浓度分别为 0.030 ～ 0.070ng 2,3,7,8-TCDD TEQ/L、24 ～ 39ng Dex-eq/L，污泥样品中也检测到了二噁英和雌激素综合毒性效应，表明现有污水处理工艺对内分泌干扰物去除能力有限。

4.6.3 CALUX 技术的发展趋势

CALUX 技术作为一种新兴的毒理学检测技术，可用于环境、医药等领域，具有广阔的发展前景。随着应用需求的不断提高，该技术仍需要进行深入研究。

（1）前处理方面

前处理技术有待进一步改进。目前 CALUX 方法前处理多采用液液萃取法，处理时间长、有机试剂消耗多，易造成二次污染，可结合更简单、便捷的固相萃取技术实现液液萃取前处理的替代。

（2）CALUX 生物检测技术检测物质种类

基因工程改造细胞的进一步发展。通过基因转换更多种类的受体细胞株，使 CALUX 技术更广泛地应用于环境中有害物质综合效应的检测。

CALUX 生物检测法虽然不能检测激素效应化合物的各个成分，但它简便、快速、费用低，并且能更准确地反映激素效应化合物对机体的影响。激素效应化合物对细胞芳香烃受体的联合作用不都是相加作用，还有协同和拮抗作用。CALUX 不仅可以测定环境样品中激素效应化合物的总含量，而且可对 TEQs 及生物活性进行测量。因此，CALUX 将成为适合大量样本的快速筛选、半定量测定和常规检测的检测方法。

以生物毒性效应为导向的 EDA 方法结合了生物效应测试、有机污染物分离、污染物浓度测定和结构鉴定等分析评价方法。EDA 针对水环境中有机污染物，综合运用生物测试与化学分析，以生物效应为导向，指导活性组分的分离，并对组分进行定性，实现效应物的鉴定，最终明确样品的生物效应和主要效应物，该方法克服了单一化学分析或单一生物测试在环境样品应用中的不足，不仅可测试样品的生物效应，且能明确效应化合物，避免了化学分析中检测的盲目性和生物测试中效应物质的不确定性。效应导向分析方法已在欧盟地区得到广泛应用。EDA 方法不仅结合生物测试用于评价危害效应，且通过化学分析识别主要污染物，在环境样品风险评价方面具有突出优势。生物测试方法也伴随着理论的发展和应用的深入而不断完善，用于效应检测的模式细胞、模式生物也不断丰富。其中有非特异性效应，如致死性、生长抑制、繁殖率下降等，但更多的是特异性效应，如遗传毒性、芳香烃受体效应、内分泌干扰效应等。未来，将生物分析作为快速筛查手段筛选污染物类型，再结合化学分析精准定位污染物，实现生物分析和化学分析的有效结合，为水环境污染物筛查和污染物去除研究提供数据支撑。在水处理中综合考虑污染物指标与生物毒性效应的协同去除，能更加全面地反映水处理工艺应用效果。

参考文献

[1] 王魁汉 . 温度测量使用技术 [M]. 北京：机械工业出版社，2009.

[2] 王锋辉 . 可控翼伞的飞行控制程序与运动仿真 [J]. 航天返回与遥感，2004，25（1）：11-16.

[3] Altmann H.Numerical simulation of parafoil aerodynamics and dynamic behavior[C]//Washington:20th AIAA Aerodynamic Decelerator Systems Technology Conference and Seminar, Washington, 2009.

[4] 王海涛，郭书伟，秦子增 . 物伞系统空间运动模式分析 [J]. 航天返回与遥感，2009，30（1）：21-26.

[5] Barrows T. Apparent mass of parafoils with spanwise camber[J]. Journal of Aircraft, 2002，39（3）：445-450.

[6] Slegers N J, Yakimenko O A. Optimal control for terminal guidance of autonomous parafoils[C]//Washington: 20th AIAA Aerodynamic Decelerator Systems Technology Conference and Seminar, Washington, 2009.

[7] 金鑫，任献彬，王秋彦 . 基于模糊逻辑的电子设备故障诊断 [J]. 国外电子测量技术，2009，28（11）：33-34, 47.

[8] 刘福才，张艳欣，王亚静，等 . 一种基于逆模糊模型的自适应逆控制方法 [J]. 仪器仪表学报，2010，31（5）：961-967.

[9] 欧青立，吴兴中，崔力 . Bang-Bang+ 模糊 PID 煤湿度控制器设计与实现 [J]. 电子测量与仪器学报，2010，24(8)：786-790.

[10] 邱发强，舒迪，陈娟，等 . 溶解氧在线测试仪硬件系统的研究 [J]. 电子测量技术，2011，34（4）：93-96.

[11] 罗远程 . 污水处理厂溶解氧在线监测与便携式测试数据的比对研究 [J]. 市政水处理，2012（1）：64-67.

[12] 李永和 . 工业酸度计 [M]. 北京：化学工业出版社，1991.

[13] 杨绮琴 . 应用电化学 [M]. 广州：中山大学出版社，2001.

[14] 胡会利，李宁 . 电化学测量 [M]. 北京：国防工业出版社，2007.
[15] 胡宗定，王一平 . 工程电导测试技术 [M]. 天津：天津大学出版社，1990.
[16] 于洋，许会，白静杰 . 电导变送器的研究与应用 [J]. 仪表技术与传感器，2000（6）：41-43.
[17] 李民 . 工业电导仪的现状及其在化学工业中的应用 [J]. 化工自动化及仪表，1992（2）：5-9.
[18] 李超，祁欣 . 余氯在线检测系统的研究 [J]. 北京化工大学学报，2012，39（6）：105-110.
[19] 朱泽昊，张扶人 . 浊度测量中两种基本方法的比较 [J]. 西南师范大学学报（自然科学版）, 1995，20（2）：148-153.
[20] 宋启敏，陆明刚 . 散射光式浊度测量的范围和非线性研究 [J]. 上海大学学报（自然科学版）, 1997，3（5）：94- 99.
[21] 范娟，阮复昌 . 散射光式浊度测量仪的校准 [J]. 分析仪器，2001（4）：35- 37.
[22] 杨清贤 . 水浊度在线实时检测方法的研究 [D]. 北京：华北电力大学，2010.
[23] 左航，马颢珺，王晓慧 . 水质氨氮在线监测仪发展现状 [J]. 环境科学与管理，2012，37（3）：130-132.
[24] 卢金锁，黄廷林 . 氨氮在线监测仪的干扰因素与稳定性分析 [J]. 工业水处理，2006，26（5）：68-71.
[25] Gruber D, Frago C H, Rasnake W J. Automated biomonitors-first line of defense[J]. Journal of Aquatic Ecosystem Health, 1994，3：87-92.
[26] 冯兆敏，胡克武，刘国庆 . 水质综合毒性在线监测技术探讨 [J]. 城镇供水，2011（3）：51-54.
[27] Smith R C, Goggans M P. Radar target identification[J]. IEEE Trans on AP, 1993，35（2）：27-38.
[28] Nakagawa H,Okazaki S, Asakura S, et al. A new ozone sensor for an ozone generator[J]. Sens Actuators B, 2001，77：543-547.
[29] Kim S R, Hong H K, Kwon C H, et al. Ozone sensing properties of In_2O_3-based semiconductor thick films[J]. Sens Actuators B, 2000，66：59-62.
[30] O'Keeffe S, Fitzpatrick C, Lewis E. An optical fibre based ultra violet and visible absorption spectroscopy system for ozone concentration monitoring[J]. Sens Actuators B, 2007，125：372-378.
[31] Storty M V, van der Gaag B, Burns B P. Advances in on-line drinking water quality monitoring and early warning systems[J]. Water Reserch, 2011，45：741-747.
[32] 赵进沛，杨志奎，李清亚 . 固相目视比色法简易测定水中痕量铜（Cu）[J]. 环保科技，1995，17（3）：38-40.
[33] 王安，谢宇，梁柱 . 水中色度测定的研究 [J]. 中国环境监测，2000，16（2）：37-40.
[34] 徐冬梅，刘静，蒋晓敏 . 玻璃电极法测定溶液 pH 值的常见问题及对策 [J]. 新疆石油科技，2010，20（1）：57-58.
[35] 仇雁翎 . 饮用水水质监测与分析 [M]. 北京：化学工业出版社，2005：91-93.
[36] 曹连城 . DPD 光度法测定水中余氯 [J]. 环境工程，2003，21（1）：65-66.
[37] 胡玉芬 . DPD 比色法测定医院污水中余氯含量 [J]. 中国卫生检验杂志，2002，12（2）：1951.
[38] 余一群，徐威毅 . 分光光度法测定余氯的线性范围探讨 [J]. 上海环境科学，2000，19（10）：495-496，499.
[39] 杨正富 . 生活饮用水中游离性余氯测定条件优化研究 [J]. 工业水处理，2000，20（8）：31-32.
[40] 李允勃 . 两种余氯测定方法的比较 [J]. 江苏预防医学，2003，14（4）：61-62.
[41] 冯海涛，刘林 . TMB 法测定水源水及饮用水中余氯 [J]. 中国卫生工程学，2003，2（1）：43-44.
[42] 刘莲华，杨皓琦，李新新，等 . 新型显色剂 3,3′,5,5′-四甲基联苯胺比色法测定水中余氯 [J]. 中国公共卫生，1994，10（1）：25-27.
[43] 马红娜，李梦耀，刘建 . 对氨基二甲苯胺分光光度法测定水中余氯 [J]. 长安大学学报（建筑与环境科学版），2004，21（4）：68-70.
[44] 黎莉，杨蕾，马丽 . *N*, *N*-二乙基对苯二胺分光光度法测定饮用水中的游离余氯 [J]. 污染防治技术，2011，24(3)：76-78.
[45] 胡美珍，何其庄，任萃毅 . 余氯试纸的研制和应用 [J]. 上海师范大学学报（自然科学版），2002，31（1）：98-100.
[46] 陈焕文，徐抒平，李双峰，等 . 余氯、总氯现场快速测定仪的研制和应用 [J]. 分析化学，2003，31（11）：1399-1402.
[47] 沈丽娜，朱明新，赵贤广，等 . 二氧化氯检测分析方法的进展 [J]. 工业水处理，2010，30（1）：4-7.
[48] 韩晓飞 . 现场比色法快速测定饮用水中消毒剂二氧化氯 [J]. 上海计量测试，2011（226）：25-27.

[49] 张俊华 . 生活饮用水中二氧化氯快速测定方法研究 [J]. 科技情报开发与经济，2011，21（15）：172-174.

[50] 李红兰，张克峰，王永磊 . 靛蓝三磺酸法测定水中臭氧浓度的应用 [J]. 山东建筑大学学报，2006，21（4）：331-334.

[51] 宋钰 . 水中臭氧的快速测定 [J]. 卫生研究，2000，29（3）：151-153.

[52] 郝新焕 . 邻菲罗啉分光光度法测定污水中的总铁 [J]. 石油化工腐蚀与防护，2006，23（4）：44-46.

[53] 吕琳琳 . 水中锰钴镍铅快速测定的方法研究 [D]. 沈阳：东北大学，2006.

[54] 向小娥 . 水中六价铬快速检测新方法研究 [D]. 重庆：重庆大学，2011.

[55] 相开幕，孙剑，李洪伟，等 . 生活饮用水氯化物硫氰酸汞分光光度测定法 [J]. 中国卫生检验杂志，2009，19(2)：298-299.

[56] 王春光 . 饮用纯净水中氯化物的硫氰酸汞分光光度测定法 [J]. 职业与健康，2011，27（14）：1621-1622.

[57] 罗澍，严少红，黄远峰，等 . 四种氨氮自动监测仪与实验室国标方法测定氨氮的比较分析 [J]. 中国环境监测，2010，26（3）：32-35.

[58] 黎永艳，陆日贵，陈清德，等 . 饮用水中氨氮的离子色谱和水杨酸分光光度测定法 [J]. 职业与健康，2012，28（11）：1344-1346.

[59] 邓金花，吴清平，廖富迎，等 . 环境水质氨氮的快速检测 [J]. 环境监测管理与技术，2007，19（1）：33-34.

[60] 王兆群，徐清波，严刚 . 发光细菌法在环境监测中的应用 [J]. 仪器仪表与分析监测，2009（3）：1-4.

[61] 韦东普，马义兵，陈世宝，等 . 发光细菌法测定环境中金属毒性的研究进展 [J]. 生态学杂志，2008，27（8）：1413-1421.

[62] 吴泳标，张国霞，许玫英 . 发光细菌在水环境生物毒性检测中应用的研究进展 [J]. 微生物学通报，2010，37(8)：1222-1226.

[63] Ribo J M. Interlaboratory comparison studies of the luminescent bacteria toxicity bioassay[J]. Environ Toxicol Water Qual, 1997，12（4）：283-294.

[64] Lanciotti E, Galli S, Limberti A, et al. Ecotoxicological evaluation of wastewater treatment plant effluent discharges: a case study in Prato (Tuscany, Italy)[J]. Ann Ig, 2004，16（4）：549-558.

[65] Mekki A, Dhouib A, Feki F, et al. Assessment of toxicity of the untreated and treated olive mill wastewaters and soil irrigated by using microbiotests[J]. Ecotoxicology and Environmental Safety, 2008，69（3）：488-495.

[66] Somensi C A, Simionatto E L, Bertoli S L, et al. Use of ozone in a pilot-scale plant for textile wastewater pre-treatment: physico-chemical efficiency, degradation by-products identification and environmental toxicity of treated wastewater[J]. Journal of Hazardous Materials, 2010，175（1/3）：235-240.

[67] 董玉瑛，雷炳莉，张阳，等 . 镀铬化工废水对发光菌的综合毒性 [J]. 化工学报，2007，58（11）：2911-2913.

[68] 李劲，房存金，宋献光，等 . 工业废水与河流水体的急性毒性研究 [J]. 中国环境监测，2006，22（1）：81-84.

[69] 李钟玮，胡俊庆，王君，等 . 发光细菌法测定大庆地区排污干渠水质的生物毒性研究 [J]. 黑龙江环境通报，2006，30（2）：94-95.

[70] Kratasyuk V A, Esimbekova E N, Gladyshev M I, et al. The use of bioluminescent biotests for study of natural and laboratory aquatic ecosystems[J]. Chemosphere, 2001，42：909-915.

[71] Kuczynska A, Wolska L, Namiesnik J. Integrated approach for evaluation of pollution level of underground water in the vicinity of a municipal landfill[J]. Fresenius Environmental Bulletin, 2006，15（7）：692-696.

[72] 潘海祥，楼小平，王军海 . 发光细菌法用于给水系统的毒性监测及预警 [J]. 中国给水排水，2008，24（8）：73-76.

[73] Parkinson A, Barry M J, Roddick F A, et al. Preliminary toxicity assessment of water after treatment with UV-irradiation and UVC/H_2O_2[J]. Water Research, 2001，35：3656-3664.

[74] Guzzella L, Feretti D, Monarca S. Advanced oxidation and adsorption technologies for organic micropollutant removal from lake water used as drinking-water supply[J]. Water Research, 2002，36：4307-4318.

[75] 张亚旦，徐亚同，朱文杰 . 饮用水水质标准中 14 种限制物质综合毒性研究 [J]. 安全与环境学报，2009，9（2）：106-111.

[76] 张海志 . 专利检测技术保障世博会饮水安全 [N]. 北京：中国知识产权报，2010.
[77] 岳舜琳，潘海祥 . 用发光细菌监测水质突发性污染的适用性 [J]. 给水排水，2008，34（2）：28-30.
[78] 陈晓维 . 明亮发光杆菌毒性试验在生活饮用水水质监测中的应用 [J]. 环境科学导刊，2009，28（4）：91-93.
[79] 史元康，黄联锋，冯子凌，等 . 生物综合毒性检测在三氯丙烷水环境污染事故应急监测中的应用及启示 [J]. 中国环境监测，2009，25（5）：49-51.
[80] 杨虹，刘金冠，崔桂贤 . 天津市地表水水体污染发光细菌的急性毒性表征研究 [J]. 硅谷，2010（7）：132.
[81] 贾瑞宝，孙韶华，逯南南，等 . 城镇排水内分泌干扰物综合毒性效应的 CALUX 检测方法 [J]. 中国给水排水，2018，34（18）：109-113.
[82] 许燕，郭小雅，逯南南，等 . 基于细菌 SOS 反应的水质遗传毒性测试方法的研究进展 [J]. 环境与健康，2020，37（3）：277-282.
[83] 许燕，孙韶华，逯南南，等 . 小清河（济南段）支流内分泌干扰物综合激素效应分布特征研究 [J]. 生态毒理学报，2021，16（2）：180-188.
[84] 贾瑞宝，孙韶华，张诺，等 . 水库型水源水中污染物综合激素效应及工艺去除特性研究 [J]. 给水排水，2016，42（3）：26-30.
[85] 杨京亚 . 典型化工废水及其受纳水体的毒性研究 [D]. 大连：大连理工大学，2015.
[86] 李珂，张洪勋，余志晟，等 . 中国水环境微生物污染研究进展 [J]. 科技导报，2021，39（15）：110-116.
[87] 孟顺龙，陈曦，裘丽萍，等 . 四溴联苯醚对 3 种典型水生生物的急性毒性 [J]. 环境科学与技术，2019，42（5）：7-12.
[88] 李再兴，尹青，赵俊娜，等 . 发光细菌法测定水质急性毒性研究进展 [J]. 河北科技大学学报，2014，35（5）：480-486.
[89] 冯雨欣，马雪婷，杨坤澎，等 . 饮用水中微生物检测技术的研究现状与发展方向 [J]. 广东化工，2022，49（2）：62-63.
[90] 潘均悦 . 粪大肠菌群检测方法探究 [J]. 生物化工，2020，6（4）：152-155.
[91] 蔡炯，周蕾，梁娜，等 . 酶底物法快检技术在四川 5•12 地震灾区生活饮用水监测中的应用 [J]. 中国卫生检验杂志，2009，19（6）：1327-1328.
[92] 张济龙，何吉明，何敏 . 水中粪大肠菌群检测方法及其研究进展 [J]. 青海环境，2012，23（2）：89-92.
[93] 宁倩倩 . 大肠菌群主要检测方法研究进展 [J]. 山西化工，2019（6）：23-27.
[94] 蒋娜，范磊 . 水中粪大肠菌群不同检测方法的比较 [J]. 广东化工，2018，45（14）：211-212.
[95] Huang H, Sawade E, Cook D. High-performance size exclusion chromatography with a multi-wavelength absorbance detector study on dissolved organic matter characterisation along a water distribution system[J]. Journal of Environmental Sciences，2016，44（6）：235-243.
[96] Marju T, Laas P, Freiberg R, et al. Parallel assessment of marine autotrophic picoplankton using flow cytometry and chemotaxonomy[J]. Science of the Total Environment，2018，625：185-193.
[97] 徐兆安，高怡，吴东浩 . 应用流式细胞仪监测太湖藻类初探 [J]. 中国环境监测，2012，28（4）：69-73.
[98] Nevel S V, Buysschaert B, Roy K D, et al. Flow cytometry for immediate follow-up of drinking water networks after maintenance [J]. Water Research，2017，111：66-73.
[99] 许贤芳，张永吉，周玲玲 . 流式细胞仪测定——氯胺对给水管网中氨氧化菌的消毒特性 [J]. 供水技术，2017，11（2）：1-6.
[100] Whitton R, Fane S, Jarvis P, et al. Flow cytometry-based evaluation of the bacterial removal efficiency of a blackwater reuse treatment plant and the microbiological changes in the associated non-potable distribution network[J]. Science of the Total Environment，2018，645：1620-1629.

第5章 在线监测技术与应用

- ▲ 技术简介
- ▲ 技术分类与应用
- ▲ 在线监测设备及国产化
- ▲ 在线监测技术标准化

近年来，随着计算机应用、信息通信、自动监测等技术的不断进步，在线水质监测技术获得了快速发展，并在城镇供水和水环境管理等领域得到广泛应用，为城市供水安全提供了重要的技术支撑。本章介绍了在线水质监测技术的概念、分类、典型应用，梳理了近年来我国在线监测设备发展及国产化情况，最后总结了在线监测技术标准化研究进展情况。

5.1 技术简介

在线水质监测技术也称水质自动监测技术，是以在线水质分析仪器为核心，运用现代传感器技术、自动测量技术、计算机应用技术以及相关的专用分析软件和通信网络组成的一个综合性的在线自动监测技术体系。在线水质分析仪器是在线分析仪器的重要组成部分，可在无需人工介入情况下，实现从水样采集到水质指标数据输出的快速分析。许多结构较为复杂的在线水质分析仪器都具有自动诊断、自动校准、自动清洗、故障报警等功能，以保证分析结果的可靠性和仪器长时间无故障运行。

在线水质分析仪器监测技术是涉及现代分析化学、物理学、生物学、电子与信息技术、材料科学、系统控制学、数据处理及智能化等现代科学的跨学科技术。在线水质分析仪器大多具有原位、实时、自动化分析等特点，在水环境监测、饮用水安全保障、工业过程用水污水处理及科学研究等领域都已经得到了普遍应用。

在线水质分析主要用于表征水的各种不同物理、化学、生物学特性的参数，是指水中水分子之外的其他物质（杂质）的浓度，或者由杂质引起的水的物理、化学、生物学特性的综合变化。在线水质分析仪器监测技术是通过物理、化学、生物学等方法来测定水中杂质的组成、相对含量或者水的某种物理、化学、生物特性及其变化。

在线水质分析仪器主要基于在线电化学分析、光学分析、色谱分析等技术原理。在线水质分析常用的技术方法主要有流动注射法及顺序注射法等。流动注射法是在连续流分析（CFA）技术基础上发展的一种新技术，而顺序注射法是从流动注射法发展而来的，二者已经在水质分析的微定量及快速、自动分析方面得到广泛应用。

5.2 技术分类与应用

在线水质分析技术可以按照测量方法原理进行分类。根据测量方法原理的不同，在线水质分析技术主要分为电化学在线水质监测技术、光学在线水质监测技术、流动注射在线水质监测技术以及其他新兴技术。传统的在线水质分析仪主要采用电化学和光学分析原理。

5.2.1 电化学法

电分析化学（electroanalytical chemistry）法，简称电化学法，是建立于物质在溶液中电化学性质基础上的一类分析方法，是仪器分析方法中的一个重要分支，也是在线水质分析仪最常用的分析技术。

电化学法在线水质分析仪，既有较为简单的传感器形式的各种 pH/ORP 分析仪、电导率分析仪（也包括采用电导法原理测量的酸碱盐浓度计，如电导法硫酸浓度计）、极谱法的溶解氧分析仪、余氯分析仪，以及离子选择电极法的氨氮、氯离子、硝酸盐氮、离子、亚硝酸盐氮分析仪等；也有结构较复杂的自动分析设备，如基于伏安法的各种重金属分析仪，采用电位滴定法的COD分析仪、高锰酸盐指数分析仪，以及采用电导分析法的纯水TOC分析仪等。

电分析化学测量系统是一个由电解质溶液和电极构成的化学电池，通过测量电池的电位、电流、电导等物理量，实现对待测物质的分析。根据测定物理量的不同，在线水质分析常用的电分析化学法又分为电位分析法、伏安分析法、极谱分析法、电导分析法及库仑分析法等。

5.2.1.1　电位分析法

在电化学法原理的在线水质分析仪器中，采用电位分析法的在线水质分析仪器应用最为广泛。其中，最为普遍的是在线pH分析仪和基于离子选择电极法的多种在线离子分析仪，例如氟离子、钠离子、氨氮、硝酸盐氮、亚硝酸盐氮、氰化物、氯离子以及各种金属离子的分析仪。

目前，常用的电位分析法在线水质分析设备的测量参数及其应用参见表5-1。

表 5-1　常用的电位法在线水质分析设备的测量参数及其应用

水质参数	化学式	主要应用范围
pH 值	pH	城市供水、水环境等
氧化还原电位	ORP	城市供水、水环境及工业水等
氟离子	F^-	饮用水、地下水
氯离子	Cl^-	锅炉水、蒸汽
钠离子	Na^+	锅炉水、蒸汽
铵离子（氨氮）	NH_4^+（NH_3-N）	地表水、饮用水、生活污水
硝酸根离子（硝酸盐氮）	NO_3^-（NO_3^--N）	地下水、生活污水
亚硝酸根离子（亚硝酸盐氮）	NO_2^-（NO_2^--N）	地下水、生活污水
钙离子	Ca^{2+}	饮用水、软化水
高锰酸盐指数	—	地表水、地下水、饮用水

注：高锰酸盐指数也有采用光谱法测量的仪器。

5.2.1.2　伏安分析法和极谱分析法

伏安分析法和极谱分析法也是非常重要的在线水质分析仪器的分析方法。其原理是基于电解：由于待测物质的量和电解过程中的电流或者电位差变化有直接的数学关系，通过测定电解过程中得到的电流-电压（或电位-时间）曲线就能确定溶液中待测物质的浓度。不同于其他分析法，这种方法不需要建立待测物质标准物浓度的相关性曲线，属于直接测量法。

和电位分析法不同，伏安分析法和极谱分析法使用的是一个极化电极和一个去极化电极。伏安分析法与极谱分析法的区别在于极化电极的不同。采用表面静止的液体或固体电极的方法称为伏安分析法；采用滴汞电极或其表面能够周期性更新或更换液体电极的方法称为极谱分析法。

基于伏安法的在线水质分析仪器常常用于检测水中的微量或者痕量重金属浓度，其优点是检出限低，可以测量出浓度低至ng/L级的物质；还可以同时测量同一水样的多种不同重金属，目前应用最多的是测量地表水或者地下水等洁净程度相对较高的水体中的铅、砷、汞、镉、铜等重金属离子，主要作为监测型仪器应用于水环境监测。

采用极谱法的在线水质分析仪器中，使用较多的有溶解氧分析仪，以及余氯、二氧化氯、臭氧等消毒剂浓度分析仪。消毒剂浓度分析仪经常用于饮用水、循环冷却水、市政污水以及再生水的消毒过程控制及水质安全评估。溶解氧是水质评估的一个重要参数，广泛应用于超纯水、锅炉水、蒸汽、地表水、地下水、海水、污水处理、黑臭水体评估以及水产养殖的充氧控制等方面。不同水样中溶解氧浓度的变化范围很广，可以从每升水几微克（高纯水、蒸汽的微量溶解氧）到几毫克（地表水等的常量溶解氧）乃至几十毫克（纯氧曝气工艺），采用极谱法原理的溶解氧分析仪通过电极材料、电极结构等优化，能满足不同水质条件下的测量要求。

5.2.1.3 电导分析法

（1）电导分析法的原理

电导分析法在水质监测和工业过程控制中的应用也非常普遍，该方法是基于电解质在溶液中离解为阴阳离子，溶液的导电能力和离子的有效浓度成正比的原理。水溶液的电导率值常用来评估被测水样的纯净程度，电导率越低，就表示水的纯净度越高。此外，由于溶液的电导率大小与待测的电解质浓度有关，通过测量电导率可得到相应电解质浓度。用于酸碱盐浓度测量时，又称为酸碱盐浓度计。由于水的电导率和另外两个重要的水质参数——总溶解固体（TDS）和盐度有着很强的数学相关性，在线 TDS 分析仪和在线盐度计也通常是基于电导分析法设计制造的。

用于监测水中总有机碳（TOC）的在线 TOC 分析仪也常常采用电导分析法，其原理是：将水中的有机物氧化为二氧化碳，二氧化碳溶解于水中形成碳酸，水的电导率变化和碳酸浓度成比例关系，这样，测量出电导率的变化值，就能确定二氧化碳的量，从而计算出水中总有机碳的浓度。

（2）接触式电导率与非接触式电导率分析原理

电导率分析仪根据电极结构不同分为电极式（接触式）和电磁感应式（非接触式）两种。接触式电导率仪的电极与溶液直接接触，容易受到污染或者发生腐蚀、极化等问题，适用于低电导率（一般＜ 10mS/cm）的样品，如锅炉水、蒸汽、除盐水等。接触式电导率仪的测量范围和测量准确度由电极常数决定。

电极常数 K 等于电极间离子运动路径的平均长度（L）与电极表面积（A）之比（$K=L/A$）。常用的电极常数有 $0.01cm^{-1}$、$0.05cm^{-1}$、$0.1cm^{-1}$、$1cm^{-1}$ 等。测量低电导率溶液时，选择较低电极常数的电极；超纯水一般选择 $0.01cm^{-1}$。

非接触式电导率分析仪的传感器电磁感应部分采用耐腐蚀材料（如聚四氟乙烯等）与溶液隔离，没有极化的问题，也不会受到污染，不会发生腐蚀，适用于电导率较高的样品，如酸、碱、盐溶液或污水等。传感器由两个外部包有耐腐蚀绝缘材料的环形感应线圈组成。测量时，传感器浸入待测溶液中。给主线圈 C 通入交流电流，则产生相应的交变磁场，根据电磁感应原理，此交变磁场使溶液中产生感应电流 i，在传感器中形成一个电流环。电流环的电流值与溶液电导率成比例关系。同时，此电流环又使副线圈中生成交变磁场，从而使与溶

液电流 i 成比例的电压 e 在副线圈 C 处形成。这样，电压 e 和溶液电流 i 相关，电流 i 和溶液电导率相关，即电压 e 与溶液电导率有一定比例关系，因此溶液的电导率可通过测量电压 e 得到，这就是非接触式电导率分析仪的工作原理。用于测量酸、碱、盐浓度时，仪器内置的微处理器根据各种酸、碱、盐浓度对电导率的相关曲线，将传感器的测量值换算输出为质量分数。

由于安装方便、响应速度快、运行成本低等优点，基于电导分析法原理的酸、碱、盐浓度在线分析仪在无机化工、石油化工、有色冶金等流程工业中得到了非常普遍的应用。

5.2.2 光学分析法

5.2.2.1 概述

光学分析法可以分为光谱法和非光谱法两大类。光谱法是以物质反射或吸收电磁辐射以及物质与电磁辐射相互作用（发光、吸收、散射、光电子发射等）来对待测样品进行分析的方法。非光谱分析法是基于物质引起辐射的方向或物理性质的改变，检测被测物质的某种物理光学性质，进行定性、定量分析的方法。非光谱分析法不考虑物质内部能量的变化，包括折射光法、散射光法以及反射光法等。

（1）在线浊度分析技术

在线浊度分析技术是非光谱分析法在水质在线分析应用方面最有价值的技术。浊度是水质净化处理最重要的关键性工艺参数，既可反映水中悬浮物的浓度，同时又是人的感官对水质最直接的评价。世界各国的饮用水标准都把浊度作为必测指标。如美国饮用水水质标准中，把浊度和厌氧菌总数、大肠杆菌数、军团菌数、病毒数等微生物指标归属于微生物指标系列中。

浊度的测量原理是利用光的散射原理。当光束接触到水中的悬浮物颗粒表面时，将会散射和吸收通过水样的光线，散射光与入射光成 90°直角时，散射光强度与浊度的大小成线性关系。通过检测器测量散射光强度，同标准比较，就能获得水样的浊度值。

目前，国内市场上已经有了数十种不同结构、不同量程、不同测试精度、不同安装方式的在线浊度分析仪器产品，可以满足从洁净度极高的膜过滤水到高污染、高悬浮物水样浊度的实时监测要求。

（2）在线悬浮物分析技术

在线悬浮物分析技术也普遍采用基于浊度的散射光测量原理，即利用水中悬浮物含量（单位为 mg/L）和散射光强度变化（浊度，单位为 NTU）两个物理量间的相关性。通过取一定体积水样，经过滤、烘干后称重的方法，获得悬浮物浓度，对在线仪器进行比对校正，可以获得相对准确的悬浮物监测数据。

需要注意的是：浊度和悬浮物浓度是两个不同的物理量，其数据之间也没有严格的换算关系，需要根据具体仪器的校准结果确定两者之间的关系。悬浮物浓度是污水生物处理法的重要工艺参数，在线悬浮物分析仪在污水处理、工业过程控制方面有着非常广泛的应用。

（3）基于折射法的在线水质分析技术

此类仪器利用了光的折射现象，在一定条件下，光折射率与溶液中待测介质的浓度具有高度的数学相关性，通过测量光经过待测水样以后折射率的变化，就能计算出待测物质的浓度数值。

目前，在线折射率仪在食品、尿素以及水基润滑油生产等行业都得到了越来越多的应用。

（4）光谱分析法在线水质分析技术

光谱分析法是利用物质的光谱特征进行定性、定量及结构分析的方法。光谱分析法在水质在线分析中的应用可分为发光光谱法（包括分子荧光分析法、X射线荧光分析法等）、吸收光谱法（包括原子吸收光谱法、紫外-可见分光光度法、红外分光光度法等）、散射光谱法（如拉曼散射光谱法）等。

5.2.2.2 吸收光谱法在线水质监测技术

传统的在线水质分析仪器中，采用分子吸收光谱法的仪器非常多。水质在线分析的吸收光谱法仪器，其理论基础是朗伯-比尔定律。在水质分析的测量应用中，公式中的吸收层厚度 L，是指水质分析测量池的溶液吸收的光程长。

目前，水环境保护以及工业过程用水中的很多重要水质参数都采用分子吸收光谱分析法的水质在线分析仪器进行监测。监测型在线水质分析仪器，为了保证和实验室标准分析方法的结果保持一致，大多首选分子吸收光谱法。

目前，采用分子吸收光谱法的在线水质分析仪器的测量参数及应用见表5-2。

表5-2 采用分子吸收光谱法的在线水质分析仪器的测量参数及应用

水质参数	化学式	主要应用范围
余氯、总氯	—	饮用水
总磷	TP	地表水、污水处理、工业废水
氨氮	NH_4^+（NH_3-N）	地表水、污水处理、工业废水
硝酸盐氮	NO_3^-（NO_3^--N）	地表水、地下水、污水
亚硝酸盐氮	NO_2^-（NO_2^--N）	地表水、地下水、污水
总氮	TN	地表水、饮用水、生活污水、工业废水
化学需氧量	COD	地表水、工业及生活污水
总有机碳	TOC	污水、地表水
254nm 吸光度	UV_{254}	地表水、污水
高锰酸盐指数	—	地表水、地下水、饮用水
总铜、铜离子	Cu、Cu^{2+}	地表水
总铬	Cr	地表水、污水
硬度	—	地下水、饮用水

采用传统分子吸收光谱法的在线水质分析仪器，除测量 UV_{254} 的仪器外，要完成测量都需要用到大量的化学试剂。随着绿色分析理念的大力推广，在线水质分析仪器从设计上应减少使用和产生有毒化学品、降低仪器能耗和分析用水量。以总磷、总氮分析仪为例，在保证测量准确度和响应时间的前提下，最新的仪器的试剂用量可以减少为传统仪器的1/6。

随着绿色分析理念及化学计量学在水质分析仪器上的成功应用，开发了一种新的全光谱扫描在线多参数水质分析仪。仪器采用 190 ～ 900nm 的连续波长测量，获取大量的水样吸收光谱或透光率数据，经过化学计量学方法处理后，可一次性得到硝酸盐、亚硝酸盐、总有机碳、UV_{254} 等十几种不同的水质参数数据，在水环境监测领域发挥了很大的作用。

5.2.2.3 发光光谱法在线水质监测技术

采用发光光谱法的在线水质分析仪器，最具代表性的产品有基于荧光法原理的荧光化学法溶解氧分析仪、荧光法水中叶绿素分析仪、紫外荧光法水中油（多环芳烃）分析仪、荧光化学法在线溶解氧分析仪，其测量原理是利用了氧的荧光猝灭作用。氧分子是荧光猝灭剂，会与荧光物质作用产生荧光猝灭现象，是一种动态猝灭过程。其作用机理是氧分子与处于激发态的荧光物质发生碰撞，激发态的荧光物质将能量转移给氧分子后回到基态，从而造成荧光强度下降；发生碰撞后氧分子就会脱离荧光物质，不会引起荧光分子发生化学变化，这样不会消耗溶解氧探头涂布的荧光物质，实现长时间连续运行。荧光动态猝灭过程符合 Stern-Volmer 方程，溶解氧浓度与荧光强度和荧光猝灭时间都有数学相关性，通过测量荧光强度或者荧光猝灭时间，经过计算就能够得到溶解氧浓度数据。荧光法溶解氧分析仪克服了传统电化学原理电极容易受污染、需要待测水样保持流速等问题，在污水处理过程控制以及水环境自动监测领域得到了成功的应用。

紫外荧光多环芳烃（PAH）在线分析仪，其测量原理是利用了多环芳烃的紫外荧光作用。水中的芳香族碳烃类化合物在紫外光作用下会发出荧光，每种化合物的荧光波长范围是特定的，通过测量这种波长下荧光的强度，可以确定烃类化合物的浓度。由于石油、煤制油等矿物油中都含有芳香族化合物，这种仪器也被用来实时监测水中油含量。此类仪器具有维护量小、灵敏度高等优点，除了在工业废水和地表水监测获得成功应用之外，已经被国际海事组织（IMO）《废气清洗系统导则（2015）》［MEPC.259（68）决议］列为船舶废气洗涤水排放监测必须配置的设备之一。

其他仪器方面，X 射线荧光分析法重金属分析仪器由于其操作简单、无需化学试剂等优点，也开始在水环境监测和工业废水排水等领域得以应用。

5.2.3 流动注射法在线水质监测技术

5.2.3.1 概述

流动注射分析（flow injection analysis，FIA），是一种“非平衡态”化学分析技术，是由丹麦化学家鲁齐卡（J. Ruzicka）和汉森（E. H. Hansen）于 1974 年提出的一种连续流动分析技术。这种技术是把一定体积的试样溶液注入一个连续流动的、无空气间隔的试剂溶液（或水）载流中，被注入的试样溶液在反应管中形成一个反应单元，并与载流中的试剂混合、反应后，再进入到流通检测器进行测定分析及记录。整个分析过程中试样溶液都在严格控制的条件下在试剂载流中分散，因此，只要待测水样和试剂的注入方法、在管道中存留时间、温度和分散过程等条件相同，不要求反应达到平衡状态就能够通过与同样条件下标准溶液所绘制的工作曲线测出试样溶液中被测物质的浓度。

流动注射分析不需要化学反应达到平衡状态就能完成测试的特点，大大提高了分析速度和效率，满足了在线分析仪器对实时快速分析的要求。同时，由于采用微型管路，流动注射分析每次所需的试样、试剂用量有时可以低至数十微升，既能节省试剂，降低分析成本，又减少了分析废液的产生，符合绿色分析的发展趋势。流动注射分析技术的出现和大量应用，为提高“结构比较复杂的自动化分析设备或者装置”这类在线水质分析仪器的分析速度，实现仪器快速自动完成水样采集、处理、试剂混合、最终检测，提供了可靠的技术支撑。

5.2.3.2 仪器组成

流动注射法在线水质分析仪器，主要由进样系统、载流驱动及混合反应系统、检测系统、废液排放系统、控制系统、数据处理及显示系统六部分组成。与其他在线水质分析仪器相比，流动注射法在线水质分析仪的独特之处在于它的进样系统、载流驱动及混合反应系统。

流动注射法的进样系统普遍采用注射或多通道，由于进样量比其他方法小，要求能够准确计量注入样品的体积，并且重现性好、死体积小，材质为耐腐蚀惰性材料，目前多为聚四氟乙烯。流动注射法的载流驱动及混合反应系统，功能是驱动水样和分析试剂在仪器中流动、混合，进行反应。目前，通常采用蠕动泵驱动液体流动，有些仪器也采用压力驱动的方式。水样和化学试剂的混合反应多在管径不超过 1mm 的微型聚四氟乙烯或聚乙烯塑料管中进行，可以很方便地控制液体流动时间及反应扩散。

5.2.3.3 技术应用

流动注射在线水质分析技术提高了在线水质分析的速度，特别是具有耐腐蚀性能的聚乙烯、聚四氟乙烯等材料制成的微型管道系统的出现，仪器对样品以及分析试剂的耐受性大大提高，扩展了仪器对分析方法的适应性，增加了可实现自动分析的水质参数，实现了流动注射技术在线水质分析仪器的小型化。

流动注射分析技术可以把吸收光谱分析法、荧光分析法、比浊法和离子选择电极分析法等诸多分析流程的样品与试剂的反应在管道流动中完成，具有所需试剂量小、易于连续分析等优点，在水质在线分析仪器领域得到了非常普遍的应用，几乎被所有非传感器形式的在线水质分析仪器采用。

目前，采用流动注射法的在线水质分析仪器中，测量原理为吸收光谱法的仪器最多，表 5-2 中所列出的大多数水质参数都可以采用流动注射法测量。绝大多数吸收光谱法测量水质参数（如二氧化硅、磷酸根含量等），都需要添加多种化学试剂来实现样品显色，如果采用传统的稳定平衡状态比色，有些参数分析时间过长，会达不到在线监测的要求。

另外，采用电位法的离子选择电极法在线水质分析仪器（如氟离子分析仪、钠离子分析仪等）很多时候会遇到水质状态比较复杂、干扰离子较多的情况。此时将传感器直接放入待测水样中的方法就不能满足分析要求，需事先在水样中添加化学试剂来屏蔽干扰物质，这时也常常采用流动注射法来自动完成水样的采集、化学试剂的添加以及混合反应，再将混合反应后的溶液输送至离子选择电极进行检测，通过这种提高仪器结构复杂性的方法来提高分析精度及可靠性。

5.2.4 综合毒性在线监测技术

5.2.4.1 综合毒性在线监测技术原理

水质综合毒性的监测技术是近些年才发展起来应用于水质在线监测的技术。在线生物监测技术能够对受试生物在突发水质变化以后的不同指标实时监测，实现对可能导致生态和影响的水环境突发性事故预警。目前，应用于水质生物在线监测的技术主要有在线摄像技术、在线行为解析技术、在线发光量监测技术等。

生物监测（biological monitoring 或 biomonitoring）是指利用群落、种群或生物个体对环境污染产生的反应，通过生物学的方法，从生物学角度对环境污染状况进行监测和评价的一种技术。其结果能反映水环境质量状况、水环境质量变化对生物的影响和危害程度，是实现水环境监测的最直接有效的手段。常规生物监测方法有：主动法和被动法两种方式。主动法监测中，包括人造或被修改种群的反应、物种行为方式、器官特殊功能及细胞和亚细胞水平上的事件都在毒性物质胁迫下进行；被动法监测中，生态系统的退化、敏感物种的消失和生物密度的降低都可看作在种群水平上环境污染表现的反面作用，并且在个体水平及组织、器官水平上集聚的环境污染物也能被检测到。

在线生物监测是主动生物监测方法中的一种，是利用对生活在水环境中的生物个体行为生态变化进行的实时监测技术。在所有变化中，水生生物行为生态变化对环境质量的变化是最敏感的。在线生物监测技术通过对被污染水体中水生生物运动方式、生活习性等行为生态改变的监测，实现水体在线监测目的。

由于用肉眼很难准确观察到微型水生生物的运动行为，所以实际监测中引入了新型的在线生物监测仪（又称生物早期预警系统，BEWS）。BEWS 工作的基本原理是通过对水生生物行为活动的变化来推断与之对应的环境质量的变化，由此感知污水对水生生物产生的胁迫。所以在线生物监测技术的发展依赖于 BEWS 的发展。随着科技的不断发展，各国在线生物监测技术经历了最初简单、单物种、单层次生物监测到现在进行复杂、多物种、多层次在线生物监测的过程。

在线摄像技术可以通过摄像记录受试生物的运动行为变化，并根据生物的行为变化对水质进行评价，这种技术受水体的透明度、水流速度、光照等因素的影响较大。

在线行为解析技术通过多点监测获得的电信号方式显示受试生物的行为变化信号，并经过对电信号的分析评估实现原位、在线和实时的在线生物监测，并且可以对水体的未知污染物进行预警，对于研究环境污染，尤其是突发性、剧烈的事故性变化，具有非常重要的指示作用。

海洋中的明亮发光杆菌经过驯化后，可以作为毒性的判断指标。通过实验逐步确定了氨氮、酚、六价铬、氰、硫化物、COD、H_2S、Cl_2、SO_2 等不同毒物间对发光细菌发光反应的抑制速率的差异，污染水质对发光细菌的影响程度以及与标准毒物 $HgCl_2$ 相对应的毒性等级。

通过测定发光细菌发光度的变化，量度被测水环境样品中由微生物、重金属和有机污染物造成的急性生物毒性。与传统的将鱼、藻和其他水生生物作为检测指示生物相比，发光细菌法简便、快速、灵敏、适应性强、重复性好、精度高、费用低、用途广。发光细菌毒性检测最显著的特点是一次试验就能够定性或定量鉴别被测水样中的全部有毒物质，具有灵敏度高（10^{-6} 级）、准确度好（误差＜ 10%）、速度快、检测范围宽（包括铬、镉、铜、铅、镍、汞等重金属离子，DDT、有机磷等农药，2,4-D 等激素，洗涤剂、溶剂等有机和无机有毒物质）、方法简便、不需生物专业人员、检测费用低、适应性强的特点。

5.2.4.2 综合毒性在线监测技术应用研究

目前，国内外在线生物监测中，细胞及分子水平主要采用体内和体外实验相结合的方法。水生生物在水环境的暴露实验中，通过其细胞效应及内部特征性分子的分子效应的改变来实现对水体污染物的检测。鱼体肝脏内 7-乙氧基异吩噁唑酮脱乙基酶是常用的分子及细胞水平生物标记物，其活性变化是水体安全性评价的重要指标。在个体水平上，因为水生生物的行为生态变化是其生理、生化指标变化的外在表现并且便于观察，所以通过对水生生物行为生态变化程度的测定就能快速简便地进行水质安全性评价。

用于在线生物监测的仪器已经从实验室测试阶段发展到现场试验阶段，在水质监测中日趋成熟。通过录像追踪和图像分析，可得到生物运动行为及方式；也可通过测试管内电场、磁场等变化，通过持续自动监测分析，获得生物运动行为及方式变化。目前，可以在水体的各个不同层次进行在线生物监测。作为生物指示物的水生生物从无脊椎动物到脊椎动物不胜枚举，如脊椎动物中的鱼类，无脊椎动物中的蚤类、蚓类等。

多物种净水生物监测仪（multispecies freshwater biomonitor，MFB）是比较成熟的在线监测仪中的一种，它是利用测试管内水生生物对电场的影响来感知其行为生态变化，然后通过信号转换器将电信号转换成图像来加以分析，几乎可以利用所有水生生物在水体的不同层次进行在线生物监测。

MFB 在线监测仪的测量原理：基于四极电阻转换技术，被测生物放置于 1 个有水流经过的圆柱形有机玻璃管内。测试管的内壁固定着 2 组分别对应的不锈钢片，这样，管内所有的空间都被电场覆盖。其中 1 组电极生成 1 个高频（100kHz）转换电流的电场，另外一组电极（呈 90°角）用来感应由于被测生物运动产生的电场变化。这一原理可运用于所有净水和咸水中的水生生物。从 96 个测试管中自动产生的信号自动生成持续 4min 的记录，每个记录的间隔时间是 6min。资料分析基于一个离散的傅里叶转换器，它把信号处理成一个在整体信号中、每个信号频率百分比的柱状图（总信号为 0.5Hz）。在刻度这一步里，不同的频率代表着不同的运动方式，例如，快速单频信号代表腮的振动和过滤，而大幅度不规则慢速多频信号是典型的运动（游动、爬行、行走）。

基于以上的监测原理，MFB 可提供如下信息：被测生物的死亡时间、行为反应时间、行为反应的种类、反应持续的期间、有反应生物的百分比等。通常来讲，由于运动参数更加灵敏，并且比半致死浓度测试有更加及时的反应，MFB 提供了迅速、灵敏且低成本的水体毒性测试。

大型溞是枝角类动物的一种，对其生存环境内化学组成的变化非常敏感，又因其具有高的出生率，所以大型溞是一种标准的毒性试验材料，可作为水质变化的生物指示物，目前已经在生活或工业污水、地表水、地下水以及生活饮用水等的在线监测方面发挥着重要作用。由于大型溞体型微小，对于 MFB 测试管来讲，单个大型溞引起的电场变化过于微弱，因此常用 5 ～ 10 只大型溞。

聚光科技推出了基于发光细菌的 TOX-2000 型水质综合毒性在线分析仪。该分析仪参照 ISO 标准，以费希尔弧菌暴露于被测样品前后的发光抑制率来评价被测样品的急性综合毒性。能够对水体中 10^{-9} 浓度级的杀虫剂、除草剂、多氯联苯、多环芳烃、重金属、生物毒素等毒物做出高灵敏的响应，当检测到水体的综合毒性超出设定阈值时输出报警。

5.2.4.3 综合毒性在线监测技术发展趋势

与化学分析仪器相比，生物综合毒性监测技术在广泛应用、应用简易化、清晰的量化以及处理所得到的数据等方面的发展处于较明显的滞后状态，需进一步推进其研究、开发、完善和应用。生物综合毒性自动监测仪器能够实时操作，以各种检测生物作为传感器，可以为评价水质提供较理想的连续信息。理论上，这些仪器是基于检测有毒物质进入水体事故的早期预警系统，报警条件应该既可以在当地实现预警也可以实现远程通信。该类系统需要具备敏感性和可靠性两个基本要求，通过与连续、在线的化学监测仪器相结合，它们可以为保护纳污水体或饮用水供水系统提供第一道防线。在目前的研究和实践中，从检测生物传感器角度划分，生物综合毒性监测设备主要有细菌类、藻类、无脊椎动物类和脊椎动物类四种主要类型。这些检测生物对有毒有害物质的反应存在一定的相关性，它们之间形成的生物圈可被视作水体生态环境的一个主要组成部分，如图 5-1 所示。

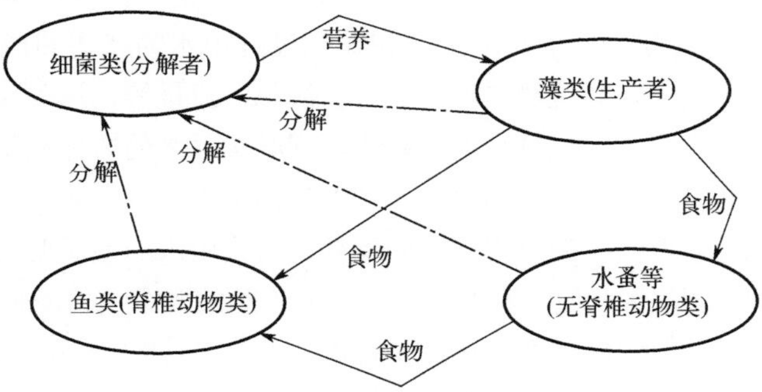

图 5-1　四种主要类型的生物传感器

作为近 20 年来兴起的技术，在线生物监测技术还存在很多不成熟的地方以及许多不容忽视的问题：

① 在判定受试生物的运动行为变化上尚没有明确标准，导致在很多方面不能给出明确的解释或答案。

② 受试生物除受环境污染物影响外，还受许多其他环境因子的影响。生物运动行为本身的复杂性导致结论偏差。

③ 低浓度水体污染物短期内的生物学效应不明显，所以受试生物的运动行为变化也不会在短期内明显显示，给在线生物监测造成一定的难度。

④ 受试验条件、技术分析方法等的制约，水体在线生物监测目前尚无法做到准确定量，因此，在线生物监测还应与理化检测方法相结合，从而能够对污染物引起的生物学综合效应做出恰当评价。

总之，利用水生生物进行水质检测的技术方兴未艾，并且已经显示出其巨大的生命力。特别是近年来数学分析与在线生物监测方法的完美协作，在线生物监测技术必将更加深入地开展下去，为人类环境的日渐优化做出应有贡献。

5.3 在线监测设备及国产化

我国城镇供水领域检测仪表设备产品的发展是由城镇供水的检测需求推动的。1985 年《生活饮用水卫生标准》（GB 5749—1985）推出，为了解决工业化污染水源问题、确保饮用水的质量，开始从国外引进在线和实验室应用的水质检测仪器仪表用于饮用水生产和输配过程的水质检测，在此背景下，北京、上海等地的水厂最先使用了水质在线检测仪表。《地表水环境质量标准》（GB 3838—2002）和《地下水质量标准》（GB/T 14848—2017，替代 GB/T 14848—1993 的更新版）的实施则主要推动全国主要流域的重点断面等位置安装水质自动检测仪表，并实现水质监测指标的实时在线检测和数据上传。对城镇供水厂而言，除了全工艺流程水质监测指标的在线检测外，《城镇供水厂运行、维护及安全技术规程》（CJJ 58—2009）规定了城镇供水系统实验室水质监测指标和检测频率。此外，应对水污染事件的应急监测和流动监测也是部分供水公司和供排水监测中心的标配。这些标准先后推动了在线水质检测仪表、实验室检测仪表以及应急和便携式检测仪表产品在我国的应用和普及。

城镇供水领域应用的仪表设备分为两类：一类是水质检测仪表，如检测水的浊度、pH 值、氨氮、溶解氧、余氯等，直接检测生产和输配过程中水的状态和成分是否满足相应标准；另一类是过程检测仪表，如检测温度、压力、液位、流量等，这类仪表一般与显示控制仪表联用，实现自来水生产和输配过程的自动化，同时确保水的质量满足相应标准。目前国内从事水质检测仪表和过程检测与控制仪表生产的厂商达上千家之多。随着一系列政策和标准的落地实施，国家对水源污染的重视度不断提升、对饮用水的品质要求不断提升，推动了城镇供水领域对水质检测仪表和过程检测与控制仪表产品的需求快速增长。2019 年，我国城镇供水领域检测仪表设备的应用规模达到 125 亿元，其中水质检测仪表市场规模 30 亿元。

“十一五”“十二五”水专项实施以来，虽然对有关城镇供水水质技术、材料和设备开展了大量研究，初步构建了实验室检测、在线监测和移动检测三位一体的水质检测技术及装备体系，但针对用于供水水质检测计量的关键仪表设备仍缺乏系统性的行业调研和验证评估，产品标准化程度仍相对不高。

5.3.1 水质检测设备发展状况

我国城镇供水领域应用的检测仪表种类繁多，水质检测仪表按使用环境可分为水质在线监测仪表（pH 值、浊度、COD、电导率、高锰酸盐指数、氨氮、溶解氧、综合毒性等）、实验室检测仪器仪表（固相萃取仪、ICP-MS、GC-MS、光度计等）、移动检测仪表设备（便携式检测仪表、移动检测车）三类。为了使得城镇供水领域应用的水质检测仪表设备满足饮用水的检测标准，国内外相关机构和组织先后制定了水质检测仪表的产品标准。国际标准化组织 2003 年制定的《水质　在线传感器 / 分析设备　水质规范和性能测试》（ISO 15839—2003）为在线水质分析仪器的研发、生产及验收提供了依据。国际电工委员会第 65D 分技术委员会制定了《在线分析系统设计和安装指南》（IEC/TR 61831—1999）。近十几年来，我国发布了一系列水质分析仪器仪表标准，这些标准的发布与实施为水质检测仪表产品在城镇供水领域的应用与发展提供了技术上的可靠保证，有力地支持了我国水质分析仪器仪表设备研发制造技术的发展，我国城镇供水领域检测仪表设备有了长足的进步。目前我国水质在线监测仪表相关标准共 25 项，包括国家标准 1 项、行业标准 21 项、地方标准 1 项、企业标准 2 项，标准内容涉及在线设备通用规范、设备检定、设备安装、运行维护、验收、数据传输以及各类仪表的技术要求等多个方面；实验室水质分析仪器的标准化工作启动相对较晚，已经发布的标准仅 5 项；移动实验室相关标准近 40 项，其中针对供水领域的标准仅 4 项。

随着一系列政策和标准的落地实施，拉动了我国水质检测仪表的生产数量快速增长。

2018 年，我国仅水质监测设备的产品销售量就已经超过 20000 台（套）。截至 2019 年，我国从事水质监测行业的企业已经有 400 余家，城镇供水领域的市场需求规模接近 30 亿元。目前，城镇供水领域应用的水质检测仪表技术仍在发展之中，仪表生产仍然以集成、装配和检测为主，核心元器件大多数采购自第三方供应商，部分产品与欧美、日本、韩国、澳大利亚等国家和地区生产厂商设备仍有一定差距。水质在线监测仪表中，针对常规监测指标包括水温、pH 值、电导率、浊度、溶解氧、高锰酸盐指数、TOC、氨氮、总磷、亚硝酸盐等，国内外厂商均有成熟的产品。生物综合毒性、颗粒计数等新兴水质检测仪表生产技术相对落后。实验室水质分析仪器的研发和生产相比国外起步较晚，目前大部分高端水质分析仪器设备仍然以进口为主，2019 年的整体产量约为 400 台（套）。

水质在线检测仪表领域，从在线水质分析仪表的应用来看，水源地监测大部分应用的在线水质分析仪表为国产产品，水厂应用的在线分析仪表中哈希、恩德斯豪斯、赛莱默、岛津、赛默飞等国外产品仍然占据较大比例。从实验室水质分析仪器仪表的应用来看，仍然是安捷伦、岛津、赛默飞等国外厂商的产品较多。整体上来看，2019 年我国城镇供水领域应用的在线水质检测仪表设备中，本土厂商所占的业绩规模已经达到 60%，而外资厂商所占的比例为 40%。国产品牌中力合科技、聚光科技、河北先河、广州怡文等厂商的在线水质分析仪表占比较大。细分应用领域来看，用于水源水质监测的 pH 值、溶解氧、水温、浊度、电导率、高锰酸盐指数、氨氮、总磷、总氮等在线分析仪市场，以力合科技为代表的本土厂商占据市场 75% 以上的份额；而在水厂过程监测和管网监测常用的氨氮、高锰酸盐指数、总有机碳、pH 值、温度、余氯、总氯、一氯胺、二氧化氯、臭氧、浊度等分析仪表市场，本土企业的市场份额正在逐步超越以哈希为代表的外资厂商。但是颗粒计数器、激光超低量程浊度仪等灵敏度更高、更精准反映水质状况、更准确实现水质监测的在线分析仪表仍然以哈希为代表的进口产品为主。

在实验室水质分析仪器领域，目前安捷伦、岛津、赛默飞、耶拿等厂商的进口产品仍然占据优势地位。整体上来看，2019 年我国城镇供水领域应用的实验室检测仪器仪表设备中，本土厂商所占的业绩规模已经达到 28%，而外资厂商所占的比例为 72%。特别是技术领先、检测效率高、检测精度高的电感耦合等离子体质谱仪、气相色谱-质谱联用仪以及样品前处理相关固相萃取仪等实验室仪器仪表设备领域，以安捷伦、岛津、赛默飞为代表的国外进口产品占据了该市场 85% 以上的份额，呈现外资厂商进口产品高度集中的市场格局。大多数用户都认为进口实验室水质分析仪器价格昂贵、但又不得不采购使用，主要原因是本土自主知识产权的实验室水质分析仪器仪表产品虽然价格优势明显，但检测精度、检测效率、产品可靠性、产品适用性、性能稳定性等方面与进口产品相比仍有明显差距。

便携式水质分析仪下游应用市场相对较为分散，目前在线水质检测仪表和实验室水质检测仪器仪表的本土和外资厂商大部分都有自主知识产权的便携式水质分析仪产品，但在城镇供水领域的销量都在 1000 万元以下。哈希、赛默飞等外资厂商的便携式水质分析仪产品在城镇供水领域的应用规模因为业绩太小，大部分会与在线水质分析仪或实验室分析仪器合并统计。本土厂商中，聚光科技、雷磁等主流的在线和实验室水质分析仪表厂商有便携式水质分析仪用于城镇供水领域，但业绩规模也相对较小。此外，华科、方科等很多本土中小型仪器仪表厂商也有便携式水质分析仪产品用于城镇供水领域。

5.3.2 水质检测设备国内外生产状况

随着一系列政策和标准的落地实施，国家对水源污染的重视度不断提升、对饮用水的品质要求不断提升，推动了城镇供水领域对水质检测仪表产品需求的快速增长。综合毒性仪、颗粒计数器、ICP-MS、GC-MS、移动实验室等近几年应用越来越多的水质分析仪器仪表开始逐步实现国产化。以综合毒性仪为例，目前常见的生物毒性快速检测方法包括发光细菌毒性试验、生物传感器检测、鱼类毒性试验、藻类毒性试验和水藻毒性试验。除美国SDI、英国PPM、德国BBE和日本正兴等生产厂商外，目前，我国也推出成熟的国产化综合毒性仪产品。颗粒计数器在城镇供水领域的应用也逐渐普及，除美国HACH、英国BEBUR外，我国也都有成熟的颗粒计数器产品用于城镇供水领域。我国城镇供水领域应用的ICP-MS、GC-MS仍然是外资厂商的产品占据优势市场地位，但我国的产品已经越来越成熟。此外，移动检测车在城镇供水应急检测领域的应用也越来越多。目前，国内从事水质检测仪表和过程检测与控制仪表的厂商达上千家之多。2018年我国仅水质监测设备的产品销售量就已经超过20000台（套）。

目前，城镇供水领域应用的水质检测仪表技术仍在发展之中，除我国外，欧美、日本、韩国、澳大利亚等国家和地区均有专业生产厂商。针对常规监测指标（包括水温、pH值、电导率、浊度、溶解氧、COD、高锰酸盐指数、TOC、氨氮、总磷、亚硝酸盐等）的国内外厂商均有成熟的产品。此外，生物综合毒性仪、颗粒计数器等新兴水质检测仪表也开始逐渐普及。

近年来，随着国家对水源水污染防治工作高度重视，对城镇供水水质监测预警工作的重视也提升到前所未有的高度。2015年以来，先后发布了《水污染防治行动计划》《重点流域水污染防治规划（2016—2020年）》《国家环境保护“十三五”环境与健康工作规划》《国家环境保护标准“十三五”发展规划》《2018年全国生态环境监测工作要点》《“十三五”国家地表水环境质量监测网设置方案》等相关政策方案。受一系列政策拉动，从2005年到2018年，全国主要流域安装水质检测仪表的重点断面从100多个增长到1000多个，相应水质监测仪表在城镇供水领域的应用规模也呈几何级数增加，拉动了我国水质检测仪表的生产数量快速增长。

2000年之前，我国城镇供水领域应用的大部分水质检测仪表设备都以进口为主。随着水质检测行业的不断发展，国内的水质检测仪表设备生产企业数量迅速增长，2015年以后已经达到数百家，部分具备自主研发实力的企业逐步发展壮大，以力合科技、聚光科技、河北先河、广州怡文为代表的生产企业水质检测仪表研发和生产能力快速提升。目前我国水质检测仪表的生产仍然以集成、装配和检测为主，核心元器件大多数采购自第三方供应商。以力合科技为例，2018年水质监测仪表系统的产量已经超过5000台（套），生产人员仅有50余人。

2018年，我国应用在电力、冶金、供水、污水等领域在线水质分析仪表的整体产量达到7万台（套），但由于在线水质分析仪表种类繁多，部分细分产品，例如TOC、硅、钠、磷等在线分析仪仍然以进口产品为主。

水质移动检测车的生产涉及监测业务的专业性和复杂性，通常是采用“检测车集成”的生产模式，由改装车生产企业和移动实验室集成商共同完成。我国主要的水质检测移动实验室集成商是以聚光科技为代表的水质分析仪器仪表生产和系统集成商。2017年，聚光科技自主研发的环境移动检测车取得CMA资质认证。此外，2014年赛默飞就在中国市场推出针对食品、供水等领域的移动检测车。

5.3.3 国产化发展趋势

近年来，随着社会进步和科技的高速发展，我国城镇供水检测仪表设备行业发展迅速，形成了一批具有自主知识产权的相关产品，常规在线监测仪表、实验室小型检测设备的性能也已与进口产品相当，并在供水行业形成了规模化应用。将来随着国内相关技术的进一步发展，生物综合毒性、颗粒计数、挥发性有机物等新兴水质检测仪表的性能与国外的差距将越来越小，其应用的程度也会越来越高，我国城镇供水领域的检测仪表也会逐步向智能化、标准化和规模化方向发展。

5.4 在线监测技术标准化

近年来，随着我国城镇化进程不断深入推进，城市供水水质管理要求不断提高，为保障供水质量并提高供水监管水平，新兴的信息化技术不断应用于城市供水管理，城市供水行业竞相规划建设信息化管理平台，以期为城市水系统管理提供科学的技术手段和监管业务化平台。“十一五”以来，在国家“水专项”相关项目、课题支持下，课题承担单位开展了大量的城市供水水质监测预警及监管业务化平台研究和建设工作，本节在介绍供水行业信息化发展背景的基础上分享了城市供水管理监管领域信息标准化工作成果，并对下一步研究开发和标准体系建设情况进行了展望。

5.4.1 行业背景

目前，我国城市供水监测预警和监管业务化平台研究建设尚处于起步和发展阶段，据不完全统计，北京、上海、山东、江苏、河北、河南、福建、内蒙古等地已建立或正在建设省级平台，济南、杭州、东莞、深圳、苏州、广州、宁波等少数城市建立了城市级平台并开展了广泛应用。目前平台建设还存在建设标准不统一、信息化资源分散、运行管理不规范、支撑管理能力不足等多方面的问题。“十一五”以来，在国家科技重大“水专项”饮用水主题监控预警项目的支持下，开展了饮用水水质监测、预警和监测网络关键技术研究，初步构建了从水源到龙头水质全流程监测预警技术体系，并在济南、杭州、东莞等地开展示范工作。“十二五”“十三五”期间，依托“南水北调山东受水区饮用水安全保障技术研究与综合示范”（2012ZX07404003）、“城市供水全过程监管技术系统评估及标准化课题”（2018ZX07502001）、“城市供水全流程监管业务平台整合及业务化运行示范”（2017ZX07502002）、“城镇供水系统关键材料设备评估验证及标准化”（2017ZX07501003）等项目（课题），重点开展了平台系统技术标准化、业务流程化和管理规范化等方面的探索性研究，为全国城市水系统监管平台的规范建设和业务化运行提供了可靠的技术支撑和应用案例。通过对上述研究成果的梳理，形成监测预警技术平台框架体系和标准化体系。

5.4.2 在线监测技术标准研究进展

“十一五”以来，依托国家“水专项”饮用水主题相关项目、课题，针对城市水系统信息化管理中的共性问题，开展了城市水系统监管平台设计、开发、建设、运行管理等多方面研究探索和应用实践，建立了以供水水质监管为核心的水系统监管平台框架，在平台建设的数据采集（在线监测）、采集网络设计、平台结构设计、数据库建设、数据加工处理、数据库安全等方面积累了丰富的经验，并形成了一系列标准规范，为城市水系统监管平台建设提供了标准化工作依据。

5.4.2.1 平台数据采集传输

监管平台数据采集是业务化平台建设的一项基础性工作。为保障数据采集的规范性，依托“十一五”“水专项”水质监测关键技术及标准化研究与示范课题，项目组完成pH值、温度、溶解氧、电导率、氨氮、UV_{254}、叶绿素a、余氯和浊度共9项指标在线监测方法研究，编制了山东省地方标准《城镇供水水质在线监测系统技术规范》（DB 37/T 5042—2015），核心成果纳入国家行业标准《城镇供水水质在线监测技术标准》（CJJ/T 271—2017），规范了行业水质在线监测系统的基本组成和性能要求，填补了行业空白；同时，上述规范、标准也对城镇供水水质采集网络工程设计中的数据采集网络结构总体设计、城镇供水水质及其基础信息、数据采集网络架构及其组成、数据采集传输及质量保障、数据采集网络安全运行等方面提出了规范性要求。

5.4.2.2 信息编码与交换格式

信息化平台建设中通用性信息编码和统一的数据交换格式是不同信息系统之间信息方便交换的重要保障，也是打破信息孤岛、提高水质信息在部门间共享的重要技术基础。在水专项相关课题的支持下，编制完成《城镇供水管理信息系统 基础信息分类与编码规则》《城镇供水管理信息系统 供水水质指标分类与编码》《城镇供水管理信息系统 数据交换格式与传输要求》3项行业标准，这些基础标准对城镇供水管理系统建设的基础信息、水质指标编码、数据交换格式进行了规范，为不同层级供水管理系统之间对接、信息交流奠定了基础。

5.4.2.3 平台结构设计与数据库建设

城镇供水系统基础信息数据库是按照统一的数据结构来组织、存储和管理城镇供水系统信息的，包括供水水情水量、水源及水厂工艺设施、供水输配管网、二次供水、不同来源的水质、水压与流量、供水服务、安防维护、供水单位信息化建设等数据信息。为规范数据库建设及平台总体设计，编制完成《城市供水系统监管平台结构设计及运行维护技术指南》（T/CECS 20003—2020）、《城镇供水水质数据采集网络工程设计要求》（T/YH 7005—2020）、《城镇供水系统基础信息数据库建设规范》（T/YH 7004—2020）3项团体标准，对城镇供水系统基础信息数据库建设提出总体要求，并对数据库设计、内容、安全保障机制、运行维护机制等做出明确规定。

5.4.2.4 平台数据加工处理

供水基础信息的质量问题一般包括信息“身份”缺失、信息不完整、信息重复、信息无效、数据异常等，因此为保障供水基础信息质量，需加强供水基础信息加工处理方面标准的制定。目前，信息化标准体系、数据库建设类标准、数据采集传输交换类标准、信息安全类标准等是信息化建设中不可或缺的基础性工作，不少行业也制定了适用于自身发展的信息化标准。但是基础信息加工处理质量控制方面的标准规范仍待建立。为建立供水基础信息加工处理的技术规范要求，提高信息系统中基础信息的准确性、完整性和有效性，为各地供水信息系统的建设和运行管理提供指导，借助国家“十三五”“水专项”的实施，编制了团体标准《城市供水信息系统基础信息加工处理技术指南》（T/CECS 20002—2020），指南对信息数据加工处理方法进行了规范，为供水信息系统基础信息的质量提供了保障。

5.4.2.5　数据安全

数据安全是平台建设的一项重要内容。目前，信息安全技术方面国家已经出台了一系列标准，在此基础上，针对城镇供水信息系统编制完成《城镇供水信息系统安全规范》（T/YH 7003—2020），对城镇供水信息平台数据安全要求、保证措施等提出了明确要求和规定，为城镇供水信息系统安全保障提供了规范依据。

5.4.3　标准化发展趋势

借助国家“水专项”示范项目重大课题的实施，基本形成了城市供水监测预警与平台构建技术体系和标准化框架，在平台数据采集传输、信息编码与交换、结构设计与数据库建设、数据加工处理及安全等方面均形成了相关的标准文本，对平台的设计开发、信息共享、打破信息孤岛、构建多源信息库、保障数据安全等工作提供了重要依据，为构建满足城市水系统全方位、多层次监管业务需求的信息平台，并不断优化完善水质督察、规范化考核、应急管理、供水咨询服务等专项业务功能，提供了必要的基础性支撑。将来随着城市供水监测预警平台以及在线监测技术标准化研究的不断深入，会出台更多相关的标准和规范，我国在线监测技术的标准体系也会更加完备，也必将为我国城市水系统监管平台的规范建设和业务化运行提供更加可靠的技术支撑。

针对监测预警平台信息化和标准化的建设和研究，今后仍需加强以下 4 个方面的工作：

① 要加强顶层设计，建立统一的城市供水监管标准体系工作指南，作为城市供水监管领域标准化工作的纲领性文件，指导城市供水监管标准化工作逐步开展。

② 建立城市供水监测监管领域标准化工作平台，促进标准化工作快速健康发展，满足行业对标准化的需求。

③ 加强标准之间协调性和一致性工作，在城市供水监管标准体系工作指南指导下，解决不同标准之间不一致、不协调的共性突出问题。

④ 加大标准化工作投入，支持城市供水监管标准的制修订。

参考文献

[1] 王海洲，刘文华，侯福林．在线生物监测技术及其应用研究 [J]. 生物学通报，2007，42（1）：15-16.

[2] 孙海林，李巨峰，朱媛媛．我国水质在线监测系统的发展与展望 [J]. 中国环保产业，2009（3）：12-16.

[3] 项光宏，王静，韩双来．水质在线监测技术与自动化仪器研究进展 [J]. 水工业市场，2009（11）：50-52.

[4] 冯兆敏，胡克武，刘国庆．水质综合毒性在线监测技术探讨 [J]. 城镇供水，2011（3）：51-54.

[5] 朱卫东，郜武，顾潮春，等．现代在线分析仪器技术与应用 [M]. 北京：化学工业出版社，2011.

[6] 姜旭，舒强，纪峰．城市供水管网水质在线监测预警系统构建及应用研究 [J]. 给水排水，2017，43（增刊）：282-284.

[7] 谢广群，周浩，刘飞．全光谱技术在水质在线监测领域的应用 [J]. 环境与发展，2017（8）：121-123.

[8] 贾静 . 环境在线监测技术的应用与研究 [J]. 四川化工，2014（5）：17-19.
[9] 杨飞 . 环境在线监测技术的发展与展望 [J]. 能源与节能，2013（11）：135-136.
[10] 马越，谭盼，黄廷林，等 . 汾河水库水源水质在线监测预警系统构建 [J]. 水利科技与经济，2013，2（17）：115-120.
[11] 王瑜 . 供水水源水质在线监测系统建设 [D]. 天津：天津大学，2013.
[12] 杨明祥，蒋云钟，田雨，等 . 智慧水务建设需求探析 [J]. 清华大学学报（自然科学版），2014，54（1）：133-136.
[13] Zheng S K, Li X F. Pharmaceuticals and personal careproducts (PPCPs) in the effluent of sewage treatment plants[J]. Environmental Science, 2013，34（8）：3316-3326.
[14] 吴泳标，张国霞，许玫英，等 . 发光细菌在水环境生物毒性检测中应用的研究进展 [J]. 微生物学通报，2010（8）：1222 - 1226.
[15] 朱文杰，徐亚同，张秋卓，等 . 发光细菌法在环境污染物监测中的进展与应用 [J]. 净水技术，2010（4）：54-59.
[16] Storey M V, Gaag B V D, Burns B P. Advances in on-line drinking water quality monitoring and early warning systems[J]. Water Research, 2011，45：741-747.
[17] 王翥，郝晓强，魏德宝 . 基于 WSN 和 GPRS 网络的远程水质监测系统 [J]. 仪表技术与传感器，2010（1）：48-52.
[18] 潘海祥，楼小平，王军海 . 发光细菌法用于给水系统的毒性监测及预警 [J]. 中国给水排水，2008，24（8）：73-76 .
[19] 查金苗 , 王子健 . 利用日本青鳉鱼早期发育阶段暴露评估排水的急、慢性毒性和内分泌干扰效应 [J]. 环境科学学报，2005，25（12）：1683-1686.
[20] 鹿遥 . 基于云架构的水质自动监测系统软件的设计与实现 [D]. 哈尔滨：哈尔滨工业大学，2014.
[21] 汪用志 . 基于重组发光细菌的重金属生物监测技术研究 [D]. 北京：清华大学，2016.
[22] 魏康林 . 基于微型光谱仪的多参数水质检测仪关键技术研究 [D]. 重庆：重庆大学，2012.
[23] Huang Y, Li X Q, Fang L, et al. An improved ion chromatography method for determination of perchlorate, chlorate and chlorite in water[J]. Environmental Science & Technology, 2017，40（5）：126-130.
[24] 项光宏，闻路红，王静，等 . 水质在线监测技术研究及应用 [J]. 控制工程，2010（s1）：111-113.
[25] 齐小红 . SEAL Auto Analyzer 3 流动注射分析仪在线测定水中氰化物研究 [J]. 环境与发展，2017，29（8）：134.
[26] 王晓辉，金静，任洪强，等 . 水质生物毒性检测方法研究进展 [J]. 河北工业科技，2007，24（1）：58-62.
[27] Kavdir Y, Ilay R, Camci Cetin S, et al. Monitoring composting process of olive oil solid waste using FT-NIR spectroscopy[J]. Communications in Soil Science and Plant Analysis, 2020，51（6）：816-828.
[28] 王田苗，陶永 . 我国工业机器人技术现状与产业化发展战略 [J]. 机械工程学报，2014，50（9）：1-13.
[29] 曹军，钟声 . 对国产高锰酸盐指数在线监测仪的性能探究 [J]. 环境科技，2018，31（3）：71-73.
[30] 张风彩，焦二虎 . 浅析水质监测新技术的应用 [J]. 治淮，2015（1）：62-63.
[31] 卢金锁，黄延林，韩宏大，等 . 氨氮在线监测仪的干扰因素与稳定性分析 [J]. 工业水处理，2006，26（5）：68-71.
[32] 魏康林，温志渝，武新 . 基于紫外-可见光谱分析的水质监测技术研究进展 [J]. 光谱学与光谱分析，2011（4）：1074-1077.
[33] Fershal M, Yankovych H, Studenyak Y, et al. Combination of sequential injection analysis with an integrated [BF_4]-potentiometric sensor for the kinetic determination of boron[J]. Sensors & Actuators B: Chemical, 2019，297（6）：126778.

第6章 移动检测技术与应用

▲ 技术简介

▲ 技术分类与应用

▲ 移动检测设备及国产化

随着化学品污染泄漏等事件不断发生，民众环保意识不断增强，政府对水环境监测时效性要求不断提高，传统实验室检测的滞后性已经无法满足现场检测的需求。与传统意义上将样品带回实验室检测的方式不同，新的将检测技术带到被测样品面前检测的方式开始呈现，并且需求在扩大，这种检测技术被称为移动检测技术。移动检测技术操作简单、方便携带，所涉及的装备有小到试纸条、卡、测试盒等简易便携快速检测设备，大到色谱、色谱-质谱联用仪等车载式高精尖设备，既可以有效弥补监测资源的不足，又能够通过现场检测解决以往水样长距离运输的时效性问题，是对传统实验室检测的延伸与补充。

6.1 技术简介

由于检测技术的复杂性、样品的多样性，一种简单、方便、快速的方法很难适用于所有检测。目前移动检测技术包括基于试纸和试剂的快检技术、手持式检测技术、便携式检测技术、车载式检测技术等，各自有不同的应用范围和检测能力。由于检测需求的多样性，开展移动检测的形式也是多样化的，为满足不同目的和要求，可以单独在现场简易环境或实验舱中应用便携式移动检测设备，还可以将不同检测设备成套集成在实验舱中，或在可移动的载具中进行检测、校准或科学实验组成移动实验室开展检测。

城镇供排水行业应用移动检测或移动实验室的主要场景包括：a. 突发重大自然灾害或水源污染事件时对供水及其水源水的水质检测；b. 对分散式供水点、管网末梢及二次供水开展现场水质检测；c. 对水质检测能力不足或采样距离过远的地区，可利用移动实验室开展现场水质检测，增强水质检测的时效性；d. 重大活动时为保障供水安全开展水质检测。

从移动检测的应用场景可以看出，开展移动检测时，移动特性和环境变化等因素是影响移动检测的重要因素。移动特性即因移动而对检测、校准或科学实验等活动产生影响程度的属性。移动特性所涉及的仪器设备能耗、体积、重量、防振和外部环境适应能力都是要考虑的。由于移动实验室的空间有限，所能提供的能源有限，以及移动过程情况的多样性，故满足移动检测的仪器设备需要特别设计，而不是简单将普通实验室用的仪器搬到移动实验车上进行检测分析。同时相对于在固定实验室开展检测，移动检测的工作环境条件更加复杂多变，无论是通过手持式、便携式还是车载式等仪器，都需要针对移动特性和环境制约性对移动检测质量的影响，科学制定移动检测质量保证方法，确保检测结果的准确性。

移动检测技术应该是以应用为导向，综合考虑可移动性、环境条件、样品分析速度等影响因素，在保证检测数据的准确性和可靠性的基础上才有可能推动移动检测技术的快速发展。

6.2 技术分类与应用

6.2.1 玻璃电极法

6.2.1.1 玻璃电极法的原理

玻璃电极法是以玻璃电极为指示电极、饱和甘汞电极为参比电极，插入溶液中组成原电池。当氢离子浓度发生变化时，玻璃电极和甘汞电极之间的电动势也随着变化，在25℃时，每单位 pH 标度相当于 59.1mV 电动势变化值，在仪器上以 pH 读数表示。同时在仪器上有温度差异补偿装置。

6.2.1.2 玻璃电极法的应用

玻璃电极法主要应用于水质的 pH 值测定。我国绝大多数天然水的 pH 值在 6.5 ～ 8.5 之间，只有很少数地表水和地下水的 pH 值低于 6.5。pH 值高于 9.0 的水也为数不多。水的 pH 值在 6.5 ～ 9.5 范围内并不影响人的生活饮用和健康。水的 pH 值过高（＞ 11）或过低（＜ 4）可能刺激人的眼睛、皮肤和黏膜，pH 值过低的水可腐蚀金属管道，而过高可能影响消毒效果，因此 pH 值可能对人体有间接影响。

在应用以玻璃电极法为基础的 pH 计时，应注意以下几个方面：

① 首次使用 pH 计或长时间未用 pH 计，在使用前需要将 pH 电极浸于 0.1mol/L 的盐酸溶液中过夜之后，再在 3mol/L 的氯化钾溶液中浸泡 4h 以上。

② 电极不用时，应将电极放在 3mol/L 的氯化钾溶液中，不能干放，也不能放在蒸馏水或其他溶液中，以防影响电极寿命。

③ 使用前，检查玻璃电极前端的球泡。正常情况下，电极应该透明而无裂纹；球泡内要充满溶液，不能有气泡存在。

④ 测量浓度较大的溶液时，尽量缩短测量时间，用后仔细清洗，防止被测液粘附在电极上而污染电极。

⑤ 清洗电极后，不要用滤纸擦拭玻璃膜，而应用滤纸吸干，避免损坏玻璃薄膜、防止交叉污染，影响测量精度。

⑥ 电极的使用温度应该选择在正常的使用温度范围内，如果经常在温度范围的上限使用，电极的使用寿命会缩短，会严重损坏电极，温度越高，损坏程度越大。

6.2.1.3 玻璃电极法的发展趋势

pH 玻璃电极是一种不同于包括氧化还原体系的电极，它是将溶液中氢离子活度转换为一定电势信号的化学传感器。pH 玻璃电极是一种既古老又年轻并广泛应用的电化学分析仪器，它的产生可追溯到一个世纪以前，发展至今仍居 pH 测量仪器的首要地位。pH 玻璃电极首先由 Cremer 和 Haber 等研制成功，并随其配套仪器的完善而投入使用，从而推动了整个电分析化学的发展。

前期 pH 测量大都应用液体充填式玻璃电极。随着需要测量 pH 值领域的日益广泛，要求玻璃电极对环境的适应性必须增强，传统玻璃电极容易破碎的缺点便日益突出。为了克服液体充填式玻璃电极这一缺点，科学家们纷纷试图研制全固态玻璃电极及非玻璃型 pH 电极（如金属-金属氧化物 pH 电极、溶剂聚合膜中性载体 pH 电极、氢离子敏感场效应晶体管、光纤 pH 传感器等）。总体来看，每一种非玻璃型 pH 电极的综合性能目前还没有超过 pH 玻璃电极，其应用范围也很受限制。

6.2.2 目视比色法

目视比色法是指用眼睛观察，比较溶液颜色深度，以确定物质含量的方法。使用仪器简单，操作简便，适宜于大批试样分析。通常在白光下进行测定，因此有些显色反应虽然不符合朗伯-比尔定律，但仍可用目视法测定。但目视比色法依靠人的眼睛来观察颜色深度，有主观误差，准确度不高，测定的灵敏度不太高，并只能得出一个溶液浓度范围，不能更精确一些。

6.2.2.1 目视比色法的原理

常用的目视比色法是标准系列法：用一套由相同材料制成的形状大小相同的比色管，将一系列不同量的同一标准溶液依次加入各比色管中，再分别加入相同量的显色剂和其他化学试剂，并控制其他实验条件相同，最后稀释至同样体积，这样便形成一套颜色逐渐加深的标准色阶。将一定量的试液置于另一支比色管中，在同样条件下显色，稀释至同样体积。从管口垂直向下观察（也可以从比色管侧面观察），如果试液颜色与标准色阶中某标样的颜色深度相同，则说明这两支比色管中的溶液浓度相等。如果被测试液的颜色深度介于相邻两支标准溶液的颜色之间，则试液的浓度也就介于这两个标准溶液的浓度之间。

6.2.2.2 目视比色法的应用

目前在现场水质检测中目视比色法主要应用于色度、砷、铜等项目的快速检测。

（1）色度

色度不仅是饮用水水质感官性状的重要指标，也是饮用者直接判断水质好坏及其安全性的重要依据。水的色度大于 15 时多数人即可察觉，大于 30 时所有的人均可察觉到并感到厌恶。饮用水的颜色是由带色物质、金属或高色度工业废水污染造成的。天然水由于地质原因或工业废水污染，一些特殊物质使水呈现其他颜色。饮用水出现颜色可能是水受到污染和对人体健康具有潜在危害的信号，必须查明原因并采取措施予以纠正。

天然水中一般因含有 Fe（Ⅱ，Ⅲ）、Mn（Ⅱ）等金属离子以及腐殖质，使水体着色。对于较清洁、带黄色调的天然水和饮用水的色度，国标采用“铂钴比色法”；对于含较深色度的纺织、印染、有机合成等工业废水，采用“稀释倍数法”。这两种方法简单易行，前者色调稳定，接近天然水，后者不需要其他的化学试剂，故被广泛采用。

然而，在实际应用中两种方法均有一定的缺陷。铂钴比色法中，色度 5 ～ 25 区别不明显，不易判别，人为误差大。稀释倍数法中，因水样色调差异大，不同颜色色调对视神经刺激反应不同，判别时难免带有个人的主观随意性。并且，何时为稀释的终点（无色），难有统一的标准，因人而异。即使是同一个人，采用不同的稀释方法，最终的结果也会相差很大。

水的颜色种类多种多样，一般一种颜色在可见光范围内只对应一个最大吸收波长 λ_{max}。由于颜色光发射波长与吸收波长是互补的，因此 λ_{max} 定性了水样呈何种颜色。用 λ_{max} 对应的吸光度 A_{max} 去定量颜色的深浅与人的目视感觉是相一致的。王安等利用分光光度计代替人眼的判断，改进目视比色法。选用废水的最大吸收波长比色，以仪器的检出限为稀释终点，改进稀释倍数法，统一判别标准，提高其测定方法的准确度。

（2）砷

砷在化合物中的价态主要有−3、+3 和 +5。尽管元素砷的毒性较小，但砷的化合物毒性却很大，三价砷比五价砷毒性更大，天然水流经砷矿时可能会含微量的砷，但砷主要存在于冶炼、农药、制革、染色等多种工业废水中，其存在形式主要是砷的各种化合物及离子。它们不仅有剧烈毒性，而且可在人体内蓄积，引起慢性中毒。近年来的研究工作表明砷还有致癌作用。我国现行《生活饮用水卫生标准》（GB 5749—2022）规定砷的最低浓度为 0.01mg/L。

有效控制砷污染，需要发展快速有效的砷检测方法。目前商用的砷检测试剂盒是在传统的砷斑法（目视比色法）基础上开发出来的，存在测试时间长、操作步骤烦琐等不足，而且传统的砷斑法需要使用强酸试剂，安全性差，这也严重阻碍了其推广使用。

针对该难题，刘锦淮等研制出一种能快速检测水中砷含量的新型试剂——饮用水中砷快速检测纳米试剂盒。研究人员采用纳米材料替代常规检测试剂，使其在较为温和的条件下就能达到较高的反应活性，大大缩短了检测时间，并提高了检测灵敏度。与目前商用砷检测试剂盒相比，检测时间从 30min 缩短至小于 10min，检测灵敏度低于 5μg/L。同时，由于反应条件较温和，无需采用强酸试剂，应用安全性大大提高。

（3）铜

铜是一种过渡金属，广泛存在于天然水体中，在饮水中铜的浓度随着水的 pH 值、硬度以及在管网系统中是否使用铜管而差异很大。铜是人体所必需的微量元素，是机体内多种金属酶的组成成分。经水摄入过量的铜可能引起急性胃肠道反应，然而对其确切浓度尚未能确定。铜的毒性小，但摄入过多可导致恶心、腹痛等，长期摄入过多的铜可导致肝硬化。水中铜含量达 1.5mg/L 时，有明显金属味；含量超过 1mg/L 时，可使衣服及白瓷器着色。我国《生活饮用水卫生标准》（GB 5749—2022）规定，铜在饮水中限值为 1.0mg/L。

周焕英等利用 Cu^{2+} 在弱碱性条件下与显色剂反应生成棕黄色络合物的原理，通过与标准色阶图谱比较确定 Cu^{2+} 的浓度，建立了一种水中铜的现场快速检测方法。通过试验证明该方法简单、方便，测定的结果比较准确，可应用于现场水样中铜的快速检测。

赵进沛等研究自制了一种微型定表面积抽滤器，使显色化合物沉淀到固定面积的滤纸上，通过比较滤纸的颜色定量，分离富集与目视比色相结合，实现了水中痕量铜的简易快速测定，检测下限低于国家饮用水标准。与原子吸收法做对照试验，证明该方法精密度、准确度都较好。

6.2.2.3　目视比色法的发展趋势

目视比色分析在化学分析中是一种普遍应用的微量分析方法，它以肉眼观察比较样品溶液与标准溶液或色标颜色深度，找出光线通过溶液被吸收后与标准溶液强度相等的吸光值。由于眼睛不能直接测量吸光度，对颜色深浅的分辨常常不准确，光线和比色方法不同均会产生较大误差。

6.2.3　散射法

按照国际标准 ISO 7027《水质　浊度的测量》的规定，测量浊度采用波长为 860nm 红外光，使之穿过一段水样，并从与入射光呈 90°的方向上检测有多少光被水中的颗粒物散射。这种散射光测量方法称为散射法。

6.2.3.1　散射法的原理

一定波长的光束射入水样时，由于水样中浊度物质使光产生散射，散射光强度与水样浊度成正比，通过测量与入射垂直方向的散射光强度，即可测出水样中的浊度。按照测量散射光和入射光的角度的不同，分为垂直散射式、前向散射式、后向散射式三种方式，其原理如图 6-1 所示。目前使用比较多的都是这类浊度仪，可以测量比较宽的浊度范围。

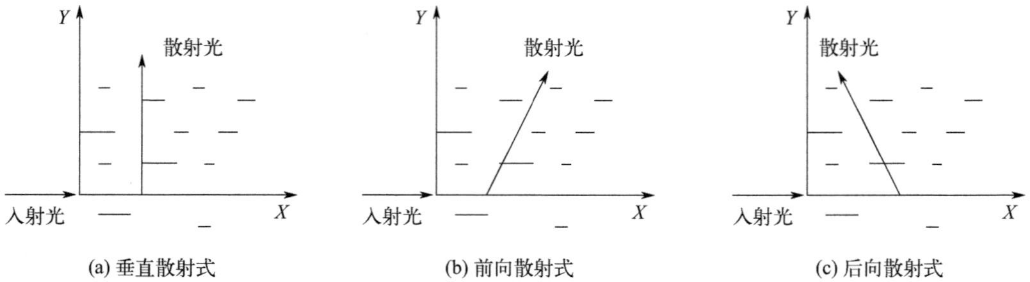

图 6-1　散射法测量浊度原理

6.2.3.2　散射法的应用

浊度是由水中存在的颗粒物（如黏土、淤泥、胶体颗粒）、浮游生物和其他微生物等形成的，是反映水源水及饮用水物理性状的一项指标。所有天然水体均有一定的浊度。浊度的高低取决于许多因素，诸如颗粒的数量、大小、形状以及颗粒物折射率等。

散射法原理是当一束光通过被测水样时，其 90° 方向的散射光强度与浊度成正比，浊度的测量转化为散射光强度的测量。实验证明，散射法的光电信号与浊度之间不是简单的线性关系，当浊度超过某定值（100NTU）后，光电信号与浊度出现非常值对应关系，所以散射法测量较低浊度（100NTU 以下）时有较好的准确性，而测量较高浊度时（＞ 1000NTU）将会产生较大的误差。

浑浊的水不只是外观很差，而且可刺激微生物的生长，保护病原微生物免受消毒剂的作用，严重影响消毒效果，增加消毒剂的用量；水中某些颗粒物的吸附能力可以使有害的有机和无机化合物存在于饮用水中，从而导致浊度对人体健康产生间接的危害。目前，浊度分析方法按光源划分可分为单色光（分光光度法、比色法、特种单色光源、激光）和复合光（白炽灯、标准蜡烛等）两大类，按光接收方式分为透射式浊度法、散射式浊度法、表面散射光测量法、透射光-散射光比较测量法和水下散射光测量法。其中，散射或浊度法以其灵敏度高、检测下限低的优点越来越引起人们的关注，进而演化出几种基于散射式浊度法的改进方法。

6.2.4　光谱法

光谱学是 1666 年由英国物理学家艾萨克 • 牛顿在棱镜实验中发现了太阳光的色散现象从而建立起来的实验科学。所谓光谱是指光源产生的电磁波辐射当中不同波长的电磁波按照各自的强弱组成的一张频谱图，而光谱仪就是一种用来分析某光源中不同波长辐射构成，并能够测绘出光谱的仪器。

传统的光谱仪主要被运用在实验室中，这类仪器普遍存在对环境要求高、操作困难、体积大和价格昂贵等缺点。在对体积重量有着较高要求的场合这种仪器则难以满足应用需求。便携式光谱仪是相对于实验室中的大型光谱仪的小型光学设备，从 20 世纪 80 ～ 90 年代开始兴起，其优势是结构简单、体积小、质量轻、方便移动携带、对实验环境没有大型设备那样苛刻的要求，且操作简便，价格低廉，适合大范围推广。

6.2.4.1　光谱法的原理

光谱法是利用物质与电磁辐射作用时物质内部发生量子化能级跃迁而产生的吸收、发射或散射等电磁辐射的强度随波长变化的分析方法。光谱学检测的基本原理为通过检测物质辐射或吸收的光谱功率分布，研究电磁波与物质的相互作用，从而分析物质的成分组成。按照能量交换方向可分为吸收光谱法和发射光谱法；按照作用结果不同可分为原子光谱-线状光谱法和分子光谱-带状光谱法。

光谱法不破坏水质当前状况，且测量周期很短。常用的有紫外光谱法、紫外-可见吸收光谱法、近红外光谱法、中红外光谱法、荧光光谱法和拉曼散射光谱法等。其中紫外-可见吸收光谱法广泛应用于水质检测中，具有快速、无二次污染、可污染溯源等优点，已成为水质检测领域的研究热点。利用紫外-可见吸收光谱进行物质的定性、定量分析的方法称为紫外-可见分光光度法。分光光度法以其灵敏度高、准确度和稳定性较好、简便快速和操作方便等特点而成为应用广泛的一种主要分析方法，在国家标准检验法中占有极为重要的地位，并被广泛应用于水质现场快速检测。

图 6-2 为波谱区及能量跃迁相关图。

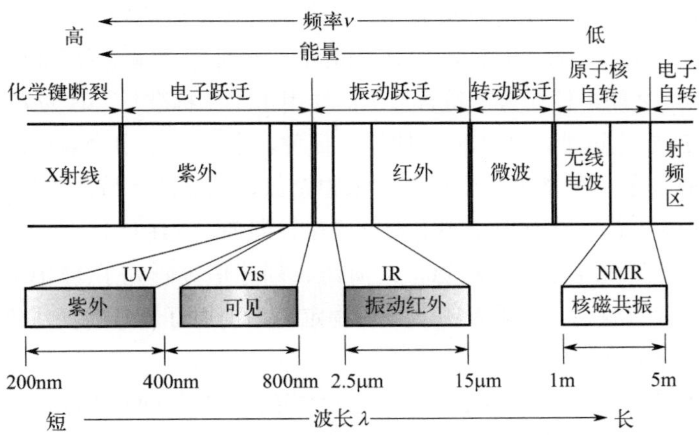

图 6-2　波谱区及能量跃迁相关图

根据朗伯（Lambert）-比尔（Beer）定律，当一束强度为 I_0 的单色光垂直照射某物质的溶液后，由于一部分光被体系吸收，因此透射光的强度降至 I，则溶液的吸光度 A 为：

$$A=abc$$

式中　A——吸光度；

b——溶液层厚度，cm；

c——溶液的浓度，g/dm^3；

a——吸光系数。

其中吸光系数与溶液的本性、温度以及波长等因素有关。溶液中其他组分（如溶剂等）对光的吸收可用空白液扣除。

由上式可知，当固定溶液层厚度 b 和吸光系数 a 时，吸光度 A 与溶液的浓度成线性关系。在定量分析时，首先需要测定溶液对不同波长光的吸收情况（吸收光谱），从中确定最大吸收波长，然后以此波长的光为光源，测定一系列已知浓度 c 溶液的吸光度 A，作出 A-c 工作曲线，利用该曲线可对物质进行定性、定量的分析。

6.2.4.2 光谱法的应用研究

（1）适用指标

1）余氯

余氯是指氯制剂加入被处理水中并与其中的还原性物质作用后剩余的总氯量（活性氯、次氯酸和有机氯化物），氯制剂的杀菌消毒效力取决于余氯浓度。余氯是评判水质好坏的重要参数，也是水质监测经常需要测定的指标之一。余氯在水中很不稳定，尤其含有有机物或其他还原性无机物时更易分解而消失，因此应在现场测定。

余氯与显色剂作用生成有色物质，有色物质吸光度在一定条件下与余氯浓度遵守朗伯-比尔定律。目前，分光光度法测定水中余氯常用的显色剂有 *N*, *N*-二乙基对苯二胺（DPD）、邻联甲苯胺（DMB）、3,3′,5,5′-四甲基联苯胺（TMB）、对氨基二甲苯胺等。DMB 比色法简单、快速，便于现场测定，但因邻联甲苯胺试剂被认为是潜在的致癌物，对环境容易产生二次污染，其生产和使用受到一定的限制。

DPD 作为显色剂用于水中余氯的测定已比较成熟。黎莉等采用 DPD 分光光度法现场快速测定饮用水中的游离余氯，试验结果表明，该方法可以准确测定水中的游离余氯且有好的线性，相关系数大于 99%。方法检测限为 0.01mg/L，相对标准偏差为 2.47% ～ 9.08%，回收率在 92.5% ～ 105% 之间，检测方法符合《生活饮用水卫生标准》（GB 5749—2006）的要求。胡美珍研制的 DPD 显色试纸，成本低、快速、简便，适合于水中余氯现场分析。陈焕文以 DPD 为显色剂，研制了一种基于光度法测定水中余氯、总氯的手持式仪器，并开发了余氯、总氯现场测定专用试剂包，具有现场测定余氯快速、准确、灵敏的优点。

梁军、秦文静等研究了丁香醛连氮，冯海涛、刘莲华等研究了 TMB 作为 DMB 的替代显色剂用于水中余氯的测定。结果表明，显色稳定，重现性好，具有使用安全等优点，在一定条件下可替代传统显色剂 DMB。

马红娜等建立了对氨基二甲苯胺分光光度法测定水中余氯的新方法。利用氯气在一定条件下能氧化对氨基二甲苯胺使其成为红色的氧化态形式，可以定量测定氯，方法检测限为 0.02mg/L，且氯浓度在 0.1 ～ 2.0mg/L 范围服从朗伯-比尔定律，水中常见的离子不干扰测定，用于自来水等样品中余氯含量的测定，加标回收率在 98% ～ 104% 之间，结果准确可靠。

本书作者对余氯现场检测的分光光度法进行了标准化研究。研究过程中使用 HACH PC Ⅱ型便携式余氯分析仪，采用 DPD 分光光度法现场测定水中游离余氯，规范了仪器的校正方法，分析了温度、pH 值、显色时间等因素对测试结果的影响，并进行了检测干扰消除实验以及与实验室国标法检测之间的比对实验。结果表明，用 0.8910g 高锰酸钾与 DPD 自由氯试剂反应相当于与 1g/L 的余氯反应生成的红色，用配制的高锰酸钾溶液对余氯分析仪进行校准，配制溶液浓度与检测结果之间的相关系数为 0.9996；在水样温度为 20℃、pH 值为 6 ～ 7、反应时间为 2 ～ 5min 条件下，测试结果更加准确。对于水样中 Mn^{7+}、Cr^{6+} 等金属干扰，可通过加入 3 滴 30g/L 碘化钾溶液反应 1min 予以消除。余氯现场快速检测与《生活饮用水标准检验方法》（GB/T 5750.1—2006 ～ GB/T 5750.13—2006）DPD 分光光度法检测结果的相对偏差≤ 5.9%。具体结果见表 6-1。

表 6-1　余氯现场快速检测法与实验室国标法检测比对结果

项目		结果			
		水样 1	水样 2	水样 3	水样 4
余氯测定值 /（mg/L）	快速检测法	0.16	2.90	1.16	0.54
	国标法	0.18	3.10	1.19	0.57
相对偏差 /%		5.9	3.30	1.3	2.7

2）二氧化氯

二氧化氯是目前国际上公认的最新一代高效、广谱、安全的杀菌、保鲜剂，是氯制剂最理想的替代品，在世界发达国家已得到广泛的应用。随着二氧化氯应用的增多，找出一种简单、快速且适合现场测定饮用水中二氧化氯的方法，对于在我国饮用水消毒中推广使用二氧化氯具有重要的作用。

目前二氧化氯的检测方法主要有碘量法、电流滴定法、分光光度法、荧光法、色谱法、电化学法、生物化学法等。其中分光光度法是现场快速检测二氧化氯最广泛使用的方法。该方法的基本原理为：水中二氧化氯与 *N*, *N*-二乙基对苯二胺（DPD）反应产生粉色，其中二氧化氯中 20% 的氯转化成亚氯酸盐，显色反应与水中二氧化氯含量成正比，甘氨酸将水中的氯离子转化为氯化氨基乙酸而不干扰二氧化氯测定。

韩晓飞系统考察了二氧化氯测定仪在饮用水消毒剂二氧化氯测定中的应用，结果表明：在 0.05 ～ 3.00mg/L 范围内，二氧化氯浓度 c 与吸光度 A 间具有良好的线性关系，回归方程 $c=0.2791A-0.0029$，相关系数 0.9998，RSD（n=7）为 1.4%，该方法具有简单、准确、快速等特点。张俊华采用 HACH PC Ⅱ二氧化氯分析仪研究了快速测定生活饮用水中二氧化氯的方法，试验证明该方法快速、适用、准确、灵敏度高。

本书作者对二氧化氯现场检测的分光光度法进行了标准化研究。研究过程中使用 HACH PC Ⅱ型便携式二氧化氯分析仪，采用 DPD 分光光度法现场测定水中二氧化氯，分析了样品温度、pH 值、显色时间等因素对测试结果的影响，并进行了干扰物的去除研究以及与实验室国标法检测之间的比对实验。结果表明，当 ClO_2 浓度 <2.00mg/L 时，在水温为 20℃、pH 值为 6 ～ 7、显色稳定时间 10 ～ 20min 条件下，测试结果更加准确；当 ClO_2 浓度＞2.00mg/L 时，在水温为 20℃、pH 值为 6 ～ 7、显色稳定时间低于 5min 条件下，测试结果更加准确。对于水样中 Mg^{2+}、Ca^{2+} 等金属干扰可以通过添加甘氨酸去除，Mn^{7+}、Cr^{6+} 等金属干扰可通过加入 3 滴 30g/L 碘化钾溶液反应 1min 予以消除。采用 DPD 现场测定方法与《生活饮用水标准检验方法》（GB/T 5750—1985）中实验室碘量法对 ClO_2 测定结果进行比对，并采用 t 检验法对比对结果进行显著性比较。经统计，浓度 1 点与浓度 2 点的 P 值均大于 0.05，两种测量方法之间无显著性差异。具体结果见表 6-2。

3）臭氧

臭氧消毒具有很强的杀菌消毒效果。臭氧处理技术作为供水深度处理的一部分，已开始在我国部分水厂使用。臭氧能够氧化有机物和亚硝酸盐等无机物，且臭氧分解后成为氧，不会产生污染，是替代氯化消毒的可靠途径。

目前水中臭氧的测定方法主要有碘量法、靛蓝比色法、尿素法、铬酸紫钾（ACVK）法和连续自动测定法等。其中靛蓝法比色法广泛应用于水中臭氧的现场测定。

表 6-2　二氧化氯现场快速检测法与实验室国标法检测比对结果

项目	浓度 1/（mg/L）		浓度 2/（mg/L）	
方法	DPD 现场测定法	碘量法	DPD 现场测定法	碘量法
平均值	0.45	0.45	1.17	1.30
方差	0.0004	0.0010	0.0274	0.0086
观测值	3	3	3	3
合并方差	0.0007		0.0180	
假设平均差	0		0	
df	4		4	
t 统计	−0.1525		−1.1248	
P（$T \leqslant t$）单尾	0.4431		0.1618	
t 单尾临界	2.1318		2.1318	
P（$T \leqslant t$）双尾	0.8862		0.3236	
t 双尾临界	2.7764		2.7764	

靛蓝三磺酸试剂法是欧洲的标准方法，是由瑞士的 Bader 和 Hoigne 于 1979 年提出的，它具有测定简便、迅速，选择性强，抗干扰能力优于其他方法的优点。其测定原理是：将含臭氧的水样和酸性靛蓝试剂混合，臭氧会使蓝色脱色。脱色程度用波长 600nm 的吸光度测定，和空白样品比较，减少值和臭氧浓度成比例。李红兰等应用靛蓝三磺酸试剂法测定黄河水处理过程中的溶解臭氧浓度，实测了不同水质用臭氧处理时臭氧最佳接触时间和水中臭氧溶解量。

宋钰等建立了水中臭氧的 KI-硫酸-4-氨基-*N*, *N*-二乙基苯胺分光光度测定法。此方法是在 pH 值为 3.35 条件下，根据臭氧与碘化钾的定量反应 $O_3+2I^-+2H^+ \longrightarrow O_2+I_2+H_2O$，生成的 I_2 与 DPD 反应显粉红色，在波长 510nm 处用分光光度计测定，直接测定的线性范围为 0 ～ 1.00mg/L，最低检测浓度为 0.01mg/L，相对标准偏差为 1.2% ～ 2.7%（n=10），回收率在 98.6% ～ 106.6% 之间。用此方法对各种水样进行了测定并和碘量法做了比较，结果基本相符。

本书作者对臭氧的现场检测分光光度法进行了标准化研究，研究过程中使用 HACH 臭氧袖珍比色计，采用靛蓝比色法现场测定水中臭氧。研究内容主要包括 4 个方面：

① 研究规范了样品采集要求。因臭氧在水中稳定性很差（10 ～ 15min 即可衰减 1/2；40min 后浓度几乎衰减为零），但在冰水中半衰期延长，故最好慢慢地收集样品并立即分析，禁止搅拌、摇晃、加热样品。

② 分析了样品温度、pH 值、显色时间等影响因素对测定结果的影响。结果表明，水温越低，臭氧测定结果越稳定；臭氧遇靛蓝显色后，2h 内吸光值基本无变化；在酸性环境中，臭氧的损耗速度明显低于碱性环境，pH 值越低，臭氧的损耗速度越慢。

③ 进行了干扰物的去除研究。过氧化氢和有机过氧化物可以使靛蓝缓慢褪色，若加入靛蓝后 6h 内进行测定，即可预防过氧化氢造成的干扰。当 pH>10 时，水样加靛蓝后会变浑浊，影响比色效果，可以用稀硫酸（不可用盐酸）调节 pH 值至酸性，使试样澄清（在加入靛蓝前），但是此种方法会导致臭氧的损耗。

④ 与实验室国标法检测结果进行了比对。

结果表明，两种方法检测结果的相对误差< 15%，稳定性较高。具体结果见表 6-3。

表 6-3　臭氧现场快速检测法与实验室国标法检测比对结果

项目		不同显色时间的检测结果						
		3min	7min	12min	16min	22min	26min	38min
臭氧测定值 /（mg/L）	快速检测法	0.79	0.73	0.68	0.42	0.32	0.23	0.22
	国标法	0.77	0.65	0.60	0.32	0.30	0.22	0.18
相对误差 /%		1.3	5.8	6.3	13.5	3.2	2.2	10.0

4）铁

水体中铁主要污染来源是选矿、冶炼、炼铁、机械加工、工业电镀、酸洗废水等。实际水样中铁的存在形态是多种多样的，可以在真溶液中以简单的水合离子和复杂的无机、有机络合物形式存在，既可能是二价的也可能是三价的。

铁及其化合物均为低毒性和微毒性，含铁高的水往往带黄色，有铁腥味。水样暴露在空气中，二价铁很容易被氧化成三价，因此及时测定水体中铁浓度具有重要意义。

铁的现场检测一般采用邻菲罗啉分光光度法，其方法原理是：亚铁离子在 pH 值为 3 ～ 9 的条件下，与邻菲罗啉反应生成橙红色络合物。该络合物在 pH 值为 3 ～ 4.5 时最为稳定（避光情况下可稳定半年），可用分光光度计在波长 510mm 处测其吸光度。水中三价铁离子用盐酸羟胺还原成亚铁离子，即可测定总铁。

郝新焕将污水样经过处理后，用盐酸羟胺将水中三价铁离子还原成亚铁离子，采用邻菲罗啉分光光度法对污水中的总铁进行测定。结果表明，相对标准偏差分别为 1.13% 和 0.83%；回收率分别为 102.6% 和 98.5%。

5）锰

锰是地壳中最丰富的金属之一，常与铁共存。锰是一种人体必需的微量元素，但是长期与低浓度锰接触能引起慢性蓄积性中毒，主要表现为神经行为功能障碍和精神失常，而且造成的神经损害随年龄增长呈现不可逆的进行性加重。锰主要是对水的感官性状产生影响，当在水中浓度高于 0.1mg/L 时饮用味道不佳，也可使衣物和器皿着色。我国国家标准规定饮水中锰含量不应超过 0.1mg/L。

吕琳琳采用 HACH-DR 890 型便携式分光光度计进行了水中锰的检测。波长为 560nm，加入锰反应试剂 0.5mL，显色时间为 5min；利用快速法测定锰的线性回归方程为 y=1.243x+0.004，相关系数为 0.9995，锰的检出限为 0.008μg/L，回收率为 92.0% ～ 115.0%，相对标准偏差< 5%。

6）六价铬

铬是自然界分布较广泛的一种元素，也是生物体所必需的微量元素之一。水中的铬主要是以三价和六价的形式存在。铬的毒性与其存在的价态有关，通常认为三价铬是维持生物体内葡萄糖平衡以及脂肪、蛋白质的代谢作用所必需的。而六价铬具有很高的毒性，因为六价铬容易穿透生物膜且容易与某些蛋白质结合形成络合物，可引起胃肠道出血、呼吸道癌。正常情况下，天然水中的铬含量很少，其六价铬主要来源于工业废水污染。我国《生活饮用水卫生标准》（GB 5749—2022）规定，六价铬在饮水中的限值为 0.05mg/L。

目前，二苯碳酰二肼分光光度法（DPC 法）因其具备干扰少、操作简单、灵敏度高、适用范围广、线性范围宽等特点，被作为测定水样中六价铬的首选国标经典方法。由于其方法灵敏、选择性好，广泛用于六价铬的现场快速检测。DPC 法检测六价铬的原理为：在酸性溶液中六价铬与二苯碳酰二肼反应生成紫红色化合物，其最大吸收波长为 540nm，吸光度与浓度的关系符合朗伯-比尔定律。

祝琳琳采用 DR-2800 型便携式分光光度计快速测定水质中六价铬。结果表明：在 0.024 ～ 0.800mg/L 范围内，该方法具有较高的精密度和准确度，具有线性关系好、分析速度快、结果可靠等优点，可应用于六价铬的水污染事故的应急检测分析。向小娥使用多参数水质分析仪，在改进二苯碳酰二肼分光光度法的基础上，建立了针对环境水中六价铬的比色测定方法。采用多参数水质分析仪气泡搅拌达到仪器自动化，实现了六价铬的现场快速测定。改进后的实验条件下，对六价铬进行测定，其线性范围达 0 ～ 3.0mg/L，检出限为 0.003mg/L。RSD ＜ ±5%，回收率在 95% ～ 105% 范围内。此方法用于测定水中六价铬具有线性范围较宽，灵敏度、精密度较高，操作简便，快速等特点，适用于快速现场检测。

7）氯化物

氯化物（Cl^-）是水和废水中常见的无机阴离子，几乎所有的天然水中都有氯离子存在。它的含量变化很大，在河流、湖泊、沼泽地区氯离子含量一般较低，在地下水中氯离子一般含量较高。当饮水中氯化物浓度过高时，可使水产生令人厌恶的味道，并对配水系统具有腐蚀作用。在金属管道中，氯化物可与金属离子反应形成可溶性盐类，从而使饮水中重金属含量增高。当氯与钠、钾或钙结合时，其味阈浓度不同，以氯化物计为 200 ～ 300mg/L。我国《生活饮用水卫生标准》（GB 5749—2022）规定，氯化物在饮水中的限值为 250mg/L。

目前饮用水中氯化物的现场快速检测主要采用硫氰酸汞分光光度法，基本原理为：氯离子与硫氰酸汞作用，释放出的硫氰酸根离子与铁离子结合生成硫氰酸铁，呈橙红色，显色强度与氯离子浓度成正比。

王春光应用硫氰酸汞分光光度法测定了饮用纯净水中氯化物。实验结果表明，在 0 ～ 10.0mg/L 范围内线性关系良好，符合朗伯-比尔定理，相关系数为 0.9997，回归方程 $y=0.454x-0.768$，最小检出限为 0.20mg/L，相对标准偏差为 3.85%，加标回归率为 95.30% ～ 107.63%。相开幕等采用硫氰酸汞分光光度法对生活饮用水中的氯化物进行了快速测定。结果表明，在实验条件下，氯化物浓度在 0 ～ 300mg/L 之间，与吸光度存在良好线性关系（r=0.9993），回收率在 92% ～ 103%，相对标准偏差为 2.1%。赵楠等应用 PORS-15 浸入式便携分光光谱仪测定水中氯化物，与国家标准方法相比对无明显差异。在 0.5 ～ 50mg/L 范围内与吸光度线性关系良好，加标回收率和测定结果相对标准偏差能够满足水质监测分析方法中对氯化物测定的限值要求。

8）氨氮

水中氨氮的主要来源是生活污水中含氮有机物受微生物作用的分解产物、某些工业废水如焦化废水和合成氨化肥厂废水等排放以及农田排水等。在无氧环境中，水中存在的亚硝酸盐在微生物作用下还原为氨，在有氧环境中水中氨也可转变为亚硝酸盐，甚至继续转变为硝酸盐。

目前，水杨酸分光光度法被广泛用于氨氮的现场检测。水杨酸分光光度法的原理是基于 Berthelot 反应，铵与水杨酸盐和次氯酸盐反应得到蓝色物质——靛芬蓝。靛芬蓝有广泛的吸收带，最大吸收波长的位置与酚类化合物的种类和结构有关，试剂浓度和 pH 值以及有机溶剂的存在对吸收峰的位置稍有影响。

黎永艳等采用水杨酸分光光度法测定饮用水中的氨氮。结果表明，水杨酸分光光度法测定的相对标准偏差为 0.69%，回收率为 97.2% ～ 100.0%，检测结果精密度高，准确性好。邓金花等采用全固体混合试剂，将改进的水杨酸分光光度法应用于水质中氨氮的测定。络合物的最大吸收波长为 697nm，表观摩尔吸光系数为 2.00×10^{4} L/（mol・cm），氨氮质量浓度在 0.01 ～ 1.00mg/L 之间符合朗伯-比尔定律，反应产物颜色在 3h 内保持稳定，常见的共存离子均不干扰测定，混合试剂保存期长，可用于环境水质氨氮的快速检测。

本书作者对氨氮现场检测的水杨酸盐现场分光法进行了标准化研究。研究过程中采用 HACH DR 2800 型便携式分光光度计，在波长 655nm 条件下现场快速测定水中的氨氮，研究内容包括 3 个方面：

① 分析了样品温度、浊度等因素对测试结果的影响。在水样温度为 10 ～ 20℃下，检测结果更加准确。当浊度≤ 4.00NTU 时，浊度对氨氮测定结果无显著影响；当浊度＞ 4.00NTU 时，浊度越高对水样测试影响越明显，此种条件下需结合现场检测条件对水样进行絮凝前处理，以重新测定。

② 进行了干扰物的去除研究。肼和甘氨酸等干扰会使样品显色过程中颜色加深，需使用带有通用蒸馏组件的蒸馏程序以消除干扰。

③ 将水杨酸盐现场分光法与实验室纳氏试剂分光法的检测结果进行比对。结果表明，两种方法检测结果无显著性差异，相对偏差在 8% 以内。具体结果见表 6-4。

表 6-4 水杨酸盐现场分光法与纳氏试剂分光法之间的对比

项目		结果				
		水样 1	水样 2	水样 3	水样 4	水样 5
氨氮测定值 /（mg/L）	纳氏试剂分光法	0.07	0.10	0.16	0.24	0.40
	水杨酸盐现场分光法	0.06	0.10	0.14	0.23	0.39
相对偏差 /%		7.7	0.0	6.7	2.1	1.3

注：水样 1、2、3、4、5 的氨氮配制浓度分别为 0.08mg/L、0.10mg/L、0.16mg/L、0.24mg/L、0.40mg/L。

（2）光谱法的检测优化研究

在实际的水质分析中，野外现场检测环境复杂，且存在诸多因素产生的噪声，针对现场环境产生的系统噪声因素开展分析研究，改进去噪方法，尤其是在去噪和减少失真之后，提高信号的信噪比是非常有必要的。

在对复杂水体的检测中，吴德操等提出紫外-可见吸收光谱法不如紫外-可见吸收光谱双光程融合优化算法信噪比高。赵敬晓等运用 C++ 和 Lab VIEW 的混合编程解决了原始紫外-可见吸收光谱中的噪声问题。周风波等提出了一种提升小包变换的去噪方法，与软阈值和硬阈值相比，能提高信噪比、降低均方根误差，可应对紫外-可见光谱分析中存在的随机噪声。林春伟等测量硝酸根离子和亚硝酸根离子的变化过程，采用紫外-可见吸收光谱法检测加小波变化滤高频噪声，结合 PCA 降维、SVM 建模与 IDE 算法，达到了预测模型能够以更快的收敛速度到全局最优。郭冰冰等因仪器易受干扰，提出了基线校正和主元分析的紫外-可见吸收光谱法，能检测出苯酚的最小浓度为 100μg/L。国外研究学者 Robert Stach 等对由一个涂有聚合物的金刚石波导和一个室温热释电检测器组成的传感器进行了优化研究，通过评估聚合物组成、聚合物膜厚度和溶液流速对传感器响应的影响改进了传感器的分析性能，并将这种便携式中红外酸碱全反射传感系统用于海水中与环境相关的烃类化合物污染物的定量测定。

罗继阳等通过实验分析了福尔马肼浊度对邻苯二甲酸氢钾的影响，并用改进的多元散射校正法消除浊度影响后测得了COD值。汤斌等针对光谱检测COD预测模型精度低和收敛慢的问题提出了新方法，并能够在有浊度影响的情况下检测COD。肖棋森基于数据级和特征级的两种融合策略成功地融合了拉曼散射光谱和紫外-可见吸收光谱的数据级，并对20种不同浓度的COD和NO_3^--N值进行了拉曼散射光谱和紫外-可见吸收光谱的采集，均取得了不错的预测结果。

6.2.4.3 光谱法的发展趋势

近几年来，光谱分析方法和技术进展很快，在灵敏性、抗干扰以及操作简便化等方面取得了很大进展，并被广泛应用于水质现场快速检测。但不同指标的光度法研究进展并不平衡，对此，不同指标指示反应的新试剂、新体系及反应机理的研究还有待于深入。

随着电子计算机技术的迅速发展，尤其是微处理机迅速商品化，具有光谱累积和平均特性的微处理机控制的分光光度计大大提高了信噪比，微处理机控制的分光光度计方兴未艾，它不仅促使分光光度计进一步自动化，而且可大大改善仪器的性能。为适应现场快速检测的需要，加快分光光度计的扫描时间，开发快速扫描分光光度计将是另一发展方向。新型显色剂的合成、微电子技术的出现、分析处理数据新方法的建立，必将推动光度分析方法和技术的快速发展。

另外，便携式光谱仪由于受到体积、重量和成本的限制，实际性能往往和传统的实验室大型仪器有明显的差距。得益于光电传感器技术的迅速发展，便携式光谱仪在信噪比和灵敏度等性能上和实验室级仪器的差距正在缩小，但是便携式光谱仪的分辨率始终难以和实验室级仪器相媲美。为了解决这个矛盾，同时尽可能地提高仪器分辨率，在现有的硬件条件下尽可能多地提高仪器性能，现代光谱分析学将仪器自身对光谱的影响纳入了考虑的范围，通过事先提取仪器响应函数等先验信息建立仪器的测量模型后，将信号处理领域中的反卷积与信号复原技术运用到了光谱分析仪中。此方法可以在不增加仪器体积、重量和成本的前提条件下提高光谱仪的分辨率，提高光谱测量精度，也是未来光谱仪器发展的主要趋势之一。除此之外，未来还可以利用基于GPU的编程方式，利用PC端上的GPU对算法进行硬件加速来提高处理速度，将算法移植到仪器的光谱分析上位机软件中来提高处理光谱的效率，实现便携式光谱仪的现场快速测量。

6.2.5 色谱法

传统的色谱分析方法是现场取样后将样品带回实验室进行分析。中间时间较长，尤其是采样现场距离分析实验室较远时，或有突发性事件时，实验室色谱分析就显得捉襟见肘。为了弥补实验室色谱分析的不足，便携式色谱应运而生。

6.2.5.1 便携式色谱法的原理

（1）便携式气相色谱法

便携式气相色谱法原理基本与传统的气相色谱法相同，样品汽化后由载气带入色谱柱，各组分在气-固两相间分配系数不同，固定相对各组分的吸附能力不同，各组分在色谱柱中运行速度不同，经过一定的柱长后，按不同的时间到达检测器。

（2）便携式液相色谱法

以液体为流动相，采用（高压）输液系统，将具有不同极性的单一溶剂或不同比例的混合溶剂、缓冲液等流动相泵入装有固定相的色谱柱，在柱内各成分被分离后，进入检测器进行检测，从而实现对试样的分析。

6.2.5.2 便携式色谱法的特点及其应用研究

（1）便携式气相色谱

便携式气相色谱仪应用方面比较灵活，可以根据不同用户的监测要求进行不同配置的改变。有些型号的便携式气相色谱仪为数通道的微型气相色谱仪，各通道均由带有进样口、预柱、分析柱、检测器的独立模块组成，每个通道根据色谱柱的不同用于分析特定的组分，能很容易地将仪器配置成总烃分析仪（用 FID 检测器），浓度范围在 10^{-9} ～ 10^{-6} 级之间。通过选择不同检测器，便携式气相色谱仪可测定总卤素（用 XSD 检测器）、总硫（用 FPD 检测器）或同时测定总芳香族和总卤素化合物（用 PID/XSD 检测器）。

表 6-5 概括了不同检测器的特点和应用范围，图 6-3 显示了 PID/XSD 检测器联用同时检测不同挥发性有机物的图谱。

表 6-5 便携式气相色谱仪常用检测器的特点和应用范围

检测器种类	简称	特点	主要检测对象
火焰离子化检测器	FID	通用性	烃类化合物
电子捕获检测器	ECD	灵敏、选择性	电负性化合物
光离子化检测器	PID	灵敏、选择性	芳香族及其他不饱和化合物
火焰光度检测器	FPD	灵敏、选择性	含硫或含磷化合物
脉冲式火焰光度检测器	PFPD	比 FPD 灵敏、精确	含氮、磷、硫有机物及某些金属
卤素检测器	XSD	灵敏、选择性	含氯的化合物
氩离子化检测器	AID	灵敏、选择性	卤代烃类化合物
微氩离子化检测器	MAID	体积小、灵敏、使用寿命长	芳香族化合物
热导检测器	TCD	广谱性、检测限高	天然气
检测器联用	FPD/FID	扩大被检化合物的范围，降低假阳性干扰	选择性检测含硫、磷及含碳有机物
	PID/FID		选择性检测芳香族及含碳有机物
	PID/XSD		选择性检测芳香族及含氯有机物

王永华等研究了分配常数、气液相比、温度和无机盐等对顶空分析灵敏度的影响。结果表明，这些参数对不同组分顶空灵敏度的影响有显著差异。气液相比对分配常数小的组分影响大，而温度和无机盐对分配常数大的组分影响大。提出了静态顶空 / 吸附热解吸 /SENTEX 便携气相色谱仪 / 微氩离子检测器测定水中苯、甲苯、对二甲苯和邻二甲苯 4 个苯系物的方法，平均相对标准偏差 7.38%，平均相对误差 3.46%，与标准方法比较没有显著差异，而方

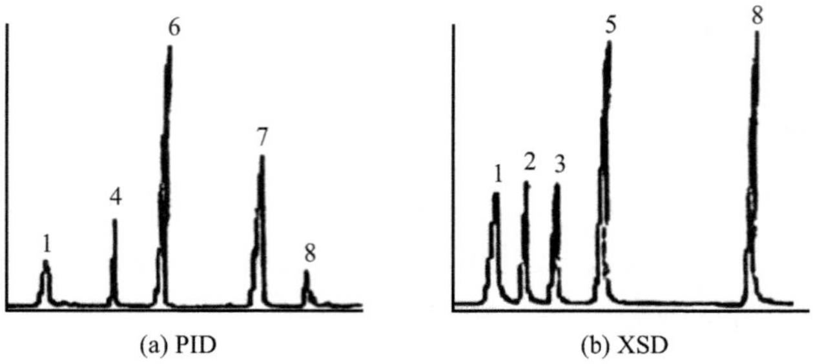

图 6-3　PID/XSD 检测器联用同时检测不同物质

1—氯乙烯（60.5μg/L）；2—二氯甲烷（20.2μg/L）；3—1,2-二氯乙烷（20.5μg/L）；4—苯（10.3μg/L）；5—1,1,2-三氯乙烷（40.5μg/L）；6—甲苯（40.5μg/L）；7—苯乙烯（40.5μg/L）；8—二（2-氯乙基）醚（100.0μg/L）

法检出限低于标准方法 1 ～ 2 个数量级。

（2）便携式液相色谱

国内外分析仪器厂商研制的 HPLC 设备主要定位于实验室设备，对于现场检测及便携式仪器的研发较少。目前食品行业和环保行业中有便携式液相色谱的应用案例，采用固相萃取-便携式液相色谱系统，搭配反应模块和荧光检测器模块，根据农业部标准 NY/T 761—2008 进行现场氨基甲酸酯类农药残留检测。

本书作者采用固相萃取-便携式液相色谱法建立了水中灭草松和 2,4-滴的检测方法，标准曲线、线性范围、相关系数和检测限等满足检测要求，且分别在丰水期和枯水期用自来水厂的出厂水进行加标。开展了低、高浓度的精密度试验，重复测定 7 次，相对标准偏差范围为 5.5% ～ 16.5%，回收率为 80.0% ～ 120%。与传统实验室液相色谱法标准方法比较，没有显著差异。见表 6-6 ～表 6-9。

表 6-6　便携式液相色谱法检测灭草松和 2,4-滴的标准曲线及线性范围

序号	化合物	标准曲线	线性范围	相关系数
1	灭草松	y=15301x+136	0.1 ～ 4mg/L	r^2=0.9997
2	2,4-滴	y=2527x−346	1 ～ 40mg/L	r^2=0.9999

表 6-7　便携式液相色谱法检测灭草松和 2,4-滴的检出限和测定下限

项目	平行测定结果 /（mg/L）							标准偏差 /（mg/L）	MDL/（mg/L）	LOQ/（mg/L）
	1	2	3	4	5	6	7			
灭草松	0.092	0.101	0.093	0.092	0.075	0.089	0.088	0.0079	0.0245	0.1
2,4-滴	0.88	0.88	1.04	0.84	0.81	0.89	0.84	0.011	0.243	1

表 6-8　丰水期便携式液相色谱法检测灭草松和 2,4-滴的方法精密度和准确度

项目	平行测定结果 /（mg/L）							平均值 /（mg/L）	RSD/%	回收率 /%
	1	2	3	4	5	6	7			
灭草松	0.15	0.17	0.15	0.16	0.15	0.17	0.17	0.16	5.5	100 ～ 113
2,4-滴	0.015	0.013	0.015	0.015	0.015	0.016	0.014	0.015	6.5	96.3 ～ 107

表 6-9　枯水期车载液相色谱法检测灭草松和 2,4-滴的方法精密度和准确度

项目	平行测定结果 /（mg/L）							平均值 /（mg/L）	RSD/%	回收率 /%
	1	2	3	4	5	6	7			
灭草松	0.13	0.13	0.16	0.18	0.12	0.16	0.12	0.14	16.5	80 ～ 120
2,4-滴	0.016	0.016	0.014	0.012	0.014	0.014	0.016	0.015	10.4	80 ～ 107

6.2.6 质谱法

待测化合物分子吸收能量后在离子源的电离室中发生电离，生成分子离子，分子离子由于具有较高的能量，会进一步按化合物自身特有的碎裂规律分裂，生成一系列确定组成的碎片离子，将所有不同质量的离子和各离子的多少按质荷比记录下来，就得到一张质谱图。由于在相同实验条件下每种化合物都有其确定的质谱图，因此将所得谱图与已知谱图对照，就可确定待测化合物。质谱分析灵敏度高，样品用量少，分析速度快，分离和鉴定可同时进行。面对各种复杂的分析环境，特别是要求在现场快速检测的情况下，对便携式质谱仪的需求也越来越迫切。

6.2.6.1 便携式质谱法的原理

现在的便携式质谱仪多以车载形式出现，或者需要在预真空后才能脱离车载模式，在质量范围、质量分辨率、质量精确性等仪器性能上都存在一些不足。由于质谱仪传统部件的技术限制，小型质谱仪依然有待创新发展，随着科技的进步，这些制约问题将逐步得到解决。面向现场检测任务、适用性强是小型质谱仪的发展方向，在某些方面性能可达到现有大型质谱仪的水平，并以其便携的特点在更广泛的现场分析场合中发挥作用，是便携式质谱仪的发展策略。目前便携式气相色谱质谱仪和车载电感耦合等离子体质谱仪在水环境应急检测中应用较多。

（1）便携式气相色谱 / 质谱法

与传统气相色谱 / 质谱法原理基本相同。样品首先经过前处理，待测组分一般为气态或溶于沸点较低的溶剂中，之后通过进样系统引入仪器，然后由气相色谱柱进行分离，分离后的组分依次进入离子源进行电离，随后质量分析器根据质荷比 m/z 的不同对离子进行分离，通过质量分析器的离子最终由检测器检测，完成对样品的定性定量分析。

（2）车载电感耦合等离子体质谱仪

与传统电感耦合等离子体质谱法原理基本相同。根据元素的质谱图或特征离子进行定性，内标法定量。样品由载气带入雾化系统进行雾化后，以气溶胶形式进入等离子体的轴向通道，在高温和惰性气体中被充分蒸发、解离、原子化和电离，转化成的带电荷的正离子经离子采集系统进入质谱仪，质谱仪根据离子的质荷比即元素的质量数进行分离并定性、定量分析。

6.2.6.2 便携式质谱法的应用

（1）便携式气相色谱 / 质谱法

刘春莉等应用车载顶空-气相色谱 / 质谱法测定水中 22 种挥发性有机物的方法，顶空平衡温度和平衡时间的最优设置分别为 80℃和 30min。该方法各目标化合物分离良好，在目标化合物质量浓度在 5 ～ 100μg/L 范围内线性良好，相关系数均＞ 0.95，方法的检出限为

1.16 ～ 2.88μg/L，RSD 为 7.71% ～ 26.5%，加标回收率为 52.3% ～ 129%，能够满足应急监测工作的需要。

南淑清等建立了水中 14 种硝基氯苯的固相微萃取-便携式气相色谱 / 质谱测定方法。探讨了固相微萃取涂层和萃取温度、萃取时间、磁力搅拌时间及解析时间等条件对硝基氯苯类化合物萃取效率的影响。根据研究结果，确定萃取头为 PDMS/DVB（65μm），萃取温度为 60℃，磁力搅拌转速为 200r/min，萃取时间为 50min，解析时间为 0.5min。硝基氯苯类化合物的检出限为 1.37 ～ 3.57μg/L，在 0.01 ～ 0.50mg/L 间线性良好。实际样品加标回收率为 90.0% ～ 115%，相对标准偏差为 3.93% ～ 6.73%。

陈敏敏等用顶空便携式 GC/MS 对饮用水中 24 种 VOCs 进行了定性定量分析，其相关系数 $R > 0.991$，RSD<13.5%，平均回收率 89.28% ～ 107.12%。该方法快速、准确、重复性好，适用于饮用水中 VOCs 的应急监测工作。利用便携式 GC/MS 对两种饮用水样品进行现场分析，检出痕量的挥发性卤代烃。水样 1 中二氯甲烷为 0.21μg/L，三氯甲烷为 18.67μg/L；水样 2 中二氯甲烷为 0.66μg/L，三氯甲烷为 19.52μg/L，1,2-二氯乙烷为 0.14μg/L。

平小红等应用便携式 GC/MS 建立了快速测定 5 种鼠药的检测方法，5 种鼠药标准曲线在 4 ～ 40μg/mL 范围内线性良好，相关系数均大于 0.99，检出限为鼠甘伏及氟乙酰胺 5.0μg、毒鼠强 10μg、杀鼠迷 60μg、杀鼠灵 50μg，平均回收率 82.4% ～ 97.2%，相对标准偏差 3.48% ～ 8.69%。该方法简便、快速，回收率、精密度较好，可以满足现场应急定性定量检测鼠药的需要。

谢永明等应用便携式气相色谱-质谱联用仪在几分钟内快速测定饮用水中土臭素，通过使用软件的解卷积算法可以良好地分离检测到 20ng/L 土臭素。肖奎硕等应用便携式 GC/MS 对二硫化碳溶液中的甲苯进行了测定，进样量 2μL，大约在 2min 时出现甲苯的色谱峰、质谱峰，说明便携式 GC/MS 良好的色谱分离能力和质谱检测能力。刘立鹏等应用 EXPEC 3500 型便携式气相色谱-质谱联用仪现场测定了挥发性有机物，可达到 10^7 的动态检测范围。

本书作者应用便携式 GC/MS 建立了吹脱捕集-气相色谱-质谱法测定水中 26 种挥发性有机物的方法，26 种挥发性有机物的线性范围、检出限和测定下限见表 6-10 和表 6-11；建立了固相萃取-气相色谱-质谱法测定水中致嗅物质的方法，土臭素和 2-甲基异莰醇的线性范围、检出限和测定下限见表 6-12 和表 6-13。

（2）车载电感耦合等离子体质谱仪

当水体发生突发环境事件时，车载 ICP/MS 分析系统可快速响应到达现场，第一时间确定污染源，并持续监测追踪直到污染消除。胡玲等国内首次将电感耦合等离子体质谱仪（ICP/MS）与检测车相结合，应用于环境污染应急事件中水质监测。对车载 ICP/MS 分析系统各个指标进行分析，结果表明：其 21 种元素检出限为 0.001 ～ 0.411μg/L，高、低浓度加标回收率为 90.3% ～ 111.1%，精密度为 1.1% ～ 4.7%，系统长期稳定性（2h）为 0.38% ～ 2.2%。使用实验室 ICP/MS 比对，分别同时测定地表水和饮用水，相对误差为 1.1% ～ 9.1%。表明车载 ICP/MS 分析系统准确性与稳定性良好，性能与实验室 ICP/MS 一致。经过改良后的车载 ICP/MS 分析系统可在 15min 内抽真空至 3×10^{-6}mbar（1mbar=10^{-4}MPa）以内。

马超等提出的车载电感耦合等离子体质谱法（ICP/MS），可现场快速、同时测定地表水、地下水、海洋水和污水等水中的 22 种金属元素，具备未知污染物筛查功能，有检出限低、干扰少、准确度和精密度高、分析速度快等优点，可满足各类水质重金属污染事件的应急监测需求，是应对水质重金属污染突发环境事件的重要技术手段。

表 6-10　26 种挥发性有机物的线性范围

序号	化合物	标准曲线浓度范围 /（μg/L）	平均响应因子的 RSD/%	序号	化合物	标准曲线浓度范围 /（μg/L）	平均响应因子的 RSD/%
1	1,1-二氯乙烯	1 ～ 20	15.2	14	四氯乙烯	1 ～ 20	13
		10 ～ 100	14.1			10 ～ 100	18.8
2	二氯甲烷	1 ～ 20	19.7	15	氯苯	1 ～ 20	19.6
		10 ～ 100	9.2			10 ～ 100	13.7
3	反-1,2-二氯乙烯	1 ～ 20	16.2	16	乙苯	1 ～ 20	17.3
		10 ～ 100	14.3			10 ～ 100	14.4
4	顺-1,2-二氯乙烯	1 ～ 20	15.9	17	间二甲苯和对二甲苯	1 ～ 20	4.6
		10 ～ 100	14.1			10 ～ 100	13.2
5	三氯甲烷	1 ～ 20	16.9	18	苯乙烯	1 ～ 20	15.3
		10 ～ 100	13.6			10 ～ 100	15
6	1,1,1-三氯乙烷	1 ～ 20	14.8	19	邻二甲苯	1 ～ 20	10.5
		10 ～ 100	12.3			10 ～ 100	13.1
7	1,2-二氯乙烷	1 ～ 20	12.6	20	三溴甲烷	1 ～ 20	4.7
		10 ～ 100	15.6			10 ～ 100	16.9
8	四氯化碳	1 ～ 20	8	21	1,2-二氯苯	1 ～ 20	15.3
		10 ～ 100	15.9			10 ～ 100	18
9	苯	1 ～ 20	18.1	22	1,4-二氯苯	1 ～ 20	12.4
		10 ～ 100	15.6			10 ～ 100	16.1
10	三氯乙烯	1 ～ 20	16.5	23	1,3,5-三氯苯	1 ～ 20	17.6
		10 ～ 100	15.9			10 ～ 100	13.7
11	一溴二氯甲烷	1 ～ 20	10.2	24	1,2,4-三氯苯	1 ～ 20	16.6
		10 ～ 100	16.5			10 ～ 100	19.6
12	甲苯	1 ～ 20	16.6	25	六氯丁二烯	1 ～ 20	12.9
		10 ～ 100	15.7			10 ～ 100	13.2
13	一氯二溴甲烷	1 ～ 20	11.1	26	1,2,3-三氯苯	1 ～ 20	17.5
		10 ～ 100	14.4			10 ～ 100	17.4

表 6-11　26 种挥发性有机物的检出限和测定下限

挥发性有机物	平行测定结果 /（μg/L）							标准偏差 /（μg/L）	检出限 /（μg/L）	测定下限 /（μg/L）
	1	2	3	4	5	6	7			
1,1-二氯乙烯	3.37	3.77	3.53	3.57	3.86	3.80	3.28	0.22	0.70	4
二氯甲烷	3.44	3.88	3.90	3.74	4.07	3.64	3.87	0.21	0.65	4
反-1,2-二氯乙烯	3.63	3.79	3.76	3.76	4.15	4.30	3.73	0.25	0.79	4
顺-1,2-二氯乙烯	3.82	3.87	4.04	3.68	4.23	4.23	4.18	0.22	0.70	4
三氯甲烷	3.71	3.65	3.76	3.47	4.02	4.15	3.93	0.23	0.73	4
1,1,1-三氯乙烷	3.62	3.92	3.61	3.81	4.22	4.33	3.82	0.28	0.87	4

续表

挥发性有机物	平行测定结果 /（μg/L）							标准偏差 /（μg/L）	检出限 /（μg/L）	测定下限 /（μg/L）
	1	2	3	4	5	6	7			
1,2-二氯乙烷	4.05	4.08	3.57	3.65	4.08	4.15	3.77	0.24	0.74	4
四氯化碳	3.63	3.94	3.54	3.84	4.10	4.19	3.69	0.24	0.76	4
苯	3.79	3.78	3.87	3.47	4.20	4.18	3.98	0.25	0.79	4
三氯乙烯	3.67	4.05	3.91	3.79	4.23	4.36	4.15	0.25	0.64	4
一溴二氯甲烷	3.66	3.96	3.94	3.70	4.17	4.12	4.11	0.20	0.64	4
甲苯	3.83	3.83	4.04	3.53	4.04	4.04	4.20	0.22	0.69	4
一氯二溴甲烷	3.76	3.65	3.63	3.75	3.97	4.02	3.67	0.16	0.49	4
四氯乙烯	3.68	4.25	3.88	3.97	4.23	4.32	4.19	0.24	0.74	4
氯苯	3.70	3.80	4.01	3.64	4.14	4.21	4.11	0.23	0.67	4
乙苯	3.83	4.08	4.10	3.75	4.17	4.21	4.13	0.18	0.56	4
间二甲苯和对二甲苯	7.45	8.16	7.92	7.82	8.16	8.96	8.83	0.27	0.85	4
苯乙烯	3.63	3.94	3.85	3.72	4.39	4.22	4.00	0.27	0.84	4
邻二甲苯	3.74	3.94	3.99	3.59	3.97	3.82	3.79	0.14	0.46	4
三溴甲烷	3.80	3.87	3.49	3.71	3.95	3.81	3.71	0.15	0.46	4
1,2-二氯苯	4.05	4.04	4.07	3.93	3.99	4.13	4.21	0.11	0.34	4
1,4-二氯苯	3.89	3.99	4.17	4.18	4.10	4.05	3.98	0.09	0.29	4
1,3,5-三氯苯	3.87	3.95	4.23	3.96	4.32	4.08	4.19	0.17	0.53	4
1,2,4-三氯苯	3.72	3.56	3.90	3.96	4.19	4.17	4.13	0.24	0.75	4
六氯丁二烯	3.82	4.28	4.11	4.22	3.91	4.13	4.02	0.16	0.51	4
1,2,3-三氯苯	3.78	3.80	3.96	3.95	4.12	4.36	4.37	0.24	0.77	4

表 6-12　土臭素和 2-甲基异莰醇的标准曲线及线性范围

序号	化合物	标准曲线	线性范围	相关系数
1	土臭素	y=37030x−3298	0.1 ～ 1mg/L	0.998
2	2-甲基异莰醇	y=22871x−561	0.1 ～ 1mg/L	0.997

表 6-13　土臭素和 2-甲基异莰醇的方法检出限和测定下限数据

物质名称	标样 /（ng/L）	实测浓度 /（ng/L）							标准偏差 /（ng/L）	检出限 /（ng/L）	测定下限 /（ng/L）
		1	2	3	4	5	6	7			
2-甲基异莰醇	200	206	188	214	194	174	214	216	16.3	51.1	200
土臭素	200	238	238	200	240	226	208	230	15.8	49.6	198

本书作者应用车载 ICP/MS 法分别在枯水期和丰水期对黄河流域进行了方法验证，验证结果表明车载 ICP-MS 作为移动检测车快速检测设备，其精密度和准确度基本满足检测需求，通过复杂路况行驶后测试，行驶前后仪器检测的结果相差较小，具有良好的稳定性（具体数据见表 6-14 ～表 6-17），可满足水质检测单位日常督察和应急突发水污染现场检测需求。

表 6-14　车载 ICP/MS 法测定金属及非金属的标准曲线及相关系数

序号	化合物	标准曲线	线性相关系数 R^2
1	Tl	CPS=0.1691*C*+0.00003112	0.9999
2	Be	CPS=0.009943*C*+0.0003731	0.9998
3	Cd	CPS=0.01477*C*+0.0004832	0.9999
4	Sb	CPS=0.07802*C*+0.003298	0.9999
5	As	CPS=0.03111*C*+0.007302	0.9999
6	Pb	CPS=0.06755*C*+0.000000119	0.9999
7	Ni	CPS=0.05063*C*+0.02067	0.9997
8	Cr	CPS=0.07415*C*+0.03203	0.9996
9	V	CPS=0.001908*C*+0.002219	0.9995
10	Mo	CPS=0.02456*C*+0.02164	0.9995
11	Mn	CPS=0.5993*C*−0.2412	1.0000
12	Al	CPS=0.1194*C*+0.5975	0.9993
13	Fe	CPS=0.02878*C*+0.3033	0.9998
14	B	CPS=0.002223*C*+0.00933	0.9998
15	Ba	CPS=0.2125*C*+0.5434	0.9999
16	Co	CPS=0.2345*C*−0.6744	0.9999
17	Cu	CPS=0.1086*C*−0.4773	0.9999
18	Zn	CPS=0.1375*C*−0.3324	1.0000
19	Na	CPS=135.1*C*+14.33	1.0000
20	Se	CPS=0.001611*C*+0.0005306	0.9995
21	Ag	CPS=0.01451*C*+0.005721	0.9999
22	Hg	CPS=0.1033*C*+0.003284	0.9992

表 6-15　车载 ICP/MS 法测定金属及非金属的检出限和测定下限

元素	平行测定结果 /（μg/L）							标准偏差 /（μg/L）	检出限 /（μg/L）	测定下限 /（μg/L）
	1	2	3	4	5	6	7			
Tl	0.0004	0.0006	0.0006	0.0005	0.0006	0.0006	0.0004	0.0001	0.0003	0.0012
Be	−0.0323	−0.0335	−0.0323	−0.0323	−0.0315	−0.0313	−0.0325	0.0007	0.0022	0.0088
Cd	−0.0316	−0.0314	−0.0318	−0.0315	−0.0324	−0.0311	−0.0315	0.0004	0.0013	0.0052
Sb	−0.0296	−0.0279	−0.0292	−0.0285	−0.0295	−0.0282	−0.0293	0.0007	0.0022	0.0088
As	−0.0431	−0.06	−0.0453	−0.0571	−0.0397	−0.0482	−0.0431	0.0076	0.0239	0.0956
Pb	0.0332	0.0316	0.0317	0.0298	0.0314	0.0321	0.0311	0.0010	0.0031	0.0124
Ni	0.0813	0.0812	0.0882	0.0826	0.0904	0.0852	0.091	0.0042	0.0132	0.0528
Cr	−0.1887	−0.1903	−0.1875	−0.1794	−0.1825	−0.1784	−0.1823	0.0047	0.0148	0.0592
V	0.3256	0.2778	0.2933	0.2854	0.2942	0.3056	0.2876	0.0158	0.0496	0.1984
Mo	−0.8589	−0.8591	−0.857	−0.8602	−0.8597	−0.8592	−0.8601	0.0011	0.0035	0.0140
Mn	0.449	0.4484	0.4501	0.4497	0.4513	0.4497	0.45	0.0009	0.0028	0.0112

续表

元素	平行测定结果 /（μg/L）							标准偏差 /（μg/L）	检出限 /（μg/L）	测定下限 /（μg/L）
	1	2	3	4	5	6	7			
Al	−2.4779	−2.4609	−2.4359	−2.4899	−2.5041	−2.5109	−2.4456	0.0287	0.0901	0.3604
Fe	−1.7326	−1.6012	−1.5448	−1.5559	−1.4913	−1.6766	−1.6094	0.0820	0.2574	1.0296
B	−0.476	−0.4849	−0.5088	−0.648	−0.6141	−0.6885	−0.5784	0.0836	0.2625	1.0500
Ba	16.089	16.084	16.088	16.076	16.083	16.085	16.083	0.0042	0.0132	0.0538
Co	2.8916	2.8931	2.8916	2.8921	2.8922	2.892	2.8923	0.0005	0.0016	0.0064
Cu	2.2583	2.2769	2.2687	2.2596	2.2553	2.2503	2.2574	0.0090	0.0283	0.1132
Zn	−4.171	−4.1825	−4.2019	−4.2461	−4.2452	−4.2371	−4.2719	0.0374	0.1174	0.4696
Na	90.7	88.5	89.4	90.6	88.3	86.3	85.6	1.9727	6.1943	24.78
Se	−0.1905	−0.2129	−0.1813	−0.1848	−0.1843	−0.1787	−0.1788	0.0120	0.0377	0.1508
Ag	−0.3427	−0.3521	−0.3547	−0.3545	−0.3531	−0.3507	−0.3371	0.0067	0.0210	0.0840
Hg	0.011	0.0112	0.0098	0.0096	0.0096	0.0102	0.0102	0.0006	0.0019	0.0076

表 6-16　车载 ICP/MS 法对丰水期水源水测定结果

物质名称	测定结果（n=7）/（μg/L）							标准偏差 /（μg/L）	相对标准偏差 /%	回收率 /%
	1	2	3	4	5	6	7			
Tl	0.2070	0.2022	0.2022	0.2028	0.2100	0.2034	0.2088	0.0033	1.62	100.8
Be	4.3584	4.3164	4.1232	4.2834	4.281	4.3626	4.3572	0.0844	1.96	107
Cd	11.268	11.0868	11.0628	11.1354	10.8648	10.9494	11.1174	0.1308	1.18	110
Sb	10.7148	10.3572	10.4196	10.1844	10.1772	10.1892	10.1346	0.2069	2.01	102
As	23.3148	23.3922	23.5146	23.3022	23.2512	23.2980	23.3214	0.0868	0.37	111
Pb	19.5180	19.0668	19.1622	19.2276	19.5660	18.9480	19.3746	0.2303	1.20	95.8
Ni	40.0986	38.7480	39.8376	39.4116	39.9528	39.0996	39.2982	0.4918	1.25	94.2
Cr	122.358	119.904	121.800	122.382	123.768	126.966	128.682	3.0835	2.49	112
V	88.674	86.856	87.978	88.092	88.476	87.960	88.530	0.6104	0.69	86.9
Mo	151.914	144.702	146.352	143.184	142.680	143.658	142.146	3.3746	2.33	104
Mn	179.388	179.718	181.488	182.196	183.126	182.070	182.784	1.4565	0.80	85.2
Al	457.464	464.766	464.742	468.576	478.224	472.176	486.606	9.6731	2.06	98.0
Fe	563.250	554.442	559.164	560.532	561.144	561.918	571.896	5.2783	0.94	82.4
B	1123.08	1106.46	1106.64	1119.42	1104.18	1084.68	1090.26	13.9671	1.26	109
Ba	1474.74	1435.62	1442.28	1415.46	1420.14	1408.14	1399.62	25.3820	1.78	99.8
Co	2249.46	2224.08	2205.00	2203.56	2175.48	2152.08	2173.56	33.2170	1.51	110
Cu	1664.82	1677.78	1706.70	1742.34	1783.38	1752.66	1807.38	53.1215	3.06	86.7
Zn	1975.26	1981.38	2014.32	2073.30	2119.68	2084.46	2137.08	65.2643	3.18	103
Na	485.32	490.27	497.55	487.83	489.37	488.38	493.89	4.1001	0.84	120
Se	24.1698	23.5590	23.6586	22.7664	23.3742	23.4816	22.8402	0.4842	2.07	116
Ag	94.932	96.348	95.616	94.860	95.172	94.164	94.110	0.7890	0.83	94.7
Hg	2.1156	2.1426	2.1774	2.0736	2.0532	2.0976	2.0880	0.0423	2.01	105

表 6-17　车载 ICP/MS 法对枯水期水源水测定结果

物质名称	测定结果（n=7）/（μg/L）							标准偏差 /（μg/L）	相对标准偏差 /%	回收率 /%
	1	2	3	4	5	6	7			
Tl	0.2325	0.2290	0.2325	0.2315	0.2465	0.2365	0.2335	0.0057	2.44	116
Be	3.9765	3.8045	3.7030	3.7645	3.8065	3.9005	3.8375	0.0895	2.34	95.7
Cd	9.8305	9.9135	9.8260	9.7790	9.8105	9.8430	10.0175	0.0806	0.82	98.6
Sb	10.2950	10.2020	10.2675	10.2535	10.0580	10.1010	10.1260	0.0918	0.90	101
As	24.4370	24.8990	24.9550	25.4125	24.8890	25.3045	25.3280	0.3427	1.37	120
Pb	20.9450	21.0000	21.0620	21.2020	20.9895	20.7590	21.1820	0.1507	0.72	99.9
Ni	42.6185	42.3375	42.7215	42.9440	42.3870	42.8410	42.2160	0.2741	0.64	106
Cr	107.690	107.140	107.555	107.630	106.445	106.920	106.990	0.4559	0.43	107
V	117.395	116.615	117.955	118.130	117.475	118.635	117.365	0.6509	0.55	116
Mo	149.950	148.985	148.695	150.720	148.535	149.880	148.030	0.9509	0.64	107
Mn	199.820	199.865	197.895	200.715	201.060	200.330	198.940	1.0862	0.54	99.6
Al	420.130	417.135	421.135	421.100	431.960	419.355	415.585	5.2887	1.26	104
Fe	689.35	705.30	679.00	692.20	680.00	683.40	692.40	9.1261	1.32	114
B	1022.65	1022.60	1029.10	1032.70	1012.15	1056.75	1026.95	13.8634	1.35	101
Ba	1678.60	1677.70	1685.95	1676.00	1698.60	1683.70	1700.45	9.9696	0.59	118
Co	1887.05	1899.65	1900.65	1915.20	1917.20	1916.10	1900.25	11.3154	0.59	95.1
Cu	2068.75	2073.90	2046.65	2097.25	2085.40	2089.55	2070.25	16.7081	0.80	104
Zn	2066.20	2016.60	2019.50	1972.70	1959.15	1963.10	1948.40	42.9233	2.15	99.4
Na	403.14	405.08	402.93	410.96	408.48	412.44	406.39	3.7185	0.91	99.7
Se	20.9450	21.0000	21.0620	21.2020	20.9895	20.7590	21.1820	0.1507	0.72	104
Ag	102.200	104.018	102.254	103.360	103.200	102.956	103.284	0.6422	0.62	103
Hg	2.0915	2.1010	2.1100	2.0365	2.1525	2.1200	2.1090	0.0351	1.67	105

2015 年甘肃省陇南锑尾矿污染事件发生后，嘉陵江和西汉水 300 多公里河段锑浓度超标，污染区域跨甘肃、陕西、四川 3 省。由于当地水厂不具备锑的检测能力及设备，无法掌握锑污染实际浓度水平及状态，搭载 ICP-MS 的移动实验室进驻到广元市西湾水厂后立即工作，分别对取水口、配水井、出厂水、预沉出水、二沉出水、滤后出水、清水池等工艺环节进行 24h 连续检测，检测元素包括 Sb、Mn、Fe、As、Hg、Cr，检测全过程保持质量控制，ICP-MS 长时间连续使用 40 昼夜，数据质量稳定可靠，表明仪器具有很好的可靠性和环境适应性，为水厂净化过程监测、居民饮用水安全提供数据支撑。

2020 年春鹿鸣矿业“3.28”尾矿库泄漏事故，次生了我国近 20 年来尾矿泄漏量最大、应急处置难度最大、后期生态环境治理修复任务异常艰巨的突发环境事件。应急监测期间，共计有 4 台车载 ICP-MS 参与，紧随污水团的流向，随时在水团流经地建立应急实验室，现场采样，就地分析，快速实时监测污染物当前浓度，科学有效地完成了 7 个断面测试，分析样品 1340 个左右，成功地实现了“不让超标污水流入松花江”的目标。

6.2.7 酶底物法

6.2.7.1 酶底物法的原理

酶底物法（enzyme substrate technique）的原理是：利用大肠菌群细菌能产生 $β_2$ 半乳糖苷酶分解 ONPG 使培养液呈黄色，检测水样中是否含有大肠菌群。利用大肠埃希氏菌产生 $β_2$ 葡萄糖醛酸酶分解 MUG 使培养液在波长 366nm 紫外光下产生蓝色荧光，检测水样中是否含有大肠埃希氏菌。酶底物法有商品化试剂供应，实验操作简便，无需确认试验，可同时检测水样中大肠菌群和大肠埃希氏菌。如果改变培养温度，还可检测耐热大肠菌群。该方法检测周期短，18 ～ 24h 即可报告最终结果。可见该方法最大的特点是节省了时间和人力。

6.2.7.2 方法研究与应用

粪大肠菌群是能在 44.5℃±0.5℃温度下生长的耐热的大肠菌群，属于总大肠菌群的一部分，即属于革兰氏阴性无芽孢杆菌。粪大肠菌群是来源于粪便中的细菌，它与水中某些病毒有直接的关系，肠道病毒离开活的宿主不会繁殖，但在水环境中有显著的存活能力，存活时间长达数天或数月。水一旦被粪便污染，就存在肠道病原菌污染引起肠道传染病甚至流行病的可能。因此，粪大肠菌群的检测可准确及时地监控水源水受粪便污染的状况，为相关部门有效预报和控制流行疾病的发生与传播提供重要依据。

目前，粪大肠菌群的检测方法多为快速纸片法、多管发酵法、酶底物法等。快速纸片法以其操作简便、检测周期短等优点目前备受检测人员的青睐，但其尚未被认定为国家标准方法；酶底物法目前已经被世界各国及地方实验室和世界各组织机构认可，我国也已将其列入《生活饮用水标准检验方法（合订本）》（GB/T 5750.1 ～ 5750.13—2023）中，若其培养基实现国产化，这两项检测技术在未来具有广阔的应用前景。而经过改进的多管发酵法，如 EC 培养法、乳糖蛋白胨培养法，检测时间大大缩短，且无需验证试验。酶底物法具体检测方法：根据水样的污染程度，用无菌瓶取已适当稀释并混合均匀的待测水样 100mL，加入 Colilert（科立得）试剂 1 份，充分混匀溶解，倒入 51 孔或 97 孔定量盘，封口，放入 44.5℃±0.2℃培养箱中培养 24h 后与标准比色盘比较，孔中水样变黄者为粪大肠菌群阳性，据阳性孔数对照 MPN 表，再根据稀释度计算出原水样的粪大肠菌群数。

6.2.7.3 酶底物法的发展趋势

目前我国对生活饮用水进行卫生学评价，检测的微生物指标主要有大肠菌群、耐热大肠菌群、大肠埃希氏菌，这类指标是粪便污染的指示菌。经典的传统方法为多管发酵法，其检测周期较长，需 2 ～ 5h，阳性结果需验证试验，使得实验操作步骤较为烦琐，不能对生活饮用水的卫生学状况做出快速评价，特别是在抗震救灾特殊时期，如能实现微生物指标的实时监测，将极大地支持抗震救灾工作顺利实施，有力保障广大灾区人民群众生活饮用水的供水安全。因此，酶底物法作为一种快检方法，其快速简便的特点可以较好地弥补传统方法的不足。

酶底物法的主要缺点是培养基成分复杂，实验室配制困难，目前只有进口试剂可供选择，使得检测成本大为提高。如果能实现试剂的国产化，相信其应用会得到极大的推广。酶底物法的另一个缺点是，在运用于定量检测（51 孔定量盘法）时，其定量范围比多管发酵法窄。

酶底物法的最大检测值为 200.5MPN/100mL，而多管发酵法为 1600MPN/100mL。对于污染比较严重的生活饮用水，酶底物法的定量检测能力不如多管发酵法。遇到这类情况时如需应用酶底物法，则只能先将水样适当稀释后再进行检测。

6.2.8 发光细菌法

随着人类社会发展与进步，水污染亦日趋严重，严重威胁人类生命健康，日渐成为世界性的环境治理难题。近年来，研究者们提出了许多适于水体监测和评价的生物测试方法，其中发光细菌法由于反应快速、灵敏度高、成本低廉等优点得到广泛关注。20 世纪 70 年代末，国外科学家从海鱼体表分离出了发光细菌，用于检测水体的生物毒性，现已成为一种简单、快速的生物毒性检测手段。

6.2.8.1 发光细菌法的原理

发光细菌毒性试验是根据细菌发光强度与毒性物质之间的负相关性，以发光抑制率反映水体的综合毒性，该方法已被广泛应用。发光细菌含有 *lux* 基因，能够发出可见光，且分布非常广泛，多数菌种分布在海洋中，少数菌种分布在陆地上。现在已知的发光细菌有弧菌属（*Vibrio*）、发光杆菌属（*Photobacterium*）、希瓦氏菌属（*Shewanella*）和光杆菌属（*Photorhabdus*）4 个属，这些细菌均属于 γ-朊细菌组，为革兰氏阴性。

发光细菌法是利用灵敏的光电测量系统测定毒物对发光细菌发光强度的影响。发光细菌含有荧光素、荧光素酶、ATP 等发光要素，在有氧条件下通过细胞内生化反应而产生微弱荧光。当细胞活性升高，处于积极分裂状态时，其 ATP 含量高，发光强度增强。发光细菌在毒物作用下，细胞活性下降，ATP 含量水平下降，导致发光细菌发光强度的降低。实验显示，毒物浓度与菌体发光强度呈线性负相关关系，因而可以根据发光细菌发光强度判断毒物毒性大小，用发光度表征毒物所在环境的急性毒性。

6.2.8.2 发光细菌法的应用

发光细菌毒性测试方法从 20 世纪 60 年代开始受到重视，主要应用发光细菌来研究有机物对发光的抑制效应及其毒性，其后应用到金属的毒性测定中。

1981 年，Beckman 仪器公司推出了利用海水发光细菌测定污染物毒性的测试方法，并命名为 Microtox™。该方法通过将费氏弧菌（*Vibrio fischeri*）的冻干粉制成菌悬液，与含有 2% NaCl 的样品混合，15min 后测定发光值。由于该方法具有快速、简便、灵敏等优点，而迅速应用到有机物、金属和环境样品的毒性测定中。Kaiser 和 Palabrica 于 1991 年公布了利用 Microtox 测定 1350 种有机化合物的数据。其后，Microtox 广泛应用于河水、湖水、地下水和废水毒性的快速监测。Mutatox 是自 Microtox 面世后又一商业化产品，它利用从环境中分离得到的一株 *V. fischeri* 暗变种 M169，在碱基置换剂、移码剂等物质的作用下发生回复突变恢复发光能力而达到检测环境样品中基因毒性的目的。而由 CheckLight 开发的 ToxSreen 使用了两种不同的前处理缓冲液，增强受试菌对毒物的灵敏性，使其能有效地对水中的重金属阳离子、PAHs 和卤代烃等做出反应。

目前，国内外传统发光细菌法应用十分广泛，主要应用在重污染行业废水毒性的常规监测、地表水常规水质监测和评价、饮用水安全性常规评价、突发事件快速应急监测等方面。

（1）重污染行业废水毒性的常规监测

早在 1981 年，Bulich 等首先报道了采用明亮发光杆菌（*P. phosphoreum*）菌株进行废水毒性商业化检测的可能性，后来发展为成套的 Microtox 检验方法。此后，许多学者利用这种方法研究了工业废水的综合毒性。Ribo 在不同实验室用发光细菌法对不同时期的工业废水分别进行了急性毒性测定，对于这些组分复杂、化学分析不能完全说明其危害的工业废水，发光细菌法则具有较大的优越性。Lanciotti 等利用包括发光细菌法（*V. fischeri*）在内的多种生物毒性方法对组分复杂的纺织业废水进行了研究。Mekki 等分别用 LUMIStox 技术以及细菌生长抑制试验评价橄榄油磨坊废水，通过比较发现，LUMIStox 是一种比生长抑制试验更灵敏且具有更广底物谱的毒性试验。Somensi 的研究表明，原印染废水的毒性要高于经臭氧处理过的印染废水。

童中华等利用青海弧菌对印染废水中的 14 种染料进行了毒性检测，结果表明，发光细菌法比化学参数法更能准确地反映废水的生物毒性。张涤非等利用明亮发光杆菌 T_3 小种评价了炼焦煤气厂废水的综合毒性强度，并对污染物的单一毒性和联合毒性进行了剂量-毒性效应关系评估。董玉瑛等先后对啤酒、酿造、印染、化纤造纸等有机工业废水、镀铬化工废水及火电厂和污水处理厂各工艺段排水等做了发光细菌生物毒性测试。李劲等利用发光细菌测试并研究了洹河流域焦化、染料、制药、电镀、造纸、食品加工等不同类型工业废水的生物急性毒性，据此分析了河流水体急性毒性的污染类型、污染来源及与理化污染指标的相关性，提出了水质的急性毒性评价指标。

从国内外的研究情况可以看出，采用发光细菌法对重污染行业废水综合毒性进行常规监测所采用的菌种以明亮发光杆菌为主，且与理化分析方法具有相关性。发光细菌法可与化学分析、其他生物毒性试验等技术相结合，为工业废水毒性检测提供一种快捷的监测方法。

（2）地表水常规水质监测和评价

近年来，地表水系受到工农业污水的影响，水质持续恶化。发光细菌法因其独特的优势在地表水水质评价、监测方面具有可行性。

朱文杰等早在 20 世纪 80 年代就已经对苏州河的河水进行过多次毒性检测，所使用的菌种是由他们自己从东海分离出来的明亮发光杆菌 502 菌株。杜惠文等用发光细菌法对安阳市洹河水质进行了检测。王兆群等运用发光细菌法对淮阴市河流水质状况进行了监测，并认为该方法测出的水质毒性能够更好地反映出水质的污染状况。刘毅用发光细菌法来评价大凌河水、底泥的总体急性生物毒性，了解河流水质和底泥污染的情况。李钟玮等利用发光细菌法测定了大庆排水干渠水质污染的情况，结果表明，中央排污干渠、东排污干渠水质毒性大于西排污干渠，两类污水混合后流出物对水生生物的联合毒性会更强。Kratasyuk 等采用一套生物发光试验对森林里的一个小池塘的水质及被苯醌和蓝绿藻污染的实验室微生态系统进行了监测。Kuczynska 等将化学分析法与发光细菌法（*V. fischeri*）相结合，评价了离城市垃圾堆较近的地表水水样的综合毒性。郑天凌等采用发光细菌法检测了厦门大学海滨浴场、医院排污口、东大沟排污口的海水水样毒性。在采用发光细菌法进行地表水水质监测中，研究对象以河流较多，对海洋的研究较少，但广阔的海洋的污染程度逐年增加，不容忽视，这方面的研究有待进一步补充。

（3）饮用水安全性常规评价

美国在 1984 年洛杉矶和 1996 年亚特兰大奥运会期间，1991 年海湾战争、2000 年民主党全国代表大会期间以及目前美国军队和华盛顿地区的供水管道管理中都采用发光细菌法监测饮用水的安全性，还有许多欧美国家和地区如德国、加拿大等也都将该方法广泛应用于饮用水系统的安全和应急评估。Parkinson 等采用 Microtox 毒性检测仪对已经用光化学技术及催化光化学氧化技术处理过后的饮用水进行毒性检测。结果显示，饮用水水质毒性不明显。L Guzzella 等利用综合系统评价一种创新型饮用水处理方法的效果，综合系统评价中的毒性指标是采用 LUMIStox 毒性仪（所用发光细菌为 *V. fischeri*）分析的。朱岩在对常州城市饮用水源水环境质量生物学评价过程中用到发光细菌急性毒性实验，结果表明水源水质无急性毒性生物效应。潘海祥等利用生物发光细菌法对宁波供水体系中的 7 个主要水源、5 个水厂出厂水及相应的管网水水样连续进行了 2 次 / 月的发光细菌生物毒性监测，并建立了 17 个监测点的毒性控制限。张亚旦等用青海弧菌 Q_{67} 对生活饮用水卫生标准中规定的限制检出的 14 种物质配制的混合液进行了检测。结果表明，该混合液对发光细菌有明显的抵制作用，虽然单一浓度均在安全限制浓度以下，但其联合毒性十分明显，能够对生物和人造成严重影响。Microtox 毒性测试系统是 2008 年北京奥运会唯一采用的便携式毒性测试系统，该系统对饮用水处理系统和供水系统的连续检测保障了奥运会期间与会民众的饮水安全。2010 年，朱文杰等完成了利用青海弧菌检测水质的世博科技专项“快速检测饮用水中有害物质综合毒性的传感仪研制”课题。该技术只需在待测水样中加入微量淡水发光细菌，半小时内就可确定饮用水的安全性。发光细菌毒性试验快速筛选结果的可靠性及其操作的简便性、成本的合理性使之成为饮用水水质常规监测的有效手段，其中比较常用的是 Microtox 检测系统，已有多个国家将该系统应用于饮用水的监测。

（4）突发事件快速应急监测

在美国，城市中偶发的和蓄意性的污染特别引起关注，并采用以生物传感器为基础的 Microtox 毒性检测系统对突发性或破坏性的水源污染进行监测。岳舜琳等先后研究了用发光细菌法监测水质突发性污染的适用性及应用性，并建议国内水厂建立用发光细菌法监测水质突发性污染的制度。在“5 • 12”四川汶川地震发生以后，为保障救灾部队及灾区人民的饮用水安全，原成都军区环境监测中心站采用明亮发光杆菌毒性试验对原成都军区联勤部设在北川的供水部进行了水质监测。结果表明，该供水站出水对生物体的急性综合毒性为低毒。史元康等研究了发光细菌生物毒性检测在三氯丙烷水环境污染事故应急监测中的应用。杨虹等利用 Microtox Model 500 毒性检测仪对地表水进行发光细菌急性毒性监测，建立了地表水综合毒性基准线（范围），作为水质突变和毒性应急的指导依据。由于突发性水质污染监测的重要性，使得近年来各种在线监测仪应运而生。不同在线监测仪的原理基本相似，但各有各的特点，对不同在线监测仪所测数据的一致性问题有待进一步研究。

6.2.8.3　发光细菌法的发展趋势

发光细菌法用于环境样品毒性试验已有多年历史，在饮用水、污水、废水等方面都得到了广泛的应用。它不仅能够监测有机物，对水中重金属的监测也有着应用前景，是环境毒性检测的一种有效方法。

但这种方法亦存在细菌发光强度本质差异较大、检测期间发光自然变化幅度较宽、操作烦琐、重现性不佳、误差较大等不足。对此，科学家们不断地对其进行完善和补充。随着现代仪器和光电子技术的迅速发展，发光细菌技术和GC、GC/MS及荧光、紫外等大型分析仪器相结合，为克服以上不足，更加准确、定量地评价环境污染物急性毒性提供了保证。基因操作技术的引入更是大大扩宽了发光细菌法的应用范围，各种类型的生物发光传感器不断涌现。此外，荧光素酶的应用是发光细菌法另一个新的发展。由于缺少了细胞膜的保护作用，荧光素酶直接感受外界冲击，使得体外发光酶系统具有更高的灵敏性。将荧光素酶与NADH：FMN氧化还原酶耦合其他酶促反应组成新的发光体系，成为一种新的研究方法。随着科学研究技术的不断进步，发光细菌法会有更加广泛的发展。

目前，研究人员和检测单位使用的大多数是较早期而成熟的产品，如Microtox、CheckLight等。如果能改进发光细菌的适应性、重组发光菌的稳定性、活化保存技术和菌体的固定化技术等问题，基于发光细菌的应用产品将大量出现。

6.3 移动检测设备及国产化

针对环境水质移动检测关键问题，结合我国水质监测的重大需求，瞄准国际检测技术前沿，在国家重大专项、重点研发计划、科技支撑计划下，我国企业通过原始创新、集成创新或引进消化吸收再创新，突破了核心器件研制"卡脖子"技术，我国的水质监测设备和移动式水质检测集成装备取得了一系列重大突破，研发了一系列具有自主知识产权的有机物质因子检测设备、重金属因子检测设备和其他水质指标国产检测设备等为主的分析检测设备系统。部分成果已形成销售商品，实现国产化替代，并出口"一带一路"两个国家，提升了国产科学仪器设备品牌，在环境水质现场检测领域取得了很好的应用。

6.3.1 便携式水质分析仪

便携式水质分析仪结构小巧、使用方便，受时间和地点限制较少，能够快速判断水源水质污染程度，便于及时采取处理措施，并可现场评价处理措施效果，比远距离传统实验室分析优势明显，特别是在应对突发性事件中，具有不可替代的作用。

6.3.1.1 仪器的种类及工作原理

现有测量综合指标的水质分析仪，根据原理不同可分为两类：一类是基于化学方法原理的分析仪；另一类是基于光学方法原理的分析仪。

（1）基于化学方法原理的分析仪

基于化学方法原理的便携式分析仪检测采用模拟传统湿化学法的原理。水样测量前需做一定的物理或化学处理，测量时需要添加化学试剂，会对环境造成二次污染，测试步骤烦琐，耗时较长。市场上已经有基于化学法的便携式分析仪，如德国Novi公司的便携式多参数测定仪、意大利Nanna公司的便携式多参数测定仪、美国HACH公司的DREL系列便携式实验箱、中国华中科技大学的便携式多参数分析仪等。

（2）基于光学方法原理的分析仪

基于光学光谱原理的便携式分析仪主要采用紫外吸光度法和荧光法，这类仪器测试时不需要化学试剂、测量快速、操作简单。市场上基于光学分析原理的便携式水质分析仪有美国 EHA 公司的便携式水中有机物分析仪、Azur 公司的 InSpectra 分析仪、上海新仪微波化学科技生产的水中有机物快速测定仪、北京普析通用仪器有限责任公司研制开发的 PORS-15 系列便携式光谱仪等。

6.3.1.2 仪器的国产化进展

国内从事多参数水质监测仪研发时间较短，检测仪的工艺设计基础较薄弱。科技部“十五”设立科技攻关重点项目《光谱仪器的研制与开发》后，在系统集成和功能扩展等关键性技术方面有了一定的突破。北京普析通用仪器有限责任公司研制开发的 PORS-15 光谱仪就是其中的重点成果之一，被列入《北京市工业当前重点发展的技术和产品目录》。见图 6-4。

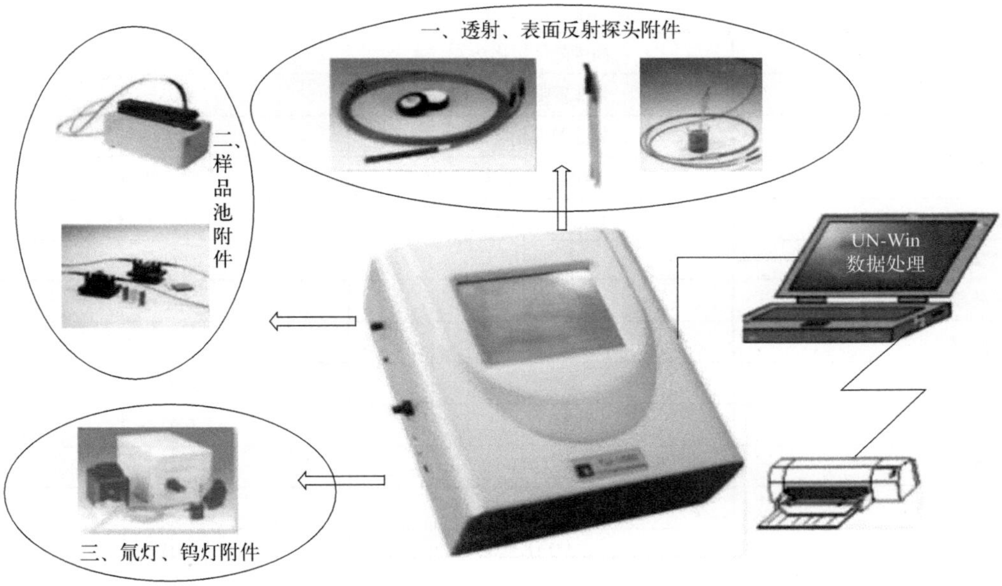

图 6-4 PORS-15 光谱仪系统配置图

PORS-15 光谱仪是我国第一款拥有自主知识产权的快速便携式光谱仪。仪器由主机、光源附件、样品测量附件组成，可独立完成光谱扫描、光度测量、定量测定及峰值检出等功能。配合外置紫外-可见一体化光源可进行 200 ～ 800nm 紫外-可见光段测量。适用范围比较广，可以检测 COD_{Cr}、COD_{Mn}、氨氮、六价铬、总铬、氰化物、总氰化物、硝酸盐氮、亚硝酸盐氮、可溶性磷酸盐、总磷、挥发酚、苯胺、锰、亚铁、可溶性总铁、总铁、硫酸盐、氯化物、余氯、总氯、氟化物、硫化物、阴离子洗涤剂、甲醛、尿素、浊度、铜、锌、铅、镍、镉、砷。见表 6-18。

表 6-18 便携式光谱仪检测参数及测定量程

检测项目	检测方法	测定浓度范围 /（mg/L）
COD	重铬酸钾法（高浓度）	100 ～ 1500
	重铬酸钾法（低浓度）	10 ～ 150
	碱性高锰酸钾法	1 ～ 10
六价铬 / 总铬	二苯碳酰二肼法	0.01 ～ 0.6

续表

检测项目	检测方法	测定浓度范围 /（mg/L）
氨氮	纳氏试剂法	0.03 ～ 2.5
	次溴酸盐氧化法	0.01 ～ 0.2
氰化物 / 总氰化物	异烟酸-巴比妥酸法	0.001 ～ 0.2
硝酸盐氮	镉柱还原法	0.02 ～ 0.5
亚硝酸盐氮	盐酸萘乙二胺法	0.01 ～ 0.2
可溶性磷酸盐 / 总磷	磷钼杂多酸光度法	0.02 ～ 0.4
挥发酚	直接法	0.02 ～ 2
	萃取法	0.003 ～ 0.06
苯胺	盐酸萘乙二胺法	0.05 ～ 4
锰	高碘酸钾氧化法	0.2 ～ 40
亚铁	邻菲罗啉光度法	0.05 ～ 3
可溶性总铁 / 总铁	邻菲罗啉光度法	0.1 ～ 3
硫酸盐	铬酸钡光度法	8 ～ 100
氯化物	硫氰酸汞光度法	0.5 ～ 50
余氯 / 总氯	DPD 法	0.06 ～ 1.6
氟化物	SPADNS 法	0.1 ～ 2
硫化物	亚甲蓝法	0.02 ～ 0.6
阴离子洗涤剂	亚甲蓝法	0.03 ～ 0.5
甲醛	AHMT 法	0.03 ～ 2
尿素	邻苯二甲醛法	0.2 ～ 16
浊度	分光光度法	3 ～ 100 度
铜	PADAP 法	0.05 ～ 4
锌	锌试剂法	0.2 ～ 16
铅	PAR 法	0.04 ～ 5
镍	丁二酮肟法	0.1 ～ 4
镉	镉试剂法	0.01 ～ 0.5
砷	二乙基二硫代氨基甲酸银法	0.08 ～ 0.6

军事医学科学院卫生学环境医学研究所开发研制的 SJ 2000 型多功能水质速测仪（图 6-5），采用模块化设计，其主控芯片采用 C8051F 410（内部 12 位 AD），可以满足光电检测器现场检测数据精度以 SMA 905 标准接口的光纤光源作为多参数水质检测仪的内置光源，灵敏度高，很容易检测出光强的微弱变化。仪器内置单片机，可实现预置 15 ～ 20 种待测物质的标准曲线和自动计算模块，具有数据校正功能。其中采用的微控芯片可对水质检测管颜色色阶进行自动辨析，提高了检测精度，减少了系统误差。简单、适用、稳定、准确的便携式水质快速测试仪器，实现了比色分析方法的初步创新。

对地表水和制浆厂废水等环境实际水样中的氰化物、氟化物、氨氮和硝酸盐等指标进行现场检测，和国家标准方法进行对比，结果没有显著性差异，能满足水质多参数现场快速定量检测的技术要求，可为水质的现场、实时、动态的分析提供简单、快捷的检测方法和手段。

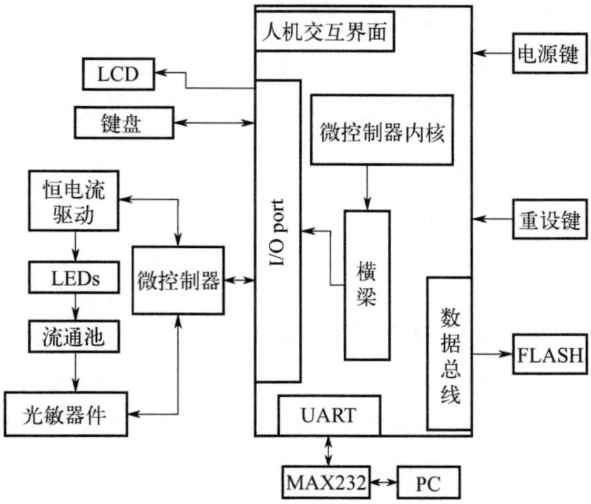

图 6-5　SJ 2000 水质多参数检测仪结构示意图

6.3.2　颗粒计数检测仪

颗粒物质是水体中的主要污染物之一，水中颗粒物会降低自来水的安全卫生程度，因为它们是各种污染物的载体。悬浮物质主要是泥砂、黏土、有机和矿物质颗粒，大部分来源于土壤和城镇街道径流，表层土壤以泥沙形式进入水体，造成水体中含沙量增加，从而增加了水的浊度，直接影响到水体的外观质量和生物稳定性，因此水中颗粒物是水处理的主要去除对象。经过净水设施后，安全、卫生的出水应不含任何威胁健康的颗粒物，至少将颗粒物的致病风险控制在可接受的水平。大量研究表明，颗粒物去除率越高，自来水越安全、卫生。因此颗粒物的检测已经成为水处理中一个重要的问题。

颗粒物检测技术广泛用于许多行业中，使用颗粒物浓度代替浊度来反映水中颗粒物含量更合理，这一理论已通过国内外大量的研究和应用数据得到充分证实。近年来，已出现多种用于水中颗粒物检测的颗粒计数和颗粒分析检测技术，可用来定性或定量地检测水中颗粒物的数量、粒径及分布情况。颗粒物检测技术作为一种检测水中颗粒物的有效手段，比浊度检测法更灵敏、更精确。

6.3.2.1　颗粒计数技术的分类

用于水处理领域的颗粒计数技术主要有两类：光电式检测方法和电感应检测方法。其中光学颗粒计数测量简称 OPC。根据其工作原理，可分为光散射式和光阻式两大类。二者工作原理虽有不同，但都是对介质中的颗粒逐个地自动采样和测量。测量目的为通过所测的粒径大小及数量来判断被测介质的纯净度是否符合要求。光散射式 OPC 和光阻式 OPC 各有其特点和应用范围。

一般情况下，光散射式 OPC 用于对小颗粒（粒径≤ 1.5μm）的测量，而光阻式 OPC 用于对较大颗粒的测量。也可将两种原理结合在一套测量装置中，用光散射原理测量小颗粒，用光阻原理测量大颗粒，以使二者都能在较优化的条件下工作并实现较宽的测量范围。电感应法是利用电学原理测定颗粒大小和数目的一种方法。使悬浮在电解质中的颗粒通过一小孔，在小孔的两边各浸有一个电极，颗粒通过小孔时电阻变化而产生电压脉冲，其振幅与颗粒的体积成正比。电感应法测量下限能达到亚微米量级，但由于颗粒通过小孔的位置不同时表现的电抗不同，会给测量带来偏差，而且由于被测溶液必须导电，所以如果被测液体不导电的话，就必须加入导电溶液，因此影响了测量速度以及测量成本。

6.3.2.2 颗粒计数技术的原理

（1）光电法

1）光散射式颗粒检测技术

光散射法是一种基于光散射原理的颗粒检测方法，也就是当纯净介质中存在颗粒时（无论是固体颗粒、液滴还是气泡），光束穿过该介质时就会向空间四周散射，而光的各个散射参数则与颗粒的粒径密切相关，这样就为颗粒测量提供了一个尺度。按照仪器所接收散射信号的不同，又可将光散射分为米氏散射和夫琅禾费衍射。

2）光阻式顺粒检测技术

被测液体流过横断面很小的通道，通道两侧装有光学玻璃窗口，来自恒定光源的细小光束穿过该窗口并被另一侧的光电元件接收，细小光束与通道界面构成了测量区或敏感区。若流过测量区的液体中没有颗粒，则光电元件给出的光信号保持为恒定不变；反之，若有一个颗粒流过测量区，将会对光束产生一个“遮挡”作用，使光电元件接收到的信号减小并给出一个负脉冲信号。脉冲信号的幅值与颗粒的粒径相关，从而为粒径的测量提供了一个方法。

（2）电感应法

电感应法又称为 Coulter 法，它是测定颗粒大小和数目的一种方法。使悬浮在电解质中的颗粒通过一小孔，在小孔的两边各浸有一个电极，颗粒通过小孔时电阻变化而产生电压脉冲，其振幅与颗粒的体积成正比。这些脉冲经过放大、辨别和计数，从演算的数据可测得悬浮的颗粒大小分布。这种方法最初应用于血球计数，Kubitschek 加以修改后用于细胞计数，并指出这一原理可用来测定细胞体积的分布及其计数，其后很快发展了各种改良的仪器，用于测定颗粒大小和计数。

6.3.2.3 颗粒计数仪的应用

在线颗粒计数仪（on-line particle count monitor），能够检测出被测水样中颗粒物的粒径和各粒径对应的颗粒物数量。在进行净水厂水质分析以及检测过程中，利用颗粒计数和检测方法可以分析沉淀池和滤池出水中颗粒物质的尺寸和数量，精细控制出水水质。具体应用有：

① 采用强化混凝工艺可以显著提高水中污染颗粒物的去除效果，检测人员可根据水质指标的变化及时准确地调节混凝处理单元，降低沉淀池出水浊度。

② 采用适宜的颗粒计数检测分析方法监测滤后水，可改善过滤工艺流程，延长滤池工作周期，完善反冲洗环节，保障过滤出水的安全性。

③ 颗粒计数检测技术还可用于水中病原微生物数量检测，有效控制水中生物污染程度，提升水质安全。

6.3.2.4 颗粒计数仪的国产化

目前在我国市场上销售的颗粒计数仪主要是美国的 IBR、HACH、CHEMTRAC 等，最早是 2004 年引进的 IBR 颗粒计数仪，2008 年杭州绿洁水务科技有限公司整体收购了 IBR 颗粒计数仪产品线。其中，GR-1500A 台式激光颗粒物分析仪的传感器采用激光透射原理（图 6-6），当水样中的颗粒物通过检测通道时，入射光束被检测通道中的粒子遮挡而减弱，光强检测器产生脉冲信号。脉冲信号的多少反映粒子的数量，脉冲信号的大小反映粒子的尺寸。

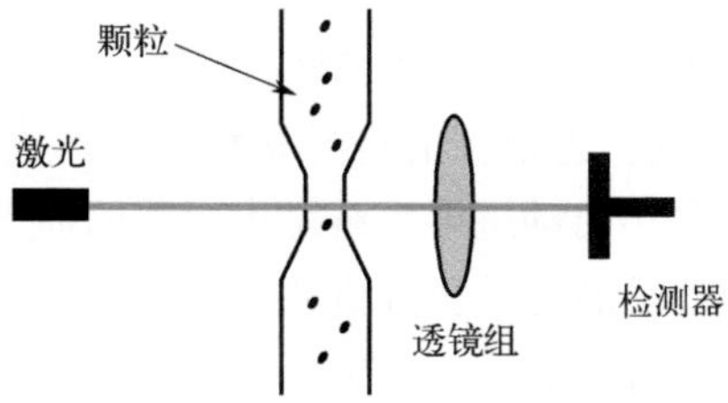

图 6-6　GR-1500A 台式激光颗粒物分析仪的原理图

依据《城镇供水水质在线监测技术标准》（CJJ/T 271—2017）等规范标准，研究单位依托“十三五”“水专项”设备材料课题开展了台式便携式颗粒计数仪和在线颗粒计数仪的相关验证工作。见表 6-19 和表 6-20。

表 6-19　实验验证指标分类表

性能指标	效果指标	验证周期
颗粒数范围	量程不小于 0 ～ 3000 个 /mL	2 个月
粒径范围	粒径范围不小于 2 ～ 100μm，粒径分区不少于 8 个	
零点漂移	零点漂移≤ 5 个 /mL	
粒径测量相对误差	粒径测量相对误差≤ 3%	
粒径测量分辨率	粒径测量分辨率≥ 90%	
颗粒计数相对误差	颗粒计数相对误差不超过 ±10%	

表 6-20　济南 5 个水厂颗粒计数仪验证评估结果

指标	验证结果	评估结论
颗粒数范围	0 ～ 3000 个 /mL	合格
粒径测量相对误差	≤ 3%	合格
零点漂移	≤ 5 个 /mL	良好
计数重复性	±10%	合格
粒径区间设置	2 ～ 100μm 可设置	合格
平均无故障运行时间	≥ 720h	合格
运行成本	约 1200 元 / 年	合格
颗粒粒径范围	2 ～ 100μm	合格

从验证的试验结果来看，国产化的颗粒计数仪在其技术先进性、技术可靠性、性能稳定性和经济适用性 4 个方面具有一定的市场竞争力。与进口产品比较，本书作者研究联合单位研发的颗粒计数仪具有检测限宽（最低检测粒径是 1.5μm）、价格低、国产化率高、操作简便、与国内系统集成匹配度高，特别是具有自主的知识产权等优点。

6.3.3　便携式气相色谱仪

近年来，在国家大力扶持下，我国便携式气相色谱仪研发取得了很大进步，如中国科学院大连化学物理研究所 GC-2100、北京东西分析仪器有限公司 GC-4400、上海精密科学仪器有限公司 GC 190、河南中分 2000 等便携式气相色谱仪均得到市场认可。

6.3.3.1 结构组成

便携式气相色谱仪基本结构与传统气相色谱仪相同，由载气系统、进样系统、色谱柱、检测器等几部分组成。便携式气相色谱仪的进样系统有自动进样装置，也配有普通的进样口，接受手动的注射器进样。其中自动进样系统是由内置的抽气泵完成气体样品的现场自动采集，通过阀件和定量管实现样品的定量和自动进样，因此利用顶空装置还可以分析水样。

便携式气相色谱仪常用载气有“超纯空气”(其中的烃类化合物必须低于 10^{-7} 级)、氩气、氮气和氦气等，可以使用的色谱柱有填充柱或毛细管柱，且可并联多根不同性能的色谱柱，分别用于分离重、较重和较轻的组分。便携式气相色谱仪的检测器有固态热导检测器 SSD、光离子化检测器（PID）和表面声波检测器等几种类型。

6.3.3.2 关键技术突破

便携式气相色谱仪的研制难点就是色谱柱加热系统微型化的问题，包括色谱柱加热模块微型化及温度控制系统微型化问题。而适用于微型色谱仪的温控技术对于整机的便携化更关键，因为温控的精度会关系到色谱仪的出峰结果。与大型气相色谱仪所使用的单片机温度控制系统不同，嵌入式温度控制系统电路简单，芯片较少，占用空间较小。因此嵌入式的温控技术对色谱仪的微型化意义重大。

6.3.3.3 主要种类及其国产化进展

（1）固态热导气相色谱仪

科分 GC-2100 微型气相色谱仪是科技部“九五”科技攻关项目以及中国科学院“八五”和“九五”重点应用基础研究项目的成果。GC-2100 型微型气相色谱仪（m-GC）采用固态热导检测器（SSD）检测技术和集成化整体结构，无故障运行时间达 7000h 以上。标准配置内径 1mm 不锈钢微填充柱，也可配置 0.53mm 内衬石英不锈钢毛细管柱。220V 市电或用户指定的低压交流或直流供电，单气源、定体积阀进样，可分析各种沸点≤ 200℃的挥发性组分。整机有全密封结构型，能抗沙漠风沙、震动、电磁干扰。GC-2100 既适用于油气田、电力部门、野外和军事基地等现场测试，也适用于实验室分析样品。样机已被多家单位用于野外现场分析测试，试验证明 GC-2100 型微型气相色谱仪具有高可靠、高性能、消耗极低的特点。

（2）光离子化气相色谱仪

GC-4400 型便携式光离子化气相色谱仪是北京东西分析仪器有限公司研制的光离子化气相色谱仪，质量轻，核心是真空紫外光源和离子化池。气体样品经进样口注入后由载气带入色谱柱。被测物质经色谱柱分离后进入离子化池，离子化池的上盖为真空紫外无极放电灯的窗口，两侧是电极。电极收集在真空辐射下产生的离子，并产生离子电流，电离电流经放大后，由数据采集器和色谱工作站进行数据处理、记录、显示和存储。仪器使用的载气是合成空气，不需要易燃易爆的氢气和助燃气体，灵敏度高，检测限低，可进行 μg/L 级痕量有机及部分无机气体分析，线性范围可达到 5 个数量级以上。见图 6-7。

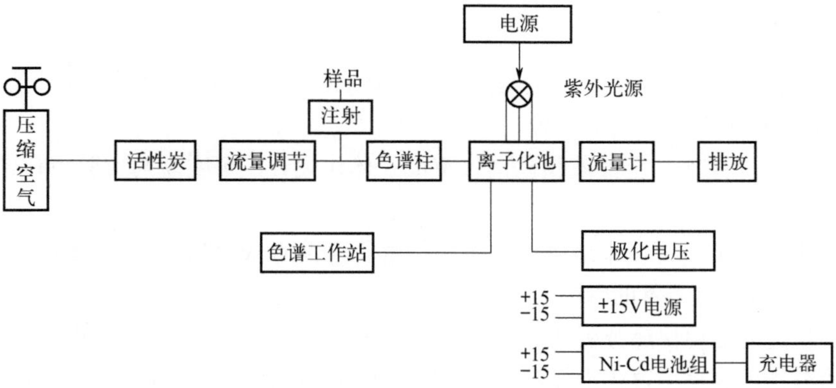

图 6-7　便携式光离子化气相色谱仪的工作原理

目前便携式气相色谱仪的主要色谱检测器还是以 SSD 为主，应用范围有限。PID 虽然能够检测有机物，但是它寿命周期仅 1 年，需要经常校正，对不同有机物的响应值相差很大。表面声波检测器具有通用性和高灵敏度，但是允许的操作温度不能高于 60℃，只能分析挥发性组分。

6.3.4 便携式液相色谱仪

近年来，伴随着现场和绿色低能耗分析检测以及灵活多变的联用技术的色谱偶联需求，现有大型 LC 仪器微型化便携式的趋势愈发凸显。尤其是随着电子、光学、微加工技术的进步和毛细管整体色谱固定相的出现以及相关微型化检测技术的不断发展，便携式小型化 / 微型化 LC 仪器不断涌现。

6.3.4.1 结构组成

便携式液相色谱仪由输液系统、进样器、色谱柱、连接管道和检测器等部分组成（图 6-8）。除了具有普通液相色谱仪特点外，还具有以下特点：仪器和箱体总质量轻，包装后能承受公路、铁路及航空等长途运输，有利于携带至现场操作；性能达到常规色谱仪器指标要求，并能在特殊环境中使用。

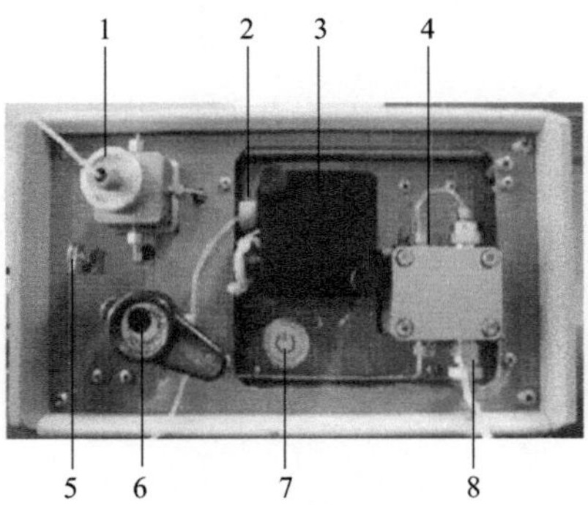

(a) 前面板结构

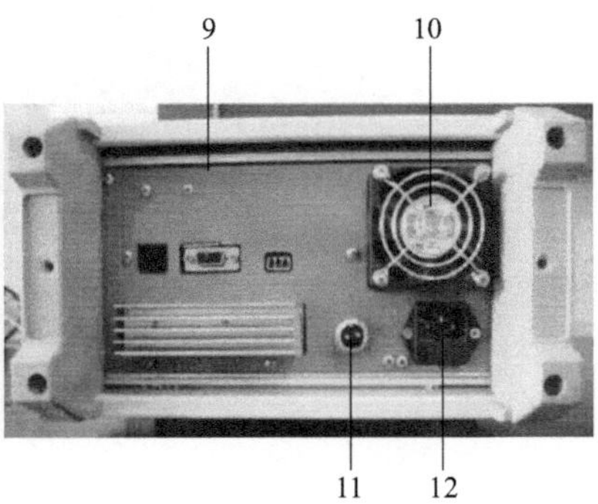

(b) 后面板结构

图 6-8　便携式液相色谱仪前面板和后面板的结构

1—压力传感器；2—废液口；3—流通池；4—泵头；5—进样阀废液出口；6—进样阀；7—电源开关；8—流动相进液口；9—信号线接口；10—风扇；11—车载电源接口；12—220V 电源接口

6.3.4.2 关键技术突破

便携式液相色谱仪的研制，并不是实现实验室 HPLC 在体积上的缩小和功能上的简化，其突出的创新点体现在以下几个方面。

① 可移动独立操作，全部液相色谱仪集成一体化设计，可实现与实验室色谱检测相同的色谱条件。

② 内置平板电脑，可在本地操作或通过色谱仪内置的 Wi-Fi 网络进行数据采集及处理，采集的数据可通过电脑内置的网络连接上传数据至主服务器。

③ 色谱仪配套专用快速分析柱，所有分析柱根据应用需要定向开发，并进行优化。

④ 色谱分析所需试剂置放于仪器内部，便于携带和保存。试剂可满足 12h 的分析测试。

⑤ 模块化的高压输液泵和检测器设计，可根据不同需要定制梯度模块和多波长检测模块等。

⑥ 所有设备供电为 DC 24V，与车载电源兼容。

6.3.4.3 国产化及应用研究

张晓丹等按《液相色谱仪》（JJG 705—2002）检定规程评价了其所在实验室自行研制的便携式高效液相色谱仪的输液系统和整机性能，并应用便携式高效液相色谱仪对 8 种药品进行了快速检测。按“输液系统的评价”方法检测了泵流量设定值误差（SS）和流量稳定性误差（SR），均达到标准的要求；按“整机性能的评价”方法检测样品色谱峰保留时间和峰面积的相对标准偏差均在标准要求范围内。

付强等研制了一种 *p*-μLC 仪器，结构紧凑，体积小，质量轻，防水、抗震，方便携带，适于野外现场检测使用。*p*-μLC 仪器包括了自主设计研制的大推力注射泵、毛细管整体柱、自制的高亮度二极管和脉冲氙灯光纤光源及改进结构的紫外-可见 / 荧光检测装置，可以实现恒流洗脱和梯度洗脱分离模式，并根据样品的特性可选用紫外-可见吸收或荧光检测；在具备了基本的色谱分离和检测功能的同时，实现了微型化便携式。应用甲基丙烯酸酯 C_{18} 有机聚合物毛细管整体柱，在等度洗脱模式下，在 *p*-μLC 上分离了烷基苯化合物混合样品，其分离检测效果可以与商品化大型 HPLC 仪器相媲美。见图 6-9。

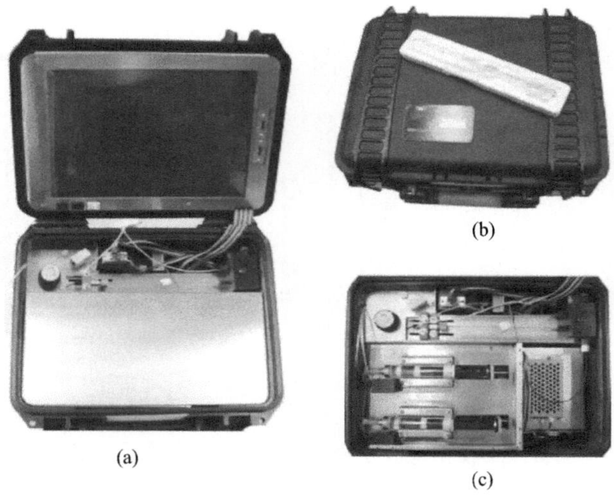

图 6-9　*p*-μLC 照片

6.3.5 便携式离子色谱仪

为适应不同情况，满足突发性、广域性和机动性检测，迫切需求离子色谱仪能身赴现场，快速检测。车载 / 便携式离子色谱仪应运而生，它不仅保持了实验室型离子色谱仪的准确性优势，更以便携、现场、快速检测的特点弥补了实验室型离子色谱仪的应用缺陷。

6.3.5.1 结构特点

相对于传统离子色谱仪，便携式离子色谱仪结构配置上具有一定的特点：

① 温控系统　对进样阀、色谱柱、电导池、抑制器进行温度管理，确保不同环境下检测结果的一致性。

② 分离系统　细管径色谱柱，信号响应值高，淋洗液使用量少。

③ 检测系统　将抑制器与电导检测池集于一体，缩减了柱后死体积，改善峰形，有效提高了样品检出限。

④ 多种供电方式　内置电子控制系统，配置大容量锂电池，可一次满负荷充电满足 8h 连续工作，还可通过实验室、监测车的 220V 电源充电。

⑤ 质量轻，方便携带，能够适合实验室、检测车、现场检测。

6.3.5.2 国产化进展

（1）车载离子色谱仪

CIC-D160 车载离子色谱仪（图 6-10）是青岛盛瀚色谱技术有限公司研发的一款全新模块化设计的高稳定性离子色谱仪，结合盛瀚自主研发核心技术和国外机械加工工艺于一身，不仅可配置电导检测器，结合色谱工作站和电路控制系统，CIC-D160 车载离子色谱仪还可以配置安培检测器、紫外检测器、紫外-柱后衍生系统，实现涉及环境、食品、化工、地质等众多领域的常规阴阳离子、糖、氨基酸、其他小分子有机酸、氰根等的分析。在 G20 杭州峰会以及厦门金砖会议期间，车载离子色谱仪跟随检测车参加了现场检测，保障了饮水安全。

（2）便携式离子色谱仪

CIC-P60 便携式离子色谱仪（图 6-11）是青岛盛瀚色谱技术有限公司研发的一款可由单人携带操作，并能在环境恶劣的事故现场进行准确定性定量分析的分析仪器。该仪器利用低流速技术，信号响应值高，淋洗液携带量少，能够及时快速地对事故现场的无机污染物进行

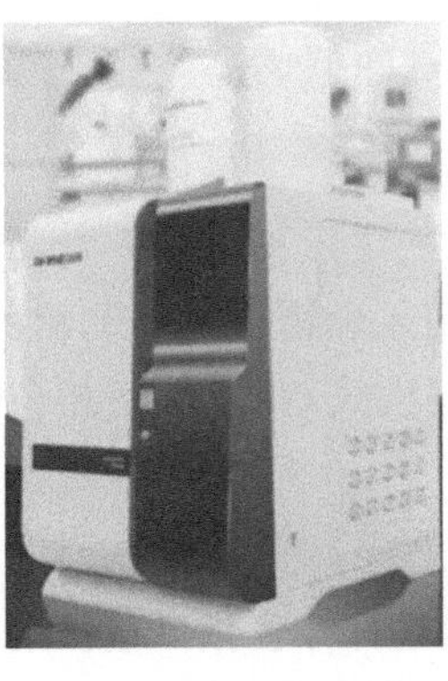

图 6-10　CIC-D160 车载离子色谱仪

图 6-11　CIC-P60 便携式离子色谱仪

准确定性和定量检测，主要应用于公安、环境、固体废物、石油化工等领域中无机物的现场分析。

EP-600D 型便携式离子色谱仪由北京历元电子仪器有限公司开发。一体化设计主机，同时兼容淋洗液发生器，自动进样器配置。HP-3525 双柱塞平流泵，采用阿基米德原理研发而成，全 PEEK 流路，防止金属离子对抑制器色谱柱的损害。对于户外以及应急监测具有良好的使用体验；双电极电导池，内部结构温度可控。MES-100A 为自主研发实用新型抑制器，其阴离子抑制器可通过电解方式实现再生，不需加酸。

6.3.6 便携式气相色谱-质谱联用仪

现场检测中应用气相色谱-质谱联用法的仪器为便携式气相色谱-质谱联用仪（gas chromatography-mass spectrometer，GC-MS）。便携式 GC-MS 因具有便于移动、分析速度快、定性定量精准等优点，已成为一种重要的现场检测分析仪器，在生化战剂检测、应急检测、法医分析和环境监测等领域得到广泛应用。

6.3.6.1 结构组成

便携式 GC-MS 是在传统的 GC-MS 上发展而来的，在原理上两者没有本质区别，其基本结构如图 6-12 所示，可以分为色谱和质谱两大核心部分。

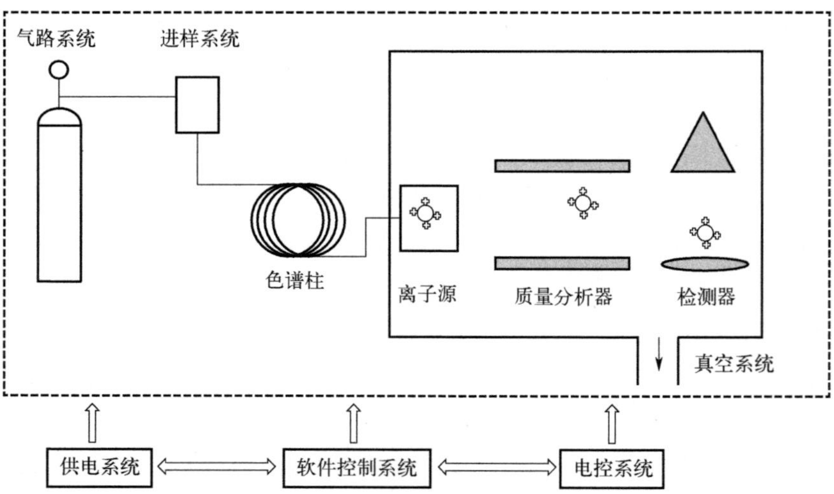

图 6-12 便携式 GC-MS 结构示意图

(1) 气相色谱部分

便携式 GC-MS 的气相色谱部分承担的主要任务为样品的进样和分离。首先需要将样品从外界引入仪器，之后通过控制气路系统利用载气将样品带入色谱柱对待测组分进行分离，分离后的组分依次导入质谱，由质谱部分完成最终检测。便携式 GC-MS 气相色谱部分一般可分为进样系统、气路系统和分离系统。

1）进样系统

气相色谱的进样系统一般包括进样器和进样口，常见的进样器包括微量注射器、固相微萃取进样器和顶空进样器等，进样口有气体进样口和带汽化室的分流 / 不分流进样口两种。

气体进样口可通过内置的采样泵对气体样品进行主动式抽取，不需联用进样器，可实现对气体样品的自动进样。分流 / 不分流进样口能与微量注射器、固相微萃取进样器及顶空进样器等联用，实现对气体、液体和固体多种基质中目标物的进样，但需手动进样。目前，仅部分便携式 GC-MS 产品兼有气体进样口和分流 / 不分流进样口。

2）气路系统

气路系统一般由气源、气路管道、压力计、流量计、控制气体压力或流量的阀门等器件组成。气路系统主要承担将样品由进样系统引入分离系统、将分离后的组分引入质谱、控制色谱柱的恒压或者恒流模式和对气路进行吹扫等任务。

3）分离系统

气相色谱分离系统主要包括色谱柱、色谱柱连接件和柱温箱等。传统的利用循环的空气给色谱柱加热的柱温箱具有体积大、功耗高和升降温速率慢等缺点，不适用于便携式 GC-MS。低热容（low thermal mass，LTM）色谱技术的出现不仅提高了色谱柱温控系统的升降温速率，缩短了分析时间，而且减小了温控系统体积、降低了温控系统功耗，该技术已在便携式仪器设备中得到广泛应用。

（2）质谱部分

便携式 GC-MS 的质谱部分的主要功能是完成对样品的分析检测，主要包括离子源、质量分析器、检测器、真空系统和控制及数据采集处理系统。

1）离子源

离子源是质谱仪中最重要的部分，其作用是将分子转化成气态离子，将离子聚焦并加速进入质量分析器。离子源主要由电离室、离子导向装置、灯丝、磁铁等器件组成，其主要功能是将进入质谱的样品电离为带电离子，然后对带电离子进行聚焦、加速并送入质量分析器。按使用的目的有多种形式，GC-MS 中多采用电子电离（electron ionization, EI）离子源，其结构简单、体积小、应用范围广，结构示意如图 6-13 所示。

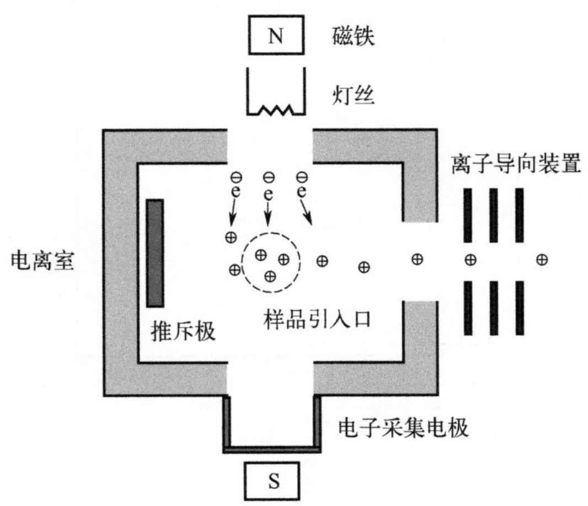

图 6-13　电子电离离子源结构示意图

其他形式的离子源，如化学电离源（CI）、场解吸化学电离源（FD）、场致电离源（FI）、表面电离源（STI）、快速原子轰击电离源（FAB）、电喷雾电离源（ESD）、大气压化学电离源（APCI）、基质辅助激光解吸电离源（MALDI）等也可用于定量分析。使用何种电离方式取决于样品的状态（液体、固体）、挥发性和热稳定性、需探寻的样品信息类型（分子结构或序列分析）。

2）质量分析器

质量分析器的功能是在其内部电场或磁场的作用下，将从离子源产生的带电离子按照质荷比 *m*/*z* 的不同进行分离和检测，根据碎片离子信息得到化合物的质量信息。常见的质量分析器可以分为磁场式和电场式两类，磁场式质量分析器有扇形磁场式质量分析器和傅里叶变换离子回旋共振质量分析器，电场式质量分析器有四极杆、离子阱、飞行时间和轨道阱等质量分析器。这几种常见的质量分析器均有小型化样机被开发出来，其中小型化的四极杆质量分析器和离子阱质量分析器具有结构简单、体积小、价格便宜等优势，广泛应用于小型化质谱中，目前市面上常见的便携式 GC-MS 所用质量分析器也均为四极杆和离子阱。

3）检测器

检测器位于质量分析器的出口端，主要功能是对通过质量分析器的离子进行检测。离子通过质量分析器后，所有的离子都需要经过检测器将离子转换成电信号才能被记录分析。根据检测器的特性和应用，大致可以分为无增益式离子检测器与增益式离子检测器两种，常用的无增益式离子检测器有法拉第杯和电荷检测器，增益式离子检测器有电子倍增器和微通道板（microchannel plate，MCP）。质谱的检测器使用最广泛的是电子倍增器（EM）。电子倍增器的原理是让离子撞击到容易释放出二次电子的材质表面，二次电子经由重复撞击相同材质连续放大二次电子数目后，再记录二次电子数量，达到检测目的。由于每个电子碰撞材质表面可产生数个二次电子，所以经过多次撞击后，可以让一个入射离子产生数百万个以上的二次电子，达到放大离子信号的效果。检测器产生正比于到达检测器离子数目的电信号。

4）真空系统

真空系统一般由真空腔、真空泵、真空计和真空管路等组成，如图 6-14 所示。真空泵一般需串联低真空和高真空两种泵以保证质谱部分工作所需真空度。低真空泵也被称为前级泵，包括机械泵、隔膜泵和涡卷式泵等；高真空泵也称为次级泵，包括涡轮分子泵、扩散泵和低温泵等。

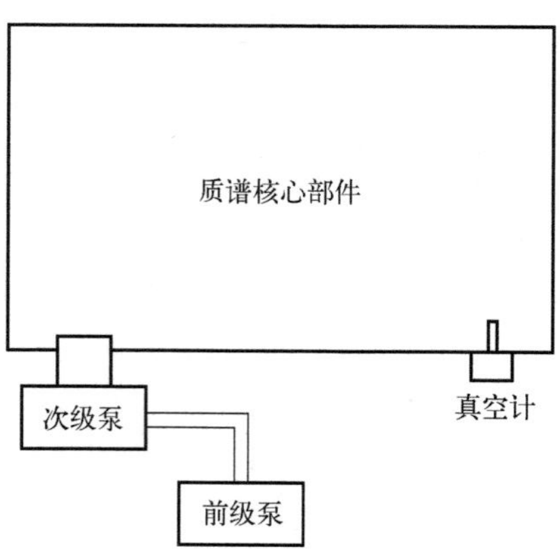

图 6-14　质谱真空系统结构示意图

5）控制及数据采集处理系统

仪器控制系统的功能是整合、控制所有硬件设备的运行，让用户可以通过上机软件直接进行采集分析工作。数据采集处理系统的主要功能是完成气相色谱-质谱联用仪分析过程中的参数设置和仪器运行状态的显示，完成对检测数据的采集、处理、保存、显示和数据库检索等。

6.3.6.2 关键技术突破

传统的 GC-MS 体积大、质量重、分析速度慢、功耗高，且对工作环境要求高，无法满足现场检测分析的要求。环境监测、突发污染事故应急处理和反恐斗争等领域对现场检测需求的日益增多，推动了便携式 GC-MS 的发展。为了便于携带，且能够在现场快速分析得出准确结论，便携式 GC-MS 要做到“小、轻、快、低”，即体积小、质量轻、分析速度快、功耗低。目前，针对便携式 GC-MS 的相关技术研究主要集中于色谱和质量分析器的小型化、低热容色谱技术。

（1）质量分析器

质量分析器是气相色谱-质谱联用仪中最重要的模块之一，其在很大程度上决定了气质联用仪最终的体积和重量，因此质量分析器的小型化研究对便携式 GC-MS 的发展具有重要意义，不同质量分析器在小型化的过程中各有优劣。

1）小型化四极杆质量分析器

四极杆质量分析器是最常见的小型质量分析器。它定量能力好，对工作真空度的要求较低，预真空时间短，能够在较高气压（10^{-1}Pa 级）下工作。但其定性能力不足，需与气相色谱联用以增强总体分析能力。

利物浦大学 Syms 等制作了极杆直径为 0.5mm 的微型四极杆质谱仪，其质量范围上限为 *m*/*z* 100，在 *m*/*z* 40(Ar^+)10% 峰高处峰宽为 *m*/*z* 2.7。极杆安装在绝缘硅材料的 V 形槽基底上，使用额外的夹具保证装配的精度，但是射频高压会使极杆发热导致焊接处软化。后来 Geear 利用微电子机械系统（micro electro mechanical system，MEMS）技术对其进行了改进，将精密加工的金属圆柱电极以平版印制技术和深度蚀刻技术固定在绝缘体硅片中，最后连同离子源、检测器共同装在一真空法兰上，成为一块芯片质谱。Inficon 公司的 HAPSITE 便携式 GC-MS 就采用了类似的技术，由 Holkeboer 等研制的小型四极杆质量分析器可用于残余气体分析。极杆半径为 0.013 英寸（0.330mm），在 *m*/*z* 28，10% 峰高处峰宽为 *m*/*z* 0.9，工作气压高达 1Pa。虽然在气压高于 2×10^{-1} ～ 3×10^{-1}Pa 时灵敏度有 50% 的损失，但对 Ar^+ 的响应在 10^{-3} ～ 10^{-1}Pa 范围成线性。四极杆质量分析器尺寸的减小使其传输率和分辨率受到限制，需要更有效的离子源和更高频率的射频电场。

2）小型化离子阱质量分析器

离子阱质量分析器虽然在分辨率和质量精确性上不如傅里叶变换离子回旋共振质量分析器（Fourier transform-ion cyclotron resonance，FT-ICR）和飞行时间质量分析器（time of flight，TOF），但其小型化仍有一些优点：高灵敏度，这在环境监测和过程痕量监测中非常重要；可以做串级质谱分析，解析分子结构。其缺点在于操作流程复杂，而且需要射频电场；当极杆尺寸减小时，为保证其分辨率需要更高的驱动电压和频率，这可能导致极间放电。

普度大学 Cooks 研究组研制出一种基于矩形离子阱的多通道微型质谱仪，在一真空腔内有 4 组平行的离子源-质量分析器-检测器通道组成阱阵列，可同时对多组样品进行高通量分析，获得不同样品的谱图。Ramsey 和 Written 等也对微型芯片式离子阱质量分析器进行了探索。他们利用微机电加工技术制作出了半径为 20μm 的微型圆柱形离子阱阵列，制造出可在 10^{-2}Pa 下工作的“芯片阵列质谱仪”。

3）小型化飞行时间质量分析器

与其他质量分析器相比，飞行时间质量分析器具有结构简单、灵敏度高和质量范围宽等优点，但是与四极杆质量分析器及离子阱质量分析器比较起来，飞行时间质量分析器需要更低的工作气压，因此需要更高性能的真空泵。飞行时间质谱的分辨力与尺寸成正比，体积过小将影响高分辨能力的发挥，这成为制约飞行时间质量分析器小型化的重要因素。TOF 分析过程需时最短，在小型化的同时也能保持高通量，但其分辨能力与尺寸有关，不利于小型化，另外 TOF 所需的脉冲离子源便携化也有较大的困难。Syage 等则趋向于发展便携式快速 GC-TOF-MS 联用仪，以适应野外现场实时检测的需求，并兼顾高分辨和串级能力，这些飞行时间质量分析器的尺寸在传统基础上减小为$\frac{1}{5}\sim\frac{1}{10}$，性能可以满足一些分析场合的需要，结构较为简单。

4）静电场轨道阱傅里叶变换质量分析器

Makarov 发展了一种基于静电场的新型轨道阱傅里叶变换质量分析器——Orbitrap。该分析器由一个纺锤状中央电极和一个与之共轴的桶状外部电极组成，电势分布可用四极场加对数场表示。与 FT-ICRMS 相同，离子可用镜像电流（image current）检测，然后用快速傅里叶变换（fast Fourier transform，FFT）得到质谱图。Orbitrap 质量分析器十分小巧，最大直径＜7cm，分辨能力与尺寸无关，所以在小型化仪器上仍然可以保持 10 万（FWHM）的分辨力，非常适合于作为便携式质谱仪的分析器，缺点在于需要较高的真空度。

（2）低热容（low thermal mass，LTM）色谱技术

质谱仪的小型化并不局限于质量分析器。质谱小型化的难点在于减小真空系统、进样系统、电源等的尺寸，研制出真正小型化的质谱仪或气质联用仪，而不是单纯使质量分析器小型化。除了减小体积和降低重量之外，降低功耗和缩短分析时间也是 GC-MS 由实验室向便携式发展需要解决的重要问题。

目前降低功耗和缩短分析时间的研究主要集中于 GC-MS 的色谱模块。在传统的 GC-MS 中，基本都是利用柱温箱中循环的空气给色谱柱加热。利用循环空气加热色谱柱的方式无法满足现场检测对快速升降温的需求，并且柱温箱系统体积较大、功率高，因此不适合用于便携式 GC-MS 色谱模块中的空气给色谱柱加热。Sloan 等发展了 LTM 色谱技术，很好地满足了现场检测的需求。

LTM 色谱技术的基本原理是：利用电阻加热丝直接加热色谱柱，将色谱柱、包有绝缘陶瓷纤维的加热丝和温度传感器通过一定的方式缠绕组合成一个圆环，在圆环外部包裹铝箔，最大限度地提高热交换面积和减小组件的暴露表面积，利用程序控制升降温。通过这种电阻加热丝直接加热色谱柱的方式，能在提高加热效率和升降温速率的同时降低功耗。Sloan 等研制的 LTM 色谱柱，升温速率最高能达到 20℃/s，并且功率仅为 1 ～ 5 W/m。Smith 等将 LTM 色谱技术和车载式质谱仪结合，在野外仅用 5min 就对水和空气中沙林、芥子气、T_2 毒素等质量范围为 140 ～ 466amu 的化合物进行了测定，而利用实验传统的 GC-MS，则需花费 20 ～ 30min。LTM 色谱技术不仅能提高加热效率、缩短样品分析周期，而且功耗更低、体积更小，已在现场检测分析领域得到广泛应用。

6.3.6.3 便携式 GC-MS 国外发展现状

国外便携式 GC-MS 相关技术发展较早，技术相对成熟，20 世纪 70 年代车载式气质联

用仪就开始应用于现场检测分析领域。随着气相色谱和质谱等核心模块小型化技术的发展，商品化的便携式气质联用仪在 21 世纪初相继被开发出来，生产厂商较多。1992 年，美国犹他大学 Meuzelaar 等研发出了便携式 GC-MS 的原型，能对 μg/L 级的 VOCs 进行监测。美国 Inficon 公司于 1996 年推出了世界上第一款商业化四极杆类型便携式 GC-MS。

目前国际上已经出现了很多便携式移动小型质谱仪和气质联用仪产品，如 Inficon 公司的 HAPSITE ER 便携式气相色谱-四极杆质谱联用仪、PerkinElmer 公司的 Torion T-9 便携式气相色谱-离子阱质谱联用仪、Flir 公司的 Griffin G 510 便携式气相色谱-四极杆质谱联用仪、Bruker 公司的 CBMS 离子阱质谱仪和 MM^2 四极杆质谱仪、Kore 公司的 MS-200 飞行时间质谱仪、ConstellationTechnology 公司的 CT-1128 四极杆气质联用仪等。还有部分产品可脱离车载服务舱一段时间，成为单兵便携式仪器装备，如 Inficon 公司的 HAPSITE 气质联用仪、European Spectrometry Systems 公司的 ecoSys-P 四极杆质谱仪等。其中 Inficon 公司生产的 HAPSITE 气质联用仪能够快速可靠地现场分析空气、水和土壤中有毒工业物质、挥发性有机物及化学武器等危险不明物。包括美国国防部在内的多国安全部门将其应用于应急响应、有害废物现场调查、环境污染确定、室内空气质量检测、工业过程安全监控和挥发毒性有机物定性等诸多领域。

目前，新开发的用于现场检测的 CT-1128 便携式 GC-MS 是一个独立的系统，它采用了安捷伦 5973N 质量选择检测器（MSD），经气相色谱分离后，待测物质的分子通过电子轰击源而离子化，并断裂为可预测的形式。这项技术可为准确的质谱库查对提供真实、经典的质谱。进样口为分流 / 不分流进样器，该进样器可与直接液体注射或固相微萃取（SPME）注射器兼容。通过 SPME 可以完成对气体、液体和固相基体的分析。这样可以实现快速从液体或固体样品中萃取挥发性化合物。还有一个可选的内置样品加热器 / 混合器，可加快从固体和液体基体中萃取挥发性化合物的速度。快速 GC 柱箱可对进样口、色谱柱和输送管进行独立的温度控制。色谱柱的温控箱的特点是可使用两级梯度从环境温度程序升温至 325℃，最高速率为 60℃ /min。CT-1128 通过减少等待时间并加快结果处理更快速地分析样品，另一个特点是其内置、可现场充气的机载氢气罐，气罐的使用时间可达 160h。CT-1128 采用 MSD Productivity ChemStation 软件进行数据采集和分析，随 CT-1128 提供的美国国家标准技术研究所 / 环保署 / 国家卫生研究所（NIST/EPA/NIH）质谱库可快速识别 150000 多种化合物。

Inficon 公司生产的 HAPSITE 野外便携式 GC-MS 是新一代现场分析仪，应用范围从现场环境调查到紧急应变。仪器含气瓶和电池的总质量只有 16kg。它的色谱柱箱具备温度编程功能，扩展了可测分析物范围和缩短了分析时间；微阱注入模式使 HAPSITE 可检测 10^{-9} 范围的化学物，而标准的闭环注入提供 $10^{-9} \sim 10^{-6}$ 范围的直接分析。内置的 GPS 系统使 HAPSITE 可自动记录取样位置的经度和纬度，以及野外数据、时间和日期。全套装备齐全的 HAPSITE GC-MS 坚固牢靠，容易使用；野外使用配有可充电电池，24V 转换器用于有外电源的情况下。美国环保组织的环境技术鉴定项目将 HAPSITE 的现场结果与参考实验室采用 USEPA 8260A 方法所得的分析结果相比较，说明“HAPSITE 可用于各种应用，范围从扫检调查所提供快速分析结果至可与离线实验室所得结果直接比较的精确数据”。

6.3.6.4　便携式 GC-MS 国产化现状

国内相关技术研究起步晚，技术相对薄弱，国内的市场主要被国外的便携式 GC-MS 产品占领，因此进行便携式GC-MS相关技术的研究，在提高国内质谱仪器的研发能力和国产便携式GC-MS产品的竞争力、防止“卡脖子”现象等方面具有重要意义。“十一五”期间，国家自然科学基金等项目加强和注重仪器的研制工作，以便携、现场、无损检测仪器的研制作为分析化学学科的优先资助方向之一。

2010年国内首款离子阱类型便携式GC-MS Mars-400产品由杭州聚光科技有限公司推出。Mars-400的主机质量只有14kg。Mars-400结合低热容气相色谱技术与离子阱质谱技术，发挥在混合物分离、定性检测、准确定量、结构分析方面的优势，具有分析快速、定性准确、轻巧便携和检测灵敏度高等特点。

移动式GC-MS通过变更温度敏感的元器件和对无法更换的温度敏感元器件进行控温的方式扩大便携式GC-MS的工作温度范围；同时对EI内离子源的离子光学进行优化，提升了仪器的检测灵敏度，同时降低了离子阱装配难度，保障移动式GC-MS可在现场或车载环境下使用，适用于较宽的温度范围。

质谱真空系统结构见图6-15（书后另见彩图）。

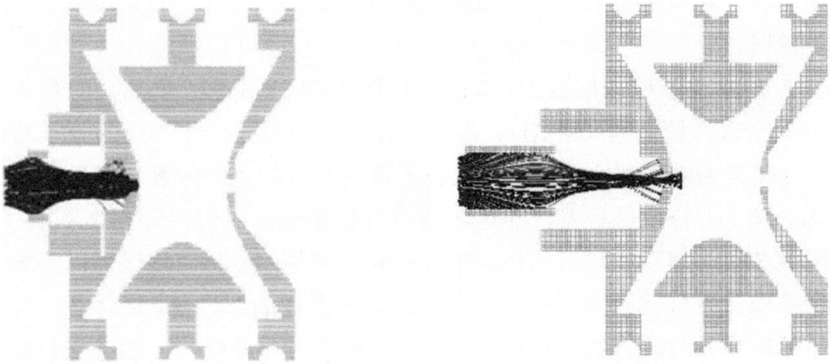

(a) (b)

图6-15　质谱真空系统结构示意

随着对该领域的重视与研究技术的发展，国产便携式GC-MS取得了一定进步。哈尔滨工业大学姜杰教授团队研发了一款混合离子阱类型的便携式GC-MS原理样机，样机重量为17.5kg；杭州谱育科技发展有限公司的EXPEC 3500和宁波盘福生物科技有限公司的Qit Venture1两款离子阱类型便携式GC-MS产品也相继推出。

6.3.7　车载式电感耦合等离子体质谱仪

电感耦合等离子体质谱（inductively coupled plasma mass spectrometry，ICP-MS）是20世纪80年代后发展起来的分析测试技术，它是以独特的接口技术将电感耦合等离子体（ICP）的高温电离特性与四极杆质量分析器（MS）的快速灵敏扫描的优点相结合而形成的一种元素和同位素分析技术。ICP-MS具有样品制备和进样技术简单、质量扫描速度快、运行周期短、所提供的离子信息受干扰程度小等优点。对于大多数元素而言，有着极低的检出限。几乎可以取代传统的元素分析技术，被公认为最理想的无机元素分析方法。ICP-MS广泛应用于环境监测、地质科学、生物科学、农业生产、材料科学、冶金工业、医药学领域、食品检测法医检测以及最新的毒品检测、新能源检测等领域。

6.3.7.1 ICP-MS 的分类及组成

目前世界上 ICP-MS 技术较多，从质量分析器的技术而言，有四极杆质谱、飞行时间质谱、磁质谱、离子阱质谱，以及多检测器同时测量型质谱。ICP-MS 主流的产品为四极杆质谱，有部分场合采用飞行时间质谱（ICP-TOF），高分辨场合采用磁质谱，在 ICP-MS 上较少采用离子阱技术的质谱。

ICP-MS 仪器系统由进样系统（雾化器、雾化室、蠕动泵、半导体制冷装置等）、等离子体炬管、接口（又称锥口，由采样锥与截取锥组成）、离子透镜、碰撞反应池、四极杆滤质器、检测仪、仪器控制和数据处理的计算机系统等部分组成，另外辅助装置为真空系统和循环冷却水系统。典型的 ICP-MS 仪器的基本结构见图 6-16。现代等离子体质谱系统中绝大多数还包括碰撞 / 反应池系统，利用碰撞反应消除或减少多原子离子干扰，扩大仪器的应用范围。

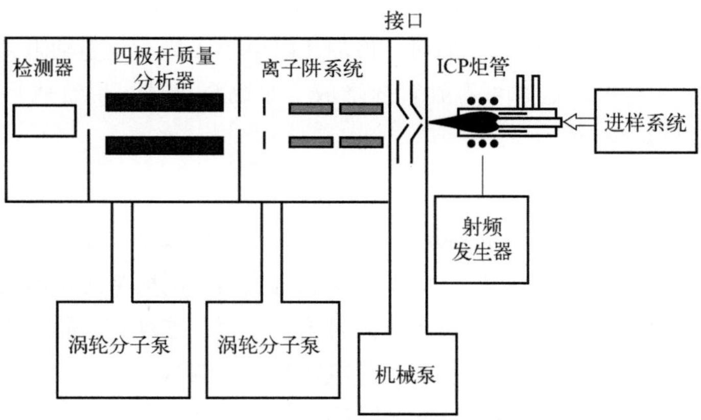

图 6-16　典型 ICP-MS 仪器结构示意

（1）进样系统

进样系统是 ICP-MS 的重要组成部分，它对分析性能的影响很大。ICP 要求所有样品以气体、蒸气和细雾滴的气溶胶或固体小颗粒的形式引入中心通道气流中。样品导入的方式很多，主要分为三大类型：溶液气溶胶进样系统（如气动雾化或超声雾化法）；汽化进样系统（如氢化物发生法、电热汽化、激光剥蚀以及气相色谱等）；固态粉末进样系统（如粉末或固体直接插入或吹入等离子体）。不论采用哪种样品引入方法，最终的目的是在质谱仪入口处形成离子，即通过上述的样品引入过程，将载流中分散得很细的固体颗粒蒸发、原子化和电离。不过，在这三类样品引入方式中，目前最常用最基本的还是溶液气动雾化进样系统。大多数 ICP-MS 系统都将气动雾化器作为标准配件。

（2）离子源

ICP-MS 对离子源的要求：

① 易于点火；

② 功率稳定性高；

③ 发生器的耦合效率高；

④ 对来自样品基体成分或不同挥发性溶剂引起的阻抗变化的匹配补偿能力强。

（3）等离子体炬管

通常使用的炬管是“Scott Fassel”型设计。它由 3 个石英同心管组成，即外管、中间管和样品注入管。外管内径 18mm，长大约 100mm。中间管内径 13mm，样品注入管内径 1.5mm，这两个管的开口端都短于外管的开口端。炬管的主要作用是使等离子体放电与负载线圈隔开以防止短路，并借助通入的外气流带走等离子体的热量和限制等离子体的大小。炬管的材料，现在多用石英。样品注入管一般采用石英、氧化铝、铂金以及蓝宝石等制成。炬管水平安放在 RF 线圈的中间，离接口 10 ～ 20mm。当电源接通，有高频电流通过线圈时，在石英管内产生交变磁场。如在石英管中插入一根铜棒，则铜棒内产生感应电流，可把铜棒加热到很高的温度，这就是高频加热的原理。如用氩气代替铜棒，因氩气是非导体，电源接通后，石英管内没有反应，不能产生感应电流。若用一高压火花使管内气体电离，产生少量电子和离子，则电子和离子因受管内轴向磁场的作用，在管内空间闭合回路中高速运动，碰撞中性原子和分子，使更多的气体被电离，很快形成等离子体。因石英管内的电磁场方向和强度都是随时间而变化的，所以电子在每半周中被加速。被加速的电子（离子）遇到阻力（电阻）产生焦耳热，因此又增加了电离。这时可看到管内形成一个高温火球，用气体将高温火球吹出管口，即形成等离子体焰炬。

（4）射频发生器

ICP 使用的射频发生器（RF generator）有两种基本类型，即自激式（频率漂移）振荡器和晶控型（他激式，频率固定）振荡器。自激式发生器的频率由振荡线路和负载线圈参数（包括等离子体的成分，因为它将影响等离子体的阻抗）控制。这种发生器是由一个电子管同时完成振荡、激励和功率输出等功能。其优点是电路简单，调试容易，当振荡电路参数变化引起频率迁移时有自动补偿作用，对功率输出影响较小。

（5）接口

接口是整个 ICP-MS 系统最关键的部分。ICP-MS 对离子采集接口的要求是：

① 最大限度地让所生成的离子通过；

② 保持样品粒子的完整性，即其电学性质基本不变；

③ 氧化物和二次离子产率尽可能低；

④ 等离子体的二次放电尽可能小；

⑤ 不易堵塞；

⑥ 产生热量尽可能少；

⑦ 易于拆卸和维护。

（6）离子聚焦系统

离子离开截取锥后，需要由离子聚焦系统传输至质量分析器。此处的离子聚焦系统与原子发射或吸收光谱中的光学透镜一样起聚焦作用，但聚焦的是离子，而不是光子。透镜的材料及聚焦原理也不是基于光学透镜，而是静电透镜，尽管有时也称其为“光学透镜”（optical lens）或“离子光学系统”（ion optics）。离子聚焦系统位于截取锥和质谱分离装置之间。它有两个作用：一是聚集并引导待分析离子从接口区域到达质谱分离系统；二是阻止中性粒子和光子通过。离子聚焦系统的整个 ICP 质谱仪的设计是关键一环。它决定离子进入质量分析器的数量和仪器的背景噪声水平。一个好的离子聚焦系统应该是保持离子束成分和电学完整性不变的前提下具有最高的离子传输效率，即具有灵敏度高、背景低、检出限低、信号稳定的特征。离子聚集系统由一组静电控制的离子透镜组成，其原理是利用离子的带电性质，用电场聚集或偏转牵引离子。光子以直线传播，所以离子以离轴方式偏转或采用光子挡板，就可以将其与非带电粒子（光子和中性粒子）分离。透镜将一个定向速度传输给离子，使离子吸向质量分析器，并将离子保留在真空系统中，而不需要的中性粒子则被泵抽掉。目前，有多种不同的离子聚焦系统的设计，但其基本作用是相同的。尽管有时称其为离子光学透镜，但它们的工作原理及结构与 ICP-AES 或 AAS 传统光学透镜并不同。所谓的“透镜”实际上是由一组金属片（例如安捷伦的透镜系统）或一个金属圆筒（例如 PE 的透镜系统）组成，其上施加一定值电压。每个离子透镜的电压都可以根据不同的分析离子调至最佳化。有些离子透镜系统在截取锥之后有一个或两个提取透镜（extraction lens），其作用是从接口区牵引离子进入透镜系统。这可改善轻质量元素的传输能力，提高其检出限，在全质量范围内得到较为一致的响应信号。因为轻质量元素易被重质量元素排斥出离子束。

（7）四极杆质量分析器

通过离子聚焦系统的离子束进入四极杆质量分析器。质量分析器置于离子光学系统和检测器之间，用涡流分子泵保持真空度为 10^{-6} Torr（1Torr=133.322Pa）左右。质量分析器的作用是将离子按照其质荷比（m/z）分离。四极杆 ICP-MS 仪器应用最早，已经是一种非常成熟的常规痕量分析仪器。目前，绝大多数 ICP 质谱仪是四极杆系统。

（8）离子检测器

四极杆系统将离子按质荷比分离后最终引入检测器，检测器将离子转换成电子脉冲，然后由积分线路计数。电子脉冲的大小与样品中分析离子的浓度有关。通过与已知浓度的标准比较，实现未知样品的痕量元素的定量分析。

6.3.7.2　ICP-MS 的国外发展现状

ICP-MS 作为目前实验室重金属分析当中检出限最低、检测能力最强的一种技术，在元素检测领域得到了广泛应用。ICP-MS 产业经过多年的发展，国外的生产厂家目前有 Thermo Fisher、Perkin Elmer、Agilent、Bruker、GBC、Nu Instruments、LECO、Spectro 等。

单四极杆型 ICP-MS 是市场主流产品，其他种类有三重四极杆和磁质谱 ICP-MS 等，Agilent、Thermo Fisher 和 Perkin Elmer 在 ICP-MS 市场上占比较大。

6.3.7.3　ICP-MS 的国产化现状

目前国内 ICP-MS 分析仪市场占有情况仍然以国外生产厂家为主，国产 ICP-MS 分析仪起步较晚，国内生产厂商仅有聚光科技、天瑞仪器、钢研纳克等几家企业。

谱育科技推出的基于 ICP-MS 技术的 MOST 9000 系列移动检测车专门针对地表水、饮用水应急监测场景，ICP-MS 仪器进行了车载化改造，使得传统实验室型的 ICP-MS 具有了超高的抗震性能和耐环境变化能力，可以在车载工作条件下进行移动运输和现场快速启动重金属应急监测工作。

但是，国产 ICP-MS 行业还需进一步提高、完善和规范。首先，产品的性能指标需进一步提高，以满足市场对痕量元素、复杂样品的精确分析；其次，ICP-MS 的可靠性、全自动水平、仪器仪表的稳定性和系统控制水平有待提高；再次，质谱应用技术研发需加大投入，拓展质谱应用领域，寻求更大市场空间；最后，提高国产质谱的市场占有率，推荐国内检测行业、高校多使用国产仪器，提出宝贵建议，不断优化，如此循环才能使国产 ICP-MS 有质的飞跃，最终提高国际高端市场的竞争力。

车载 ICP-MS 在“十二五”实现样机研制基础上，围绕城镇供水的水质重金属要求、现场快速分析和产业化推广等内容，根据热等离子体和真空交界处的空气动力学仿真设计优化离子接口，极大地提升了 ICP-MS 的灵敏度；基于惰性气体动态密封技术和专利的双路射频电源闭环自适应调整技术解决电容体积与连接温度变化的影响，保障设备在车载环境下的稳定性和可靠性。

仿真设计图及射频电源见图 6-17（书后另见彩图）。信号响应波动见图 6-18（书后另见彩图）。

(a) 仿真设计图　　(b) 射频电源

图 6-17　仿真设计图及射频电源

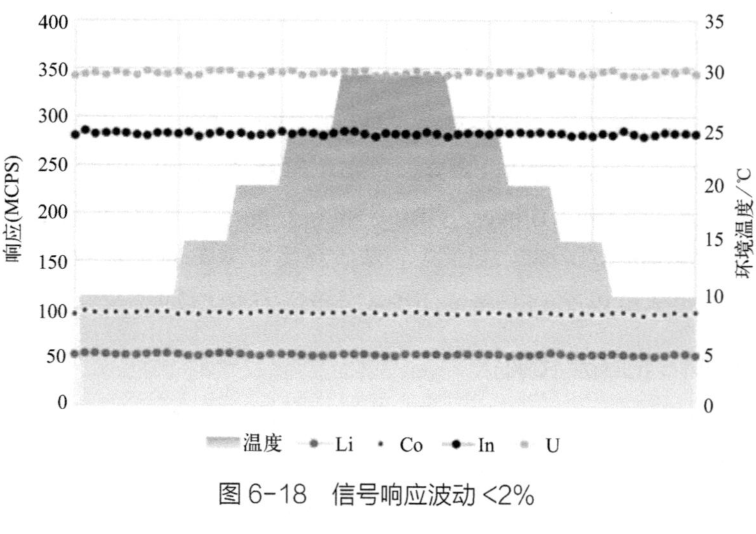

图 6-18　信号响应波动 <2%

为适合现场快速、准确定性定量分析重金属，车载式电感耦合等离子体质谱仪（ICP-MS）相较于传统 ICP-MS，主要在减震去漂移、真空保持、抗温湿度交变、自激式全固态 ICP 离子源和低功耗设计 5 个方面实现了技术突破。其中减震去漂移方面，将 RF 反馈电路中对质量轴漂移影响较大的电阻更换为温漂较小的精密电阻，同时为了消除运放的影响，将 RF 反馈信号放大的两级运放电路去除，改为使用一个低温漂的精密电阻方法。满足温湿度（15 ～ 35℃和 20% ～ 80% 相对湿度）变化，质量轴漂移＜ 0.1amu。质量轴稳定性 <0.05amu@8h；攻克了 ICP-MS 惰性真空腔设计和主动式真空保持技术，确保 30min 内 ICP-MS 开展检测；突破了基于惰性气体动态密封技术和双路射频电源闭环自适应调整技术，既避免了外界空气的温湿度变化对于仪器的影响，又通过数字变频技术智能匹配提升了系统的可靠性，降低了仪器的维护工作量，短期稳定性 RSD<2%@20min，长期稳定性 RSD<3%@2h；创新性地提出了基于惰性气体动态密封技术和专利的双路射频电源闭环自适应调整技术，前者避免了外界空气的温湿度变化对于仪器的影响，后者采用数字变频技术智能匹配，提升了系统的可靠性，降低了仪器的维护工作量；采用全固态自激式的射频技术，将外界样品变化导致的阻抗变化及时被射频电源识别并自动调谐匹配，改善了阻抗匹配耗时慢、匹配不及时的问题，有利于分析的稳定和准确，不容易熄火；待机保持真空技术及低功耗待机可以节省电力和氩气等消耗，可以保证野外环境较长时间内开展现场检测。

6.3.8 移动式水质分析实验室

移动实验室（mobile laboratory）是为满足特定目的和要求，由成套装置组成的，在可移动的设施和环境中进行检测、校准或科学实验等活动的实验室，由仪器设备、载具［用于承载和（或）运送移动实验舱及相关装置的工具］、实验舱（用于承载移动实验室实验人员、设备及相关专业设施的舱体）、保障系统、救护与逃生系统等组成。水质监测移动实验室是通过搭载水质监测便携仪器、车载仪器等以实现现场水质监测的移动实验室。

6.3.8.1 移动式水质分析实验室的结构和种类

移动实验室由车体、车载电源系统、车载实验平台、各类车载 / 便携检测仪器、防护设施和信息化管理平台等组成，可以快速到达工作现场，进行各种信息的检测采集、实时网络传输、现场处理分析和发布。能通过 4G/5G、卫星通信等链路手段实现远程管理，建立区域性的指挥中心，提供监督监测服务。移动实验室按其功能来分可分为水质移动实验室、大气环境监测移动实验室、食品安全移动实验室、微生物安全移动实验室等。

6.3.8.2 移动式水质分析实验室的发展现状

现在移动实验室在质监、卫生防疫、环境监测等领域和部门已有较多应用。在松花江水污染、汶川地震等突发事件中，快速检测车都发挥了很大作用。在松花江水污染事件中环境应急监测车沿着松花江对水质进行现场取样、现场检测、现场得出结果，从而防止了样品在传送过程中发生变化，导致不准确的检验结果出现。汶川地震后，黑龙江省质监局派出了多辆快速检测车与卫生防疫等部门共同深入灾区，对灾区水质及食物进行现场监测，有效保证了灾区人民的身体健康。

但这些移动实验室或移动监测车 / 检测车，都停留在试剂法、湿化学法、光学法、部分色谱法等技术手段的仪器阶段，其定性定量能力弱，甚至无定量能力，监测因子少等。因此，开发能够可移动化的质谱分析仪器，集成具有独立的供电、供水、样品贮存、空调、通风、通信等系统的实验室舱体，可以为现场的仪器操作提供全面的实验室平台，具有移动性高、反应迅速、应急能力强等特点，能够搭载符合实验室方法的仪器设备，满足现场应急和移动督查的移动实验室，已成为水质监测领域强烈的需求。

在国外，移动实验室主要应用在军事、食品安全和疫情等领域。目前，美国、德国、法国等少数西方发达国家已经拥有比较成熟的移动实验室技术。美国食药监管局及环境保护署（EPA）、海关与边境保护局、国土安全部、能源部和所有的军事部门都积极参与开发和利用先进的移动实验室技术。德国 Bruker 核生化移动实验室配置了化学、生物、辐射单元，能够在突发事件、环境检测、核生化恐怖袭击等情况下快速可靠地完成核生化威胁的确定和验证工作。法国 LABOVER 的 BSL-3 移动实验室，搭载实时荧光 PCR 仪、全自动旋转式核酸提取仪、测序仪、核酸快速定量仪、全自动病原微生物核酸检测系统等，用于重大传染病疫情的检验。

由于受到经济发展水平、技术、人员等条件的限制，我国移动实验室起步较晚，但近些年来，通过原始创新、集成创新或引进消化吸收再创新，开发具有自主知识产权的饮用水检测监测关键设备，移动实验室得到了快速的发展，发挥作用的领域也越来越广泛。目前我国移动实验室的开发生产主要有两种模式：一是汽车生产商根据检测市场需求自行研发生产检测车，如南京南汽、江西江铃、天津中天高科等，所供应的检测车多搭载一些便携的设备，用于突发环境事件的现场应急，检测能力有限，定量也不足，在水电气的供应方面也不完善；二是仪器研发生产商集成移动实验室，如湖南力合科技、山东青岛佳明、杭州聚光科技、杭州绿洁等，能根据实际检测指标配备多种先进、便捷、灵敏度高、性能稳定的仪器设备，同时提供车内设备布局、水路系统、电路系统、气路系统以及各类配套设备系统的功能需求和初步方案，再由改装车厂出具最终改装方案并进行车辆改造实施；车辆改造完成后，移动实验室集成商进行仪器设备的安装及系统集成调试，可确保产品的质量。

国内外移动实验室生产情况见表 6-21。

可以看出，市场上移动实验室主要有基于货车底盘的方舱 / 骨架蒙皮型和商务车原车直接改造型两大类。方舱 / 骨架蒙皮型可操作空间比较大，可搭载的检测设备更多（大型科学分析仪器），检测能力更强，其相应的水电气、通风及温控保障配套设施更加完善，但大功耗设备（如 ICP-MS）的野外供电仍面临一定的技术挑战，野外市电供电会面临取电点太远导致市电无法正常接入。另外，大多数移动实验室空间均比较紧凑，导致操作人员工作非常不方便。在建设及运维成本上，商务车改装的移动实验室的造价及设备维护成本较低。方舱 / 骨架蒙皮型移动实验室建设成本较高，由于耗材的不通用性，设备的运行成本也较高。

我国的移动检测车已广泛应用于食品、药品、农产品、环境、大气、水质、特种设备、卫生防御等领域。食品安全检测车是应用较多的一种检测车，搭载一些便携式分光光度计、酶标仪等设备，安装信息平台，提供查询、统计分析、评估、快速预警、信息快速传输以及上报等功能。大气环境监测移动实验室搭载便携式气质联用仪、傅里叶红外分析仪及大气多参数分析仪等设备，应用也比较广泛。在水环境检测领域，国内生产的较成熟的水质监测移动实验室多搭载一些电化学法和光谱法的水质检测仪或便携式仪器设备，用于水质指标的定性半定量检测；或配备在线监测设备，用于水质指标的连续自动监测；或研发生产搭载光谱、质谱等仪器的能覆盖地表水和生活饮用水标准中 100 多项指标的移动实验室，但 ICP-MS、GC-MS、LC-MS 等关键大型仪器的车载化设计以及改装车的合理化设计方面还需要进一步提升。并且我国目前尚无水质移动实验室检测方法的国家标准和行业标准，针对移动实验室开展水质检测缺少标准依据。

表 6-21　国内外移动实验室生产情况

指标	聚光科技		力合科技		杭州绿洁	青岛佳明		中天高科	
	方舱	黄牌商务车	骨架蒙皮	黄牌商务车	黄牌商务车	骨架蒙皮	蓝牌商务车	骨架蒙皮	黄牌商务车
底盘型号	东风 DFL5140 XXYB5	依维柯 NJ5055 XXYD	福特 F150	福特全顺	福建奔驰 FA6730 整车	—	JX6601TA-N5	沃尔沃 FH42064RB	依维柯
检测能力	全项 106 项	90 项	90 项	40 余项	40 余项	80 余项	40 余项	70 余项	20 余项
空间布局	实验舱体积 33.5m³，分实验区、前处理区和工具区	实验舱体积 20m³，分实验区和工具区	实验舱体积 30m³，分实验区和工具区	实验舱体积 20m³，分实验区和工具区	实验舱体积 20m³，分实验区和工具区	实验舱体积 30m³，分操作区、仪器检测区和采样区	实验舱体积 16m³，分操作区、仪器检测区和采样区	实验舱体积 35m³，分实验分析区和工具区	实验舱体积 20m³，分实验区和设备区
通信能力	同时具备卫星、运营商网络两种通信方式	同时具备卫星、运营商网络两种通信方式	同时具备卫星、运营商网络两种以上通信方式	同时具备卫星、运营商网络两种以上通信方式	同时具备卫星、运营商网络两种以上通信方式	同时具备卫星、运营商网络两种以上通信方式	同时具备卫星、运营商网络两种以上通信方式	同时具备卫星、运营商网络两种以上通信方式	同时具备卫星、运营商网络两种以上通信方式
实验室信息管理水平	同时具备 LIMS 系统，接入现场仪器数据，支持数据上传功能	同时具备 LIMS 系统，接入现场仪器数据，支持数据上传功能	同时具备接入现场仪器数据，支持数据上传功能	接入现场仪器数据，支持数据上传功能	接入现场仪器数据，支持数据上传功能	接入现场仪器数据，支持数据上传功能	接入现场仪器数据，支持数据上传功能	接入现场仪器数据，支持数据上传功能	接入现场仪器数据，支持数据上传功能
发电机功率 /（kV·A）	18	10	10	5	5	10	5	10	5
发电机使用方式	不离车	电动离车	不离车	不离车	不离车	不离车	不离车	不离车	不离车
线缆盘控制方式	电动	手动	电动	手动	电动	电动	手动	电动	手动
线缆长度 /m	100	50	50	30	30	50	30	50	30
市电接入功率 /（kV·A）	15	10	10	10	10	10	10	10	10
独立气路数 / 路	3	3	2	2	2	2	2	2	2
气瓶容纳能力	6 个 50L 气瓶	2 个 50L 气瓶	4 个 50L 气瓶	2 个 50L 气瓶	2 个 50L 气瓶	4 个 50L 气瓶	2 个 50L 气瓶	4 个 50L 气瓶	2 个 50L 气瓶
动力性（比功率）/（kW/t）	9.621	20.6	17	20	22	17	18	16	18.4

续表

指标	聚光科技		力合科技		杭州绿洁	青岛佳明		中天高科	
	方舱	黄牌商务车	骨架蒙皮	黄牌商务车	黄牌商务车	骨架蒙皮	蓝牌商务车	骨架蒙皮	黄牌商务车
承载能力（总质量-整备质量）/kg	8695	1050	10000	1500	1700	10000	1580	11500	1330
内饰材料	铝	塑料板	铝	塑料板	塑料板	铝	塑料板	铝	塑料板
给排水功能	同时具备给水、排水功能	同时具备给水、排水功能	同时具备给水、排水功能	同时具备给水、排水功能	同时具备给水、排水功能	同时具备给水、排水功能	同时具备给水、排水功能	同时具备给水、排水功能	同时具备给水、排水功能
风量调节方式	自动	自动	自动	自动	自动	自动	自动	自动	自动
气体置换时间 /min	2	2	2	2	2	2	2	2	4
制冷能力 /（W/m³）	430	255	330	175	175	350	218	380	175
制热能力 /（W/m³）	537	340	500	150	150	480	187	510	150
外接市电适应性（AC）	单相 165 ～ 270V	单相 165 ～ 270V	单相 165 ～ 270V	单相 165 ～ 270V	单相 165 ～ 270V	单相 165 ～ 270V	单相 165 ～ 270V	单相 165 ～ 270V	单相 165 ～ 270V
输出电源质量（AC）	220V±2%	220V±2%	220V±2%	220V±2%	220V±2%	220V±2%	220V±2%	220V±2%	220V±2%
驻车系统调节方式	自动	自动	自动	自动	自动	自动	自动	自动	自动
承载能力 /t	2.2	2	2.1	2.1	2.1	2.2	2.1	2.2	2.1
装备建设费用 / 万元	900 ～ 1000	400 ～ 500	600 ～ 750	400 ～ 500	400 ～ 500	600 ～ 700	300 ～ 400	600 ～ 800	300 ～ 400
装备维保费用 / 万元	30	12	20	11	11	15	10	12	9
准驾能力要求	B2	B2	B2	B2	B2	B2	C1	B2	B2
注册资金 / 元	4.53 亿	4.53 亿	8000 万	8000 万	5791.7 万	5800 万	5800 万	9600 万	9600 万
企业人数 / 人	6000	6000	500	500	300	301	301	451	451
市场占有率 /%	10	10	20	20	5	5	5	25	25
是否出口	否	否	否	否	否	否	否	否	否

6.3.8.3 移动式水质分析实验室的国产化突破

（1）车载全自动采样及前处理技术

集成的自动采样、自动匀化、自动过滤及自动清洗的车载全自动采样及前处理技术可实现核心参数自动在线监测，扩展实现在线连续检测、实时数据监控和报警，有效提高适用范围及实现分析仪器分析流程一体化控制，提高仪器分析的自动化与智能化，提高分析的效率，满足现场监测的要求。见图 6-19。

图 6-19　车载全自动采样及前处理

（2）车载仪器模块化设计

完成了 ICP-MS 分析仪、GC-MS 分析仪等设备的模块化设计，主要包括车载仪器减震技术、大型仪器上下车技术、车载仪器的供电 / 供气技术，以满足大型仪器的车载使用化要求。独立提供生活供水和实验供水，其中实验供水配备纯水机，其用水满足实验室分析用水要求。综合采用市电供电、发电机供电、UPS 供电技术，其设计功率、续航能力重点考虑大功耗科学仪器（如 ICP-MS）。供气技术：设立独立的气瓶柜，气路的合理设计及布局，可满足大型科学仪器（如 ICP-MS、GC-MS）的供气要求。根据实验舱情况及应用环境合理设计空调及低温启动系统，满足大型科学仪器（如 ICP-MS、GC-MS）对实验舱环境温湿度的高标准要求。采用液压尾板等设计，实现大型科学仪器（如 ICP-MS、GC-MS）的自动上下车控制，便于其安装。见图 6-20。

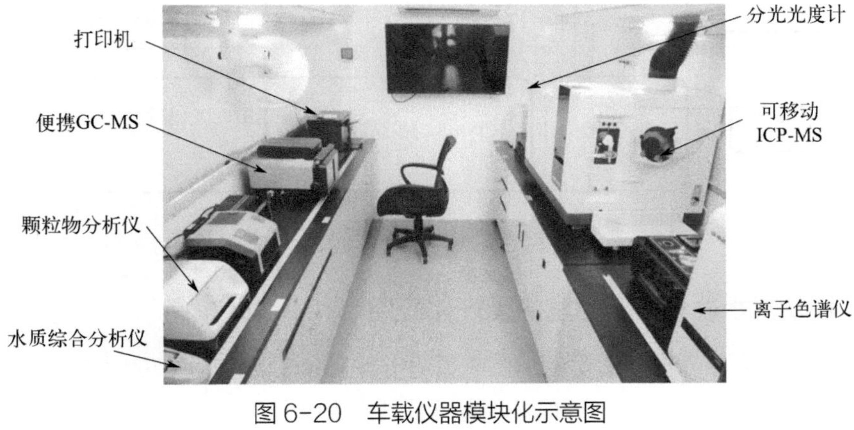

图 6-20　车载仪器模块化示意图

(3)车体标准化设计

从实验室操作的科学合理性、人体功效学、车辆载具的动力性能多方面综合考虑，完成了车体实验舱的功能区以及功能区的标准化设计。综合考虑实验操作流程、仪器设备的操作要求、人机工效学等多因素，将实验舱分为工具区、制备区（样品）、仪表区（检测），其分区示意见图 6-21。

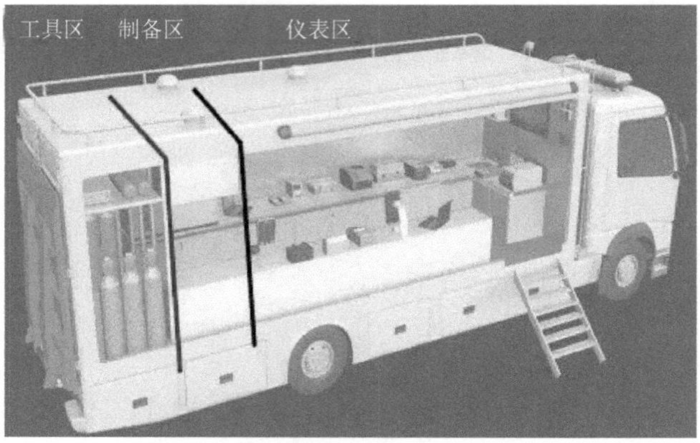

图 6-21 移动实验室功能区划分

(4)移动实验室信息管理技术

移动实验室信息管理系统具备实验室人、机、料、法、环的管理功能（LIMS），可实现样品采集、样品保存、样品前处理、样品分析、样品质控、方法与数据保存和查询等整个移动监测过程全流程的管理。系统集成 GIS 功能，具备 OA 系统的接口。见图 6-22。

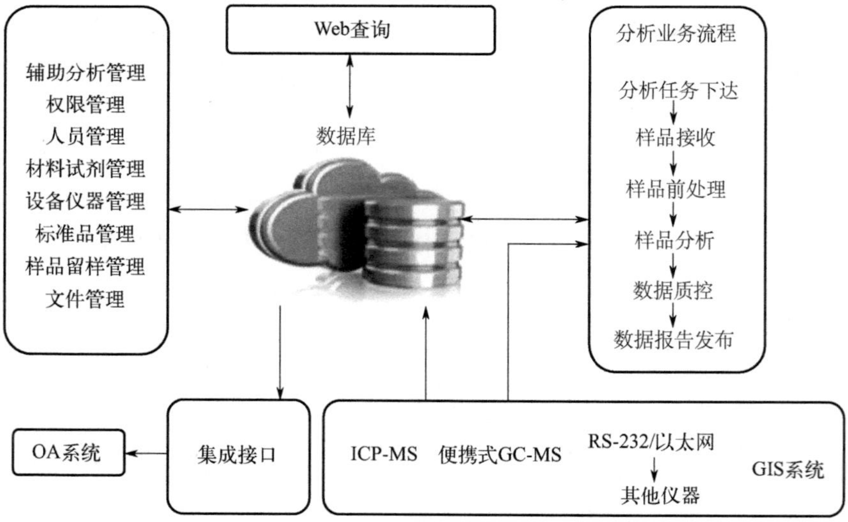

图 6-22 移动实验室信息管理系统

6.3.8.4 移动式水质分析实验室的国产化应用

目前经过“水专项”课题的实施，完成了适于国家《生活饮用水卫生标准》（GB 5749—2022）检测指标的移动实验室空间布局，集成了日检 10 项、常规检 42 项及全项检 106 项系列移动式水质检测车系列装备，安装配置了相关指标分析必需的仪器设备，实现了 ICP-MS 和 GC-MS 与样品前处理装备的模块化集成设计，车体及车载设备的标准化设计，采样、检测和质控过程的智能化管理，检测指标覆盖了《生活饮用水卫生标准》（GB 5749—2022）并拓展了《地表水环境质量标准》（GB 3838—2002）中的部分指标，移动检测指标达 80 余项，能够对重金属、有机物等未知污染物进行筛查分析。适合于不同地区、不同水质条件下的水质应急监测，也可作为水质流动实验室进行常规检测分析。

（1）日检 10 项系列水质监测车

针对日检 10 项，集成了机动性、灵活性更强的商务车型水质监测车系列。此系列产品搭载一些便携设备，以长度 6m 以下的蓝牌依维柯等商务车型进行直接改装，实现水温、pH 值、溶解氧、电导率、浊度、色度、氨氮、总磷、总氮、高锰酸盐指数等指标的检测，具备水电气、温湿度控制的保障能力，满足车载仪器使用要求。见表 6-22 和图 6-23。

表 6-22　指标检测方案

序号	指标	使用方法	仪器配置
1	水温	温度传感器法	便携式多参数水质分析仪
2	pH 值	玻璃电极法	
3	溶解氧	电化学探头法	
4	电导率	电导池法	
5	浊度	透射法 / 散射法	便携式浊度计
6	色度	铂钴比色法	便携式色度仪
7	氨氮	水杨酸分光光度法	氨氮分析仪
8	总磷	钼酸铵分光光度法	总磷分析仪
9	总氮	盐酸萘乙二胺分光光度法	总氮分析仪
10	高锰酸盐指数	分光光度法	高锰酸盐指数分析仪

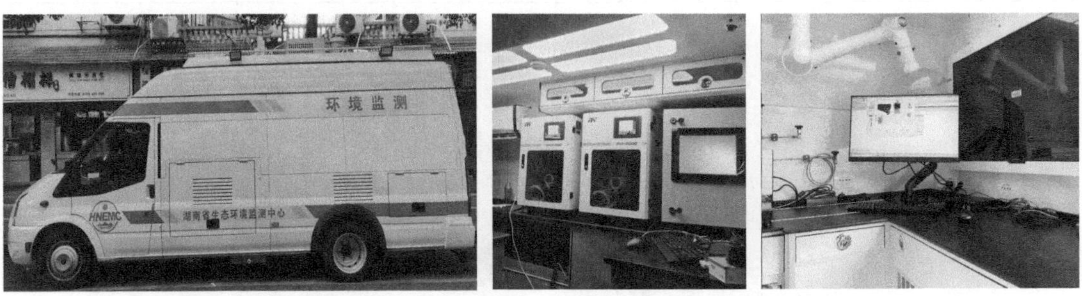

图 6-23　日检 10 项系列水质监测车

（2）常规检 42 项系列水质监测车

针对覆盖微生物指标、毒理指标、感官性指标和一般化学指标的常规检 42 项系列水质监测车，采用长度 6.5m 以上的黄牌商务车进行直接改装，搭载一些车载 / 便携式检测设备，配备水电气、温湿度控制等保障设施，实现各项指标的检测，满足现场检测需求。见表 6-23 和图 6-24。

表 6-23　指标检测方案

序号	指标	分析方法	仪器配置
1	总大肠菌群	酶底物法(终点比色法)	致病菌快检仪
2	大肠埃希氏菌	酶底物法(终点比色法)	
3	耐热大肠菌群	酶底物法(终点比色法)	
4	菌落总数	酶底物法(终点比色法)	
5	pH 值	玻璃电极法	便携式多参数检测仪
6	溶解氧	电化学探头法	
7	溶解性总固体	电极法	
8	浊度	散射法	便携式浊度仪
9	耗氧量、总硬度、氯化物	滴定法	便携式数字滴定仪
10	色度	铂钴比色法	便携式色度测定仪
11	氟化物	分光光度法	便携式氟化物流动注射分析仪
12	氰化物	流动注射-分光光度法	便携式氰化物流动注射分析仪
13	挥发酚	流动注射-4-氨基安替比林分光光度法	便携式挥发酚流动注射分析仪
14	阴离子表面活性剂	流动注射-亚甲基蓝分光光度法	便携式阴离子表面活性剂流动注射分析仪
15	六价铬	二苯碳酰二肼分光光度法	便携式六价铬流动注射分析仪
16	铅、镉、铝、汞、铁、锰、铜、锌、硒、钡、镍、砷	电感耦合等离子体质谱法	车载 ICP-MS 分析仪
17	硝酸盐氮	紫外分光光度法	便携式分光光度计
18	硫酸盐	铬酸钡分光光度法	
19	氯酸盐、亚氯酸盐、溴酸盐	离子色谱法	便携式离子色谱仪
20	氯气及游离氯制剂	计时安培法	—

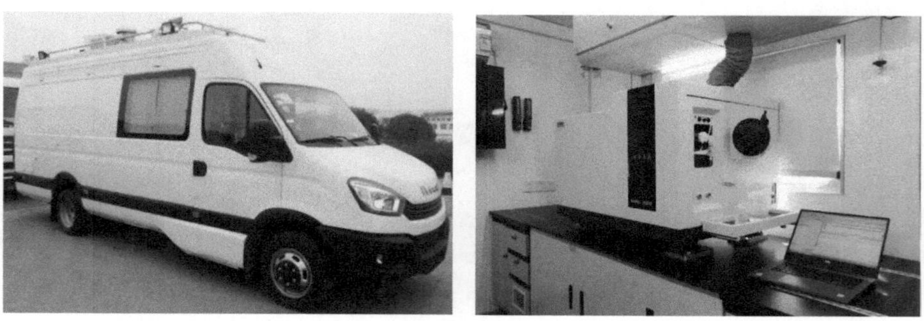

图 6-24　常规检 42 项系列水质监测车

（3）全项检 106 项系列水质监测车

对于覆盖全项 106 项指标的水质监测车，采用的是空间更大、车体承载能力更强的方舱车，安装配置了所有指标分析必需的仪器分析设备，覆盖了 ICP-MS 分析仪、GC-MS 分析仪大型实验室质谱类设备，色谱、光谱、分子生物等技术仪器，还搭载了离子色谱、颗粒物分析仪、分光光度计以及固相萃取仪、氮吹浓缩仪、超纯水机等前处理设备，水电气、温湿度控制等保障设施齐全。车辆布局上分实验区、前处理区和工具区，分区更加明确，更趋向于固定实验室，作业人员操作更舒适。见表 6-24 和图 6-25。

表 6-24　检测指标方案

序号	水质指标	使用方法	仪器配置
1	总大肠菌群	酶底物法	微生物检测系统（培养箱 + 紫外灯 + 快速定量盘 + 封口机）
2	耐热大肠菌群	培养法	
3	大肠埃希氏菌	酶底物法	
4	菌落总数	培养法	
5	贾第鞭毛虫	密度梯度离心-免疫荧光法	高速冷冻离心机 + 两虫压力过滤系统 + 生物显微镜
6	隐孢子虫		
7	色度	铂钴标准比色法	高速冷冻离心机 + 无色具塞比色管 + 标准比色列
8	浊度	散射法	便携式浊度仪
9	温度	温度计法	水温计
10	溶解氧	电化学探头法	便携式多参数检测仪
11	肉眼可见物	直接观察法	锥形瓶
12	臭和味	嗅气和尝味法	锥形瓶 + 水浴锅
13	pH 值	玻璃电极法	便携 pH 计
14	铬（六价）	分光光度法	具塞比色管 + 便携式 / 车载多参数水质仪
15	氨氮	分光光度法	具塞比色管 + 便携式多参数水质仪
16	硫化物	分光光度法	蒸馏器 + 具塞比色管 + 便携式 / 车载多参数水质仪
17	氯化氰（以 CN^- 计）	分光光度法	比色皿 + 具塞比色管 + 便携式 / 车载多参数水质仪
18	甲醛	分光光度法	具塞比色管 + 便携式 / 车载多参数水质仪
19	溶解性总固体	称量法	分析天平 + 水浴锅 + 电恒温干燥箱 + 瓷蒸发皿
20	挥发酚（以苯酚计）	分光光度法	全玻璃整流器 + 分液漏斗 + 具塞比色管 + 容量瓶 + 车载多参数水质仪
21	阴离子合成洗涤剂	分光光度法	分液漏斗 + 比色管 + 便携式 / 车载多参数水质仪
22	氰化物	分光光度法	碘量瓶 + 具塞比色管 + 洗气瓶 + 便携式 / 车载多参数水质仪
23	游离余氯	比色法	便携式余氯仪
24	一氯胺	分光光度法	具塞比色管 + 便携式多参数水质仪
25	二氧化氯	比色法	便携式余氯仪
26	臭氧	比色法	便携式臭氧仪
27	总硬度	滴定法	电位滴定仪；滴定管 + 锥形瓶
28	耗氧量（高锰酸盐指数）	酸性高锰酸钾滴定法	水浴锅 + 锥形瓶 + 滴定管；电位滴定仪
29	铁	电感耦合等离子体质谱法	纯水仪 + 车载 ICP-MS
30	锰	电感耦合等离子体质谱法	纯水仪 + 车载 ICP-MS

续表

序号	水质指标	使用方法	仪器配置
31	铜	电感耦合等离子体质谱法	纯水仪 + 车载 ICP-MS
32	锌	电感耦合等离子体质谱法	纯水仪 + 车载 ICP-MS
33	砷	电感耦合等离子体质谱法	纯水仪 + 车载 ICP-MS
34	镉	电感耦合等离子体质谱法	纯水仪 + 车载 ICP-MS
35	铅	电感耦合等离子体质谱法	纯水仪 + 车载 ICP-MS
36	汞	电感耦合等离子体质谱法	纯水仪 + 车载 ICP-MS
37	锑	电感耦合等离子体质谱法	纯水仪 + 车载 ICP-MS
38	镍	电感耦合等离子体质谱法	纯水仪 + 车载 ICP-MS
39	铊	电感耦合等离子体质谱法	纯水仪 + 车载 ICP-MS
40	银	电感耦合等离子体质谱法	纯水仪 + 车载 ICP-MS
41	硒	电感耦合等离子体质谱法	纯水仪 + 车载 ICP-MS
42	铝	电感耦合等离子体质谱法	纯水仪 + 车载 ICP-MS
43	钡	电感耦合等离子体质谱法	纯水仪 + 车载 ICP-MS
44	硼	电感耦合等离子体质谱法	纯水仪 + 车载 ICP-MS
45	钼	电感耦合等离子体质谱法	纯水仪 + 车载 ICP-MS
46	铍	电感耦合等离子体质谱法	纯水仪 + 车载 ICP-MS
47	钠	电感耦合等离子体质谱法	纯水仪 + 车载 ICP-MS
48	硝酸盐（以 N 计）	离子色谱法	离子色谱仪
49	氟化物		
50	氯化物		
51	硫酸盐		
52	亚氯酸盐	离子色谱法	离子色谱仪
53	氯酸盐	离子色谱法	离子色谱仪
54	溴酸盐	离子色谱法	离子色谱仪
55	二氯乙酸	离子色谱法	离子色谱仪
56	三氯乙酸	离子色谱法	离子色谱仪
57	草甘膦	高效液相色谱法	高效液相色谱仪 + 荧光检测器 + 柱后反应器
58	三氯甲烷	吹脱捕集 / 气相色谱质谱法	吹扫捕集仪 + 气相色谱质谱仪
59	四氯化碳	吹脱捕集 / 气相色谱质谱法	吹扫捕集仪 + 气相色谱质谱仪
60	一氯二溴甲烷	吹脱捕集 / 气相色谱质谱法	吹扫捕集仪 + 气相色谱质谱仪
61	二氯一溴甲烷	吹脱捕集 / 气相色谱质谱法	吹扫捕集仪 + 气相色谱质谱仪
62	三卤甲烷（总量）	吹脱捕集 / 气相色谱质谱法	吹扫捕集仪 + 气相色谱质谱仪
63	三溴甲烷	吹脱捕集 / 气相色谱质谱法	吹扫捕集仪 + 气相色谱质谱仪
64	三氯乙烯	吹脱捕集 / 气相色谱质谱法	吹扫捕集仪 + 气相色谱质谱仪
65	四氯乙烯	吹脱捕集 / 气相色谱质谱法	吹扫捕集仪 + 气相色谱质谱仪
66	二氯甲烷	吹脱捕集 / 气相色谱质谱法	吹扫捕集仪 + 气相色谱质谱仪

续表

序号	水质指标	使用方法	仪器配置
67	1,2-二氯乙烷	吹脱捕集 / 气相色谱质谱法	吹扫捕集仪 + 气相色谱质谱仪
68	1,1,1-三氯乙烷	吹脱捕集 / 气相色谱质谱法	吹扫捕集仪 + 气相色谱质谱仪
69	三氯乙醛	吡唑啉酮分光光度法	比色皿 + 具塞比色管 + 便携式 / 车载多参数水质仪
70	1,1-二氯乙烯	吹脱捕集 / 气相色谱质谱法	吹扫捕集仪 + 气相色谱质谱仪
71	1,2-二氯乙烯	吹脱捕集 / 气相色谱质谱法	吹扫捕集仪 + 气相色谱质谱仪
72	环氧氯丙烷	吹脱捕集 / 气相色谱质谱法	吹扫捕集仪 + 气相色谱质谱仪
73	氯苯	吹脱捕集 / 气相色谱质谱法	吹扫捕集仪 + 气相色谱质谱仪
74	氯乙烯	吹脱捕集 / 气相色谱质谱法	吹扫捕集仪 + 气相色谱质谱仪
75	甲苯	吹脱捕集 / 气相色谱质谱法	吹扫捕集仪 + 气相色谱质谱仪
76	苯	吹脱捕集 / 气相色谱质谱法	吹扫捕集仪 + 气相色谱质谱仪
77	乙苯	吹脱捕集 / 气相色谱质谱法	吹扫捕集仪 + 气相色谱质谱仪
78	二甲苯（总量）	吹脱捕集 / 气相色谱质谱法	吹扫捕集仪 + 气相色谱质谱仪
79	苯乙烯	吹脱捕集 / 气相色谱质谱法	吹扫捕集仪 + 气相色谱质谱仪
80	2,4,6-三氯酚	固相萃取 / 气相色谱质谱法	自动固相萃取系统 + 车载气相色谱质谱系统
81	五氯酚	固相萃取 / 气相色谱质谱法	自动固相萃取系统 + 气相色谱质谱仪
82	溴氰菊酯	高效液相色谱法	高效液相色谱仪 + 紫外检测器
83	丙烯酰胺	气相色谱质谱法	气相色谱质谱仪
84	1,2-二氯苯	吹脱捕集 / 气相色谱质谱法	吹扫捕集仪 + 气相色谱质谱仪
85	1,4-二氯苯	吹脱捕集 / 气相色谱质谱法	吹扫捕集仪 + 气相色谱质谱仪
86	六氯苯	固相萃取 / 气相色谱质谱法	自动固相萃取系统 + 气相色谱质谱仪
87	三氯苯（总量）	固相萃取 / 气相色谱质谱法	自动固相萃取系统 + 气相色谱质谱仪
88	六氯丁二烯	吹脱捕集 / 气相色谱质谱法	吹扫捕集仪 + 气相色谱质谱仪
89	乐果	固相萃取 / 气相色谱质谱法	自动固相萃取系统 + 气相色谱质谱仪
90	对硫磷	气相色谱法	自动固相萃取系统 + 车载气相色谱质谱系统
91	马拉硫磷	固相萃取 / 气相色谱质谱法	自动固相萃取系统 + 气相色谱质谱仪
92	甲基对硫磷	固相萃取 / 气相色谱质谱法	自动固相萃取系统 + 气相色谱质谱仪
93	敌敌畏	固相萃取 / 气相色谱质谱法	自动固相萃取系统 + 气相色谱质谱仪
94	滴滴涕	固相萃取 / 气相色谱质谱法	自动固相萃取系统 + 气相色谱质谱仪
95	六六六	固相萃取 / 气相色谱质谱法	自动固相萃取系统 + 气相色谱质谱仪
96	七氯	固相萃取 / 气相色谱质谱法	自动固相萃取系统 + 气相色谱质谱仪
97	百菌清	固相萃取 / 气相色谱质谱法	自动固相萃取系统 + 气相色谱质谱仪
98	毒死蜱	固相萃取 / 气相色谱质谱法	自动固相萃取系统 + 气相色谱质谱仪
99	莠去津	高效液相色谱法	高效液相色谱仪 + 紫外检测器 + 微量注射器
100	邻苯二甲酸二（2-乙基己基）酯	固相萃取 / 气相色谱质谱法	自动固相萃取系统 + 气相色谱质谱仪
101	林丹	固相萃取 / 气相色谱质谱法	自动固相萃取系统 + 气相色谱质谱仪

续表

序号	水质指标	使用方法	仪器配置
102	呋喃丹	高效液相色谱法	高效液相色谱仪 + 荧光检测器 + 柱后反应器 + 微量注射器
103	灭草松	固相萃取 / 高效液相色谱法	自动固相萃取系统 + 高效液相色谱仪
104	2,4-滴	固相萃取 / 高效液相色谱法	自动固相萃取系统 + 高效液相色谱仪
105	苯并 [*a*] 芘	高效液相色谱法	自动固相萃取系统 + 高效液相色谱仪
106	微囊藻毒素-LR	固相萃取 / 高效液相色谱法	自动固相萃取系统 + 高效液相色谱仪

图 6-25　全项检 106 项系列水质监测车

依托“水专项”课题研发完成的饮用水水质监测集成装备在住建部“国家供水应急救援能力建设”项目中得到了应用，并在华北、华东、华中、华南、东北、西南、西北、新疆 8 个区域，依托当地供水单位建立国家供水应急救援区域保养基地，每个基地配置移动实验室两台，一台是以有机物检测为主的移动实验室，另一台是以无机和微生物检测为主的移动实验室，能够完成水中几十项水质指标的检测。国家供水应急救援中心以八大基地为载体，带动周边地区进一步提升应急处置救援的专业水平，显著提升我国抢险救灾的能力。国家供水应急救援中心可在多种突发事件下实现快速响应，应急供水装备在灾后 12h 内可到达灾区，24h 后供水能力倍增，最大距离达到 540km，服务范围覆盖 $9.0\times10^5km^2$。在 2020 年的新冠疫情期间和恩施清江重大洪灾期间，武汉基地和新疆基地应用饮用水移动检测技术及其装备制造技术有效保障了饮用水的安全（图 6-26、图 6-27）。还带动了环保等其他产业的发展，参与了“3 • 28 伊春鹿鸣矿业尾矿库泄漏事故”“渌江湖南醴陵段遭跨省铊污染”等应急事故保障，为当地应急快速控制提供了有效数据支撑。结果表明移动式 GC-MS 和车载 ICP-MS 作为移动检测车快速检测设备，其精密度和准确度基本满足检测需求，通过复杂路况行驶后测试，行驶前后仪器检测的结果相差较小，具有良好的稳定性，可满足水质检测单位日常督察和应急突发水污染现场检测需求。

移动式水质监测车的集成，为供水领域打造了基于质谱技术的水质移动实验室，并可扩展全项水质监测，填补了国内外全参数水质移动监测的市场空白；同时集成应用创新，扩展了水质监测移动实验室的使用模式，使其能满足不同行业、不同用户的管理及业务需求。在国内首次解决了 ICP-MS、GC-MS、IC 等大型科学仪器的车载化应用技术问题，打破了此类

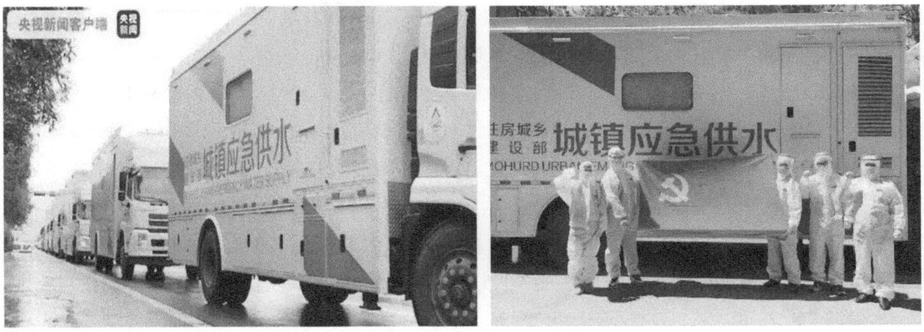

图 6-26　驰援新疆乌鲁木齐现场

图 6-27　驰援湖北恩施现场

仪器以往只能应用于固定实验室的局面，开创了科学仪器新的应用领域，提升了水质移动监测实验室的检测能力。在国内首次将军用大板方舱技术应用于移动实验室的实验舱设计，解决了传统水质监测车存在的保温性能差、密闭性不好、抗电磁辐射干扰能力差等一系列问题，为移动实验室提供了真正的实验室工作环境，确保检测结果的准确性和有效性。在国内首次在水质监测移动实验室（或监测车）上兼容连续在线监测、车载监测、便携监测以及未知物筛查等多种集成应用模式，可满足对水质污染突发事件应急监测、移动督查等多种管理和业务需求。

该装备具备了国内领先技术，部分技术达到国际领先水平，填补了国内移动实验室技术的空白。搭载的覆盖光谱、色谱、质谱技术的产品组合和完善的前处理设备可覆盖液、固和气全组分准确定性定量能力。预计每年销售额可以突破 1 亿元，创造利税 3000 万元以上。将引领我国移动检测的新高度，提高国内车辆改装技术，提升国内移动实验室标准的要求，并且满足新形势下日益苛刻的连续在线监测、未知物筛查、现场监测、移动督查等应用要求。实现实验室仪器的平战结合和移动实验室的平战结合，可全面提升我国应急监测能力以及应急管理决策水平，能够在各种应急事故现场，第一时间为主管部门精确判断污染物、有效控制污染范围、确保人身安全和生命抢救提供保障。

参考文献

[1] 赵进沛，杨志奎，李清亚 . 固相目视比色法简易测定水中痕量铜（Cu）[J]. 环保科技，1995，17（3）：38-40.

[2] 王安，谢宇，梁柱 . 水中色度测定的研究 [J]. 中国环境监测，2000，16（2）：37-40.

[3] 徐冬梅，刘静，蒋晓敏 . 玻璃电极法测定溶液 pH 值的常见问题及对策 [J]. 新疆石油科技，2010，20（1）：57-58.

[4] 仇雁翎 . 饮用水水质监测与分析 [M]. 北京：化学工业出版社，2005：91-93.

[5] 曹连城 . DPD 光度法测定水中余氯 [J]. 环境工程，2003，21（1）：65-66.

[6] 胡玉芬 . DPD 比色法测定医院污水中余氯含量 [J]. 中国卫生检验杂志，2002，12（2）：1951.

[7] 余一群，徐威毅 . 分光光度法测定余氯的线性范围探讨 [J]. 上海环境科学，2000，19（10）：495-496, 499.

[8] 杨正富 . 生活饮用水中游离性余氯测定条件优化研究 [J]. 工业水处理，2000，20（8）：31-32.

[9] 李允勃 . 两种余氯测定方法的比较 [J]. 江苏预防医学，2003，14（4）：61-62.

[10] 冯海涛，刘林 . TMB 法测定水源水及饮用水中余氯 [J]. 中国卫生工程学，2003，2（1）：43-44.

[11] 刘莲华，杨皓琦，李新新，等 . 新型显色剂 3,3′,5,5′-四甲基联苯胺比色法测定水中余氯 [J]. 中国公共卫生，1994，10（1）：25-27.

[12] 马红娜，李梦耀，刘建 . 对氨基二甲苯胺分光光度法测定水中余氯 [J]. 长安大学学报（建筑与环境科学版），2004，21（4）：68-70.

[13] 黎莉，杨蕾，马丽 . *N,N*-二乙基对苯二胺分光光度法测定饮用水中的游离余氯 [J]. 污染防治技术，2011，24(3)：76-78.

[14] 胡美珍，何其庄，任萃毅 . 余氯试纸的研制和应用 [J]. 上海师范大学学报（自然科学版），2002，31（1）：98-100.

[15] 陈焕文，徐抒平，李双峰，等 . 余氯、总氯现场快速测定仪的研制和应用 [J]. 分析化学，2003，31（11）：1399-1402.

[16] 沈丽娜，朱明新，赵贤广，等 . 二氧化氯检测分析方法的进展 [J]. 工业水处理，2010，30（1）：4-7.

[17] 韩晓飞 . 现场比色法快速测定饮用水中消毒剂二氧化氯 [J]. 上海计量测试，2011（226）：25-27.

[18] 张俊华 . 生活饮用水中二氧化氯快速测定方法研究 [J]. 科技情报开发与经济，2011，21（15）：172-174.

[19] 李红兰，张克峰，王永磊 . 靛蓝三磺酸法测定水中臭氧浓度的应用 [J]. 山东建筑大学学报，2006，21（4）：331-334.

[20] 宋钰 . 水中臭氧的快速测定 [J]. 卫生研究，2000，29（3）：151-153.

[21] 郝新焕 . 邻菲罗啉分光光度法测定污水中的总铁 [J]. 石油化工腐蚀与防护，2006，23（4）：44-46.

[22] 吕琳琳 . 水中锰钴镍铅快速测定的方法研究 [D]. 沈阳：东北大学，2006.

[23] 向小娥 . 水中六价铬快速检测新方法研究 [D]. 重庆：重庆大学，2011.

[24] 相开幕，孙剑，李洪伟，等 . 生活饮用水氯化物硫氰酸汞分光光度测定法 [J]. 中国卫生检验杂志，2009，19(2)：298-299.

[25] 王春光 . 饮用纯净水中氯化物的硫氰酸汞分光光度测定法 [J]. 职业与健康，2011，27（14）：1621-1622.

[26] 罗澍，严少红，黄远峰，等 . 四种氨氮自动监测仪与实验室国标方法测定氨氮的比较分析 [J]. 中国环境监测，2010，26（3）：32-35.

[27] 黎永艳，陆日贵，陈清德，等 . 饮用水中氨氮的离子色谱和水杨酸分光光度测定法 [J]. 职业与健康，2012，6（28）：1344-1346.

[28] 邓金花，吴清平，廖富迎，等 . 环境水质氨氮的快速检测 [J]. 环境监测管理与技术，2007，19（1）：33-34.

[29] 王兆群，徐清波，严刚 . 发光细菌法在环境监测中的应用 [J]. 仪器仪表与分析监测，2009（3）：1-4.

[30] 韦东普，马义兵，陈世宝，等 . 发光细菌法测定环境中金属毒性的研究进展 [J]. 生态学杂志，2008，27（8）：1413-1421.

[31] 吴泳标，张国霞，许玫英 . 发光细菌在水环境生物毒性检测中应用的研究进展 [J]. 微生物学通报，2010，37(8)：1222-1226.

[32] Ribo J M. Interlaboratory comparison studies of the luminescent bacteria toxicity bioassay[J]. Environ Toxicol Water Qual, 1997，12（4）：283-294.

[33] Lanciotti E, Galli S, Limberti A, et al. Ecotoxicological evaluation of wastewater treatment plant effluent discharges: a case study in Prato（Tuscany, Italy）[J]. Ann Ig, 2004，16（4）：549-558.

[34] Mekki A, Dhouib A, Feki F, et al. Assessment of toxicity of the untreated and treated olive mill wastewaters and soil irrigated by using microbiotests[J]. Ecotoxicology and Environmental Safety, 2008，69（3）：488-495.

[35] Somensi C A，Simionatto E L，Bertoli S L，et al. Use of ozone in a pilot-scale plant for textile wastewater pre-

treatment: physico-chemical efficiency，degradation by-products identification and environmental toxicity of treated wastewater[J]. Journal of Hazardous Materials, 2010，175（1/3）：235-240.

[36] 董玉瑛，雷炳莉，张阳，等 . 镀铬化工废水对发光菌的综合毒性 [J]. 化工学报，2007，58（11）：2911-2913.

[37] 李劲，房存金，宋献光，等 . 工业废水与河流水体的急性毒性研究 [J]. 中国环境监测，2006，22（1）：81-84.

[38] 李钟玮，胡俊庆，王君，等 . 发光细菌法测定大庆地区排污干渠水质的生物毒性研究 [J]. 黑龙江环境通报，2006，30（2）：94-95.

[39] Kratasyuk V A, Esimbekova E N, Gladyshev M I, et al. The use of bioluminescent biotests for study of natural and laboratory aquatic ecosystems[J]. Chemosphere, 2001，42：909-915.

[40] Kuczynska A, Wolska L, Namiesnik J. Integrated approach for evaluation of pollution level of underground water in the vicinity of a municipal landfill[J]. Fresenius Environmental Bulletin, 2006，15（7）：692-696.

[41] 潘海祥，楼小平，王军海 . 发光细菌法用于给水系统的毒性监测及预警 [J]. 中国给水排水，2008，24（8）：73-76.

[42] Parkinson A, Barry M J, Roddick F A, et al. Preliminary toxicity assessment of water after treatment with UV-irradiation and UVC/H_2O_2[J]. Water Research., 2001，35：3656-3664.

[43] Guzzella L, Feretti D, Monarca S. Advanced oxidation and adsorption technologies for organic micropollutant removal from lake water used as drinking-water supply[J]. Water Research, 2002，36：4307-4318.

[44] 张亚旦，徐亚同，朱文杰 . 饮用水水质标准中 14 种限制物质综合毒性研究 [J]. 安全与环境学报，2009，9（2）：106-111.

[45] 张海志 . 专利检测技术保障世博会饮水安全 [N]. 北京：中国知识产权报，2010.

[46] 岳舜琳，潘海祥 . 用发光细菌监测水质突发性污染的适用性 [J]. 给水排水，2008，34（2）：28-30.

[47] 陈晓维 . 明亮发光杆菌毒性试验在生活饮用水水质监测中的应用 [J]. 环境科学导刊，2009，28（4）：91-93.

[48] 史元康，黄联锋，冯子凌，等 . 生物综合毒性检测在三氯丙烷水环境污染事故应急监测中的应用及启示 [J]. 中国环境监测，2009，25（5）：49-51.

[49] 杨虹，刘金冠，崔桂贤 . 天津市地表水水体污染发光细菌的急性毒性表征研究 [J]. 硅谷，2010（7）：132.

[50] 蔡晓东，李剑锋，黄国香 . 浅谈光纤光谱仪的设计原理及基本光谱测量 [J]. 广东科技，2019，28（4）：68-70.

[51] 许典 . 星载高精度太阳辐照光谱仪波长扫描机构研究 [D]. 长春：中国科学院长春光学精密机械与物理研究所，2016.

[52] 于笑盈 . 用于农作物组分信息检测的便携式 LVF 光谱仪的开发 [D]. 保定：河北农业大学，2015.

[53] 王哲 . UV-LED 灭活水中大肠杆菌效能研究 [D]. 沈阳：沈阳建筑大学，2018.

[54] 尹航，俞巧君，侯迪波，等 . 基于监督学习的紫外-可见光光谱水质在线异常检测方法研究 [J]. 光谱学与光谱分析，2019，39（2）：491-499.

[55] 吴德操，魏彪，熊双飞，等 . 针对水质监测的紫外-可见光谱双光程融合优化算法 [J]. 光谱学与光谱分析，2017，37（3）：799-805.

[56] 汤斌，魏彪，吴德操，等 . 一种紫外-可见光谱法检测水质 COD 的浊度影响实验研究 [J]. 光谱学与光谱分析，2014，34（11）：3020-3024.

[57] 汤斌，赵敬晓，魏彪，等 . 一种紫外-可见光谱检测水质 COD 预测模型优化方法 [J]. 中国环境科学，2015，35（2）：478-483.

[58] 赵敬晓，魏彪，汤斌，等 . 基于 Lab VIEW 和 VC++ 的水质检测光谱信号小波去噪方法 [J]. 环境科学与技术，2015，38（6）：83-87.

[59] 郭冰冰，侯迪波，金宇，等 . 基于基线校正和主元分析的紫外-可见光光谱在线水质异常检测方法 [J]. 光谱学与光谱分析，2017，37（5）：1460-1465.

[60] 周风波，李长庚，朱红求 . 基于提升小波变换的阈值改进去噪算法在紫外可见光谱中的研究 [J]. 光谱学与光谱分析，2018，38（2）：506-510.

[61] 林春伟，郭永洪，何金龙 . 基于紫外可见吸收光谱的水质检测算法研究 [J]. 中国测试，2019，45（5）：79-84.

[62] 罗继阳，魏彪，汤斌，等 . 水质 COD 检测用光谱法的水体环境浊度解算方法 [J]. 环境科学与技术，2015，38

（S2）：246-250.
[63] 余小柳，魏彪，汤斌，等 . 水质 COD 探测器光路设计仿真研究 [J]. 计算机仿真，2014，31（7）：412-414+424.
[64] Stach R, Pejcic B, Crooke E, et al. A mid-infrared spectroscopic method for the identification and quantification of dissolved oil components in marine environments[J]. Analytical Chemistry, 2015，87（24）：12306-12312.
[65] Gerasimov R Y, Fadeev G N, Gerasimov Y V, et al. Radiospectroscopic method for determining contents of deuterium and tritium in aqueous solutions[J]. Russian Journal of Physical Chemistry A, 2016，90（9）：1785-1788.
[66] Wiegand D H, Vanýsek P. Spectroscopic and fluorometric characterization of oxacyanine dyes in water and nitrobenzene [J]. Applied Spectroscopy, 2016，42（6）：958-961.
[67] Nakar A, Schmilovitch Z, Vaizel-Ohayon D, et al. Quantification of bacteria in water using PLS analysis of emission spectra of fluorescence and excitation-emission matrices[J]. Water Research, 2020，169（2）：1-30.
[68] Mathieu Lepot, Jean-Baptiste Aubin, François H L R Clemens, et al. Outlier detection in UV/Vis spectrophotometric data[J]. Urban Water Journal, 2017，14（9）：908-921.
[69] 陈超锋 . 柿饼干燥中脱水脱涩及无损检测技术研究 [D]. 南宁：广西大学，2019：58-69.

第7章 水质检测预警业务化平台与数据库

▲ 平台系统设计

▲ 平台运行与维护

▲ 应用案例

城市供水水质管理信息化是城市供水信息化、现代化战略的重要组成部分，是城市供水水质管理发展的必然趋势和高级阶段，是信息知识时代水质管理工作的主要表现形式，是城市供水信息化建设的重要内容和组成部分，是水质管理工作的重点从以检测、分析为中心向以信息管理为中心的延伸、扩展，也是工作方式的根本性转变和提升，是水质管理科学化、规范化、流程化、精细化、电子化、网络化、动态实施化和现代化的重要方式。

供水水质管理的信息化可分为两个方面：一是现代管理和信息化理念在供水水质管理工作中相融合而形成的应用模式；二是实现这一模式的具体实现技术或平台。现代城市供水水质检测管理信息化建设是供水水质综合管理的一种理念、方法、技术和整体解决方案。它是在一个系统平台中管理和整合城市供水系统中的各种水质检测数据、信息和对象。表现形式是以水质检测室、水质在线监测仪表等为管理对象，在网络通信技术、计算机信息技术、数据存储分析技术的支撑下，借助分析检测技术、仪器仪表技术和现代管理思想组成的一个开放的分布式城市供水水质管理系统（平台），以采集、录入、处理、分析、检查、判定、预警、存储、传输和共享管理对象产生的各种水质数据为核心，同时实现对水质检测相关业务流程、人员、材料设备、技术方法、资料档案等资源的综合管理，并与城市供水的其他信息管理系统和对象进行协同和数据交换。

7.1 平台系统设计

供水水质管理业务化平台应基于公众对安全饮用水的需求、各级城市供水管理主管部门的监管需求和供水企业的发展需求，以保障饮用水安全为核心，为实现“从水源到水龙头全过程监管饮用水安全”的目标，围绕供水主管部门监管实施需求，涵盖水源、水厂、管网的供水全过程，针对供水系统各环节的运行管理单位开展监管业务信息化建设，覆盖现有供水监管业务，满足城市供水系统全过程监管需求，形成逻辑融合、数据共享、功能协调的“一张网”。

系统采用多层级分布式数据架构，客户端通过 WEB 浏览器访问系统应用服务器，发送业务请求，由系统应用服务器根据客户端请求向分布在网络里的各个数据库服务器发出数据请求，并取回相关数据后，发送给客户端，客户端不用直接访问数据库服务器，起到数据隔离的效果，保障数据的安全性。系统提供远传在线监测功能，需要与主站实现数据交互，自动设备监测的数据通过有线或无线的形式上报主站。系统组成架构如图 7-1 所示。

7.1.1 建设原则

为了更好地完成供水水质管理业务化平台设计目标，满足目前及未来几年系统扩展的需求，基于 Web 的数据采集及分析系统、数据交换平台的软件开发遵循以下原则。

1）规范性

规范性包括业务规范、开发规范、术语规范、数据规范、技术规范等方面。

① 开发规范：应用系统的开发要符合软件设计开发的标准与规范，在开发过程中采用的技术和工具应符合工业标准，在没有可依据的工业标准的情况下应采用事实标准或主流的开发技术。

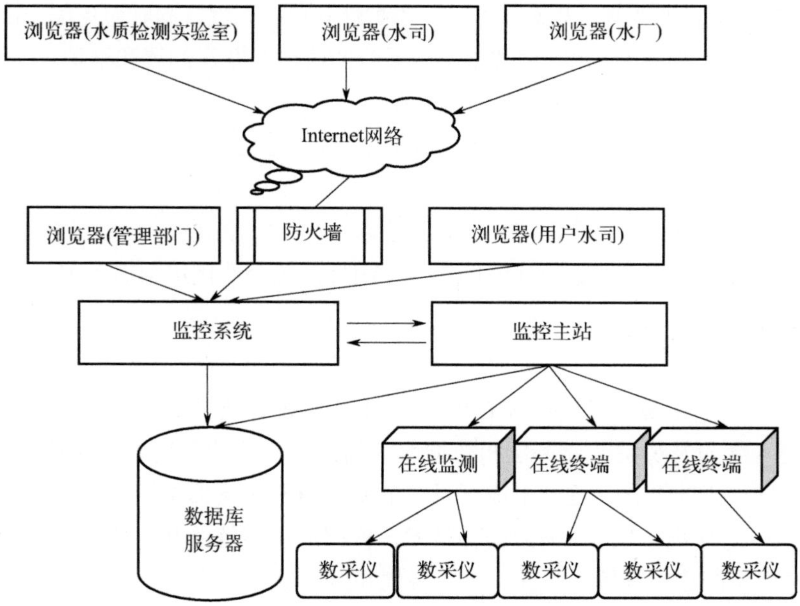

图 7-1　系统基本组成

② 术语规范：在应用系统中使用到的行业术语等应符合国家标准和行业标准。

③ 数据规范：数据的采集、存储、传输和访问按照统一规范进行。

④ 业务规范：通过应用系统的开发，规范数据采集、统计分析业务和日常管理行为，为应用系统的应用推广创造条件。

⑤ 技术规范：应用系统遵循由 SUN 发起并由众多世界级大厂商联合制订的 J2EE 业界规范。

2）先进性

平台面向不同客户在水质监管业务上的需求，必须在建设初期考虑到技术的延展性，保证系统在未来的几年中在软件基础结构和应用形态方面的技术先进性。

3）高效性

基于 J2EE 的数据展现平台对查询和表现达到业务规定的时限要求。

4）安全性和可靠性

对主要数据加密，并运用先进的访问控制、身份认证等技术防止非法用户入侵；保证系统在异常情况下的正确可靠运行。

5）完整性和一致性

数据在全网各个应用系统中的采集、存储、传输和处理保持完整和一致。

6）易扩展性

系统在各级水质中心和水司水厂需求基础上，能够很方便地针对特殊用户的特殊需求进行功能添加和功能调整；应用软件尽量做到与平台无关，便于应用系统的移植或配置。

7）易用性

用户界面规范统一，易于用户掌握；提供方便的软件配置、管理和分发手段。

8）组件化和标准化设计

整个系统开发涉及多个业务系统和多个环节，需要多个模块协同工作，在设计时坚持组件化设计和标准化接口的原则，提高系统的易维护性和可扩充性，同时避免因一部分程序的修改影响到其他部分。利用组件化开发技术实现系统的快速开发、部署和维护。

9）科学性、先进性与实用性相结合的原则

在采用和引进先进技术时，应充分考虑各类用户计算机实际应用情况，不盲目追求“高、精、尖”。

10）知识化、智能化、人性化的软件设计理念

系统能够自动生成各种主题的分析报告，并满足系统个性化定制的要求。

7.1.2 开发架构设计

随着 Web 技术的出现，应用系统的开发从 Client/Server 方式转向到基于 B/S 的三层体系结构，按照逻辑分为表现层、业务层和数据库。为提高构件的重用度和对构件容器的支持，对构件又进行进一步的细化，逐渐形成了目前的基于 B/S 多层体系结构。在供水水质管理业务化平台应用开发中引入不同层面的构件技术，使得应用系统的开发能通过构件的生产和集成来完成，应用系统也更具备了弹性、可扩展性和健壮性。

基于 B/S 多层体系结构的应用开发，以供水水质管理核心业务过程（BP）为中心，以用例（use case）描述业务过程（BP），随时修正与掌握新需求。这种开发环境能预防错误延迟到最后阶段的系统整合时才显现出，而能及早地发现。宏观上将应用系统划分为数据表现层、业务应用层、平台支持层、数据服务层及通信服务层五个层次。

7.1.2.1 数据表现层

供水水质管理业务化平台中人机交互 UI 界面采用 B/S 模式开发。数据表现层包含应用系统表现相关的设计内容，具体分为界面显示和界面控制两个方面。界面显示部分包含用户界面和调用 Ajax 实现数据请求处理部分，负责系统与用户之间的交互。根据应用形式的不同，表现可以是 Web 页面、Web Service 客户端、报表等。界面控制负责界面显示与应用层之间的关联。具体来说是将用户的请求交给应用层，由应用层提供相关的服务，并且将最终的结果返回给用户。

7.1.2.2 业务应用层

供水水质管理业务化平台业务应用层主要内容是为各种业务操作人员提供的各种应用功能。这些业务功能主要包括 3 大类。

（1）系统运行管理功能

这部分功能主要是完成对本系统的本身各种软硬件的管理功能，以及支持本系统各种设备的运行管理及系统操作和管理。

（2）数据采集应用功能

这部分功能主要是实现对数采仪各项量测的数据采集，能够支持通过远程实现自动采集，以及通过各类终端辅助实现数据的采集。在这个过程中实现数据采集工作的规范化管理。

（3）数据分析应用功能

这部分功能主要根据业务需求，将本系统能够获取到的各种用户及表、计的各项量测信

息以某种业务形式进行展示，并根据各种统计的数据进行进一步的数据挖掘和数据分析。

7.1.2.3 平台支持层

这一层主要是实现对各种供水水质管理业务功能提供模型支持和应用组件支持。在这一层中主要包括权限认证、组织机构、报表平台、图表分析等支撑组件。

7.1.2.4 数据服务层

主要功能是完成采集、存储、校验、统计各种类型的数据，设备配置、命令控制，同时肩负着业务应用和系统服务之间的桥梁作用。在这一层中主要由主站实现。

7.1.2.5 通信服务层

该层主要功能是根据系统配置和客户的各种操作产生各类采集任务，并按优先级、采集策略等对采集任务进行调度和执行。在此层主要包括前置通信服务和规约库。规约库主要完成对某个特定规约的解析，该层次收发的数据与通道类型无关，完全是基于应用层规约的数据，根据规约标识调用相应的规约解析处理可实现与不同通信规约的终端通信。

7.1.3 功能设计

7.1.3.1 用户设计

供水水质管理业务化平台用户体系是平台系统实施的关键组成部分，用户编码是贯穿供水水质管理业务化平台开发的最基本的要素，角色管理、用户权限、单点登录等用户体系中的规则需要先行确定，应用于各模块开发中，保证平台系统的整体性。

用户系统用于维护用户信息，主要包括增加、修改、删除、查询和导出用户信息，初始化密码，浏览用户详情，为用户授予角色。支持按用户名称、用户账号、性别查询用户。

（1）用户体系

按照供水水质管理业务化平台统一设计原则和总体要求，结合用户在各项业务中的分工和角色，供水全过程监管平台采用一系统多层级众用户的扁平化系统设计，通过统一的用户体系、不同的权限设置，实现多层级水质监管体系。平台用户按行政职能可分为国家、省、市政府监管用户，水司用户等；按功能权限可分为数据上报用户、数据管理用户等。平台根据运行管理需要进行用户体系建设，内容包括用户管理体系建设、用户身份认证体系建设、用户访问控制策略建设等。

1）用户管理体系建设

用户在使用业务系统时，首先进入认证系统统一登录界面并提供有效的用户名及密码，认证系统应用统一身份认证策略对用户进行身份验证，只有验证通过的用户才能进入统一用户界面并获得各应用的使用权。统一访问控制系统面向各业务模块，通过访问控制接口为各业务模块提供访问控制决策支持。当用户进入业务模块时，会接收由统一身份认证系统提供的用户信息，并将用户信息与当前业务模块信息一并提供给统一访问控制系统，获取用户在当前系统中的权限信息。用户在业务模块中进行各种操作时，会将用户的操作请求以及当前的上下逻辑信息发送到统一访问控制系统，由统一访问控制系统根据统一访问控制策略，综合考虑访问的主体、访问的客体以及上下逻辑等因素，对用户操作的合法性做出决策，并将决策结果返回给业务模块，根据这一结果对用户的操作进行有效控制，防止用户对业务信息的非法操作，以保证业务信息的安全性。

2）用户身份认证体系建设

在使用应用系统之前，用户要首先进入统一登录系统，并提供用户名及密码等信息，由统一登录系统将用户信息发送到身份认证系统，将用户提交的信息与数据库中存储的信息进行对比验证。合法用户进入安全认证系统进行校验，针对存在的安全风险进行分析；存在问题的用户进入隔离区，待修复后重新进行认证。通过安全认证的用户进入访问控制系统，获得赋予的权限进行登录。

3）用户访问控制策略建设

为了满足供水业务全流程监管业务的需求，建立独立于业务模块的可配置控制规则，对用户、角色、任务、权限及相互之间的委派关系进行约束和控制。用户不与权限直接发生关联，而是将权限分配给角色和具体的任务，用户被委任各种角色，同时用户又被指派各种任务。在非流程性任务管理中，用户通过角色获得对资源的操作许可；而在流程性任务管理中，用户通过任务获得与任务相关资源的操作权限。

（2）用户安全保障

为保证供水管理业务化平台安全性，主机系统和数据库系统的身份标识具有唯一性，每一个用户使用单独的账号进行管理；对用户进行身份标识和鉴别，并支持使用 PKI/CA、智能卡或其他多因子认证手段实现用户身份鉴别；用户使用的身份鉴别信息不易被冒用，如口令长度、复杂性和定期强制更改；平台具备登录失败处理功能，在鉴别失败后结束会话、限制非法登录尝试次数、登录连接超时后自动退出。

对用户登录、重要用户行为、系统资源的异常使用和重要系统功能的执行等进行用户安全审计，审计的日志包括日期和时间、类型、主体标识、客体标识、客体敏感标记、事件的结果等，保证用户使用安全。

（3）用户分类

供水水质管理业务化平台用户分类分为系统管理员、普通用户。系统中的用户分为普通用户和管理员用户，普通用户由管理员用户创建和维护。数据项包括用户名称、用户账号、性别、所属机构、状态（激活、禁用）、岗位、手机、排序、授予角色等。

1）系统管理员

系统管理员主要负责应用平台中的系统参数配置、用户账号开通与维护管理、设定角色与权限关系，维护行政区划和供水企业、水源地、水厂、管网点编码等基础数据字典，系统日志管理及数据管理等运行维护工作。按照上述用户分级，系统管理员根据系统建设层级需要可分为国家级、省级和城市级，分别负责国家级、省级和城市级的应用信息系统日常运行维护管理工作。不同等级的管理员拥有不同等级的管理权限，一个应用系统中存在多个系统管理员时，下级管理员的权限由上级管理员授权并适时调整。

在不同的业务功能模块中，系统管理员的数量和权限由业务的特点确定，可根据需要进行设置，可以采取系统建设单位管理员集中管理的模式，也可以采取多级管理员分级管理的模式。

2）普通用户

普通用户是指平台中的非管理员的专业用户，由相应级别或更高级别系统管理员创建，并授予在相关业务功能中的权限。在国家级到县区级的用户中都有普通用户，这些普通用户主要承担完成相关业务、发布填报信息、更新维护非基础信息字典等工作。对于专业用户和普通用户，分别提供不同的界面。对于专业用户，根据主管部门的需求，分别提供信息发布、接收、查询、统计、业务上传下达等相应功能；根据组织单位、技术支持者、实施单位、参与单位、辅助单位等角色，分别确定不同业务中的分工和权限。

（4）用户权限

以国家级供水水质管理业务化平台建设为例，超级系统管理员创建系统管理员；省级系统管理员建立本省普通用户和本省所属的各个市级系统管理员，为本省用户授予角色；市级系统管理员建立本市普通用户和下级普通用户，为本市和下级用户授予角色。示例见表 7-1。

表 7-1　不同用户级别及权限示例

系统层级	管理员级别	权限说明
平台管理	超级系统管理员	建立国家级系统管理员、省级系统管理员
省级	省级系统管理员	建立本省的省级普通用户、为本省省级用户授予角色、创建市级系统管理员、浏览本省所有用户信息
市级	市级系统管理员	建立本市的市级普通用户和县区级普通用户、为本市的市级和县区级用户授予角色、浏览本市所有用户信息

7.1.3.2　功能需求概述

供水水质管理业务化平台主要功能一般包括基础信息管理、水质信息管理、水质监督、日常管理、应急管理、预警管理、资源库、系统管理等内容。

（1）基础信息管理

基础信息主要包括平台建设覆盖区域概况、供水基础信息、信息维护等，主要为静态信息，一般要求各管理城市 / 企业 1 年上报 1 次。通过各信息上报，能够实现对水质监管区域基本供水情况进行统计和查询，并在此基础上管理。

供水基础信息可包括城市供水基础信息、水司基础信息、水厂基础信息等。

① 城市供水基础信息：各城市供水基本情况，含城市名称、供水厂数量、供水能力、供水人口等。

② 水司基础信息：主要包括水司基本情况（名称、性质、主管部门、法定代表人等）、主要联系方式、供水设施基本情况（水厂、管网基本信息等）、运营情况（供水量、售水量、产销差等）、水质检测信息（联系方式、检测能力、实验室资质认定情况）。

③ 水厂基础信息：水厂基本情况（名称、上级主管部门）、主要联系人联系方式、水厂水源地名称和类型、备用水源信息、水厂处理工艺、水厂检测能力。

平台建设单位每年应对供水信息的基础信息进行信息维护，各地水司应对上报的信息进行审核；各级管理员分别设置不同权限，上报单位仅可对自身信息进行查看、修改和更新，管理单位可进行全部信息的查看和修改。

（2）水质信息管理

1）管理部门水质信息模块

管理部门水质信息模块主要实现全监管范围内水质信息管理，可包含各城市水质监测点位 GIS 地图展示、实验室情况统计报表、数据查看与分析、上报信息统计等模块。

① GIS 地图展示模块不仅可以展示监测点位，还可定制生成水质指标的 GIS 空间分析专题图；

② 实验室情况统计报表模块可统计各实验室的面积、资产、人数、学历、职称、性别、定级、检测能力（指标）、资质认证指标、认证级别等信息；

③ 数据查看与分析模块中的数据主要为各供水机构上报的实验室月检水质数据，可将查询或者统计结果以图、表的形式展现，模块具体功能包括各城市检测项目和样品的信息统计，检测值曲线分析，地区或指标合格率的计算、比对与排序，敏感水质指标的统计与分析等；

④ 上报信息统计模块主要展示水厂自检上报的情况，主要展示排名、地区、应报数、实报数、上报率等数据。

2）供水单位水质信息模块

供水单位水质信息模块主要包括实验室监测、在线监测和流动监测 3 个子模块。可根据需要对水质信息进行分类上报。同时，通过对不同类别水质数据的查询、统计、分析以及结果的静态和动态可视化（曲线、3D 视图、报表、专题图等），可实现对水质信息的精细化管理。

（3）实验室水质检测

实验室检测数据包括城市供水水司对所辖水厂的水源水、出厂水及供水范围内供水管网的水质指标月（年）检数据，城市供水水厂的出厂水与水源水日检水质指标的统计数据，可根据建立的报表模板导入数据实现上报，或通过开发实验室 LIMS 系统接口，设计标准化上报表格，实现 LIMS 系统数据交互（见表 7-2）。

主要功能模块可包括水质月（年）检报告、水质月（年）检审核、水质日报审核、供水量与水质日检、水质综合报表。

1）水质月（年）检报告

包含水司名称、所在设区城市名称、所在县城（市、区）名称、期号、水质上报状态、水样品数、管网水样品数、地表水源水样品数、地下水源水样品数，可统计应报数量、上报率、超标率和超标项目等。

2）水质综合报表

主要分为水质汇总信息、水司汇总信息和水厂汇总信息等，采用逐级上报的方法，获取各级的相关数据。

① 水质汇总信息包括城市供水水源水日检指标统计报表、城市供水出厂水日检指标统计报表、城市供水水质分析报告（水源水）、城市供水水质分析报告（出厂水）、城市供水水质分析报告（管网水），水厂日检指标统计报表分为水源水和出厂水两类，日检指标为 7 项或 9 项。

② 水司汇总信息主要包括供水总量、总电耗、平均日供水量、最高日供水量、月售水总量、生产运营用水量、公共服务用水量、居民家庭用水量、消防及其他用水量、免费供水量等水司生产数据，还包括水样个数在各合格率段的分布情况、各类型水样主要超标指标等。

③ 水厂汇总信息主要包括累计供水总量、累计售水总量、水厂电耗、停水水厂个数、原水水量不足停水个数、原水水质超标停水个数、设施故障停水个数、设施正常维护停水个数、调度需要停水个数、其他原因停水个数等水厂生产信息，还包括水厂水质信息汇总、水

表 7-2　水质分析报告数据填报要求

类别	名称	解释	必录项
表头区（必填项）	公司名称	系统根据登录用户信息自动生成，不需输入	
	水样类型	分为：地表水源水、地下水源水、出厂水（地表水源）、出厂水（地下水源）、管网水	
	采样地点	填报水样的具体采样位置	
	水厂名称	内置对应城市的所有水厂名称。对于水源水和出厂水，应严格确定；对于管网水，可大约确定	
	采样时间		
	检验时间		
	检测类型	设置有“月检”“年检”或“** 年监督检测”等选项	
	采样人名称	文字	
	检测机构名称	文字	
	报告编号	必须唯一	
指标区	输入约定	出厂水与管网水样品选择模板为“生活饮用水”	至少要输入一个指标值
		当受仪器限制，需要以检出限表示检测值时，应加“≤”（英文格式）	
		未检测项目，可以为空，或用“/”（英文格式），或用“-”（英文格式）	
		当标准要求“不得检出”，合格可输入“未检出”或“0”，否则输入实际检测值，允许带“<”（英文格式）、“>”（英文格式）	
		“嗅和味”合格可输入“无异嗅异味”或“0”或“无”，否则输入实际检测结果	
		所有指标的单位按照标准中指定的单位，即除个别指标外，主要数值单位为 mg/L	

样个数在各合格率段的分布情况以及主要超标指标。

3）水质数据上报流程

具体流程如图 7-2 所示，水质数据由各地水司、水厂负责上报，水质月（年）检审核，城市 / 区县供水主管部门通过在线的方式审核。

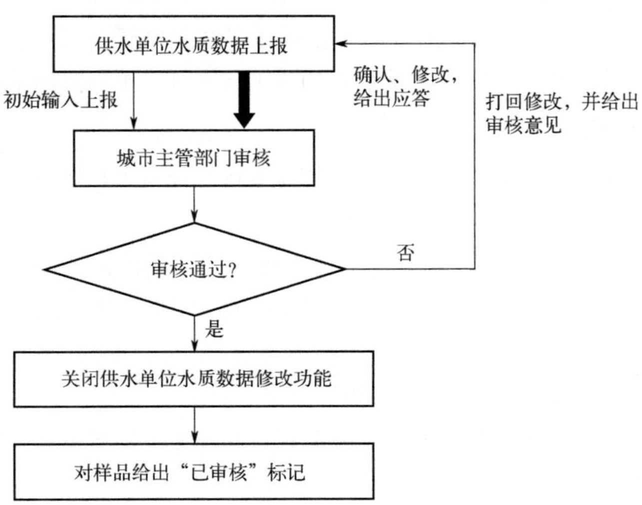

图 7-2　业务流程

（4）在线水质监测

模块主要功能在于以动态列表的形式刷新显示各个监测点的相关指标。展示方式要多样性，可实现多水质监测点多指标的动态二维表展现、单水质监测点多指标曲线展现、多水质监测点相同指标变化趋势比对等功能；支持数据导出、在线水质监测数据查询导出、在线监测设备管理及在线监测配置等功能。开发对在线监测站点及指标的后台管理；开发数据共享模块，向共建单位进行数据分享；开发在线水质监测站点数据有效性分析功能，保障数据的准确性，减少误报、漏报；增加水质变化趋势；开发数采仪的控制模块，把数采仪的控制功能集成至系统内，实现一键添加及删除。

① 在线监测点状态可在平台进行实时显示（运行、故障、停运），并可在地图上通过不同颜色进行标识；可选择条件进行显示。

② 上报点基本水质情况（浊度、余氯等）可在地图上进行实时显示。

③ 各上报点可定期进行应上报数、上报率、水质合格率、主要超标项目的统计和查询。

④ 可对水质报表进行导出（Excel 格式），导出时可进行时间和地点的选择，并可针对不同水质指标形成统计报表，该报表包含水质指标的最大值、最小值及平均值信息，并可进行折线图或柱状图的选择。

⑤ 在线数据如出现超标情况可进行实时报警（页面弹窗形式等）。

⑥ 地图展示可以以电子地图 TIP 标注的形式展示超标监测的相关情况，并着重体现超标监测的空间位置趋势。地图浏览（放大、缩小、复位、移动、滚轮）、图层开关控制、鹰眼定位、标签定位、量算、地图导出、空间查询、专项定位（水厂、水司、监测点）、地图式监控功能、TIP 显示各个监测点实时监测信息、标注避让、点击单个 TIP 标注利用动态曲线显示指标历史变化情况。

⑦ 可显示城市下辖的所有水厂的监测仪器的最新状态、水厂监测仪器和数采仪的历史异常信息等提示内容，可以修改当前异常事件的处理状态。

⑧ 对异常数据首先实现系统自动删选功能，然后通过监测数据人工质疑进行最终确认。

⑨ 在线监测配置功能。监测部门配置，可关联至相应监测点；监测点配置，可管理相应监测仪器或指标。仪器添加及删除可实现一键化操作，数采仪接入格式固化。

⑩ 水质在线监测点信息汇总主要包括下辖区域在线监测建设信息、在线监测月报信息汇总，根据年度、月份、市、区（县）即可以按照不同区域、不同时间范围进行汇总。

（5）移动水质监测

移动水质监测分为日常监测和城市供水公司（单位）水质事故快报两种。

1）日常监测

根据国标和移动监测能力设计相应的移动上报界面，数据汇总至云数据中心。系统可对各区县的移动监测数据进行统计分析，并按照地点或时间形成统计报表，支持导出等功能。相应内容可参考实验室上报功能。

2）城市供水公司（单位）水质事故快报

包括事故的概况和事件过程中的水质监测数据，具体快报要求见表 7-3。

（6）平台管理

平台管理模块主要功能是：设置整个平台的用户、权限、菜单等内容，维护系统正常运

表 7-3 水质事故快报填报要求

类别	名称	解释
事故基本情况	事故地点	指事故发生的具体地点
	发生时间	可以选择时间点
	发现时间	同上
	上报时间	同上
	事故类型	水源污染、管网事故、水厂事故、人为破坏、自然灾害
	目前状态	未上报、已上报、处理中、已控制、停水
	特征污染物	应明确填报污染物名称
	目前采取措施	文字描述
	事故概述	文字描述
	联系人	具备反映事件情况的责任人名字
	联系电话	具备反映事件情况的责任人电话
	备注	本表未能表述情况的信息，可以在备注中说明
控制按钮	保存	保存填报内容，并弹出“水质跟踪情况”数据输入窗口
	取消	清空填报内容
水质跟踪情况	检测设备	输入本次检测污染物所采用的检测设备名称
	执行标准	输入本次评价污染物污染程度所采用的评价标准名称
	采样点	水样的采集地点名称
	水样类型	地表水源水、地下水源水、出厂水（地表水源 / 地下水源）、管网水
	水样编号	具有唯一性
	采样时间	可以选择时间点
	检测时间	可以选择时间点
	指标名称	即检测指标的名称（中文）
	标准值	即采用执行标准的限值
	检测值	实际检测数据（注意，单位应与标准值一致）
控制按钮	添加	保存填报内容，数据将提交“水质跟踪情况列表”
	重置	清空填报内容

行的必要参数。主要分为角色管理、用户管理、权限管理、模块设置、数据交换状态等；数据交换状态查看功能是查看管理平台与供水单位数据交换历史状态，可设置城市、指令类型、执行结果、创建时间、失效时间、期号等内容筛选符合条件的信息。

按部门、类型对系统用户进行划分，并实现列表展示。建立不同的权限列表，对不同用户或角色赋予不同的权限，权限列表项可自定义选择，控制可查看和操作模块。对系统框架中的各模块进行配置，可以进行模块添加、编辑、删除等修改，可以调整模块显示顺序。同时，系统要具有一定的容错处理能力，应该给出错误提示，防止意外操作而造成的数据丢失与破坏。

7.1.4 编码设计

为保证城市供水基础信息在同一系统内或不同系统间的交互与加工处理，应对城镇供水信息系统基础信息和供水水质指标进行分类与编码。在建立供水信息系统时，应依据CJ/T 474—2015 和 CJ/T 541—2019 的规定建立城镇供水水质指标及城镇供水管理系统基础信息的编码体系和管理制度，作为供水信息系统开发建设的基础。分类与编码应符合下列规定：

① 城镇供水信息系统基础信息的分类与编码应符合 CJ/T 541—2019 的规定；

② 城镇供水水质指标分类与编码应符合 CJ/T 474—2015 的规定；

③ 非结构化数据可参考 CJ/T 541—2019 中第 4 章的规定进行分类与编码。

为保证编码系统的完整性，对于 CJ/T 541—2019 中未涉及的新增基础信息，应依据CJ/T 541—2019 中第 4 章的规定进行分类与编码；对于 CJ/T 474—2015 中未涉及的新增水质指标，应依据 CJ/T 474—2015 中的规定进行分类与编码。

7.1.4.1 数据结构分析

对调查结果进行分析，城镇供水信息系统基础信息包括结构化数据、半结构化数据和非结构化数据，参照 CJ/T 541—2019 的规定对其进行分类。

（1）结构化数据

1）城镇供水管理基础信息

主要包括以下内容：

① 城镇供水行政主管部门基本情况；

② 城镇供水单位水厂数量、综合生产能力等汇总信息；

③ 城镇年供水量；

④ 城镇年用水量；

⑤ 城镇二次供水管理情况；

⑥ 城镇供水水源地基本情况；

⑦ 城镇应急水源基本信息；

⑧ 城镇取水、供水管道信息。

2）城镇供水单位基础信息

主要包括以下内容：

① 城镇供水单位名称、地址、类型、企业性质、服务类别等基本情况；

② 城镇供水设施基础情况；

③ 城镇供水单位运营情况，包括水厂数量、服务人口、用户水表数、客户服务、生产运营信息情况等；

④ 水质检测部门基本信息，包括名称、联系方式、资质状况和级别、部门人员情况、检测能力、检测设备等；

⑤ 水质在线监测基础信息，包括监测点布局和建设信息、监测设备信息等；

⑥ 水质检测基础信息，包括水源、水厂、管网（包括管网末梢）、二次供水的采样点数量和布设情况。

3）城镇供水水厂基础信息

包括水厂名称、水厂类型、所属供水单位、水源类型、水源地基本信息、水厂规模、净水工艺、供水总量、消毒方式、水质检测项目、在线监测项目、生产能力、水厂安全管理信息和应急水源等。

4）城镇供水设施在建、规划拟建项目基础信息

包括项目基本情况、建设内容、投资情况、设计情况、审批情况、水厂净水工艺、管道材质及长度等。

5）城镇供水单位月供水水量与水压动态信息

包括：

① 月供水流量监测信息；

② 月供水压力监测信息；

③ 供水压力在线监测信息；

④ 供水流量在线监测信息。

6）城镇供水水质动态监测信息

包括：

① 水源水水质在线监测信息；

② 出厂水水质在线监测信息；

③ 供水管网水质在线监测信息。

7）城镇供水水质基础信息

包括：

① 城镇供水水质检测数据，包括水源水、出厂水、管网（管网末梢）水、二次供水等日检、周检、月检、季检、半年检、年检的实验室水质检测数据、水质汇总数据及质量控制等相关信息。

② 实验室水质检测数据应包括样品编号、采样点名称、采样点地址或位置、水样类型、采样时间、水厂名称、水样检测类型、检验时间、检测机构、指标代码、指标名称、检测值、指标计量单位等内容。

8）城镇二次供水基础信息

包括二次供水设施地址、管理单位、设施分类、用水人口、建设时间、建设单位、水质检测单位和时间、清洗单位、清洗时间、日常水质检测数据等。

9）城镇供水设施在建项目进展信息

包括投入资金金额、资金来源、项目完成情况等。

10）城镇供水突发水质事件快报信息

包括：

① 事件基本情况，包括发生时间、发生地点、事故类型、特征污染物等；

② 水质跟踪情况。

(2) 半结构化数据

主要包括城镇供水单位和供水厂的值班日志、电子邮件、维修记录、投诉工单等记录信息类。

（3）非结构化数据

主要包括以下内容：

① 城镇供水各类报表、国家 / 行业公开的标准文本等文档与图片类信息；

② 通知公告类，包括水质督查等通知、供水水质信息公开结果等；

③ 城镇供水突发水质事件新闻报道类信息；

④ 城镇供水安防监控类的图像、音频和视频类信息；

⑤ 城镇供水规范化考核、二次供水专项检查等专项业务的图像和视频类信息；

⑥ 城镇供水客户投诉和处理等客户服务、设备检修系统的图像、音频和视频类信息；

⑦ 城镇供水质量控制考核的检测结果上报、考核结果的通报等图片类信息。

7.1.4.2 基础数据库构建

城市水系统监管业务化平台实时采集现场运行数据，能够支持并可同时运行多种标准通信协议。通过网络直接与各现场的 PLC 或操作员工作站进行通信，通信协议包括采用各种仪表协议、MODBUS、DNP 3.0、IEC60870-5-101 等，更可根据现场情况灵活开发通信数据接口。

通过平台前置服务，将现场采集设备的实时运行情况转接入关系型数据库；平台业务功能模块实时调用数据库数据，并可与第三方应用进行数据对接；应用展示模块最终将通过用户统一认证登录方式实现数据隔离，将各自业务数据只展示给相关单位人员。

前置服务实时数据采集频率可达到分钟级；在数据库层面，使用单库多实例的模式进行数据存储，通过数据的权限来划分各个公司的数据。历史数据可根据需要按不同间隔进行整体存盘。历史数据可导出备份，备份的历年数据可再回装系统使用；对采集数据进行计算、统计、存储等处理。

为水系统监管平台的架构设计，加快数据访问、提高存取速度、保障数据库的可靠性，系统的数据架构从数据库集群、数据库分区、数据库定时统计三方面进行设计。

综合考虑数据采集业务管理和数据应用业务管理，结合数据来源（系统内部数据、系统外部数据）、类型（数字型数据、图形数据、文字数据）、性质（直接数据、间接数据）和动态特征（静态数据、动态数据、实时数据）及云计算服务系统的架构，以安全、效率、兼容和可扩展原则进行数据库结构优化设计；完成水系统基础数据库、动态数据库、实时数据库的建设，为城市水系统安全监管业务平台提供综合数据支持。

多源异构数据库是城市水系统监管业务化平台的核心数据源。结合原平台已有建设成果，多源异构数据库除纳入原平台数据外，还将包括监测设备数据、流动监测站数据、实验室系统数据、历史监测数据等内容。

（1）构建原则

1）贯穿数据全生命周期，覆盖全业务用户

完成从数据采集、数据存储、数据处理到数据应用等环节，贯穿整个数据生命周期过程，打造多元的数据集成共享平台。基础信息数据在纵向应贯穿平台各级用户，在横向应覆盖系统各项业务。

2）数据规范统一，数出一门

基础信息的名称、编码、定义、数据字典、格式、单位、填报要求等应规范统一，通过构建完善的信息归集通道，建立不同来源数据的整合、纠偏、清洗功能，提高多源数据在各业务系统运行过程中的融合精度和应用效率。

3）支持全平台业务应用

构建内容完整、同步更新的基础信息功能模块，改变以往业务系统异源异构数据存在的基础信息来源各异、口径不一问题。信息能够支撑各项监管业务开展，并可为后期的数据汇总、统计、分析、展示、图形化、地图化等提供支持。

4）兼顾开源信息与专业信息

对于上述分类的基础信息，由于存在数据更新不及时、数据来源不准确或数据残缺等问题，特别是涉及需要查找、利用外部资源的非行业性信息，建议在平台中对于行政区划、地图等信息采用开源信息，对于专业信息和业务信息可在构建基础数据库后通过相关工作予以输入、完善。

5）保证信息实时性和准确性

平台中的基础信息（见表 7-4）应及时维护、动态更新，以确保其实时性和准确性。对于开源信息，以行政区划信息为例，可采用民政部官方公布的行政区划代码数据，在其基础上对数据进行解析，使其具有上下级关系，并采用自动爬虫的方式，自动嗅探，及时更新相关信息；对于专业信息，应采取定期维护与实时维护相结合的方式，每年选择一定时期开放，各级用户可更新维护基础信息；同时也可以结合相关业务的开展，对有关信息进行实时维护。

表 7-4　基础信息建设要求

序号	要求	具体要求
1	支持全平台业务应用	基础信息功能模块内容完整、同步更新； 信息能够支撑各项监管业务开展； 可为后期的数据汇总、统计、分析、展示、图形化、地图化等提供支持
2	开源信息 + 专业信息	建议在平台中对于行政区划、地图等信息采用开源信息； 专业信息和业务信息可在构建基础数据库后，通过相关工作予以输入、完善
3	保证信息实时性和准确性	对于开源信息采用自动爬虫的方式，自动嗅探，及时更新； 对于专业信息采取定期维护与实时维护相结合的方式

（2）多源异构数据库

多源异构数据库从数据内容的角度划分为基础数据库、统计库、功能库几个部分。

1）基础数据库

主要用于存储原始数据，包括各类编码数据、填报的原始数据、实时检测的原始数据、实验室检测的原始数据等。

① 编码库：存放各类编码数据，包括行政区域编码、采样点编码、指标编码、标准编码等。

② 填报类数据库：存放城市、水司、水厂基础信息年报和水质日检、月检、年检等人工报送数据。

③ 实时监测类数据库：存放实时水质在线监测的数据。

④ 实验室检测类数据库：存放实验室检测的数据。

2）统计库

基础数据库的数据在经过平台的 ETL 处理后，转化为特定统计格式的数据。这些处理过程中的中间辅助表和最终统计结果全部存储在统计库中。

3）功能库

功能库是平台的各功能模块所依赖的数据库，一般以功能模块来划分库表。

① 基础平台功能库：包括部门、岗位、人员、角色、权限、字典、参数等功能的所用库表。

② 实时功能库：包括实时功能配置库表和提供实时展示的数据库表。

③ 报送信息功能库：包括基本信息报送功能，水质日检，月检功能所用库表。

④ 水质信息功能库：水质信息功能模块运行所用数据库表。

⑤ 预警信息功能库：预警功能模块运行所用数据库表。

⑥ 应急信息功能库：应急功能模块运行所用数据库表。

⑦ 运维信息功能库：运维功能模块运行所用数据库表。

⑧ 地理信息功能库：包括地理信息系统功能运行和发布地图服务所用库表。通常情况下地理信息的数据库表是一套完整的、独立的数据库表。

⑨ 其他功能库：其他功能所涉及的功能库表。

7.1.5 安全设计

供水水质数据涉及国家和社会安全，因此对供水水质管理业务化平台建设的安全设计提出了更高要求。为保证平台的安全运行，平台安全管理体系一般应包括：

① 安全制度　应形成由安全策略、管理制度、操作规程等构成的全面的信息安全管理制度体系，并针对制度的发布、评审和修订形成定期、有组织和相关策略要求的标准化工作。

② 安全管理机构　应设置专人、专岗、信息安全管理部门、领导小组等体系化安全管理机构，通过文件发布的方式明确管理机构的职责和人员；建立完善的授权审批机制，定期进行安全审核和检查，保持内外部长期的沟通合作机制。

③ 人员安全管理　人员相关的录用、离岗、考核和教育培训中都应当涉及安全管理的内容，并加强对外部人员的管理。

④ 系统建设管理　在系统建设的全过程中全面考虑安全，包括系统安全等级、安全方案、采购、开发、工程实施、测试验收、系统交付、系统备案、等级测评和服务商选定等内容。

⑤ 系统运维管理　在系统运维的全过程中全面考虑安全，包括环境、资产、介质、设备、网络、系统等日常管理以及监控、变更、恶意代码、密码、备份与恢复管理、安全事件处置、应急预案管理等相关安全要求的具体内容。

对任何信息系统而言风险总是存在的，因此必须尽量减小残留风险的程度，使风险降低到可以接受的程度。由于信息安全是动态的和相对的（不是静止的和绝对安全的），风险分析是有其局限性的，应增强平台的残留风险分析，采取风险规避措施（见表 7-5）。

当信息系统的应用类型、范围等条件发生变化时，系统安全保护等级需要多动态变更，应当根据保护、管理规范和技术标准的要求，重新确定信息系统的安全保护等级，重新实施安全保护策略。城市供水监管平台安全防护定级划分应参照《信息安全技术 网络安全等级保护定级指南》（GB/T 22240—2020），结合行业特点进行，以“社会影响、系统损失、依赖程度”为评估准则，以“影响范围、影响程度、软硬件功能及信息的破坏、恢复系统正常运行付出的代价、消除安全事件负面影响付出的代价、业务效率的影响”为评估指标，对城镇供水信息系统进行安全评估。

表 7-5　安全风险分析及管控

序号	残余风险	残余风险处理策略
1	用户安全保密意识薄弱、安全保密知识欠缺	使用终端的个别工作人员信息安全的意识相对比较薄弱，部分工作人员基于以往互联网终端的使用习惯，易于对平台的安全造成威胁，信息安全保密教育工作有待进一步加强
2	需要对系统的信息安全防护加强监管及进行安全性测试，否则会存在信息安全风险	随着应用的变化和信息安全防护管理的需要，需要对信息安全防护管理手段，尤其是要根据工作需要不断地评审和完善安全保密管理制度，并加大执行力度
3	应用系统信息流的可复制性对操作的唯一性和可信性提出了挑战，操作可以被抵赖成为网络应用的残余风险	目前通过应用审计、终端审计等手段将用户的操作行为进行全周期审计，从一定程度上缓解了抗抵赖风险，后续可依托平台统一的 PKI 体系规划论证建设统一的电子签章系统，解决该残余风险

7.1.6 集成设计

供水水质管理业务化平台集成设计包括基础平台集成、界面集成、应用集成、数据集成、管理集成和安全集成等。在系统集成的过程中需要遵循应用集成规范。

（1）基础平台集成

SOA 架构基础平台的组件集成要达到界面集成支撑、流程协同支撑、数据交换支撑三个方面的集成目标，使 SOA 架构基础平台变为有机整体，而非简单的产品和功能组件堆积。

（2）界面集成

界面集成包括应用系统访问界面入口集成、单点登录集成和权限体系集成等。

（3）应用集成

应用集成提供应用系统交互调用、总线式的应用系统之间消息交换、应用间大数据量交互和业务流程整合等功能，实现应用层面的整合。

（4）数据集成

数据集成既要实现客户信息系统的内部子系统之间的数据集成，同时也要实现与外部系统的数据集成，使系统数据实现共享。

（5）管理集成

管理集成这里指应用系统管理集成，包括应用模块管理、访问权限管理、信息资源管理、业务流程监控、业务集成管理。

（6）安全集成

安全集成这里指用户访问安全集成，包括数据加密签名、SSL 认证集成、统一身份认证、行为审计、访问授权。

系统的架构主要包含以下特点：

① 平台设计采用 SOA 标准体系架构；

② 平台应用是基于 J2EE 的企业级多层架构技术开发；

③ 开发过程中采用了成熟稳定的中间件产品及中间件技术；

④ 平台接口采用 Web Services 等通用的接口技术；

⑤ 平台共享数据利用 XML 作为接口的数据交换标准；

⑥ 平台在设计过程中采用了 BPMN2.0 规范及工作流引擎相关技术；

⑦ 平台采用 B/S 架构，适应 3 种以上主流浏览器版本；

⑧ 平台有着完美的权限认证机制，完全符合 AD 统一身份认证要求；

⑨ 平台参照 ISO 27001、OWASP TOP10 等安全标准；

⑩ 平台在设计过程中，充分考虑与现有系统的交互、接口规范及传输性能；

⑪ 平台在建设过程中，所用操作系统、数据库环境、中间件环境、企业服务总线、流程引擎、报表工具等完全符合相关产品要求和技术要求。

7.2 平台运行与维护

各行业政府监管类平台大多由政府主管部门直接管理、运行，各级相关机构强制运行使用，用于行政审批、数据上报、行业数据监管。对于已经建设供水监管平台的城市，大部分供水监管平台重建轻管现象突出，运行效果不佳；缺乏相应的运行维护机制，人员、资金难以持续保障，致使系统瘫痪、限制使用；多种因素进而导致平台使用率不高，严重限制了平台应用范围的进一步拓展。

各级政府城市供水主管部门应当积极响应行业发展需求，围绕行业发展的重点、难点和热点问题持续开展信息化建设，积极拓展供水监管平台业务功能，加强数据分析应用，不断增强城市供水全过程风险预警和应急防控能力。条件成熟的供水监管平台可与智慧城管、智慧城市建设等其他工作有序结合，切实发挥平台功效。以数据对接为手段，对已经建成并投入使用的行业内相关信息平台（如城市供水企业内部信息系统）开展对接共享，打通城市供水全流程信息链路，形成“从水源到龙头”全过程监管。同时，拓展与相关行业信息平台的合作及接入管理，重点集成水源地水质、水文、交通运输等信息，促进行业交流和共同进步。

通过优化建设运行管理模式、完善配套保障措施、强化绩效评价、探索可持续发展路径等方式形成平台的长效运行机制，实现各级城市供水监管平台建管有规章、运行有保障、实施有成效，为城市供水全过程监管工作提供重要的决策支持。

7.2.1 管理制度建立

各级供水水质管理业务化平台建成后，运行管理面临多方面的问题和挑战。

（1）管理机构多

由于各城市管理体制不同，城市供水政府主管部门分管城市建设、城市管理、水务等多领域。此外，还包含行业内技术支撑机构辅助开展行业管理工作。因此，需要理顺体制机制，保障平台的运行使用。

（2）监管业务多

相较于其他行业政府监管类平台，城市供水监管平台不限于行政部门上报数据、统计数据、行政审批等。通过众多的业务功能模块，涉及取水、净水、输配水、二次供水、龙头水等供水各环节全过程的监管和应急预警。因此，需要专业机构、专门人员进行运行维护。

（3）用户多

平台覆盖供水全流程，涉及各级主管部门管理用户，供水企业、水厂、监测机构、公众、专家等信息录入用户。因此，需要确保信息录入的准确性、时效性，以及信息传输的安全性。

（4）整合需求大

平台还要注重现有平台的整合，需要对现有已建的省市级供水行业监管平台开展对接和提升整合，实现信息贯通、功能集成；以及和其他行业，如水利、生态环境、卫生等行业平台的信息共享。因此，需要完善的机制保障，确保信息通畅、资源共享。

为持续发挥监管作用，保证业务化运行功能，要持续做好平台制度建设，从而规范平台管理和维护行为，保证平台正常运行要求。

7.2.1.1　管理制度

城市供水全过程监管平台运行使用过程中存在相关业务部门多、涉及专业种类杂、信息技术要求高、配套设施维护难度大等问题，需要落实制度、人员、经费等各项配套措施，切实保障平台的建设及运行使用。

因地制宜确定建设运行管理模式。各级城市供水主管部门是本级供水监管平台建设和运行管理的责任主体，应结合供水全过程监管平台的实际使用情况建立完善的平台运行管理制度体系，包括权限管理、安全保密、数据更新、数据备份、软件升级与维护等，保障供水系统安全稳定运行。

7.2.1.2　应急预案

应依据《信息安全技术　信息安全应急响应计划规范》（GB/T 24363—2009）制定应急管理制度和应急预案，并保证其适用性和有效性；应急预案应包括突发事件分级、各部门角色及职责、预防和预警机制、应急响应流程、应急响应保障措施等内容，并定期演练。

7.2.1.3　人员保障

各级城市供水主管部门应明确本级平台所涉业务的相应用户体系，明确专人负责。各级平台的工作人员应经过培训后进行系统操作，保证平台收录信息的时效性及准确性。采用直接管理模式的省级城市供水主管部门还应配备一定数量的信息化专业技术人员，落实平台的运行维护。委托管理模式下，具体执行平台运行管理的被委托机构应设立负责人岗位，明确职责权限，统筹本级平台的运行使用及相关协调工作。

7.2.2　日常运行维护

各级城市供水主管部门应结合当地情况选择适宜的供水监管平台运行管理模式，统一做好平台的运行维护工作。

7.2.2.1　运行模式

城市供水全过程监管平台可由供水主管部门直接管理，也可以政府购买服务的方式委托提供业务支持的第三方机构开展供水监管平台的运行管理。

（1）直接管理，自行维护

地方城市供水主管部门采用本地化部署模式时，应确定本级平台的监管业务功能、明确本级用户体系，制定本级平台运行管理流程；由本级主管部门内相关技术人员承担平台的日常运行使用及升级维护等工作。

（2）间接管理，统一维护

地方城市供水主管部门将本级平台的业务化功能接入当地人民政府政务云平台进行数据交换与传输，或利用省级城市供水监管平台开展云部署时，可依托实体平台统一维护管理。

（3）委托管理，专业维护

城市供水主管部门以政府购买服务的方式，委托相关业务单位具体开展供水监管平台的建设运行管理。此时，主管部门应出具相应的委托文件，明确机构职责及平台使用权限。

7.2.2.2 运行要求

平台的运行与维护应依据《信息技术服务 运行维护》（GB/T 28827）的相关要求进行。运行与维护应包括对数据、硬件和软件的运行、维护和更新升级。

平台应不间断运行，软件、硬件维护升级不能影响系统正常使用；应对平台的服务器、前置机、用户侧采集装置和通信信道等的运行状态进行监测，对各类异常进行记录并处理。

7.2.2.3 硬件运维

每年宜对平台的硬件设备进行两次全面清扫和电检；定期检查网络设备工作状态、网络速度、运行参数与设计指标的一致性。

7.2.2.4 软件运维

每年宜对平台软件进行一次全面系统的维护；软件维护包括改正性维护、适应性维护、完善性维护和预防性维护。

全面设置并保存平台日志，平台日志包括系统日志、操作日志和错误日志等；定期查看平台日志，对异常情况进行记录和处理。

做好权限管理，根据平台的业务实际配置平台运行参数和分配用户角色权限，系统运行与维护人员不得随意更改已设定的系统运行参数；应具备安全性，根据平台各模块的功能，建立平台数据、软件和硬件的访问与管理权限；从硬件和软件方面，阻止非授权用户读取、修改、破坏或窃取数据及非法访问软件系统。

7.2.2.5 数据库运维

（1）数据库运行

数据库建设完成后，应根据使用情况适时合理调整相应的参数和配置。同时需对数据库系统的软硬件环境进行日常检查，确保系统的功能正常稳定。

（2）数据库管理

根据实际需求制定数据库安全保密管理、数据运行管理、环境管理等制度。

（3）软硬件维护更新

当数据库运行的软硬件平台需要更新时，应再次进行需求分析，并对工作方案和技术方案进行技术确认。更新前应将数据和系统环境全面备份，待新的环境建立后恢复数据和系统环境，并对应用系统进行全面的功能性验证，确保数据库功能和性能达到更新的目标。

（4）数据备份

应根据数据的重要性及其对平台运行的影响，制定数据的备份策略；数据备份方式包括完全备份和增量备份。数据备份地点采用本地双备份和异地备份。本地备份宜每月一次全备份，每星期一次增量备份；异地备份可每年一次全备份。

7.2.2.6 安全管理

安全管理包括物理安全、信息安全、保密等管理，应建立由安全策略、管理制度、操作规程等构成的全面的信息安全管理制度体系。应设置专人、专岗、信息安全管理部门、领导小组等体系化安全管理机构，通过文件发布的方式明确管理机构的职责和人员。建立完善的授权审批机制，定期进行安全审核和检查，保持内外部长期的沟通合作机制。未经允许不得使用移动存储设备拷贝涉密信息。在相关人员的录用、离岗、考核和教育培训中都应当涉及安全管理的内容，并加强对外部人员的管理。

7.2.2.7 系统升级与更新

系统升级与更新包括操作系统、应用软件与数据库管理系统、计算机与网络设备的升级与维护。系统升级前应制定升级方案，并对方案进行评估与论证，升级后的系统应进行测试、验证与确认。

7.2.3 数据质量保障

7.2.3.1 基础信息质量保证

为保障城市供水信息系统数据质量，使数据发挥出巨大的经济效益和社会效益，在信息系统建设和运行管理过程中构建包含数据信息编码、数据采集与传输、数据清洗转换与转载、数据存储与备份四个方面的技术保障体系，以解决城市供水信息系统建设信息孤岛、数据质量不高等问题，利于数据的有效分析与价值挖掘。

城市供水信息系统基础信息加工处理基本流程可分为分类编码、采集、清洗转换及装载、存储与备份、分析与展示五个阶段。信息数据通过传递、筛选、整理等加工处理转变成易于观察、分析、利用的形式，体现数据反映的规律和价值，为供水生产、管理提供支持。具体应用时，流程可结合数据采集方式、业务管理需求以及系统开发特点等进行相应的调整。

7.2.3.2 数据采集误差验证

自动化在线检测数据采集的精度直接影响数据的可靠性，从传感器到采集器，如何有效实现传感器信号的高精度传送和采集、消除可能的干扰，误差测试评估尤为重要。随着城市供水水质管理业务化平台物联网技术的发展和普及，在线监测信号模拟量在转换过程中及数字量采集过程中导致的采集误差一般要求＜ 1%。在线检测数据采集误差测试，主要是在同等测量条件下测试由于数据采集过程中某些特定因素（监测仪器及数据采集仪计量偏差、外界条件影响产生的误差和不同等级控制网数据转换而产生的误差）的系统性影响而产生的误差，该误差可采用 RC 滤波或者数字滤波等方法进行消除和改善，并通过对控制放大电路信号传送误差的计算公式进行弥补，另外通过软硬件结合的方式，利用系统自动调零算法进行保障，使采集精度控制在 1% 内。主要测试方法如下。

（1）测试条件

环境温度在 5 ～ 40℃之间，相对湿度在 90% 以下，大气压力在 86 ～ 106kPa 之间；电源电压 220V±10%，频率 50Hz±1%。

（2）仪器设备

标准电流源、数据采集传输仪、上位数据管理系统。

（3）测试步骤

① 测试准备。检查数据采集传输仪与在线监测仪表、传输模块连接是否正常。按照数据采集传输仪说明书要求完成相关设置，测试数据仪网络通信是否稳定，并加电预热。

② 误差性能测试。记录监测仪表（可用标准电流源模拟）的量程范围 M。将监测仪表（可用标准电流源模拟）的模拟输出值在监测仪表的量程范围内改变数据，分别记录 3 次数据的监测仪表显示值 VS_1、VS_2、VS_3。

③ 通过上位机查看实时数据，分别记录 3 次数据的监测仪表显示值和上位数据管理系统对应的显示值 VT_1、VT_2、VT_3。

④ 结果计算。读取监测仪表显示值和上位机显示值后进行计算得出误差值，结果为无量纲值。按下式计算采集误差 ΔV：

$$\Delta V = \max(|(VT_1 - VS_1)|, |(VT_2 - VS_2)|, |(VT_3 - VS_3)|)/M \times 100\% \quad (7\text{-}1)$$

式中 ΔV——采集误差，%；

VS_1、VS_2、VS_3——监测仪表显示值；

VT_1、VT_2、VT_3——上位机显示值；

M——监测仪表的测量范围（量程）。

⑤ 注意事项。实验测试时要确保监测仪表输出电流稳定，减小误差干扰。同时，在测定时须屏蔽电磁等环境因素干扰。

7.3 应用案例

7.3.1 水质监管业务化平台

某省依托国家水体污染控制与治理科技重大专项等项目示范建设了省市两级供水监测管理业务平台，初步实现了基础信息、水质信息、在线监测、数据分析、运维管理、资源管理、专题地图等功能模块。

7.3.1.1 基础信息上报

各上报单位根据填报表格进行填报，系统提示最后填报日期及距离截止日期，催报首先通过系统进行提示，如果上报单位没有按时上报，则通过邮件或短信的方式自动提示；并形成未上报清单或界面，省市用户可以人工对管辖单位进行催报，可以单个催报或整体催报。

各地市水务管理部门（城市级包括地级市、区县）填报报表，填报周期为每年，市级用户可根据实际情况对填报报表进行反复修改，系统自动记录修改情况，此报表无需审核操作，上级单位可以查看已提交的报表。各地市水司水厂填报报表，填报周期为年，水厂用户可根据实际情况对填报报表进行反复修改，系统自动记录修改情况，此报表无需审核操作，上级单位可以查看已提交的报表。

7.3.1.2　实验室数据上报

（1）日检报送

日检报送为水司 / 水厂日检测上报，同时水司可以为管辖水厂上报月检数据，上报周期为日，上报时按照统一模板进行报送。日检报送的使用范围为市级，省级可查看数据。该功能可查看水厂日检报送的报表日期、报送水厂名称、填报人、联系电话和上报状态。可通过操作查看水质日检报告。可通过报表日期、水司、水厂、上报状态进行筛选查询。

（2）月检报送

月检报送为水厂月检情况，同时水司可以为管辖水厂上报月检数据。该功能可查看水司的月检上报情况，包括水司名称、所属行政区划、出厂水样品数、管网水样品数、地表水样品数、地下水样品数和上报状态。可通过日期、水司名称和上报状态进行筛选查询。

7.3.1.3　在线监测

（1）实时监测预警

通过地图形式展示全省所有在线监测站点检测指标的最新检测数据。可以根据筛选条件行政区域、所属水司、所属水厂、监测点类型和监测点名称等查询站点。

通过曲线的形式展示全省所有在线监测站点检测指标的变化趋势。可以根据筛选条件行政区域、所属水司、所属水厂、监测点类型和监测点名称等查询站点，默认展示最近 3d。可显示区域曲线指标变化、站点的基本信息和站点在地图中的位置等。

通过卡片的形式展示全省所有在线监测站点检测指标的最新监测数据。可以根据筛选条件行政区域、所属水司、所属水厂、监测点类型和监测点名称等查询站点，实时数据每 5min 更新一次。

（2）在线数据汇总

在线监测水质数据汇总展示，包括监测点类型、监测指标、指标单位、最大值、最小值、平均值、监测次数、合格次数、超标次数、合格率等，对异常数据可以进行质疑，重新判定数据是否合格、超标或者重新计算。

（3）历史数据曲线分析

支持单个指标和多个指标曲线分析，可以根据监测站点、检测指标和行政区域查询数据项目，在数据项目中选择站点和检测指标来分析数据，展示不同站点相同指标的变化趋势。默认展示最近 1 个月，可以手动调整。

7.3.1.4　监测预警

（1）在线监测预警

分为实时数据监测报警和历史数据监测报警。按在线监测站点的水类型分类展示在线监测站点的站点数据，展示数据为超限值数据，可以点击生成警情，形成报警信息。报警信息包括：

① 超出设备量程的数据；

② 离群数据（超标数据）；

③ 长时间无变化的数据，系统设定为6h，即如果6h不变化，则形成报警信息；

④ 不上传数据，系统设定为6h，如果站点6h不上传数据，则形成报警信息，管理人员可手动取消报警。

报警信息→运维管理→应急响应系统。

（2）水质警情信息

通过列表的形式展示警情信息，包括警情接报、当前警情、历史警情以及忽略警情，可以进行警情的编辑、确认、忽略、删除操作。同时可分析研判投诉问题，分析构成，通过图表和列表形式分类展示。

7.3.1.5 水质分析

（1）WQI综合指数法模型

水环境质量指数（water environment quality index，WQI）是定量表示水环境质量的一种形式，它是反映环境状况的无量纲的相对数，是水环境质量评价中水环境质量优劣的数量尺度。水环境质量指数可分为单项水环境质量指数和综合水环境质量指数两类，综合水中多种污染物的影响，一般可分为参数分级评分叠加型指数和参数相对质量叠加型指数两种类型。WQI综合指数法模型功能包括评价标准、WQI结果评价标准、样本录入、查询样本、历史结果汇总五个子功能，见图7-3。

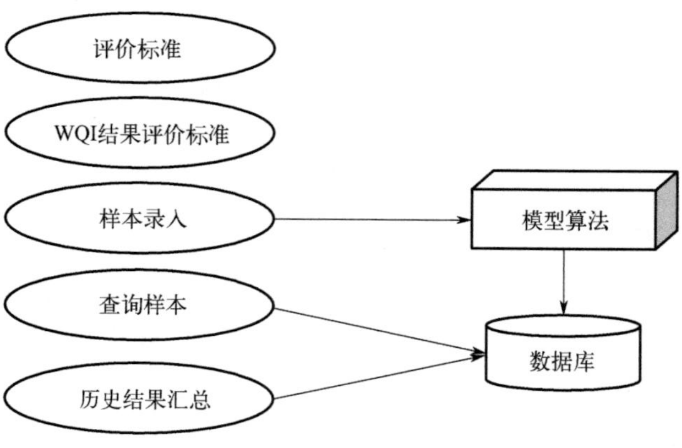

图7-3 WQI综合指数法模型主要功能

① 评价数据录入。用户输入现场测量的数据，系统自动根据已创建好的WQI水质模型数据计算水质的指标和等级。同时，也可通过从其他系统（如实验室LIMS系统）批量数据导入功能以供系统分析。

② 模型自动分析。系统可以把从实验室导入进来的数据提供给用户查询，用户根据查询出来的数据进行条件分析和全部分析。分析完成之后提供分析报告和实验室检测报告，供用户查看。

③ 评价标准维护。评价标准是 WQI 模型计算录入数据指数的计算依据，通过该功能修改这个计算依据。水质分级及分级设置分数，系统默认分为 5 级。评价指标维护分为基本信息和模板数据两块来进行维护，模板选项是维护的所选指标的各个维度的标准值、标准浓度、范围上限、范围下限、标准分数。

④ WQI 统计分析。模型分析以功能样本为单位进行分析。使用时样本分析员首先创建一个样本，之后录入样本中检测出的各项参数值。然后经过模型分析算法计算出结果。

(2) 时序分析预测模型

针对模型数据源，在平台内设计了两种数据选择和应用模式：一种为 Excel 数据直接导入；另一种为平台数据库数据自动提取。

模型应用可分为 4 个步骤：

① 数据源的选择、整理及系统导入：根据模型对数据格式、数量的要求以及业务需求，确定预测指标、数据时间间隔和数量，并导入模型数据库。

② 建立模型预测任务：设置模型的名称、数据源。

③ 模型构建：设置模型的参数、输入变量与输出变量，完成构建。

④ 模型的评估：主要通过平均绝对误差、均方误差、均方根误差、解释方差、拟合优度 5 个指标进行评估。

1）模型输入数据

模型输入数据为 Excel 格式。数据为等时间间隔的时序数据，一般为 2 列。当数据出现缺失、离群或逻辑错误时，系统自动进行清洗。模型构建过程中开发了数据预览界面，方便建模出现错误时相关信息的验证。

2）模型输出数据

模型输出数据格式与输入数据相同，数据为等时间间隔，输出变量为水质指标，根据模型数据特点可设置输出数据的预测周期。

3）模型结果分析

模型预测结果如图 7-4 所示（书后另见彩图），横坐标为时间轴，纵坐标为指标浓度数据。图 7-4 中共有 2 条曲线，其中，绿色曲线为历史实测水质指标数据，蓝色曲线为该水质指标未来的预测数据。根据地表水环境质量Ⅲ类标准，模型结果展示界面还设置了红线的标准上

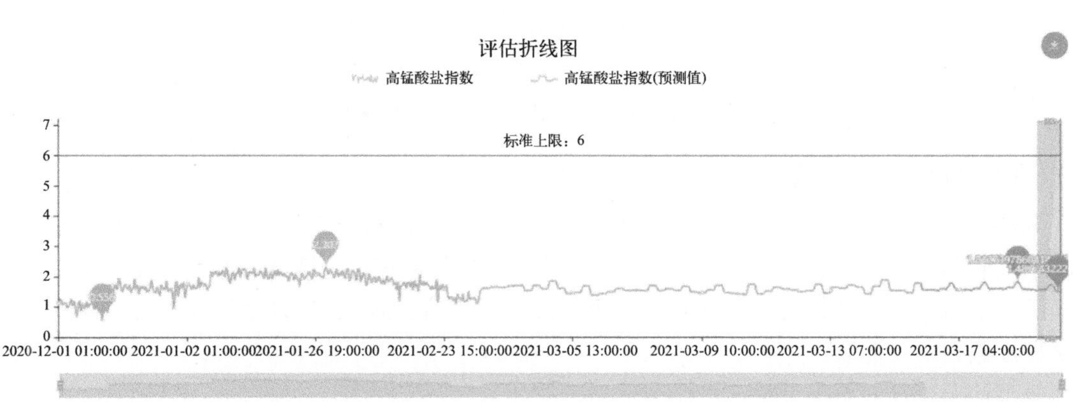

图 7-4　评估折线图

限，以便判断所预测的将来水质数据是否超标，另外，模型工具模块还开发了预测结果列表显示功能。采用平均绝对误差、均方误差、均方根误差、解释方差、拟合优度5个指标对模型精度进行评估，如评估结果达不到预定要求，应进行重新调参和训练。

4）应用案例

时序分析预测模型内嵌在平台内，作为系统平台的工具模块，平台所有用户可根据业务应用场景，实现对任意区域任意指标的时序预测。系统平台用户利用该模型，应用水质实验室或在线监测数据，可对湖库水源水体水质风险关键指标如氨氮、总磷、总氮、高锰酸盐指数等进行时序预测，实现了水源水体水质风险的时序预测。该模型还可对供水管网水质指标如余氯、pH值、硫酸盐等进行时序预测，适用于城市供水的全流程风险预警。

该模型基于Prophet算法开发了水质指标时序预测模型，可对任意一种水质指标的趋势进行预测。以某水库高锰酸盐指数（COD_{Mn}）的历史在线监测数据（2020.12.01—2021.03.16）为例，该监测指标数据的频次为1h/次，基于时序模型算法对未来5d的水质进行预测预警，模型预测及评估结果如图7-5所示（书后另见彩图），横坐标为时间轴，纵坐标为高锰酸盐指数浓度，其中，绿色曲线为水质实测数据，蓝色曲线为未来预测数据，实测及预测数据均满足地表水环境质量Ⅲ类标准。采用平均绝对误差、均方误差、均方根误差、解释方差、拟合优度5个指标对模型精度等训练结果进行评估，评估结果显示平均绝对误差为0.106、均方误差为0.021、拟合优度为0.736，模型精度较好。

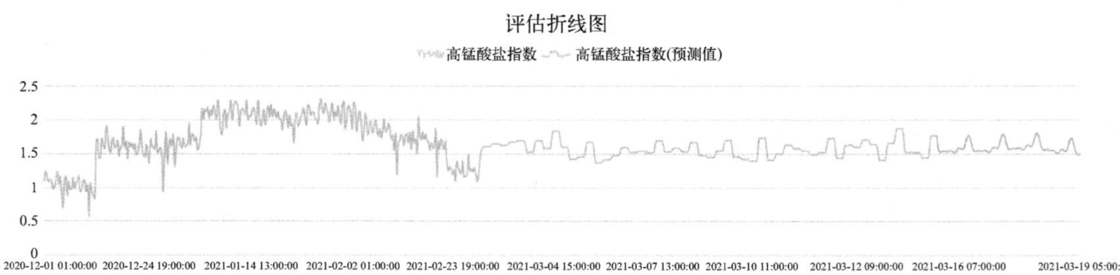

评估结果

参数	值
平均绝对误差	0.106096
均方误差	0.021097
解释方差	0.735711
均方根误差	0.145248
拟合优度	0.735711

图7-5　水质时序分析模型预测及评估结果

（3）回归分析预测模型

系统基于支持向量机（SVM）等算法构建了水质风险指标回归预测预警工具模型，可根据水质风险预警应用场景筛选合适指标数据，原始数据经系统自动清洗后参与模型运算。针对模型数据源，设计了两种数据选择和应用模式：一种为Excel数据直接导入；另一种为平台数据库数据自动提取。

模型应用可分为5个步骤：

① 数据源的选择、整理及系统导入：根据模型对数据格式、数量的要求以及业务需求，

确定模型输入变量以及输出变量，并导入模型数据库。

② 建立模型预测任务：设置模型的名称、数据源。

③ 模型构建：设置模型的参数、输入变量与输出变量，完成构建。

④ 模型的评估：主要通过平均绝对误差、均方误差、拟合优度等进行评估。

⑤ 模型的预测应用：选择新的数据源嵌入模型中开展预测及应用。

1）模型输入数据

模型输入数据为 Excel 导入或从平台数据库直接抽取。输入模型变量时，可按照地点、时间以及指标种类（实验室检测、在线监测）进行筛选。输入变量一般为多个，但并不是多多益善。模型构建过程中设置了数据查看界面，方便模型构建过程出现错误时的查验，系统开发设计界面如图 7-6 所示。模型训练时，采用随机搜索的方式选择输入数据，训练与测试数据的比例一般设置为 7∶3。

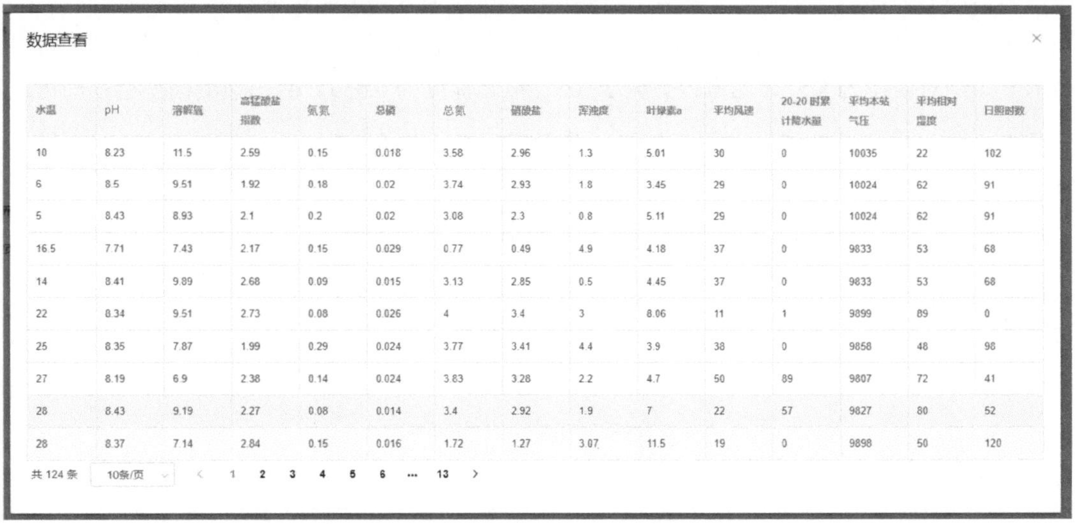
数据查看

水温	pH	溶解氧	高锰酸盐指数	氨氮	总磷	总氮	硝酸盐	浑浊度	叶绿素a	平均风速	20-20 时累计降水量	平均本站气压	平均相对湿度	日照时数
10	8.23	11.5	2.59	0.15	0.018	3.58	2.96	1.3	5.01	30	0	10035	22	102
6	8.5	9.51	1.92	0.18	0.02	3.74	2.93	1.8	3.45	29	0	10024	62	91
5	8.43	8.93	2.1	0.2	0.02	3.08	2.3	0.8	5.11	29	0	10024	62	91
16.5	7.71	7.43	2.17	0.15	0.029	0.77	0.49	4.9	4.18	37	0	9833	53	68
14	8.41	9.89	2.68	0.09	0.015	3.13	2.85	0.5	4.45	37	0	9833	53	68
22	8.34	9.51	2.73	0.08	0.026	4	3.4	3	8.06	11	1	9899	89	0
25	8.35	7.87	1.99	0.29	0.024	3.77	3.41	4.4	3.9	38	0	9858	48	98
27	8.19	6.9	2.38	0.14	0.024	3.83	3.28	2.2	4.7	50	89	9807	72	41
28	8.43	9.19	2.27	0.08	0.014	3.4	2.92	1.9	7	22	57	9827	80	52
28	8.37	7.14	2.84	0.15	0.016	1.72	1.27	3.07	11.5	19	0	9898	50	120

共 124 条　10条/页　<　1　2　3　4　5　6　…　13　>

图 7-6　模型数据源预览界面

2）模型输出数据

模型输出数据为输出变量——藻类或叶绿素 a 浓度，输出变量一般为 1 ～ 3 个。

3）模型结果分析

模型预测结果如图 7-7 所示（书后另见彩图），横坐标为模型测试数据的数量，纵坐标为指标浓度数据，图 7-7 中共有 2 条曲线，其中，实线为实测水质指标数据，虚线为指标的

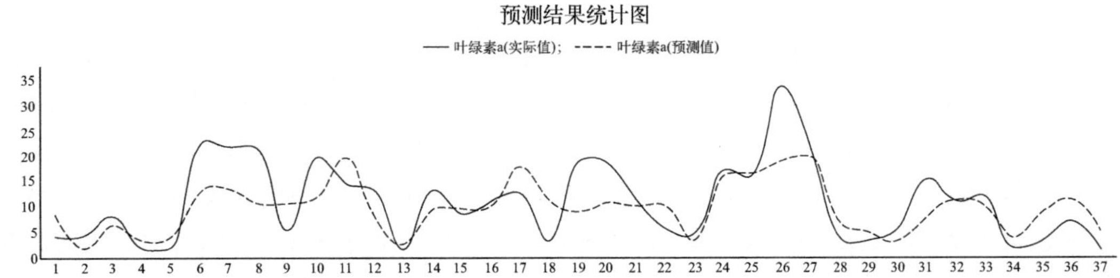

图 7-7　模型预测结果分析界面

回归预测数据。采用平均绝对误差、均方误差、拟合优度等对模型精度进行评估，如评估结果达不到预定要求，应重新调参和训练，系统会自动保存已建好的模型。

4）应用案例

回归分析预测模型内嵌在平台内，作为系统平台的工具模块，平台所有用户可根据业务应用场景，利用水质实验室与在线监测数据以及相关气象数据，实现水源水体的富营养化预测预警。

以某市引黄水库近 10 年的实验室水质检测数据为例，构建水体富营养化预测预警模型，该模型采用支持向量机（SVM）算法，以叶绿素 a 浓度表征水体富营养化程度，在水源水体各指标与叶绿素 a 浓度进行 Pearson 相关性分析的基础上，筛选出构建模型所需输入指标因子。初步筛选水温、pH 值、溶解氧、浊度、总磷、总氮、氨氮、高锰酸盐指数、硝酸盐氮等作为模型输入因子，叶绿素 a 作为输出因子，建模数据量为 145 条，模型预测结果及评估结果系统界面如图 7-8 所示（书后另见彩图），实线为叶绿素 a 实测数据，虚线为叶绿素 a 预测数据。模型采用了平均绝对误差、均方误差、拟合优度等对其精度进行评估，评估结果显示平均绝对误差为 3.57、均方误差为 32.03、拟合优度为 0.553，回归预测模型精度尚可。

评估结果

参数	值
平均绝对误差	3.576856
均方误差	32.030525
解释方差	0.554132
均方根误差	5.659552
拟合优度	0.553945

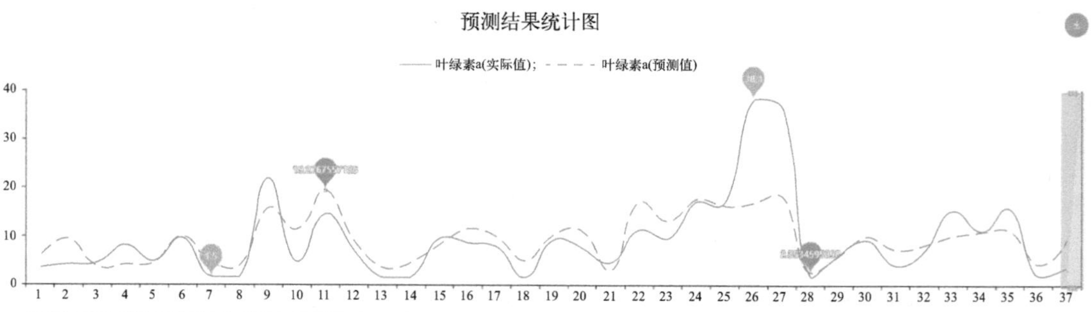

图 7-8　水体富营养化模型预测及评估结果

7.3.2　实验室信息管理系统

实验室信息管理系统（laboratory information management system，LIMS）是利用计算机网络技术、数据存储技术、快速数据处理技术来对实验室进行全方位管理的计算机软件系统，是基于计算机技术、自动控制技术、质量管理科学与分析技术等的基础上发展起来的一项应用技术。近年来，LIMS 系统越来越多地应用到水质检测实验室的管理中，它采用科学的管理思想和先进的数据库技术，集样品管理、资源管理、事务管理、网络管理、数据管理（采集、传输、处理、输出、发布）、报表管理等诸多模块于一体，组成一套完整的实验室综合管理和产品质量监控体系，既能满足外部的日常管理要求，又能保证实验室分析数据的严格管理和控制，实现以实验室为核心的整体环境的全方位管理。

供排水水质监测机构结合实验室管理模式和检测能力进行水质检测实验室信息管理系统开发，从而促进实验室高效、科学运作和规范化管理，使实验室达到自动化运行、信息化管理、无纸化办公的目的，为实验室管理水平的整体提高和实验室的全面管理提供先进的技术支持。

7.3.2.1　LIMS 检测模块设计

根据实验室的具体工作流程，结合检测数据的管理和分析等需求，对 LIMS 的工作流程进行了模块化设计，通过系统运行，实现水质检测管理全过程标准化。

(1) 检测任务制定

为保证任务下达的准确性，对承担的政府指令性、外部委托、科研等各类检测任务实行分类制定。

1）政府指令性任务

监督检测、应急检测、水质热线工单等政府指令性任务由任务制定部门从系统下达。在系统中设置计划制定模块，计划下达部门可对下达任务的详细情况进行录入，包括计划名称、任务来源、样品类别、采样地点、采样人员、计划采样时间、检测项目及评价依据等信息，对于水质热线工单任务，还可对工单号、投诉内容进行登记。任务制定完成后提交至发样部门进行后续发样，同时任务下达部门可通过系统形成检测任务安排表，分发到采样员手中，依据计划执行。

2）外部委托任务

外部委托检测任务由收样部门根据客户委托情况从系统下达。在系统中制作委托协议签订模块，收样人员根据客户委托内容填写送样单位、送样人、联系方式、样品编号、样品状态、样品类别、样品名称、采样地点、委托项目等信息，并可对报告获取方式、是否委托采样等内容进行选择。委托任务协议生成后可直接打印，双方签字留存。

3）科研任务

科研检测任务由各责任部门从科研计划制定模块下达。计划部门需在系统中录入科研项目来源、样品性质、委托部门、委托人、发样时间等。任务制定完成后提交至发样部门进行后续发样。

(2) 检测任务下达

政府指令性任务及科研任务制定完成后，提交至收样部门。收样部门待收到样品后，依照任务对样品进行编号并登记相关状态信息后下达；外委任务则自与客户签订委托协议后直接下达。任务下达后，由收样部门统一进行样品的发放，系统可根据检测任务生成并下发相应的可以打印的检测任务单，并将检测指标通过 LIMS 系统发放至对应的检测人员。

(3) 检测数据填报及审核

检测人员可登录各自账号查询、填报检测任务，检测原始记录以 Excel 表格形式呈现，记录表格条目固定，检测人员只可进行检测相关信息录入；对于检测条件、标准物质、标准曲线等相对固定的填写内容，可实现由检测人员自行设定模板并保存，每次打开原始记录时自动生成。检测原始记录实行三级审核，检测人员将检测数据填写完毕后，提交至所在检测室负责人审核，审核通过后流转至技术负责人审核，审核无误后提交至报告出具部门。若检测人员填报出现问题，检测室负责人、技术负责人、报告出具部门均可实现原始记录原路径退回修改。原始记录退回时需填写退回原因，系统自动生成日志记录备案。

（4）报告生成和导出

每项检测任务检测指标全部完成并审核通过后，系统可自动生成检测报告，报告出具部门仅可对报告格式进行微调，完成后生成报告。报告生成后流转至报告审核人处审核，审核通过后提交至授权签字人签发，报告签发成功后相应位置自动生成审核人及签发人电子签名。报告出具部门可对签发完成的报告进行打印，盖章后发放，同时导出电子版本存档。

（5）原始记录生成和导出

每项检测任务检测指标全部完成并审核通过后，系统可以以检测任务为单位导出全部原始记录，检验人员、审核人员签名可实现电子签名。每项检测任务所有原始记录可按顺序统一生成在同一 Word 文档中，并可实现原始记录打印及导出电子版本。

7.3.2.2 LIMS 管理模块设计

（1）基础数据设置

在 LIMS 系统使用之前，可根据实验室情况进行基础数据配置。例如：对单位与检测相关的部门信息进行管理，对人员账号进行设置并进行部门调配，对承担检测任务人员进行检测项目及检测任务调配，对系统中涉及的检测标准、检测项目、检测方法、原始记录及检测项目价格等基础内容进行修改和设置。超级管理员有权限对系统所有基础内容进行调整及配置；部门负责人有权限对本部门职工进行工作内容调整及配置。

（2）超标数据上报

供水安全关系到千家万户，因此，检测中超过标准限值的项目及时上报至关重要。在系统中，专门设置了对政府指令性任务超标检测数据上报功能，可实现对检测人员提交的原始记录进行分析，对于检测超标数据可自动生成超标单。超标单内容包括项目样品编号、样品名称、项目名称、标准限值、测定值、检测时间、上报时间、检测人员及审核人员等信息。超标单由检测室负责人审核，技术负责人复审后（样品名称在处室负责人审核通过后自动生成），根据超标项目类别分别提报站领导及相关责任部门。同时，超标单可打印、可导出电子版保存。

（3）检测数据统计分析

为更好地掌握水质变化情况，在系统中设计了检测数据的统计分析模块，可实现对数据库内所有检测数据及分类检测数据的统计。例如：超标项目统计；单一指标及多指标、单一样品及多样品在不同时间段的数据汇总及评价，评价方式可采用统计表、柱状图、饼状图、折线图等形式。数据统计结果可实现 Excel 形式导出，分析结果图可实现图片形式导出。可将月度、年度检测数据分类形成 Excel 形式汇总表，导出电子版并存档。

（4）样品检测进度跟踪

设置了样品检测进度查询功能，检测室负责人可根据样品编号查询本室人员该样品的完成情况；站领导、检测部门负责人可查询该样品全部指标的完成情况；报告出具人员也可利用该查询功能跟踪每个样品的检测状态，方便在样品完成后及时生成检测报告，缩短了样品从发放到报告出具的时间。

（5）检测人员工作量统计

为了保证检测工作量的合理分配，在系统中设计了检测人员工作量统计功能。实现了对不同检测人员某个时间段对不同检测指标检测数量的自动统计，同时，可以将生成工作量报表导出。便于各检测室负责人及时掌握检测人员的工作量情况，合理调配工作任务，提高检测效率。

（6）检测数据安全管理

水质数据安全是 LIMS 系统建设的重要前提条件。系统权限分三级管理：站领导具有一级权限，可使用系统的全部功能；部门负责人及关键岗位人员具有二级权限，可根据岗位职责使用部分相应权限；检测人员具有三级权限，仅可使用与自身从事的检测项目相关的功能权限。软件自身同时具有高级别的安全性能，具有防攻击、防扩散、防数据拷贝等安全功能，保证水质检测数据的安全。

7.3.2.3 LIMS 系统应用效果

系统依据供排水水质监测机构的实际情况进行开发，采用 B/S 运行模式，选用 Oracle 数据库，利用 Microsoft C#.net 开发工具进行开发。软件以检测标准模块形式，共开发了涉水常用的 46 项检测标准（见表 7-6）。通过实际运行，实现了检测全流程的无纸化运行，计划制定、样品发放、数据上报、三级审核、报告出具及签发等均从系统中进行，缩短了流转时间，降低了检测人员及报告出具人员的工作量，不但提高了工作效率，而且减少了出错率，收到了良好的应用效果。

表 7-6　水质检测实验室信息管理系统内设检测标准

序号	标准名称	标准号
1	生活饮用水卫生标准	GB 5749—2022
2	城市供水水质标准	CJ/T 206—2005
3	二次供水设施卫生规范	GB 17051—1997
4	饮用净水水质标准	CJ /T 94—2005
5	地表水环境质量标准	GB 3838—2002
6	地下水质量标准	GB/T 14848—2017
7	污水综合排放标准	GB 8978—1996
8	污水排入城镇下水道水质标准	GB/T 31962—2015
9	城镇污水处理厂污染物排放标准	GB 18918—2002
10	城市污水再生利用　城市杂用水水质	GB/T 18920—2020
11	城市污水再生利用　景观环境用水水质	GB/T 18921—2019
12	生活饮用水用聚氯化铝	GB 15892—2020
13	生活饮用水输配水设备及防护材料的安全性评价标准	GB/T 17219—1998
14	农田灌溉水质标准	GB 5084—2021

续表

序号	标准名称	标准号
15	渔业水质标准	GB 11607—1989
16	游泳池水质标准	CJ/T 244—2016
17	工业锅炉水质	GB/T 1576—2018
18	分析实验室用水规格和试验方法	GB/T 6682—2008
19	水处理剂 氯化铁	GB/T 4482—2018
20	水处理剂 硫酸亚铁	GB/T 10531—2016
21	水处理剂 聚合硫酸铁	GB/T 14591—2016
22	水处理剂 阴离子和非离子型聚丙烯酰胺	GB/T 17514—2017
23	生活饮用水净水厂用煤质活性炭	CJ/T 345—2010
24	木质净水用活性炭	GB/T 13803.2—1999
25	水处理用滤料	CJ/T 43—2005
26	城镇污水处理厂污泥处置 制砖用泥质	GB/T 25031—2010
27	城镇污水处理厂污泥泥质	GB 24188—2009
28	大气污染物综合排放标准	GB 16297—1996
29	环境空气质量标准	GB 3095—2012
30	土壤环境质量 农用地土壤污染风险管控标准（试行）	GB 15618—2018
31	再生水水质标准	SL 368—2006
32	海水水质标准	GB 3097—1997
33	水处理剂 聚氯化铝铁	HG/T 5359—2018
34	工业过氧化氢	GB/T 1616—2014
35	次氯酸钠	GB 19106—2013
36	二氧化氯消毒剂卫生要求	GB/T 26366—2021
37	城镇给排水紫外线消毒设备	GB/T 19837—2019
38	次氯酸钠发生器卫生要求	GB 28233—2020
39	化学法复合二氧化氯发生器	GB/T 20621—2006
40	二氧化氯消毒剂发生器安全与卫生标准	GB 28931—2012
41	水处理用臭氧发生器技术要求	GB/T 37894—2019
42	柱式中空纤维膜组件	HG/T 5111—2016
43	饮用水处理用浸没式中空纤维超滤膜组件及装置	CJ/T 530—2018
44	卷式聚酰胺复合反渗透膜元件	GB/T 34241—2017
45	纳滤膜及其元件	HY/T 113—2008
46	反渗透水处理设备	GB/T 19249—2017

水质检测实验室随着检测技术的革新在不断发展，无论是新项目的持续开发还是管理体系的不断完善，实验室 LIMS 系统均需要随之进行相应的调整。为保证系统的长期稳定运行，应用单位需与软件开发单位联合做好后续的维护，根据实验室要求随时进行系统的拓展和优化，确保系统可以持续发挥作用；同时，为了进一步提高系统的运行效率，在保证检测仪器

电脑安全的前提下，下一步可尝试开发系统对大型仪器数据的直接读取功能，实现仪器检测数据的自动转换和输入；继续拓展系统管理功能，开发试剂管理、耗材管理、设备管理等模块，并建立文件发布系统、检测技术交流论坛等，使实验室水质信息管理系统更加丰富、实用、高效，在实验室管理体系运行中发挥更大作用。

7.3.3　水质数据库

7.3.3.1　水质大数据平台

水质大数据平台按照数据流的分类基本上为水质空间数据、水质数据和水质相关数据，如图 7-9 所示。

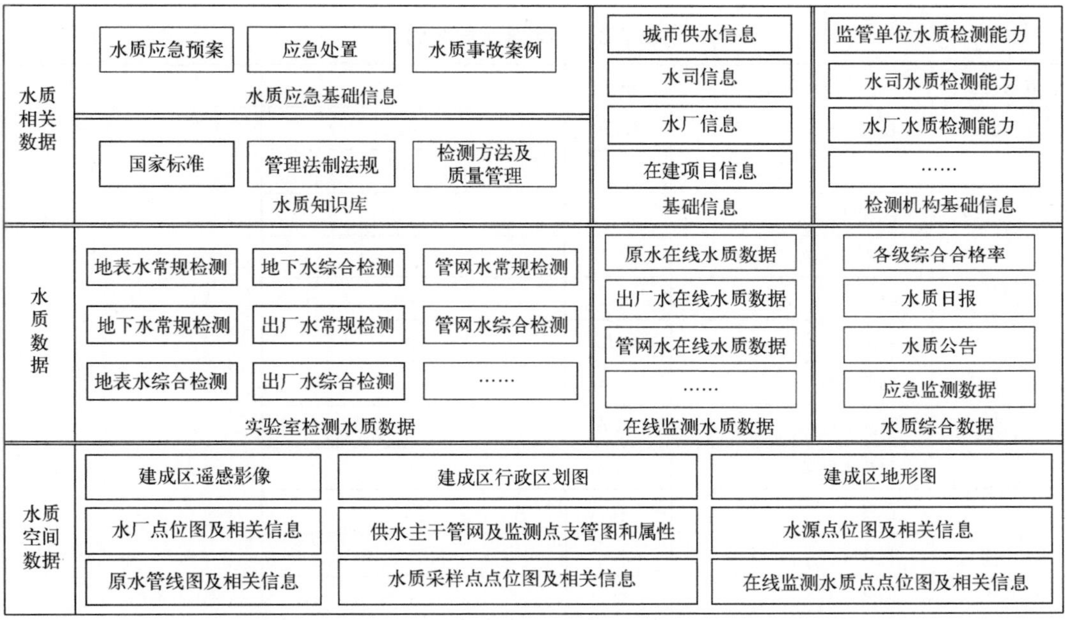

图 7-9　数据来源分析

（1）水质空间数据

水质空间数据主要包含图形、属性及多媒体信息，以及行政区划图、水质采样点点位图及相关信息、水厂点位图及相关信息、水源点位图及相关信息、在线水质监测点点位图及相关信息等（见表 7-7）。

表 7-7　水质空间数据

数据类型	格式	数据说明	数据范围	获取方式
省行政区划图	矢量	小比例尺	省级	项目组数据加工获取
市建成区行政区划图	矢量	小比例尺	示范城市	项目组数据加工获取
水质采样点点位图及相关信息	矢量	点位名称、检测项目、检测频率等	示范城市	协调示范城市制水公司、自来水公司、水质监测站获取
水厂点位图及相关信息	矢量		示范城市	协调各示范城市水厂获取

（2）水质数据

水质数据包含在线监测水质数据、实验室检测水质数据、水质综合数据、应急检测水质数据等。在线监测水质数据包含水源水、出厂水、管网水在线监测数据。检测水质数据主要为以报表的形式上报系统，其中水源水质数据包含地表水常规检测数据、地下水常规检测数据、地表水综合检测数据、地下水综合检测数据；出厂水质数据包含出厂水常规检测数据、出厂水综合检测数据；管网水水质数据包含管网水常规检测数据、管网水综合检测数据。水质综合数据包含各级、各类水质综合合格率，以及各城市供水水质日报和水质公告等。应急检测水质数据主要为移动检测车检测的水质数据。

1）水源水水质数据

水源水水质数据报表如表 7-8 所列。

表 7-8　水源水水质数据

数据类型	指标名称	单位	标准值	说明
水源水常规指标	浊度	NTU	—	采用标准： （1）《地表水环境质量标准》（GB 3838—2002）Ⅲ类 （2）《地下水质量标准》（GB/T 14848—2017）Ⅲ类
	色度	度	—	
	嗅和味	—	—	
	肉眼可见物	—	—	
	COD_{Mn}	mg/L	4	
	氨氮	mg/L	0.5	
	细菌总数	CFU/mL	—	
	总大肠菌群	CFU/L	—	
	耐热大肠菌群	CFU/L	2000	
地下水	色度	度	15	
	嗅和味	—	—	
	浊度	度	3	
	肉眼可见物	—	—	
	pH 值	—	6.5 ～ 8.5	
	总硬度（以 $CaCO_3$ 计）	mg/L	450	
	溶解性总固体	mg/L	1000	
	硫酸盐	mg/L	250	
	氯化物	mg/L	250	
	铁	mg/L	0.3	
	锰	mg/L	0.1	
	铜	mg/L	1	
	锌	mg/L	1	
	钼	mg/L	0.1	
	钴	mg/L	0.05	
	挥发酚类	mg/L	0.002	
	阴离子合成洗涤剂	mg/L	0.3	

续表

数据类型	指标名称	单位	标准值	说明
地下水	高锰酸盐指数	mg/L	3	采用标准： （1）《地表水环境质量标准》（GB 3838—2002）Ⅲ类 （2）《地下水质量标准》（GB/T 14848—2017）Ⅲ类
	硝酸盐（以 N 计）	mg/L	20	
	亚硝酸盐（以 N 计）	mg/L	0.02	
	氨氮（NH_4^+）	mg/L	0.2	
	氟化物	mg/L	1	
	碘化物	mg/L	0.2	
	氰化物	mg/L	0.05	
	汞	mg/L	0.001	
	砷	mg/L	0.05	
	硒	mg/L	0.01	
	镉	mg/L	0.01	
	铬（六价）	mg/L	0.05	
	铅	mg/L	0.05	
	铍	mg/L	0.0002	
	钡	mg/L	1	
	镍	mg/L	0.05	
	滴滴涕	μg/L	1	
	六六六	μg/L	5	
	总大肠菌群	个 /L	3	
	细菌总数	个 /mL	100	
	总 α 放射性	Bq/L	0.1	
	总 β 放射性	Bq/L	1	
	溴化物	mg/L	—	
地表水	水温	℃	人为造成的环境水温变化应限制在：周平均最大温升≤ 1，周平均最大温降≤ 2	
	pH 值	—	6 ～ 9	
	溶解氧	mg/L	≥ 6	
	高锰酸盐指数	mg/L	≤ 4	
	化学需氧量	mg/L	≤ 15	
	五日生化需氧量	mg/L	≤ 3	
	氨氮	mg/L	≤ 0.5	
	总磷	mg/L	≤ 0.1（湖、库 0.025）	
	总氮	mg/L	≤ 0.5	
	铜	mg/L	≤ 1	
	锌	mg/L	≤ 1	
	氟化物	mg/L	≤ 1	
	硒	mg/L	≤ 0.01	

续表

<table>
<tr><th>数据类型</th><th>指标名称</th><th>单位</th><th>标准值</th><th>说明</th></tr>
<tr><td rowspan="16">地表水</td><td>砷</td><td>mg/L</td><td>≤ 0.05</td><td rowspan="16">采用标准：
（1）《地表水环境质量标准》（GB 3838—2002）Ⅲ类
（2）《地下水质量标准》（GB/T 14848—2017）Ⅲ类</td></tr>
<tr><td>汞</td><td>mg/L</td><td>≤ 0.00005</td></tr>
<tr><td>镉</td><td>mg/L</td><td>≤ 0.005</td></tr>
<tr><td>铬（六价）</td><td>mg/L</td><td>≤ 0.05</td></tr>
<tr><td>铅</td><td>mg/L</td><td>≤ 0.01</td></tr>
<tr><td>氰化物</td><td>mg/L</td><td>≤ 0.05</td></tr>
<tr><td>挥发酚</td><td>mg/L</td><td>≤ 0.002</td></tr>
<tr><td>石油类</td><td>mg/L</td><td>≤ 0.05</td></tr>
<tr><td>阴离子表面活性剂</td><td>mg/L</td><td>≤ 0.2</td></tr>
<tr><td>硫化物</td><td>mg/L</td><td>≤ 0.1</td></tr>
<tr><td>粪大肠菌群</td><td>个 /L</td><td>≤ 2000</td></tr>
<tr><td>硫酸盐</td><td>mg/L</td><td>≤ 250</td></tr>
<tr><td>氯化物</td><td>mg/L</td><td>≤ 250</td></tr>
<tr><td>硝酸盐</td><td>mg/L</td><td>≤ 10</td></tr>
<tr><td>铁</td><td>mg/L</td><td>≤ 0.3</td></tr>
<tr><td>锰</td><td>mg/L</td><td>≤ 0.1</td></tr>
</table>

2）出厂水水质数据

出厂水水质数据报表如表 7-9 所列。

表 7-9　出厂水水质数据

<table>
<tr><th>数据类型</th><th>指标分类</th><th>指标名称</th><th>单位</th><th>标准值</th><th>说明</th></tr>
<tr><td rowspan="16">出厂水常规指标</td><td rowspan="4">微生物指标</td><td>总大肠菌群</td><td>CFU/100mL</td><td>不得检出</td><td rowspan="16">采用标准：《生活饮用水卫生标准》（GB 5749—2022）</td></tr>
<tr><td>耐热大肠菌群</td><td>CFU/100mL</td><td>不得检出</td></tr>
<tr><td>大肠埃希氏菌</td><td>CFU/100mL</td><td>不得检出</td></tr>
<tr><td>菌落总数</td><td>CFU/mL</td><td>100</td></tr>
<tr><td rowspan="12">毒理指标</td><td>砷</td><td>mg/L</td><td>0.01</td></tr>
<tr><td>镉</td><td>mg/L</td><td>0.005</td></tr>
<tr><td>铬（六价）</td><td>mg/L</td><td>0.05</td></tr>
<tr><td>铅</td><td>mg/L</td><td>0.01</td></tr>
<tr><td>汞</td><td>mg/L</td><td>0.001</td></tr>
<tr><td>硒</td><td>mg/L</td><td>0.01</td></tr>
<tr><td>氰化物</td><td>mg/L</td><td>0.05</td></tr>
<tr><td>氟化物</td><td>mg/L</td><td>1.0</td></tr>
<tr><td>硝酸盐（以 N 计）</td><td>mg/L</td><td>10</td></tr>
<tr><td>三氯甲烷</td><td>mg/L</td><td>0.06</td></tr>
<tr><td>四氯化碳</td><td>mg/L</td><td>0.002</td></tr>
<tr><td>溴酸盐（使用臭氧时）</td><td>mg/L</td><td>0.01</td></tr>
</table>

续表

数据类型	指标分类	指标名称	单位	标准值	说明
出厂水常规指标	毒理指标	甲醛（使用臭氧时）	mg/L	0.9	采用标准：《生活饮用水卫生标准》（GB 5749—2022）
		亚氯酸盐（使用二氧化氯时）	mg/L	0.7	
		氯酸盐（使用复合二氧化氯时）	mg/L	0.7	
	感官性状和一般化学指标	色度	铂钴色度单位	15	
		浊度	NTU，散射浊度单位	1	
		嗅和味	—	无异嗅、异味	
		肉眼可见物	—	无	
		pH 值	无单位	6.5 ～ 8.5	
		铝	mg/L	0.2	
		铁	mg/L	0.3	
		锰	mg/L	0.1	
		铜	mg/L	1.0	
		锌	mg/L	1.0	
		氯化物	mg/L	250	
		硫酸盐	mg/L	250	
		溶解性总固体	mg/L	1000	
		总硬度	mg/L	450	
		耗氧量（以 O_2 计）	mg/L	3	
		挥发酚类（以苯酚计）	mg/L	0.002	
		阴离子合成洗涤剂	mg/L	0.3	
	放射性指标	总 α 放射性	Bq/L	0.5	
		总 β 放射性	Bq/L	1	
	毒剂常规指标	氯气及游离氯制剂（游离氯）	mg/L	0.3 ～ 4	
		一氯胺（总氯）	mg/L	0.5 ～ 3	
		臭氧	mg/L	<0.3	
		二氧化氯	mg/L	0.1 ～ 0.8	
数据类型	**合格率**	**指标名称**	**单位**	**最大（小）值**	**说明**
出厂水质合格率		浑浊度	NTU		另外还需要有检测次数和合格次数，以及合计等统计信息
		色度	度		
		嗅和味	—		
		肉眼可见物	—		
		COD_{Mn}	mg/L		
		余氯	mg/L		
		细菌总数	CFU/mL		
		总大肠菌群	CFU/L		
		耐热大肠菌群	CFU/L		

注：出厂水质合格率：报表数据，根据各个检测点的检测次数、合格次数、检测结果的最大（小）值、均值，由系统计算检测合格率。

3）管网水水质数据

管网水水质数据报表如表 7-10 所列。

表 7-10　管网水水质数据

数据类型	指标分类	指标名称	单位	标准值	说明
管网水常规指标	微生物指标	总大肠菌群	CFU/100mL	不得检出	采用标准：《生活饮用水卫生标准》（GB 5749—2022）
		耐热大肠菌群	CFU/100mL	不得检出	
		大肠埃希氏菌	CFU/100mL	不得检出	
		菌落总数	CFU/mL	100	
	毒理指标	砷	mg/L	0.01	
		镉	mg/L	0.005	
		铬（六价）	mg/L	0.05	
		铅	mg/L	0.01	
		汞	mg/L	0.001	
		硒	mg/L	0.01	
		氰化物	mg/L	0.05	
		氟化物	mg/L	1.0	
		硝酸盐（以 N 计）	mg/L	10	
		三氯甲烷	mg/L	0.06	
		四氯化碳	mg/L	0.002	
		溴酸盐（使用臭氧时）	mg/L	0.01	
		甲醛（使用臭氧时）	mg/L	0.9	
		亚氯酸盐（使用二氧化氯时）	mg/L	0.7	
		氯酸盐（使用复合二氧化氯时）	mg/L	0.7	
	感官性状和一般化学指标	色度	铂钴色度单位	15	
		浊度	NTU，散射浊度单位	1	
		嗅和味	—	无异嗅、异味	
		肉眼可见物	—	无	
		pH 值	无单位	6.5 ~ 8.5	
		铝	mg/L	0.2	
		铁	mg/L	0.3	
		锰	mg/L	0.1	
		铜	mg/L	1.0	
		锌	mg/L	1.0	
		氯化物	mg/L	250	
		硫酸盐	mg/L	250	
		溶解性总固体	mg/L	1000	
		总硬度	mg/L	450	
		耗氧量（以 O_2 计）	mg/L	3	
		挥发酚类（以苯酚计）	mg/L	0.002	
		阴离子合成洗涤剂	mg/L	0.3	

续表

数据类型	指标分类	指标名称	单位	标准值	说明
管网水常规指标	放射性指标	总 α 放射性	Bq/L	0.5	采用标准：《生活饮用水卫生标准》（GB 5749—2022）
		总 β 放射性	Bq/L	1	
	毒剂常规指标	氯气及游离氯制剂（游离氯）	mg/L	0.3 ～ 4	
		一氯胺（总氯）	mg/L	0.5 ～ 3	
		臭氧	mg/L	＜ 0.3	
		二氧化氯	mg/L	0.1 ～ 0.8	

常规 7 项

项目	浊度 / NTU	色度 / 度	嗅和味	COD_{Mn}/（mg/L）	余氯 /（mg/L）	细菌总数 /（CFU/mL）	总大肠菌群 /（CFU/100mL）	合计
取水点数								
检测次数								
合格次数								
最大（小）值								
平均值								
合格率								

42 项常规项目

取水点数		检测次数		合格率	

综合合格率

注：管网水质合格率：报表数据，由提交的报表数据，统计各个水质检测点的取水点数、检测次数、合格次数、指标的最大（小）值、平均值、合格率，合格率的计算包括 7 项常规值的统计和 42 项常规值的统计。

4）在线监测水质数据

在线监测水质数据报表如表 7-11 所列。

表 7-11　在线监测水质数据

数据类型	指标名称	单位	标准值	说明
水源水	温度	℃		
	浊度	NTU		
	pH 值	—		
	电导率	S/m		
	溶氧	mg/L		
出厂水	浊度	NTU		
	余氯	mg/L		
管网水	浊度	NTU		
	余氯	mg/L		

注：1. 在线监测水源水数据：水源水水质监测包括地下水源和地表水源的指标数据，由检测仪实时将读取的水源五项常规指标录入到此系统中。

2. 出厂水在线监测数据：由检测仪实时将读取录入系统。

3. 管网水在线监测数据：由检测仪实时将读取录入系统。

（3）基础信息

通过对现有平台进行调研分析，由于各系统采用的基础信息采集方式不同，大量监管对象的基础信息存在异源异构问题，导致同一监管对象在不同的系统中名称不同、更新不及时、统计口径不一致。

根据平台总体功能框架，平台中的信息主要包括基础信息、专业信息和业务信息，见表 7-12。

表 7-12　信息来源分类

序号	分类	内容	具体内容
1	基础信息	地图	中国地图，含水系
		行政区	名称、级别、代码
		流域划分	8 大流域
		省市分区	东中西部地区、长江经济带、京津冀、南水北调……
2	专业信息	供水系统从水源到龙头的基本信息	按《城镇供水管理信息系统　基础信息分类与编码规则》（CJ/T 541—2019）的要求，采用线分类法和面分类法相结合的方式，分为 8 大类：城镇供水基础信息；供水单位（公司级）基本信息；水厂基本信息；在建、规划拟建项目信息；城镇供水水司水量水质月报；城镇水厂水质、生产月动态信息；在建项目季报；突发水质事故快报
3	业务信息	专项业务使用的信息	水质检测机构、资质认定评审员、供水规范化管理考核专家、供水应急救援基地信息……

7.3.3.2　特征有机物数据库

目前，水环境污染正逐步向多元化污染的方向演化，尤其是环境有机污染日益得到人们的重视。存在于环境中的痕量和超痕量的有机物大多属于持久性、生物可积累的有毒化合物，并且具有致癌、致畸、致突变的“三致”作用以及干扰内分泌作用。基于全质荷比扫描、高分辨质谱技术的质谱数据库对有机物的筛查技术已逐渐成为近几年研究的热点，通过研究化合物的化学式、准分子离子精确质荷比、色谱保留时间等条件，多数实验室根据自有条件和检测目的建立包括一定数量检测目标物的高分辨质谱数据库，通过优化软件自动检索参数实现了污染物的快速检测与确证，既减少了对标准品的依赖，又可以大大提高检测技术的监控能力。

（1）质谱数据库的种类

对于 GC-MS 类检测仪器，国际上通常以电子轰击方式（EI）获取化合物碎片离子质谱，正是得益于其相对固定的采集条件、干扰因素少等原因，使得气相色谱-质谱标准数据库早已广泛应用，其中美国国家科学技术研究院（NIST）库为 GC-MS 最为常用的质谱库，其最新版的 NIST 14 收录了 242466 个化合物的 276248 张 EI 质谱图，此外可供 GC-MS 检测结果进行检索确证的还有 Wiley 谱库、日本 SDBS 等。

液质 LC-MS 中普遍采用的大气压离子化技术提供的是软电离方式，其对准分子离子电离产生碎片离子的效率相对较低，从而缺少丰富的分子结构信息，难以进行化合物准确定性，而碎片离子主要依靠源内碎裂电压（fragmentor）或串联质谱（MS/MS）碰撞池内提供的碰撞能量来获得，不同制造商生产的液质系统获得化合物碎片离子信息的方式及技术参数不同，相互之间无法实现数据信息的共享，导致同一化合物在不同仪器之间检测结果的重现性差，即使同一台仪器，由于液相色谱和质谱操作条件的多样性，获得的质谱信息也不尽相同，从而限制了液质质谱库的普遍适用性。尽管目前仍无可供液质检索的商品化碎片离子质谱数据库，但各个仪器厂商在软件开发中均提供了可供用户自建谱图库的功能，如 Agilent 公司 PCDL、ABI 公司 Analyst TF、Thermo Fisher 公司、Exact Finder、Trace Finder 等，结合数据分析软件，可通过自行建立目标化合物数据库来实现无标准品筛查目的。

（2）质谱数据库建设研究现状

目前，国外常用的农兽药数据库有农药特性数据库（PPDB）、农药行动网络（PAN）、美国生态毒理数据库（ECOTOV）等，国内也有相关数据库，如化学专业数据库、化学物质毒性数据库等，并且各大仪器公司也有构建相关仪器的化合物数据库，其库容量较小，在发展快速的今天已经不足以满足现实需求，需要构建更全面、实用的农兽药专用数据库。如今质谱技术发展迅速，其高通量、高灵敏度的特点成为非定向筛查的有效手段之一。因此，构建高通量的标准液相色谱-高分辨质谱数据库是具有现实可行性的。

梁嘉慧运用 GC-MS 技术，使用 DB-5MS、DB-1701 及 DB-WAX 三种色谱柱建立了 137 种香精标准品的保留指数数据库及标准质谱库，收集标准品的分子离子峰及标准质谱图。保留指数数据库还包括了化合物中文名、英文名、CAS 号、分子式、结构式等。利用 GC-TOF/MS 技术，采集 137 种可能添加至茶叶中的香精的两个碎片离子及部分母离子精确质量数，建立精确质量数数据库，数据库还包括了香精的中英文名、CAS 号、分子式、使用 ChemDraw 软件计算得到的精确分子量、结构式等信息。

随着大气压软电离技术在液相色谱-质谱联用技术中的推广与应用，流动相的多样性扩大了该技术可用于鉴定的化合物范围，但市场上鲜有高度商业化的、类似 NIST 的具有广泛适用性的液相色谱-质谱数据库。目前研究人员在不断探讨基于 LC-MS 的化合物质谱数据库检索技术的可行性。

四极杆飞行时间质谱检测器（QTOF-MS）的产生与普及，尤其是与 GC 和 LC 分离技术的结合，使其具有其他高分辨质谱难以比拟的易用性及运行维护成本，为环境有害化合物，尤其是农、兽药残留的筛查技术提供了新的研究方向。大量文献表明，作为一项极具吸引力的分析技术，飞行时间质谱和四极杆飞行时间质谱能够提供相当高的质量测定准确度，该类仪器可提供绝对值小于 5×10^{-6}Da（Dalton，原子质量单位）的质量精确度，可以此预测母离子和子离子的元素组成，从而可大大降低筛查结果的假阳性率。

王志斌利用高效液相色谱-高分辨四极杆飞行时间质谱（HPLC-QTOF-MS），通过选用两种高分辨飞行时间质谱及数据库管理软件，利用农药标准品参考物分别建立了包括 427 种农药化学品的 ESI^+ 模式 MS^1 精确质量数数据库和全扫描 CID-MS^2 碎片离子高分辨谱图库，同时对影响数据库应用的精确质量数准确度、色谱保留时间和碰撞能量等因素进行了分析，为非靶向农药残留物筛查奠定了方法基础，并利用不同质谱工作模式建立了两种不以农药标准品为参考，而基于精确质量数数据库和全扫描碎片离子参考谱图库的多农残快速筛查方法。赵延胜等利用液相色谱-四极杆 / 飞行时间质谱建立了 62 种食品外源性添加物在不同碰撞能量下的谱图数据库，并通过准分子离子峰精确质荷比匹配和谱图数据库检索，实现了食品中多种外源性添加物的快速筛查与鉴定；Ferrer 等利用液相色谱-飞行时间质谱（LC-TOF/MS）的全扫描技术，通过软件自动检索分子特征数据库实现了对食品和水样品中 100 多种农药残留的检测与确证；Zhao 等利用液相色谱-高分辨四极杆 / 飞行时间质谱（LC-QTOF/MS）技术自行建立了 200 多种农药的一级和二级质谱数据库，并结合 SPE 净化技术实现了水果和蔬菜样品中多种农药的快速检测。Polettini 等利用 CE/LC-TOF/MS 技术，结合包含 50500 个目标化合物的数据库，分析了生物样品中（如血液、毛发等）的毒性物质。郭娟等利用四极杆飞行时间质谱仪（Synapt™ HDMF，Waters 公司，美国），建立了包括农药、抗生素、精神药品、其他药品及兽药等共计 1196 种有毒有害化合物的精确分子（含碎片）质量数的文本数据库和不同碰撞能量下的谱图数据库。

本书作者基于高分辨飞行时间质谱和高分辨轨道阱质谱两种原理，LC-QTOF、APGC-QTOF、LC-Orbitrap 多种数据采集模式，分别在正负离子模式下对目标有机物进行全质量数扫描与 MS^2 或者 MS^E 碎片离子扫描，通过选用两种高分辨飞行时间质谱、Trace Finder 及数据库管理软件，利用标准品参考物分别建立了包括水环境常见农药及其代谢物、药物及个人护理品、消毒副产物、嗅味物质、有机磷阻燃剂等痕量有机物筛查数据库，用于水环境有机污染物的快速筛查。

(3) 质谱数据库的建设流程

建设质谱数据库首先要根据研究目的和实际需求，结合文献和相关书籍确定数据库的标准物质清单，对清单中化合物信息进行查询，查询信息包括英文名称、中文名称、CAS 号、分子式、分子量、精确分子质量数、化合物类别、Pub Chem 编号、ChemSpider 编号，并对清单中农药、兽药标准品进行购买。

对标准溶液完成适当浓度配制后，在通用色谱-质谱条件下，在正负离子模式下分别进行试验。在一级全扫描模式下，优化毛细管电压、鞘气温度、流速等质谱参数，得到每种标准品母离子的精确质量数和保留时间值；之后在 Targeted MS/MS 模式下对每种标准品进行二级质谱分析，同时采集每个标准品在 CID 碰撞模式下，在不同碰撞能（CE）作用下的二级碎片离子质谱图。对一级离子质荷比、碎片离子值及保留时间等信息进行提取，所使用的是液相色谱-高分辨质谱，所配备的 Orbitrap 质量分析器可将采集的离子值精确到小数点后五位，因此在信息处理时保留小数点后四位有效数字。将处理获得的一级质谱图和二级质谱图添加到模板化学污染物质信息数据库中，获得农药、兽药标准质谱图库。

以 LC-Q-Orbitrap MS 检测除草剂类农药茵草敌为例，简述建立标准质谱数据库的过程。首先从有机小分子生物活性数据库（PubChem）、在线化学数据库（ChemSpider）等开源库搜集查询茵草敌的相关信息，查询结果如下：英文名称 EPTC，CAS 号 759-94-4，PubChem CID 12968,ChemSpider ID 12428，分子式 $C_9H_{19}NOS$，分子结构式 CCCN(CCC)C(═O)SCC，分子量 189.32，精确分子质量数 189.1187，加氢峰的精确分子质量数 190.1260。

使用 Q Exactive Plus 所带软件 Xcalibur 工作站，点击 Qual Browser 图标进入定性浏览器，打开茵草敌的色谱图，调取其总离子流图即 TIC 图，根据其加氢峰精确分子质量数 190.1260（在提取前将质荷比的偏差容忍度调至 5×10^{-6}）提取茵草敌的一级离子流图，确定标准物质出峰情况，确定其保留时间，调取碰撞能分别为 10%、35%、55% 的三个二级离子流图，在质谱图中确定实际监测到的一级离子质荷比和碎片离子值。见图 7-10。

将从谱图中得到的一级离子质荷比、碎片离子值及其丰度比、强度等信息填入监测数据

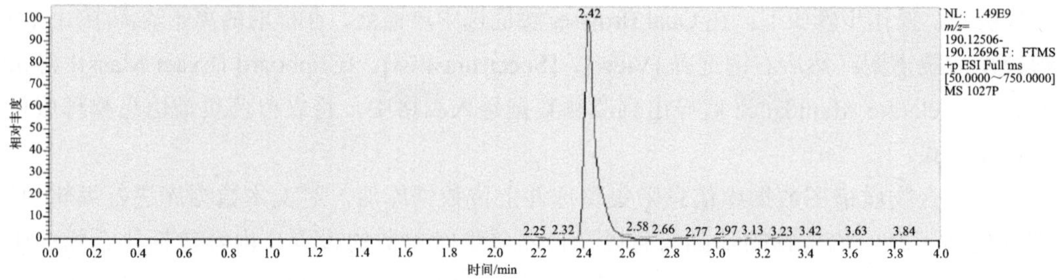

(a) TIC图

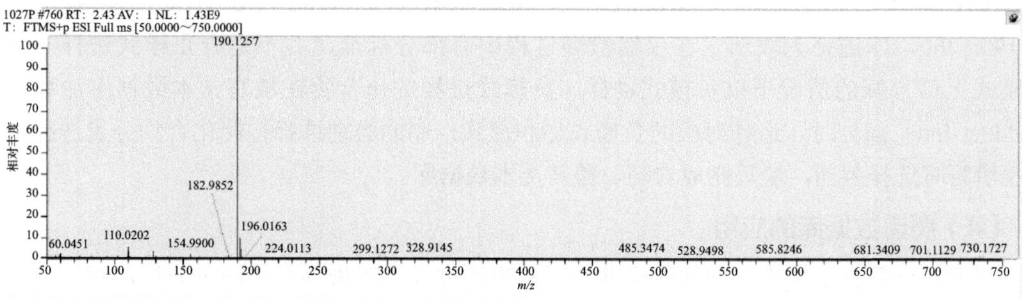

(b) 母离子质谱图

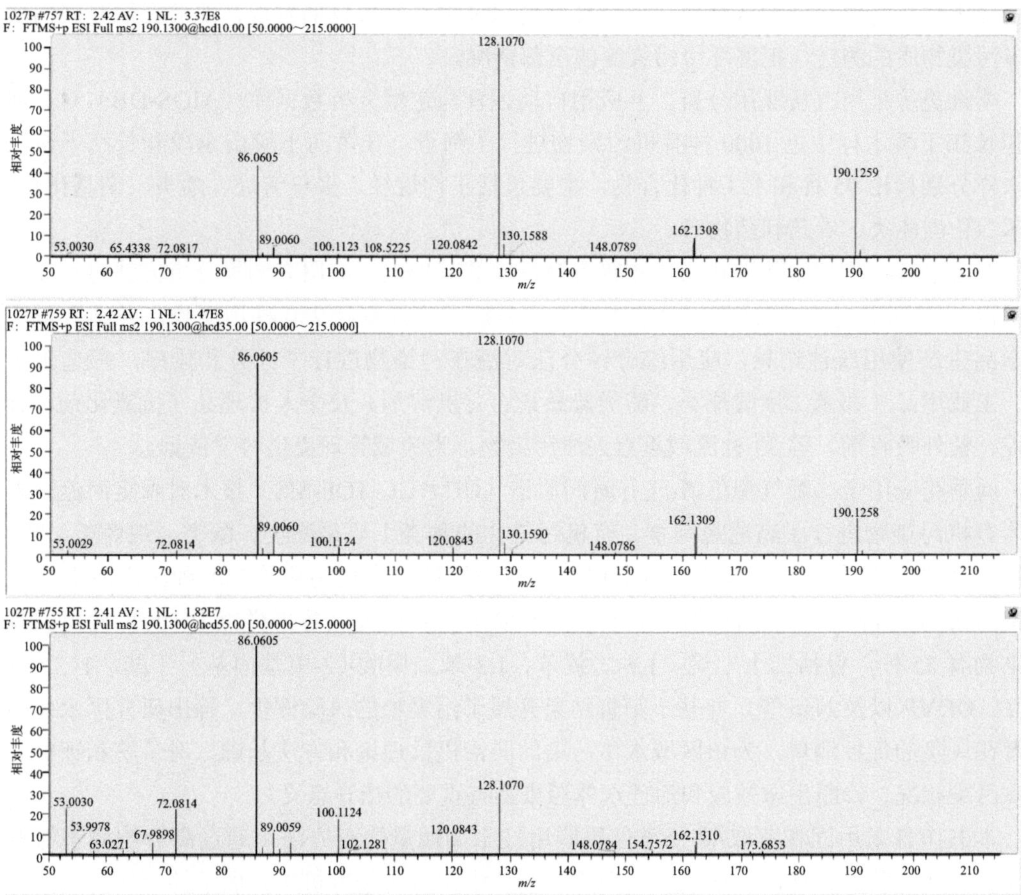

(c) 子离子质谱图(低、中、高能量)

图 7-10　LC-Q-Orbitrap MS 中茵草敌的一级离子质荷比和碎片离子值

导入模板中，操作步骤如下：在 Qual Browser 页面选中质谱处，在提取的离子流图中扣除背景获得茵草敌质谱图；然后右键选择 [View]、[Spectrum List]、[Clipboard (Exact Mass)] 将 *m/z*、Intensity、Relative Abundance 值导出到监测数据导入表格中，将农兽药质谱信息整理成可导入数据库格式。

在各化合物质谱图数据库信息采集整理并上传数据库后，对文本数据库进行编辑填写。该部分包括了对应化合物的基础信息以及仪器采集时参数的设置，内容包括化合物的中文名称茵草敌、英文名称 EPTC、分子结构式 CCCN(CCC)C(=O)SCC、CAS 号 759-94-4、分子式 $C_9H_{19}NOS$、保留时间 12.07min、加和模式（Precursor Type）$[M+H]^+$、先驱离子质荷比 190.1260，库选择为农药。在仪器检测过程中有部分标准品并不适合正模式进样，会在正模式无信号峰的情况下以负模式进样，负模式进样的化合物在填写文本数据库加和模式（Adduct Ion）部分时，选择对应的负模式加和形式，库的类别选择按照化合物分类选择，兽药在填写时选择兽药，填写完成农药、兽药文本数据库。

（4）质谱数据库的应用

利用质谱筛查数据库，即使无标准物质，也可进行多污染物质的同时分析，对于目标对象之外的检测也有效，可把握水环境的整体状况。既可应用于水环境日常监管，又可应用于突发性水环境污染事故原因调查、安全性评价以及未知污染物的发现，能够在短时间内实现对多污染物质的测定，把握环境污染等的全部情况。

李维美等采用气质联用分析，并应用自动识别与定量分析数据库（AIQS-DB）对黄河下游和长江下游水样中近 1000 种有机污染物进行了筛查。在黄河下游山东段和长江下游江苏段水样分别检出 95 种和 121 种化合物，主要包括正构烷烃、多环芳烃、酚类、硝基化合物、邻苯二甲酸酯类、农药和药物等。

石运刚等在构建水体潜在污染物筛查数据库的基础上，应用高通量分析方法对长江干流重庆段 11 个断面水体中的潜在污染物进行了分析，共筛查到 230 种污染物。并结合重庆市化学品生产使用统计结果，应用综合评分法对潜在污染物进行了评分和排序，筛选出了农药、工业用品（邻苯二甲酸酯类、酚类雌激素、有机溶剂）及个人护理品（抗氧化剂、合成麝香、紫外吸收剂）等 33 种流域重点关注污染物，为流域管理提供科学依据。

周季花应用全二维气相色谱-飞行时间质谱（GC×GC-TOF-MS）技术对永定河流域表层水体有机污染物进行了高通量筛查。有机污染物的种类主要是酯类、酮类、烷烃类、醇类、多环芳烃类、农药类、氯苯等；其中官厅水库平均检出有机污染物 708 种，洋河平均检出有机污染物 1549 种，妫水河检出有机污染物 1230 种。研究区各采样点中 100% 检出的有机污染物有 35 种，包括二十七烷、1,2-二氯苯、1,2-苯二甲酸-(2-甲基丙基）丁酯、1-二十醇、DTT、DDVP 以及 Nap 等。并基于筛查结果开展了污染物的风险评价，筛出研究区水体中具有潜在风险的优控清单，为该区域水体污染的防治提供理论和方法基础，对了解和评价其他水体污染状况、诊断生态效应和治理水体污染具有重要的指导意义。

本书作者采用固相萃取-高分辨色质联用技术高通量筛查方法，通过高分辨质谱筛查数据库对长江、黄河、珠江、松花江四个流域水体中的微污染有机物开展了筛查研究。其中在长江沿线和南水北调东线两大水系布设 32 个采样点，持续进行了痕量毒害有机污染物的调研分析，筛查确证了 117 种化合物，包括工业化学品、农药、药物及个人护理品三大类。调研流域内微污染有机物的种类主要为阻燃剂、农药及其衍生物、激素类和抗生素类药物，且输水沿线的末梢水中微污染有机物数量更多、种类更复杂。

7.3.3.3 藻类图库

藻类是一群具有叶绿素，可以营自养生活，植物体没有真正的根茎叶的分化，生殖器官是单细胞的，依靠单细胞的孢子或者合子进行生殖的低等植物。藻类在生物演化系统中处于承上启下的重要位置，历来受到生命科学等许多学科学者的重视。藻类作为水生生态系统中的初级生产者，其种类组成、群落结构、数量分布和种群多样性等生态学特征能较好地反映水质污染状况，是评价水环境质量的重要指标之一。随着经济的快速发展，大量生活污水及工业废水的排放等人为因素造成的湖泊、水库等水体富营养化日趋严重。水体藻类等浮游生物大量滋生，藻类及其代谢产物（藻毒素、嗅味物质等）对供水系统水质造成了严重影响。

（1）藻类分类系统研究现状

不同的科学家对自然界中的藻类种类进行了不同的划分，依据中国科学家曾呈奎的分类系统，将自然界中的藻类划分为 12 个门，在这之外还划分了很多小的门类，例如绿胞藻、灰胞藻（仅有一个种）。由于文献整理和对分类系统的划分依据不同等多方面的原因，对于截至目前在地球上已经发现的藻类的种数，不同的专家看法不一：Wilson 认为目前已发现 26900 种藻类和 4760 种细菌及蓝藻（中国科学院生物多样性委员会）；但是根据 Corliss 的详细调查结果显示，已经正式在世界上报道的纯藻类有 40650 种，原生动物和藻类兼性（如裸藻 euglena 等）共有 10493 种。实际上，因为藻类的个体体积微小，绝大多数需要依靠显微镜才能观测，所以至今仍然还有许多藻类未被发现。对于藻类的种类划分，世界上的藻类分类学家普遍认为：未被描述的种类可能超过当前已经被描述的种类。实际上，随着科研力度的不断加大，藻类新属种一直在不断地被发现。在 Landingham 看来，仅对硅藻而言，无论是活种还是化石种，每天都会有 1 个新种、每年会有 3 ～ 4 个新属被人们发现。由此可见地球上的藻类拥有极其丰富的种类。中国是一个国土面积广袤的国家，国土疆域横跨寒带、温带、亚热带及热带，自然环境类别复杂，拥有种类繁多的藻类资源。在中国对浮游植物的研究历史中，对藻类进行过多次科研调查。综合来看，目前为止所有的调查研究结果均表明在中国淡水藻类中的各个门类都有分布，而且拥有着丰富的种类。但是，因为国内仍然还有很多地区从未进行过藻类的调查，而且即使已经进行过藻类调查的一部分地区研究范围也并非十分全面，所以综合来看，目前中国淡水藻类的物种数目应该超过了 9000 种，客观估计有 12000 ～ 15000 种。

绝大多数藻类个体微小，无法用肉眼直接观察，因此藻类相关的研究进展较慢，相关文献也较少。显微镜的发明使得微观层面研究分析变成了可能，随着光学仪器的发展，高效液相色谱仪、流式细胞仪也逐步成为藻类多样性分析的技术手段。随着分子学水平研究的迅猛发展，DNA 测序和标记基因等分子学方法也成为藻类多样性监测的技术手段，其在准确性、鉴定成本、通量方面都有着较大的优势。以上这些方法虽然诞生时间不同，发展速度差异较大，但具有不同的优缺点，需要根据目标藻类的特征进行合理的选择。

（2）藻类图库研究现状

对水环境中藻类准确的分类鉴定是藻类图库建立的前提。目前，“显微镜检观察技术”

是藻类分类鉴定的主要技术手段，尚无水中藻类鉴定的标准方法。由生态环境部发布的《水质 浮游植物的测定 滤膜-显微镜计数法》（HJ 1215—2021）、《水质 浮游植物的测定 0.1mL计数框-显微镜计数法》（HJ 1216—2021）对浮游植物的总数测定给出了详细的方法，具体种类的鉴定依然参照藻类的相关著作。在此之前，水中浮游植物技术及鉴定的方法主要参考国家环境保护总局编写的《水和废水监测分析方法》（第四版）中浮游生物的测定方法，该方法对水环境中浮游植物的监测具有指导意义，其中规定藻类的检测方法采用显微镜个体计数法。尽管该方法对浮游植物测定进行了较为详细的操作步骤介绍，由于水体中藻类分布及多样性具有明显的流域特征，目前藻类的分类和鉴定对于水环境研究技术人员依然是难点。

因此，研究建立切实可行的藻类计数及分类的标准检测方法和地方性藻类图库的构建对于当地水环境藻类监测及水资源保护和利用具有重要意义。自2010年起，浙江、福建、上海等省市相继出版了辖区饮用水水源地的藻类图集（表7-13）。此外，一些高校和科研院所也建立了藻类数据库，如广东海洋大学的《微囊藻图谱数据库》，中科院水生所建立的产油藻数据库，水华藻数据库，太湖、巢湖、滇池蓝藻水华基础数据库，长江流域水体水质及藻类基础数据库等。

表7-13　各省市淡水藻类图集及藻类相关著作

著作名称	出版社	年份
《上海九段沙湿地自然保护区及其附近水域藻类图集》	科学出版社	2008
《中国常见淡水浮游藻类图谱》	上海科学技术出版社	2010
《浙江省主要常见淡水藻类图集（饮用水水源）》	中国环境科学出版社	2010
《福建省大中型水库常见淡水藻类图集》	中国环境科学出版社	2012
《中国内陆水域常见藻类图谱》	长江出版社	2012
《太湖常见藻类图集》	中国环境出版社	2017
《九寨沟自然保护区常见藻类图集》	科学出版社	2017
《贵州省重要饮用水源地水库常见淡水藻类图集》	科学出版社	2017
《辽河流域藻类监测图鉴》	中国环境出版集团	2018
《巢湖浮游植物图谱》	中国环境出版集团	2018
《鄱阳湖流域主要藻类图谱》	科学出版社	2019
《深圳市主要水源水常见淡水浮游藻类图集》	中国建筑工业出版社	2020
《上海市饮用水水源地常见藻类图集》	中国环境出版集团	2022

《中国淡水藻类——系统、分类及生态》收录了我国内陆淡水水体、盐碱湖泊、潮湿土表、荒漠沙地、温泉、冰雪等各种生境已报道的藻类绝大多数科、属及1500余种常见种类，收录的淡水常见藻类按门、纲、目、科、属、种分类等级排列，各分类等级有藻类形态特征描述，并附有作者自绘藻类图片，该书自2006年出版以来，一直作为植物教学、藻类分类学研究、藻类资源开发、水环境监测与保护等方面的重要参考著作。《福建省大中型水库常见淡水藻类图集》由福建省环境监测中心站与福建师范大学生命科学院合作，福建省环境监测中心站主编完成，调研了福建省40多个水源地，入册图片600多张，收录藻类7门10纲22目117属。《浙江省主要常见淡水藻类图集（饮用水水源）》包括浙江省常见淡水藻类特征、

入册藻类图片 600 多幅，共收录了藻类 8 门 12 纲 28 目 51 科 127 属，图集显示浙江省大部分水源地藻类群落结构正常，夏秋季节部分水源地出现蓝藻异常增殖情况，给饮用水安全带来威胁（见表 7-13）。

本书作者在《水和废水监测分析方法》（第四版）中浮游生物的测定方法的基础上，经过深入研究和实验室验证试验，建立了视野计数法测定生活饮用水及其水源水中藻类的方法。该方法经多家水质检测机构协同验证试验，方法的各项技术指标均能够达到测定水中藻类的要求。研究编制的《水质　藻类计数　视野计数法》（DB37/T 4163—2020）已于 2020 年 9 月 25 日发布实施。标准规定了样品的采样点位置、采集频次、采集要求，对样品的固定和保存、浓缩、制片、镜检、计数规则、结果计算等均做了详细规定，并首次在标准中列出了常见藻类图谱。

（3）藻类图库的建设流程

1）藻类的分类鉴定

依据《水和废水监测分析方法》（第四版），以及 HJ 1215—2021、HJ 1216—2021 等行业标准及地方性标准文件，借鉴已出版藻库图集，由长期从事藻类分类鉴定工作的技术人员对藻类进行准确的形态学分类鉴定，具体到门、纲、目、科、属，可实现的话鉴定到种。

2）藻类图片信息收集规则的确定

制定统一的图片收集规则，如像素要求、保存格式等；确定藻类图片涵盖信息内容，如藻种名称、拉丁名、样品来源、水源类型、比例尺等，保证后期图片信息的完整性。

3）地域水环境藻类调研

根据确定的分类鉴定方法及图片信息的收集规则开展域内主要供水水源地域水源藻类群落结构及优势种群变化的追踪调研，收集不同季节、不同水源类型水中主要藻种图片。

4）图库的建立

综合考虑系统性、科学性以及实用性整理收集到的图片，筛选特征清晰、高质量图片并进行后期图像处理，参照《中国淡水藻类——系统、分类及生态》等资料中藻类分类系统编写种属检索表和图版索引，完成图库建设。

（4）藻类图库的应用

本书作者在对湖库水源水藻类进行长期追踪监测的基础上，逐步建立了淡水藻类图库，同时建立了引黄水库特征藻类与南水北调水体（山东段）淡水藻类差异性图库示例。藻类图库藻种涵盖蓝藻门、硅藻门、绿藻门、隐藻门、甲藻门、裸藻门、金藻门 7 个门，共计约 79 个属、340 余张图片（部分图片见附录 1），图片包含藻种名称、拉丁名、样品来源、水源类型、比例尺等信息，水源类型包括引黄水库、山区水库、泉水、南水北调水等，筛选其中特征清晰、高质量图片进行处理后形成藻类图集。

通过藻类图片对比研究，可直观反映出水体中初级生产者的动态变化和差异性，体现藻类季节性变化，反映不同水层对藻类的影响，监测藻类繁殖状态：藻类处于繁殖状态，表明水体适宜其生存，需密切注意后期藻类数量指数性暴发的可能性。某些藻种可作为水体清澈、洁净的指示性藻，例如绿藻门水棉属。展示不同流域藻类的差异性，例如同一时期、同一藻种，南水北调水体中藻类有机物含量更高。藻类图库的建立与研究对系统了解和掌握水环境藻类群落结构及变化特征具有重要意义。

7.3.3.4 耐氯菌库

氯消毒不能完全控制微生物的风险，例如致病性、抗生素耐药性和微生物生长。微生物生长水处理和回收系统中的 CRB 风险越来越受到关注，微生物生长风险的一个可能解释是 EPS 保护 CRB，同时造成更严重的污染。微生物 CRB 的增长风险及其控制将成为未来一个很有前途的研究领域。在含有一定余氯浓度的水环境中能够存活乃至繁殖，其他微生物相比对氯消毒剂的耐受性更高，这类细菌被称为“耐氯性细菌”或“耐氯菌”。在科学的范畴上，耐氯菌的耐受性只是一个相对的概念。

（1）耐氯性细菌研究现状

耐氯性细菌的分离没有统一的方法，研究者用来分离评价细菌耐氯性的方法有对数去除率法、CT 值［消毒剂浓度（mg/L）和反应时间（min）的乘积］法、最小抑菌浓度（MIC）法、抑菌圈法、存活时间法、以大肠埃希氏菌为基准菌株法、以分离的耐氯菌株为基准菌株法等。其中对数去除率法是通过比较同一环境下的不同微生物的灭活率来评价菌株的耐氯性。对数灭活率适用于不同研究之间的耐氯性比较，但目前的研究中消毒剂量和时间并不统一。CT 值法通过测量某种微生物灭活率达到 99.9%（CT 99.9%）的 CT 值来评价菌株的耐氯性。CT 值是消毒暴露值，它反映了消毒的本质消毒过程，但获取方法复杂。最小抑菌浓度（MIC）法通过确定培养基中抑制细菌生长的最低消毒剂浓度来评价菌株的耐氯性。MIC 统一了评价终点，适用于氯的比较菌株间的抗性，但不能反映典型氯浓度下菌株的灭活效果。抑菌圈法根据培养皿上微生物抑制区的直径评估菌株耐氯性。该抑制区适用于比较大型混凝土的耐氯性菌株数量，但对于生长速度明显不一致的细菌，测试结果往往不准确。存活时间法是根据消毒剂暴露下菌株存活时间超过 1min 或者 30min 评价菌株氯耐受性，据此将细菌分为三个级别。大肠埃希氏菌为基准菌株法以大肠杆菌作为参考菌株，通过其他微生物的耐氯性与大肠杆菌做比较而评价菌株的耐氯性，该方法为不同的研究提供了一个统一的比较基准和质量控制基准。以分离的耐氯菌株为基准菌株法以已知耐氯性菌株作为参考菌株，通过其他微生物的耐氯性与已知菌株比较而评价菌株的耐氯性，可以实现分离细菌的耐氯性大小的排序，但缺乏两项研究之间的比较基准。

据不完全统计，研究人员从管网系统和饮用水中分离到气单胞菌属、芽孢杆菌属、伯克氏菌属、嗜酸菌属、分枝杆菌属、假单胞菌属、梭菌属、克雷伯菌属、葡萄球菌属、军团菌属、鞘氨醇单胞菌属、甲基杆菌属在内的 12 个属的 25 株耐氯性细菌（见附录 2）。发生频率最高的分离 CRB 属为分枝杆菌属、芽孢杆菌属、军团菌属、假单胞菌属和鞘氨醇单胞菌属，均为致病性或机会性致病菌。非致病性 CRB 在一定程度上被忽视。这些分离的 CRB 主要来自饮用水。利用这些菌株和大肠杆菌的基因序列信息建立系统进化树分析发现，耐氯性细菌广泛分布在许多门中，没有相似的遗传关系。不同类型耐氯性细菌与大肠埃希氏菌之间的遗传差异不大于大肠埃希氏菌耐氯性菌株和非耐氯菌株之间的遗传差异，这表明自然界中不存在与氯有关的长期选择压力。文献中所报道的耐氯性细菌，因为所采用的评估筛查方法不同，很难对菌株氯耐受性进行比较，从而对这些微生物的抗氯能力进行排序。

为了系统地比较不同研究中菌株耐氯性的大小，有必要提出一个推荐的耐氯性的评价方法及耐氯性的科学定量定义 CRB。Li-Wei Luo 等研究人员建议以属为基本单位来研究 CRB，来解释氯消毒前后样本间群落结构的差异，但耐氯性的大小取决于细菌的种类还不清楚。

如果耐氯性的种间差异大于种内差异，以属为 CRB 的基础研究单位是科学的，以属为基础研究单元进行环境 CRB 的丰度评价是可行的。Luo 等提出以对数去除率为评价指标，以大肠杆菌作为参考菌株的 CRB 评估方法，建议选择消毒条件为游离氯适宜浓度为 0.5mg/L、2mg/L、5mg/L，持续 30min ，并且提出了细菌耐氯性大小分级区间。在推荐的消毒条件下，非多数失活（＜ 1lg 减少）和非完全失活（＜ 3lg 减少）分别视为高耐氯性细菌和低耐氯性细菌的划分区间，即灭活率≥ 3lg 为非 CRB，灭活率在 1 ～ 3lg 为低耐氯性细菌，灭活率＜ 1lg 为高耐氯性细菌。该方法提供了比较基准，可用于特定物种水平下耐氯性潜力的评价分析。

（2）耐氯性细菌分离评价流程

本书作者针对供水系统水样、生物膜等不同类型样品，以传统培养法为基础建立了一种城市供水系统中耐氯菌的筛选分离方法，同时建立了以大肠埃希氏菌为参照菌株、以 CT 值为评价标准的细菌耐氯性的评估方法。耐氯菌的筛选分离流程涵盖对样品中菌体富集，再经过耐氯性筛选、耐氯菌的分离纯化、耐氯性验证等步骤，具体流程如下。

① 水样前处理。1L 水样经 0.22μm 的聚碳酸酯膜富集浓缩后，用 0.85% 的氯化钠溶液洗脱，3500r/min 离心收集菌体，收集到的菌体加入 5mL 营养肉汤 37℃培养 24h 进行增菌培养。

② 生物膜前处理。生物膜样品加入 0.85% 的氯化钠溶液 40kHz 进行超声洗脱，通过 800r/min 低速离心去除大的颗粒物质，取上清重复超声、低速离心步骤进一步去除颗粒物质。上清通过 3500r/min 离心收集菌体备用。

③ 细菌耐氯性筛选。前处理后的样品进行加氯试验，理论加氯量为 9mg/L，分别作用 30min、1h、2h 进行异养菌平板计数（HPC），同时保证在异养菌平板计数时水中的余氯量大于 0.5mg/L。采用 R2A 培养基平板涂布法进行测定，涂布好的平板置于 22℃培养。7d 后，观察平板上的菌落生长情况，记录菌落的形态特征及数量，此时平板上的菌落均有一定的耐氯性。

④ 对分离得到的细菌进行进一步耐氯性验证，氯的初始投加量为 15mg/L，调整菌液的浓度确保 2h 后余氯量大于 0.5mg/L，此时取 100μL 菌液进行 R2A 涂板培养，平板上有菌落检出，证明该菌有较强的耐氯性。

细菌耐氯性的评估方法，包括采用贫营养驯化技术对菌株进行处理，然后对驯养后的菌液计数、稀释、消毒，测定不同作用时间点的消毒剂余量以及细菌存活数量，通过消毒公式计算细菌灭活率为 99% 的 CT 值，并与参照菌株大肠埃希氏菌 CT 值比较，实现对试验菌株的耐氯性评价。评估流程如下：

① 贫营养驯化。将冻存管中保存的菌液加入营养肉汤中，振荡培养，对冻存的菌株进行复苏；取 1mL 复苏后的菌液加入 500mL 灭菌的管网水中，置于培养箱中培养。

② 消毒实验。将驯养后的菌液用管网水进行梯度稀释，制备成菌浓度为 105 ～ 107CFU/mL 的样品，加入消毒剂进行静态消毒实验，消毒剂的投加浓度相当于 2.5mg/L 余氯浓度。

③ CT 值计算。采用线性回归方法计算细菌灭活率为 99% 的 CT 值。

④ 耐氯性评价。以大肠埃希氏菌标准菌株作为参照菌株，若待评价菌株灭活率为 99% CT 值小于大肠埃希氏菌菌株灭活率为 99% CT 值，评价为无耐氯性；若待评价菌株灭活率为 99% CT 值大于大肠埃希氏菌菌株灭活率为 99% CT 值，依据灭活率为 99% CT 值的大小评价其耐氯性强弱，灭活率为 99% CT 值越大，其耐氯性越强。

（3）耐氯性细菌筛查评估方法应用及耐氯菌库的建立

所建立的供水系统耐氯性细菌筛查评估方法体系在黄河下游地区城市供水系统中进行了应用，在管网水、老旧管材、生物膜、水厂在用石英砂、活性炭等多种类型样品中筛查到戈登氏菌属、考克氏菌属、假单胞菌属、芽孢杆菌属、气单胞菌属、黄单胞菌属、寡养单胞菌属、变形杆菌属、微球菌属、葡萄球菌属等 19 个属的耐氯性细菌，其中芽孢杆菌属占比 50% 以上（附录 3）。首次于供水系统分离得到耐氯性的土地戈登氏菌株。

参考文献

[1] 尹建四 . 论城市供水水质管理信息化 [J]. 中国建设信息，2010，6：24-27.

[2] 杨明祥，蒋云钟，田雨，等 . 智慧水务建设需求探析 [J]. 清华大学学报（自然科学版），2014，54（1）：133-144.

[3] 王瑜 . 供水水源水质在线监测系统建设 [D]. 天津：天津大学，2013.

[4] 黄健 . 城市供水水质监测与预警平台构建及关键技术研究 [D]. 北京：中国地质大学，2011.

[5] 邵益生，边际，李琳，等 . 城市供水水质预警系统与保障 [J]. 建设科技，2011（5）：70-71.

[6] Komninos N. Intelligent Cities and Globalization of Innovation Networks [M]. London: Routledge, 2008.

[7] 张锡辉，郑振华，欧阳二明，等 . 水源水质在线监测预警系统的建设 [J]. 中国给水排水，2005，21（11）：14-17.

[8] 王海洲，刘文华，侯福林 . 在线生物监测技术及其应用研究 [J]. 生物学通报，2007，42（1）：15-16.

[9] 孙海林，李巨峰，朱媛媛 . 我国水质在线监测系统的发展与展望 [J]. 中国环保产业，2009（3）：12-16.

[10] 冯兆敏，胡克武，刘国庆 . 水质综合毒性在线监测技术探讨 [J]. 城镇供水，2011（3）：51-54.

[11] 项光宏，王静，韩双来 . 水质在线监测技术与自动化仪器研究进展 [J]. 中国建设信息（水工业市场），2009（11）：50-52.

[12] 梁涛，韩超，张志果 . 建设智慧供水全流程监管“一张网”的思考 [J]. 给水排水，2020，46（6）：157-162.

[13] 牛晗，韩超，张志果 . 城市供水全过程监管平台整合及业务化平台顶层设计概要 [J]. 给水排水，2018，44（11）：108-112.

[14] 边际，牛晗，耿艳妍，等 . 三级水质监控网络构建关键技术研究与示范 [J]. 给水排水，2013，39（6）：13-17.

[15] 梁涛，何琴，韩超，等 . 智慧水务中城镇供水基础信息数据库构建研究 [J]. 给水排水，2020，46（6）：152-156.

[16] 霍剑威 . 智能数据库建立三重四极杆气质方法对多农药残留进行快速筛查的应用研究 [D]. 广州：华南理工大学，2019.

[17] 张朝阳 . 基于 LC-Q-Orbitrap MS 的食品中 1084 种农兽药危害因子标准质谱库构建 [D]. 邯郸：河北工程大学，2021.

[18] 王志斌 . 农药高分辨质谱数据库的建立及应用研究 [D]. 秦皇岛：燕山大学，2017.

[19] 张美娟 . 基于液相色谱-质谱的化学战剂及其相关化合物的非靶向筛查策略及技术方法研究 [D]. 北京：中国人民解放军军事科学院，2020.

[20] 雷珊，吴文林，周燕，等 . 基于分子式数据库策略的 FM-searcher 软件在危害非目标筛查分子式预测中的应用 [J]. 质谱学报，2020，41（5）：453-461.

[21] Luo L W, Wu Y H, Yu T, et al. Evaluating method and potential risks of chlorine-resistant bacteria（CRB）：A review[J]. Water Research, 2021, 188: 116474.

[22] 贾瑞宝，孙韶华，逯南南，等 . 一种耐氯菌的筛选分离方法及其得到的一株土地戈登氏菌：CN201710898582.3[P]. 2020-03-24.

[23] 贾瑞宝，孙韶华，褚福敏，等 . 一种细菌耐氯性评估方法：CN201811024489.0[P]. 2019-06-25.

[24] 胡鸿钧，魏印心 . 中国淡水藻类——系统、分类及生态 [M]. 北京：科学出版社，2006.

[25] 马放，杨基先，魏钊，等 . 环境微生物图谱 [M]. 北京：中国环境科学出版社，2010.

[26] 陈茜，吴斌，邵卫伟，等 . 浙江省主要常见淡水藻类图集（饮用水水源）[M]. 北京：中国环境科学出版社，2010.

[27] 郑洪萍，耿军灵，庄惠如，等 . 福建省大中型水库常见淡水藻类图集 [M]. 北京：中国环境科学出版社，2012.

[28] 王全喜，曹建国，刘妍，等 . 上海九段沙湿地自然保护区及其附近水域藻类图集 [M]. 北京：科学出版社，2008.
[29] 翁建中，徐恒省 . 中国常见淡水浮游藻类图谱 [M]. 上海：上海科学技术出版社，2010.
[30] 水利部水文局，长江流域水环境监测中心，等 . 中国内陆水域常见藻类图谱 [M]. 武汉：长江出版社，2012.
[31] 无锡市环境监测中心站 . 太湖常见藻类图集 [M]. 北京：中国环境出版社，2017.
[32] 王全喜，邓贵平 . 九寨沟自然保护区常见藻类图集 [M]. 北京：科学出版社，2017.
[33] 李秋华，高永春 . 贵州省重要饮用水源地水库常见淡水藻类图集 [M]. 北京：科学出版社，2017.
[34] 辽宁省环境监测实验中心 . 辽河流域藻类监测图鉴 [M]. 北京：中国环境出版集团，2018.
[35] 张琪，宋立荣，李林，等 . 巢湖浮游植物图谱 [M]. 北京：中国环境出版集团，2018.
[36] 戴国飞，钟家有，胡建民，等 . 鄱阳湖流域主要藻类图谱 [M]. 北京：科学出版社，2019.
[37] 深圳市水务有限公司 . 深圳市主要水源水常见淡水浮游藻类图集 [M]. 北京：中国建筑工业出版社，2020.
[38] 王先云，朱宜平，张东，等 . 上海市饮用水水源地常见藻类图集 [M]. 北京：中国环境出版集团，2022.

附 录

▲ 黄河下游地区湖库水源常见藻类图谱

▲ 文献报道供水系统检出的耐氯性细菌

▲ 黄河下游典型城市供水系统耐氯性细菌清单

▲《水质　草甘膦的测定　离子色谱法》（DB37/T 4152—2020）

▲《水质　环境激素类化合物的测定　固相萃取-液相色谱-串联质谱法》（DB37/T 4158—2020）

附录 1 黄河下游地区湖库水源常见藻类图谱

1. 硅藻门

图 1 脆杆藻

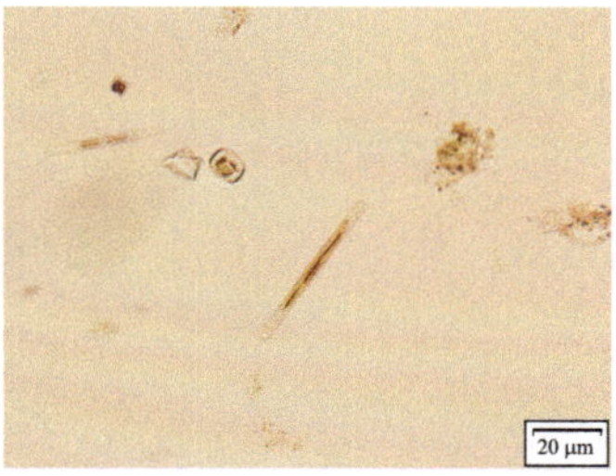

图 2 脆杆藻

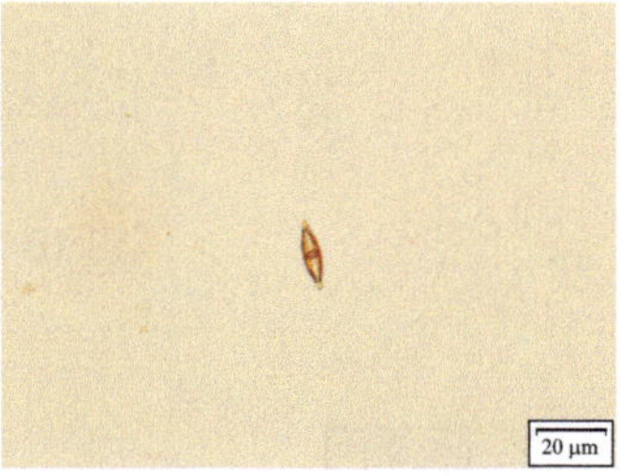

图 3 辐节藻

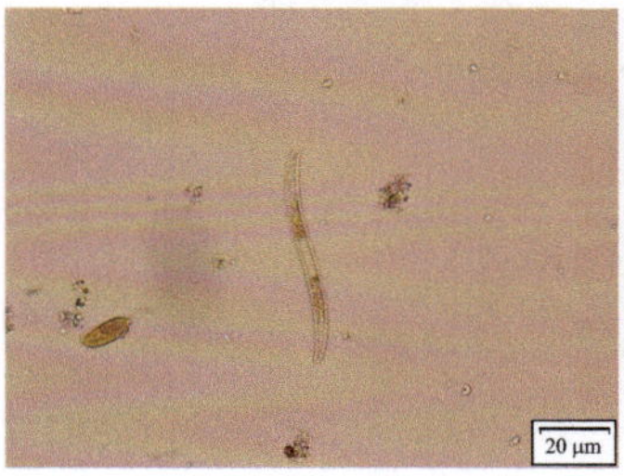

图 4 菱形藻

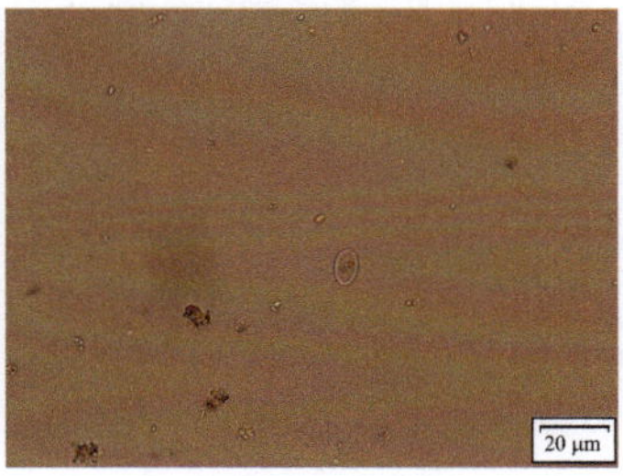

图 5 卵形藻

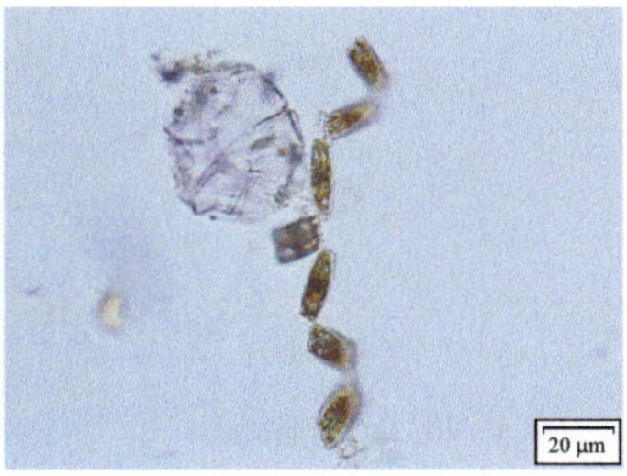

图 6 平板藻

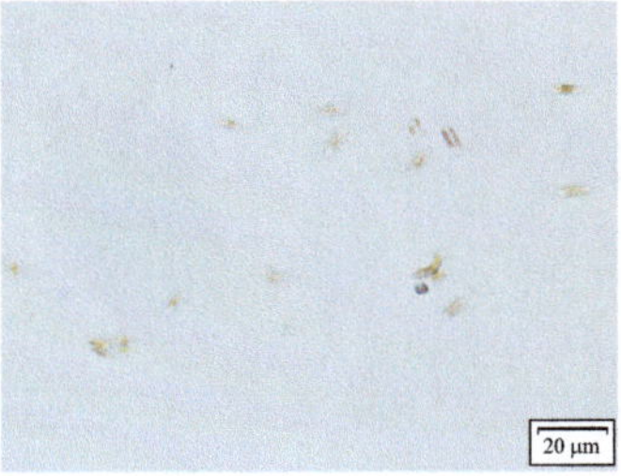

图 7 曲壳藻

图 8 曲壳藻（侧面观）

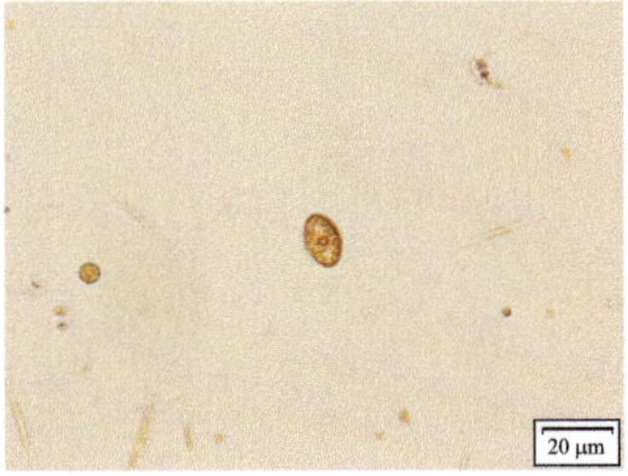

图 9 双壁藻

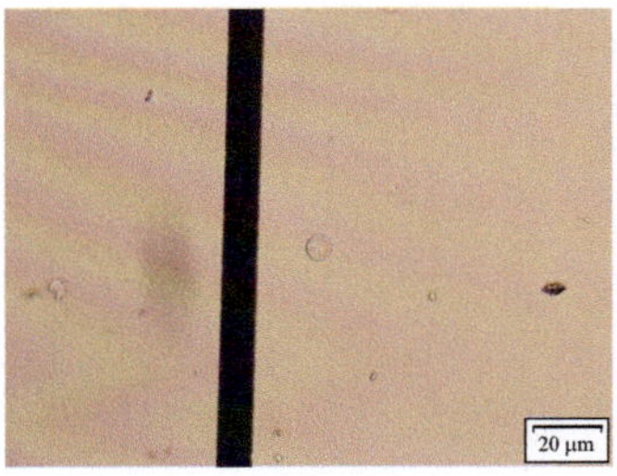

图 10 小环藻

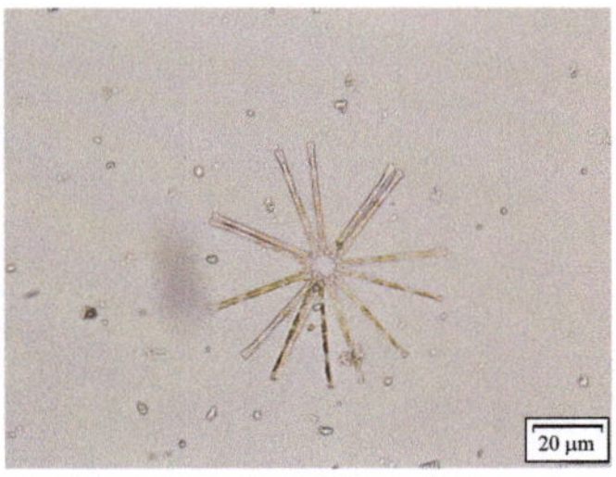

图 11 星杆藻

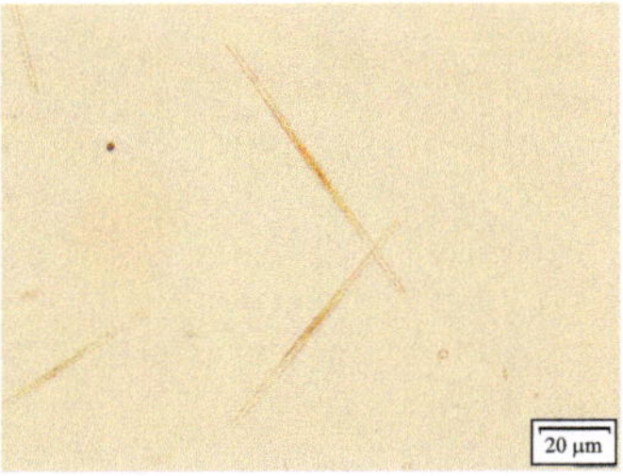

图 12 针杆藻

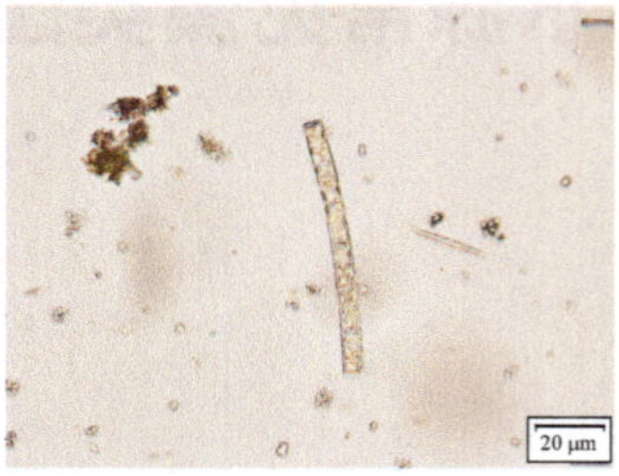

图 13　直链藻

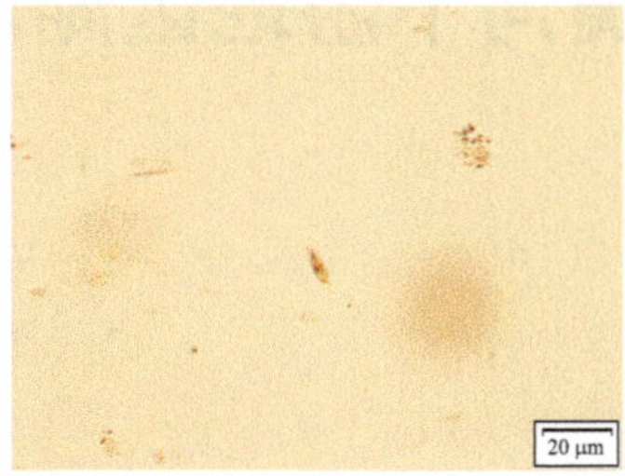

图 14　舟形藻

2. 蓝藻门

图 15　颤藻

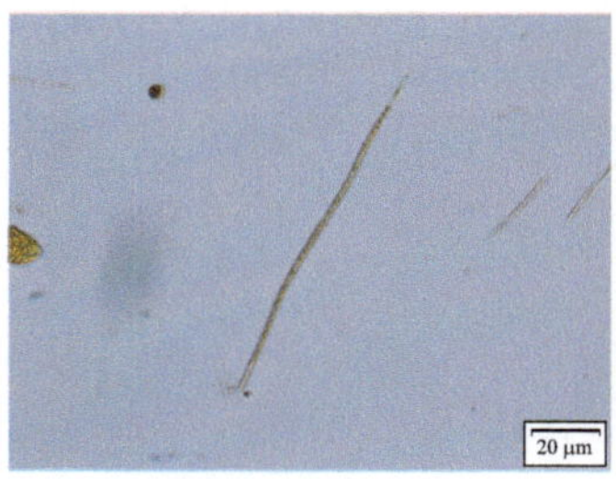

图 16　浮丝藻

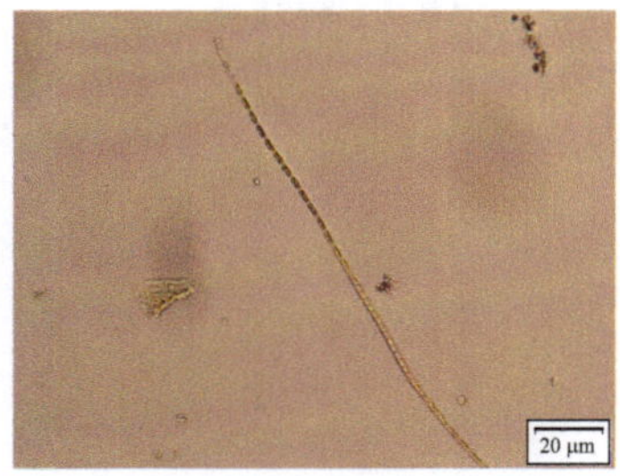

图 17　鞘丝藻

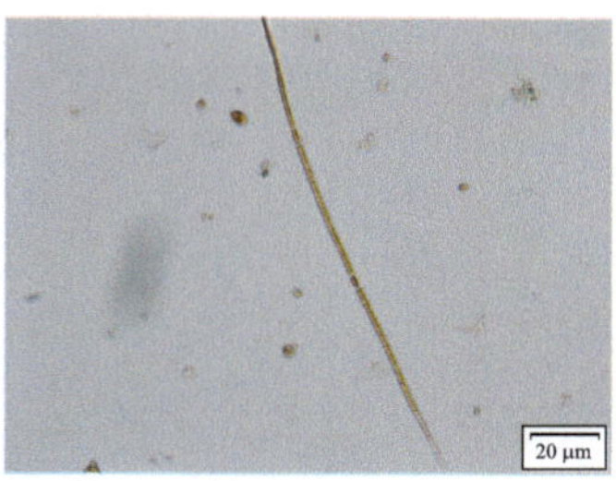

图 18　束丝藻

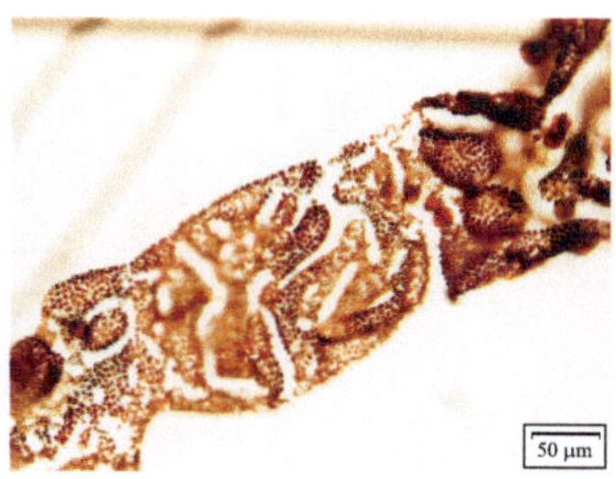

图 19　微囊藻

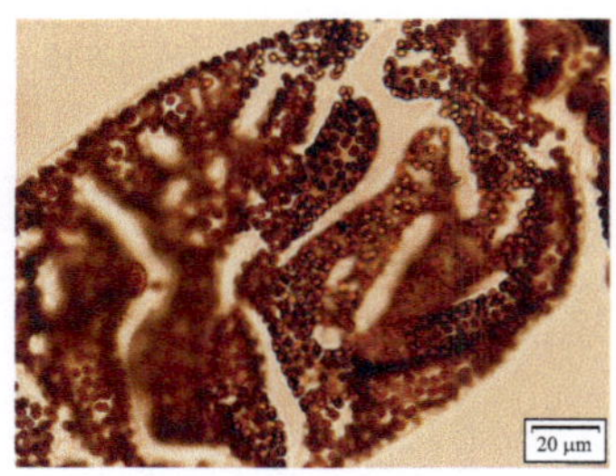

图 20　微囊藻

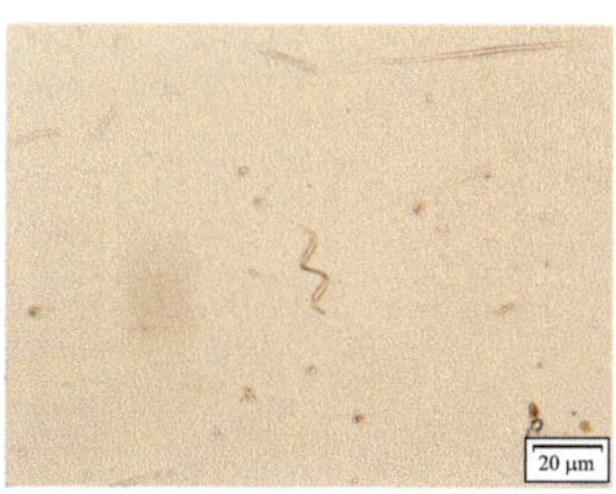

图 21　小尖头藻属

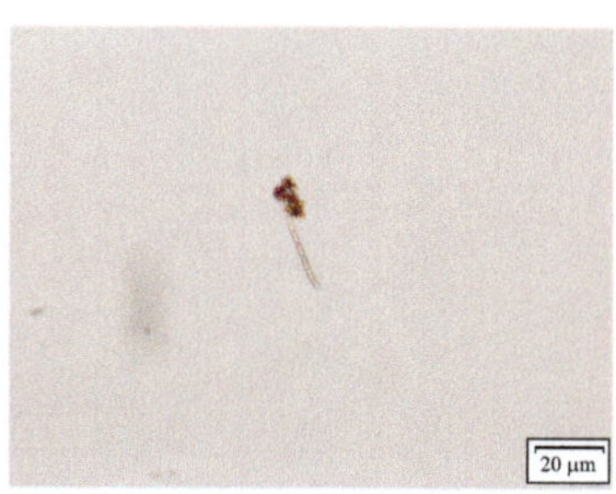

图 22　席藻

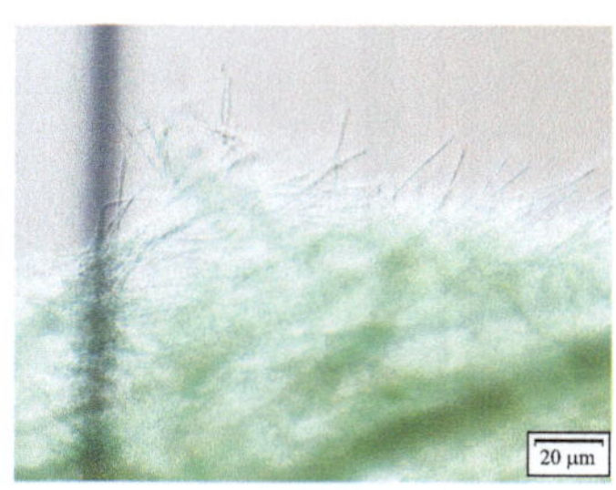

图 23　伪鱼腥藻

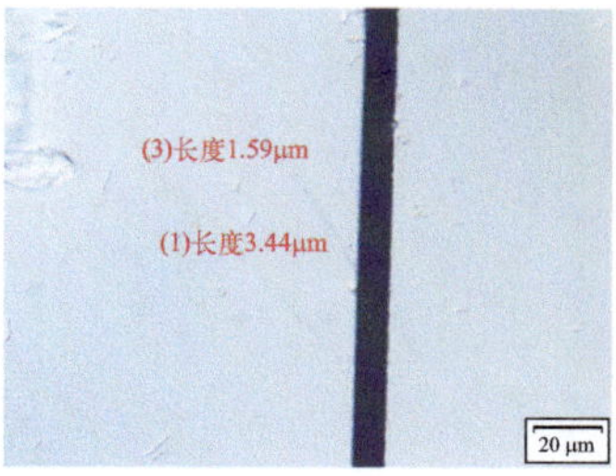

图 24　伪鱼腥藻

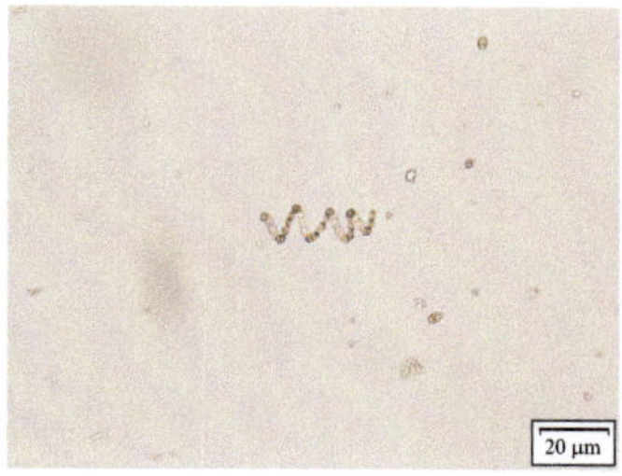

图 25　鱼腥藻

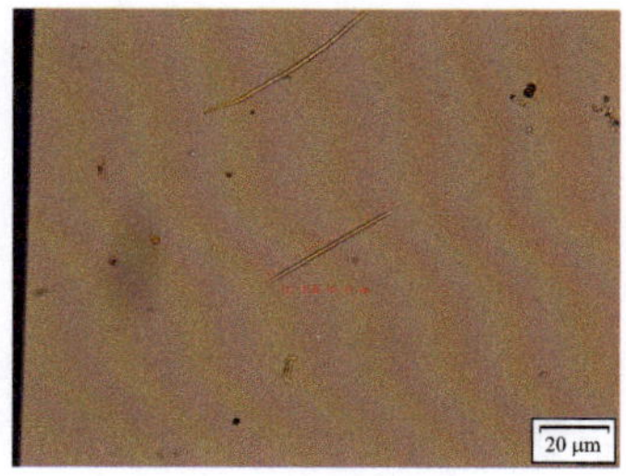

图 26　泽丝藻

3. 绿藻门

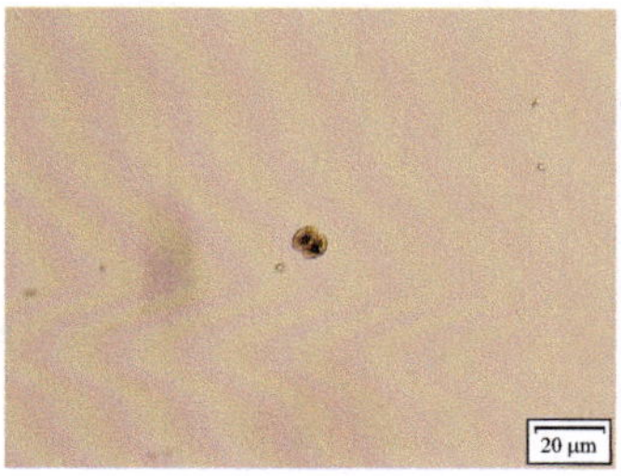

图 27　鼓藻

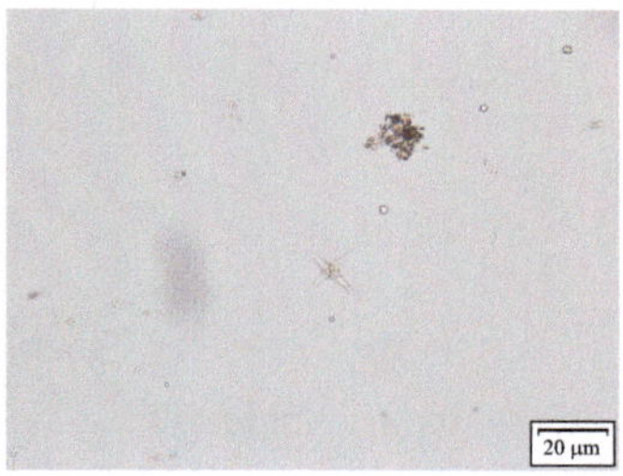

图 28　角星鼓藻

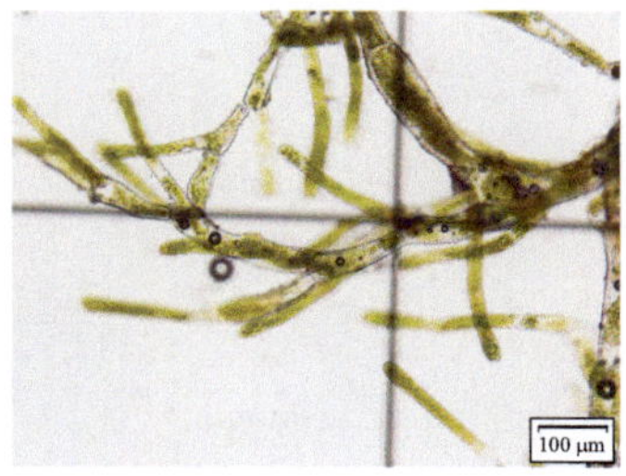

图 29　刚毛藻

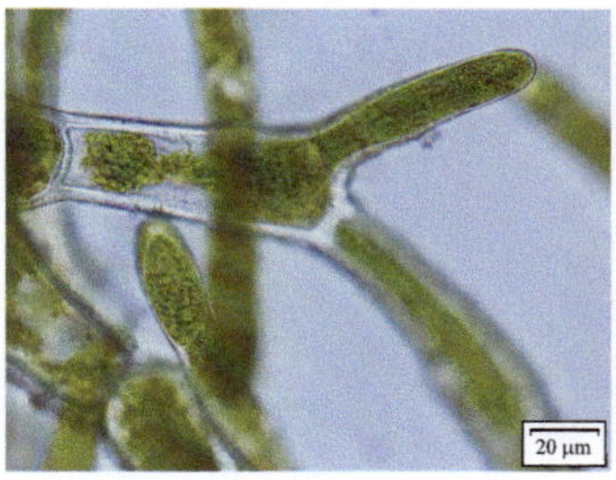

图 30　刚毛藻

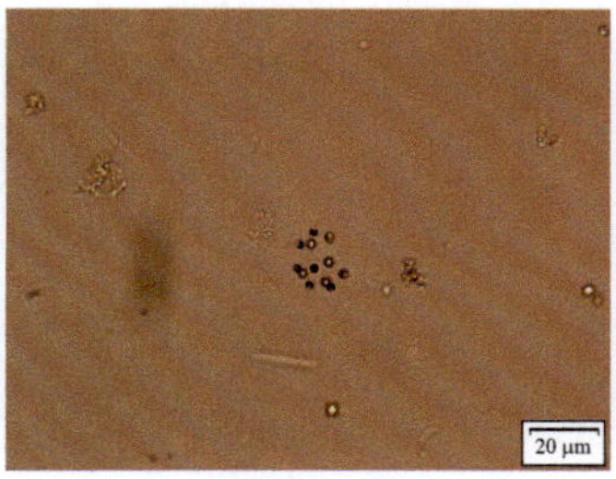

图 31　胶网藻

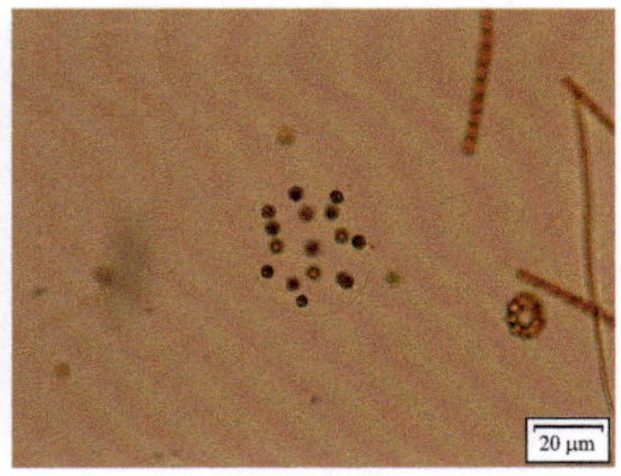

图 32　空球藻

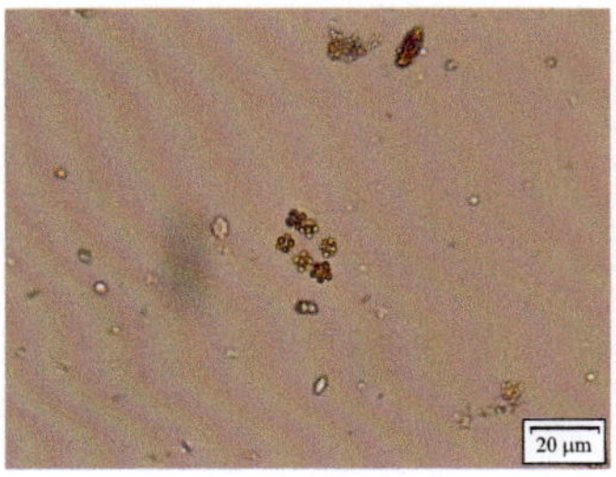

图 33　空星藻

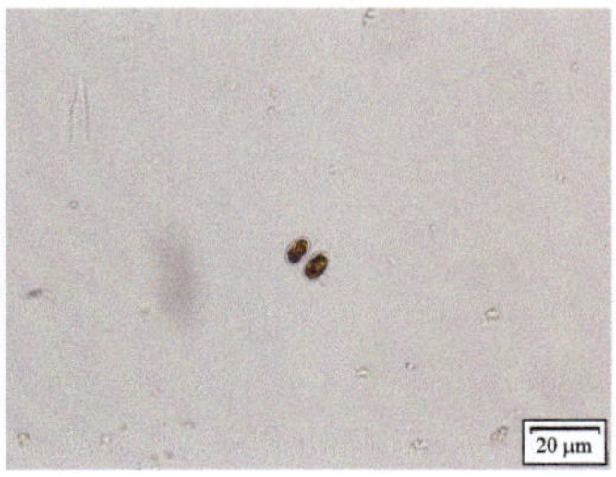

图 34　卵囊藻

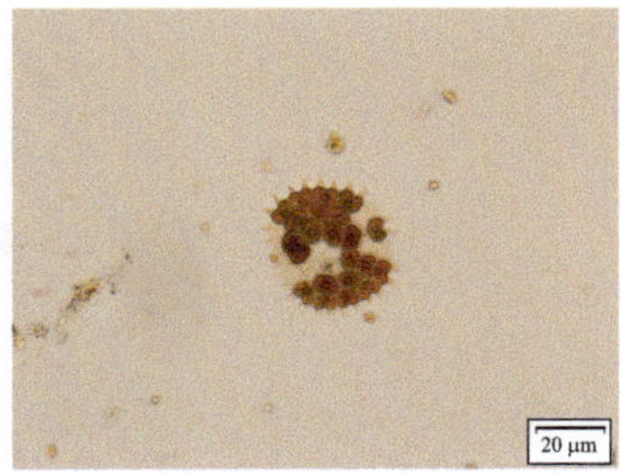

图 35　盘星藻

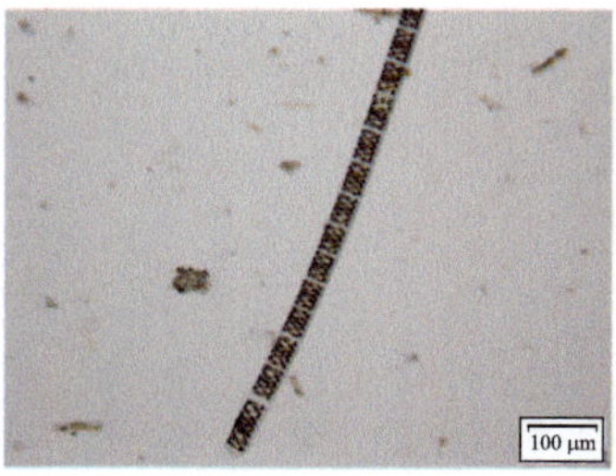

图 36　水绵属

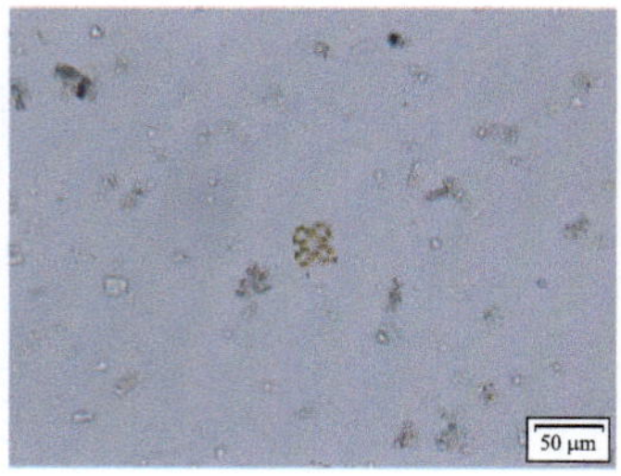

图 37　十字藻

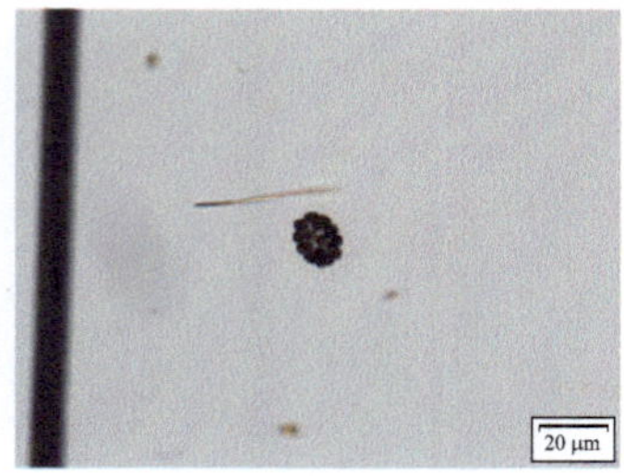

图 38　实球藻

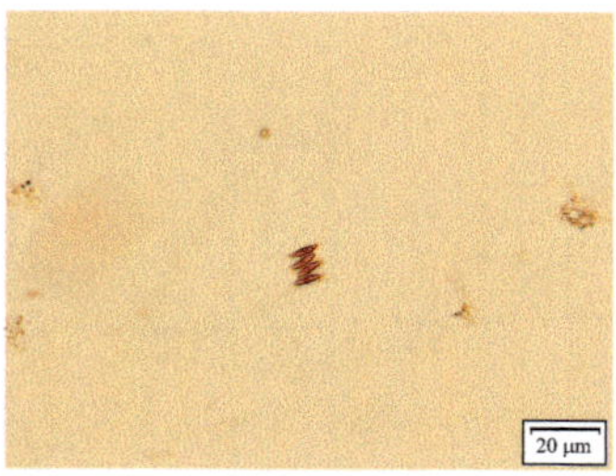

图 39　栅藻

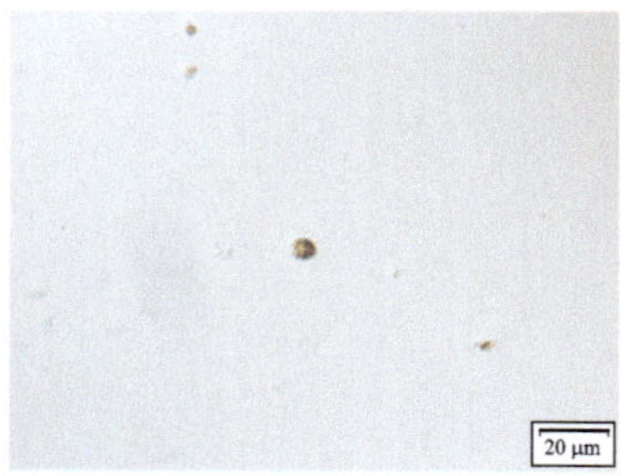

图 40　四鞭藻

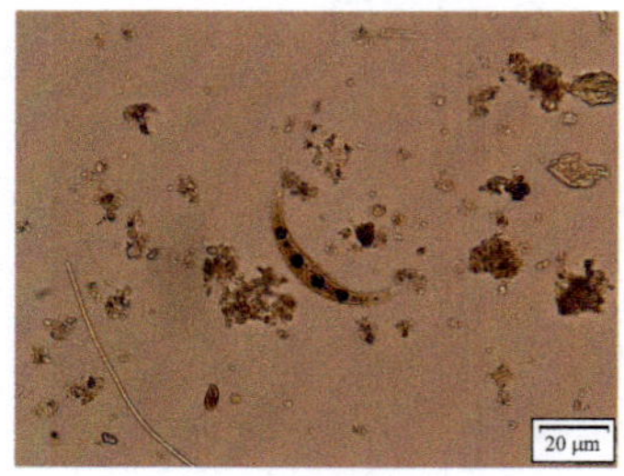

图 41　新月藻

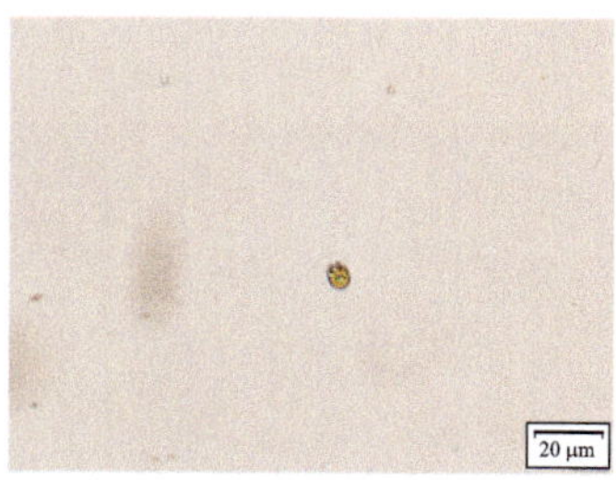

图 42　衣藻

4. 甲藻门

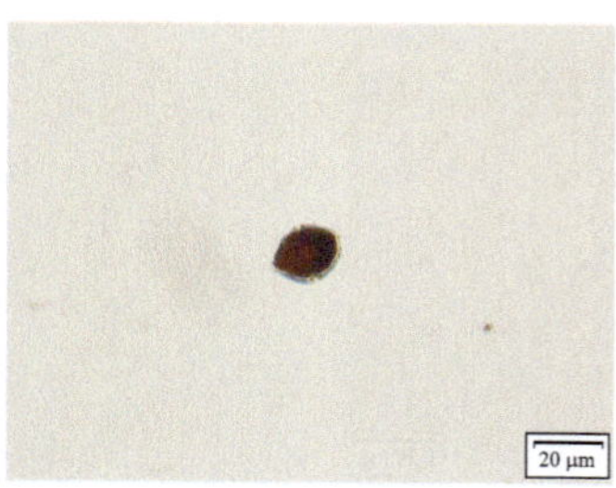

图 43　多甲藻

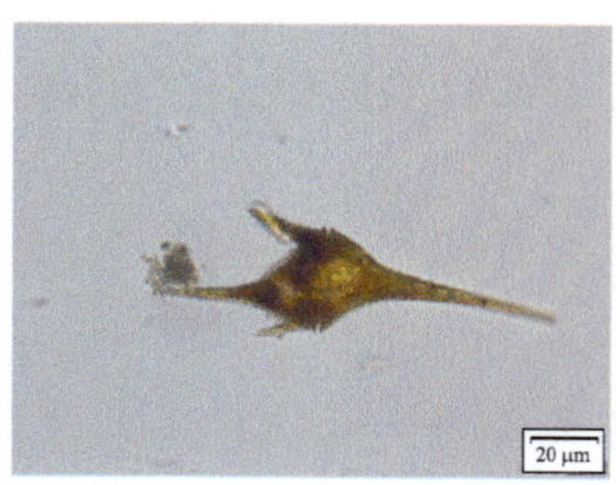

图 44　飞燕角甲藻

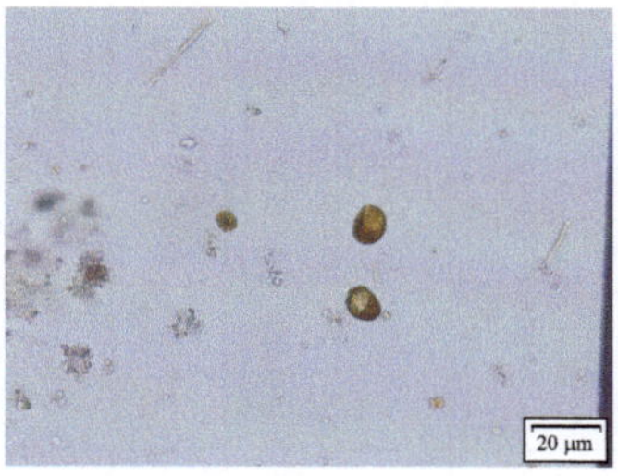

图 45　原甲藻

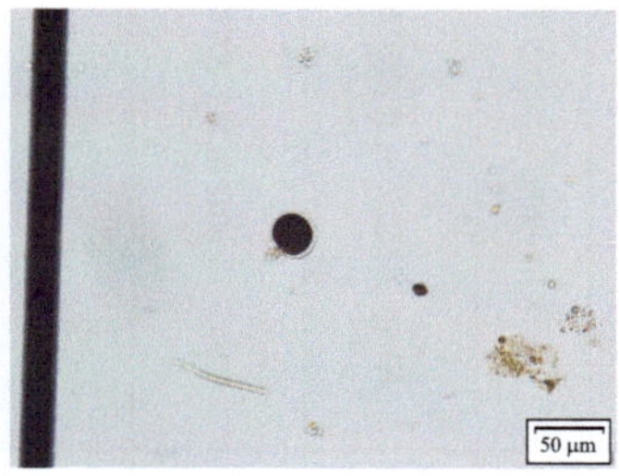

图 46　原甲藻

5. 隐藻门

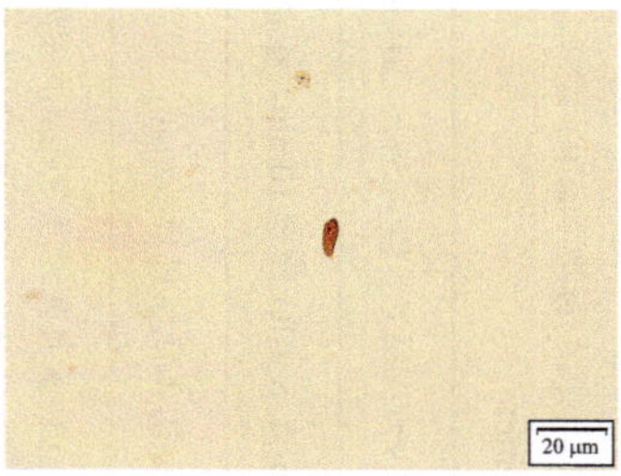

图 47　蓝隐藻（鞭毛丢失）

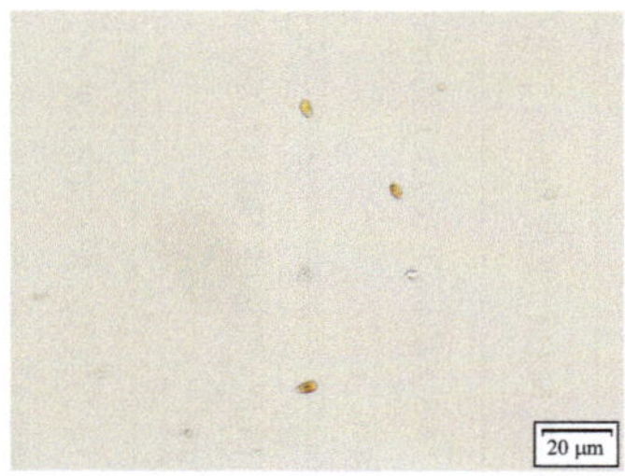

图 48　隐藻属

6. 裸藻门

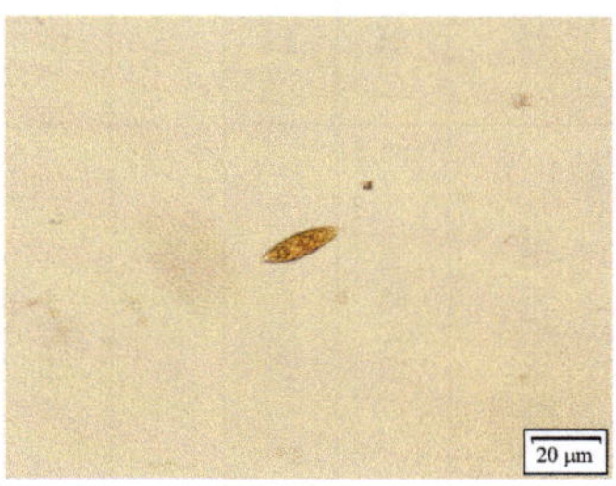

图 49　囊裸藻

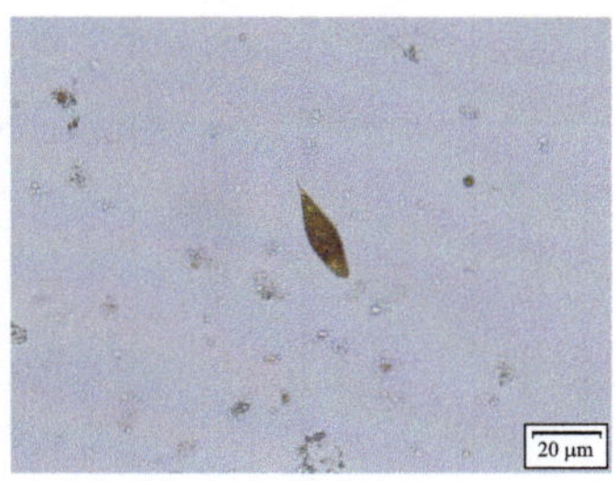

图 50　裸藻属

7. 金藻门

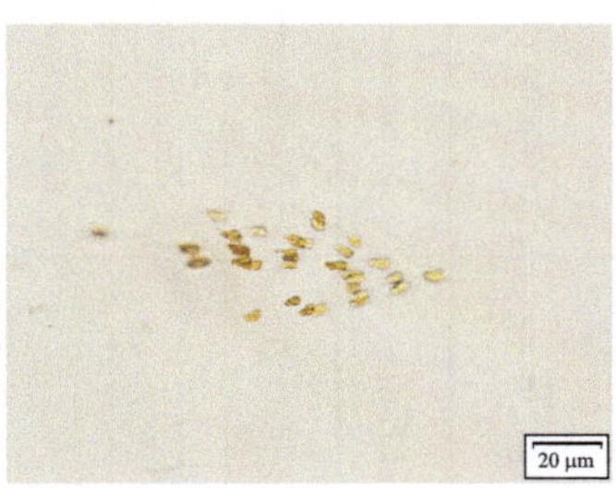

图 51　锥囊藻

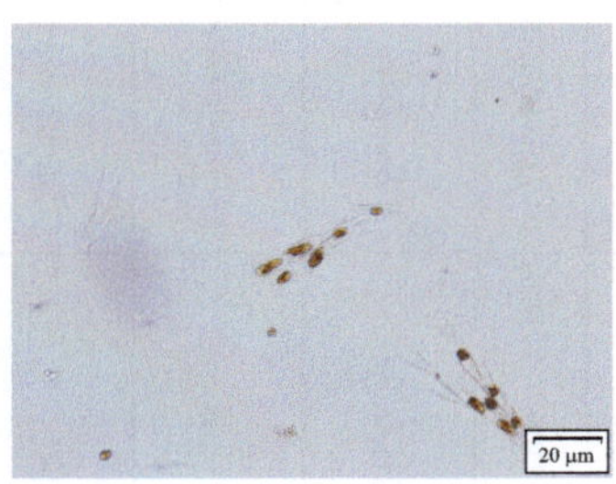

图 52　锥囊藻

附录 2 文献报道供水系统检出的耐氯性细菌

菌种名称	拉丁文学名	属	来源	氯耐受性	参考文献
嗜水气单胞菌	*Aeromonas hydrophila*	气单胞菌属	饮用水	1.2mg/L 余氯处理 1min，灭活率低于 0.1lg	de Scoaris D, Colacite et al., 2008
赖氨酸芽孢杆菌	*Lysinibacillus fusiformis*	芽孢杆菌属	饮用水	5mg/L NaClO 处理 60min，灭活率为 2lg	Roi, Klimenko et al., 2015
芽孢杆菌	*Bacillus*	芽孢杆菌属	饮用水	经 14.5% 的标准 NaClO 处理，抑制区直径较少超过 20mm	Khan, Beattie et al., 2016
伯克氏菌	*Burkholderia*	伯克氏菌属	饮用水	经 14.5% 的标准 NaClO 处理，抑制区直径较少超过 20mm	Khan, Beattie et al., 2016
嗜酸菌	*Acidovorax*	嗜酸菌属	饮用水	经 14.5% 的标准 NaClO 处理，抑制区直径较少超过 20mm	Khan, Beattie et al., 2016
类芽孢杆菌	*Paenibacillus*	类芽孢杆菌属	饮用水	经 14.5% 的标准 NaClO 处理，抑制区直径较少超过 20mm	Khan, Beattie et al., 2016
鸟分枝杆菌	*Mycobacterium avium*	分枝杆菌属	饮用水	99.9% 灭活 CT 值为 51 ～ 204mg • min/L	Robert H. Taylor, 2000
蜡样芽孢杆菌	*Bacillus cereus*	芽孢杆菌属	饮用水	1mg/L NaClO 处理 10min，灭活率为 1lg	Zeng, Cao et al., 2020
假单胞菌	*Pseudomonas*	假单胞菌属	饮用水	2mg/L 游离氯处理 30min，细菌未被完全灭活	Roy and Ghosh, 2017
梭菌	*Clostridium*	梭菌属	饮用水	2mg/L 游离氯处理 30min，细菌未被完全灭活	Roy and Ghosh, 2017
克雷伯菌	*Klebsiella* sp.	克雷伯菌属	饮用水	2mg/L 游离氯处理 30min，细菌未被完全灭活	Roy and Ghosh, 2017
金黄色葡萄球菌	*Staphylococcus aureus*	葡萄球菌属	饮用水	2mg/L 游离氯处理 30min，细菌未被完全灭活	Roy and Ghosh, 2017
军团菌	*Legionella*	军团菌属	饮用水	0.25mg/L 余氯处理 90min，灭活率为 1lg	Kuchta, States et al., 1985

续表

菌种名称	拉丁文学名	属	来源	氯耐受性	参考文献
鞘氨醇单胞菌	*Sphingomonas*	鞘氨醇单胞菌属	饮用水	1mg/L 余氯处理 30min，灭活率为 4lg	Gauthier, 1999
嗜肺军团菌	*Legionella pneumophila*	军团菌属	饮用水	0.25mg/L 余氯处理 90min，灭活率为 1lg	Kuchta, States et al., 1985
嗜肺军团菌	*Legionella pneumophila*	军团菌属	饮用水	0.1mg/L 余氯处理 30min，灭活率为 83% ～ 96%	Kuchta, 1983
麦氏军团菌	*Legionella micdadei*	军团菌属	饮用水	0.1mg/L 余氯处理 30min，灭活率为 94% ～ 96%	Kuchta, 1983
鞘氨醇单胞菌	*Sphingomonas*	鞘氨醇单胞菌属	供水管网系统	4mg/L 余氯处理 60min，灭活率为 83% ～ 96%	Sun, Liu et al., 2013
偶然分枝杆菌	*Mycobacterium fortuitum*	分枝杆菌属	供水管网系统	99.9% 灭活 CT 值为 135mg・min/L	Le Dantec, Duguet et al., 2002
分枝杆菌	*Mycobacterium*	分枝杆菌属	供水管网系统	99.9% 灭活 CT 值为 100mg・min/L	Le Dantec, Duguet et al., 2002
铜绿假单胞菌	*Pseudomonas aeruginosa*	假单胞菌属	供水管网系统	0.5mg/L 余氯处理 30min，灭活率小于 1lg	Shrivastava, Upreti et al., 2004
黏液分枝杆菌	*Mycobacterium mucogenicum*	分枝杆菌属	供水管网系统	2mg/L 余氯处理 60min，灭活率为 3.2lg	Wang, Sui et al., 2019
分枝杆菌	*Mycobacterium*	分枝杆菌属	供水管网系统	99.9% 灭活 CT 值为 120mg・min/L	Chen, Duan et al., 2012
鞘氨醇单胞菌	*Sphingomonas*	鞘氨醇单胞菌属	供水管网系统	99.9% 灭活 CT 值为 7mg・min/L	Chen, Duan et al., 2012
甲基杆菌	*Methylobacterium*	甲基杆菌属	供水管网系统	99.9% 灭活 CT 值为 4mg・min/L	Chen, Duan et al., 2012
烂泥假单胞菌	*Pseudomonas peli*	假单胞菌属	供水管网系统	99.9% 灭活 CT 值为 51.26 ～ 90.36mg・min/L	Jia, Jia et al., 2020

附录 3 黄河下游典型城市供水系统耐氯性细菌清单

序号	名称	拉丁名	属	样品类别
1	土地戈登氏菌	*Gordonia terrae*	戈登氏菌属	管网水
2	沼泽考克氏菌	*Kocuria palustris*	考克氏菌属	管网水
3	*Pseudorhodoferax soli*	*Pseudorhodoferax soli*	*Pseudorhodoferax*	管网水、生物膜
4	烂泥假单胞菌	*Pseudomonas peli*	假单胞菌属	水厂生物砂
5	蜡样芽胞杆菌	*Bacillus cereus*	芽孢杆菌属	水厂活性炭、生物膜、家庭热水系统、铸铁管材
6	杀鲑气单胞菌	*Aeromonas salmonicida*	气单胞菌属	水厂活性炭
7	芽孢杆菌属	*Bacillus* sp.	芽孢杆菌属	水厂生物砂、生物膜
8	嗜麦芽窄食单胞菌	*Stenotrophomonas maltophilia*	黄单胞菌属	家庭热水系统、生物膜
9	短小芽孢杆菌	*Bacillus pumilus*	芽孢杆菌属	家庭热水系统、生物膜
10	泡囊短波单胞菌	*Brevundimonas vesicularis*	假单胞菌	生物膜
11	地衣芽孢杆菌	*Bacillus licheniformis*	芽孢杆菌属	生物膜、铸铁管材
12	寡养单胞菌属	*Stenotrophomonas* sp.	寡养单胞菌属	生物膜
13	β-变形杆菌	*Beta proteobacterium*	变形杆菌属	生物膜
14	巨大芽孢杆菌	*Bacillus megaterium*	芽孢杆菌属	生物膜、铸铁管材
15	塔斯曼尼亚欧文氏菌	*Erwinia tasmaniensis*	欧文氏菌属	铸铁管材
16	微球菌属	*Micrococcus* sp.	微球菌属	铸铁管材
17	枯草芽孢杆菌	*Bacillus subtilis*	芽孢杆菌属	生物膜
18	炭疽芽孢杆菌	*Bacillus anthracis*	芽孢杆菌属	生物膜
19	表皮葡萄球菌	*Staphylococcus epidermidis*	葡萄球菌属	生物膜

附录 4 《水质 草甘膦的测定 离子色谱法》（DB37/T 4152—2020）

警告：实验中使用的草甘膦标准品有刺激性，对健康具有潜在的危害，应尽量避免与其直接接触。标准溶液配制过程应在通风橱中进行，操作时应按规定要求佩戴防护器具，避免接触皮肤、眼睛和衣物。

1 范围

本标准规定了测定生活饮用水及其水源水中草甘膦的氢氧根系统离子色谱法、碳酸根系统离子色谱法。

本标准适用于生活饮用水及其水源水中草甘膦的测定。

当进样体积为 100μL 时，方法检出限为 0.046mg/L，测定下限为 0.19mg/L。

2 规范性引用文件

下列文件对于本文件的应用是必不可少的。凡是注日期的引用文件，仅所注日期的版本适用于本文件。凡是不注日期的引用文件，其最新版本（包括所有的修改单）适用于本文件。

GB/T 5750.2—2006 生活饮用水标准检验方法 水样的采集与保存

GB/T 5750.3—2006 生活饮用水标准检验方法 水质分析质量控制

GB/T 32465 化学分析方法验证确认和内部质量控制要求

GB/T 33087 仪器分析用高纯水规格及试验方法

3 原理

当淋洗液携带样品进入分离柱后，草甘膦与有离子交换功能基的平衡离子争夺色谱柱上离子交换位置。通过淋洗液的不断淋洗，草甘膦从色谱柱上洗脱下来，实现了分离。通过抑制器大幅度降低淋洗液的电导值，经检测器得到其色谱峰。方法用保留时间定性，峰面积定量。

4 试剂和材料

4.1 高纯水：满足 GB/T 33087 要求。

4.2 脱氯剂：硫代硫酸钠，分析纯。

4.3 草甘膦标准物质：有证标准物质，纯度 96% 以上。

4.4 硫代硫酸钠溶液：ρ=100mg/L。取 0.1g 硫代硫酸钠（4.2），用高纯水（4.1）溶解并定容至 1000mL，4℃以下冷藏避光保存。

4.5 草甘膦标准贮备液：ρ=1000mg/L。准确称取 0.1042g 草甘膦标准物质（4.3），不同纯度草甘膦标准物质按照纯度校正后称量，高纯水（4.1）溶解并稀释定容至 100mL 容量瓶中，配制成 1000mg/L 的草甘膦标准贮备液；密封，4℃以下冷藏避光保存，待用。此溶液有效期 30d。

4.6 草甘膦标准使用液：ρ=10mg/L。准确吸取 1.00mL 草甘膦标准贮备液（4.5）至 100mL 容量瓶中，高纯水（4.1）稀释至刻度，配制成 10mg/L 标准使用液，此溶液现用现配。

5 仪器

5.1 离子色谱仪：具电导检测器、淋洗液发生器或等效装置、阴离子抑制器。

5.2 色谱柱：阴离子分析柱填料为乙烯乙基苯二乙烯基苯共聚物；官能团为烷醇季铵或烷基季铵；阴离子保护柱填料为乙烯乙基苯二乙烯基苯共聚物；或者 A Supp 5-150 阴离子色谱柱（4mm×150mm）和 4/5 G 保护柱（4mm×50mm）或等效色谱柱。

5.3 样品过滤器：水系尼龙材质，滤膜孔径 0.45μm。

5.4 容量瓶：100mL 和 1000mL。

5.5 分析天平：感量 0.1mg。

5.6 玻璃单标线吸量管：1mL 和 10mL。

5.7 刻度吸管：10mL。

6 样品

6.1 样品采集与保存

样品采集与保存按照 GB/T 5750.2—2006 要求执行，样品中加硫代硫酸钠溶液（4.4）脱氯。样品采集后在 4℃以下冷藏避光保存，24 h 内测定。

6.2 试样制备

水样经样品过滤器（5.3）过滤，待上机测定。

6.3 空白试样制备

用高纯水（4.1）代替样品，按照与试样制备（6.2）相同的步骤制备空白试样。

7 分析步骤

7.1 仪器参数

7.1.1 氢氧根系统仪器参数设置：

——淋洗液流速：1.0mL/min；

——淋洗液浓度：30mmol/L，等度淋洗；

——抑制器电流：75mA；

——进样体积：100μL。

7.1.2 碳酸根系统仪器参数设置：

——淋洗液流速：0.7mL/min；

——淋洗液浓度：8.0mmol/L 碳酸钠溶液；

——再生液浓度：90mmol/L 硫酸溶液；

——进样体积：100μL。

7.2 校准曲线的绘制

分别用刻度吸管（5.7）移取 0mL、2.00mL、4.00mL、6.00mL、8.00mL 和 10.00mL 草甘膦标准使用液（4.6）于 100mL 容量瓶中，用高纯水（4.1）配制成草甘膦浓度分别为 0、0.20mg/L、0.40mg/L、0.60mg/L、0.80mg/L 和 1.00mg/L 标准系列，此系列溶液现用现配。将标准系列由低到高分别上机测定，以草甘膦的峰面积为纵坐标，浓度为横坐标，绘制校准曲线。

7.3 样品测定

将 6.2 处理好的试样用离子色谱仪测定，根据草甘膦的峰面积由校准曲线得到草甘膦的浓度。草甘膦的标准色谱图见图 1（氢氧根系统）、图 2（碳酸根系统）。

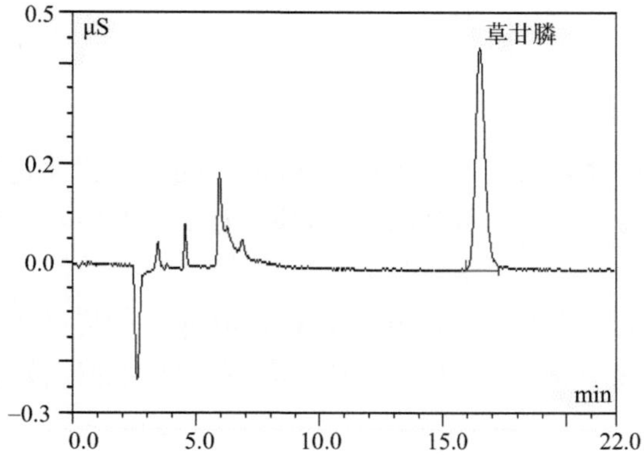

图 1 草甘膦标准色谱图（氢氧根系统）

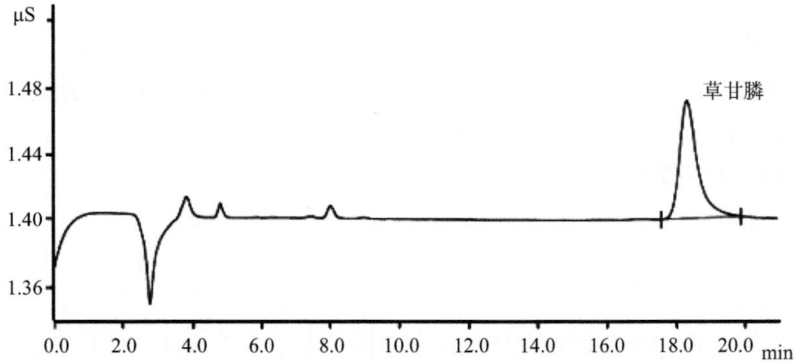

图 2 草甘膦标准色谱图（碳酸根系统）

当样品浓度超出校准曲线线性范围时，应将样品稀释至校准曲线线性范围内再测定。

7.4 空白试验

按照 7.3 操作步骤，测定 6.3 处理好的空白试样，记录峰面积。

8 结果计算与表示

8.1 定性分析

根据标准色谱图中草甘膦的保留时间确定被测样品中的草甘膦。

8.2 定量分析

根据色谱图上草甘膦相应的峰面积进行定量分析。

水样中草甘膦的浓度计算见式（1）：

$$\rho = \frac{A-b}{a} \times \frac{V_2}{V_1} \tag{1}$$

式中 ρ——水样中草甘膦的质量浓度，单位为毫克每升（mg/L）；

A——水样中草甘膦对应的峰面积（μS×min）；

a——校准曲线的斜率；

b——校准曲线的截距；

V_1——水样体积（mL）；

V_2——稀释后样品体积（mL）。

9 准确度与精密度

9.1 准确度

9.1.1 氢氧根系统

5 家实验室分别对草甘膦浓度为 0.50mg/L 和 0.90mg/L 的样品进行测定，实验室内相对标准偏差为 1.6% ～ 3.1%、0.7% ～ 4.8%；实验室间相对标准偏差分别为 5.7% 和 2.8%。

9.1.2 碳酸根系统

3 家实验室分别对草甘膦浓度为 0.50mg/L 和 0.90mg/L 的样品进行测定，实验室内相对标准偏差为 3.4% ～ 4.0%、0.8% ～ 3.0%；实验室间相对标准偏差分别为 5.2% 和 9.2%。

9.2 精密度

9.2.1 氢氧根系统

5 家实验室分别对地表水、地下水、出厂水及管网水加标样品进行测定，加标浓度分别为 0.50mg/L ～ 0.90mg/L 时，加标回收率为 81.4% ～ 109%。

9.2.2 碳酸根系统

3 家实验室分别对地表水、地下水、出厂水及管网水加标样品进行测定，加标浓度为 0.20mg/L ～ 1.80mg/L 时，加标回收率为 90.0% ～ 108%。

10 质量保证和质量控制

10.1 空白试验

每批次样品至少测定一个空白试样，测定结果应低于方法检出限。

10.2 校准曲线

分析样品之前，应建立能够覆盖样品浓度范围的至少 6 个浓度点的校准曲线，曲线的相关系数应满足 $r^2 \geqslant 0.999$。

10.3 平行样

平行双样测定结果的相对偏差满足 GB/T 5750.3—2006 的要求。

10.4 基体加标

基体加标样品的加标回收率范围满足 GB/T 32465 的要求。

附录5 《水质 环境激素类化合物的测定 固相萃取-液相色谱-串联质谱法》(DB37/T 4158—2020)

警告：实验中使用的溶剂和试剂均具有一定的毒性，对健康具有潜在的危害，应尽量避免与这些化学品的直接接触。样品制备过程应在通风橱中进行，操作时应按规定要求佩戴防护器具，避免接触皮肤和衣物。

1 范围

本标准规定了测定生活饮用水及其水源水中的环境激素类化合物的固相萃取-液相色谱-串联质谱法。

本标准适用于生活饮用水及其水源水的17β-雌二醇、雌三醇、17α-炔雌醇、壬基酚、4-正辛基酚、双酚A、四溴双酚A、雌酮、己烯雌酚、三氯生和三氯卡班等11种环境激素类化合物的测定。

若取水样1000mL，浓缩至1mL，则方法检出限分别为：17β-雌二醇、雌三醇、17α-炔雌醇、壬基酚、4-正辛基酚、双酚A、四溴双酚A均为2ng/L，雌酮、己烯雌酚、三氯生、三氯卡班均为0.2ng/L；测定下限分别为：17β-雌二醇、雌三醇、17α-炔雌醇、壬基酚、4-正辛基酚、双酚A、四溴双酚A均为8ng/L，雌酮、己烯雌酚、三氯生、三氯卡班均为0.8ng/L。

2 规范性引用文件

下列文件对于本文件的应用是必不可少的。凡是注日期的引用文件，仅所注日期的版本适用于本文件。凡是不注日期的引用文件，其最新版本（包括所有的修改单）适用于本文件。

GB/T 5750.2—2006 生活饮用水标准检验方法 水样的采集与保存

GB/T 5750.3—2006 生活饮用水标准检验方法 水质分析质量控制

GB/T 32465 化学分析方法验证确认和内部质量控制要求

GB/T 33087 仪器分析用高纯水规格及试验方法

HJ/T 91 地表水和污水监测技术规范

HJ/T 164 地下水环境监测技术规范

3 方法原理

本方法采用固相萃取柱对水中的11种环境激素类物质进行浓缩富集，用洗脱液（二氯甲烷/丙酮）洗脱保留在萃取柱上的环境激素类物质，然后用液相色谱-串联质谱仪进行定性和定量分析。

4 试剂和材料

4.1 固相萃取柱：HLB（6mL，200mg）或等效固相萃取柱。

4.2 高纯水：水质满足GB/T 33087的规定。

4.3 硫酸（H_2SO_4）：优级纯。

4.4 二氯甲烷（CH_2Cl_2）：色谱纯。

4.5 丙酮（CH_3COCH_3）：色谱纯。

4.6 载气：高纯氮（＞ 99.999%）。

4.7 乙腈（C_2H_3N）：色谱纯。

4.8 甲醇（CH_3OH）：色谱纯。

4.9 环境激素类标准物质：17β-雌二醇、雌三醇、17α-炔雌醇、壬基酚、4-正辛基酚、双酚A、四溴双酚A、雌酮、己烯雌酚、三氯生、三氯卡班等标准物质，纯度≥ 98%，有证标准物质。

4.10 7种环境激素的标准贮备液：ρ=10.0mg/L。分别称取一定量17β-雌二醇、雌三醇、17α-炔雌醇、壬基酚、4-正辛基酚、双酚A、四溴双酚A的标准品（4.9），用甲醇（4.8）溶解并稀释成浓度为10mg/L的标准贮备液，于4℃以下冷藏密封避光保存。

4.11 4种环境激素的标准贮备液：ρ=1.0mg/L。称取一定量的雌酮、己烯雌酚、三氯生、三氯卡班（4.9）的标准品，用甲醇（4.8）溶解并稀释成成浓度为1.0mg/L的标准贮备液。

4.12 7种环境激素的标准使用液：ρ=1.0mg/L。取1000μL 17β-雌二醇、雌三醇、17α-炔雌醇、壬基酚、4-正辛基酚、双酚A、四溴双酚A的标准贮备液（4.10），用甲醇（4.8）稀释并定容至10mL，配制1mg/L的标准使用液。于4℃以下冷藏密封避光保存。

4.13 4种环境激素的标准使用液：ρ=0.1mg/L。取1000μL雌酮、己烯雌酚、三氯生、三氯卡班的标准贮备液（4.11），用甲醇（4.8）稀释并定容至10mL，配制0.1mg/L的标准使用液。于4℃以下冷藏密封避光保存。

5 仪器和设备

5.1 液相色谱-串联质谱仪：配有电喷雾离子源。

5.2 色谱柱：C_{18}填料或者等效色谱柱。

5.3 固相萃取装置。

5.4 氮吹浓缩装置。

5.5 样品瓶：2mL，棕色玻璃瓶。

5.6 采样瓶：棕色玻璃瓶，具玻璃塞。

5.7 微量注射器：100μL和1000μL。

5.8 容量瓶：10mL。

6 样品

6.1 样品采集与保存

按照HJ 91和HJ/T 164的相关规定采集样品。用采样瓶（5.6）采集样品。

按照GB/T 5750.2—2006的相关规定贮存样品。样品采集后在4℃下冷藏避光保存，24h内完成前处理，7d内完成样品分析。若水样中存在残留氯，加入抗坏血酸去除余氯。

6.2 试样制备

6.2.1 活化

依次用6mL甲醇（4.8）、6mL高纯水（4.2）对固相萃取柱（4.1）进行活化。

6.2.2 样品富集

量取1000mL水样，加入硫酸（4.3）调节pH为5左右，以10mL/min流速通过活化后的固相萃取柱，完成固相萃取富集。

6.2.3 淋洗

用 10mL 高纯水（4.2）以 10mL/min 流速淋洗萃取柱，淋洗完成后用氮气吹干。

6.2.4 洗脱

用 10mL 二氯甲烷（4.4）/ 丙酮（4.5）（V∶V＝7∶3）以 1mL/min 流速洗脱吸附在固相萃取柱上的被测组分，收集洗脱液至浓缩管，氮气吹至近干，用 1mL 乙腈（4.7）/ 高纯水（4.2）（V∶V＝3∶2）定容，保存在样品瓶（5.5）中待测。

6.3 空白试样制备

用高纯水（4.2）代替样品，按照与样品（6.2）相同的步骤制备空白试样。

7 分析步骤

7.1 液相色谱条件

7.1.1 流动相：A 相——乙腈（4.7），B 相——高纯水（4.2）。

7.1.2 洗脱模式及洗脱流速：采用梯度洗脱，洗脱速率为 0.2mL/min，洗脱条件如表 1 所示。

7.1.3 柱温：40℃。

7.1.4 进样体积：20μL。

表 1 流动相梯度条件

时间 / min	A 相 / %	B 相 / %
0	60	40
3	95	5
4	95	5
4.1	60	40
15	60	40

7.2 质谱条件

7.2.1 离子源：电喷雾离子源，负离子模式。

7.2.2 离子源温度：350℃。

7.2.3 扫描方式：MRM，多反应监测条件见表 2。

表 2 质谱参考参数设置

<table>
<tr><th>扫描时间</th><th>物质名称</th><th>母离子</th><th>子离子</th><th>Fragment/V</th><th>CE/V</th></tr>
<tr><td rowspan="8">0min</td><td rowspan="2">17β- 雌二醇</td><td rowspan="2">271.2</td><td>183*</td><td>185</td><td>40</td></tr>
<tr><td>145**</td><td>185</td><td>40</td></tr>
<tr><td rowspan="2">17α-炔雌醇</td><td rowspan="2">295.2</td><td>159*</td><td>180</td><td>36</td></tr>
<tr><td>145**</td><td>180</td><td>40</td></tr>
<tr><td rowspan="2">雌三醇</td><td rowspan="2">287.2</td><td>171*</td><td>190</td><td>38</td></tr>
<tr><td>143**</td><td>190</td><td>55</td></tr>
<tr><td rowspan="2">雌酮</td><td rowspan="2">269.2</td><td>183*</td><td>185</td><td>40</td></tr>
<tr><td>145**</td><td>185</td><td>38</td></tr>
</table>

续表

扫描时间	物质名称	母离子	子离子	Fragment/V	CE/V
0min	己烯雌酚	267.2	251*	145	20
			237**	145	25
	双酚 A	227.2	211*	140	30
			133**	140	35
4min	四溴双酚 A	538.8	443.8*	140	35
			415.9**	140	45
	三氯卡班	313	160*	100	10
			126**	100	25
	三氯生	287	35*	75	5
7.5min	壬基酚	219.2	147*	140	20
			133**	140	20
	4-正辛基酚	205.2	106*	120	15

注：带 * 为定量离子，带 ** 为定性离子。

7.3 校准曲线的绘制

7.3.1 本方法使用外标法定量。

7.3.2 校准系列的配制：取 6 个 10mL 容量瓶，依次准确加入 0.08 mL、0.10mL、0.20mL、0.40mL、0.80mL、1.00mL 的 17β-雌二醇、雌三醇、17α-炔雌醇、壬基酚、4-正辛基酚、双酚 A、四溴双酚 A 的标准使用液（4.12）和雌酮、己烯雌酚、三氯生、三氯卡班的标准使用液（4.13），用乙腈（4.7）/ 高纯水（4.2）（V∶V = 3∶2），定容至刻度，配制成浓度为 8μg/L、10μg/L、20μg/L、40μg/L、80μg/L、100μg/L 的 17β-雌二醇、雌三醇、17α-炔雌醇、壬基酚、4-正辛基酚、双酚 A、四溴双酚 A 和 0.8μg/L、1μg/L、2μg/L、4 μg/L、8 μg/L、10μg/L 的雌酮、己烯雌酚、三氯生、三氯卡班校准系列溶液。

7.3.3 按照浓度从低到高的顺序上机测定，以浓度为横坐标，以峰面积为纵坐标绘制校准曲线。

7.4 样品测定

7.4.1 采用自动进样器进样，进样量为 20μL。

7.4.2 将 6.2 处理后的试样上机测定。

7.4.3 环境激素类化合物的 MRM 色谱图见图 1 所示。

7.5 空白试样测定

按照与样品测定（7.4）相同的步骤进行空白试样（6.3）的测定。

8 结果计算与表示

8.1 定性结果

根据环境激素类物质 MRM 色谱图中的保留时间和特征离子对进行定性分析。

8.2 定量结果

根据定量离子的峰面积外标法定量。样品中环境激素类物质的质量浓度 ρ_x 按照式（1）计算，测定结果位数的保留与测定下限一致，最多保留三位有效数字。

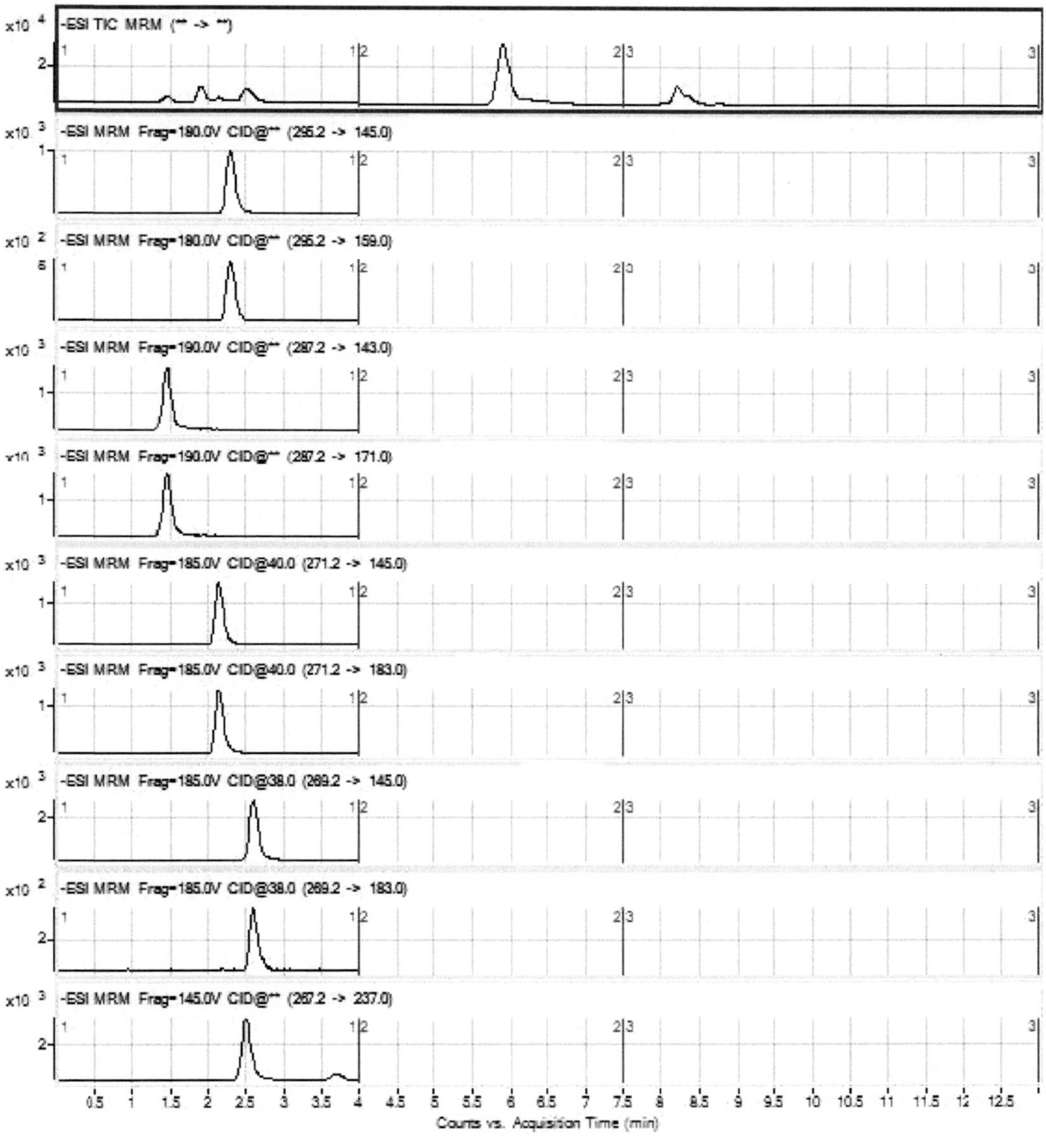
x10 4
-ESI TIC MRM (** -> **)
x10 3
-ESI MRM Frag=180.0V CID@** (295.2 -> 145.0)
x10 2
-ESI MRM Frag=180.0V CID@** (295.2 -> 159.0)
x10 3
-ESI MRM Frag=190.0V CID@** (287.2 -> 143.0)
x10 3
-ESI MRM Frag=190.0V CID@** (287.2 -> 171.0)
x10 3
-ESI MRM Frag=185.0V CID@40.0 (271.2 -> 145.0)
x10 3
-ESI MRM Frag=185.0V CID@40.0 (271.2 -> 183.0)
x10 3
-ESI MRM Frag=185.0V CID@38.0 (269.2 -> 145.0)
x10 2
-ESI MRM Frag=185.0V CID@38.0 (269.2 -> 183.0)
x10 3
-ESI MRM Frag=145.0V CID@** (267.2 -> 237.0)
0.5 1 1.5 2 2.5 3 3.5 4 4.5 5 5.5 6 6.5 7 7.5 8 8.5 9 9.5 10 10.5 11 11.5 12 12.5
Counts vs. Acquisition Time (min)

图 1

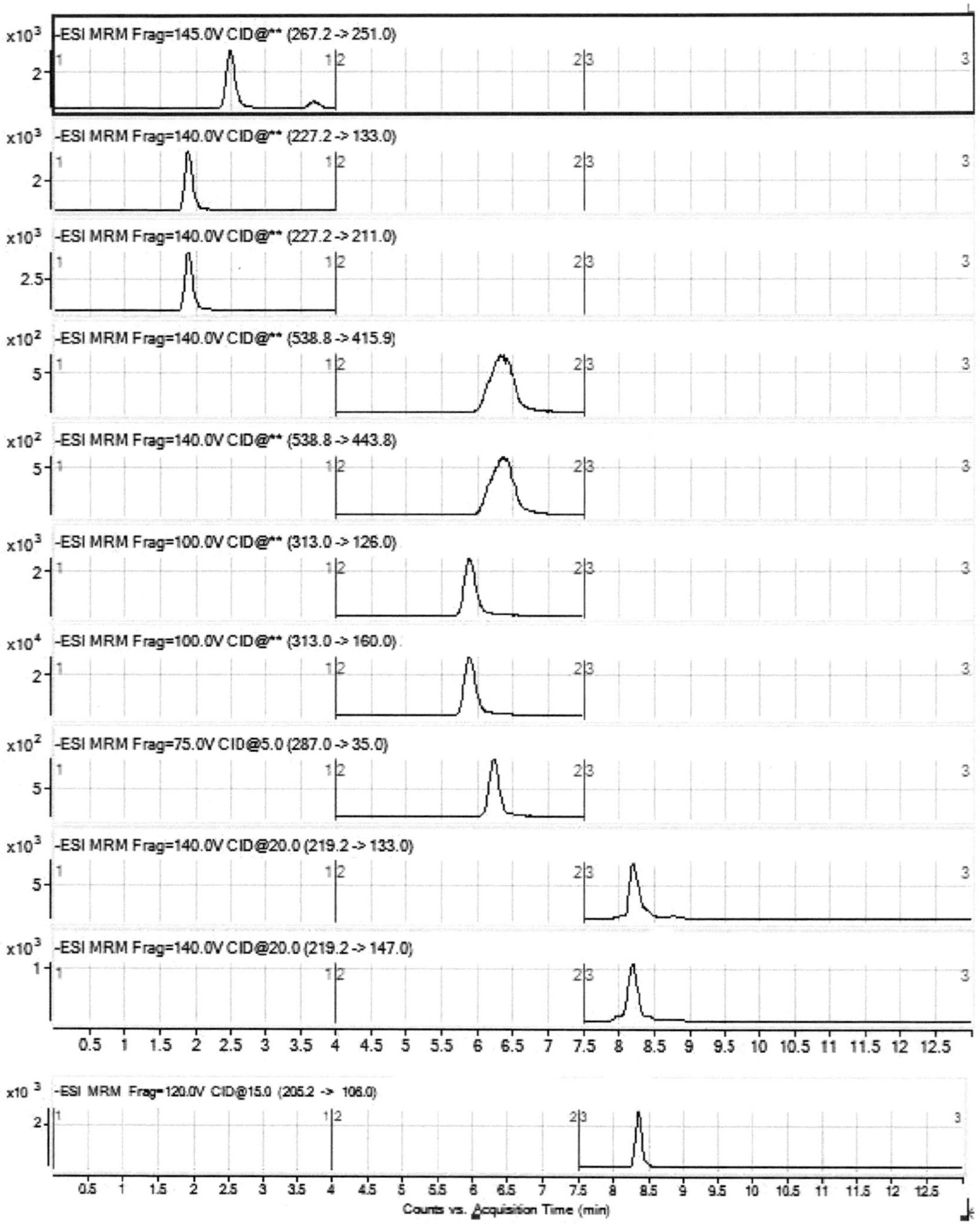

图 1　各类环境雌激素的 MRM 谱图

$$\rho_{\mathrm{x}}=\frac{\rho_0 V_t}{V_s} \tag{1}$$

式中 ρ_{x}——样品中组分质量浓度，单位为微克每升（μg/L）；

ρ_0——固相萃取洗脱液质量浓度，单位为微克每升（μg/L）；

V_t——固相萃取洗脱液浓缩后定容体积，单位为毫升（mL）；

V_s——水样体积，单位为毫升（mL）。

9 精密度和准确度

9.1 精密度

3 家实验室分别对 17β-雌二醇、雌三醇、17α-炔雌醇、壬基酚、4-正辛基酚、双酚 A、四溴双酚 A、雌酮、己烯雌酚、三氯生、三氯卡班等 11 种环境激素进行低、中、高浓度的纯水、地表水、地下水、出厂水和管网水加标样品进行测定，实验室内的相对标准偏差为 1.2% ～ 26%，参见附录 A 表 A.1 和表 A.2。

9.2 准确度

3 家实验室分别对 17β-雌二醇、雌三醇、17α-炔雌醇、壬基酚、4-正辛基酚、双酚 A、四溴双酚 A、雌酮、己烯雌酚、三氯生、三氯卡班等 11 种环境激素进行低、中、高浓度的地表水、地下水、出厂水和管网水加标样品进行测定，加标回收率为 73.1% ～ 96.2%，参见附录 A 表 A.1 和表 A.2。

10 质量保证和质量控制

10.1 空白试验

每批样品应做空白试验，测定结果不能超过方法的检出限。

10.2 校准曲线要求

分析样品之前，应建立能够覆盖样品浓度范围的至少 6 个浓度点的校准曲线，曲线的相关系数 r^2 应大于 0.995。

10.3 平行样

平行双样测定结果的相对偏差满足 GB/T 5750.3—2006 的要求。

10.4 基体加标

基体加标样品的加标回收率范围满足 GB/T 32465 的要求。

附录 A
（资料性附录）
方法的精密度和准确度

表 A.1　7 种环境激素类化合物的精密度与准确度

样品	加标量 /（ng/L）	加标回收率 / %							实验室内相对标准偏差 / %						
		四溴双酚 A	雌三醇	双酚 A	17β-雌二醇	炔雌醇	辛基酚	壬基酚	四溴双酚 A	雌三醇	双酚 A	17β-雌二醇	炔雌醇	辛基酚	壬基酚
纯水	5.0 ~ 10	91.0 ~ 124	83.0 ~ 92.1	82.4 ~ 111	76.6 ~ 113	66.0 ~ 73.5	75.8 ~ 88.5	62.8 ~ 108	4.2 ~ 16	3.2 ~ 9.8	2.2 ~ 6.9	2.5 ~ 12	3.0 ~ 22	4.9 ~ 14	4.2 ~ 19
	10 ~ 20	75.0 ~ 128	80.6 ~ 98.7	82.3 ~ 108	72.0 ~ 110	54.9 ~ 90.4	84.4 ~ 99.4	86.1 ~ 111	1.8 ~ 5.1	2.6 ~ 6.5	1.4 ~ 11	2.3 ~ 15	2.8 ~ 16	2.6 ~ 18	6.7 ~ 26
	20 ~ 50	78.4 ~ 117	66.9 ~ 98.4	72.2 ~ 105	64.8 ~ 86.5	40.9 ~ 96.4	71.0 ~ 94.6	63.0 ~ 94.4	1.2 ~ 6.8	4.5 ~ 9.2	4.3 ~ 12	2.7 ~ 12	6.7 ~ 14	3.3 ~ 10	5.7 ~ 19
地表水	5.0 ~ 10	76.4 ~ 90.0	76.4 ~ 91.2	90.0 ~ 110	55.4 ~ 90.0	58.3 ~ 90.0	75.2 ~ 90.0	90.0 ~ 114	6.3 ~ 15	2.4 ~ 10	1.3 ~ 4.9	2.8 ~ 13	4.2 ~ 12	5.4 ~ 12	3.9 ~ 19
	10 ~ 20	66.8 ~ 105	81.4 ~ 86.9	88.0 ~ 91.3	67.2 ~ 98.4	66.7 ~ 81.4	95.2 ~ 96.7	95.0 ~ 119	2.9 ~ 5.3	3.0 ~ 7.4	2.5 ~ 4.2	3.0 ~ 8.1	4.0 ~ 8.1	3.5 ~ 7.4	10 ~ 11
	20 ~ 50	63.3 ~ 94.7	69.5 ~ 91.4	68.3 ~ 93.6	70.6 ~ 104	64.4 ~ 92.1	84.9 ~ 90.0	67.2 ~ 95.6	1.6 ~ 5.2	3.2 ~ 11	4.0 ~ 10	3.6 ~ 5.0	5.0 ~ 8.4	5.8 ~ 8.2	9.5 ~ 10
地下水	5.0 ~ 10	73.8 ~ 90.0	79.1 ~ 90.2	90.0 ~ 109	74.1 ~ 90.0	61.5 ~ 100	89.6 ~ 90.0	90.0 ~ 122	3.8 ~ 11	4.1 ~ 16	2.2 ~ 4.2	1.5 ~ 21	3.3 ~ 20	4.9 ~ 14	3.0 ~ 25
	10 ~ 20	66.8 ~ 99.0	61.4 ~ 91.6	84.5 ~ 102	62.7 ~ 82.2	55.1 ~ 77.4	93.8 ~ 97.8	53.2 ~ 103	4.6 ~ 5.7	4.7 ~ 6.4	3.9 ~ 5.8	4.5 ~ 7.8	3.2 ~ 16	7.3 ~ 8.8	6.8 ~ 14
	20 ~ 50	63.3 ~ 84.8	84.4 ~ 94.9	74.3 ~ 99.8	76.9 ~ 85.4	64.4 ~ 91.3	77.4 ~ 98.6	80.7 ~ 100	5.0 ~ 6.1	3.8 ~ 5.2	3.6 ~ 10	3.2 ~ 8.1	6.2 ~ 10	5.9 ~ 6.2	7.7 ~ 16
出厂水	5.0 ~ 10	63.4 ~ 105	70.6 ~ 90.1	77.6 ~ 107	76.0 ~ 90.0	69.0 ~ 90.0	88.0 ~ 100	90.0 ~ 104	8.5 ~ 12	4.8 ~ 13	1.0 ~ 4.5	4.7 ~ 22	8.7 ~ 36	4.0 ~ 6.9	5.9 ~ 9.2
	10 ~ 20	72.2 ~ 92.2	73.3 ~ 87.8	74.2 ~ 93.8	74.5 ~ 85.5	53.3 ~ 78.6	76.1 ~ 96.4	93.4 ~ 103	5.1 ~ 7.4	2.8 ~ 5.7	1.3 ~ 6.9	4.6 ~ 7.0	5.2 ~ 20	5.2 ~ 5.9	4.1 ~ 13
	20 ~ 50	56.3 ~ 80.5	67.8 ~ 91.4	68.6 ~ 89.0	64.1 ~ 91.4	40.9 ~ 104	72.2 ~ 74.8	53.3 ~ 104	7.6 ~ 9.4	3.1 ~ 4.2	3.2 ~ 8.0	3.6 ~ 11	10 ~ 13	4.0 ~ 6.4	6.1 ~ 13
管网水	5.0 ~ 10	67.6 ~ 98.8	62.9 ~ 100	81.4 ~ 108	50.2 ~ 100	70.4 ~ 101	85.9 ~ 100	100 ~ 111	7.3 ~ 12	4.0 ~ 12	2.1 ~ 6.6	8.7 ~ 13	6.4 ~ 14	2.5 ~ 10	5.7 ~ 22
	10 ~ 20	72.2 ~ 96.3	79.9 ~ 91.8	86.3 ~ 93.3	65.0 ~ 83.3	64.5 ~ 80.3	81.2 ~ 91.4	100 ~ 109	2.9 ~ 9.1	3.2 ~ 8.0	2.6 ~ 4.1	2.8 ~ 6.4	5.3 ~ 12	2.5 ~ 6.8	5.9 ~ 14
	20 ~ 50	60.2 ~ 81.0	71.5 ~ 92.3	73.5 ~ 95.9	71.5 ~ 84.5	58.0 ~ 95.0	71.2 ~ 74.5	69.0 ~ 96.4	5.0 ~ 7.8	2.8 ~ 4.8	4.0 ~ 5.8	2.0 ~ 9.5	6.6 ~ 12	5.4 ~ 7.5	5.4 ~ 8.2

表 A.2　4 种环境激素类化合物的精密度与准确度

样品	加标量 /（ng/L）	加标回收率 / %				实验室内相对标准偏差 / %			
		雌酮	三氯生	三氯卡班	己烯雌酚	雌酮	三氯生	三氯卡班	己烯雌酚
纯水	0.5 ～ 2.0	55.8 ～ 72.3	86.8 ～ 99.8	51.2 ～ 98.1	67.1 ～ 96.2	1.4 ～ 9.6	5.2 ～ 6.6	2.4 ～ 4.6	2.6 ～ 11
	2.0 ～ 4.0	70.9 ～ 98.4	81.9 ～ 95.6	57.7 ～ 88.4	52.6 ～ 70.5	1.4 ～ 7.2	3.0 ～ 4.9	1.3 ～ 4.7	2.6 ～ 5.5
	4.0 ～ 20	78.4 ～ 89.6	76.2 ～ 92.3	50.7 ～ 101	77.4 ～ 86.5	2.3 ～ 12	1.5 ～ 7.0	1.9 ～ 2.8	1.8 ～ 3.4
地表水	0.5 ～ 2.0	62.1 ～ 89.7	87.4 ～ 90.0	75.6 ～ 90.0	70.5 ～ 90.3	5.7 ～ 9.7	2.0 ～ 6.3	1.5 ～ 4.4	3.2 ～ 14
	2.0 ～ 4.0	66.1 ～ 92.6	88.0 ～ 91.3	97.5 ～ 114	54.2 ～ 71.1	4.2 ～ 4.6	5.5 ～ 7.6	1.6 ～ 4.3	1.2 ～ 12
	4.0 ～ 20	71.9 ～ 102	69.0 ～ 93.6	104 ～ 109	72.2 ～ 104	2.4 ～ 6.1	3.8 ～ 4.8	2.0 ～ 5.1	2.6 ～ 7.4
地下水	0.5 ～ 2.0	77.7 ～ 91.0	81.1 ～ 90.0	85.0 ～ 90.0	72.2 ～ 89.0	1.7 ～ 9.0	3.2 ～ 7.2	1.9 ～ 2.7	3.4 ～ 22
	2.0 ～ 4.0	78.5 ～ 89.3	88.9 ～ 91.9	49.8 ～ 82.3	68.9 ～ 82.3	1.8 ～ 3.5	3.8 ～ 5.6	1.3 ～ 2.6	1.8 ～ 19
	4.0 ～ 20	81.0 ～ 92.4	74.7 ～ 98.2	58.4 ～ 90.0	61.4 ～ 90.0	1.2 ～ 6.1	3.2 ～ 4.3	1.6 ～ 3.7	2.6 ～ 7.5
出厂水	0.5 ～ 2.0	84.3 ～ 90.0	83.0 ～ 90.0	90.0 ～ 106	72.8 ～ 90.0	1.8 ～ 14	2.9 ～ 12	2.0 ～ 2.3	3.0 ～ 19
	2.0 ～ 4.0	64.3 ～ 78.9	78.0 ～ 89.4	88.3 ～ 90.5	56.8 ～ 71.9	2.0 ～ 8.4	3.1 ～ 5.6	1.2 ～ 5.4	2.4 ～ 25
	4.0 ～ 20	65.7 ～ 86.3	61.3 ～ 87.8	82.7 ～ 97.2	51.1 ～ 87.8	2.3 ～ 4.2	4.2 ～ 6.1	1.8 ～ 2.1	2.6 ～ 16
管网水	0.5 ～ 2.0	79.3 ～ 96.0	78.0 ～ 100	100 ～ 103	72.8 ～ 100	1.2 ～ 15	2.7 ～ 7.6	2.4 ～ 3.5	2.8 ～ 14
	2.0 ～ 4.0	63.0 ～ 91.6	85.8 ～ 91.9	89.7 ～ 99.5	67.2 ～ 70.9	1.6 ～ 5.4	6.0 ～ 23	2.1 ～ 8.0	3.5 ～ 12
	4.0 ～ 20	74.8 ～ 100	80.2 ～ 89.2	92.2 ～ 94.5	61.7 ～ 85.9	1.3 ～ 3.8	2.6 ～ 6.8	1.2 ～ 2.0	1.1 ～ 12

索 引

E

F

G

H

T

W

X

Y

Z

其他

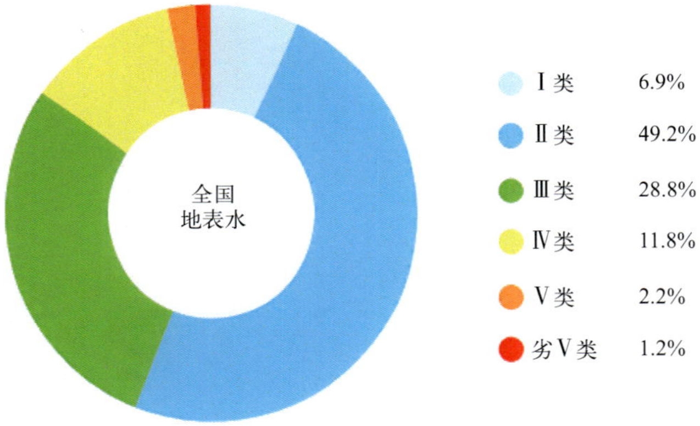

图 1-1　2021 年地表水总体水质状况

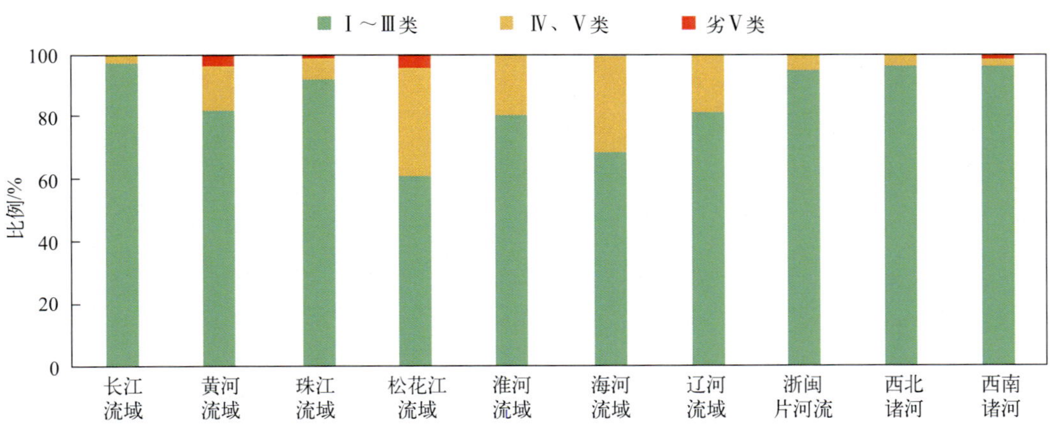

图 1-2　七大流域和浙闽片河流、西北诸河、西南诸河水质状况

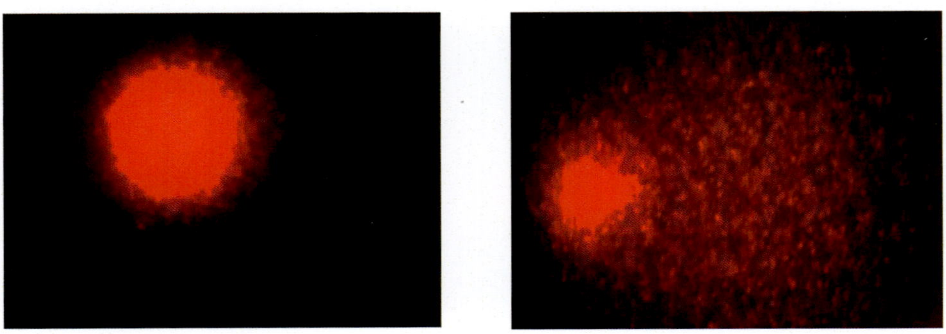

(a) 对照　　(b) 六价铬作用结果

图 4-6　雌性小白鼠淋巴细胞彗星试验检测结果

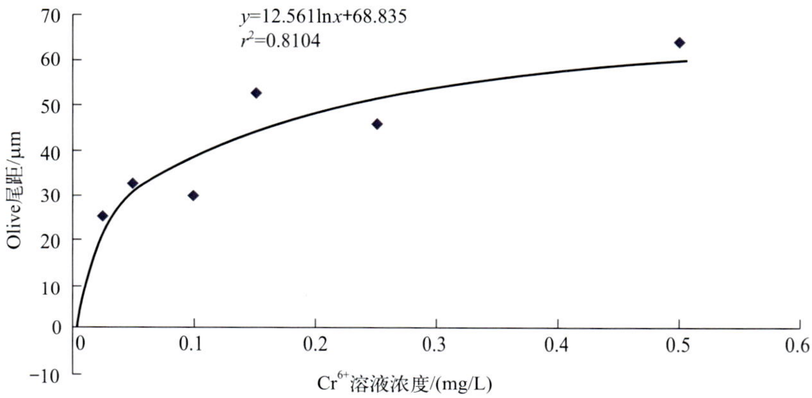

图 4-7　铬离子（Ⅵ）浓度与 Olive 尾距的剂量效应曲线

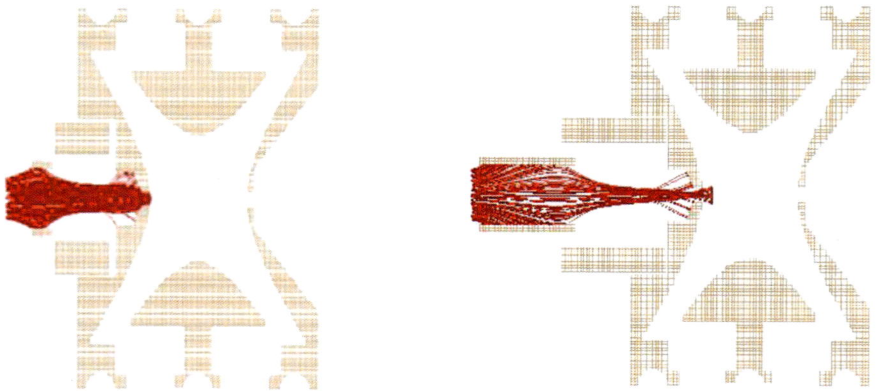

(a)　　　　(b)

图 6-15　质谱真空系统结构示意

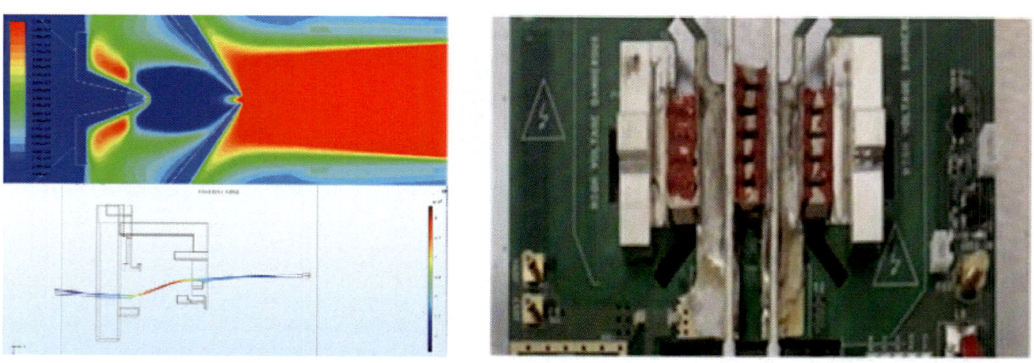

(a) 仿真设计图　　　　(b) 射频电源

图 6-17　仿真设计图及射频电源

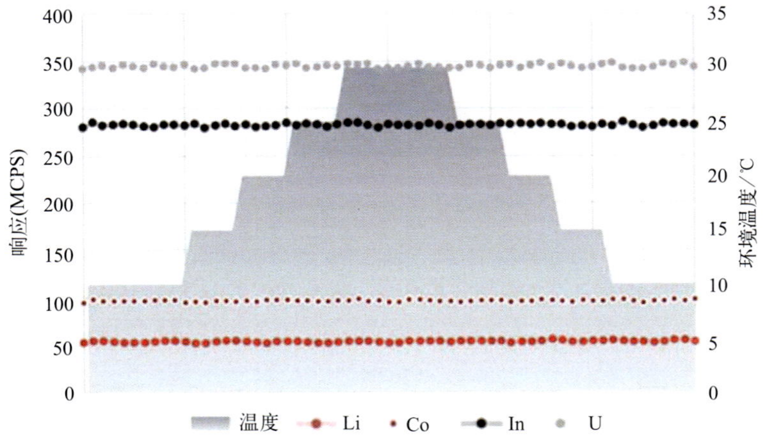

图 6-18　信号响应波动 <2%

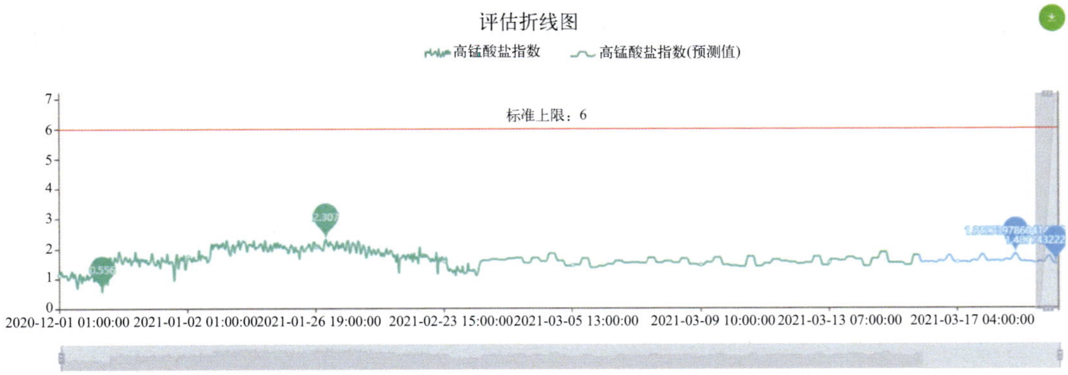

图 7-4　评估折线图

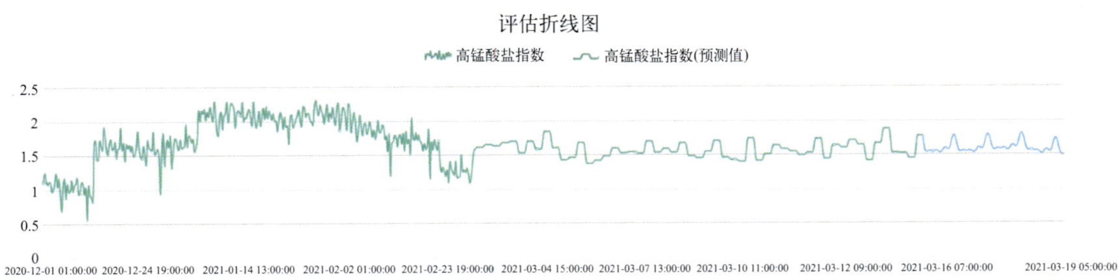

评估结果

参数	值
平均绝对误差	0.106096
均方误差	0.021097
解释方差	0.735711
均方根误差	0.145248
拟合优度	0.735711

图 7-5　水质时序分析模型预测及评估结果

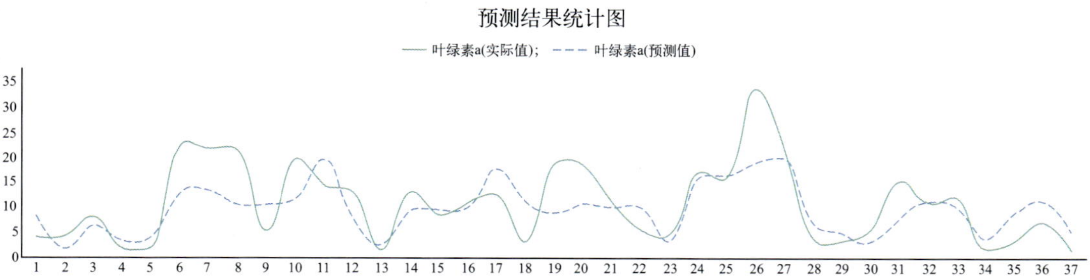

图 7-7　模型预测结果分析界面

评估结果

参数	值
平均绝对误差	3.576856
均方误差	32.030525
解释方差	0.554132
均方根误差	5.659552
拟合优度	0.553945

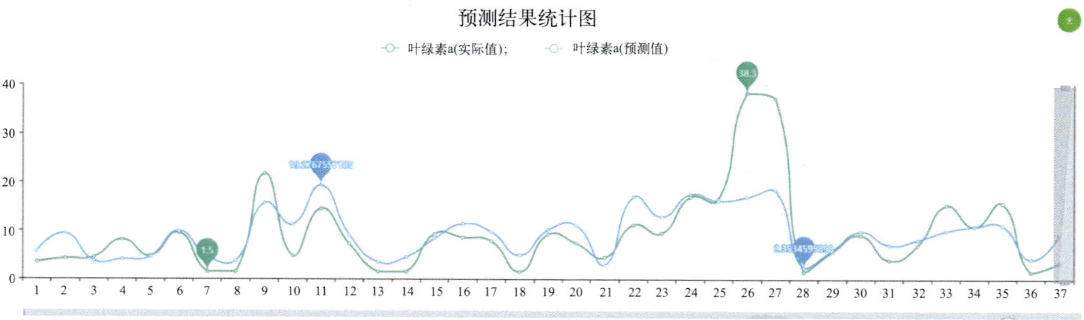

图 7-8　水体富营养化模型预测及评估结果